U0464763

深度学习与图像处理：
基础、进阶与案例实战

郭业才　梁美玉　著

机 械 工 业 出 版 社

本书分为基础、进阶、实战三部分，共11章。基础部分，包括Python环境与基础、机器学习、图像处理基础、深度学习基础与深度神经网络。进阶部分，包括图神经网络、空洞多级卷积神经网络、深度强化学习与深度生成对抗网络。实战部分，包括基础实战案例和进阶实战案例。

本书按基础－进阶－应用的逻辑脉络组织内容，融理论性、系统性、实战性于一体，适合人工智能、计算机、自动化、电子与通信、大数据科学等相关专业的科学研究人员和工程技术人员阅读，也可作为相关专业博士、硕士研究生的教学参考书。

图书在版编目（CIP）数据

深度学习与图像处理：基础、进阶与案例实战／郭业才，梁美玉著. -- 北京：机械工业出版社，2025. 6.
ISBN 978－7－111－78210－0

Ⅰ. TP181；TN911. 73

中国国家版本馆 CIP 数据核字第 2025WN3791 号

机械工业出版社（北京市百万庄大街22号　邮政编码 100037）
策划编辑：李馨馨　　责任编辑：李馨馨
责任校对：王　捷　张雨霏　景　飞　　责任印制：常天培
河北虎彩印刷有限公司印刷
2025年7月第1版第1次印刷
184mm×260mm · 23印张 · 569千字
标准书号：ISBN 978-7-111-78210-0
定价：139. 00元

电话服务
客服电话：010-88361066
010-88379833
010-68326294

网络服务
机　工　官　网：www. cmpbook. com
机　工　官　博：weibo. com/cmp1952
金　　书　　网：www. golden-book. com
机工教育服务网：www. cmpedu. com

封底无防伪标均为盗版

前　言

深度学习（Deep Learning，DL）是机器学习（Machine Learning，ML）领域中一个新的研究方向。深度学习旨在学习样本数据的内在规律和层次表示，在学习过程中，使机器获得信息并具备人类的分析和学习能力，从而可以模仿人类的视听和思考活动。通过逐步解决一系列简单问题，深度学习能够有效解决众多复杂的模式识别难题，使人工智能相关技术取得了很大进步。

本书汇集了作者团队在深度学习与图像处理领域多年的研究心得和研究成果，同时借鉴了国内外重要期刊发表的最新研究成果以及相关博士、硕士学位论文中的精华内容。本书分为三部分，共 11 章，具体内容如下。

第一部分是基础部分，共 5 章。第 1 章为 Python 环境与基础，简述了 Python 语言的开发环境、Python 基础知识、基于 Python 的数据分析与可视化，以及基于 Python 的聚类算法。第 2 章为机器学习，详细介绍了机器学习和数据挖掘的相关内容。第 3 章为图像处理基础，介绍了图像去模糊、图像去噪、图像全色锐化及图像修复。第 4 章为深度学习基础，介绍了神经网络及其训练与优化、反向传播算法及欠拟合与过拟合问题。第 5 章为深度神经网络，首先简要介绍了深度神经网络概述，然后重点介绍了卷积神经网络及其算法，以及卷积神经网络的训练与优化。

第二部分是进阶部分，共 4 章。第 6 章为图神经网络，介绍了图神经网络概述、经典的图神经网络以及其他图神经网络模型。第 7 章为空洞多级卷积神经网络，分别介绍了空洞多级模块、基于卷积神经网络的高效 Pan-sharpening 模型、深度学习结合模型优化的 Pan-sharpening 模型和多尺度空洞深度卷积神经网络。第 8 章为深度强化学习，首先介绍了它的组成与结构，然后介绍了深度学习与强化学习的不同与结合，最后分析了基于值函数的深度强化学习和基于策略梯度的深度强化学习。第 9 章为深度生成对抗网络，分别介绍了生成对抗网络、多尺度生成对抗网络、深度卷积生成对抗网络、半监督深度卷积生成对抗网络和深度强化对抗学习网络。

第三部分是实战部分，共 2 章。第 10 章为基础实战案例，包括 Python 开发环境的安装与验证以及基于 PCA-BP 神经网络的数字仪器识别技术。通过基础实战案例，读者能初步架起神经网络与实际问题解决之间的桥梁，起抛砖引玉之功效。第 11 章为进阶实战案例，包括基于深度卷积神经网络的遥感图像分类、基于多尺度级联生成对抗网络的水下图像增强、基于多层次卷积特征融合与高置信度更新的跟踪、基于图生成对抗卷积网络的半监督睡眠分期、基于密集连接的序列稀疏化 Transformer 行人重识别、基于改进 YOLOv5 网络的无人机图像检测和基于级联多尺度特征融合残差网络的图像去噪。每个案例都沿着“问题引入、原理导入、模型构建、仿真验证、结果分析”的路径，从多角度分析、多原理融合、多要素实验等维度，全面深入地展现了深度学习在解决图像处理问题中的应用过程。通过部分实战案例代码，引导读者身临其境地参与实践。只要细心体味、勇于实践、善于创新，读者一定能够取得事半功倍的效果。

本书围绕深度学习在图像处理领域的最新研究成果，从科学性、系统性、应用性和进阶性四个视角进行了全面阐述。从科学性视角出发，详细介绍了深度学习网络进阶模型的原理与特征；从系统性视角出发，本书所涉及的各种深度学习网络均起始于结构剖析，侧重于原理论述，落脚于方法在图像处理领域的应用，形成了完整的体系结构；从应用性视角出发，本书以图像处理中的最新应用为实战案例，展示了用深度学习解决图像处理问题的全过程，实现了抽象问题具体化和理论问题可视化；从进阶性视角出发，本书从 Python 语言的基础开始，逐步延伸到机器学习、图像处理基础、标准深度学习模型、进阶深度学习模型以及应用实战，扩展了深度学习网络的功能，提升了应用实效。这些内容为研究人员提供了创新思路和方法。

本书由郭业才和梁美玉合著。其中，第 1 章到第 7 章，第 10 章及第 11 章中 11.1 节到 11.5 节和 11.7 节由郭业才著，而第 8 章、第 9 章及第 11.6 节由梁美玉著。本书在形成过程中，得到了国家一流专业“电子信息工程”建设项目、江苏省高校“十四五”重点学科“电子科学与技术”、江苏省集成电路可靠性技术及检测系统工程研究中心、无锡俊腾信息科技有限公司等的资助。在编写过程中，胡晓伟、周雪、孙京东、刘程、阳刚等研究生提供了帮助；对参阅并引用其他作者的相关论著，已列在参考文献中，如有遗漏，诚请原作者谅解。本书的出版还得到了机械工业出版社的大力支持，在此一并表示诚挚的谢意！

由于作者水平有限，书中难免存在不当之处，敬请广大读者批评指正！

作　者

目　　录

第 1 章　Python 环境与基础

导　读

本章在简述 Python 语言概念及特点的基础上，简要阐述了 Python 语言的开发环境（包括 Jupyter Notebook、OpenCV、TensorFlow、PyTorch 和 Paddle Paddle），整理了 Python 基础知识（包括 Python 编程基础与 Python 函数进阶），分析了基于 Python 的数据分析与可视化方法（包括 Python 的数据分析库、数据分析流程及数据可视化），最后讨论了基于 Python 的聚类算法（包括聚类概念及聚类算法与实例）。

Python 是一种简单易学且功能强大的编程语言，其简单主义思想让用户能专注于解决问题而非语法结构。Python 拥有高效的数据结构和面向对象编程的特性，简洁的语法和对动态输入的支持，使其成为快速开发应用程序的理想脚本语言，适用于大多数平台。

此外，Python 的另一大特点是免费开源。其容易上手的语法和自由开放源码的软件特性，使用户可以自由发布、阅读和修改源代码，促进了 Python 的不断改进和卓越表现。

1.1　Python 语言的开发环境

1.1.1　Jupyter Notebook

Jupyter Notebook 是一种基于网页的交互式计算应用程序，允许用户创建和共享包含代码、方程、可视化数据和叙述性文本的文档。

使用 Jupyter Notebook 的关键技巧包括：安装和启动 Python 环境，并通过命令行启动 Jupyter Notebook；利用快捷键（如按〈Shift + Enter〉运行单元格）、编辑模式与命令模式、自动补全（〈Tab〉键）来提高工作效率；使用 Matplotlib 或 seaborn 等库创建图形；利用 Markdown 文本以创建易于理解和共享的文档；通过配置文件调整设置并安装扩展增强功能；使用快捷键进行文件操作（如按〈Ctrl + S〉保存、I，I 中断内核、0，0 重启内核）。掌握这些技巧可以更高效地进行编程、数据分析和文档编写。

1.1.2　OpenCV

图像处理是利用计算机算法对图像进行分析和操作，包括图像的存储、表示、信息提取、增强、恢复和解释等，应用于电视、摄影、机器人、遥感、医学诊断和工业检验等领域。Python 在图像处理领域常与 OpenCV 结合使用。OpenCV 是由 Intel 公司研发的开源计算机视觉库，支持多种语言接口和图像格式，具有强大的图像处理功能和良好的跨平台性能，广泛应用于人脸识别、目标检测和跟踪、动作捕捉、视频分析、无人驾驶汽车和增强现实技术等领域。

OpenCV 的环境搭建主要包括以下三个步骤。首先，访问 Python 官网，下载并安装 Python。其次，安装开发工具 PyCharm（这是一种带有调试、语法高亮、智能提示等功能的集成开发环境）。最后，使用 pip 命令安装 OpenCV 库，完成 Python 图像处理的开发环境搭建。

1.1.3 TensorFlow

TensorFlow 是一个采用数据流图用于数值计算的开源软件库，由谷歌大脑团队开发，主要用于机器学习和深度神经网络研究。其特性包括：支持使用 Python 调用 API，具有高度灵活性和可移植性（支持在 CPU 和 GPU 上运行），能够自动求微分，实现模型性能优化，同时拥有庞大的社区支持。

在 Linux 系统中安装 TensorFlow 主要包括以下步骤。首先，下载对应版本的 Anaconda 并执行安装命令（以 Anaconda3-4.4.0 为例：bash Anaconda3-4.4.0-Linux-x86_64.sh）。然后，下载集成开发环境 Spyder 并执行安装命令（sudo apt install spyder）。最后，使用 pip 命令（pip install tensorflow）直接安装 TensorFlow 或使用 TensorFlow 的源码安装以便对配置进行修改。

TensorFlow 的系统结构以 C API 为界，分为前端和后端两个子系统，如图 1.1 所示。前端系统提供编程模型，负责构造计算图；后端系统提供模型运行环境，负责执行计算图。TensorFlow 的核心程序由构造计算图和执行计算图两个部分组成。计算图是由一系列操作排列组成的有向无环图。

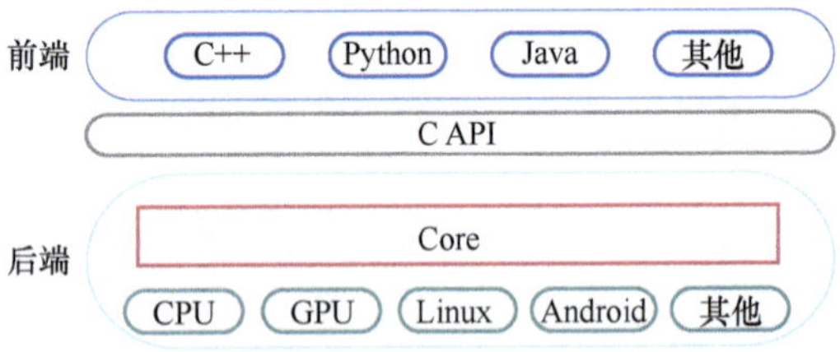

图 1.1　TensorFlow 的系统结构

TensorFlow 的数据模型为张量（tensor），类似于多维数组，包含名字（name）、维度（shape）和类型（type）三个属性。TensorFlow 的计算模型为图（graph），用于描述计算过程。每一个计算都是图上的一个节点，节点之间的边表示计算之间的依赖关系。TensorFlow 的运行模型为会话（session），通过会话执行计算图。图在会话里启动，会话将图的节点分发到 CPU 或 GPU 等设备上，提供执行节点的方法并返回计算结果。TensorFlow 中主要有两种会话使用的模式，如图 1.2 所示。

```
sess = tf.Session() #创建一个会话
sess.run(result)    #运行此会话
sess.close ( )      #运行完毕关闭此会话
```

```
with tf.Session( ) as sess:
sess.run(result)
#通过Python的上下文管理器来使用会话，当
上下文退出时会话管理和资源释放也自动完成
```

图 1.2　TensorFlow 的两种会话使用模式

TensorFlow 中的变量（Variable）用于在训练模型时存储和更新参数，需要在创建时被明确初始化。两种初始化方式如图 1.3 所示。

```
with tf.Session() as sess:
  sess.run(weights.initializer)
```

```
init = tf.initialize_all_variables()
with tf.Session() as sess:
  sess.run(init)
```

图 1.3　TensorFlow 中变量的两种初始化方式

TensorFlow 中的计算图可以使用占位符（placeholder）参数化接收外部输入。在计算时，需提供一个字典（feed_dict）来指定占位符的取值，如图 1.4 所示。

```
input1 = tf.constant(3.0)
input2 =  tf.constant(2.0)
mul = tf.multiply(input1,  input2 )
with tf.Session() as  sess:
    result = sess.run(mul)
    print(result)

运行结果: 6.0
```

```
input1 = tf.placeholder(tf.float32) #占位符
input2 = tf.placeholder(tf.float32)
output = tf.multiply(input1, input2)

运行结果: 6.0        feed_dict={input1:3.0, input2:2.0}
```

图 1.4　使用字典指定占位符的取值

1.1.4　PyTorch

随着深度学习领域的飞速发展，PyTorch 作为一款开源的机器学习框架，广泛用于人工智能研究和开发。要充分发挥 PyTorch 的优势，需要先配置一个高效、稳定的环境。本节将详细介绍如何搭建和配置 PyTorch 环境，帮助读者更好地进行深度学习开发。

在开始搭建 PyTorch 环境之前，首先，需要安装 Python 3.6 及以上版本。然后，安装 Python 的包管理工具（pip）。接着，使用 virtualenv 或 conda 创建一个虚拟环境，以便隔离 Python 中不同项目之间的依赖。激活虚拟环境后，在其中使用 pip 安装 PyTorch。

完成 PyTorch 环境搭建后，需要进行相应的配置以确保其正常运行。首先，在终端或脚本中设置 TORCH_HOME 环境变量，将其值设置为 PyTorch 的安装路径。然后，设置一个专门用于 PyTorch 项目的工作目录，以便管理项目文件和数据。此外，可以根据需要安装一些常用的 PyTorch 插件，如 PyTorch Lightning、torch-summary 等。如果计算机支持 GPU 加速，还应进行相应的配置，例如设置 CUDA_VISIBLE_DEVICES 环境变量来指定可用的 GPU 设备。在搭建环境过程中应确保所使用的 PyTorch 版本与其他依赖包的版本相互兼容。

在搭建和配置 PyTorch 环境的过程中，可能会遇到一些问题。例如，在安装过程中出现错误，可能是由于网络连接不稳定或 pip 版本过旧，建议检查网络连接并更新 pip。如果出现 GPU 加速不生效，可能是由于 CUDA 或 GPU 驱动程序未正确安装或配置，建议检查并更新相关驱动程序。如果出现版本冲突问题，则可以通过使用固定的版本号进行安装来解决。此外，在操作过程中还应确保环境变量设置正确，并且在使用 PyTorch 的脚本或终端中都能正确识别。

下面将介绍在 PyCharm 和 Spyder、Jupyter Notebook 中如何使用搭建好的 PyTorch 环境。

1. 在 PyCharm 和 Spyder 中使用搭建好的 PyTorch 环境

在 PyCharm 中使用 PyTorch 时，首先打开 PyCharm，选择“File”→“Settings”，找到“Python Interpreter”，在右侧的下拉列表框中选择“Show All”，如图 1.5 所示。在打开的“Python Interpreters”对话框中，单击左上角的“+”。在新出现的对话框中选择“Conda Environment”，并选中右侧的“Existing environment”，在“Interpreter”下拉列表框中选择搭建好的 PyTorch 环境下的“python. exe”，如图 1.6 所示。搭建好的环境一般位于 Anaconda 安装目录下的 envs 目录中。完成上述步骤后，就可以在代码中成功输入“import torch”，如图 1.7所示。至此，就可以在 PyCharm 中使用搭建好的 PyTorch 环境。

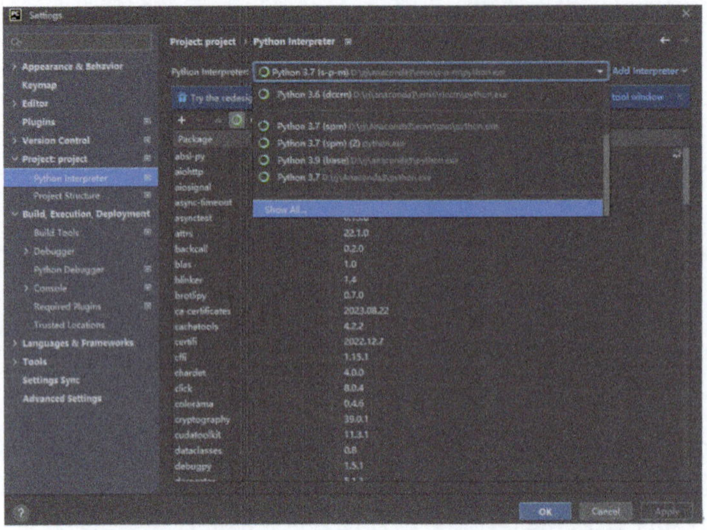

图 1.5　选择“Show All”

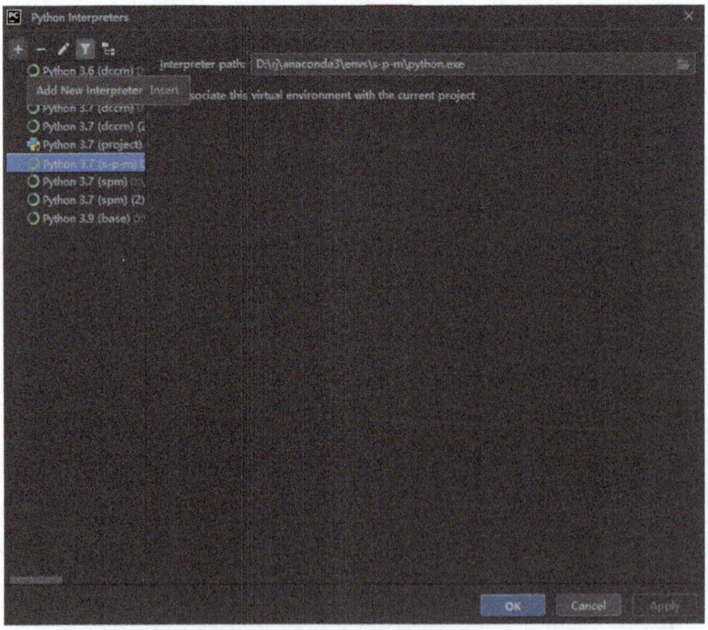

图 1.6　在 PyCharm 中添加搭建好的 PyTorch 环境

在 Spyder 中使用 PyTorch 时，首先打开 Anaconda 自带的 Spyder，选择“工具”→“偏好”，如图 1.8 所示。在“偏好”对话框中选择“Python 解释器”并选中“使用下列 Python 解释器”，选择之前搭建的 PyTorch 环境下的“python. exe”，如图 1.9 所示。单击按钮“OK”后单击按钮“Apply”，在 Spyder 界面右下方的控制台中选择“重启 IPython 内核”，如图 1.10 所示。若此时控制台提示需要在 PyTorch 环境中安装 Spyder，则需要按〈Win + R〉键，输入“cmd”进入命令提示符。在命令提示符中输入“conda activate pytorch”命令进入 PyTorch 环境。在该环境下使用“conda install spyder”命令安装 Spyder，如图 1.11 所示。安装完成后，在 Spyder 中的控制台中再次重启 IPython 内核，结果如图 1.12 所示，也可以在代码中成功输入“import torch”，如图 1.13 所示。至此，就可以在 Spyder 中使用搭建好的 PyTorch环境。

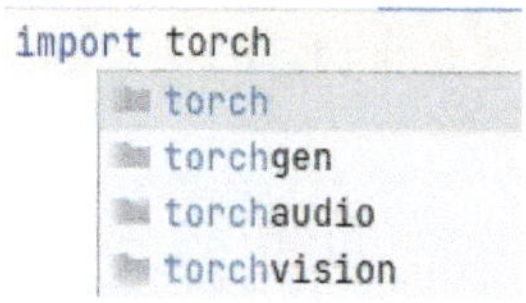

图 1.7　在 PyCharm 中成功输入“import torch”

图 1.8　选择“偏好”

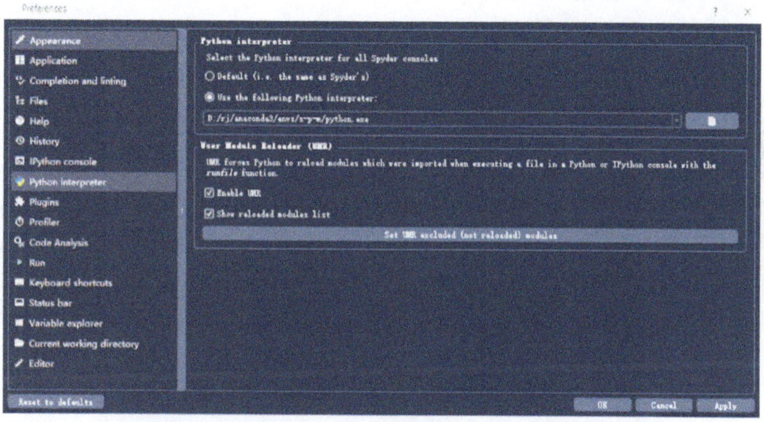

图 1.9　在 Spyder 中添加搭建好的 PyTorch 环境

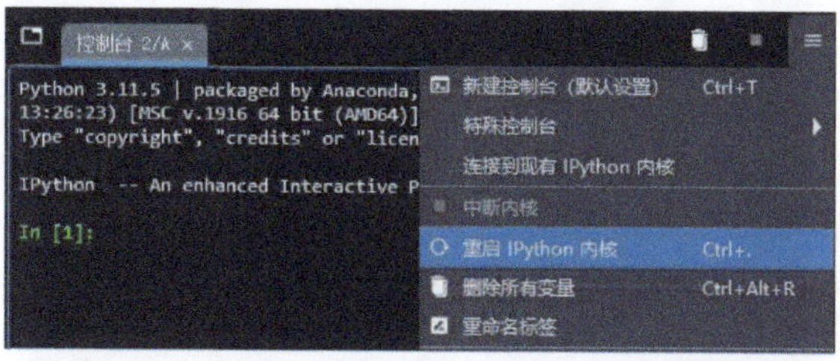

图 1.10　在控制台中选择“重启 IPython 内核”

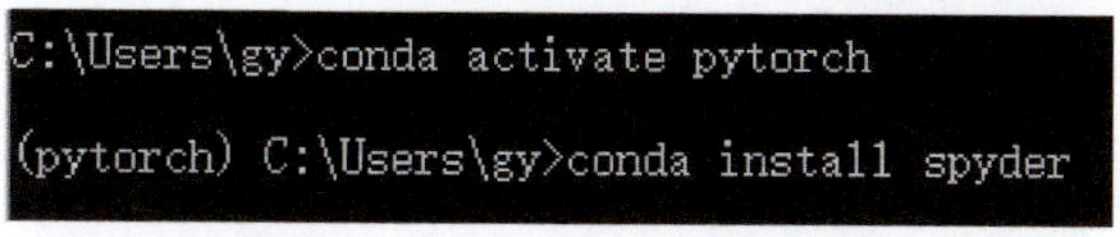

图 1.11　在 PyTorch 环境中安装 Spyder

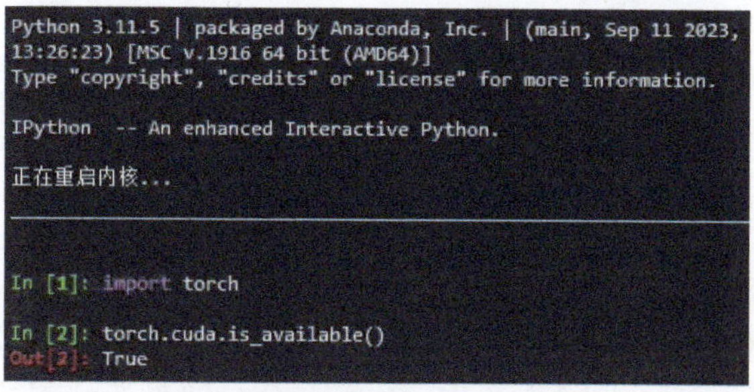

图 1.12　重启 IPython 内核

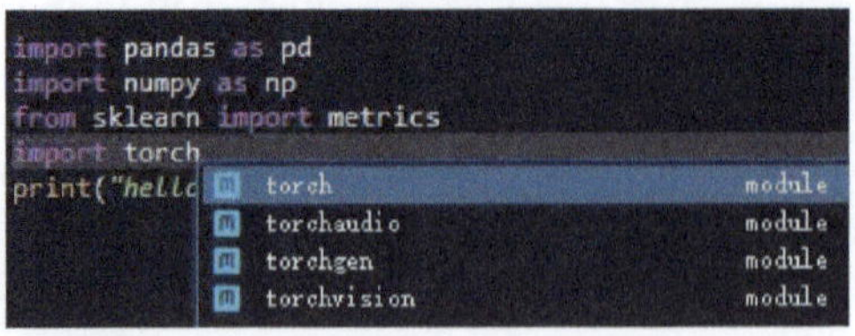

图 1.13　在 Spyder 中成功输入“import torch”

2. 在 Jupyter Notebook 中使用搭建好的 PyTorch 环境

要在 Jupyter Notebook 中使用 PyTorch 环境，首先需要以管理员身份打开命令提示符，并切换到 PyTorch 环境，输入“python-m ipykernel install--user --name pytorch --display-name pytorch”来安装 ipykernel，如图 1.14 所示。然后打开 Jupyter Notebook，可以在 new 下看到 PyTorch 环境，进入环境后输入“import torch”成功，即可在 Jupyter Notebook 中使用 PyTorch，如图 1.15 所示。

图 1.14　安装 ipykernel

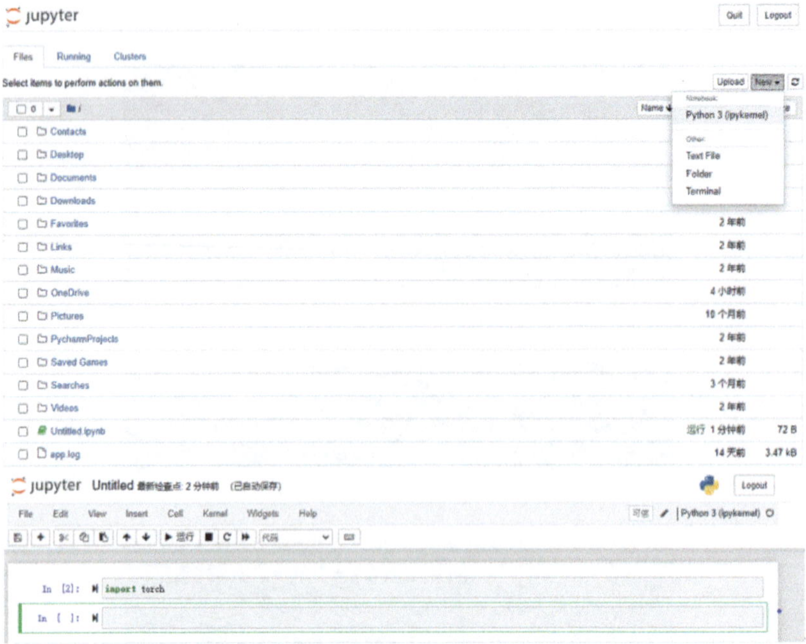

图 1.15　在 Jupyter Notebook 中成功输入“import torch”

如果 Jupyter Notebook 中没有 Nbextensions，如图 1.16 所示，可以以管理员身份打开 Anaconda Prompt，在 PyTorch 环境下执行“pip install jupyter_contrib_nbextensions”命令，然后执行“jupyter_contrib_nbextension install--user”命令。如果遇到模块缺失错误，按提示安

装所需模块，如“pip install jupyter_notebook == 6.0.1”和“pip install markupsafe”。最后，执行“pip install jupyter_nbextensions_configurator”命令，并在当前环境中执行“python -m pip install jupyter_nbextensions_configurator”命令。重新打开 Jupyter Notebook 后，即可看到 Nbextensions。

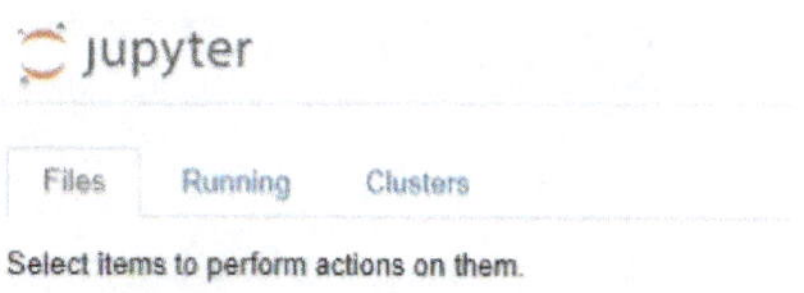

图 1.16　Jupyter Notebook 中没有 Nbextensions

1.1.5　Paddle Paddle

在安装 Paddle Paddle 环境时，首先打开 Anaconda Prompt 命令行，输入命令“conda env list”查看当前存在的环境，如图 1.17 所示。接下来执行命令“conda create-n paddle python = 3.8”创建名为 paddle 的新环境。然后执行命令“conda activate paddle”，激活刚创建的环境，激活后环境会从 base 变为 paddle，如图 1.18 所示。之后即可在新建的环境中安装Paddle Paddle 深度学习环境。安装方法为：访问 Paddle Paddle 官网，选择对应的版本，同时复制安装命令，如图 1.19 所示。将安装命令粘贴到激活的 paddle 环境中，并等待安装完成，如图 1.20 所示。

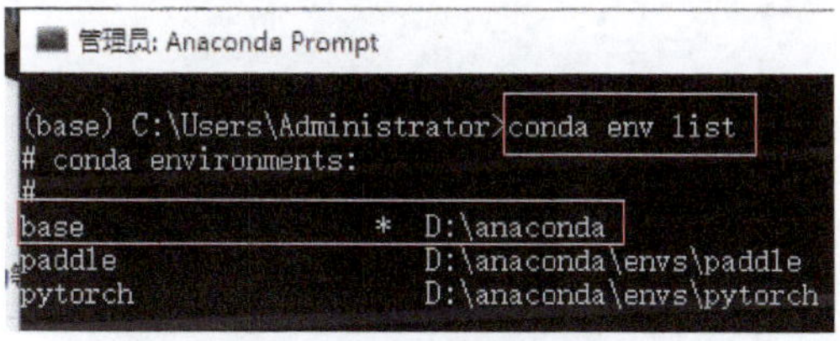

图 1.17　查看当前存在的环境

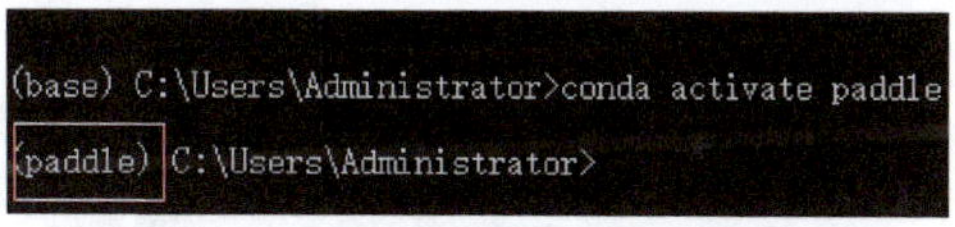

图 1.18　激活新建的 paddle 环境

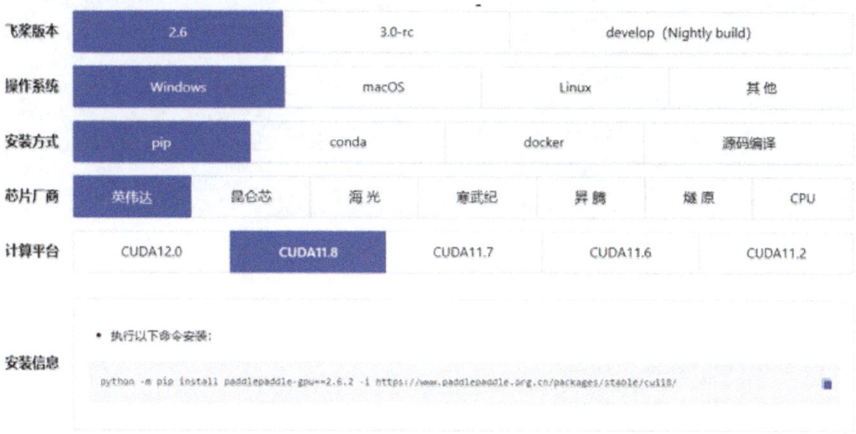

图 1.19　不同版本的 Paddle Paddle 环境及其安装信息

在安装 Paddle Paddle 环境前，确保计算机已经安装了正确版本的 CUDA 和 cuDNN。可以通过以下方法验证安装版本是否正确：执行命令“conda activate paddle”激活环境，输入命令“python”，查看 Python 版本，然后执行命令“import paddle”和“paddle.utils.run_check ()”，查看 CUDA 和 cuDNN 版本正确。查看无误后，执行命令“exit ()”退出 python 环境，再执行命令“conda deactivate”退出 paddle 环境。上述验证过程如图 1.21 所示。

图 1.20　等待 Paddle Paddle 环境安装

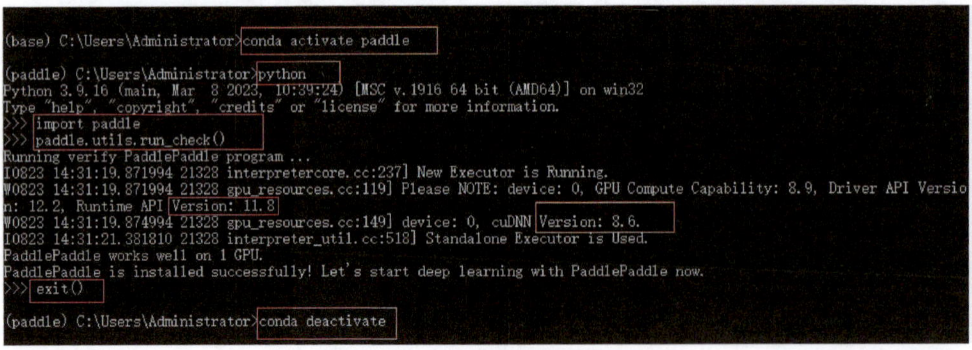

图 1.21　验证安装版本正确性

1.2　Python 基础知识

1.2.1　Python 编程基础

1. Python 基础语法

Python 的基础语法包括数据类型、注释、数据类型转换、标识符、运算符、字符串和数据输入等。其中，数据类型是代码中存储数据的类型，Python 中常用的数据类型有 6 种，如表 1.1 所示。注释有单行注释和多行注释，单行注释以“#”开头，多行注释用“""”括起来。数据类型转换指将某种类型的数据转换为其他类型，如表 1.2 所示为 3 种常用的数据类型转换函数。标识符用于命名变量、类和方法，仅允许使用英文、中文、数字和下划线，但不推荐使用中文，同时应注意不能以数字开头且不可使用关键字。运算符包括算术（数学）运算符和复合赋值运算符，如表 1.3 和表 1.4 所示。字符串有单引号、双引号和三引号 3 种定义方式，字符串拼接须在同类型变量之间进行，通过字符串格式化可以快速拼接字符串和变量，如表 1.5 所示。可以用“m. n”控制字符串的宽度和小数点精度，用“f" 内容 {变量} " ”的格式快速格式化。数据输入指利用 input( ) 语句从键盘获取输入数据，数据类型为字符串。

表 1.1　Python 中 6 种常用的数据类型

类　型	描　述	说　明
数字（Number）	整数（int）	如：10、-10
	浮点数（float）	如：13.14、-13.14
	复数（complex）	如：4+3j，以 j 结尾表示复数
	布尔（bool）	表达现实生活中的逻辑，即真和假。True 表示真，记为 1；False 表示假，记为 0
字符串（String）	描述文本的一种数据类型	由任意数量的字符组成
列表（List）	有序的可变序列	Python 中使用最多的数据类型，可有序记录一组可变的数据集合
元组（Tuple）	有序的不可变序列	可有序记录一组不可变的数据集合
集合（Set）	无序的不重复集合	可无序记录一组不重复的数据集合
字典（Dictionary）	无序 Key-Value 集合	可无序记录一组 Key-Value 型的数据集合

表 1.2　Python 中 3 种常用的数据类型转换函数

语句（函数）	说　明	语句（函数）	说　明
int(x)	将 x 转换为一个整数	str(x)	将 x 转换为字符串
float(x)	将 x 转换为一个浮点数		

表 1.3　算术（数学）运算符

运 算 符	描　述	实　例
+	加	两个数相加，如以 a=10，b=20 为例，a+b 输出结果 30
-	减	得到负数或是两个数相减，如 a-b 输出结果 -10
*	乘	两个数相乘或是返回一个被重复若干次的字符串，如 a*b 输出结果 200
/	除	两个数相除，如 b/a 输出结果 2
//	取整除	返回商的整数部分，如 9//2 输出结果 4，9.0//2.0 输出结果 4.0
%	取余	返回商的余数部分，如 b% a 输出结果 0
**	指数	两个数作幂运算，如 a**b 为 10 的 20 次方，输出结果 100000000000000000000

表 1.4　复合赋值运算符

运 算 符	描　述	实　例
+=	加法赋值运算符	c+=a 等效于 c=c+a
-=	减法赋值运算符	c-=a 等效于 c=c-a

（续）

运 算 符	描 述	实 例
*=	乘法赋值运算符	c*=a 等效于 c=c*a
/=	除法赋值运算符	c/=a 等效于 c=c/a
//=	取整除赋值运算符	c//=a 等效于 c=c//a
%=	取模赋值运算符	c%=a 等效于 c=c%a
**=	幂赋值运算符	c**=a 等效于 c=c**a

表 1.5 字符串格式化

格式符号	转 化	格式符号	转 化
%s	将内容转换成字符串型，放入占位位置	%f	将内容转换成浮点型，放入占位位置
%d	将内容转换成整数型，放入占位位置		

2. Python 判断语句

Python 的判断语句包括 if 语句和 if…elif…else…语句，格式分别如图 1.22 和图 1.23 所示。

```
print(f"今年我已经{age}岁了")
if age >= 18:
    print("我已经成年了")
    print("即将步入大学生活")
print("时间过得真快")
```

图 1.22 if 语句

```
print("欢迎来到黑马动物园。")
height= int(input(" 请输入你的身高(cm):"))
vip_level= int(input("请输入你的vip级别(1~5):"))
day = int(input("请输入今天的日期(1~30):"))
if height < 120:
    print("您的身高小于120cm ，可以免费游玩。")
elif vip_level> 3:
    print("您的vip级别大于3，可以免费游玩。")
elif day == 1:
    print("今天是1号免费日，可以免费游玩。")
else:
    print("不好意思，所有条件都不满足，需要支付10元。")
    print("祝您游玩愉快。")
```

图 1.23 if…elif…else…语句

3. Python 循环语句

（1）while 循环

```
i = 0
while i < 100:
    print("hello")
    i += 1
```

（2）for 循环

```
name = "WuXi"
for x in name:
    print(x)
```

（3）range 函数

range 函数用于生成一个数字序列，具有以下三种语法：range(num) 生成的序列从 0 开始，到 num 结束（不含 num）；range(num1, num2)生成的序列从 num1 开始，到 num2 结束

（不含 num2）；range(num1, num2, step)生成的序列从 num1 开始，以 step 为步长递增，到 num2 结束（不含 num2）。

4. Python 函数

函数是组织好的、可重复使用的、用来实现特定功能的代码段。函数的定义如下：

```
def 函数名(传入参数)
    函数体
    return 返回值
```

注意：如果函数没有使用 return 语句返回数据，就会返回 None；在 if 判断中，None 等同于 False；当定义变量但暂时不需要变量有具体值时，可以用 None 来代替。

使用 global 关键字可以在函数内部声明变量为全局变量。

```
def testB():
    #用 global 关键字声明 num 是全局变量
    global num
    num = 200
    print(num)
```

5. Python 数据容器

数据容器是一种可以容纳多份数据的数据类型，容纳的每一份数据称之为1个元素。每一个元素，可以是任意类型的数据。下面介绍几种 Python 中常用的数据容器及其使用方法与特点。

（1）list（列表）

1）基本语法。

```
#列表
[元素1,元素2,元素3,…,元素n]

#定义列表变量
变量名称 = [元素1,元素2,元素3,…,元素n]

#定义空列表
变量名称 = []       #方式1
变量名称 = list()  #方式2
```

2）列表的常见使用方法，如表1.6所示。

表1.6 列表的常见使用方法

编　号	使用方法	作　用
1	列表.append（元素）	向列表的尾部追加一个元素
2	列表.extend（数据容器）	将数据容器中的内容（无结构）依次取出，追加到列表尾部
3	列表.insert（下标，元素）	在列表的指定下标处，插入指定的元素
4	del 列表［下标］	删除列表指定下标处的元素
5	列表.pop（下标）	删除列表指定下标处的元素（能得到返回值）
6	列表.remove（元素）	从前向后，删除列表中第一个与指定元素相同的匹配项
7	列表.clear()	清空列表

（续）

编　号	使用方法	作　用
8	列表 . count（元素）	统计此元素在当前列表中出现的次数
9	列表 . index（元素）	查找指定元素在列表中的下标，若该元素不存在，则报错
10	len（列表）	统计列表中的元素个数

3）列表的特点：可以容纳多个数据（64 位计算平台的 Python 中，列表容纳上限为 $2^{63}-1$）；可以容纳不同类型的数据（混装）；数据是有序存储的（有下标序号）；允许重复数据存在；可以直接被修改（增加或删除元素等）。

（2）tuple（元组）

1）基本语法。

```
#元组
(元素 1,元素 2,…,元素 n)
#定义元组变量
变量名称 = (元素 1,元素 2,…,元素 n)
#定义空元组
变量名称 = ()                  #方式 1
变量名称 = tuple()             #方式 2
#定义只有 1 个元素的元组
t2 = ('Hello',)               #注意，必须带有逗号，否则不是元组类型
```

注意：若元组中只有一个元素，这个元素后面要添加逗号。

2）元组的常见使用方法，如表 1.7 所示。

表 1.7　元组的常见使用方法

编　号	使用方法	作　用
1	元组 . index（元素）	查找元组中的某个元素，如果元素存在，则返回对应的下标，否则报错
2	元组 . count（元素）	统计此元素在当前元组中出现的次数
3	len（元组）	统计元组内的元素个数

3）元组的特点：不可以直接修改元组的内容，否则会直接报错；可以修改元组内列表的内容（修改、增加、删除、反转元素等）。

（3）str（字符串）

1）基本语法。

```
#双引号定义
str1 = "insist"
#单引号定义
str2 = 'insist'
#三引号定义
str3 = '''insist'''
```

2）字符串的常见使用方法，如表 1.8 所示。

表 1.8　字符串的常见使用方法

编　号	使 用 方 法	作　用
1	字符串［下标］	取出指定下标位置的字符
2	字符串 . index（字符）	查找指定字符在字符串中的下标，若该字符不存在则报错
3	字符串 . replace（字符 1，字符 2）	将字符串内的全部字符 1，替换为字符 2。此操作不会修改原字符串，而是返回一个新的字符串
4	字符串 . split（字符）	在指定字符处，将原字符串拆分成一个新的列表
5	字符串 . strip( )	移除字符串首尾的空格
6	字符串 . strip（字符）	移除字符串中的指定字符
7	字符串 . count（字符）	统计字符串内某字符串的出现次数
8	len（字符串）	统计字符串中的字符个数

3）字符串的特点：字符串容器可以容纳数据的类型是单一的，只能是字符串类型；字符串不可以直接被修改，如果必须要修改，只能返回一个新的字符串。

(4) 序列的切片操作

序列是指内容连续、有序，可使用下标索引的一类数据容器。列表、元组、字符串均可以被视为序列。序列的切片操作表示在序列中从指定位置开始，依次取出元素，到指定位置结束，从而得到一个新的序列，其基本语法为：序列［起始下标：结束下标：步长］。起始下标表示从何处开始，可以留空，留空视作从头开始。结束下标（不含）表示在何处结束，可以留空，留空视作截取到结尾。步长表示依次取元素的间隔，步长为负数表示反向截取（注意：起始下标和结束下标也要反向标记）。

序列的切片操作举例：

```
my_list = [1,2,3,4,5]
new_list = my_list[1:4]        #从下标 1 开始，到下标 4（不含）结束，步长为 1
print(new_list)                #结果：[2,3,4]
my_tuple = (1,2,3,4,5)
new_tuple = my_tuplel[:]       #从头开始，到最后结束，步长为 1
print(new_tuple)               #结果：(1,2,3,4,5)
my_list = [1,2,3,4,5]
new_list = my_list[::2]        #从头开始，到最后结束，步长为 2
print(new_list)                #结果：[1,3,5]
my_str = "12345"
new_str = my_str[:4:2]         #从头开始，到下标 4（不含）结束，步长为 2
print(new_str)                 #结果："13"
```

(5) set（集合）

1）定义集合的基本语法如表 1.9 所示。

表 1.9　定义集合的基本语法

集　合	{元素 1,元素 2,…,元素 n}
定义集合变量	变量名称 = {元素 1,元素 2,…,元素 n}
定义空集合	变量名称 = set()

2）集合的常见使用方法，如表 1.10 所示。

表 1.10　集合的常见使用方法

编　　号	使 用 方 法	作　　用
1	集合 . add（元素）	向集合内添加指定元素
2	集合 . remove（元素）	移除集合内的指定元素
3	集合 . pop( )	从集合中随机删除一个元素并将其作为返回值
4	集合 . clear( )	清空集合
5	集合 1. difference（集合 2）	得到一个新集合，内含仅存在于集合 1 而不在集合 2 中的元素，原有的 2 个集合内容不变
6	集合 1. difference_update（集合 2）	在集合 1 中，删除同时存在于集合 1 和集合 2 的元素，集合 1 被修改，集合 2 内容不变
7	集合 1. union（集合 2）	得到 1 个新集合，内含集合 1 和集合 2 的全部元素，原有的 2 个集合内容不变
8	len（集合）	统计集合中的元素个数

3）集合的特点：与列表、元组和字符串相比，集合不支持元素重复存在（自带去重功能），并且元素是无序存储的。

（6）dict（字典）

1）定义字典的基本语法如表 1.11 所示。

表 1.11　定义字典的基本语法

字　　典	{key1:value1, key2:value2,…,keyn:valuen}
定义字典变量	my_dict = {key1:value1,key2:value2,…,keyn: valuen}
定义空字典	my_dict = {}　　#方式 1 my_dict = dict( )　　#方式 2

2）字典的常见使用方法，如表 1.12 所示。

表 1.12　字典的常见使用方法

编　　号	使 用 方 法	作　　用
1	字典 [Key]	获取指定 Key 对应的 Value 值
2	字典 [Key] = Value	添加或更新键值对
3	字典 . pop（Key）	取出 Key 对应的 Value 并在字典内删除 Key 对应的键值对
4	字典 . clear( )	清空字典
5	字典 . keys( )	获取字典中的全部 Key，可用于 for 循环实现遍历字典
6	len（字典）	统计字典内的元素个数

3）字典的特点：键值对的 Key 和 Value 可以是任意类型（Key 不可为字典）；Key 不允许重复，重复添加等同于覆盖原有数据；字典不可用下标索引，只能通过 Key 来检索 Value。

（7）数据容器的特点对比与通用操作

1）不同数据容器的特点对比，如表 1.13 所示。

表 1.13　不同数据容器的特点对比

	列　表	元　组	字符串	集　合	字　典
元素数量	支持多个	支持多个	支持多个	支持多个	支持多个
元素类型	任意	任意	仅字符	任意	{Key：Value} Key 为除字典外的任意类型，Value 为任意类型
下标索引	支持	支持	支持	不支持	不支持
重复元素	支持	支持	支持	不支持	不支持
可修改性	支持	不支持	不支持	支持	支持
数据有序	是	是	是	否	否
使用场景	可修改、可重复的一组数据记录场景	不可修改、可重复的一组数据记录场景	一串字符的记录场景	可修改、不可重复的一组数据记录场景	可修改、不可重复，需以 Key 检索 Value 的一组数据记录场景

2）数据容器的通用操作，如表 1.14 所示。

表 1.14　数据容器的通用操作

操　作	描　述
for 循环	遍历数据容器（字典仅遍历 Key）
max()	求容器内元素的最大值
min()	求容器内元素的最小值
len()	统计容器内元素的个数
list()	转换为列表
tuple()	转换为元组
str()	转换为字符串
set()	转换为集合
sorted（序列，[reverse = True]）	排序函数，reverse = True 表示降序，reverse = False 表示升序

1.2.2　Python 函数进阶

1. 函数的多个返回值

按照返回值的顺序，写出对应顺序的多个变量用于接收各返回值，变量之间用逗号隔开。

```
def test_return():
    return 1,2
x,y = test_return()
print(x)    #结果 1
print(y)    #结果 2
```

2. 函数的多种参数传递方式

(1) 利用位置参数传参

位置参数用于在调用函数时，根据函数定义的参数位置来传递参数。

注意：传递的参数和定义的参数的顺序及个数必须一致。

```
def user_info(name, age, gender):
    print(f'您的名字是{name},年龄是{age},性别是{gender}')
user_info('TOM',20,'男')
```

(2) 利用关键字参数传参

关键字参数用于在调用函数时，通过“键=值”的形式来传递参数。

```
def user_info(name, age, gender)
    print(f"您的名字是:{name}, 年龄是:{age}, 性别是:{gender}")
# 关键字传参
user_info(name="小丽",age=20,gender="女")
# 可以不按照固定顺序
user_info(age=20,gender="女",name="小丽")
# 可以和位置参数混用，位置参数必须在前，且匹配参数顺序
user_info("小丽",age=20,gender="女")
```

(3) 利用缺省参数传参

缺省参数也称为默认参数，用于定义函数，为参数提供默认值，在调用函数时可不传该默认参数的值。

注意：所有位置参数必须出现在默认参数前，包括函数的定义和调用。

```
def user_info(name, age, gender='男'):
    primt(f'您的名字是{name},年龄是{age},性别是{gender}')
user_info('TOM', 20)
user_info('Rose', 18,'女')
```

在调用函数时，如果为缺省参数传值，则会修改其默认参数值，否则使用其默认值。

(4) 利用不定长参数传参

不定长参数也称为可变参数，用于在调用函数时不确定会传递多少个参数（不传参也可以）的场景，包含位置传递和关键字传递两种类型。

1）位置传递。

```
def user_info(*args):
    print(args)
#('TOM',)
user_info('TOM')
#('TOM',18)
user_info('TOM',18)
```

传递的所有参数都会被 args 变量收集，该变量会根据传递参数的位置将它们合并为一个元组，因此 args 是元组类型。这就是位置传递。

2）关键字传递。

```
def user_info(**kwargs):
    print(kwargs)
#{'name':'ToM','age': 18,'id': 110}
user_info(name='TOM', age=18,id=110)
```

在对传递参数的位置没有要求且参数是“键=值”形式的情况下，所有的参数都会被

kwargs 变量接受，同时会根据“键 = 值”组成字典。这就是关键字传递。

(5) 利用函数传参

在调用函数时，也可以将其他函数作为参数进行传递。

```
def test_func(compute):
    result = compute(1,2)
    print(result)
def compute(x,y):
    return x + y
test_func(compute)   # 结果:3
```

3. 匿名函数

在函数的定义中，使用 def 关键字可以定义带有名称的函数，而使用 lambda 关键字可以定义匿名函数（无名称）。带有名称的函数可以基于名称重复使用，而无名称的匿名函数只可临时使用一次。

定义匿名函数的基本语法：lambda 传入参数:函数体

其中，lambda 是关键字，表示定义匿名函数；传入参数表示匿名函数的形式参数，如 x，y 表示定义 2 个形式参数；函数体是函数的执行逻辑，只能写一行代码，无法写多行。

```
def test_fune(compute):
    result = compute(1,2)
    print(result)
test_func(lam bda x,y:x + y)   # 结果:3
```

4. Python 文件操作

(1) 文件的读取

Python 中读取文件时常用的三种基础访问模式和部分文件读取操作，分别如表 1.15 与表 1.16 所示。

表 1.15　三种读取文件的基础访问模式

模　式	描　述
r	以只读方式打开文件，文件的指针将会被放在文件的开头。这是 Python 中文件读取的默认模式
w	打开一个文件以写入。若该文件已存在，则打开文件并从头开始写入内容，文件原有内容会被覆盖。若该文件不存在，则创建新文件并写入内容
a	打开一个文件以追加。若该文件已存在，则新内容将会被追加到文件原有内容之后，并不会覆盖原有内容。若该文件不存在，则创建新文件并写入内容

表 1.16　部分文件读取操作

操　作	功　能
文件对象 = open(file, mode, encoding)	打开文件，获得文件对象
文件对象.read(num)	读取指定长度的字节内容，若不指定 num，则读取文件的全部内容
文件对象.readline()	读取一行
文件对象.readlines()	读取全部行，并将它们存入列表中
for line in 文件对象	通过 for 循环遍历文件对象的所有行，一次循环得到一行数据
文件对象.close()	关闭文件对象
with open(file, mode) as f	通过 with open 语法打开文件，文件可以自动关闭

(2) 文件的写入

Python 中常用的文件写入操作，如表 1.17 所示。

表 1.17 常用文件写入操作

操　作	功　能	操　作	功　能
f = open('python. txt', 'w')	以'w'模式打开文件	f. flush( )	刷新文件内容
f. write('hello world')	写入文件内容		

在直接调用 write 函数时，写入的内容并未真正写入文件中，而是会积攒在程序的内存中，这样的内存称之为缓冲区。只有当再次调用 flush 函数时，写入的内容才会真正写入文件中。这样做需要频繁地操作硬盘，导致其效率下降。

5. Python 异常捕获、模块与包

(1) 异常捕获

在可能发生异常的地方，进行异常捕获。当异常出现时，提供解决方式，而不是任由其导致程序无法运行。异常捕获的基本语法：

```
try:
    可能发生异常的语句
    except[异常 as 别名]:
    出现异常时的解决方式
else:
    未出现异常时的解决方式
finally:
    不管出没出现异常都会执行的语句
```

由于异常的种类非常多，可以使用语句“except Exception as e”来捕获所有类型的异常。

(2) Python 模块

模块（Module）属于 Python 文件，其文件名以 . py 结尾。模块可以定义函数、类和变量，也可以包含可执行的代码。

导入模块的基本语法：[from 模块名] import [模块|类|变量|函数名|*][as 别名]

上述语法的常用组合形式如下：

```
import  模块名
from  模块名  import  类、变量、方法等
from  模块名  import *
import  模块名  as  别名
from  模块名  import  函数名  as  别名
```

1）自定义模块。

每个 Python 文件都可以作为一个模块，模块的名字就是文件的名字。

在实际开发中，当开发人员编写完一个模块后，为了让模块能够在项目中达到想要的效果，开发人员会在该模块中添加一些测试信息，但是在模块导入其他文件时不会自动执行 test 函数的调用。

2）测试方案。

```
def test(a,b):
    print(a+b)
#只在当前文件中调用 test 函数
if__name__=='__main__':
test(1,1)
```

若一个模块文件中有“__all__”变量，则在其他文件中使用“from ××× import *”导入该模块时，只能导入这个变量中包含的元素。

（3）Python 包

从物理上看，包（Package）就是一个文件夹。在该文件夹下会自动创建一个“__init__.py”文件，用于包含多个模块文件。从逻辑上看，包的本质依然是模块，如图 1.24 所示。

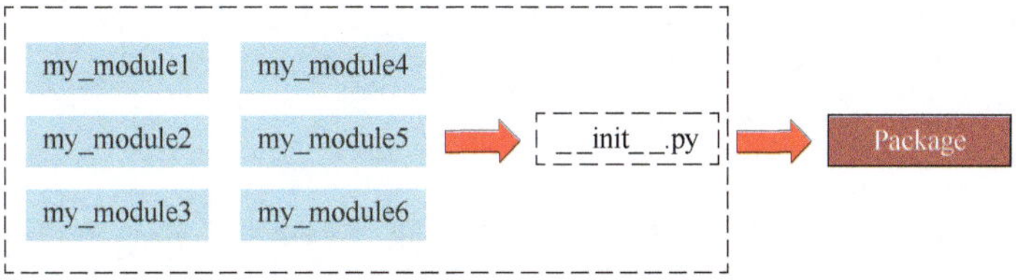

图 1.24　Python 包与模块的逻辑关系图

导入包的基本语法：

```
import 包名 . 模块名
from 包名 import *#使用该语法时,必须在"__init__.py" 文件中添加"__all__=[]" 变量，用于控制
允许导入的模块列表
```

6. 面向对象编程

（1）类的成员

类（class）的成员包括属性和方法，如图 1.25 所示。

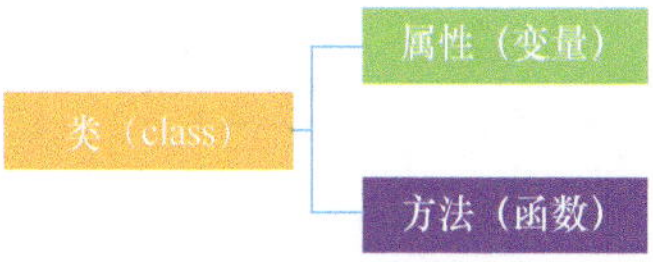

图 1.25　类的成员

在 Python 中，如果将函数定义为类的成员，那么函数会被称为方法。函数和方法的定义语句如下：

```
函数:                          方法:
def add(x,y):                  class Student:
 return x+y                        def add(self,x,y)
                                     return x+y
```

方法和函数的功能一样，包含传入参数和返回值，但是二者的使用格式不同：

```
函数的使用: num=add(1,2)
方法的使用: student=Student()
            num= student.add(1,2)
```

在类中定义成员方法（函数）的语句如下：

```
def 方法名(self,形参 1,…,形参 N):
    方法体
```

其中，关键字 self 是定义成员方法时必须填写的，它用来表示类对象自身的意思，但在传参时可以将其忽略。当使用类对象调用方法时，self 会自动被 Python 传入。在方法内部，想要访问类的成员变量，必须使用 self。

(2) 类的构造

基于类构造对象的语法：对象名 = 类名称( )

在类中可以使用 "__init__( )" 来构造方法。在构造类对象时，会自动执行该方法并将传入参数自动传递给 "__init__( )"。

```
class Student:
    name = None
    age = None
    tel = None
    def __init__(self,name,age,tel):
        self.name = name
        self.age = age
        self.tel = tel
        primt("Student 类创建了一个对象")
stu = Student("周杰伦", 31, "18500006666")
```

(3) 类的封装

面向对象编程指的是基于模板（类）去创建实体（对象），并使用对象完成功能开发。面向对象编程包含 3 大主要特性：封装、继承和多态。将现实世界事物在类中描述为属性和行为，即为封装，如图 1.26 所示。

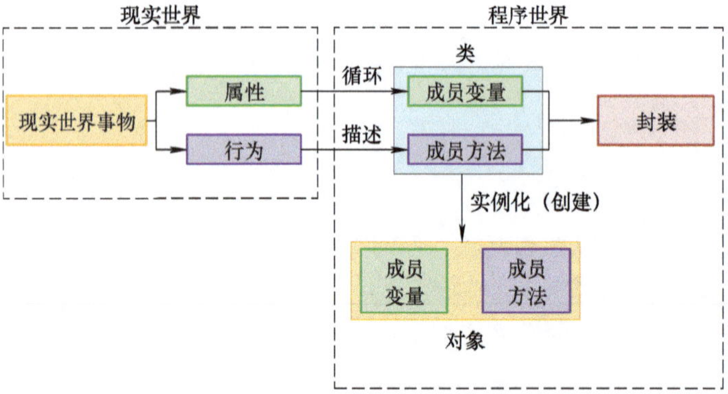

图 1.26　类的封装

现实世界事物有部分属性和行为是不公开的。同样，为了在类中描述属性和行为时也达到这个要求，就需要定义私有成员。私有成员变量和私有成员方法的命名均以 "__"（双下划线）作为开头。

```
class phone:
    IMEI = None
    producer = None
    __current_voltage = None            #私有成员变量
    def call_by_5g(self):
        print("5G 通话已开启")
    def __keep_single_core(self):       #私有成员方法
        print("让 CPU 以单核模式运行以节省电量")
```

私有成员无法被类对象使用，但是可以被类中其他的成员使用。

```
class phone:
    IMEI =  None
    producer  =  None
    __current_voltage = None
    def call_by_5g(self):
    if self.__current_voltage  > = 1:      #在成员方法内可以访问其他私有成员
      self.__keep_single_core()
      print("5G 通话已开启")
    else:
      print("通话失败，电量不足")
    def__keep_single_core(self):
      print("让 CPU 以单核模式运行以节省电量")
```

(4) 类的继承

1）继承：子类从父类那里继承（复制）成员变量和成员方法（不含私有成员）。

① 单继承。

```
父类:
class phone:
        IMEI  =  None           #序列号
        producer  =  None       #厂商
        def call_by_4g(self):
        print("4G 通话")
```

```
继承后子类的属性和方法:
class phone2024:
        IMEI = None             #序列号
        producer = None         #厂商
        face_id = True          #面部识别
        def call_by_4g(self):
            print("4G 通话")
        def call_by_5g(self):
            print("2024 最新 5G 通话")
```

```
子类:
class phone2024(phone):
        face_id = True      #面部识别
        def call_by_5g(self):
            print("2024 最新 5G 通话")
```

② 多继承。

```
class phone:
        IMEI = None             #序列号
        producer = None         #厂商
        def call_by_5g(self):
            print("5G 通话")
class NFCReader:
        nfc_type  = "第五代"
        producer  = "HM"
        def read_card(self):
            print("读取 NFC 卡")
        def write_card(self):
            print("写入 NFC 卡")
class Remotecontrol:
        rc_type = "红外遥控"
        def control(self):
            print("红外遥控开启")
class Myphone(phone,NFCReader,Remotecontrol):
        pass
```

如果多个父类中有同名的成员，那么默认以继承顺序（从左到右）为优先级。pass 是占位语句，表示无内容、空的意思，用来保证方法（函数）或类定义的完整性。

2）复写：子类继承父类的成员属性和成员方法后，如果对其“不满意”，那么可以进行复写。即在子类中重新定义同名的属性或方法即可。

```
class phone:
    IMEI = None
    producer = "ITCAST"
    def call_by_5g(self):
        print("父类的 5G 通话")
class Myphone(phone):
    producer = "ITHEIMA"        #复写父类属性
    def call_by_5g(self):       #复写父类方法
        print("子类的 5G 通话")
```

一旦复写父类成员，那么类对象在调用成员时，就会调用复写后的新成员。如果需要使用被复写的父类成员，那么需要特殊的调用方式：

```
class phone:
    IMEI = None              #序列号
    producer = "ITCAST"      #厂商
    def call_by_5g(self):
        print("父类的 5G 通话")
class MyPhone(phone):
    producer = "ITHEIMA"
    def call_by_5g(self):
        #方式 1
        primnt(f"父类的品牌是:{phone.producer}")
        phone.call_by_5g(self)
        #方式 2
        print(f"父类的品牌是:{super().producer}")
        super(.call_by_5g())
        print("子类的 5G 通话")
```

抽象类（接口）：含有抽象方法的类称之为抽象类。

抽象方法：方法体是空实现（pass）的方法称之为抽象方法。

抽象类多用于做顶层设计（设计标准），以便子类做具体实现或复写父类的方法。

1.3 基于 Python 的数据分析与可视化

1.3.1 Python 的数据分析库与数据可视化库

Python 的数据分析库有很多，其中最常用的是 pandas、NumPy 和 SciPy。pandas 是基于 NumPy 开发的数据分析库，提供了快速、灵活、可扩展的数据结构，可以轻松地处理大量数据。NumPy 是 Python 中的数值计算库，提供了高效的多维数组和矩阵运算。SciPy 是基于 NumPy 的科学计算库，提供了许多科学计算的工具和算法。

此外，Python 还有一些其他的数据可视化库，如 Matplotlib、seaborn、Plotly 等。Matplotlib 是 Python 中最常用的可视化库之一，可以绘制各种类型的图形，包括线图、散点图、柱状图、饼图等。seaborn 是基于 Matplotlib 的高级可视化库，提供了更多的图形类型和更美观的图形样式。Plotly 是一种交互式可视化库，可以生成动态的图形，并且支持在线共享和嵌入。

1.3.2　基于 Python 的数据分析

基于 Python 的数据分析步骤如下。

步骤 1：数据收集。从各种数据源（包括数据库、文件、API 等）中收集数据。

步骤 2：数据清洗。对收集到的数据进行清洗和预处理，包括去重、缺失值处理、异常值处理等。

步骤 3：数据分析。使用 pandas 等库对数据进行分析，包括统计分析、聚合分析、时间序列分析等。

步骤 4：数据可视化。使用 Matplotlib、seaborn、Plotly 等库将分析结果进行可视化展示。

步骤 5：结果呈现。将分析结果整理成报告或者演示文稿等形式并呈现给相关人员。

1.3.3　基于 Python 的数据可视化

基于 Python 的数据可视化主要使用 Matplotlib、seaborn 和 Plotly 这三个库。常见的数据可视化方法如下。

1. 折线图

折线图是一种常见的统计图形，用于展示数据随时间变化的趋势。使用 Matplotlib 生成折线图的代码如下：

```
import matplotlib.pyplot as plt
import numpy as np
x = np.linspace(0,10,100)
y = np.sin(x)
plt.plot(x,y)
plt.xlabel('Time')
plt.ylabel('Value')
plt.title('LineChart')
plt.show()
```

2. 散点图

散点图是一种常见的二维图形，用于展示两个变量之间的关系。使用 Matplotlib 生成散点图的代码如下：

```
import matplotlib.pyplot as plt
import numpy as np
x = np.random.randn(100)
y = np.random.randn(100)
plt.scatter(x,y)
plt.xlabel('X')
plt.ylabel('Y')
plt.title('ScatterPlot')
plt.show()
```

3. 柱状图

柱状图是一种常见的统计图形，用于展示不同类别之间的比较。使用 Matplotlib 生成柱状图的代码如下：

```
import matplotlib. pyplot as plt
x = ['A','B','C','D','E']
y = [10,8,6,4,2]
plt. bar(x,y)
plt. xlabel('Category')
plt. ylabel('Value')
plt. title('BarChart')
plt. show()
```

4. 饼图

饼图是一种常见的统计图形，用于展示不同类别之间的比例关系。使用 Matplotlib 生成饼图的代码如下：

```
import matplotlib. pyplot as plt
labels = ['A','B','C','D']
sizes = [15,30,45,10]
plt. pie(sizes,labels = labels)
plt. title('PieChart')
plt. show()
```

5. 箱线图

箱线图用于查看一组或多组数据中值的分布。使用 seaborn 生成箱线图的代码如下：

```
import pandas as pd
import seaborn as sns
#使用 read_csv 读取数据集
df = pd. read_csv("stock_data. csv",parse_dates = True)
df. drop(columns = 'Unnamed:0',inplace = True)
df['Date'] = pd. to_datetime(df['Date'])
#从 Date 列中提取 year
df["Year"] = df["Date"]. dt. year
#按 Year 对 boxplot 进行分组
sns. boxplot(data = df,x = "Year",y = "Open")
```

其中，使用 pd. to_datetime 获取一个名为“Year”的新列作为 X 轴数据，取“Open”列作为 Y 轴数据，可视化结果如图 1. 27 所示。

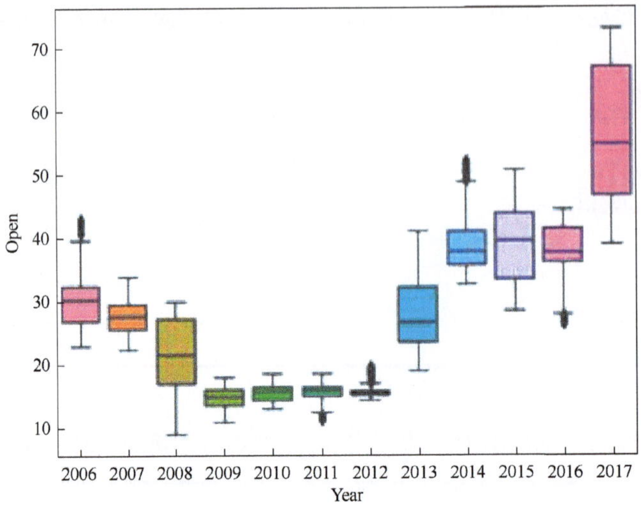

图 1. 27　箱线图可视化结果

1.4 基于 Python 的聚类算法

聚类又称为聚类分析，是一种无监督学习方法，用于挖掘数据中的潜在特征规律。该方法提供了多种算法选择，并不存在单一的最佳算法。因此，建议能够探索多种聚类算法及其不同配置，以找到最适合特定数据集的解决方案。

1.4.1 聚类分析

聚类分析是一种无监督的机器学习任务，旨在自动发现数据中的自然分组。与预测建模不同，聚类算法只分析输入数据，并在输入数据的特征空间中找到自然组或群集。聚类分析适用于没有明确预测类的情况，只需将实例按照相似特征划分为自然组。因此，聚类有助于数据分析，可用于模式发现或知识发现。聚类不仅可以将正常数据与异常值分开，也可以根据数据的自然特征进行群集细分，还可以作为特征工程的一部分，将数据映射到已划分的某个群集中。

群集有中心（质心）和边界，是特征空间中的密度区域。同一群集中的数据比其他群集中的数据相似性更高。尽管有定量的评估方法，但是群集的评估是主观的，可能还需要领域专家的判断。聚类算法通常在人工合成数据集上进行分析，并与预先定义的群集进行比较。由于聚类是无监督学习，因此评估其输出质量具有一定的挑战性。

1.4.2 聚类算法

1. 算法简介

聚类算法有很多类型，通常使用相似度或距离度量在特征空间中发现观测数据的密集区域。聚类分析的核心目标是评估同一群集中不同对象之间的相似度，不同的聚类算法尝试根据对象的相似性对其进行分组。有些算法需要指定或猜测群集数量，而另一些算法则要求指定观测数据之间的最小距离。聚类分析是一个迭代的过程，通过对群集的主观评估来反馈并调整算法配置，直到获得满意的结果。Python 的 scikit-learn 库提供了多种聚类算法，包括亲和力传播、聚合聚类、BIRCH、DBSCAN、K-均值、MiniBatch K-均值、均值漂移、OPTICS、光谱聚类和高斯混合模型。每种算法在数据中划分自然组的方法各不相同，没有最好的聚类算法，也没有简单方法找到最优的算法。

2. 工具安装

(1) scikit-learn 库安装

在 Linux 系统中，可以使用 pip 语句安装 scikit-learn 库，即“sudo pip install scikit-learn”。确认安装完成库后，运行以下语句来检查库的版本号。

```
#检查 scikit-learn 版本
import sklearn
print(sklearn.__version__)
```

(2) 数据集生成

使用 make_classification()函数创建一个测试二分类的数据集，该数据集包含 1000 个数据，每个类别中的数据均有两个输入特征和一个群集。这些群集在两个维度上是可见的，因此可以用散点图将生成的数据集可视化，并用不同的颜色对不同群集中的数据点进行标注。这有助于了解聚类算法在测试问题上的识别能力。该测试问题中的群集是基于多变量高斯分布进行划分的，并非所有聚类算法都能有效识别这些群集。生成与可视化聚类数据集的代码如下：

```
#二分类数据集
from numpy import where
from sklearn.datasets import make_classification
from matplotlib import pyplot
#生成数据集
X,y = make_classification(n_samples = 1000,n_features = 2,n_informative = 2,n_redundant = 0,n_clusters_per_class = 1,random_state = 4)
#为每个类别的样本创建散点图
for class_value in range(2):
    #获取此类别数据的行索引
    row_ix = where(y == class_value)
    #生成这些数据的散点图
    pyplot.scatter(X[row_ix,0],X[row_ix,1])
#绘制散点图
pyplot.show()
```

运行上述代码将生成聚类数据集，并生成输入数据的散点图。散点图中的数据点根据类标签（理想化的群集）进行着色，如图 1.28 所示。从图中可以清楚地看到两组不同的数据群集，并希望通过聚类算法可以自动检测这些分组。

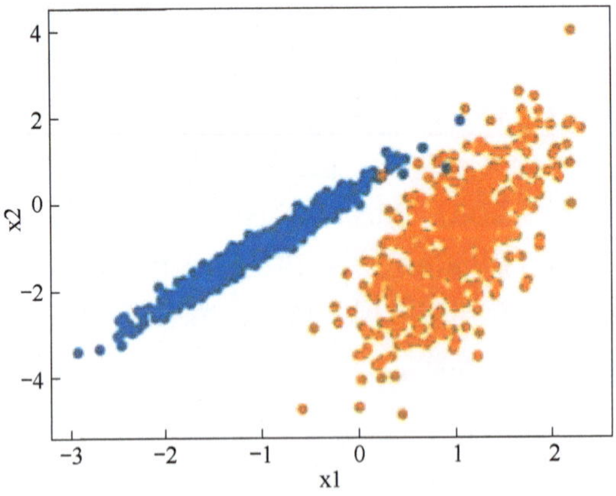

图 1.28　生成的两组数据群集的散点图

3. 算法实例

(1) 亲和力传播

亲和力传播（Affinity Propagation）通过找到一组最能概括数据的范例来进行聚类。该算法使用数据点之间的相似度作为输入度量，并在数据点之间交换实值信息，直到一组高质量的范例和相应的群集逐渐出现。该算法通过 scikit-learn 中的 AffinityPropagation 类实现，主要的配置参数包括 damping 及 preference，damping 通常设置在 0.5～1 之间。亲和力传播的完整代码如下：

```
#亲和力传播聚类
from numpy import unique
from numpy import where
from sklearn.datasets import make_classifiation
from sklearn.cluster import AffinityPropagation
from matplotlib import pyplot
#定义数据集
X,_ = make_classification(n_samples = 1000,n_features = 2,n_informative = 2,n_redundant = 0,n_clusters_per_class = 1,random_state = 4)
#定义模型
model = AffinityPropagation(damping = 0.9)
#模型拟合
model.fit(X)
#为每个数据分配一个群集
yhat = model.predict(X)
#检索唯一群集
clusters = unique(yhat)
#为每个群集的数据创建散点图
for cluster in clusters:
    #获取此群集中数据的行索引
    row_ix = where(yhat == cluster)
    #创建这些数据的散点图
    pyplot.scatter(X[row_ix,0],X[row_ix,1])
#绘制散点图
pyplot.show()
```

运行上述代码可以预测数据集中每个数据的群集。然后可以创建一个数据集的散点图，并根据其所属的不同群集进行着色，如图 1.29 所示。从图中可以看出使用亲和力传播算法无法取得良好的聚类效果。

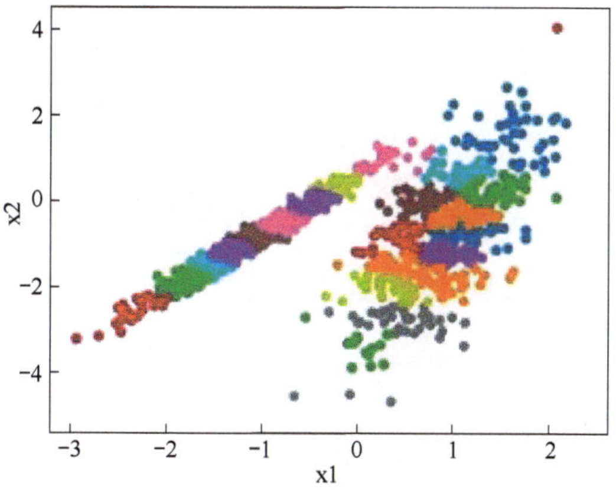

图 1.29　使用亲和力传播算法得到的聚类结果图

(2) 聚合聚类

聚合聚类（Agglomerative Clustering）是一种层次聚类算法，通过逐步合并数据点来形成群集，直到达到所需的群集数量。该算法通过 scikit-learn 中的 AgglomerativeClustering 类实现，主要的配置参数是 n_clusters，用于估计数据中的群集数量。聚合聚类的完整代码如下：

```
#聚合聚类
from numpy import unique
from numpy import where
from sklearn.datasets import make_classification
from sklearn.cluster import AgglomerativeClustering
from matplotlib import pyplot
#定义数据集
X,_ = make_classification(n_samples = 1000,n_features = 2,n_informative = 2,n_redundant = 0,n_clusters_
per_class = 1,random_state = 4)
#定义模型
model = AgglomerativeClustering(n_clusters = 2)
#模型拟合与聚类预测
yhat = model.fit_predict(X)
#检索唯一群集
clusters = unique(yhat)
#为每个群集的数据创建散点图
for cluster in clusters:
    #获取此群集中数据的行索引
    row_ix = where(yhat == cluster)
    #创建这些数据的散点图
    pyplot.scatter(X[row_ix,0],X[row_ix,1])
#绘制散点图
pyplot.show()
```

运行上述代码可以预测数据集中每个数据的群集。然后可以创建一个数据集的散点图，并根据其所属的不同群集进行着色，如图 1.30 所示。从图中可以看出使用聚合聚类算法可以为数据集找到一个合理的分组。

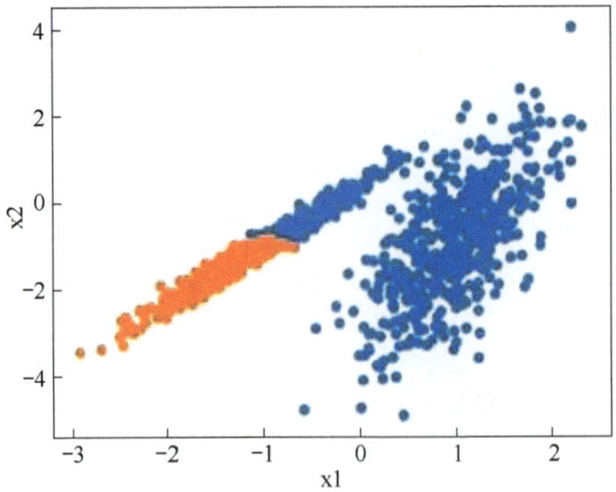

图 1.30　使用聚合聚类算法得到的聚类结果图

（3）BIRCH

BIRCH（Balanced Iterative Reducing and Clustering using Hierarchies）通过构建树状结构来提取聚类质心。BIRCH 递增地和动态地群集多维数据点，利用可用资源（内存和时间）

产生最佳质量的聚类。该算法通过 scikit-learn 中的 Birch 类实现，主要的配置参数包括 threshold 和 n_clusters，后者用于估计群集数量。BIRCH 的完整代码如下：

```
#BIRCH
from numpy import unique
from numpy import where
from sklearn.datasets import make_classification
from sklearn.cluster import Birch
from matplotlib import pyplot
#定义数据集
X,_ = make_classification(n_samples = 1000,n_features = 2,n_informative = 2,n_redundant = 0,n_clusters_per_class = 1,random_state = 4)
#定义模型
model = Birch(threshold = 0.01,n_clusters = 2)
#模型拟合
model.fit(X)
#为每个数据分配一个群集
yhat = model.predict(X)
#检索唯一群集
clusters = unique(yhat)
#为每个群集的数据创建散点图
for cluster in clusters:
    #获取此群集中数据的行索引
    row_ix = where(yhat = = cluster)
    #创建这些数据的散点图
    pyplot.scatter(X[row_ix,0],X[row_ix,1])
#绘制散点图
pyplot.show()
```

运行上述代码可以预测数据集中每个数据的群集。然后可以创建一个数据集的散点图，并根据其所属的不同群集进行着色，如图 1.31 所示。从图中可以看出使用 BIRCH 算法可以为数据集找到一个较好的分组。

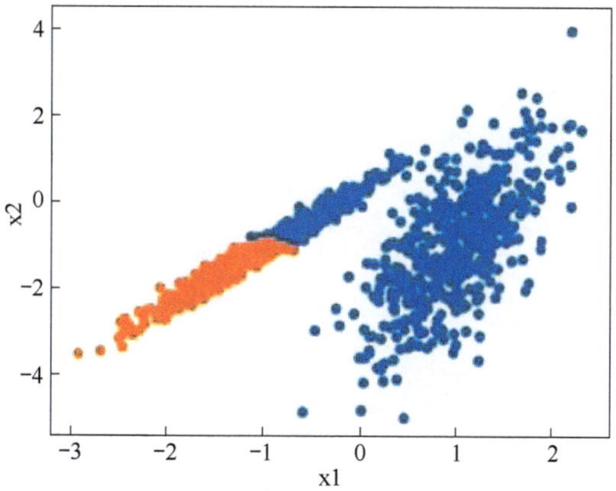

图 1.31　使用 BIRCH 算法得到的聚类结果图

(4) DBSCAN

DBSCAN（Density-Based Spatial Clustering of Application with Noise）聚类通过在数据中寻

找高密度区域并扩展其特征空间来形成群集。DBSCAN 使用基于密度的概念来发现任意形状的群集，只需少量输入参数且支持用户确定其值。该算法通过 scikit-learn 中的 DBSCAN 类实现，主要的配置参数包括 eps 和 min_samples。DBSCAN 的完整代码如下：

```
#DBSCAN 聚类
from numpy import unique
from numpy import where
from sklearn.datasets import make_classification
from sklearn.cluster import DBSCAN
from matplotlib import pyplot
#定义数据集
X,_ = make_classification(n_samples = 1000,n_features = 2,n_informative = 2,n_redundant = 0,n_clusters_per_class = 1,random_state = 4)
#定义模型
model = DBSCAN(eps = 0.30,min_samples = 9)
#模型拟合与聚类预测
yhat = model.fit_predict(X)
#检索唯一群集
clusters = unique(yhat)
#为每个群集的数据创建散点图
for cluster in clusters:
    #获取此群集中数据的行索引
    row_ix = where(yhat == cluster)
    #创建这些数据的散点图
    pyplot.scatter(X[row_ix,0],X[row_ix,1])
#绘制散点图
pyplot.show()
```

运行上述代码可以预测数据集中每个数据的群集。然后可以创建一个数据集的散点图，并根据其所属的不同群集进行着色，如图 1.32 所示。从图中可以看出使用 DBSCAN 算法尽管需要进一步调整参数，但还是为数据集找到了合理的分组。

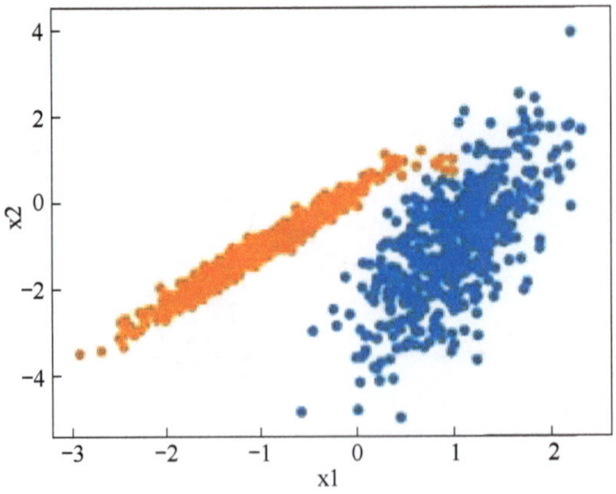

图 1.32 使用 DBSCAN 算法得到的聚类结果图

(5) K-均值

K-均值（K-Means）聚类是最常见的聚类算法之一，旨在将数据分配到群集中，以实现每个群集内的方差最小化。该算法通过 scikit-learn 中的 KMeans 类实现，主要的配置参数是 n_clusters，用于估计数据中的群集数量。K-均值的完整代码如下：

```
#K-Means 聚类
from numpy import unique
from numpy import where
from sklearn.datasets import make_classification
from sklearn.cluster import KMeans
from matplotlib import pyplot
#定义数据集
X,_ = make_classification(n_samples=1000,n_features=2,n_informative=2,n_redundant=0,n_clusters_per_class=1,random_state=4)
#定义模型
model = KMeans(n_clusters=2)
#模型拟合
model.fit(X)
#为每个数据分配一个群集
yhat = model.predict(X)
#检索唯一群集
clusters = unique(yhat)
#为每个群集的数据创建散点图
for cluster in clusters:
    #获取此群集中数据的行索引
    row_ix = where(yhat == cluster)
    #创建这些数据的散点图
    pyplot.scatter(X[row_ix,0],X[row_ix,1])
#绘制散点图
pyplot.show()
```

运行上述代码可以预测数据集中每个数据的群集。然后可以创建一个数据集的散点图，并根据其所属的不同群集进行着色，如图 1.33 所示。从图中可以看出使用 K-Means 算法可以为数据集找到一个合理的分组。

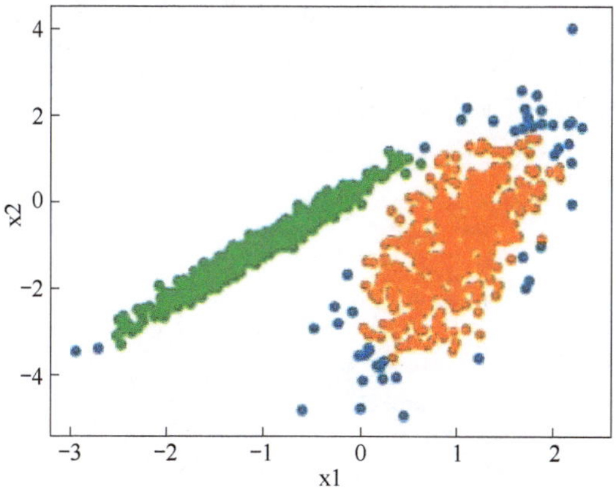

图 1.33　使用 K-Means 算法得到的聚类结果图

（6） Mini Batch K-均值

Mini Batch K-均值（Mini Batch K-Means）是 K-均值的改进版本，使用小批量样本而不是整个数据集来更新群集质心。该算法可以加快大数据集的更新速度，并能更加健壮地处理统计噪声。相比传统的批处理算法，Mini Batch K-Means 显著降低了计算成本，并提供了比在线随机梯度下降更好的解决方案。该算法通过 scikit-learn 中的 MiniBatchKMeans 类实现，主要的配置参数是 n_clusters，用于估计数据中的群集数量。Mini Batch K-Means 的完整代码如下：

```
#Mini Batch K-Means 聚类
from numpy import unique
from numpy import where
from sklearn.datasets import make_classification
from sklearn.cluster import MiniBatchKMeans
from matplotlib import pyplot
#定义数据集
X,_ = make_classification(n_samples = 1000,n_features = 2,n_informative = 2,n_redundant = 0,n_clusters_per_class = 1,random_state = 4)
#定义模型
model = MiniBatchKMeans(n_clusters = 2)
#模型拟合
model.fit(X)
#为每个数据分配一个群集
yhat = model.predict(X)
#检索唯一群集
clusters = unique(yhat)
#为每个群集的数据创建散点图
for cluster in clusters:
    #获取此群集中数据的行索引
    row_ix = where(yhat == cluster)
    #创建这些数据的散点图
    pyplot.scatter(X[row_ix,0],X[row_ix,1])
#绘制散点图
pyplot.show()
```

运行上述代码可以预测数据集中每个数据的群集。然后可以创建一个数据集的散点图，并根据其所属的不同群集进行着色，如图 1.34 所示。从图中可以看出使用 Mini Batch K-Means算法可以找到与 K-Means 算法相当的结果。

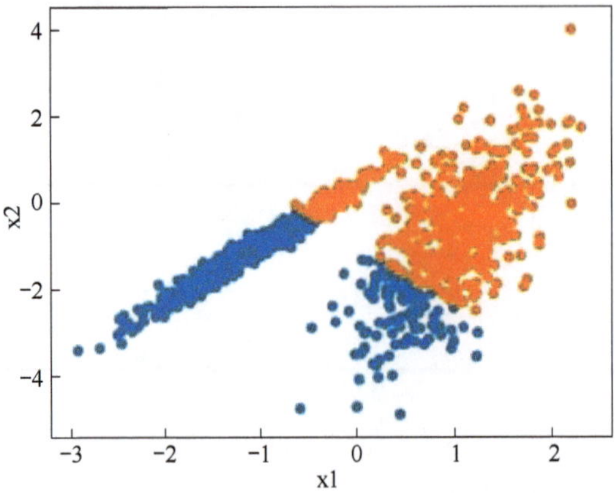

图 1.34　使用 Mini Batch K-Means 算法得到的聚类结果图

(7) 均值漂移

均值漂移（Mean-Shift）聚类根据特征空间中的实例密度来寻找和调整质心。对离散数据证明了递推平均移位程序收敛到最接近驻点的基础密度函数，从而证明了它在检测密度模式中的应用。该算法通过 scikit-learn 中的 MeanShift 类实现，均值漂移聚类的完整代码如下：

```
#均值漂移聚类
from numpy import unique
from numpy import where
from sklearn. datasets import make_classification
from sklearn. cluster import MeanShift
from matplotlib import pyplot
#定义数据集
X,_ = make_classification(n_samples = 1000,n_features = 2,n_informative = 2,n_redundant = 0,n_clusters_
per_class = 1,random_state = 4)
#定义模型
model = MeanShift( )
#模型拟合与聚类预测
yhat = model. fit_predict(X)
#检索唯一群集
clusters = unique(yhat)
#为每个群集的数据创建散点图
for cluster in clusters:
    #获取此群集中数据的行索引
    row_ix = where(yhat = = cluster)
    #创建这些数据的散点图
    pyplot. scatter(X[row_ix,0]X[row_ix,1])
#绘制散点图
pyplot. show( )
```

运行上述代码可以预测数据集中每个数据的群集。然后可以创建一个数据集的散点图，并根据其所属的不同群集进行着色，如图 1.35 所示。从图中可以看出使用均值漂移聚类算法可以在数据中找到合理的分组。

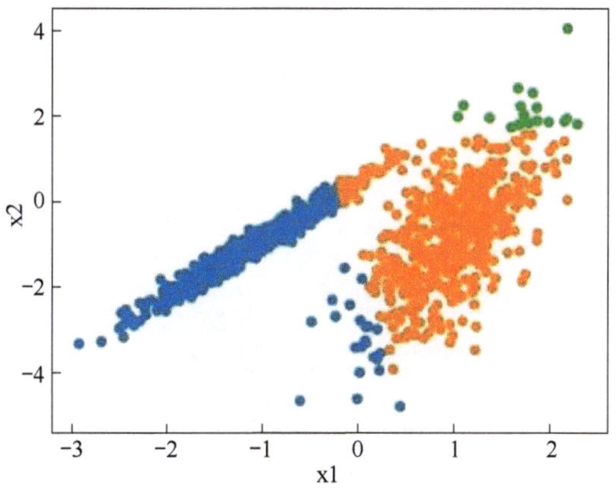

图 1.35　使用均值漂移聚类的聚类结果图

(8) OPTICS

OPTICS 聚类（Ordering Points To Identify the Clustering Structure）是 DBSCAN 的改进版本。它引入了一种新的聚类分析算法，不会显式地生成数据集的聚类，而是创建一个增强排序的数据库，表示基于密度的聚类结构。这种排序包含与密度聚类相对应的信息，适用于广泛的参数设置。该算法通过 scikit-learn 中的 OPTICS 类实现，主要的配置参数包括 eps 和 min_samples。OPTICS 的完整代码如下：

```
#OPTICS 聚类
from numpy import unique
from numpy import where
from sklearn. datasets import make_classification
from sklearn. cluster import OPTICS
from matplotlib import pyplot
#定义数据集
X,_ = make_classification(n_samples = 1000,n_features = 2,n_informative = 2,n_redundant = 0,n_clusters_
per_class = 1,random_state = 4)
#定义模型
model = OPTICS(eps = 0. 8,min_samples = 10)
#模型拟合与聚类预测
yhat = model. fit_predict(X)
#检索唯一群集
clusters = unque(yhat)
#为每个群集的数据创建散点图
for cluster in clusters:
    #获取此群集中数据的行索引
    row_ix = where(yhat = = cluster)
    #创建这些数据的散点图
    pyplot. scatter(X[row_ix,0],X[row_ix,1])
#绘制散点图
pyplot. show()
```

运行上述代码可以预测数据集中每个数据的群集。然后可以创建一个数据集的散点图，并根据其所属的不同群集进行着色，如图 1.36 所示。从图中可以看出 OPTICS 算法无法在此数据集上获得合理的聚类结果。

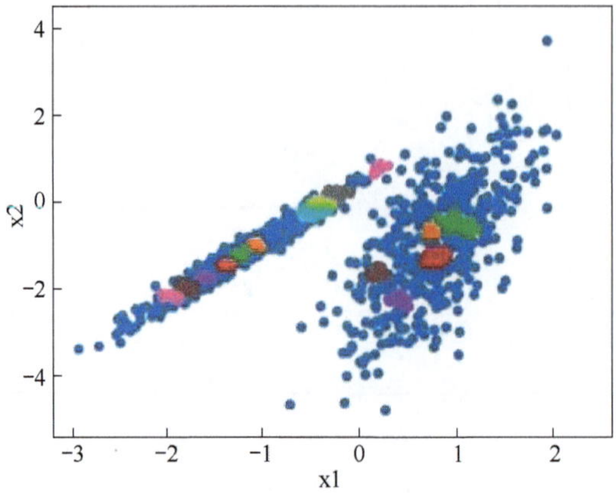

图 1.36　使用 OPTICS 聚类算法得到的聚类结果图

(9) 光谱聚类

光谱聚类（Spectral Clustering）源自线性代数，是一种适用于处理多个领域中数据的通用聚类算法。该算法使用从各数据点之间距离导出的矩阵特征向量来进行聚类。光谱聚类通过 scikit-learn 中的 SpectralClustering 类实现，主要的配置参数是 n_clusters。光谱聚类的完整代码如下：

```
#光谱聚类
from numpy import unique
from numpy import where
from sklearn. datasets import make_classification
from sklearn. cluster import SpectralClustering
from matplotlib import pyplot
#定义数据集
X,_ = make_classification(n_samples = 1000,n_features = 2,n_informative = 2,n_redundant = 0,n_clusters_
per_class = 1,random_state = 4)
#定义模型
model = SpectralClustering(n_clusters = 2)
#模型拟合与聚类预测
yhat = model. fit_predict(X)
#检索唯一群集
clusters = unique(yhat)
#为每个群集的数据创建散点图
for cluster in clusters:
    #获取此群集中数据的行索引
    row_ix = where(yhat = = cluster)
    #创建这些数据的散点图
    pyplot. scatter(X[row_ix,0],X[row_ix,1])
#绘制散点图
pyplot. show()
```

运行上述代码可以预测数据集中每个数据的群集。然后可以创建一个数据集的散点图，并根据其所属的不同群集进行着色，如图 1.37 所示。从图中可以看出使用光谱聚类算法可以为数据找到合理的分组。

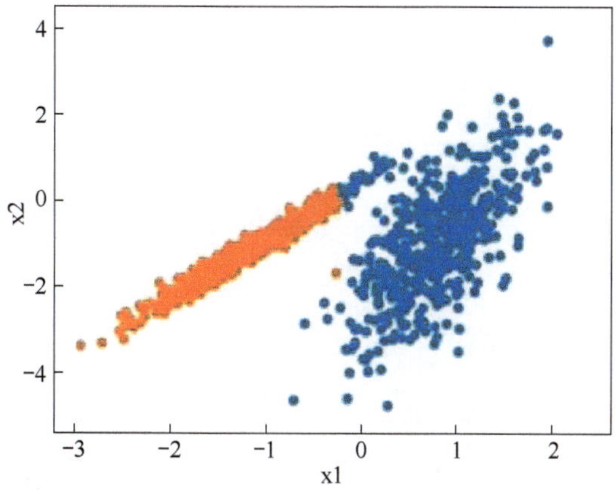

图 1.37 使用光谱聚类算法的聚类结果图

(10) 高斯混合模型

高斯混合模型（Gaussian Mixture Model）综合了多变量概率密度函数，由多个高斯概率分布组成。该模型通过 scikit-learn 中的 GaussianMixture 类实现，主要的配置参数是 n_components，用于指定混合模型个数。高斯混合模型的完整代码如下：

```
#高斯混合模型
from numpy import unique
from numpy import where
from sklearn. datasets import make_classification
from sklearn. mixture import GaussianMixture
from matplotlib import pyplot
#定义数据集
X,_ = make_classification(n_samples = 1000,n_features = 2,n_informative = 2,n_redundant = 0,n_clusters_per_class = 1,random_state = 4)
#定义模型
model = GaussianMixture(n_components = 2)
#模型拟合
model. fit(X)
#为每个数据分配一个群集
yhat = model. predict(X)
#检索唯一群集
clusters = unique(yhat)
#为每个群集的数据创建散点图
for cluster in clusters:
    #获取此群集中数据的行索引
    row_ix = where(yhat = = cluster)
    #创建这些数据的散点图
    pyplot. scatter(X[row_ix,0],X[row_ix,1])
#绘制散点图
pyplot. show()
```

运行上述代码可以预测数据集中每个数据的群集。然后可以创建一个数据集的散点图，并根据其所属的不同群集进行着色，如图 1.38 所示。从图中可以看出使用高斯混合模型能够将数据完美地分组，这是由于数据集是作为 Gaussian 的混合生成的。

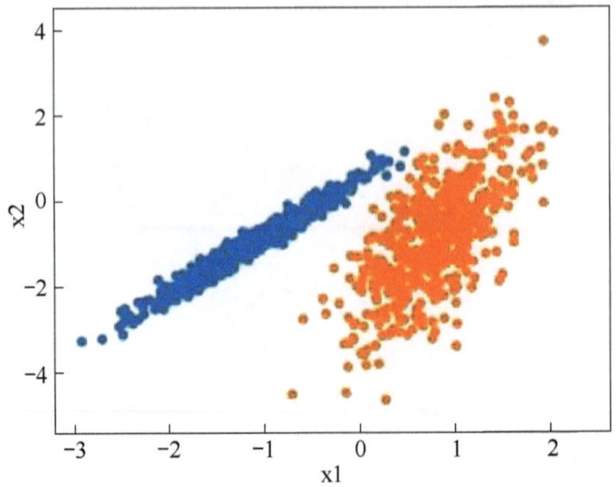

图 1.38　使用高斯混合模型得到的聚类结果图

第 2 章　机器学习

导　读

本章从机器学习的概念出发，简要介绍了机器学习的发展、问题描述、理论基础、主要方法、经典模型、知识图谱、三要素及基本流程；从数据挖掘的概念出发，简述了数据挖掘的预测建模和基本步骤；最后，简要阐述了机器学习和数据挖掘的常用工具。

机器学习是一种数据分析技术，使计算机从数据中“学习”信息，而不依赖于预定的方程模型。它是人工智能的核心，是赋予计算机智能的根本途径，广泛应用于图像识别、自然语言处理、推荐系统等多个领域。

机器学习的发展历程可以追溯到 20 世纪 50 年代，当时提出了感知器、神经网络等概念。到 20 世纪 80 年代末期，反向传播算法的提出给机器学习带来了新的希望，掀起了基于统计模型的机器学习热潮。到 20 世纪 90 年代初，美国政府提出了一个重要的计划——国家信息基础设施（National Information Infrastructure，NII）。该计划的技术含义包括了以下四个方面的内容。

1）不分时间与地域，可以方便地获得信息。

2）不分时间与地域，可以有效地利用信息。

3）不分时间与地域，可以有效地利用软硬件资源。

4）保证信息安全。

解决“信息有效利用”问题的本质是：如何根据用户的特定需求，从海量数据中建立模型或发现有用的知识。对计算机科学来说，这就是机器学习。人工智能的研究者普遍认可 Simon 对“学习”的定义：“如果一个系统能够通过执行某个过程改进它的性能，这就是学习。”这里的“系统”涵盖了计算系统、控制系统以及人工系统等。显然，不同系统的学习属于不同的科学领域。即使在计算系统中，由于目标不同，也分为“从有限观察中建立特定问题世界模型的机器学习”、“从观测数据中发现隐含内在关系的数据分析”以及“从观测数据中学习有用知识的数据挖掘”等不同分支。尽管这些分支采用的方法各异，但它们的共同目标都是“从大量无序的信息中提炼出简洁有序的知识”，因此它们都可以理解为 Simon意义下的“过程”，也就都是“学习”。

21 世纪以来，随着数据量的激增、计算能力的提升和算法的不断改进，机器学习进入了深度学习时代，取得了令人瞩目的成就。其在许多领域的应用成果，为人类社会带来了巨大的价值和意义。

2.1 机器学习的发展

机器学习的发展可以分为以下四个阶段。

1. 符号主义阶段

20 世纪 50 年代到 70 年代初期，机器学习被视为人工智能的一个子领域。这个阶段的主要方法是基于符号逻辑的推理和规则表达，如专家系统和决策树。决策树的应用示例如图 2.1所示。

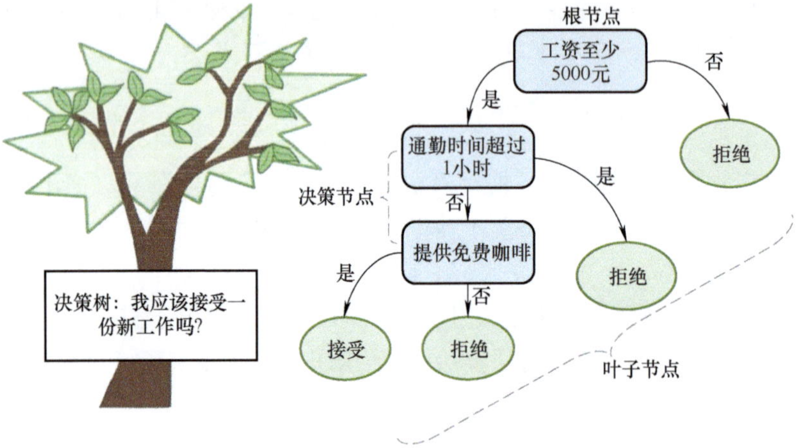

图 2.1　决策树的应用示例

2. 统计学习阶段

20 世纪 80 年代到 90 年代初期，机器学习开始采用统计学习方法，如最小二乘法、最大似然估计等。这个阶段的代表性算法包括神经网络、支持向量机、朴素贝叶斯等。

3. 深度学习阶段

2006 年以来，随着计算能力的提升和数据量的激增，深度学习迅速崛起。深度学习是一种基于神经网络的机器学习方法，可以处理大规模、高维度的数据。其代表性算法包括卷积神经网络（Convolutional Neural Network，CNN）、循环神经网络（Recurrent Neural Network，RNN）、深度置信网络（Deep Belief Network，DBN）等。

4. 强化学习阶段

目前，强化学习是机器学习领域的热门方向。强化学习通过与环境交互来学习最优策略，广泛应用于游戏、机器人控制、自然语言处理等领域。其代表性算法包括 Q 学习（Q-Learning）、深度 Q 学习（Deep Q-Network，DQN）、SARSA（State-Action-Reward-State-Action）、演员－评论家（Actor-Critic）等。图 2.2 所示为 DQN 的结构示意图。

图中，r 表示奖励，a 表示动作，s 表示状态，s'表示下一时刻状态，$p(s' \mid s,a)$ 表示状态转移概率。θ 是随机权向量，θ'是随机最优权向量。

总的来说，机器学习的发展经历了从符号主义到统计学习，再到深度学习和强化学习的不断演进，未来还将继续发展和创新，为人类带来更多的便利和价值。

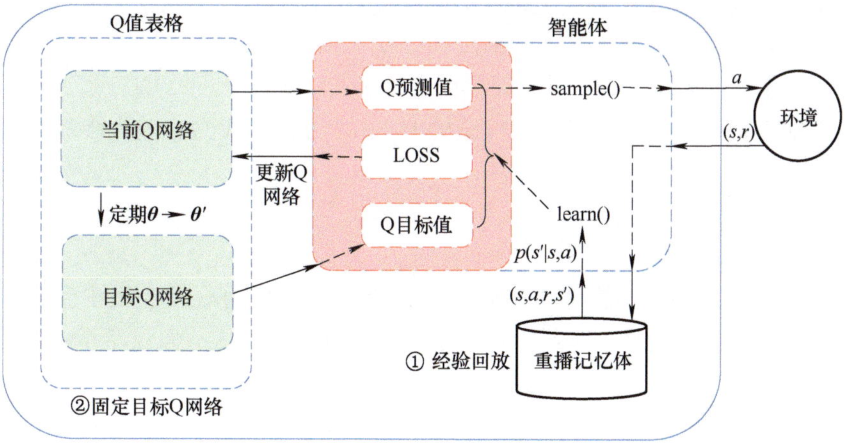

图 2.2　DQN 的结构示意图

2.2 机器学习的问题描述

现将讨论限制在“从有限观察中建立特定问题世界模型的机器学习”与“从观测数据中发现隐含内在关系的数据分析”上，并将二者统称为机器学习，其问题描述如下：

假设 W 是给定世界的有限或无限的所有观测对象的集合。由于人们观察能力的限制，只能获得这个世界的一个有限子集 Q，称为样本集。机器学习就是根据样本集来推算这个世界的模型，使所建模型尽可能真实地反映给定世界。上述描述隐含了三个需要解决的问题。

1）一致性：假设世界 W 与样本集 Q 有相同的性质。例如，如果学习过程基于统计原理，那么独立同分布（i. i. d.）就是一种一致性假设。

2）划分：将样本集放到 N 维空间中，寻找一个定义在该空间上的决策分界面（等价关系），使问题决定的不同对象被划分在不相交的区域。

3）泛化：泛化能力是评估所建模型反映世界真实程度的指标。利用有限样本集计算一个模型，使这个指标值最大（或最小）。

以上问题对观测数据提出了相当严格的要求。首先，需要根据一致性假设采集数据，构成机器学习算法所需的样本集；其次，需要寻找一个空间来表示这个问题；最后，模型的泛化指标需要满足一致性假设，并能够指导算法设计。这些要求限制了机器学习的应用范围。

2.3 机器学习的理论基础与主要方法

2.3.1 机器学习的理论基础

1. 理论基础

机器学习的理论基础之一是神经科学，其中对机器学习进展产生重要影响的三个发现分别为：

1）James 关于神经元是相互连接的发现。

2）McCulloch 与 Pitts 关于神经元的工作方式是“兴奋”和“抑制”的发现。

3）Hebb 学习律（神经元相互连接强度的变化）的发现。

其中，McCulloch 与 Pitts 的发现对近代信息科学产生了巨大的影响，是近代机器学习的基本模型，再加上指导改变神经元之间权值的 Hebb 学习律，成为目前大多数流行机器学习算法的理论基础。

2. 两个假设

（1）单细胞假设

1954 年，Barlow 提出单细胞学说。假设从初级阶段而来的输入会集中到具有专一性响应特点的单细胞，并会使用这个神经单细胞来表征视觉客体。这一假设暗示，神经单细胞可能具有复杂的结构。

（2）ensemble 假设

1954 年，Hebb 提出 ensemble 假设，即视觉客体是由相互关联的神经细胞集合体来表征的。

在机器学习中，一直存在着两种相互补充的研究路线，单细胞假设和 ensemble 假设对机器学习研究有重要的启示作用。

通过“对神经细胞模型假设的差别”将机器学习领域划分为两大支系。一个是强调模型的整体性，基于“表征客体的单一细胞论”的 Barlow 路线。另一个是强调对世界的表征需要多个神经细胞集群，基于“表征客体的多细胞论”的 Hebb 路线。这一划分清晰地将机器学习方法分为两大类：以 Barlow 路线为基础的感知器、反向传播算法与支持向量机等；以 Hebb 路线为基础的样条理论、K-最近邻、Madaline、符号机器学习、集群机器学习与流形学习等。目前，统计机器学习与集群学习发展良好，特别是将弱学习提升为强学习的 Boosting 算法。

2.3.2 机器学习的主要方法

机器学习的主要方法可以分为有监督学习、无监督学习、半监督学习和强化学习，如图 2.3所示。

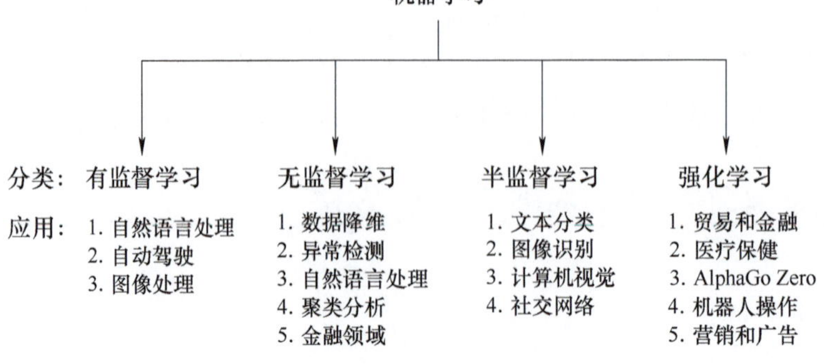

图 2.3　机器学习的主要方法

1. 有监督学习

有监督学习能够基于已有的数据建立一个可以在不确定性的情况下做出预测的模型。该模型接受已知的输入数据集及其对应的已知响应（输出），通过训练，模型能够对新输入数据的响应做出合理预测。因此，如果需要预测已知数据的输出，可以使用有监督学习。

有监督学习采用分类方法和回归方法来开发机器学习模型。

1）分类方法。用于预测离散响应。例如，判断电子邮件是正常邮件还是垃圾邮件，或肿瘤是恶性还是良性的。分类模型将输入数据划分成不同类别。典型的应用包括医学成像、语音识别和信用评分等。

如果数据能被标记、分类或分为特定的组或类，就可以使用分类方法。例如，在笔迹识别应用中，会使用分类来区分字母和数字。在图像处理和计算机视觉应用中，有监督模式识别算法应用于目标检测和图像分割，是最常见的分类方法。

2）回归方法。用于预测连续响应。例如，预测电池荷电状态、电网电力负荷或金融资产价格等。典型的应用包括虚拟传感、电力负荷预测和算法交易等。

如果要处理一个数据范围，或响应的性质是一个实数（比如温度或设备发生故障前的运行时间），就可以使用回归方法。

2. 无监督学习

无监督学习不需要事先给数据打标签，而是让算法自行发现数据中的结构和模式。无监督学习有许多应用场景，如数据挖掘、图像处理、自然语言处理、推荐系统等。此外，无监督学习的算法也有许多种。

1）聚类算法。这种算法可以根据数据点之间的相似度将数据分成几个类别。聚类算法有 K-Means、DBSCAN、层次聚类等。

2）降维算法。这种算法可以将高维数据降到低维，以便对其进行可视化和处理。降维算法有主成分分析（Principal Component Analysis，PCA）、独立成分分析（Independent Component Analysis，ICA）、t-SNE 等。

3）异常检测算法。这种算法可以识别数据中的异常值或者异常点。异常检测算法有支持向量机（Support Vector Machine，SVM）、孤立森林（Isolation Forest，iForest）、局部离群因子（Local Outlier Factor，LOF）等。

4）分割算法。这种算法可以将数据分成几段或几组。分割算法有均值漂移（Mean Shift）、高斯混合模型（Gaussian Mixture Model，GMM）等。

5）去噪算法。这种算法可以减少或者去除数据中的噪声。去噪算法有小波变换（Wavelet Transform，WT）、自编码器（AutoEncoder，AE）、非负矩阵分解（Non-negative Matrix Factorization，NMF）等。

6）链接预测算法。这种算法可以预测数据点之间的未来链接。链接预测算法有优先链接（Preferential Attachment）、局部路径（Local Path）、随机游走（Random Walk）等。

7）关联规则算法。这种算法可以发现数据中的频繁模式或者关联规则。关联规则算法有 Apriori、FP-Growth、Eclat 等。

8）主题模型算法。这种算法可以从文本数据中提取主题或者话题。主题模型算法有潜在语义分析（Latent Semantic Analysis，LSA）、潜在狄利克雷分配（Latent Dirichlet Allocation，LDA）等。

9）推荐系统算法。这种算法可以根据用户的历史行为或者偏好来推荐他们可能感兴趣的商品或者服务。推荐系统算法有协同过滤（Collaborative Filtering）推荐算法、基于内容（Content-based）的推荐算法、基于矩阵分解（Matrix Factorization-based）的推荐算法等。

10）生成模型算法。这种算法可以根据已有的数据来生成新的数据。生成模型算法有高斯混合模型（GMM）、变分自编码器（Variational AutoEncoder，VAE）、生成对抗网络（Generative Adversarial Network，GAN）等。

11）自组织映射算法。这种算法可以把高维的数据映射到低维的空间，并且保持数据点之间的拓扑结构。自组织映射算法有 Kohonen 网络、神经气体（Neural Gas）等。

3. 半监督学习

半监督学习（Semi-Supervised Learning，SSL）是模式识别和机器学习领域研究的重点问题，是监督学习与无监督学习相结合的一种学习方法。半监督学习同时使用大量的未标记数据和标记数据来进行学习。使用半监督学习时，要求使用尽可能少的数据，同时又能够带来比较高的准确率。因此，半监督学习越来越受到研究人员的重视。

4. 强化学习

当训练样本带有标签时，称为有监督学习；当训练样本部分有标签，部分无标签时，称为半监督学习；当训练样本全部无标签时，称为无监督学习。而强化学习则是一个学习最优策略，使智能体在特定环境中，根据当前状态，做出行动，从而获得最大回报的过程。强化学习和有监督学习最大的不同在于，每次的决策没有对与错之分，而是希望获得最多的累计奖励。这种算法通过反复试验来进行学习。强化学习算法有 Q-Learning、SARSA、策略梯度（Policy Gradient）等。

5. 机器学习算法的选择

机器学习算法的选择没有最佳方法或万全之策。找到合适的算法在一定程度上是一个试错的过程，即使是经验丰富的数据科学家，也无法在试用前就断言某种算法是否合适。此外，算法的选择还取决于需要处理的数据大小和类型、需要从数据中获得的信息以及如何运用这些信息。

选择有监督学习算法还是无监督学习算法的部分准则如下。

1）选择有监督学习。需要训练模型进行预测（例如预测连续变量的将来值，如温度或股价），或者分类（例如根据网络摄像头的视频影像确定汽车的制造商）。

2）选择无监督学习。需要深入了解数据并希望训练模型找到良好的内部表示形式（例如将数据拆分并聚类）。

2.3.3 机器学习的经典模型

机器学习的经典模型有很多，例如线性回归、逻辑回归、支持向量机、决策树、神经网络等。这些模型都有各自的优缺点和适用场景，需要根据具体问题的特点和数据的性质来选择合适的模型。此外，一些模型还可以组合起来形成更复杂的模型，如随机森林、深度神经网络等。

1. 线性回归

线性回归是一种有监督的回归模型，它假设因变量和自变量之间存在线性关系，即因变量可以表示为自变量的线性组合加上一个随机误差项，如图 2.4 所示。线性回归的目标是找到一条直线，使其能够拟合数据，实现误差项平方和的最小化。回归模型又称预测模型，输出是一个连续数值；分类模型又分为二分类模型和多分类模型，常见的二分类问题有垃圾邮件过滤，常见的多分类问题有文档自动归类；结构化学习模型的输出不再是一个固定长度的值，如图片语义分析，输出为图片的文字描述。线性回归的优点是简单、易于理解和实现，缺点是不能处理非线性关系和高维数据。

2. 逻辑回归

逻辑回归是一种有监督的分类模型，它通过逻辑函数（如 Sigmoid）将线性回归的输出映射到（0，1）区间内，表示为一个概率值，如图 2.5 所示。逻辑回归的目标是找到一条曲线，使其能够划分数据，且分类准确度尽可能地高。逻辑回归的优点是直观、易于理解和实现，缺点是容易欠拟合且易受异常值影响。

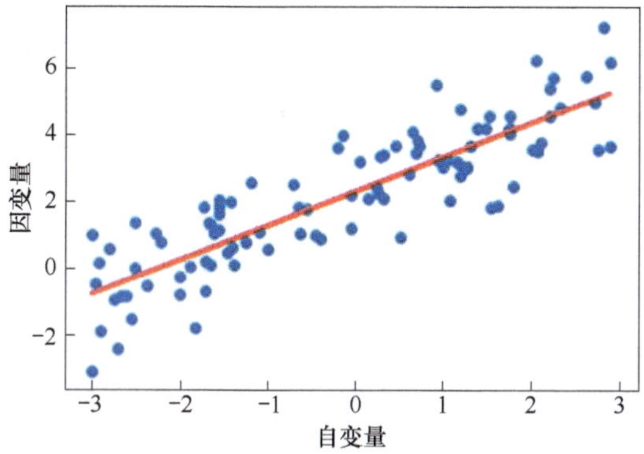

图 2.4　线性回归

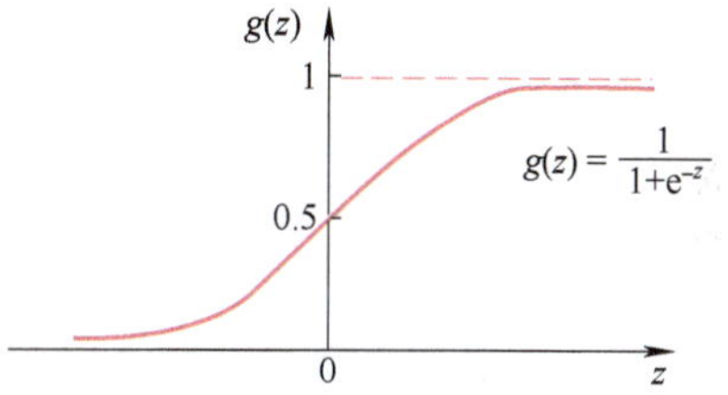

图 2.5　逻辑函数（Sigmoid）

3. 支持向量机

支持向量机是一种有监督的分类或回归模型，它通过核函数（如高斯核）将数据映射到高维空间中，并在该空间中寻找一个超平面或超曲面，使其能够划分数据，使支持向量（即距离超平面或超曲面最近的数据点）之间的间隔最大，如图 2.6 所示。支持向量机的优点是在高维空间中非常高效。即使在数据维度比样本大的情况下，支持向量机仍然有效。此外，由于在决策函数中使用了训练集的子集，因此它可以高效利用训练数据。支持向量机的缺点是如果特征数量比样本数量大得多，在选择核函数时要避免过拟合。然而，由于支持向量机通过寻找支持向量找到最优分割平面，是典型的二分类问题，因此无法解决多分类问题，也不直接提供概率估计。

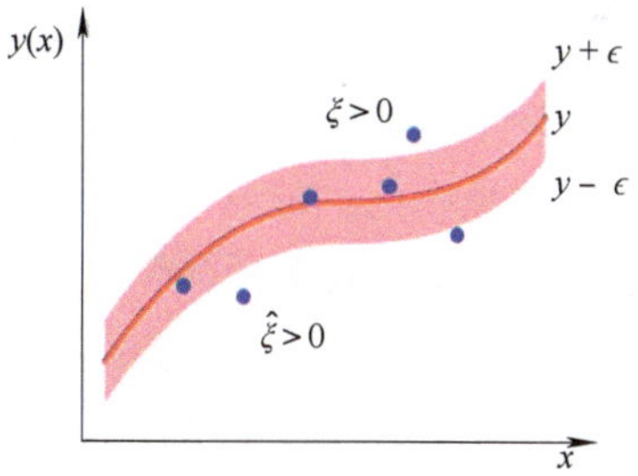

图 2.6　支持向量机中的回归曲线以及误差不敏感管道

对于 ϵ 管道上方的点，$\xi > 0$ 和 $\hat{\xi} = 0$；位于管道下方的点，$\xi = 0$ 和 $\hat{\xi} > 0$；而对于管道内部的点，$\xi = \hat{\xi} = 0$。

4. 决策树

决策树是一种有监督的分类或回归模型，它将特征空间划分为若干个子区域，并在每个子区域内给出一个简单的预测规则。决策树的目标是找到一棵树，使其能够划分数据，且每个子区域内的数据尽可能地属于同一类或具有相似的值。回归决策树是分类与回归树（Classification And Regression Tree，CART）算法的一部分，其内部节点特征的取值为“是”或“否”，形成二叉树结构。所谓回归，就是根据特征向量来决定对应的输出。回归决策树将特征空间划分成若干个单元，每个单元都有一个特定的输出。因为每个节点都是“是”或“否”的判断，所以划分的边界是平行于坐标轴的。对于测试数据，只要按照特征将其归到某个单元，便可得到对应的输出。图 2.7a 所示为对二维平面进行划分的决策树，图 2.7b为对应的划分示意图，其中 C_1、C_2、C_3、C_4、C_5 是每个划分单元对应的输出。决策树的优点是直观、易于解释和可视化，缺点是容易过拟合且模型不稳定。

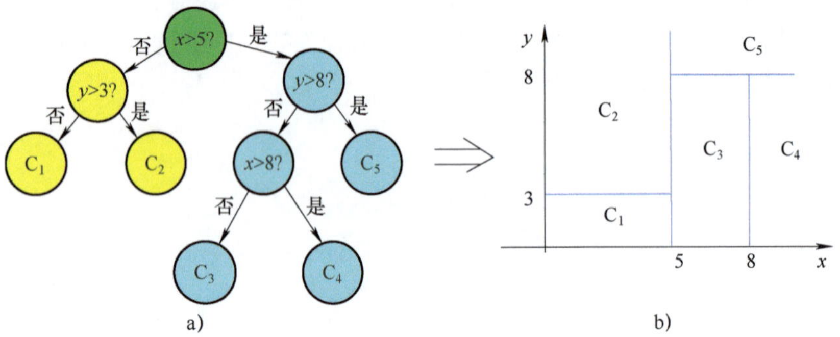

图 2.7　回归决策树应用举例

a）对二维平面进行划分的决策树　b）对应的划分示意图

例如，对于一个新的向量（6，6），第一维分量 6 介于 5 和 8 之间，第二维分量 6 小于 8，根据图 2.7 中的决策树很容易判断（6，6）所在的划分单元，其对应的输出为 C_3。划分的过程也就是建立决策树的过程，每划分一次即可确定划分单元对应的输出，形成一个节点。当满足停止条件时，划分终止，最终确定每个单元的输出，即叶节点。

5. 神经网络

神经网络是一种有监督或无监督的模型，它由多个层组成，每层有多个节点，每个节点接收来自上一层节点的输出，并将其经过一个非线性激活函数处理后输出给下一层节点，如图 2.8 所示。神经网络的目标是找到一组参数，使其能够逼近数据，实现输出值和真实值之间的差异最小化。神经网络的优点是具有多任务学习能力，自适应性和泛化能力强；缺点是需要大量数据、计算资源密集、能耗高、运算速度慢、可解释性差、存在过拟合风险等。

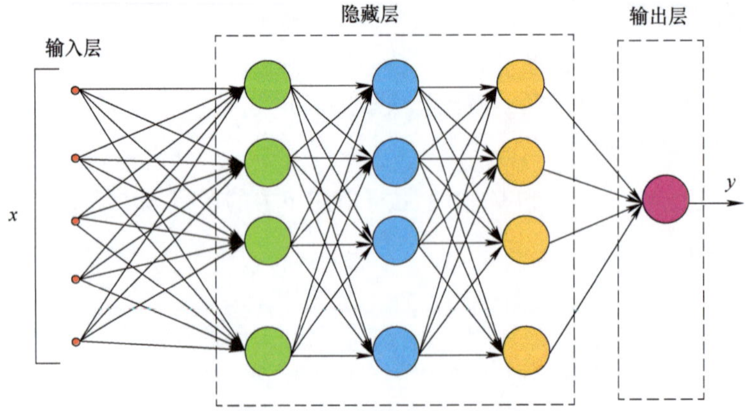

图 2.8　神经网络的结构示意图

2.3.4　机器学习的知识图谱

机器学习的知识图谱如图 2.9 所示。

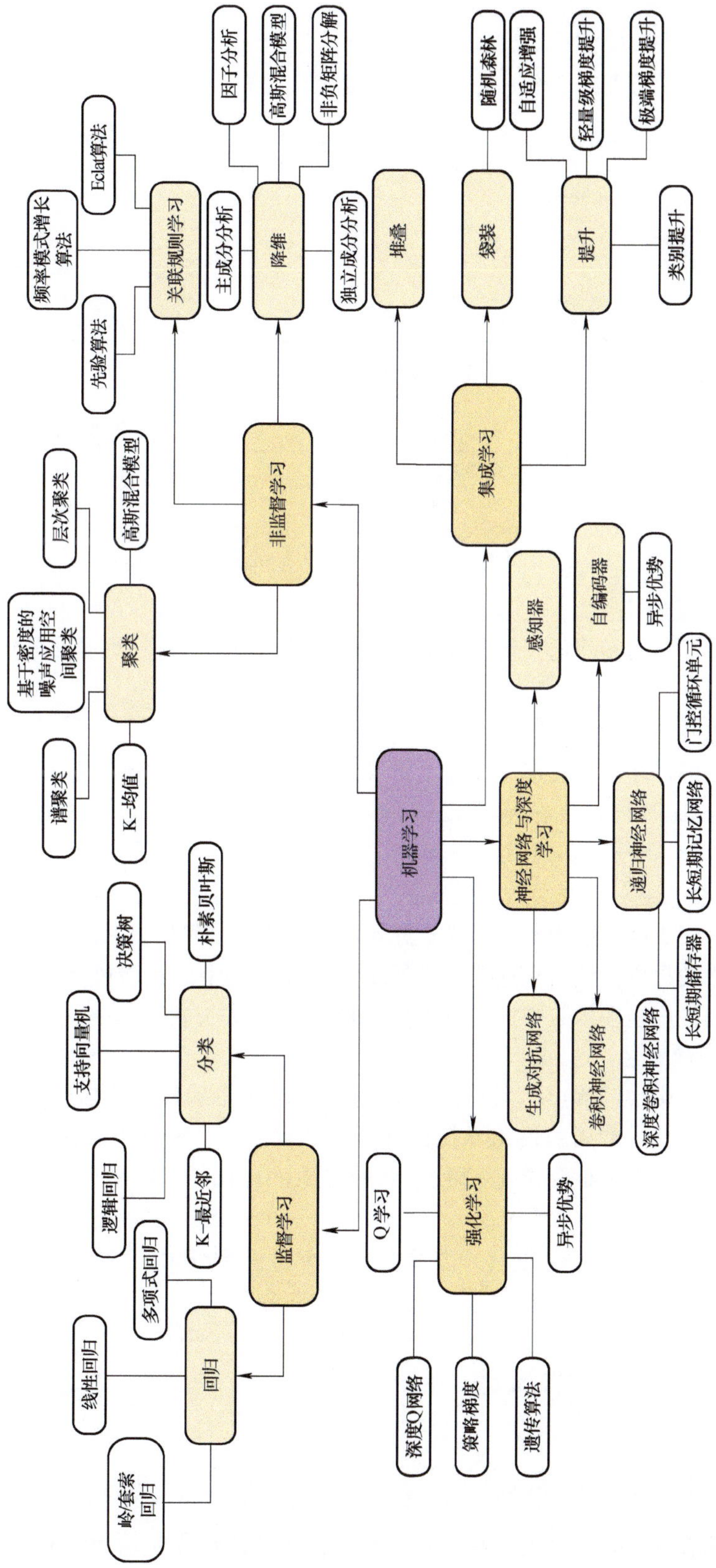

图2.9 机器学习的知识图谱

2.3.5 机器学习的三要素

通常，利用机器学习训练一个好的函数，需要三个要素，如图 2.10 所示。

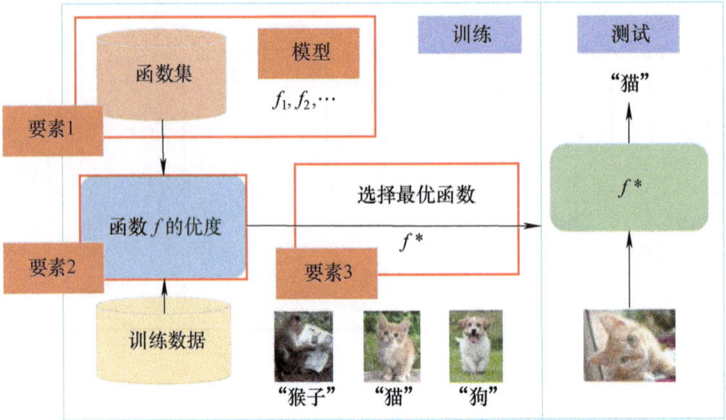

图 2.10 机器学习的三要素

1. 选择一个合适的模型

通常，需要针对不同的问题和任务选取恰当的模型。模型就是一组函数的集合，通常是非线性模型。

2. 确定一个损失函数

判断一个函数的好坏需要确定一个衡量标准来度量函数的预测值与真实值的差异大小，即损失函数（Loss Function）。损失函数的选择需要依据具体问题而定。常用的损失函数有：0-1 损失函数（预测值等于真实值时损失函数值为 0，否则为 1）、平方损失函数（真实值与预测值之差的平方）、绝对损失函数（真实值与预测值之差的绝对值）等。

损失函数通常用于度量模型对单个样本的预测或分类的准确度。在训练时需要大量样本通过计算每个样本的损失，然后求这些损失的平均值作为模型的经验风险。除了经验风险，还有结构风险。结构风险在函数中加入正则化项来防止模型的过拟合。

3. 选择一个好的算法

如何从众多函数中快速找出“最好”的那一个，这往往是最大的难点，做到又快又准并不是一件容易的事情。常用的快速寻找最优函数的算法有：梯度下降法（如随机梯度下降、小批量随机梯度下降和批量梯度下降）、最小二乘法（如岭回归最小二乘估计法）及其他方法。

经过训练得到“最好”的函数后，需要在新样本上进行测试，只有在新样本上表现很好的函数，才算是一个“好”的函数。

2.4 机器学习的基本流程

2.4.1 机器学习的训练流程

众所周知，机器学习是一个流程性很强的工作，其训练流程包括数据采集、数据清洗、数据预处理、特征工程、模型调优、模型融合、模型验证、模型持久化、模型上线运行，如图 2.11 所示。

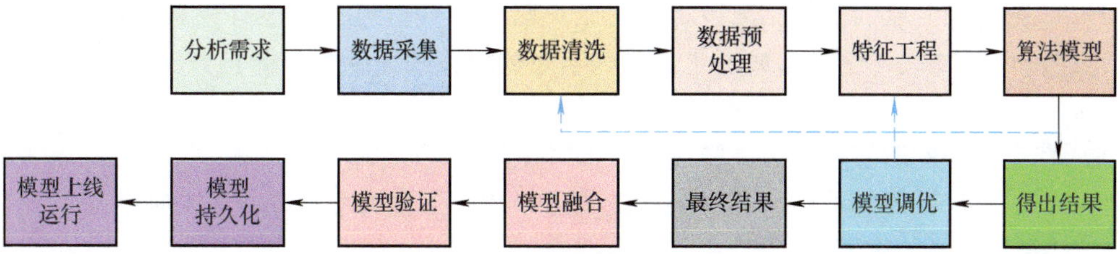

图 2.11　机器学习的训练流程

1. 数据采集

所有的机器学习算法在应用场景、对数据要求以及运行速度上都各有优劣，但它们都有一个共同点，即它们都是数据贪婪的。也就是说，任何一个算法，都可以通过增加数据量来达到更好的学习效果，因此，数据采集是最基础且最重要的一步。

数据采集有以下几种方式。

1）爬虫：这种方式通常用于现有资源不足以提供所需数据或原始数据不足，需要扩展数据的情况。例如，根据时间采集天气数据时，一般都是通过爬虫的方式来进行。

2）API：目前有很多公开的数据集，一些组织也会提供开放的 API 接口来让用户采集相关数据。例如，OpenDota 提供的 Dota 2 是一个开源且更加规范的数据平台。

3）数据库：通过公司自身的数据库保存数据，这种方式更加可控、自由且灵活。

2. 数据清洗

通过爬虫这种方式采集的数据，通常没有固定且规范的格式，数据也非常不稳定。因此，还需要进行数据清洗工作。

数据清洗主要包括以下几个方向。

1）检查数据合理性：确认爬取的数据是否满足需求。

2）检查数据有效性：确保爬取的数据量足够大，并且数据都是相关的。

3）检查工具：确认爬虫工具是否存在 Bug。

3. 数据预处理

采集的数据中往往都包含异常数据。例如，在人事数据库中，性别数据存在缺失，年龄数据存在异常（负数或者超大的数）。这些异常数据会影响模型的性能，因此通常需要进行数据预处理。数据预处理的问题类型主要有两种。

1）缺失：包括 Bug 导致的缺失或正常业务情况导致的缺失。

2）异常：包括绝对异常、统计异常、上下文异常等。

4. 特征工程

特征工程决定了机器学习的上限，模型只是逼近这个上限。特征工程是机器学习中最重要也是最难的部分，因为它需要丰富的经验。实施特征工程的基本步骤如下。

（1）特征构建

1）特征组合。例如，组合日期和时间两个特征，构建为上班时间的特征（工作日的工作时间为 1，其他为 0）。特征组合的目的通常是为了获得更具有表达力和更多信息量的新特征。

2）特征拆分。将复杂的特征拆分开。例如，将登录特征拆分为多个维度的登录次数统计特征。特征拆分有利于从多个维度表达信息或将拆分得到的多个特征进行更多的组合。

3）外部特征关联。例如，通过时间信息关联到天气信息，这很有意义。事实上，很多特征信息都可以关联（例如，通过年份关联当时的政策、国际大事等）。

（2）特征选择

1）特征自身的取值分布：主要通过方差过滤法进行选择。

2）特征与目标的相关性：可以通过皮尔逊系数、信息熵增益等方法来判断。

5. 模型调优

同一个模型在不同参数下的表现可能会有很大差异。通常在特征工程部分结束后就进入模型参数调优的步骤，这一步最耗时间。

在调参工具上，一般先选择网格搜索法；在调参顺序上，先调重要且影响较大的参数，后调影响较小的参数。

6. 模型融合

一般来讲，单个模型在预测上难以达到最佳效果。因为单个模型无法拟合所有数据，且缺乏对未知数据的泛化能力，所以需要将多个模型进行融合，以获得更好的效果。模型融合的方式主要有：

1）简单融合：包括分类问题和回归问题的简单加权融合；

2）使用模型进行融合：将多个单模型的输出共同作为输入送入到某个模型中，让该模型进行融合。这种方式通常可以达到最佳效果，但要注意过拟合问题。

7. 模型验证

通常采用交叉验证法进行模型验证。需要注意的是，在时间序列数据预测中，不能直接随机地划分数据，而应考虑时间属性，因为许多特征都依赖于时间的前后关系。

模型验证和误差分析往往是密不可分的。通过测试数据，验证模型的有效性；通过观察误差样本，分析产生误差的来源（例如，参数设置、算法选择、特征工程或者数据本身等问题都可能是误差的来源），这是提升算法性能的突破点。

8. 模型持久化

将训练完成的模型持久化，以便后续使用和优化模型时，不需要从头开始训练。

9. 模型上线运行

模型上线运行与工程实现密切相关。工程上是结果导向的，因此模型上线运行的效果直接决定其成败。模型上线运行的效果不仅包括其准确度、误差等情况，还包括其运行的速度（时间复杂度）、资源消耗的程度（空间复杂度），以及模型的稳定性。

2.4.2　模型训练的注意事项

在模型训练的过程中，注意事项如下。

1. 数据集的划分

为了避免模型过拟合或欠拟合，需要将数据集划分为训练集、验证集和测试集。训练集用于模型的训练，验证集用于模型的调参，测试集用于模型的评估。

2. 正则化

为了避免模型过拟合，也可以采用正则化方法，包括 L1 正则化和 L2 正则化等。

3. 损失函数的选择

不同的模型和算法需要选择不同的损失函数，通常需要根据问题的特点和数据的情况选择合适的损失函数。

4. 学习率的调整

学习率是优化算法的一个重要参数，需要根据模型的表现和训练数据的情况进行调整。

总之，模型训练是机器学习中非常重要的环节。一旦选择了模型，就需要通过训练来优化其性能。

在训练之前，需要将数据集拆分为训练集、验证集和测试集。

在训练过程中，需要确定模型的损失函数和超参数，如学习率、批量大小、迭代次数等。损失函数用于衡量模型在训练数据上的表现，并指导优化过程。在训练期间，可以使用各种技术来防止过拟合，例如早期停止、批量标准化、正则化等。

在训练完成后，可以使用测试集对模型进行评估。评估指标可以根据具体问题进行选择。例如，在分类问题中使用准确度、召回率等作评估指标，而在回归问题中使均方误差、平均绝对误差等作为评估指标。评估结果可以用于比较不同模型的性能，或者确定是否需要进一步改进模型。

在评估之后，可以使用整个数据集来重新训练模型，以获得更好的性能。还可以使用交叉验证等技术来更好地利用数据集，并更全面地评估模型的性能。

2.5 数据挖掘及其基本步骤

数据挖掘和机器学习在预测建模、分类与聚类等方面有着重要作用。

2.5.1 数据挖掘

1. 数据挖掘概念

数据挖掘是指通过算法从大量的数据中挖掘隐藏信息的过程，其主要目的是预测和描述数据，不仅可以在过去的经验基础上预测未来趋势，还可以检测异常数据。在进行数据挖掘时，首先需要明确挖掘的目的；其次，收集并清洗数据；然后，构建模型并评估模型；最后，将这些模型部署到系统中。

2. 数据挖掘技术

常见的数据挖掘技术有统计、聚类、可视化、决策树、神经网络、关联规则、分类、支持向量机等。通过统计、在线分析处理、情报检索、机器学习、专家系统（依靠过去的经验法则）和模式识别等方法来实现挖掘目标。数据挖掘技术除了分类、决策树、支持向量机外，还有朴素贝叶斯和聚类分析。

（1）朴素贝叶斯

朴素贝叶斯（Naive Bayes）算法是基于贝叶斯定理与特征条件独立假设的分类方法。对于给定的训练数据集，首先基于特征条件独立假设学习输入与输出的联合概率分布。然后，对给定的输入 x，利用贝叶斯定理求出后验概率最大的输出 y。与其他分类算法不同，朴素贝叶斯是一种基于概率理论的简单且学习和预测效率较高的经典算法。其核心思想是选择具有最高概率的决策（分类）。之所以被称作“朴素”，是因为它假设各个特征之间相互独立且重要性相同，并未考虑特征之间的相关性。

（2）聚类分析

聚类分析（Cluster Analysis）是一种寻找数据之间内在关系的技术，它把全体数据组织成若干个相似组，这些相似组被称作簇。处于相同簇中的数据彼此相似，而处于不同簇中的数据彼此不同。聚类分析属于无监督学习，与监督学习不同的是，在簇中没有表示数据类别的分类或者分组信息。数据之间的相似性通过定义距离或者相似性系数来判别。图 2.12 展示了一个按照数据对象之间的距离进行聚类的示例，其中距离相近的数据对象被划分为一个簇。

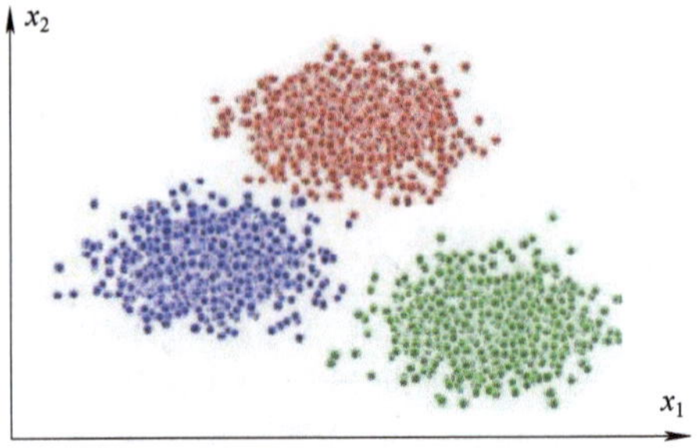

图 2.12　聚类示例

一些常见的聚类方法如下。

1）K-均值聚类。K-均值聚类是一种动态的聚类方法。在原始数据集合（N 个数据）中随机选择 k 个原始数据作为 k 个类的初始中心点，然后逐个分析剩余数据，分别计算它们与 k 个类中心点之间的距离，并将其归入与之最邻近的类中。归类完成后重新计算该类的平均值作为新的中心点，重复上述步骤直至满足某种终止条件（如中心点不再变化）。图 2.13a 所示为 K-均值聚类示意图。在企业分类场景中，K-均值聚类可用于市场细分、顾客群体划分和产品推荐等。

2）层次聚类。层次聚类是一种通过在不同层次对数据集进行划分从而形成树状聚类结构的方法，如图 2.13b 所示。数据集的划分可采用“自底向上”的聚合策略，也可采用“自顶向下”的拆分策略。通过层次聚类可以发现数据中的层次结构和关联关系。在企业应用中，该方法主要用于市场细分、产品组合优化和供应链管理等方面。

3）基于密度的聚类。通俗来说，这种方法就是将数据聚集在高密度区域，并根据密度的差异进行聚类如图 2.13c 所示。这种方法常用于异常检测、故障诊断和网络流量分析等。

4）基于网格的聚类。这种方法把对象空间量化为有限数目的单元，形成一个网格结构，所有的聚类操作都在这个网格结构（即量化空间）上进行，如图 2.13d 所示。这种方法的主要优点是处理速度很快，因为其处理速度独立于数据对象的数目，只与量化空间中每一维的单元数目有关。但提高这种方法的效率是以聚类结果的精确性为代价的，因此常将它与基于密度的聚合联合使用。该方法的代表性算法有 STING、CLIQUE、Wave Cluster 等。

5）基于模型的聚类。这种方法试图优化给定的数据和某些数学模型之间的适应性。该方法给每一个簇假定一个模型，然后寻找数据对该模型的最佳拟合。假定的模型可能是代表数据对象在空间分布情况的密度函数或其他函数。这种方法的基本原理就是假定目标数据集是由一系列潜在的概率分布所决定的。

图 2.14 展示了基于距离和基于概率分布模型的聚类示意图。其中，基于距离的聚类的核心原则是将距离近的点聚在一起。基于概率分布模型的聚类采用的概率分布模型是有一定弧度的椭圆。

图 2.14 中虚线框中的两个实心点，这两点的距离很近。在基于距离的聚类中，它们聚在同一个簇中，但在基于概率分布模型的聚类中，它们被分在不同的簇中，以满足特定的概率分布模型。

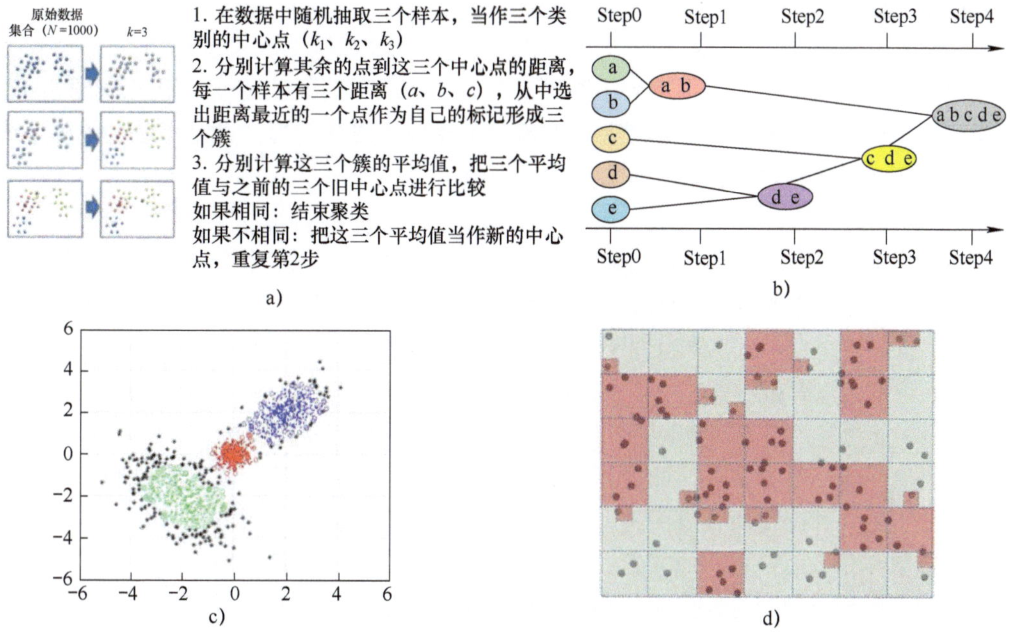

图 2.13　常见的聚类方法示意图

a）K-均值聚类　b）层次聚类　c）基于密度的聚类　d）基于网格的聚类

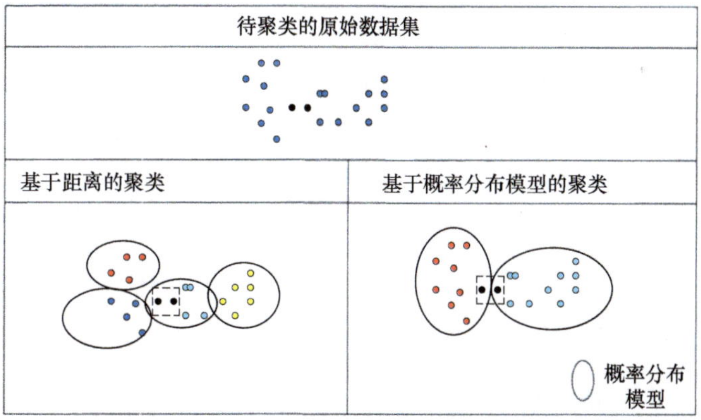

图 2.14　基于距离和基于概率分布模型的聚类示意图

2.5.2　预测建模

预测建模使用统计数据来预测结果。大多数情况下，人们想要预测的事件发生在未来，但预测建模可以应用于任何类型的未知事件，无论它何时发生。预测建模由预测和建模两部分组成。

1. 预测

预测是指人们利用已经掌握的知识和手段，预先推知和判断事物未来发展状况的一种活动。即人们根据事物过去发展变化的客观过程和某些规律，以及事物运动和变化的状态，运用各种定性和定量的分析方法，对事物未来可能出现的趋势或可能达到的水平所进行的科学推测。预测作为一种人类认识活动，早已存在于人类社会实践中，并随着生产力和生产关系的发展而不断进步。

2. 建模

建模，即建立模型，是为了理解事物而对其做出的一种抽象且无歧义的书面描述。建立系统模型的过程也称为模型化。建模是研究系统的重要手段和前提。凡是用模型描述系统的因果关系或相互关系的过程都属于建模。

3. 目标预测

目标预测是指根据历史数据和趋势，对未来某个时间段内的某个指标或事件进行预测和估计。目标预测是数据分析和机器学习领域中的一个重要应用，可以帮助人们做出更加准确的决策和规划。目标预测通常需要使用统计学和机器学习等方法来分析历史数据，寻找其中的规律和趋势，并将这些规律和趋势应用到未来的预测中。目标预测可以应用于各种领域，如金融、医疗、交通、能源等，用于预测股票价格、疾病发生率、交通拥堵情况、能源需求等指标。

目标预测中常用的方法有回归分析、时间序列分析、监督学习、模型集成等。

回归分析是一种确定两种或两种以上变量间相互依赖的定量关系的统计分析方法。通过拟合历史数据和相关因素之间的关系，可以预测目标变量的未来值。线性回归、多项式回归等技术可用于质量控制和过程控制、预测和制定决策、生物统计和医学研究等。

时间序列分析是一种对基于时间的数据进行分析的预测建模方法，通过分析时间序列上的趋势和周期性特征来预测未来的值。自回归积分滑动平均（AutoRegressive Integrated Moving Average，ARIMA）模型是最常用的时间序列分析方法，适用于疾病发病率预测、经济运行的季节性变化预测等。

监督学习算法可以根据历史数据的特征和目标值进行训练，从而预测未来的结果。在医学领域，该算法可以用于疾病诊断、药物反应预测等。在金融领域，该算法可以用于信用评估、欺诈检测、股票市场预测等。

将多个预测模型集成，可以减少单个模型的偏差和方差，从而得到更稳定和可靠的预测结果。

2.5.3 数据挖掘的基本步骤

数据挖掘是一种从大量数据中提取出有价值信息的过程。它可以帮助用户发现隐藏在数据背后的模式、关联和趋势，从而做出更准确的决策。

下面将介绍数据挖掘的基本步骤。

1. 确定问题和目标

在开始进行数据挖掘之前，需要先明确问题和目标。这包括确定挖掘的目的、预测的问题、想要回答的特定问题和所需的数据类型。这个步骤对于整个数据挖掘过程的成功非常重要。

2. 数据收集

数据收集是数据挖掘的基础，可以通过多种方式获取数据，包括发放调查问卷、收集传感器数据、查询数据库等。收集到的数据可能具有不同的类型，如结构化数据（数据库表格）、半结构化数据（XML 文件）和非结构化数据（文本文件），因此需要确保收集到的数据具有代表性和可靠性。

3. 数据预处理

数据预处理是清洗数据和转换数据的过程，旨在提高数据的质量和准确性。常见的数据预处理步骤包括数据清洗（处理缺失值、异常值和重复值）、数据集成（合并多个数据源）、数据变换（对数据进行归一化、标准化等）、数据规约（对数据进行降维、抽样等）和数据划分（将数据分成训练集和测试集）。

4. 特征工程

特征工程是数据挖掘的重要步骤之一，包括特征的提取、选择、构造和转换。特征提取是指从原始数据中提取出有意义的属性。特征选择是指从原始数据中选择最相关和最有用的特征，以提高模型的准确性和效率。常用的特征选择方法包括过滤式方法（基于统计指标选择特征）、包裹式方法（通过模型评估选择特征）和嵌入式方法（在模型构建过程中选择特征）。特征构造是指通过组合已有特征构造出新的特征。特征转换是指将原始数据转换为适合建模的形式，如将文本数据转换为向量。

5. 模型构建

模型构建是数据挖掘的核心步骤，使用经过预处理和特征工程处理的数据来构建预测模型。常见的模型包括决策树、神经网络、支持向量机、聚类算法和朴素贝叶斯等。在模型构建过程中，需要选择合适的算法并不断调整模型的参数以获得最佳的预测性能。选择合适的算法还需要考虑数据的类型、数据的分布、模型的复杂度等多种因素。

6. 模型评估

模型评估是指对构建的模型进行性能评估的过程，可以帮助判断模型的准确性和可靠性。分类模型中常用的评估指标包括准确率、召回率、F1 值和 ROC 曲线等。通过评估模型的性能，可以选择最佳的模型并对其进行优化和调整。

7. 模型优化和调整

在进行模型评估之后，需要对模型进行优化和调整以提高其准确性。这一步可以根据评估结果和实际需求进行。

8. 结果解释和应用

在得到最终的模型之后，需要对其结果进行解释和应用。解释模型的结果可以帮助理解数据背后的模式和规律，从而提供决策支持。然后可以将模型的结果应用到实际问题中。

总结来说，上述步骤是数据挖掘过程的核心，通过合理地执行这些步骤，可以挖掘到有用的信息和知识，以支持决策和实际应用。

2.6 机器学习和数据挖掘的常用工具

用于机器学习和数据挖掘的工具有很多，下面列举了一些常用工具。

结构化查询语言（Structured Query Language，SQL）是一种具有特殊用途的编程语言，用于数据库查询和程序设计，可以存取数据以及查询、更新和管理关系数据库系统。SQL 是一种高级的非过程化编程语言，允许用户在高层数据结构上工作。它不要求用户指定对数据的存放方法，也不需要用户了解具体的数据存放方式。因此，即使具有完全不同底层结构的数据库系统，也可以使用相同的 SQL 作为数据输入与管理的接口。SQL 语句可以嵌套，这使它具有极大的灵活性和强大的功能。

Python 拥有许多库，其中 scikit-learn 提供了丰富的机器学习算法和工具，包括分类、回归、聚类等。此外，Python 还有 NumPy 和 pandas，可以用于数据处理和分析。

R 语言是一种广泛应用于数据分析和统计建模的编程语言。为了提供更多的功能和灵活性，R 语言支持使用各种库，这些库包含了多种函数和数据集。R 语言库是由 R 社区开发和维护的一组函数、数据集和工具的集合。每个库都有一个特定的目标和功能，如数据可视化、统计分析、机器学习等。使用库可以快速访问和使用这些功能，而无须从头开始编写代码。

XGBoost 是一种可以做回归或分类的工具，提供离线的 Python 训练和在线的 C ++ 调用功能，方便机器学习从业者训练模型和线上部署。XGBoost 是一个优化的分布式梯度提升决策树（Gradient Boosting Decision Tree，GBDT），旨在实现高效、灵活且可扩展。它在 Gradient Boosting 框架下实现机器学习算法，提供并行树提升功能，可以快速且准确地解决许多数据科学问题。XGBoost 的代码可以在分布式环境（如 Hadoop、SGE、MPI 等）上运行，并且可以解决含有数十亿个以上数据的问题。

TensorFlow 是深度学习的经典工具之一，是由 Google 开发的开源机器学习框架，支持多种编程语言，包括 Python、C ++ 、Java 等。TensorFlow 提供了丰富的 API 和工具，可以用于各种机器学习和深度学习任务，如图像识别、自然语言处理、语音识别等。

TensorFlow 的三个核心概念如下。

1）Graph 是 TensorFlow 的计算模型。TensorFlow 中所有的计算都被转化为计算图上的节点，而节点之间的边描述了计算之间的依赖关系。

2）Tensor 是 TensorFlow 的数据模型。Tensor 就是张量，可以理解为多维数组，零阶张量表示标量，也就是一个数；第一阶张量为向量，也就是一维数组；第 n 阶张量为 n 维数组。“Flow” 翻译成中文就是“流”，直观地表达了张量之间通过计算相互转化的过程。在 TensorFlow 中，对张量的实现并不是直接采用数组的形式，而只是对运算结果的引用。

3）Session 是 TensorFlow 的运行模型。TensorFlow 中的计算被定义后，需要使用 Session 来执行它们。

TensorFlow 的功能和优势如下。

1）端到端平台。TensorFlow 提供了用于构建、训练和部署机器学习模型的端到端平台，包含了广泛的工具和库，用于数据预处理、模型构建、模型训练和模型部署。

2）灵活性。TensorFlow 具有高度灵活性，可以在各种类型和规模的机器上运行，包括 CPU、GPU，甚至移动设备。这种灵活性使开发人员能够选择最适合其需求的硬件基础设施。

3）可扩展性。TensorFlow 旨在实现可轻松扩展，允许用户在大型机器集群上训练和部署模型。这种可扩展性使其适用于小规模实验和大规模生产部署。

4）应用范围广泛。TensorFlow 支持广泛的机器学习应用，包括图像识别、自然语言处理、推荐系统等。

5）生态系统丰富。TensorFlow 拥有庞大且活跃的社区，为库、工具和模型的开发做出了贡献。这个丰富的生态系统为用户提供了广泛的资源、教程和示例，以加速开发过程。

总之，TensorFlow 是一个强大而灵活的开源机器学习平台，提供了广泛的工具、库和资源，帮助开发人员有效地构建和部署机器学习模型。

不同的工具和平台在支持的算法和功能方面有所差异。因此，在使用时需要根据自身需求来选择相应的平台。在选择工具时，还需要综合考虑使用体验、性能、容量、稳定性等多个方面。

第 3 章　图像处理基础

导　读

本章在分析图像模糊成因的基础上，阐释了图像模糊退化模型及图像先验知识；在分析噪声模型的基础上，阐释了传统的图像去噪方法；在解释图像全色锐化概念的基础上，分析了图像全色锐化算法及其质量评价指标；在解释图像修复概念的基础上，分析了传统的图像修复算法及常用的图像修复数据集。

图像处理（Image Processing）是指用计算机对图像进行分析，以达到所需结果的技术，又称影像处理。图像处理一般指数字图像处理。数字图像，又称数码图像或数位图像，是二维图像用有限数字数值像素（其值称为灰度值）的表示。数字图像由数组或矩阵表示，其光照位置和强度都是离散的。数字图像是由模拟图像数字化得到的，以像素为基本元素，可以用数字计算机或数字电路存储和处理。数字图像分为二值图像（像素值为 0 或 1，用 1bit 存储），灰度图像（像素值在 0 ~ 255 之间，用 8bit 存储）和彩色图像（像素由三个通道组成，用 24bit 存储，每个通道的像素值均在 0 ~ 255 之间）。图像处理技术一般包括图像复原（旨在去除图像降质的原因，通过建立降质模型并采用滤波方法恢复或重建原始图像）、图像分割（将图像中有意义的特征部分提取出来）、图像描述（通过二维形状描述或纹理特征描述等方法，对图像进行描述，以便于识别和理解）、图像分类识别（通过增强、复原和压缩，进行图像分割和特征提取，从而进行分类识别）、图像去噪（通过空间域滤波、变换域滤波、偏微分方程等方法，去除图像中的噪声，改善图像质量）、图像增强（通过增加对比度、修正几何畸变等方法，改善图像的视觉效果）、图像压缩（通过减少数据冗余，以较小的数据量表示图像，便于图像的存储和传输），以及图像的匹配、描述与识别（通过模式识别方法，如统计模式识别、句法（结构）模式识别、模糊模式识别和人工神经网络模式识别等，对图像进行匹配、描述与识别）。这些技术共同构成了图像处理的基础，广泛应用于航空航天、军事、生物医学、通信工程、工业工程、机器人视觉、视频与多媒体、科学可视化等领域。

本章将对图像处理中图像去模糊、图像去噪、图像全色锐化以及图像修复的技术原理做简要分析。

3.1　图像去模糊

3.1.1　图像模糊类型

图像模糊的形成原因包括多种因素，如光学因素、大气因素、人工因素、技术因素等。

针对特定的模糊类型，往往需要结合具体环境采取不同的处理方法。

1. 运动模糊

运动模糊是图像伪影的类型之一，往往是由于在曝光过程中运动物体和相机产生相对位移导致的，也是生活中最为普遍的模糊类型。根据具体情况，运动模糊通常分为两类：如果在曝光过程中成像设备发生抖动，模糊图像中各像素的模糊轨迹相同，这种情况称作空间不变的全局运动模糊图像；若在拍摄过程中有多个物体进行快速运动，则会产生空间变化的局部模糊图像。由于运动模糊的普遍性，它也是图像处理的主要类型。图 3.1 分别展示了空间不变的运动模糊图像和空间变化的运动模糊图像。

a)

b)

图 3.1　运动模糊图像

a）空间不变的运动模糊图像　b）空间变化的运动模糊图像

2. 散焦模糊

散焦模糊是由于拍摄设备在拍摄过程中聚焦不准、光圈偏离等问题导致的，普遍存在于遥感卫星图像拍摄和日常调焦拍摄过程中。散焦模糊的起因是成像设备散焦引起镜头曝光形成均匀分布的圆形光斑。因此，一方面可以通过对成像设备进行调整来避免散焦情况，另一方面可以通过构造对应的圆形退化函数进行反卷积运算来处理散焦模糊。散焦模糊图像如图 3.2所示。

3. 人造模糊

图像处理软件往往具备用于图像后期处理的模糊功能，如高斯模糊、线性模糊、旋转模糊等。然而，合成模糊与现实中的模糊表现形式并不相同。合成的模糊图像缺少图像深度信息，与真实的模糊图像相比，缺少了真实感与立体感。因此，模糊图像数据集往往通过利用真实清晰的图像建立对应的退化模型来构成。人造模糊图像如图 3.3 所示。

图 3.2　散焦模糊图像

图 3.3　人造模糊图像

3.1.2　图像模糊退化模型

造成图像模糊的原因多种多样，处理具体的模糊类型时，一方面可以通过调整设备和改善拍摄环境来减少模糊，另一方面可以通过建立对应的退化模型进行模糊去除。由于实际条件的限制，大多数图像复原方法都是通过建立退化模型并结合相应的算法进行求解。因此，建立一个合适的退化模型是研究的关键。

1. 图像退化模型概述

图像退化/复原的一般模型如图 3.4 所示。在空间域中，清晰图像 $f(x,y)$ 经过退化函数 H 后，再受到噪声 $n(x,y)$ 的干扰，得到退化图像 $b(x,y)$ 。为了方便研究，通常假设 H 是线性且位置不变的系统。图像复原的过程则是通过复原滤波器得到潜像 $\hat{f}(x,y)$ 。其中退化图像 $b(x,y)$ 与清晰图像 $f(x,y)$ 之间的关系为

$$b(x,y) = f(x,y) \otimes h(x,y) + n(x,y) \tag{3.1.1}$$

式中，$h(x,y)$ 是退化函数 H 的空间域表示，$\otimes$表示空间卷积。由于空间域中的卷积等价于频域中的乘积，因此式（3.1.1）的频域表示为

$$B(u,v) = F(u,v)H(u,v) + N(u,v) \tag{3.1.2}$$

式中，大写字母为相对应的傅里叶变换。清晰图像在经过退化函数后需要添加噪声，当有噪声存在时，频域中清晰图像的估计 $\hat{F}(u,v)$ 表示为

$$\hat{F}(u,v) = F(u,v) + \frac{N(u,v)}{H(u,v)} \tag{3.1.3}$$

式（3.1.3）表明，噪声对清晰图像的估计会产生很大的影响，尤其当退化函数 $H(u,v)$ 的值过小时，噪声会在很大程度上影响图像复原的质量。因此，在处理噪声时通常会对其做出一些先验假设。针对具体情境，一般先假设噪声类型，如高斯噪声（主要来源于电子线路的传感器噪声）、瑞利噪声（一般来源于深度成像的表征噪声现象）、伽马噪声（来源于激光成像情境）等。为了方便处理，通常默认噪声属于高斯白噪声，然后再确定具体的噪声去除策略。

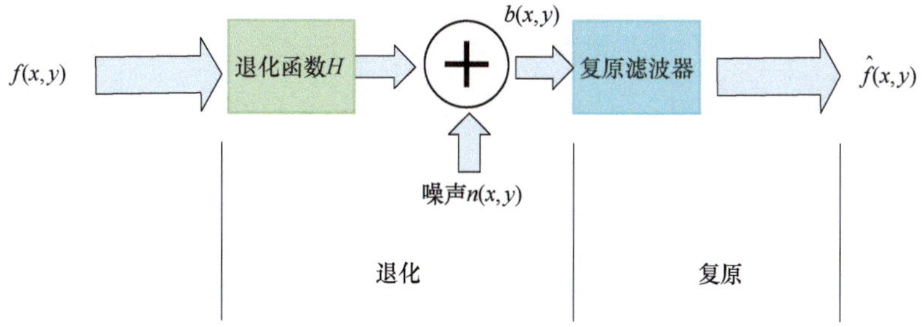

图 3.4　图像退化/复原的一般模型

2. 空间不变的运动模糊图像模型

对于由相机抖动产生的空间不变的运动模糊，根据式（3.1.1），通常假设特定的运动轨迹，即固定的模糊核参数，再添加指定类型的噪声。空间不变的运动模糊图像模型可表示为

$$y = k \otimes x + n \tag{3.1.4}$$

式中，y 为模糊图像，k 为模糊核，x 为清晰图像，n 为噪声。

在早期研究中，通常假设相机抖动产生的模糊是空间均匀的，即图像中每个像素点的运

动轨迹都是相同的，因此可以根据式（3.1.2）进行傅里叶变换，通过高效的去卷积算法进行图像复原。然而在实际情况中，由于相机的抖动过程比较复杂，产生的通常是非均匀模糊，因此图像复原变得更加困难。常见的做法是将图像分割成若干图像块，在每个图像块中可以将模糊近似看成是均匀的，再按照均匀模糊核的方法进行处理，从而估计整张模糊图像的非均匀模糊核。空间不变的运动模糊图像模型结构如图 3.5 所示。

图 3.5　空间不变的运动模糊图像模型结构

3. 空间变化的运动模糊图像模型

在相机传感器曝光期间，若曝光时间过长或者拍摄的物体处于高速运动状态，则成像设备记录过多信息造成图像模糊。被采集到的信号通过非线性的相机响应函数（Camera Response Function，CRF）转换成对应的像素分布。因此，成像过程可以通过高速相机拍摄的连续帧之间的信息获得，建立空间变化的运动模糊图像模型为

$$B = g\left(\frac{1}{T}\int_{t=0}^{T} S(t)\,\mathrm{d}t\right) \approx g\left(\frac{1}{M}\sum_{i=0}^{M-1} S(i)\right) \tag{3.1.5}$$

式中，T 和 $S(t)$ 分别表示曝光时间和清晰图像在 t 时刻收到的传感器信号，M 和 $S(i)$ 分别表示采样的帧数和第 i 帧的信号。g 为相机响应函数，表示清晰信号 $S(t)$ 到观察到的清晰图像 $\hat{S}(t)$ 之间的映射，即 $\hat{S}(t) = g(S(t))$ 。

在实际情况中，观测到的图像通常是非均匀模糊的，因此模拟的 CRF 也是非线性且未知的。一般情况下，可以使用取 $\gamma = 2.2$ 的伽马曲线作为近似的 CRF，即

$$g(x) = x^{1/\gamma} \tag{3.1.6}$$

因此，可以通过校正伽马函数获得第 i 帧的信号 $S(i)$ ，再根据其与对应成像 $\hat{S}(i)$ 之间的逆运算关系 $S(i) = g^{-1}(\hat{S}(i))$ ，通过式（3.1.5）模拟空间变化的运动模糊图像模型，模型结构如图 3.6 所示。

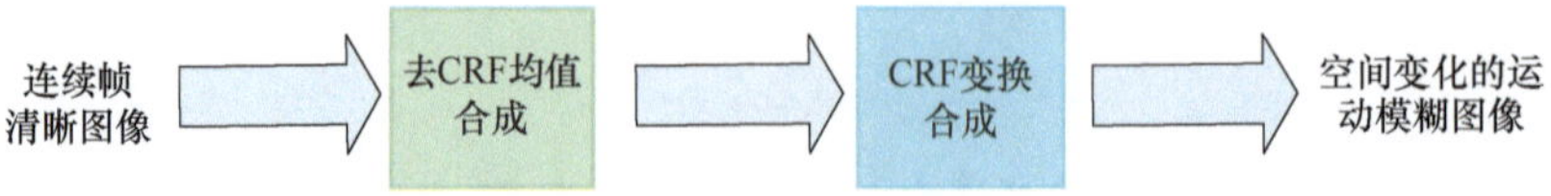

图 3.6　空间变化的运动模糊图像模型结构

3.1.3 图像先验知识

图像去模糊是一个不适定性问题，对应的模糊图像的构成可能会有无数种解。因此，需要添加具体的先验项进行约束，以保证图像的复原质量。对于模糊图像和模糊核的求解通常依据最大后验概率法进行。现分别对最大后验概率法、图像先验和模糊核先验进行介绍。

1. 最大后验概率法

通过最大后验概率（Maximum A Posteriori，MAP）法解决图像去卷积问题是建立在贝叶斯

理论上的。根据贝叶斯公式，模糊图像 y、模糊核 k 和潜像 x 之间的概率论模型可表示为

$$p(k,x \mid y) = \frac{p(y \mid k,x)p(k,x)}{p(y)} \tag{3.1.7}$$

由于模糊图像 y 已知，清晰图像 x 和模糊核 k 之间相互独立，式（3.1.7）可改写为

$$p(k,x \mid y) \propto p(y \mid k,x)p(x)p(k) \tag{3.1.8}$$

式中，$p(k,x \mid y)$ 为最大后验概率；$p(y \mid k,x)$ 为似然项，对应于数据保真项；$p(x)$ 和 $p(k)$ 分别模拟清晰图像和模糊核的先验项；$\propto$ 表示正比于。

为了便于计算，对式（3.1.8）两边同时取负对数，得

$$-\log p(k,x \mid y) = -\log p(y \mid k,x) - \log p(x) - \log p(k) \tag{3.1.9}$$

因此，图像去卷积问题可以转变成最小化问题，即

$$\hat{x} = \arg\min \| y - k \otimes x \| + \alpha_1 p(x) + \alpha_2 p(k) \tag{3.1.10}$$

式中，$\hat{x}$ 为待复原的清晰图像，α_1 和 α_2 分别对应图像先验项和模糊核先验项的超参数。

由此可见，对于图像复原问题来说，除了模糊图像自身的信息，一个合适的先验约束条件也是保证图像复原质量的关键。

2. 图像先验

在图像复原过程中，已知条件往往只有模糊图像本身，因此需要借助一些额外的图像信息对复原图像进行约束。图像的先验知识一般是针对潜像中像素的分布信息提出的。清晰图像与模糊图像在许多方面有着明显的分布特征，常用的图像先验主要包含以下两个方面。

（1）梯度先验

自然图像与模糊图像的一个显著区别在于图像梯度分布。一般来说，自然图像在梯度值较大的区域有着更大的比重，而在梯度值较小的区域比重较小，满足重尾分布（Heavy-tailed Distribution）。这意味着自然图像往往包含大部分恒定梯度值区域与少部分边缘闭塞区域，即自然图像具有稀疏性。常用的自然图像梯度先验有：L2 正则约束（即高斯分布（$\alpha=2$）），L1 正则约束（即拉普拉斯分布（$\alpha=1$）和超拉普拉斯分布（$\alpha=0.66$）），如图 3.7所示。其中高斯分布与自然图像分布的拟合度最低，超拉普拉斯分布的拟合度最高，但时间复杂度也最大。因此，在选用图像梯度先验时，要综合考虑空间复杂度和时间复杂度。

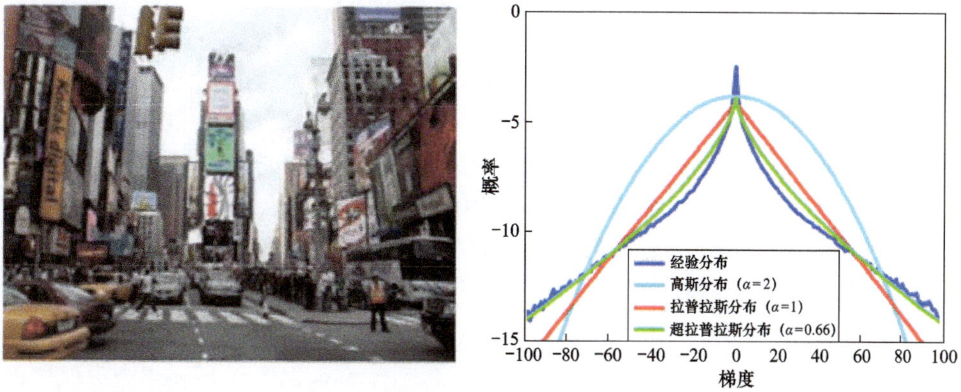

图 3.7 自然图像的不同梯度先验分布

（2）边缘先验

图像去模糊的关键在于是否能正确估计点扩散函数（Point Spread Function，PSF）。不明

显的边缘特征会使 PSF 的估计过程更容易受到噪声干扰，因此增强图像边缘特征可以在一定程度上提升 PSF 估计的准确率。然而，并不是所有显著的边缘特征都会改善 PSF 的估计情况。通常来说，如果一个物体的尺寸比 PSF 的尺寸还小，PSF 的估计反而会受到边缘信息的影响。如果图像结构梯度经过模糊后发生显著变化，对应的边缘信息将会误导 PSF 的估计。因此，获取有足够信息量的边缘特征可以改善对 PSF 的估计。将有足够梯度信息的准则定义为

$$r(x) = \frac{\left\| \sum_{y \in N_h(x)} \nabla B(y) \right\|}{\sum_{y \in N_h(x)} \left\| \sum_{y \in N_h(x)} \nabla B(y) \right\| + 0.5} \tag{3.1.11}$$

式中，B 表示模糊图像；$N_h(x)$ 表示以像素 x 为中心的大小为 $h \times h$ 的图像窗；$\nabla B(y)$ 为模糊图像的梯度信息；$\left\| \sum_{y \in N_h(x)} \nabla B(y) \right\|$ 表示模糊图像中绝对梯度值的总和，象征着图像边缘梯度的强弱；$r(x)$ 越小，代表图像中包含更多平滑的区域。因此，最后挑选出的边缘信息可以表示为

$$\nabla I^S = \nabla \hat{I} \cdot T(M \|\nabla I\|_2^2 - \tau_S) \tag{3.1.12}$$

式中，$\hat{I}$ 为经过冲击响应后的图像；T 为阶跃函数；M 表示对图像的 Mask 操作，设定为 $M = T(r - \tau_r)$；τ_r 和 τ_S 为设定的阈值。在模糊图像中，获取具有充分信息量的边缘特征是估计 PSF 的重要标准，从而提高图像去模糊的质量。

3. 模糊核先验

除了图像先验，模糊核的先验同样重要。一个好的模糊核先验条件制约着模糊核的估计，直接影响成像质量。模糊核在物理层面表示为成像设备与拍摄物体的相对位移轨迹，模糊核的模拟过程对应于连续的运动轨迹。因此，在模糊核的参数中，除了少部分的非零元素外，其余的值均为 0，即具有稀疏性。模糊核的先验约束如下：

1）模糊核中的值均大于 0，并且所有元素值的和为 1，具有归一化。

2）模糊核具有稀疏性，即只有在对应的运动轨迹上的值为非零，其余的值均为 0。

3）模糊核具有连续性，可以用平滑的正则约束模拟先验条件。

3.2 图像去噪

图像去噪是图像处理领域中的一个经典问题，也是图像后续加工的预处理环节。图像去噪就是利用一定的先验信息，从被噪声污染的图像中最大限度地恢复出原图像，从而提高图像的整体质量。图像去噪的方法很多，大致可将其分为变换域方法、空间域方法、变分法、偏微分方程方法和机器学习方法。

3.2.1 噪声模型

1. 噪声建模

在图像去噪前需要对降噪过程进行数学建模。假设 I、J 和 z 分别表示观测图像、纯净图像和噪声，根据噪声与信号的关系，可以将噪声分为以下 3 类。

(1) 加性噪声 (Additive Noise)

$$I = J + z \tag{3.2.1}$$

加性噪声分量与信号相对独立。如信道传输中的图像信号噪声和摄像机扫描图像中的噪声都属于加性噪声。

(2) 乘性噪声 (Multiplicative Noise)

$$I = zJ \tag{3.2.2}$$

乘性噪声分量的强度与信号相关，并随信号的强弱而变化。如电视图像中的噪声、胶片中的颗粒噪声等都属于乘性噪声。

(3) 量化噪声 (Quantization Noise)

量化噪声分量与信号相对独立，与量化位数有关。

最常用的是加性噪声模型，而乘性噪声与量化噪声模型也可视为加性噪声模型的特例。例如，将乘性噪声两端取对数，可以将其转变为加性噪声；而量化噪声可以被看作是参数为量化位数的特殊分布的加性噪声。

2. 噪声概率密度函数

由于受噪声的影响，图像像素的灰度值会发生变化。噪声本身的灰度值可以看成随机变量，其分布可以用概率密度函数 (Probability Density Function，PDF) 描述。以下是几种常见的噪声概率密度函数。

(1) 高斯噪声 (Gaussian Noise)

电子器件中的热噪声通常表现为高斯噪声，其噪声灰度值 z 的概率密度函数为

$$p(z) = \frac{1}{\sqrt{2\pi}\sigma}\exp\left[-\frac{(z-\mu)^2}{2\sigma^2}\right] \tag{3.2.3}$$

高斯噪声的分布仅与均值 μ 和方差 σ 有关，z 的值落入 $(\mu-2\sigma,\mu+2\sigma)$ 区间的概率为 95%。由于高斯分布的广泛性和数学处理上的简便性，许多接近高斯分布的噪声通常都用高斯噪声模型进行处理。

(2) 脉冲噪声 (Impulsive Noise)

脉冲噪声又称为椒盐噪声 (Salt-and-pepper Noise)，是由于信号受到强烈电磁干扰、类比数位转换器或位元传输错误而引起的，其概率密度函数为

$$p(z) = \begin{cases} p_a, & z = a \\ p_b, & z = b \\ 1 - p_a - p_b, & \text{其他} \end{cases} \tag{3.2.4}$$

式中，若 $b > a$，灰度值 b 将显示亮点 (盐)，灰度值 a 将显示暗点 (椒)。通常令椒、盐等概率，即 $p_a = p_b$。若灰度值范围为 0 ~ 255，则椒粒处灰度值为 0，盐粒处灰度值为 255，图像其他处灰度值保持不变。

(3) 泊松噪声 (Poisson Noise)

泊松噪声又称为散粒噪声 (Shot Noise)，其概率分布可表示为泊松分布，即

$$p(z-k) = \frac{\lambda^k}{k!}e^{-\lambda},\ k = 0,1,\cdots \tag{3.2.5}$$

式中，λ 为分布参数。对于泊松分布，均值和方差都等于分布参数 λ。

泊松分布描述的是单位时间内随机事件的数量的概率分布，如机器出现的故障次数、自

然灾害发生的次数、放射性原子核的衰变次数等。光的量子效应使成像时间内到达光电传感器表面的光子数目也具有类似的概率分布，导致图像灰度值出现波动，即泊松噪声。这种噪声在亮度很小和高倍放大线路中经常出现。

(4) 其他噪声概率密度函数

① 瑞利噪声

$$p(z)=\begin{cases}\dfrac{2}{b}(z-a)\exp\left[-\dfrac{(z-a)^2}{b}\right], & z\geqslant a\\ 0, & z<a\end{cases}\tag{3.2.6}$$

② 爱尔兰噪声（伽马噪声）

$$p(z)=\begin{cases}\dfrac{a^b z^{b-1}}{(b-1)!}\mathrm{e}^{-az}, & z\geqslant 0\\ 0, & z<0\end{cases}\tag{3.2.7}$$

③ 指数分布噪声

$$p(z)=\begin{cases}a\mathrm{e}^{-az}, & z\geqslant 0\\ 0, & z<0\end{cases}\tag{3.2.8}$$

④ 均匀分布噪声

$$p(z)=\begin{cases}\dfrac{1}{b-a}, & a\leqslant z\leqslant b\\ 0, & \text{其他}\end{cases}\tag{3.2.9}$$

在图像去噪研究中，最常用的噪声模型是加性噪声模型。加性噪声通常表现为高斯噪声或脉冲噪声的形式，因此在现实生活中含噪图像降噪的情况有时更为复杂。一些重要的噪声概率密度函数曲线如图 3.8 所示。

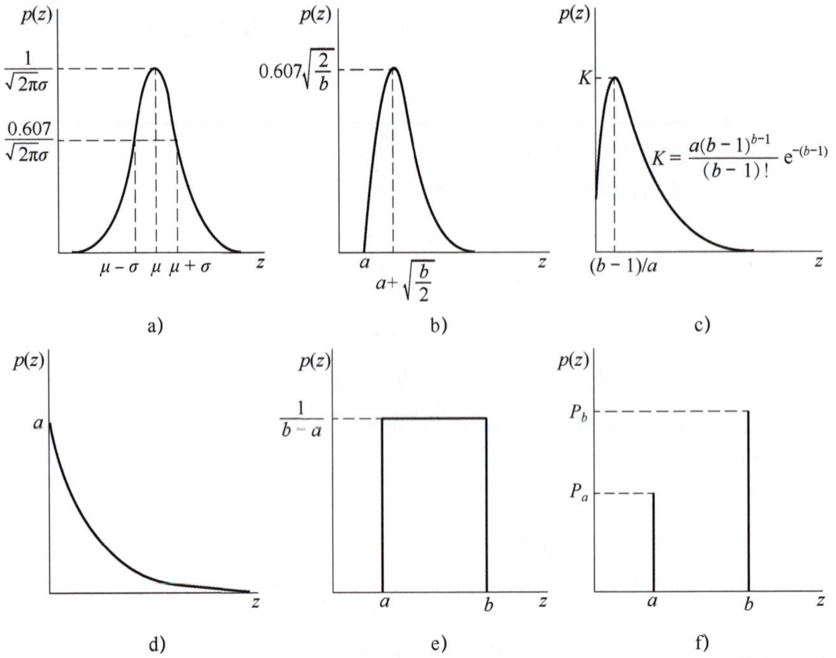

图 3.8　一些重要的噪声概率密度函数曲线

a）高斯噪声　b）瑞利噪声　c）伽马噪声　d）指数分布噪声　e）均匀分布噪声　f）脉冲噪声

3.2.2　传统的图像去噪方法

1. 空域滤波方法

由于图像的相邻像素之间具有很强的相关性，当噪声各向同性时，一种去噪的方法就是利用相邻像素共同估计中心像素，即空域滤波。对图像局部像素值进行线性或非线性运算的方法包括中值滤波、均值滤波、高斯滤波、双边滤波、引导滤波等。中值滤波属于非线性滤波，对椒盐噪声去除效果较好。均值滤波和高斯滤波属于线性滤波，但在去除噪声的同时会造成边缘信息损失。双边滤波和引导滤波则同时考虑了区域内像素的强度与位置信息，能够保持边缘信息，也属于非线性滤波。一般来说，空域滤波方法的效率较高。

2. 变换域方法

变换域方法是指在频域或时频域设计滤波器，将纯净图像和噪声分量分开。例如，对图像做二维傅里叶变换，通过统计分析得到噪声常分布的频段，再设计对应的低通、高通或带通滤波器将其去除。小波分析是一种常用的时频分析技术，通过小波分解得到各个频段的分量，对分解系数进行处理后再重构，即可得到去噪后的图像。多尺度几何分析（如 Contourlet 变换和 Curvelet 变换）是一种图像二维表示方法，其基函数分布在多尺度、多方向上，使用少量系数即可有效捕捉图像中的边缘轮廓，比较适合在去噪的同时保持边缘信息。

3. 非局部自相似性方法

该类方法使用整张图像而非局部信息进行去噪。例如，非局部均值（Non-Local Means，NLM）算法利用图像的冗余性，以图像块为单位在图像中寻找相似区域，再对这些区域进行加权平均，权值为对应像素邻域的 L2 范数距离，该算法能够较好地去掉图像中存在的高斯噪声。BM3D 算法是 NLM 算法的改进，可分为基础估计和最终估计两大步骤，也可分为相似块分组、协同滤波和聚合三个步骤，是图像去噪效果最好的传统算法之一。其他同类算法还有联合稀疏编码（Joint Sparse Coding，LSC）、非局部中心化稀疏表示（Nonlocally Centralized Sparse Representation，NCSR）、加权核范数最小化（Weighted Nuclear Norm Minimization，WNNM）等。非局部自相似性方法去噪效果较好，但计算复杂度较高且实时性较差。

除了上述三种去噪方法外，还有基于稀疏表示、基于马尔可夫随机场、基于偏微分方程的图像去噪方法以及全变分图像去噪方法等。然而，传统的图像去噪方法存在一定的不足之处，如优化类算法的效率不高，需要人工设定参数，针对特定的任务只有一种特定的模型。

3.2.3　去噪效果评价指标

当存在纯净真值图像时，通常用全参考图像质量评价（Full-Reference Image Quality Assessment，FR-IQA）方法来衡量去噪效果。常用的评价指标如下。

1. 均方误差

对于两张尺寸均为 $M \times N$ 的图像 I 和 J，均方误差（Mean Squared Error，MSE）定义为

$$\mathrm{MSE} = \frac{1}{MN}\sum_{i=0}^{M-1}\sum_{j=0}^{N-1} \| J(i,j) - I(i,j) \|^2 \tag{3.2.10}$$

MSE 是两张图像差异的平均值，但是当图像的量化位数增加时，MSE 也会随之增大。

2. 峰值信噪比

设图像的灰度级为 L（8 位灰度图像的 L 为 255），则峰值信噪比（Peak Signal-to-Noise

Ratio，PSNR）定义为

$$\mathrm{PSNR} = 10\log_{10}\frac{L^2}{\mathrm{MSE}} \tag{3.2.11}$$

PSNR 指标的值范围为 $0 \sim +\infty$，值越大表示去噪效果越好。尽管 PSNR 对量化差异进行了归一化，但它未考虑人眼的视觉识别感知特性，因此可能会出现模糊图像的 PSNR 值比清晰图像的值更高的情况。

3. 结构相似性

结构相似性（Structural SIMilarity，SSIM）是衡量两张图像相似度的指标，最早由美国得克萨斯大学奥斯汀分校的图像和视频工程实验室提出。设一张无失真图像为 I，另一张失真图像为 J 则 SSIM 定义为

$$\mathrm{SSIM}(J,I) = \frac{(2\mu_J\mu_I + C_1)(2\sigma_{JI} + C_2)}{(\mu_I^2 + \mu_J^2 + C_1)(\sigma_I^2 + \sigma_J^2 + C_2)} \tag{3.2.12}$$

式中，μ_I、μ_J 分别为图像 I、J 的均值；σ_I^2，σ_J^2 分别为其方差；σ_{JI}为两张图像的协方差。为避免分母为零，C_1、C_2 通常为数值较小的正数，其中，$C_1 = (K_1L)^2$，$C_2 = (K_2L)^2$，一般取 $K_1 = 0.01$，$K_2 = 0.03$。SSIM 综合考虑了两张图像的亮度、对比度和结构相似性，其值范围为 $0 \sim 1$，值越大表示去噪效果越好。

3.3 图像全色锐化

全色锐化或泛锐化（Pan-sharpening）是遥感系统中最常用的技术之一，其目的是将纹理丰富的全色（PAN）图像和多光谱（MS）图像融合，以获得纹理丰富的多光谱图像。Pan-sharpening 方法分为传统优化方法和基于深度学习的融合方法。传统优化方法根据融合思想可以分为成分替换法（Component Substitution）、多分辨率分析法（Multiresolution Analysis）和模型优化法（Model-based Optimization）。其中，成分替换法假设多光谱图像的空间特征存在于结构成分中，通过将其替换为全色图像或全色图像中的高频成分，可以提高多光谱图像的空间分辨率。多分辨率分析法通过对全色图像进行分解，提取全色图像中的高频空间特征，并将这些特征融合到多光谱图像中。模型优化法根据多光谱图像与全色图像的降质过程建立模型，以迭代优化的方式从全色图像中提取多光谱图像缺乏的空间特征，并将这些特征融合到对应的多光谱波段中。

3.3.1 成分替换法

成分替换是一种常见的 Pan-sharpening 策略。成分替换模型假定多光谱图像的空间信息存在于其结构成分中，通过投影变换将结构特征与其他特征分离。由于多光谱图像缺乏空间细节，因此成分替换法将提取出的结构特征替换为富含空间特征的全色图像或全色图像的空间成分，再通过对应的逆变换将增强后的多光谱图像还原到相应的像素域。

由于成分替换法将多光谱图像的特定部分替换为全色图像，因此全色图像与替换成分的相关度越高，失真就会越低。为了确保全色图像与替换成分匹配，在替换前需要对全色图像进行直方图匹配，使匹配后的全色图像具有与替换成分相同的均值与方差。

虽然成分替换法通常可以显著提高空间分辨率，但是由于全色图像与多光谱图像所覆盖

的波段并不完全重合，直接将多光谱图像的部分替换为全色图像时，会产生局部的不匹配。在转化为相应的像素域图像时，这种不匹配会导致严重的光谱失真现象。

T. Tu 等人提出，在线性变换与成分替换的情况下，多光谱图像的融合只需要合理地将全色图像中的空间信息加入多光谱图像，而不需要经过特定的成分转换的相关计算。通过这种方法，成分替换法可表示为

$$\hat{\boldsymbol{x}}_k = \boldsymbol{y}_k + g_k(\boldsymbol{P} - \boldsymbol{P}_L),\quad k = 1,2,\cdots,I \tag{3.3.1}$$

$$\boldsymbol{P}_L = \sum_{i=1}^{I} W_i \boldsymbol{y}_i \tag{3.3.2}$$

式中，$\boldsymbol{y}_k$ 与 $\hat{\boldsymbol{x}}_k$ 分别为上采样和融合后的第 k 个波段的多光谱图像，g_k 表示第 k 个波段的成分提取系数，$\boldsymbol{P}_L$ 表示多光谱图像的亮度成分，I 表示多光谱图像的波段数，W_i 表示第 i 个波段的权重系数。

从式（3.3.1）和式（3.3.2）可以看出，成分替换法包括以下步骤。

步骤 1：对原多光谱图像进行上采样，使其具有与全色图像一样的空间大小。

步骤 2：根据式（3.3.2）获取多光谱图像的亮度成分。

步骤 3：根据计算得到亮度成分对全色图像进行直方图匹配。

步骤 4：根据式（3.3.1）将提取出的空间成分添加到多光谱图像的各波段中。

基于成分替换法的 Pan-sharpening 流程如图 3.9 所示。

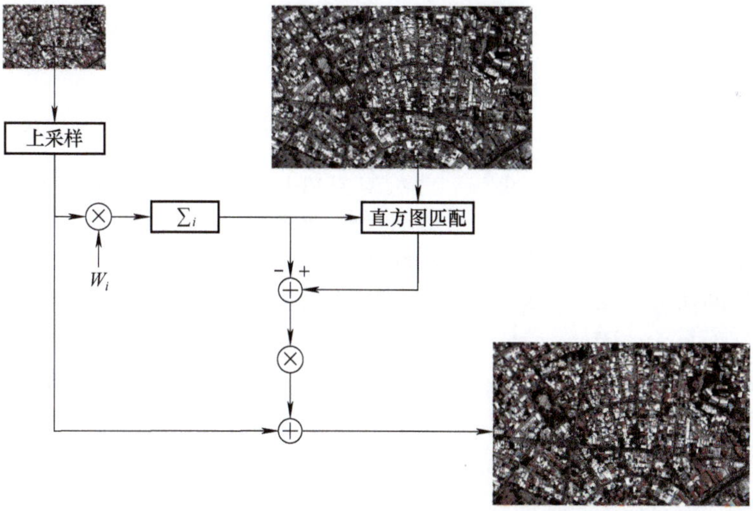

图 3.9　基于成分替换法的 Pan-sharpening 流程

3.3.2　GIHS 变换融合

IHS 变换融合是一种常见的图像处理方法。该方法将 RGB 图像分解为亮度（I）、色度（H）与饱和度（S）三个分量，其中亮度成分包含了图像的空间信息，色度与饱和度则包含了图像的光谱信息。

IHS 变换融合的方法虽然简单，但是只能应用于 RGB 图像。T. Tu 等人将 IHS 模型改进为 GIHS 模型，并将其应用于多光谱图像的全部波段。基于 GIHS 的 Pan-sharpening 模型将分解得到的亮度成分替换为含有高空间分辨率的全色图像，再将图像转换回原来的图像空间，

具体流程如图 3.10 所示。GIHS 在任何非负的权重参数下，有

$$\hat{\boldsymbol{x}}_k = \boldsymbol{y}_k + \left(\sum_{i=1}^{I} w_i\right)^{-1}(\boldsymbol{P} - \boldsymbol{P}_L),\quad k = 1,2,\cdots,I \tag{3.3.3}$$

式中，各波段的提取系数均为 $\left(\sum_{i=1}^{I} w_i\right)^{-1}$，权重参数 $\{w_i\}_{i=1,2,\cdots,I}$ 通常都取为 $1/I$ 或根据各波段与全色图像波段间的关联进行设置。与 IHS 相比，GIHS 具有更高的通用性，可以同时对多光谱图像的所有波段进行处理。然而，与 IHS 一样，GIHS 也存在严重的光谱失真问题。

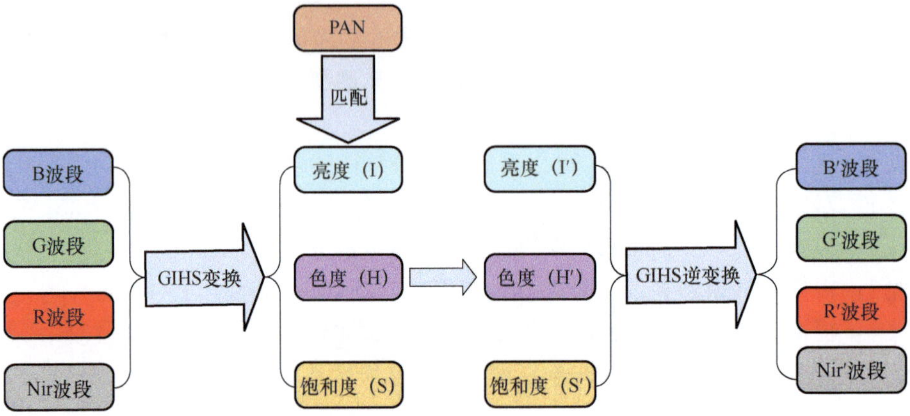

图 3.10　基于 GIHS 变换融合的 Pan-sharpening 流程

3.3.3　PCA 变换融合

PCA（Principal Component Analysis，主成分分析）变换融合，也称为霍特林变换，是一种常用的数据分析方法。PCA 通过对数据的坐标基进行旋转变换，实现数据的线性变换。在图像处理应用中，PCA 多用于提取数据的主要特征分量，实现高维数据的降维。PCA 首先构建对应图像的协方差矩阵，然后通过求解协方差矩阵得到特征向量与特征值。特征值越大，对应的特征向量在原图像中占的比重越大。PCA 选择由大到小的前 n 个特征值所对应的特征向量作为数据的组成部分，忽略重要性（特征值）较小的成分，从而在保留图像信息的同时降低图像的冗余度。

基于 PCA 变换融合的 Pan-sharpening 模型假设多光谱图像的空间信息主要集中在第一主成分，即最大特征值对应的特征向量中。该方法将第一主成分作为全色图像的替换对象，对全色图像进行匹配后，将其替换到第一主成分中，再通过 PCA 逆变换得到增强后的多光谱图像，其流程如图 3.11 所示。PCA 变换融合模型同样可以由式（3.3.1）和式（3.3.2）表示，并且系数 W_i 和 g_k 由多光谱图像的 PCA 变换决定。其中，W_i 是 PCA 正向变换矩阵的第一个行向量，g_k 是 PCA 逆变换矩阵的第一个列向量。

多光谱图像第一主成分的光谱响应等价于各波段光谱在 PCA 变换下对应的加权响应。然而，由于第一主成分的光谱响应与全色图像的光谱响应并不完全一致，直接用全色图像替代第一主成分会导致严重的光谱失真。同时，第一主成分中的空间信息是根据多光谱图像之间的相关性加权映射得到的，而全色图像中包含多光谱图像不包括的波段信息。因此，基于 PCA 变换融合的多光谱图像普遍存在空间信息过增强的现象。

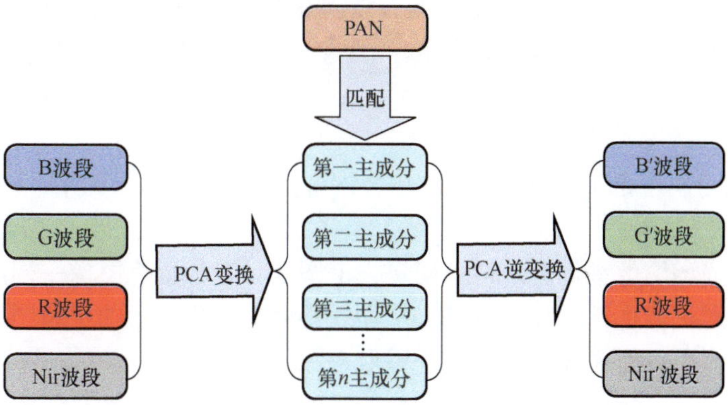

图 3.11 基于 PCA 变换融合的 Pan-sharpening 流程

3.3.4 GS 变换融合

格拉姆－施密特（Gram-Schmidt，GS）正交多用于线性代数与多元统计中的向量正交化。C. Laben 将 GS 正交应用于 Pan-sharpening 中。基于 GS 变换融合的 Pan-sharpening 模型首先对多光谱图像进行上采样，以确保上采样后的多光谱图像与全色图像具有相同的大小。然后将各波段多光谱图像的像素值按照字典排序的方式排列为一个向量，并计算出每个向量元素的均值，同时将每个元素减去均值。

GS 变换可以被视为一种特殊的 PCA 变换，但不同于 PCA 变换的是，GS 变换的第一主成分可以随意选择，剩余的成分则通过计算与第一主成分和已有成分正交的信息来确定。基于 GS 变换融合的 Pan-sharpening 模型可以用式（3.3.1）和式（3.3.2）描述，其权重系数 W_i 都设为 $1/I$，成分提取系数 g_k 可以表示为

$$g_k = \frac{\text{cov}(\boldsymbol{y}_k, \boldsymbol{P}_L)}{\text{var}(\boldsymbol{P}_L)}, \quad k = 1,2,\cdots,I \tag{3.3.4}$$

在该模型中，权重系数都设为相等值。但实际上多光谱图像各波段间存在较大差异，该模型在参数设置上也存在较大的局限性。B. Aiazzi 对上述模型进行了改进，提出了自适应 GS(GSA）变换融合模型，在该模型中

$$\boldsymbol{P}_L = \sum_{i=1}^{I} W_i \boldsymbol{y}_i \tag{3.3.5}$$

与式（3.3.2）不同，式（3.3.5）通过最小化 $\boldsymbol{P}_L$ 与 $\boldsymbol{P}$ 的均方误差，可以实现权重系数 W_i 的自适应调整，使模型的融合效果更佳。

3.3.5 多分辨率分析法

多分辨率分析法也是一种 Pan-sharpening 策略，该方法的思想也被称为 ARSIS。与成分替换法不同，多分辨率分析法通过对全色图像进行分解，并根据降质的图像从全色图像中获取有效的空间信息，将其注入多光谱图像中。多分辨率分析法虽然可以更好地保留多光谱图像中的光谱信息，但是无法高效地提取空间信息。该方法可以表示为

$$\hat{\boldsymbol{x}}_k = \boldsymbol{y}_k + g_k(\boldsymbol{P} - \boldsymbol{P}_L), \quad k = 1,2,\cdots,I \tag{3.3.6}$$

式中，$\boldsymbol{P}_L$ 表示降质后的全色图像，g_k 表示第 k 个波段的成分提取系数。

不同的多分辨率分析模型会采用不同的方法来获取 g_k 和 $\boldsymbol{P}_L$。其中，$\boldsymbol{P}_L$ 的获取方式可以分为滤波和分解两种。滤波的方法比较简单，通过对全色图像滤波即可得到 $\boldsymbol{P}_L$；而分解的方法则需要对全色图像进行线性分解，然后得到一系列空间信息逐步减少且频率不相同的成分。

基于多分辨率分析法的 Pan-sharpening 融合模型流程，如图 3.12 所示。该流程的具体步骤如下。

步骤 1：对多光谱图像进行上采样，使多光谱图像具有和全色图像一样的大小。

步骤 2：对全色图像进行滤波或分解，从而获得对应的降质后的全色图像 $\boldsymbol{P}_L$。

步骤 3：计算多光谱图像各波段的成分提取系数 $\{g_k\}_{k=1,2,\cdots,l}$。

步骤 4：根据各波段的成分提取系数，将所需的空间信息融合到对应波段。

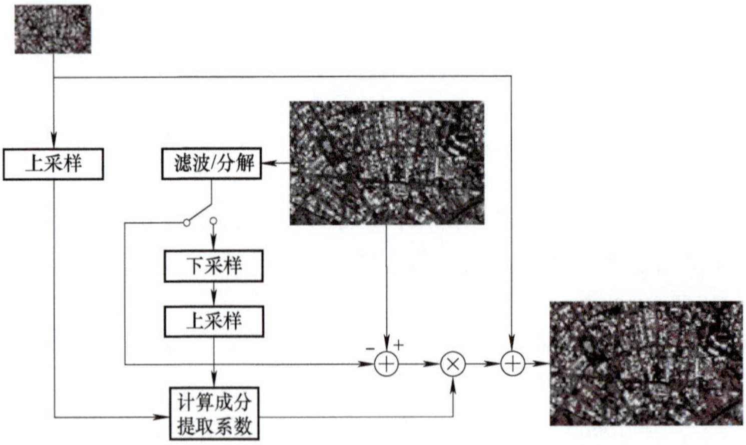

图 3.12　基于多分辨率分析法的 Pan-sharpening 流程

3.3.6　小波变换法

遥感多光谱图像的光谱信息量虽然很丰富，但是其空间分辨率较低。Pan-sharpening 的目的在于将全色图像中的空间结构信息融合到多光谱图像中。由于全色图像的空间信息主要集中在高频部分，因此可以通过提取全色图像的高频部分来获得其空间结构信息。小波变换、傅里叶变换和金字塔变换等是获取图像高频信息的常用方法。其中，小波变换法以其时域局部性和多分辨率性的优势，在图像融合领域中占据了重要的位置。

目前，基于小波变换的遥感图像融合方法主要有小波替换法、小波相加法以及小波权值模型。小波替换法通过对全色图像进行小波变换得到其高频部分，并用其替换多光谱图像进行小波变换后得到的高频部分，然后再经小波逆变换得到融合后的图像。小波相加法通过选择适当的离散小波变换（Discrete Wavelet Transform，DWT），对经过直方图匹配后的全色图像和多光谱图像进行小波变换，将全色图像各分辨率下的细节信息加到多光谱图像相应的细节信息中，最后进行小波逆变换。小波权值模型将全色图像经过小波变换后的细节信息在对角线、垂直和水平等不同方向替代。与小波替换法和相加法相比，小波权值模型能够通过不同的权值综合利用图像的空间结构特征，因此其融合效果更佳。由于小波变换法能够更好地保留多光谱图像本身的光谱信息，因此其融合效果优于 GIHS 变换融合和 PCA 变换融合。

1. 滤波融合

滤波融合是最简单直接的多分辨率分析方式，通过采用高斯滤波、拉普拉斯滤波等方法从全色图像中提取高频成分，并将提取到的信息添加到多光谱图像中，即

$$\hat{\boldsymbol{x}}_k = \boldsymbol{y}_k + g_k(\boldsymbol{P} - \boldsymbol{P} \otimes \boldsymbol{h}),\quad k = 1,2,\cdots,I \tag{3.3.7}$$

式中，$\boldsymbol{h}$ 表示低通滤波核，$\otimes$ 代表卷积运算。

2. 自适应高通滤波融合

自适应高通滤波（Adaptive High-Pass Filter，AHPF）融合算法具有较强的通用性和自适应性。根据输入的图像对，AHPF 模型可以推导出高通滤波器的权重参数，这些参数是在大量数据下确定的，并且可以控制融合结果在锐度和光谱特征间保持平衡。H. Shahdoosti 提出了一种最优滤波模型，该滤波模型可以从全色图像中提取相关且不冗余的特征成分。与其他滤波方法相比，以图像统计特性为依据确定的最佳滤波系数更符合遥感图像的类型和纹理特性。

3.3.7 模型优化法

1. 遥感图像退化过程

多光谱图像的 Pan-sharpening 技术可以有效提高图像的空间分辨率。高效的 Pan-sharpening 算法都是根据多光谱图像与全色图像的生成过程得到的，其退化模型可具体表示为

$$\begin{cases} \boldsymbol{m} = (\boldsymbol{x} \otimes \boldsymbol{g}_{\text{MTF}})\downarrow_4 + \boldsymbol{\varepsilon}_{\text{ms}} \\ \boldsymbol{p} = \boldsymbol{x} \otimes \boldsymbol{H} + \boldsymbol{\varepsilon}_{\text{pan}} \end{cases} \tag{3.3.8}$$

式中，$\boldsymbol{x}$ 表示同时具备高空间与高谱间分辨率的理想多光谱图像，由于现阶段技术无法直接得到 $\boldsymbol{x}$，因此分别对其空间和谱间进行降质以保留另一部分特性。$\boldsymbol{m}$ 表示实际观测到的多光谱图像，该图像更好地保留了 $\boldsymbol{x}$ 的光谱信息，但其空间分辨率降低为原来的四分之一。其具体降质方式为：根据卫星型号的不同，对采集到的 $\boldsymbol{x}$ 用 $\boldsymbol{g}_{\text{MTF}}$ 进行滤波，再对滤波后的图像做 4 倍率的下采样，最后对下采样的图像加入高斯噪声 $\boldsymbol{\varepsilon}_{\text{ms}}$，从而得到实际观测到的多光谱图像。$\boldsymbol{p}$ 表示测绘得到的全色图像，其退化过程为：对 $\boldsymbol{x}$ 用光谱响应矩阵 $\boldsymbol{H}$ 做滤波，该滤波过程实现了对 $\boldsymbol{x}$ 进行光谱方向的退化，将 $\boldsymbol{x}$ 所有波段中包含的空间信息集中到一个频谱范围更宽的波段，该过程同样会引入高斯噪声 $\boldsymbol{\varepsilon}_{\text{pan}}$。由该退化过程可知，$\boldsymbol{p}$ 保留有 $\boldsymbol{x}$ 中所有的空间细节信息，但其实际光谱分辨率降为 0。

Pan-sharpening 的具体任务是根据 $\boldsymbol{m}$ 和 $\boldsymbol{p}$ 及其退化过程，逆向推导得到理想的高空间与高谱间分辨率的多光谱图像 $\boldsymbol{x}$。由于观测到的 $\boldsymbol{m}$ 和 $\boldsymbol{p}$ 数据量少于待重建的未知数据量 $\boldsymbol{x}$，遥感图像的 Pan-sharpening 任务实质上是一个不适定逆问题。

图 3.13 是 IKONOS 与 WorldView-2 卫星的光谱响应图。该图表明，无论是 4 波段还是 8 波段的多光谱卫星，其全色图像与多光谱图像的光谱覆盖区域并不完全重合。因此，以线性的方式从全色图像中提取各波段的空间特征会出现波段不匹配的问题，直接导致融合结果的光谱失真。从特征提取的角度来看，理想的 Pan-sharpening 模型为非线性模型。从图像映射的角度来看，由观测到的数据 $\boldsymbol{m}$ 和 $\boldsymbol{p}$ 重构融合结果 $\boldsymbol{x}$ 的过程本身也是一个高度非线性的映射。因此，线性的融合模型必然存在一定的局限性。

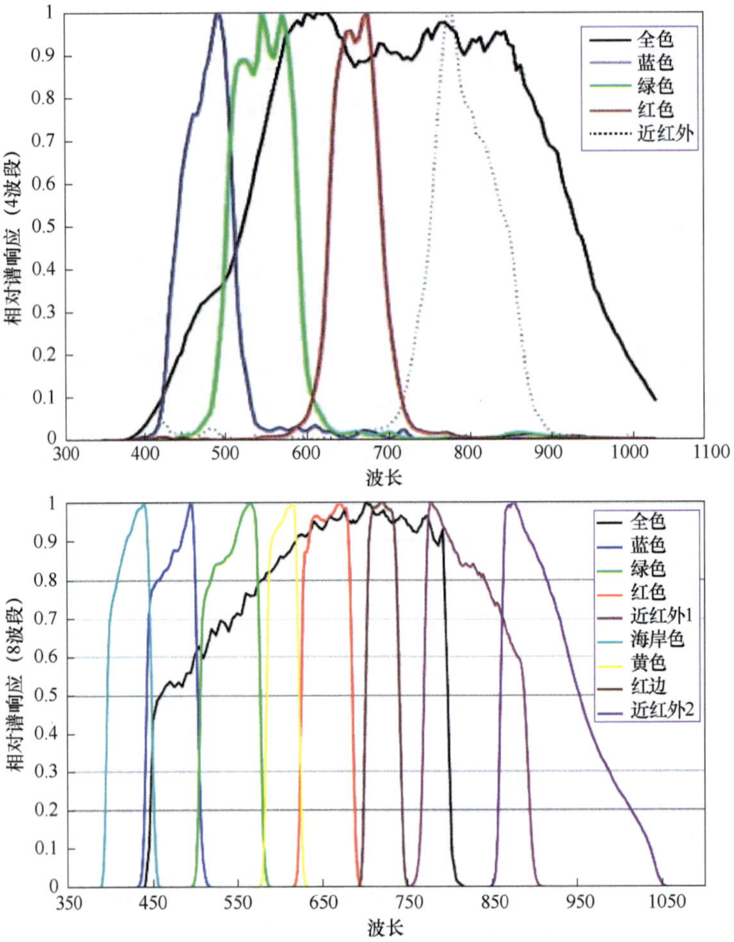

图 3.13　IKONOS 与 WorldView-2 卫星的光谱响应图

2. 优化模型结构

模型优化也是一种传统的 Pan-sharpening 方法，该方法将多光谱图像与全色图像的融合视为不适定逆问题。根据多光谱图像与全色图像的生成过程可建立优化模型为

$$\hat{\boldsymbol{x}} = \arg\min_{\boldsymbol{x}} f(\boldsymbol{x},\boldsymbol{y},\boldsymbol{p}) + \frac{\lambda}{2}\phi(\boldsymbol{x}) \tag{3.3.9}$$

式中，$f(\boldsymbol{x},\boldsymbol{y},\boldsymbol{p})$是模型中的保真项，主要用于决定融合质量。

$$f(\boldsymbol{x},\boldsymbol{y},\boldsymbol{p}) = \frac{\alpha}{2}f_1(\boldsymbol{x},\boldsymbol{y}) + \frac{\beta}{2}f_2(\boldsymbol{x},\boldsymbol{p}) \tag{3.3.10}$$

式中，$f_1(\boldsymbol{x},\boldsymbol{y})$为光谱保真项，$f_2(\boldsymbol{x},\boldsymbol{p})$为空间保真项。由于 Pan-sharpening 本身是逆问题，因此为了确定最终解，模型中需要加入先验项 $\phi(\boldsymbol{x})$ 来约束解空间。

根据式（3.3.8）所示的退化模型，优化模型结构可描述为

$$\hat{\boldsymbol{x}} = \arg\min_{\boldsymbol{x}} \lambda_1\|\boldsymbol{y} - \boldsymbol{\kappa}\otimes\boldsymbol{x}\|_p^2 + \lambda_2\|\boldsymbol{H}\otimes\boldsymbol{x} - \boldsymbol{p}\|_q^2 + \lambda_3\phi(\boldsymbol{x}) \tag{3.3.11}$$

式中，λ_i（$i=1, 2, 3$）是模型参数，用于决定各项在整个模型中占的比重。其中，λ_1 对应的 $\|\boldsymbol{y} - \boldsymbol{\kappa}\otimes\boldsymbol{x}\|_p^2$ 为光谱保真项，用于使融合结果 $\hat{\boldsymbol{x}}$ 尽量保留 $\boldsymbol{y}$ 中的光谱特征；λ_2 对应的 $\|\boldsymbol{H}\otimes\boldsymbol{x} - \boldsymbol{p}\|_q^2$ 为空间增强项，用于使 $\hat{\boldsymbol{x}}$ 尽可能多地从 $\boldsymbol{p}$ 中提取空间细节；λ_3 对应的先验项

$\phi(\boldsymbol{x})$ 用于决定重构结果的稀疏性等特征。

具体的模型优化方法可以根据实际情况和卫星型号在式（3.3.11）的结构中添加其余多项式，具有很强的灵活性，可以应对各种情况下出现的问题。然而，模型优化方法也存在以下问题。

1）优化模型从全色图像中提取空间特征时普遍采用线性方式，然而，线性模型本身的局限性会限制融合质量。

2）优化模型中的 $\phi(\boldsymbol{x})$ 是人为加入的先验项，会影响最终的融合结果，在整个模型中起到非常重要的作用。然而，目前还没有公认的最优先验项，如果在模型中加入的先验项不合适，则会降低融合质量。

3）优化模型中含有保真项和先验项，对其求解通常是将上述两项对应的部分分离后分别进行优化。复杂的优化模型往往需要多次迭代才能收敛，这使整个模型的优化过程变得相当耗费时间。

4）优化模型中的参数需要根据特定的卫星型号和任务类型进行调整，缺乏便利性。

3. 遥感图像 Pan-sharpening 质量评价

（1）主观评价方法

主观评价方法通常是将融合图像分别与全色图像和多光谱图像进行主观对比，判断其光谱与空间信息和原始图像相近的程度。在主观评价中，融合图像的质量包括图像的相似度和可分析度两个方面，即融合图像与标准图像的偏离程度以及图像向人们提供信息的能力。主观评价方法通常会受到图像类型、应用场合和环境等因素的影响；此外，也会受到评价者专业知识和水平的限制。因此，主观评价的结果一般不够全面、准确。

（2）客观评价指标

Pan-sharpening 和多数融合类任务一样，缺乏参照的目标图像，因此无法直接对融合结果的质量进行客观评价。为了解决上述问题，Pan-sharpening 质量评价体系根据是否需要参照图像将评价指标分为有参指标和无参指标。

1）有参指标。

① 均方根误差（Root Mean Square Error，RMSE）是遥感图像所有波段上的均方根误差，用于衡量两张图像之间的差异，是最常见的评价指标。其计算公式为

$$\mathrm{RMSE}(\boldsymbol{x},\hat{\boldsymbol{x}}) = \sqrt{\mathrm{E}[(\boldsymbol{x}-\hat{\boldsymbol{x}})^2]} \tag{3.3.12}$$

式中，$\boldsymbol{x}$ 和 $\hat{\boldsymbol{x}}$ 分别表示理想图像和融合结果图像。RMSE 的主要问题在于每个波段的误差与波段本身的平均值无关，相对误差测量更符合视觉分析和基于模型的多光谱图像像素值测试。

② 相对全局精度误差（Error Relative Global Accuracy，ERGA）可以全面衡量融合结果光谱与空间效果的指标，并且被认为是目前最合适的评价指标，其计算公式为

$$\mathrm{ERGA}(\boldsymbol{x},\hat{\boldsymbol{x}}) = \frac{100}{R}\sqrt{\frac{1}{I}\sum_{i=1}^{I}\left(\frac{\mathrm{RMSE}(\boldsymbol{x}_i,\hat{\boldsymbol{x}}_i)}{\mathrm{Mean}(\boldsymbol{x}_i)}\right)^2} \tag{3.3.13}$$

式中，R 表示多光谱图像与全色图像空间分辨率的比例，通常为 4；Mean 表示各波段像素的平均值。由于 ERGA 是基于 RMSE 得到的，因此其理想值为 0。

③ Q 适用于图像的全面质量评价，其计算公式为

$$Q(\boldsymbol{x},\hat{\boldsymbol{x}}) = \frac{\sigma_{x\hat{x}}}{\sigma_x \cdot \sigma_{\hat{x}}} \cdot \frac{2\bar{\boldsymbol{x}} \cdot \bar{\hat{\boldsymbol{x}}}}{\bar{\boldsymbol{x}}^2 + \bar{\hat{\boldsymbol{x}}}^2} \cdot \frac{2\sigma_x \cdot \sigma_{\hat{x}}}{\sigma_x^2 + \sigma_{\hat{x}}^2} \tag{3.3.14}$$

式中，$\sigma_{x\hat{x}}$ 表示 $\boldsymbol{x}$ 和 $\hat{\boldsymbol{x}}$ 的协方差；σ_x 和 $\sigma_{\hat{x}}$ 分别表示 $\boldsymbol{x}$ 和 $\hat{\boldsymbol{x}}$ 的标准差。Q 的理想值为 1。

④ Q4 与 Q8 是 Q 在 4 波段和 8 波段多光谱图像下的向量扩展，用于衡量融合结果的光谱扭曲程度。Q4 的计算公式为

$$\boldsymbol{x} = \boldsymbol{x}_1 + i\boldsymbol{x}_2 + j\boldsymbol{x}_3 + k\boldsymbol{x}_4 \tag{3.3.15}$$

$$\hat{\boldsymbol{x}} = \hat{\boldsymbol{x}}_1 + i\hat{\boldsymbol{x}}_2 + j\hat{\boldsymbol{x}}_3 + k\hat{\boldsymbol{x}}_4 \tag{3.3.16}$$

式中，i、j、k 均为权重参数。与 Q 一样，Q4 和 Q8 的理想值也为 1。

⑤ SAM 指标用于测试融合图像与参考图像对应像素之间的夹角，以衡量融合结果光谱失真的程度。该指标将多光谱图像每一个光谱波段分别作为一个空间坐标系，计算在该坐标系下融合结果与理想图像各像素间的角度差异。假设 $\boldsymbol{x}_i$ 和 $\hat{\boldsymbol{x}}_i$ 分别表示第 i 个波段的参照图像和融合结果组成的像素向量，则该波段内的 SAM 值计算公式为

$$\mathrm{SAM}(\boldsymbol{x}_i,\hat{\boldsymbol{x}}_i) = \arccos\left(\frac{\langle \boldsymbol{x}_i,\hat{\boldsymbol{x}}_i\rangle}{\|\boldsymbol{x}_i\| \cdot \|\hat{\boldsymbol{x}}_i\|}\right) \tag{3.3.17}$$

全局的 SAM 值可以通过对所有波段的 SAM 值求平均得到，SAM 的理想值是 0。

⑥ 光谱相关系数（Spectral Correlation Coefficient，SCC）用于分析原始多光谱图像与最终融合图像之间的光谱失真，其计算公式为

$$\mathrm{SCC}(\boldsymbol{x}_i,\hat{\boldsymbol{x}}_i) = \frac{\sum_i[(\boldsymbol{x}_i - \bar{\boldsymbol{x}}_i) \cdot (\hat{\boldsymbol{x}}_i - \bar{\hat{\boldsymbol{x}}}_i)]}{\sqrt{\sum_i (\boldsymbol{x}_i - \bar{\boldsymbol{x}}_i)^2 \cdot \sum_i (\hat{\boldsymbol{x}}_i - \bar{\hat{\boldsymbol{x}}}_i)^2}} \tag{3.3.18}$$

式中，$\bar{\boldsymbol{x}}$ 和 $\bar{\hat{\boldsymbol{x}}}$ 分别表示 $\boldsymbol{x}$ 和 $\hat{\boldsymbol{x}}$ 的均值。SCC 的理想值为 1。

2）无参指标。

① D_λ 用于在没有参照图像的情况下对光谱质量进行评价，即

$$D_\lambda = \sqrt[p]{\frac{1}{I(I-1)}\sum_{i=1}^{I}\sum_{j=1,j\neq i}^{I} |d_{i,j}(\boldsymbol{m},\hat{\boldsymbol{x}})|^p} \tag{3.3.19}$$

$$d_{i,j}(\boldsymbol{m},\hat{\boldsymbol{x}}) = Q(m_i,m_j) - Q(\hat{x}_i,\hat{x}_j) \tag{3.3.20}$$

式（3.3.19）的目的是生成与原始多光谱图像具有相同光谱特征的合成图像。在增强过程中，必须保持谱带间的关系。Q 用于计算波段间的差别度；p 通常设置为 1。D_λ 的理想值为 0。

② D_S 是用于对融合结果的空间质量进行评价的指标，即

$$D_S = \sqrt[q]{\frac{1}{I}\sum_{i=1}^{I}|Q(\hat{x}_i,p) - Q(m_i,p_{LP})|^q} \tag{3.3.21}$$

式中，p_{LP} 是对全色图像降质后得到的与 $\boldsymbol{m}$ 大小一致的图像；q 的值通常设为 1。式（3.3.21）表明，m 插值后的图像应该与全色图像之间完全一致。与 D_λ 一样，D_S 的理想值也为 0。

③ QNR 是通过对 D_λ 和 D_S 进行加权得到的，用于综合评价融合图像质量，即

$$\mathrm{QNR} = (1 - D_\lambda)^\alpha (1 - D_S)^\beta \tag{3.3.22}$$

式中，α 和 β 均为加权参数，并且通常都设置为 1。当且仅当 D_λ 和 D_S 均为 0 时，QNR 的理想值为 1。

3.4 图像修复

图像修复（Image Inpainting）是图像处理领域的一个重要研究分支，既可用于修复破损的老照片，又可用于去掉图像中不需要的成分。图像修复的实现方法有很多。在深度学习之前，常用的方法有相似块填充、偏微分方程、稀疏表示等。虽然这些方法对图像中较小区域有较好的修复效果，但是它们很难处理图像中的大范围信息或很难适合语义缺失的情况。现介绍图像修复的相关原理。

3.4.1 图像修复概念

在采集图像或视频时，目标被前景物体遮挡，或者在编辑时出现涂鸦或不合适的字幕，均需要人工将其抹去并在图中形成掩膜。在掩膜区重建原图像或视频的过程即为图像修复，如图 3.14 所示。一般来说，图像修复特指单张图像的修复。与图像去噪、超分辨率重建、图像增强一样，图像修复也是数字图像处理领域中研究的热点之一。

图 3.14　图像修复

与其他图像处理问题一样，图像修复问题的降质模型可以描述为

$$\boldsymbol{Y} = \boldsymbol{D} \odot \boldsymbol{X} + \boldsymbol{v} \tag{3.4.1}$$

式中，$\boldsymbol{X}$ 为待求的原图像；$\boldsymbol{Y}$ 为遮挡后的观测图像；$\boldsymbol{D}$ 为降质矩阵，其中遮挡区域为 0，其他为 1；$\odot$ 为逐像素相乘运算；$\boldsymbol{v}$ 为其他噪声干扰。

图像修复主要利用图像的冗余信息完成对应区域的填充，使其边界与图像中的其他部分连续且纹理一致，同时不破坏语义特征。与图像去噪相似，图像修复质量的客观评价指标主要是 PSNR 和 SSIM。此外，也可以进一步对图像的修复质量进行主观评价。从数学优化的角度看，图像修复是一个典型的不适定问题，即存在不止一个符合要求的解。因此，需要根据一定的正则约束，建立最优化准则，从而实现更好的修复效果。

3.4.2 传统的图像修复算法

1. 相似块填充算法

基于图像的局部自相似性（Local Self-Similarity，LSS），先在整张图像 Y 中逐块检索与待修复区域图像块最相似的纹理和结构，常用的度量标准有像素的欧氏距离和尺度不变特征转换（Scale-Invariant Feature Transform，SIFT）描述子等。然后按预定义的顺序将其复制、粘贴到待修复区域。该类算法严重依赖已有图像内容的低层特征，因此在传统方法中被认为是修复效果最好的一种。

2. 偏微分方程算法

假设图像属于有界变差（Bounded Variation，BV）函数空间，首先利用偏微分方程拟合图像 $\boldsymbol{Y}$，再通过求解方程的初值和边界值来填充待修复区域。该类算法适合修复缺失部分不大、结构简单且具有重复纹理的图像。

3. 稀疏表示类算法

这类算法首先在数据集上学习图像的结构和纹理最优稀疏表示的过完备字典，然后对待修复的图像进行稀疏分解，最后在稀疏或低秩空间中重建修复区域。

4. 滤波类算法

首先采用一组滤波器或小波变换将图像分解到不同频带和不同分辨率中，然后在频带上填充修复区域，最后逆变换到原始空间中，达到由粗到精逐渐修复图像的目的。

3.4.3 常用的图像修复数据集

1）Paris Street View，是从 Google 街景数据中收集的一个大规模的图像数据集，包含世界上几个大城市的街道图像，共由 15000 张图像组成。

2）Places，是由麻省理工学院计算机科学与人工智能实验室（MIT CSAIL）建立的数据集，包含 400 个场景类别，如卧室、街道、犹太教堂和峡谷等，共有 1000 万张图像。

3）Foreground-Aware，不同于其他数据集，该数据集中包含了大量用于修复的不规则掩膜，其中 100000 个用于训练，10000 个用于测试。每个掩膜是一个 256×256 像素的灰度图像，掩膜区域像素为 255，其他区域为 0。

第 4 章　深度学习基础

导　读

神经网络作为一门重要的机器学习技术，是目前最为热门的深度学习的基础。本章从生物神经元与人工神经元间的关系出发，介绍了神经网络的结构、原理、训练与优化，以及反向传播算法；从欠拟合与过拟合的概念出发，介绍了通过减少特征变量、权重正则化、交叉验证、Dropout 正则化和贝叶斯正则化来防止过拟合的方法。

4.1 神经网络

人脑中的神经网络是一个非常复杂的组织，成人大脑中约有 1000 亿个神经元，如图 4.1所示。机器学习中的神经网络通过模拟人脑结构，达到了惊人的学习效果。

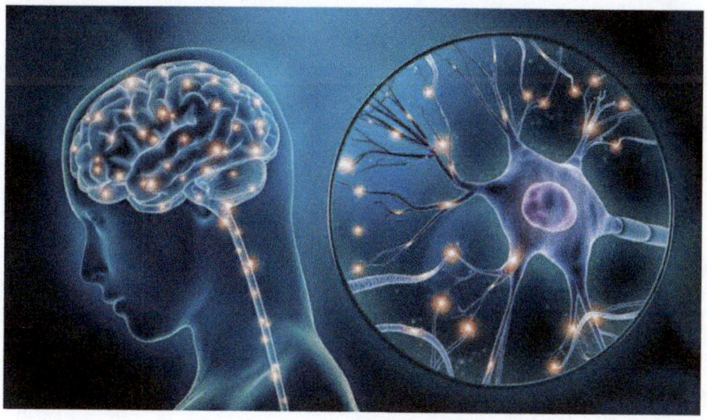

图 4.1　人脑示意图

在机器学习中，经典的神经网络结构包含输入层、隐藏层（也叫中间层）和输出层，如图 4.2 所示。

图中，输入层有 3 个节点，隐藏层有 4 个节点，输出层有 2 个节点。在设计具体的神经网络时，输入层与输出层的节点数往往是固定的，而隐藏层的节点数则可以自由指定。图中的拓扑与箭头代表着预测过程中的数据流向，这与训练过程中的数据流向有一定的区别。图中的关键不是节点（代表"神经元"），而是节点之间的连接线。每条连接线均对应一个不同的权重，这是需要经过训练才能得到的。

人工神经网络由许多神经元组成，这种信息处理网络具有并行分布结构。每个神经元均具有单一输出，并且能够与其他神经元连接。神经元之间存在多种连接方法，每种连接方法均对应一个连接权重。严格地说，人工神经网络是一种具有下列特性的有向图。

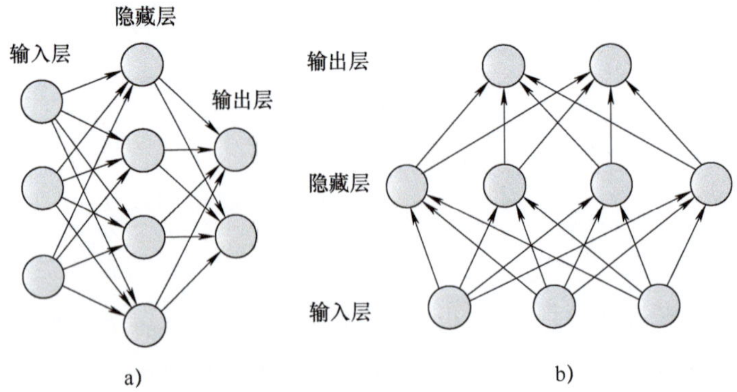

图 4.2 神经网络结构
a）从左到右 b）从下到上

1）对于每个节点 i，存在一个状态变量 x_i 。

2）从节点 i 至节点 j，存在一个连接权重 w_{ji} 。

3）对于每个节点 j，存在一个阈值 b_j 。

4）对于每个节点 j，可以定义一个变换函数 $f_j(x_i, w_{ji}, b_j)$，$i \neq j$ 。

4.1.1 生物神经元与人工神经元

1. 生物神经元

一个生物神经元通常具有多个树突和一条轴突。树突主要用来接收和整合输入信息；而轴突用来向其他神经元传递信息。轴突末梢可以与其他神经元的树突产生连接，从而实现信息传递。这个连接的位置在生物学上叫作“突触”，如图 4.3 所示。

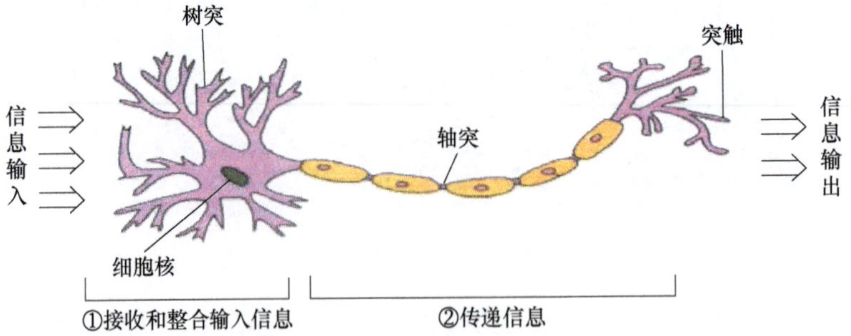

图 4.3 生物神经元

生物神经元主要可以分为三个类别。感觉神经元携带来自感受器细胞的信息，并将其向内传至中枢神经系统。感受器细胞是高度特化的细胞，对光线、声音和身体位置等都非常敏感。运动神经元携带来自中枢神经系统的信息，并将其向外传至肌肉和腺体。人脑内的大部分神经元都是中间神经元，它们通过感觉神经元将信息传递至其他中间神经元或运动神经元。身体中每个运动神经元都与多达 5000 个中间神经元相连接，形成巨大的中介网络，构成脑的计算系统。以疼痛引起的收缩反射为例，说明这三类生物神经元的工作原理，如图 4.4所示。

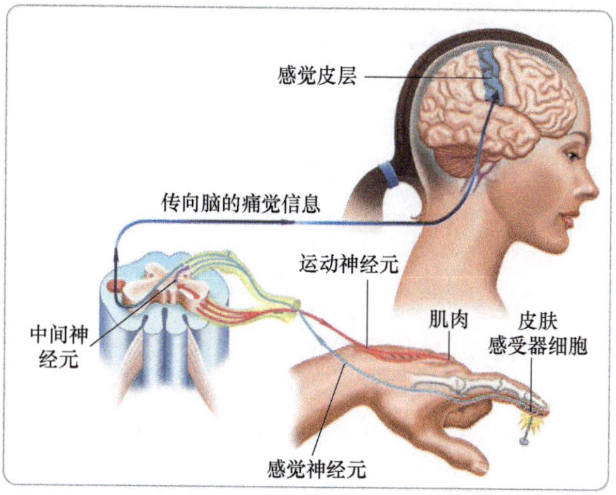

图 4.4 三类生物神经元的工作原理

图中，当皮肤表面的感受器细胞受到尖锐物体的刺激，它们就会通过感觉神经元把痛觉信息传向中间神经元。中间神经元做出反应并刺激运动神经元，使身体适当部位的肌肉依次兴奋起来，把身体离开引起疼痛的物体。只有这一系列的神经元活动发生，并且身体已经离开刺激物体，大脑才会接收到关于这一情境的信息。

2. 人工神经元

1943 年，心理学家 McCulloch 和数学家 Pitts 参考生物神经元的结构，建立了抽象的人工神经元模型，简称 MP 模型。MP 模型包含输入、计算与输出。输入可以类比为生物神经元的树突，输出可以类比为轴突，而计算则可以类比为细胞核。包含 N 个输入、1 个输出，以及计算部分（激活函数）的人工神经元模型，如图 4.5a 所示。

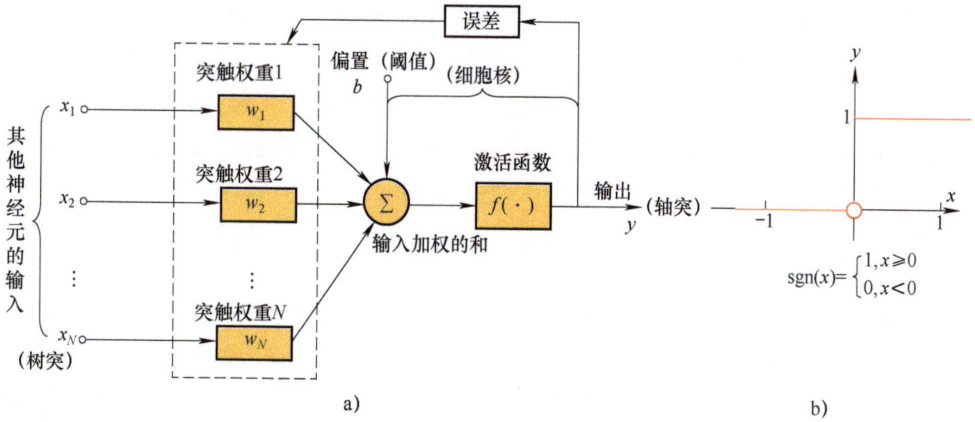

图 4.5 人工神经元模型与激活函数（sgn）

注意：神经网络的训练目的就是让权重调整到最佳，使整个网络的预测效果最好。在训练阶段，首先接收样本的输入，随后将其与权重进行加权计算得到净输入。接着净输入经过激活函数（sgn），生成值为 1 或 0 的二值输出，并将其作为样本的预测类别。在学习阶段，则将这个输出用于更新权重。

如果用 $\boldsymbol{x}$ 来表示输入，用 $\boldsymbol{w}$ 来表示权重，那么图 4.5a 中表示连接的有向箭头可以这样理解：在箭头初端，传递的信号为 $\boldsymbol{x}$ 。在箭头中端，有加权参数 $\boldsymbol{w}$ 。经过加权后，信号会变成 $\boldsymbol{xw}$ 。因此在箭头末端，信号变成 $\boldsymbol{xw}$ ，如图 4.6 所示。

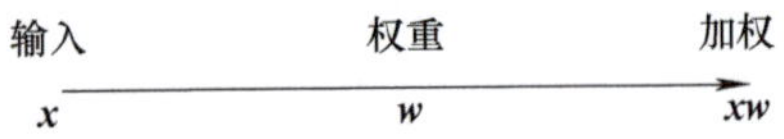

图 4.6　表示连接的有向箭头

在一些模型中，有向箭头可能表示值的不变传递。而在人工神经元模型中，每个有向箭头都表示值的加权传递。人工神经元模型可描述为

$$y(\boldsymbol{w},b) = f\left(\sum_{i=1}^{N} w_i x_i + b\right) \tag{4.1.1}$$

式中，b 为神经元的偏置（阈值）；$\boldsymbol{w}$ 为连接权重向量，w_i 为 $\boldsymbol{w}$ 中的第 i 个连接权重系数；x_i 为第 i 个神经元输入；N 为输入信号数目；y 为神经元输出；$f(\cdot)$ 为输出变换函数，有时也称为激活函数，通常采用单位阶跃函数或 S 形函数。

由式（4.1.1）可知，y 是在输入和权重的线性加权基础上再经过激活函数得到的值。在 MP 模型中，函数 f 为 sgn 函数，也就是符号函数，如图 4.5b 所示。这个函数表示当输入大于或等于 0 时，输出 1；否则，输出 0。

当“神经元”组成网络后，描述网络中的某个“神经元”时，更多地用“单元”来指代。同时，由于神经网络的表现形式是一个有向图，有时也会用“节点”来表达。

MP 模型是建立神经网络大厦的地基，但其权重均是预先设置的，不能调整。而赫布（Hebb）学习规则认为：人脑神经细胞突触（也就是连接）上的强度是可以变化的，那么模型也可以通过调整权重的方法来实现训练与学习。这就是图 4.5a 中用反馈箭头表示突触权重调整的原因，也为后文介绍相关算法奠定了基础。

4.1.2　感知器

1. 单层感知器

1958 年，Rosenblatt 提出一种由两层神经元组成的单层神经网络，并将其称为感知器或感知机（Perceptron），如图 4.7 所示。这是当时首个可以学习的人工神经网络。

在 MP 模型的输入位置添加神经元节点，标志其为输入单元，并将权重 $w_1, w_2, \cdots, w_N$ 写在连接线的中间。在单层感知器中包含两个层，分别是输入层和输出层。输入层中的输入单元只负责传输数据，不进行计算。而输出层中的输出单元会对前一层的输入进行计算。将需要计算的层称为计算层，并将只拥有一个计算层的网络称为单层神经网络。

与 MP 模型不同，感知器中的权重是通过训练得到的。训练过程类似一个逻辑回归模型，可以执行线性分类任务。用决策分界来形象地表达分类效果，即在二维的数据平面中画出一条直线，如图 4.8 所示。当数据维数为 3 时，决策分界为一个二维平面；当数据维数为 N 时，决策分界为一个 $N-1$ 维超平面。

注意：感知器只能进行简单的线性分类，无法解决 XOR（异或）这样的非线性分类问题。

如果要预测的目标不再是一个值，而是一个向量，那么可以在输出层继续增加输出单元，形成带有多个输出单元的输出层。

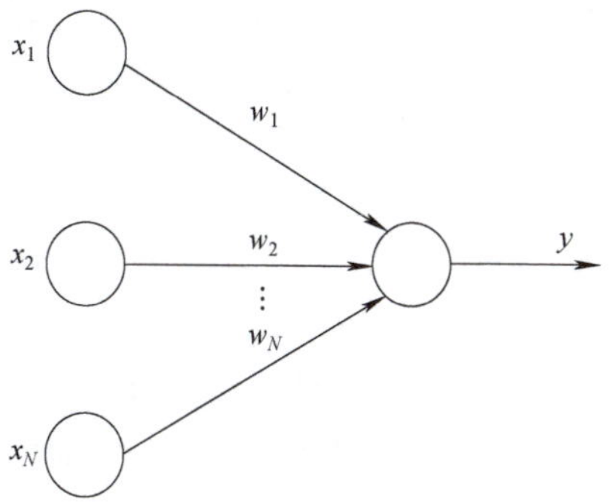

图 4.7 单层感知器

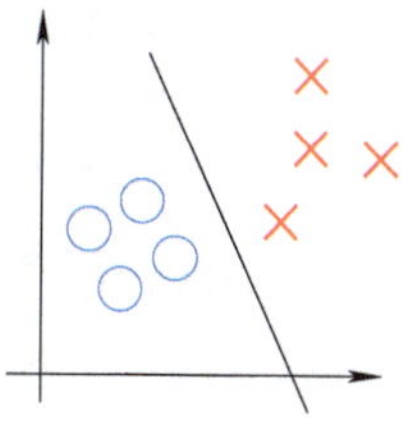

图 4.8 决策分界示意图

2. 多层感知器

含有两个隐藏层和两个输出单元的多层神经网络，如图 4.9 所示。多层神经网络也称为多层感知器（Multi-Layer Perceptron，MLP）。

图 4.9 中，隐藏层数越多，则对应的权重 $\boldsymbol{w}$ 和偏置 b 的数量也就越多。这种情况下，w 和 b 如何定义呢？现假定图 4.9 中第 $l-1$ 层的任意一个神经元一定与第 l 层的任意一个神经元相连，如图 4.10 所示。将第 $l-1$ 层的第 k 个神经元到第 l 层的第 j 个神经元的权重定义为 $w_{jk}^{(l)}$。

偏置 b 可以定义为：第 l 层的第 j 个神经元的偏置为 $b_j^{(l)}$，第 $l+1$ 层的第 m 个神经元的偏置定义为 $b_m^{(l+1)}$，如图 4.11 所示。

结合图 4.10 与图 4.11 可知，第 l 层的第 j 个神经元的输出可表示为

$$y_j(w_j^{(l)}, b_j^{(l)}) = f\left(\sum_{i=1}^{N} w_{ji}^{(l)} x_i + b_j^{(l)}\right) \tag{4.1.2}$$

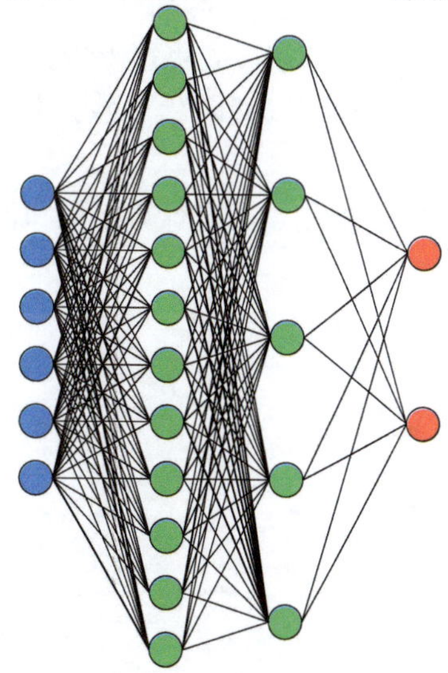

图 4.9 含有两个隐藏层和两个输出单元的多层感知器

式中，$b_j^{(l)}$ 为该神经元的偏置（阈值）；$w_{ji}^{(l)}$ 为连接权重（对于激发状态，$w_{ji}^{(l)}$ 取正值；对于抑制状态，$w_{ji}^{(l)}$ 取负值）；x_i 为神经元输入；N 为输入信号的数目；y_j 为神经元输出。

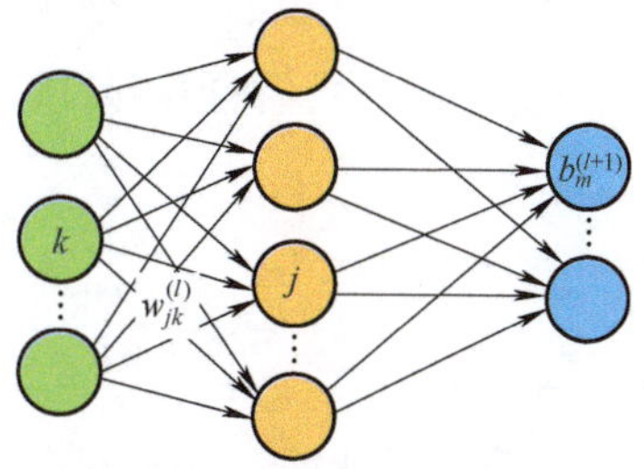

图 4.10 权重 w 的定义

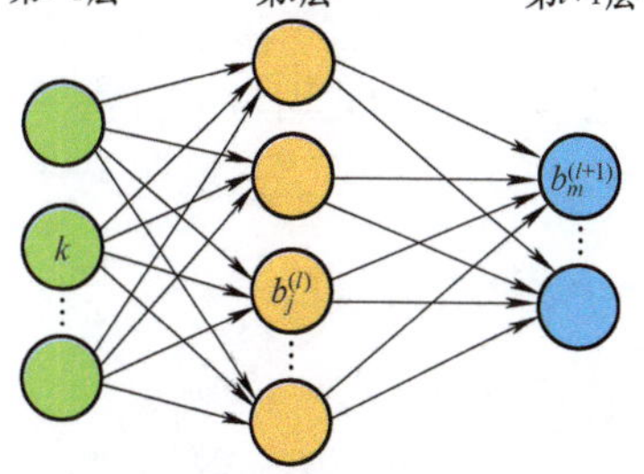

图 4.11 偏置 b 的定义

有趣的是，单层神经网络只能做线性分类任务，而两层神经网络则可以无限逼近任意连

续函数，实现非线性分类。其关键在于隐藏层，该层的参数矩阵可以将数据的原始坐标空间从线性不可分转换成线性可分。两层神经网络中的后一层也是线性分类层，理论上只能做线性分类任务。然而，两层神经网络通过两层线性模型，可以模拟数据内真实的非线性函数。因此，多层神经网络的本质是复杂函数拟合。

对神经网络中各层的节点数进行设计时应注意：输入层节点数需要与特征的维度匹配；输出层节点数需要与目标的维度匹配；而中间层节点数可以由设计者指定。节点数的多少会影响整个模型的效果。如何决定中间层的节点数呢？一般根据经验进行设置。常用的方法是预先设定几个可选值，通过切换这些值来观察整个模型的预测效果，并选择使模型效果最好的可选值作为最终选择。这种方法又称为网格搜索（Grid Search，GS）。

MLP 属于前馈神经网络，具有激活功能，由完全连接的输入层、输出层及多个可能存在的隐藏层组成。其工作过程如下。

① 将数据提供给网络的输入层。各神经元层连接成一个有向图，以便输入数据沿一个方向传递。

② 使用存在于各层之间的权重和偏置对输入数据进行加权计算。

③ 使用激活函数来决定激活哪些节点。常用的激活函数包括 ReLU、Sigmoid 和 Tanh。

④ 训练模型以理解相关性，并从训练数据集中学习输入变量和目标变量之间的依赖关系。

图 4.12 展示了通过计算权重和偏置，并应用适当的激活函数来实现猫和狗图像的分类。

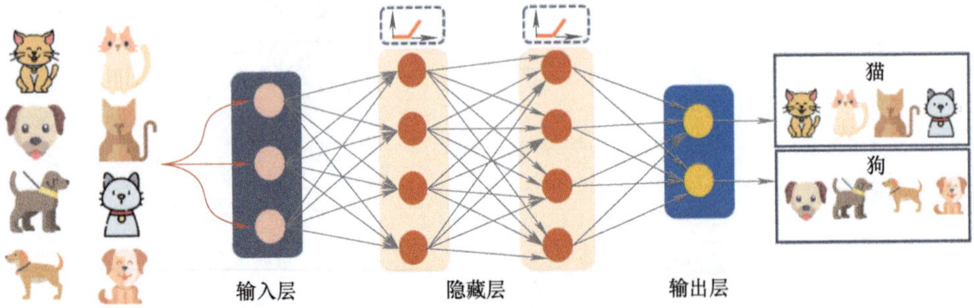

图 4.12　猫和狗图像的分类过程

4.2　神经网络的训练与优化

神经网络的学习过程一般包括训练阶段与预测阶段。以分类任务为例：在训练阶段，需要准备好原始数据和与之对应的分类标注数据，通过训练得到模型 A；在预测阶段，对新的数据套用模型 A，可以预测其所属类别。

4.2.1　神经网络的训练

以两层神经网络的训练为例，分析整个神经网络的训练过程。

在 Rosenblatt 提出的感知器模型中，模型参数可以被训练，但训练的方法较为简单，并没有使用目前机器学习中通用的方法，这导致其扩展性与适用性非常有限。从两层神经网络开始，研究人员开始使用机器学习中的相关技术来训练神经网络。

神经网络的训练目的是使参数尽可能逼近真实模型。具体做法是：首先给所有参数赋随机值，以预测训练数据中的样本。样本的预测目标为 $\hat{\boldsymbol{y}}$，期望目标为 $\boldsymbol{y}$。损失函数定义为

$$Loss = \frac{1}{2}(\boldsymbol{y} - \hat{\boldsymbol{y}})^2 \tag{4.2.1}$$

训练目标是使所有训练数据的总损失尽可能小。

如果将式（4.1.2）作为 $\hat{\boldsymbol{y}}$ 代入式（4.2.1）中，那么损失函数就可以定义为参数 $\boldsymbol{\theta} = \{\boldsymbol{w}, \boldsymbol{b}\}$ 的函数。如何利用式（4.2.1）优化参数 $\boldsymbol{\theta}$，使损失函数的值最小呢？一般来说，这个优化问题通常使用梯度下降法来解决。梯度下降法每次通过计算参数的随机梯度或瞬时梯度，并让参数向着梯度的反方向前进一段距离，然后不断重复上述步骤，直到梯度接近零时为止。这时，所有参数恰好使损失函数达到最低值。

在神经网络模型中，由于其结构复杂，每次计算梯度的代价很大。因此，还需要使用反向传播算法。反向传播算法利用神经网络的结构进行计算，它不是一次性计算所有参数的梯度，而是从后往前一层一层反向传播。反向传播算法基于链式法则进行计算。链式法则是微积分中的求导法则，用于求一个复合函数的导数。在两层神经网络中，按链式法则，反向传播算法首先计算输出层梯度，然后计算第二个参数矩阵的梯度，接着计算中间层梯度，再计算第一个参数矩阵的梯度，最后计算输入层梯度。计算结束后，就获得了两个参数矩阵的梯度。

机器学习问题之所以被称为学习问题，而不是优化问题，是因为它不仅要求模型在训练集上表现出较小的误差，在测试集上也要表现良好，因为模型最终要应用于没有经过训练的真实场景中。提升模型在测试集上的预测效果称为泛化，相关方法称为正则化。

4.2.2　神经网络的优化算法

1. 梯度下降法

在训练和优化神经网络时，梯度下降法是最重要的技术基础。

梯度下降法的功能是：通过寻找最小值来控制方差并更新模型参数，最终使模型收敛。

如今，梯度下降法主要用于神经网络模型的参数更新，即通过在某一方向上更新和调整模型参数使损失函数最小化，如图 4.13 所示。梯度下降法是神经网络中最常用的优化算法。

图 4.13　梯度下降法

反向传播算法使训练多层神经网络成为可能。在前向传播过程中，计算输入信号与其对应权重的乘积并求和，再经过激活函数将输入信号转换为输出信号；在反向传播过程中，回传相关误差，计算误差函数相对于模型参数的梯度，并在负梯度方向上更新模型参数。

对于非线性模型，基于误差函数的损失函数定义为

$$Loss(\boldsymbol{y}, \hat{\boldsymbol{y}}) = \frac{1}{2M}\sum_{j=1}^{M}\left(y_j - f\left(\sum_{i=1}^{N} w_{ji}x_i + b_j\right)\right)^2 = \frac{1}{M}\sum_{j=1}^{M} L(y_j, \hat{y}_j) \tag{4.2.2}$$

式中，$L(y_j, \hat{y}_j)$ 为第 j 个神经元输出的损失函数，即

$$L(y_j, \hat{y}_j) = \frac{1}{2}\left(y_j - f\left(\sum_{i=1}^{N} w_{ji}x_i + b_j\right)\right)^2 \tag{4.2.3}$$

注意：当权重 $\boldsymbol{w}$ 太小或太大时，均会存在较大的误差。因此需要更新和优化权重，使误差减小到合适值，这就需要在与梯度相反的方向找到一个局部最优值。图 4.13 所示为权重更新方向与梯度向量误差的方向相反，其中 U 形曲线为梯度。

梯度下降法的迭代公式为

$$\boldsymbol{\theta}(k)=\boldsymbol{\theta}(k-1)-\eta\nabla(k) \tag{4.2.4}$$

式中，$\boldsymbol{\theta}=\{\boldsymbol{w},\boldsymbol{b}\}$ 表示待训练的模型参数；η 表示学习率，是一个常数；$\nabla(k)$ 表示梯度，即

$$\nabla(k)=\frac{\partial Loss(\boldsymbol{y},\hat{\boldsymbol{y}})}{\partial\boldsymbol{\theta}(k)} \tag{4.2.5}$$

该式是梯度下降法最基本的形式。

2. 梯度下降法的变体

通过梯度下降法更新模型参数（权重与偏置）时，每一次的参数更新都会使用整个训练样本数据集，这种方式也称为批量梯度下降法（Batch Gradient Descent，BGD）。在 BGD 中，整个数据集都参与梯度计算，这样得到的梯度是一个标准梯度，易于得到全局最优解，且总迭代次数较少。然而在处理大型数据集时，BGD 的计算速度很慢且难以控制，甚至可能导致内存溢出。为了解决这一问题，下面介绍两种梯度下降法的变体。

（1）随机梯度下降

随机梯度下降（Stochastic Gradient Descent，SGD）指每次从训练集中随机选取一个样本计算损失和梯度，然后更新参数，即

$$\boldsymbol{\theta}(k)=\boldsymbol{\theta}(k-1)-\eta\frac{\partial Loss(y_j,\hat{y}_j)}{\partial\boldsymbol{\theta}(k)} \tag{4.2.6}$$

然而，由于 SGD 频繁地更新和波动，最终将收敛到极小值，并可能因波动频繁而存在超调量。

研究表明，当缓慢降低学习率时，BGD 与 SGD 的收敛模式相同。

（2）小批量梯度下降

小批量梯度下降（Mini-Batch Gradient Descent，MBGD）指每次从训练集中随机选取 m 个样本，组成一个小批量来计算损失函数并更新参数。损失函数定义为

$$Loss(\boldsymbol{w},\boldsymbol{b})=\frac{1}{2m}\sum_{j=1}^{m}\left(y_j-f\left(\sum_{i=1}^{m}w_{ji}x_i+b_j\right)\right)^2 \tag{4.2.7}$$

然后，再按式（4.2.6）更新参数。使用小批量梯度下降的优点如下。

1）可以减少参数更新的波动，最终得到更好和更稳定的收敛效果。

2）可以使用最新的深度学习库中通用的矩阵优化方法，提高计算小批量数据梯度的效率。

3）通常来说，小批量样本的数量范围是 50～256，但也可以根据实际问题进行调整。

4）在训练神经网络时，通常都会选择小批量梯度下降算法。

3. 梯度下降法的优化

（1）Momentum 算法

在 SGD 方法中，高方差振荡使网络难以稳定收敛。因此，有研究者用动量（Momentum）技术，通过优化相关方向的训练并弱化无关方向的振荡来加速 SGD 训练。换句话说，这种新方法会将上一时间步中更新向量的 β 倍添加到当前时间步的更新向量中。

Momentum 算法又称为冲量算法，其迭代更新公式为

$$\boldsymbol{v}(k) = \beta\boldsymbol{v}(k-1) + \eta\nabla(k) \tag{4.2.8}$$

$$\boldsymbol{\theta}(k) = \boldsymbol{\theta}(k-1) - \boldsymbol{v}(k) \tag{4.2.9}$$

式中，动量参数 $0 \leqslant \beta \leqslant 1$，通常将其设定为 0.9，或与 0.9 相近的某个值。当 $\beta = 0$ 时，Momentum算法等价于小批量梯度下降。

这里的动量与经典物理学中的动量是一致的。就像从山上投出一个球，它会在下落过程中收集动量，它的速度也会不断增加。在参数更新过程中，动量使网络能更优、更稳定地收敛，并减少振荡过程。当其梯度与实际移动方向相同时，动量参数 β 增大；当其梯度与实际移动方向相反时，β 减小。这意味着动量参数只对相关样本进行参数更新，减少了不必要的参数更新，从而实现更快且稳定的收敛，并减少了振荡。

(2) Nesterov 梯度加速法

Momentum 算法存在一个问题：如果一个球在滚下山坡时盲目沿着斜坡下滑是非常不合适的。一个更“聪明”的球应该注意到它将要去哪，当斜坡再次向上倾斜时，它应该进行减速。

实际上，当小球达到斜坡的最低点时，其动量相当高。由于高动量可能会导致小球不知道何时进行减速，故继续向上移动使其完全错过最低点。

研究人员 Yurii Nesterov 提出一种解决动量问题的方法，称为 Nesterov 梯度加速法。该方法赋予了动量项预知能力，通过使用动量项 $\beta\boldsymbol{v}(k-1)$ 来更新参数 $\boldsymbol{\theta}$。通过计算 $\boldsymbol{w} - \beta\boldsymbol{v}(k-1)$ 得到下一位置的参数近似值，这里的参数是一个粗略的概念。因此，不是通过计算当前参数 $\boldsymbol{w}$ 的梯度值，而是通过计算相关参数大致的未来位置来有效预知未来，即

$$\boldsymbol{v}(k) = \beta\boldsymbol{v}(k-1) + \eta\nabla_{w}Loss(\boldsymbol{w} - \beta\boldsymbol{v}(k-1)) \tag{4.2.10}$$

然后根据以下公式来更新参数，即

$$\boldsymbol{\theta}(k) = \boldsymbol{\theta}(k-1) - \boldsymbol{v}(k) \tag{4.2.11}$$

此外，可以通过使网络更新与误差函数的斜率相适应，来加速 BGD 的计算速度。也可以根据每个参数的重要性来调整和更新对应参数，以执行更大或更小的更新幅度。

(3) AdaGrad 算法

梯度下降法和 Momentum 算法在训练过程中均使用固定的学习率，难以适应所有维度。引入 AdaGrad 算法，根据自变量在每个维度的梯度值大小来调整各个维度上的学习率。将小批量样本的随机梯度平方和累加到变量 $\boldsymbol{s}(k)$，即

$$\boldsymbol{s}(k) = \boldsymbol{s}(k-1) + \nabla(k) \odot \nabla(k) \tag{4.2.12}$$

式中，$\odot$表示向量的元素级乘法。

累加变量 $\boldsymbol{s}(k)$ 用于控制学习率 η，这时更新参数的公式为

$$\boldsymbol{\theta}(k) = \boldsymbol{\theta}(k-1) - \frac{\eta}{\sqrt{\boldsymbol{s}(k) + \varepsilon}} \odot \nabla(k) \tag{4.2.13}$$

式中，η 是学习率；ε 是为了维持数值稳定而添加的常数。该式表明，变量 $\boldsymbol{s}$ 是对梯度的平方做了一次平滑。在更新 $\boldsymbol{\theta}$ 时，用梯度除以 $\frac{1}{\sqrt{\boldsymbol{s}(k) + \varepsilon}}$，相当于对梯度做了一次归一化。如果某个方向上梯度振荡很大，则应减小其学习率。因为振荡大，则这个方向的 $\boldsymbol{s}$ 也较大，归一化的梯度就较小。如果某个方向上梯度振荡很小，则应增大其学习率。因为振荡小，则这个方向的 $\boldsymbol{s}$ 也较小，归一化的梯度就较大。因此，通过 AdaGrad 算法可以调整不同维度上的学习率，加快收敛速度。

然而，当学习率在迭代早期降得较快且当前解依然不佳时，在迭代后期由于学习率过小，AdaGrad 算法可能较难找到一个最佳的解。

将目标函数定义为

$$f(x) = 0.1x_1^2 + 2x_2^2 \tag{4.2.14}$$

则由 AdaGrad 算法观察自变量的迭代轨迹，如图 4.14 所示。

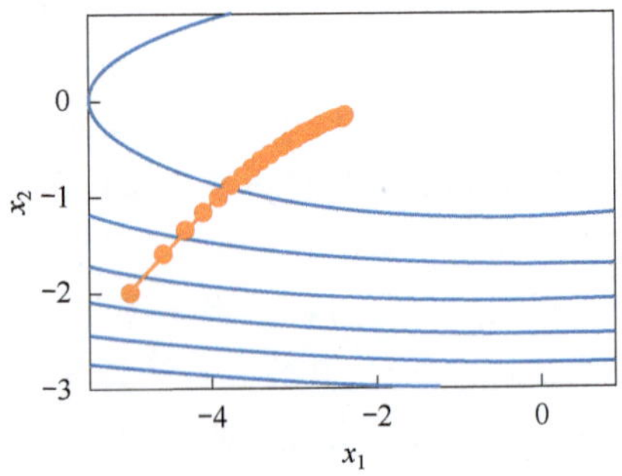

图 4.14 自变量的迭代轨迹（AdaGrad 算法）

（4）RMSProp 算法

RMSProp 算法中的指数加权移动平均与 AdaGrad 算法中的梯度累加变量 $\boldsymbol{s}(k)$ 不同。$\boldsymbol{s}(k)$ 是截止时间步 k，所有小批量样本随机梯度 $\nabla(k)$ 的平方和。RMSProp 算法将这些梯度平方和的累加变量 $\boldsymbol{s}(k)$ 做指数加权移动平均。具体来说，给定超参数 $0 \leqslant \gamma < 1$，RMSProp 算法在时间步 $k>0$，计算

$$\boldsymbol{s}(k) = \gamma \boldsymbol{s}(k) + (1-\gamma)\nabla(k) \odot \nabla(k) \tag{4.2.15}$$

这时，参数更新的公式仍为式（4.2.13）。由于 RMSProp 算法的累加变量 $\boldsymbol{s}(k)$ 是对平方项 $\nabla(k) \odot \nabla(k)$ 做指数加权移动平均，因此可以看作是最近 $1/(1-\gamma)$ 个时间步的小批量随机梯度平方项的加权平均。如此一来，自变量的学习率在迭代过程中就不会再一直降低或保持不变。RMSProp 算法的伪代码如下。

算法 4.1 RMSProp 算法

参数：全局学习率 η；衰减速率 γ；常数 ε，通常设为 10^{-6}（用于维持数值稳定）

初始化：参数 $\boldsymbol{\theta}$；累加变量 $\boldsymbol{s}(k)=0$

While 没有达到停止准则 do

　　从训练集中选取包含 m 个样本 $\{\boldsymbol{x}_1, \boldsymbol{x}_2, \cdots, \boldsymbol{x}_m\}$ 的小批量，对应目标为 $\boldsymbol{y}_i$

　　计算梯度：$\nabla \leftarrow \dfrac{1}{\boldsymbol{m}} \nabla_\theta \sum_i Loss(f(\boldsymbol{x}_i;\boldsymbol{\theta}), \boldsymbol{y}_i)$

　　累加平方梯度：$\boldsymbol{s} \leftarrow \gamma \boldsymbol{s} + (1-\gamma)\nabla \odot \nabla$

　　计算参数更新：$\Delta\boldsymbol{\theta} = -\dfrac{\eta}{\sqrt{\boldsymbol{s}+\varepsilon}} \odot \nabla$

　　应用更新：$\boldsymbol{\theta} \leftarrow \boldsymbol{\theta} + \Delta\boldsymbol{\theta}$

end While

对目标函数式（4.2.14），由 RMSProp 算法观察自变量的迭代轨迹，如图 4.15 所示。

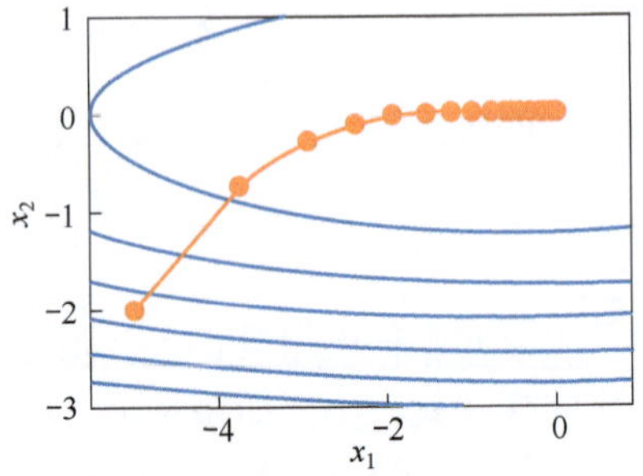

图 4.15 自变量的迭代轨迹（RMSProp 算法）

（5）AdaDelta 算法

AdaDelta 算法也是 AdaGrad 算法的改进。RMSProp 算法对小批量样本随机梯度 $\nabla(k)$ 平方和的累加变量 $\boldsymbol{s}(k)$ 做指数加权移动平均，即

$$\boldsymbol{s}(k) = \gamma \boldsymbol{s}(k) + (1-\gamma)\nabla(k) \odot \nabla(k) \tag{4.2.16}$$

与 RMSProp 算法相比，AdaDelta 算法增加了

一个额外的状态变量 $\Delta\boldsymbol{u}(k)$，即

$$\Delta\boldsymbol{u}(k) = \gamma\Delta\boldsymbol{u}(k-1) + (1-\gamma)\nabla'(k)\odot\nabla'(k) \tag{4.2.17}$$

然后更新参数

$$\nabla'(k) = \sqrt{\frac{\Delta\boldsymbol{u}(k-1)+\varepsilon}{\boldsymbol{s}(k)+\varepsilon}}\odot\nabla(k) \tag{4.2.18}$$

$$\boldsymbol{u}(k) = \boldsymbol{u}(k-1) - \nabla'(k) \tag{4.2.19}$$

上述公式表明，如果不考虑 ε 的影响，AdaDelta 算法与 RMSProp 算法的不同之处在于，AdaDelta 使用 $\sqrt{\Delta\boldsymbol{u}(k-1)}$ 来代替学习率 η。

(6) Adam 算法

Adam 算法与传统的随机梯度下降法不同。随机梯度下降法使用固定的学习率来更新所有的权重，学习率在训练过程中并不会改变。而 Adam 算法则通过计算梯度的一阶矩估计和二阶矩估计，为不同的参数设计独立的自适应学习率。Adam 算法结合了以下两种算法的优点，即：

AdaGrad 算法为每一个参数保留一个学习率，以提升在稀疏梯度（如自然语言处理和计算机视觉问题）上的性能。

RMSProp 算法基于权重梯度最近量级的均值，为每一个参数自适应地保留学习率，使算法在非稳态和在线问题上有很优秀的解决能力。

Adam 算法不仅能像 RMSProp 算法那样基于一阶矩估计来计算自适应参数学习率，还能充分利用梯度的二阶矩估计，即有偏方差。具体来说，Adam 算法计算了梯度的指数移动均值，超参数 β_1 和 β_2 用于控制这些移动均值的衰减率。移动均值的初始值和 β_1、β_2 值均接近于 1（推荐值），因此矩估计的偏差接近于 0。该偏差首先通过计算带偏差的估计，然后计算偏差修正后的估计，从而使模型性能得到提升。

Adam 算法使用 RMSProp 算法中小批量随机梯度平方和的累加变量 $\boldsymbol{s}(k)$ 和动量变量 $\boldsymbol{v}(k)$，并在时间步 0 将它们中的每个元素初始化为 0。与 RMSProp 算法一样，给定超参数 $0\leqslant\beta_1<1$，将小批量随机梯度平方和项 $\nabla(k)\odot\nabla(k)$ 做指数加权移动平均，即

$$\boldsymbol{s}(k) = \beta_1\boldsymbol{s}(k) + (1-\beta_1)\nabla(k) \tag{4.2.20}$$

给定超参数 $0\leqslant\beta_2<1$，在时间步 k，对动量变量 $\boldsymbol{v}(k)$ 及小批量随机梯度 $\nabla(k)$ 做指数加权移动平均，即

$$\boldsymbol{v}(k) = \beta_2\boldsymbol{v}(k-1) + (1-\beta_2)\nabla(k)\odot\nabla(k) \tag{4.2.21}$$

由于 $\boldsymbol{s}(0)$ 和 $\boldsymbol{v}(0)$ 中的元素都初始化为 0，在时间步 k，得

$$\boldsymbol{v}(k) = (1-\beta_2)\sum_{i=1}^{k}\beta_2^{k-i}\nabla(i) \tag{4.2.22}$$

将过去各时间步的小批量随机梯度的权值相加，得

$$(1-\beta_2)\sum_{i=1}^{k}\beta_2^{k-i} = 1-\beta_2^k \tag{4.2.23}$$

注意：当 k 较小时，过去各时间步的小批量随机梯度权值之和也会较小。例如，当 $\beta_2=0.9$ 时，$v(1)=0.1\nabla(1)$。

为了消除这样的影响，对于任意时间步 k，可以将 $\boldsymbol{v}(k)$ 再除以 $1-\beta_2^k$，从而使过去各时间步的小批量随机梯度权值之和为 1，这也叫作偏差修正。在 Adam 算法中，对变量 $\boldsymbol{s}(k)$ 和

$\boldsymbol{v}(k)$ 均做偏差修正，即

$$\hat{\boldsymbol{s}}(k) = \frac{\boldsymbol{s}(k)}{1-\beta_1^k} \tag{4.2.24}$$

$$\hat{\boldsymbol{v}}(k) = \frac{\boldsymbol{v}(k)}{1-\beta_2^k} \tag{4.2.25}$$

使用以上偏差修正后的变量 $\hat{\boldsymbol{s}}(k)$ 和 $\hat{\boldsymbol{v}}(k)$，模型参数中每个元素的学习率可以自适应地进行调整，即

$$\nabla'(k) = \frac{\eta\hat{\boldsymbol{v}}(k)}{\sqrt{\hat{\boldsymbol{s}}(k)}+\varepsilon} \tag{4.2.26}$$

最后，使用 $\nabla'(k)$ 更新参数，即

$$\boldsymbol{\theta}(k) = \boldsymbol{\theta}(k-1) - \nabla'(k) \tag{4.2.27}$$

Adam 算法的伪代码如下。

算法 4.2　Adam 算法

参数：学习率 η（建议设为 0.001）；矩估计的指数衰减速率，β_1 和 β_2 应设置在区间 $[0,1)$ 内（建议设为 $\beta_1=0.9$，$\beta_2=0.999$）；用于维持数值稳定的常数 ε（建议设为 10^{-8}）

初始化：参数 $\boldsymbol{\theta}$；时间步 $k=0$；一阶变量 $\boldsymbol{s}(k)=0$；二阶变量 $\boldsymbol{v}(k)=0$

While　没有达到停止准则　do

　　从训练集中选取包含 m 个样本 $\{x_1,x_2,\cdots,x_m\}$ 的小批量，对应目标为 $\boldsymbol{y}_i$

　　计算梯度：$\nabla \leftarrow \frac{1}{m}\nabla_{\boldsymbol{\theta}}\sum_i Loss(f(x_i,\boldsymbol{\theta}),y_i)$

　　$k \leftarrow k+1$

　　更新有偏一阶矩估计：$\boldsymbol{s} \leftarrow \beta_1\boldsymbol{s}+(1-\beta_1)\nabla$

　　更新有偏二阶矩估计：$\boldsymbol{v} \leftarrow \beta_2\boldsymbol{v}+(1-\beta_2)\nabla\odot\nabla$

　　修正一阶矩的偏差：$\hat{\boldsymbol{s}} \leftarrow \frac{\boldsymbol{s}}{1-\beta_1^k}$

　　修正二阶矩的偏差：$\hat{\boldsymbol{v}} \leftarrow \frac{\boldsymbol{v}}{1-\beta_2^k}$

　　计算更新参数：$\Delta\boldsymbol{\theta} = -\eta\frac{\hat{\boldsymbol{s}}}{\sqrt{\hat{\boldsymbol{v}}}+\varepsilon}$

　　应用更新：$\boldsymbol{\theta} \leftarrow \boldsymbol{\theta}+\Delta\boldsymbol{\theta}$

end While

4.3　反向传播算法

4.3.1　反向传播算法思想

多层感知器在获取隐藏层权值的问题上遇到了瓶颈。既然无法直接得到隐藏层的权值，能否通过计算输出层的输出结果和期望的输出结果之间的误差来间接调整隐藏层的权值呢？

反向传播（BP）算法就是基于这样的思想设计出来的。其学习过程由信号的正向传播与误差的反向传播组成。

在正向传播中，输入样本从输入层传入，经各隐藏层逐层处理后，传向输出层。若输出层的实际输出与期望输出不符，则转入误差的反向传播阶段。

在反向传播中，将输出以某种形式通过隐藏层向输入层逐层反传，并将误差分摊给各层的所有单元，从而获得各层单元的误差信号。该误差信号即作为修正各单元权值的依据。

BP 网络实际上就是多层感知器，其拓扑结构和多层感知器的拓扑结构相同。由于三层（单隐藏层）感知器已经能够解决简单的非线性问题，因此应用十分广泛。三层感知器的拓扑结构如图4.16所示。在一个简单的三层感知器结构中，每一层都有若干个神经元，它们均与上一层的各个神经元保持着连接，且它们的输入是上一层各个神经元输出的线性组合。每个神经元的输出都是其输入的函数，这个函数就是激活函数，属于非线性变换函数。其特点是函数本身及其导数都是连续的，因此在处理上十分方便。

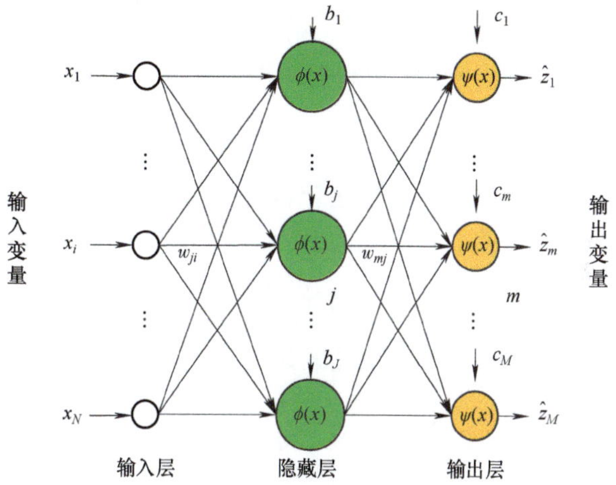

图4.16 三层感知器的拓扑结构

图中，x_i 表示输入层第 i 个节点的输入，$i=1,2,\cdots,N$；w_{ji}表示输入层第 i 个节点到隐藏层第 j 个节点之间连接的权值；b_j 表示隐藏层第 j 个节点的阈值；$\phi(x)$ 表示隐藏层的激活函数；w_{mj} 表示隐藏层第 j 个节点到输出层第 m 个节点之间连接的权值，$j=1,2,\cdots,J$；c_m 表示输出层第 m 个节点的阈值，$m=1,2,\cdots,M$；$\psi(x)$ 表示输出层的激活函数；$\hat{z}_m$ 表示输出层第 m 个节点的输出。

4.3.2 反向传播算法过程

1. 信号的前向传播过程

隐藏层第 j 个节点的输入为

$$u_j = \sum_{i=1}^{N} w_{ji}x_i + b_j \tag{4.3.1}$$

隐藏层第 j 个节点的输出为

$$v_j = \phi(u_j) = \phi\left(\sum_{i=1}^{N} w_{ji}x_i + b_j\right) \tag{4.3.2}$$

输出层第 m 个节点的输入为

$$net_m = \sum_{j=1}^{J} w_{mj}v_j + c_m = \sum_{j=1}^{J} w_{mj}\phi\left(\sum_{i=1}^{N} w_{ji}x_i + b_j\right) + c_m \tag{4.3.3}$$

输出层第 m 个节点的输出为

$$\hat{z}_m = \psi(net_m) = \psi\left(\sum_{j=1}^{J} w_{mj}v_j + c_m\right) = \psi\left(\sum_{j=1}^{J} w_{mj}\phi\left(\sum_{i=1}^{N} w_{ji}x_i + b_j\right) + c_m\right) \quad (4.3.4)$$

2. 误差的反向传播过程

误差的反向传播，即从输出层开始逐层计算各层神经元的输出误差，然后根据误差梯度下降法来调节各层的权值和阈值，使修改后的网络的最终输出 $\hat{z}$ 能接近期望值 z 。

第 i 个训练样本的二次型误差准则函数为

$$E_i = \frac{1}{2}\sum_{m=1}^{M}(z_{im} - \hat{z}_{im})^2 \quad (4.3.5)$$

N 个训练样本的总误差准则函数为

$$E = \frac{1}{2}\sum_{i=1}^{N}\sum_{m=1}^{M}(z_{im} - \hat{z}_{im})^2 \quad (4.3.6)$$

根据误差梯度下降法依次计算输出层权值的修正量 Δw_{mj} 、输出层阈值的修正量 Δc_m、隐藏层权值的修正量 Δw_{ji} 和隐藏层阈值的修正量 Δb_j ，即

$$\Delta w_{mj} = -\eta\frac{\partial E}{\partial w_{mj}},\ \Delta c_m = -\eta\frac{\partial E}{\partial c_m},\ \Delta w_{ji} = -\eta\frac{\partial E}{\partial w_{ji}},\ \Delta b_j = -\eta\frac{\partial E}{\partial b_j} \quad (4.3.7)$$

输出层权值的调整公式为

$$\Delta w_{mj} = -\eta\frac{\partial E}{\partial w_{mj}} = -\eta\frac{\partial E}{\partial net_m}\cdot\frac{\partial net_m}{\partial w_{mj}} = -\eta\frac{\partial E}{\partial \hat{z}_m}\cdot\frac{\partial \hat{z}_m}{\partial net_m}\cdot\frac{\partial net_m}{\partial w_{mj}} \quad (4.3.8)$$

输出层阈值的调整公式为

$$\Delta c_m = -\eta\frac{\partial E}{\partial c_m} = -\eta\frac{\partial E}{\partial net_m}\cdot\frac{\partial net_m}{\partial c_m} = -\eta\frac{\partial E}{\partial \hat{z}_m}\cdot\frac{\partial \hat{z}_m}{\partial net_m}\cdot\frac{\partial net_m}{\partial c_m} \quad (4.3.9)$$

隐藏层权值的调整公式为

$$\Delta w_{ji} = -\eta\frac{\partial E}{\partial w_{ji}} = -\eta\frac{\partial E}{\partial u_j}\cdot\frac{\partial u_j}{\partial w_{ji}} = -\eta\frac{\partial E}{\partial v_j}\cdot\frac{\partial v_j}{\partial u_j}\cdot\frac{\partial u_j}{\partial w_{ji}} \quad (4.3.10)$$

隐藏层阈值的调整公式为

$$\Delta b_j = -\eta\frac{\partial E}{\partial b_j} = -\eta\frac{\partial E}{\partial u_j}\cdot\frac{\partial u_j}{\partial b_j} = -\eta\frac{\partial E}{\partial v_j}\cdot\frac{\partial v_j}{\partial u_j}\cdot\frac{\partial u_j}{\partial b_j} \quad (4.3.11)$$

又因为

$$\frac{\partial E}{\partial \hat{z}_m} = -\sum_{i=1}^{N}\sum_{m=1}^{M}(z_{im} - \hat{z}_{im}) \quad (4.3.12)$$

$$\frac{\partial net_m}{\partial w_{mj}} = v_j,\quad \frac{\partial net_m}{\partial c_m} = 1,\quad \frac{\partial u_j}{\partial w_{ji}} = x_i,\quad \frac{\partial u_j}{\partial b_j} = 1 \quad (4.3.13)$$

$$\frac{\partial E}{\partial v_j} = -\sum_{i=1}^{N}\sum_{m=1}^{M}(z_{im} - \hat{z}_{im})\psi'(net_m)w_{mj} \quad (4.3.14)$$

$$\frac{\partial v_j}{\partial u_j} = \phi'(u_j) \quad (4.3.15)$$

$$\frac{\partial \hat{z}_m}{\partial net_m} = \psi'(net_m) \quad (4.3.16)$$

最后，得

$$\Delta w_{mj} = \eta\sum_{i=1}^{N}\sum_{m=1}^{M}(z_{im} - \hat{z}_{im})\psi'(net_m)v_j \quad (4.3.17)$$

$$\Delta c_m = \eta \sum_{i=1}^{N} \sum_{m=1}^{M} (z_{im} - \hat{z}_{im}) \psi'(net_m) \tag{4.3.18}$$

$$\Delta w_{ji} = \eta \sum_{i=1}^{N} \sum_{m=1}^{M} (z_{im} - \hat{z}_{im}) \psi'(net_m) w_{mj} \phi'(u_j) x_i \tag{4.3.19}$$

$$\Delta b_j = \eta \sum_{i=1}^{N} \sum_{m=1}^{M} (z_{im} - \hat{z}_{im}) \psi'(net_m) w_{mj} \phi'(u_j) \tag{4.3.20}$$

BP 算法的流程如图 4.17 所示。

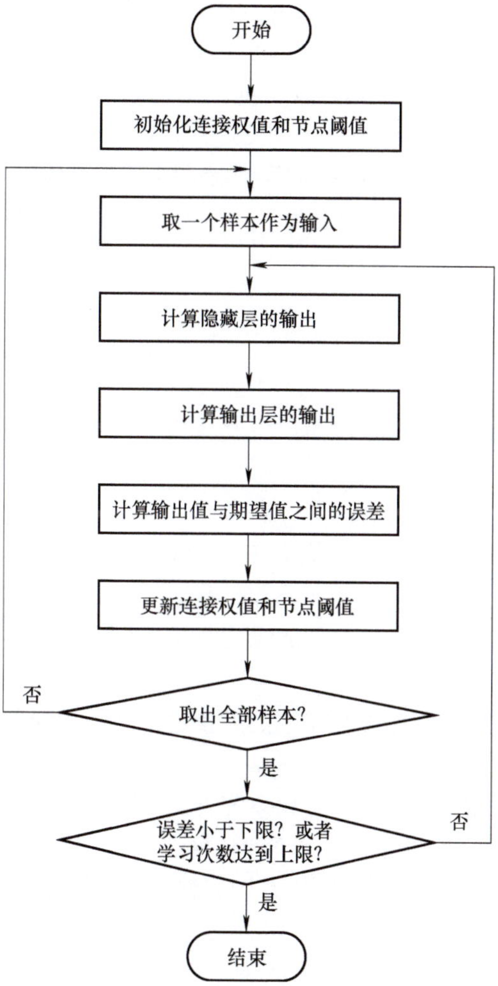

图 4.17　BP 算法的流程

4.4　欠拟合与过拟合

欠拟合和过拟合，也被称为高偏差和高方差。图 4.18 所示为训练数据的三种拟合结果。在图 4.18a 中，使用一条直线来拟合数据，显然无论如何调整起始点和斜率，该直线都不可能很好地拟合给定的 5 个训练数据，更无法用新数据进行测试。在图 4.18c 中，使用高阶多项式完美地拟合了所有训练数据，但在预测新数据时，很可能会产生较大的误差。而图4.18b中的曲线，既较完美地拟合了训练数据，又不过于复杂，清晰地描绘了变量 x_1 和 x_2 的关系。

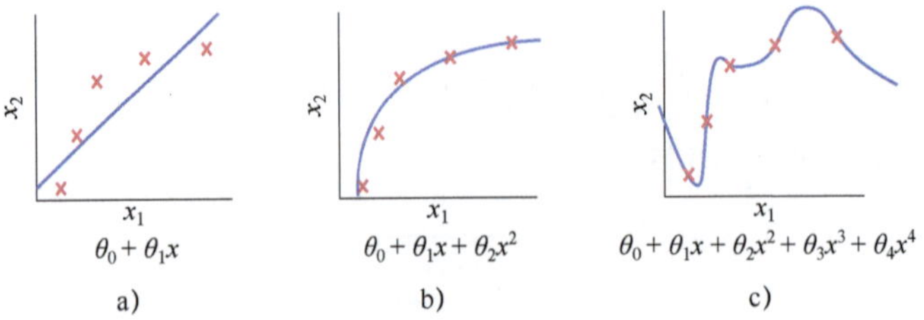

图4.18　训练数据的拟合结果

a）欠拟合　b）最佳拟合　c）过拟合

在机器学习中，从训练数据中学习目标函数的过程，称为归纳学习。而机器学习模型在遇到新数据时的表现（如预测准确度等），称为泛化。拟合则是指模型对目标函数的逼近。

4.4.1　基本概念

1. 欠拟合

欠拟合（高偏差）是指模型在训练集上表现较差，没有充分利用数据，预测的准确率较低。

2. 过拟合

过拟合（高方差）是指模型在训练集上表现较好，但在测试集上效果较差。也就是说，模型在已知的数据集中表现非常好，但在添加一些新的数据后测试效果就会差很多。这是由于模型考虑的影响因素过多，导致自变量的维度超出合理范围。

3. 偏差

偏差是指模型对样本的预测输出与样本的期望输出之间的误差，反映了模型的精确度。

4. 方差

方差是一种衡量模型输出与期望输出相差程度的度量指标。在统计学中，方差是将各个样本值与其均值差平方的平均数，反映了模型的稳定性。图4.19展示了偏差值模型的输出与其期望输出（图中用红色中心表示）之间的距离，以及方差值模型的输出与其期望输出（图中用红色中心表示）之间的距离。

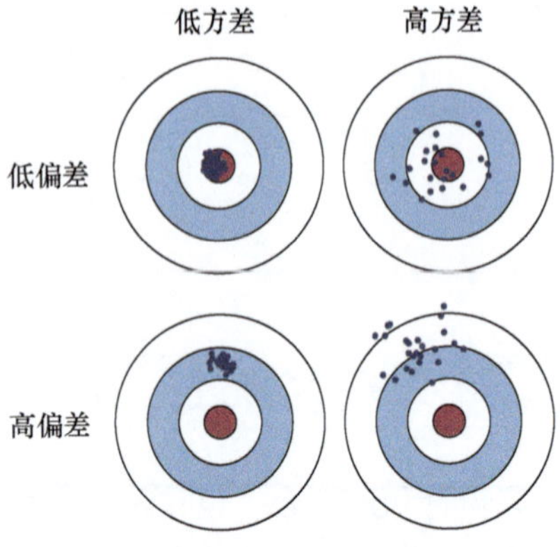

图4.19　偏差值模型和方差值模型的输出与其期望输出（红色中心）的距离

就像打靶，低偏差指瞄准点与红色中心之间的距离较近；而高偏差则指瞄准点与红色中心之间的距离较远。低方差是指瞄准一个点后，射出的子弹打中靶子的位置与瞄准点之间的距离比较近；而高方差则是指瞄准一个点后，射出的子弹打中靶子的位置与瞄准点之间的距离比较远。

① 低偏差、低方差时，预测值正中靶心（最接

近期望值)，且比较集中（方差较小)。这是最期望的结果。

② 低偏差、高方差时，预测值基本落在期望值周围，但很分散（方差较大)。这说明模型的稳定性较差。

③ 高偏差、低方差时，预测值与期望值之间有较大的距离，但预测值很集中（方差较小)。这说明模型的稳定性较好，但预测准确率不高，处于“一如既往地预测不准”的状态。

④ 高偏差、高方差时，模型不仅预测不准确，还不稳定，每次的预测值差别都比较大。这是最不期望的结果。

为了防止模型从训练数据中学到错误或无关紧要的信息，最好的解决方案是获取更多的数据。只要给足够多的数据，让模型训练到尽可能多的例外情况，它就会不断修正自己，从而得到更好的训练结果。

可以根据以下几个方法获取更多的数据。

① 从数据源头获取更多数据。这种方法是最容易想到的，但在大多情况下，大幅增加数据本身并不容易，且很难确定增加多少数据才能使模型表现更好。

② 根据当前数据集估计数据的分布参数，使用该分布生成更多数据。一般不采用这种方法，因为估计分布参数的过程会带入抽样误差。

③ 利用数据增强，通过一定规则扩充数据。例如，在分类问题中，由于物体在图像中的位置、姿态、尺度以及整体图像的明暗度等都不会影响分类结果，因此可以通过图像平移、翻转、缩放、切割等手段将数据成倍扩充。

4.4.2　以减少特征变量的方法防止过拟合

过拟合主要是由两个原因造成的：一是数据量不足，二是模型过于复杂。可以通过减少特征变量的方法来防止过拟合问题，让其充分拟合真正的规则，同时又不至于拟合太多抽样误差。具体方法如下。

1）通过减少网络层数和神经元个数等来限制网络的拟合能力。

2）限制模型的训练时间。

对于每个神经元而言，其激活函数在不同区间的性能也是不同的，如图 4.20 所示。

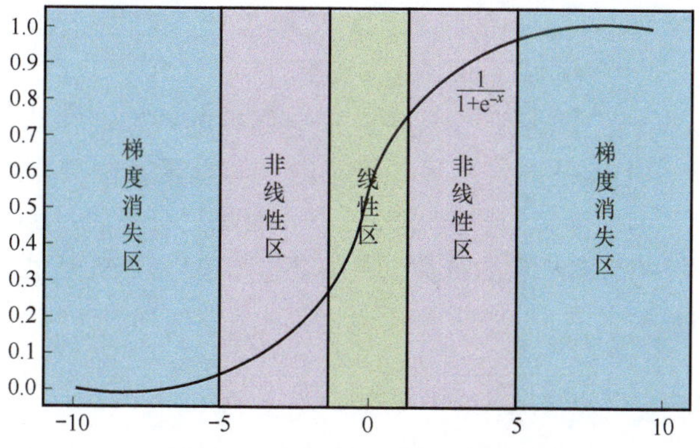

图 4.20　激活函数在不同区间的性能

当网络权值较小时，神经元的激活函数工作在线性区，此时神经元的拟合能力较弱

(类似线性神经网络)。

有了上述共识之后，就可以解释为什么限制模型的训练时间可以防止过拟合。因为在初始化网络时，权值一般都较小。训练时间越长，部分网络权值可能越大。如果在合适的时间停止训练，就可以将网络的拟合能力限制在一定范围内。

4.4.3 以权重正则化的方法防止过拟合

权重正则化的简单模型是指参数值分布的熵较小的模型，通过强制让模型权重只能取较小值，从而限制模型的复杂度，使权重的分布更加规则。具体方法是向网络的损失函数中添加与较大权重相关的成本。

对于 L1 正则化，添加的成本与权重系数的绝对值（权重的 L1 范数）成正比。

对于 L2 正则化，添加的成本与权重系数的平方（权重的 L2 范数）成正比，又称为权重衰减。

正则化是基于 L1 与 L2 范数的，它们可以统一定义为 L-P 范数，即

$$L_p = \sqrt[p]{\sum_{l=1}^{N} x_l^p} \tag{4.4.1}$$

式中，$x_l = (x_1, x_2, \cdots, x_N)$。

L-P 范数不仅仅是一个范数，而是一组范数。根据 p 的变化，范数也有着不同的变化。一个经典的有关 P 范数的变化，如图 4.21 所示。

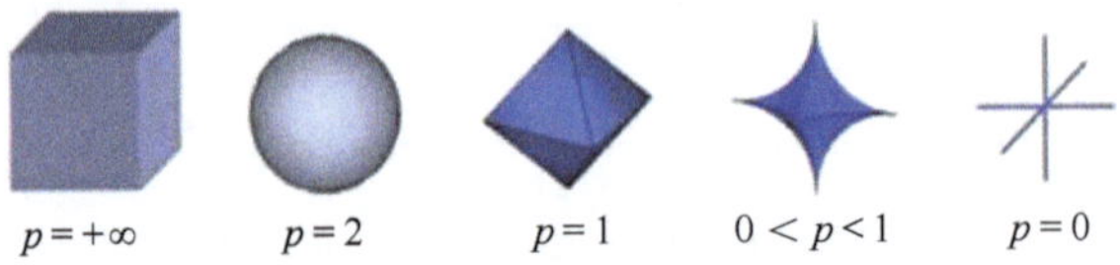

图 4.21　P 范数

图 4.21 表示当 p 从正无穷大到 0 变化时，三维空间中到原点距离（范数）为 1 的点构成的图形变化情况。以常见的 L2 范数（$p=2$）为例，此时的范数也称为欧氏距离，在该情况下，空间中到原点的欧氏距离为 1 的点构成了一个球面。

权重衰减（L2 正则化）可以防止模型过拟合，其原理如下。

1）从模型的复杂度解释：更小的权重，从某种意义上来说，表示模型的复杂度更低，对数据的拟合效果更好（这个法则也叫作奥卡姆剃刀）。

2）从数学方面解释：在过拟合的情况下，拟合函数的系数往往非常大，导致最终形成的拟合函数波动也很大。也就是说，在某些很小的区间里函数值会剧烈变化，且其导数值(绝对值）也会非常大。由于自变量的值可大可小，因此只有系数足够大，才能保证导数值也很大。而 L2 正则化通过约束参数的范数，使其不至于太大，从而可以在一定程度上减少过拟合的情况。

4.4.4 以交叉验证的方法防止过拟合

交叉验证通过将样本数据进行切分，将它们组合为不同的训练集和测试集。用训练集来训练模型，用测试集来评估模型预测的好坏。

交叉是指某次训练集中的某个样本在其他情况下可能成为测试集中的样本。交叉验证主要分为以下 4 种。

1. 简单交叉验证

简单交叉验证将样本数据随机分为两部分（一般 70% 的样本作训练集，30% 作测试集）。然后用训练集来训练模型，用测试集来验证模型及其参数。该方法只需要将原始数据打乱后分成两组即可，没有交叉。然而，在这种方法中，模型的准确率与原始数据的分组有很大关系。因为有些数据可能从未做过训练或测试，而有些数据不止一次被选为训练或测试数据。

2. S 折交叉验证

S 折交叉验证会把样本随机分成 S 份，每次随机选择 $S-1$ 份作为训练集，剩下的 1 份作为测试集，如图 4.22 所示。

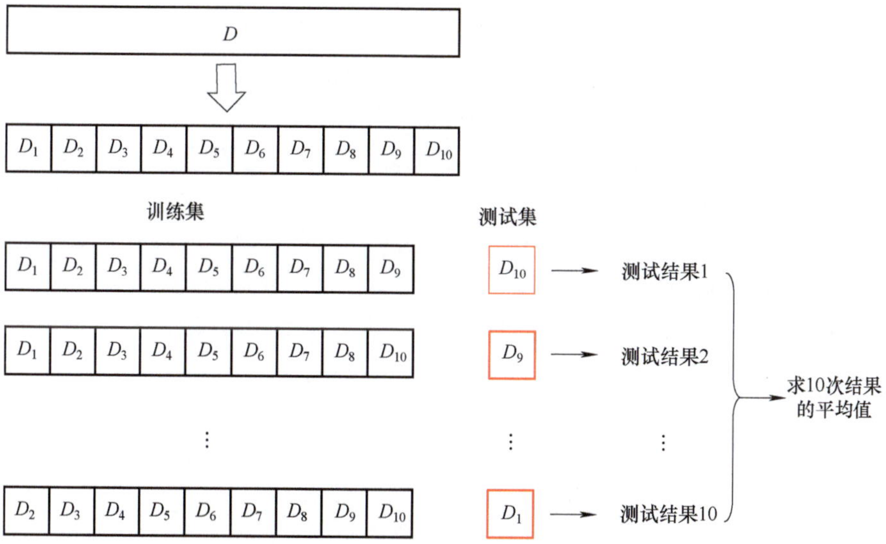

图 4.22　S 折交叉验证原理

S 的选取：数据量较小时，S 可以设大一点；数据量较大时，S 可以设小一点。以下是选取 S 时的两种极端情况。

1）完全不使用交叉验证，即 $S=1$。在这种情况下，模型很容易出现过拟合。因为模型学习了全部数据的特征，所以对训练数据拟合得很好，即偏差很小。但实际上有些特征是没有必要学习的，结果造成低偏差、高方差。

2）留一法，即 $S=N$（N 为样本数）。在选取 S 时，随着 S 值不断升高，单一模型评估的方差逐渐减小，偏差逐渐增大，且计算量也会显著增加。

总之，相对于使用全部数据集训练模型而言，使用部分数据集，模型的偏差会变大，但方差会降低。也就是说，S 的选取就是在偏差和方差之间做取舍。

3. 留一交叉验证

当 S 等于样本数 N 时，每次选择 $N-1$ 个样本来训练数据，留 1 个样本来验证模型的好坏。

4. 自助法

如果样本数量非常有限，可以使用自助法有放回地抽取 n 个样本组成训练集（其中可能有重复的样本)，没有被抽取的样本作为测试集。

交叉验证的目的如下。

1）根本原因是数据有限。当数据量不够大时，如果把所有数据都用于训练模型，容易导致模型过拟合。交叉验证用于评估模型的预测性能，尤其是训练好的模型在新数据上的表现，从而在一定程度上减少过拟合。

2）通过交叉验证将数据划分和结果评估整合在一起，可以有效降低模型选择中的方差。

4.4.5 以 Dropout 正则化的方法防止过拟合

Dropout 正则化是一种防止模型过拟合的新方法。其思想是在每个训练批次中，通过随机忽略一半的特征检测器（即让一半的隐藏层节点值为 0），来减少过拟合现象。

1. Dropout 方法

（1）训练阶段

1）Dropout 是在常规 BP 网络结构的基础上，以一定的比例使隐藏层激活值变为 0，即随机地让一部分隐藏层节点失效。在测试时，除了让隐藏层节点失效，还要让输入数据也以一定比例（通常为 20%）失效，从而得到更好的结果。

2）不添加权值惩罚项，而是给每个权值都设置一个上限范围。如果在训练过程中，更新的权值超过了这个上限，就将其设置为上限值。这样处理，无论权值更新量有多大，权值都不会过大。此外，还可以在算法中使用比较大的学习率来加快学习速度，从而使算法可以在一个更广阔的权值空间中搜索最佳权值，而不用担心权值过大。

3）带 Dropout 的神经网络可以实现集成特性，但其训练和预测过程会发生一些变化，如图 4.23 所示。这里，Dropout 以一定的概率舍弃神经元。

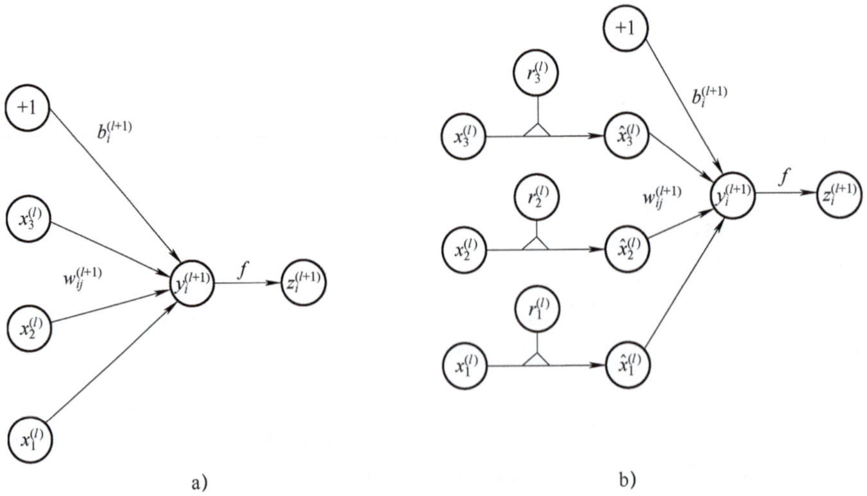

图 4.23 带 Dropout 的神经网络

a）标准神经网络 b）带 Dropout 的神经网络

在图 4.23a 中，对于标准神经网络，有

$$y_i^{(l+1)} = \sum_{j=1}^{3} w_{ij}^{(l+1)} x_j^{(l)} + b_i^{(l+1)} \tag{4.4.2}$$

$$z_i^{(l+1)} = f(y_i^{(l+1)}) \tag{4.4.3}$$

在图 4.23b 中，对于带 Dropout 的神经网络，有

$$r_j^{(l)} \sim \mathrm{Bernoulli}(p) \quad (j = 1,2,3) \tag{4.4.4}$$

$$\hat{x}_j^{(l)} = r_j^{(l)} \otimes x_j^{(l)} \tag{4.4.5}$$

$$y_i^{(l+1)} = \sum_{j=1}^{3} w_{ij}^{(l+1)} \hat{x}_j^{(l)} + b_i^{(l+1)} \tag{4.4.6}$$

$$z_i^{(l+1)} = f(y_i^{(l+1)}) \tag{4.4.7}$$

由此可见，训练网络中的每个神经元都要添加一个概率计算过程。

(2) 测试阶段

在网络前向传播到输出层前，隐藏层节点的输出值都要缩减为原来的 $1 - v$ 倍。例如，正常的隐藏层输出为 y，此时需要缩减为 $y(1 - v)$ 。在预测时，每一个神经元的参数要预乘以 p，如图 4.24 所示。

除此之外，还有一种方法是在预测阶段保持不变，而在训练阶段进行改变。

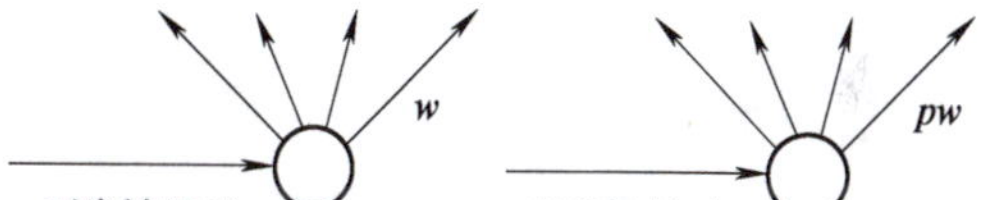

图 4.24　隐藏层神经元的输出值缩减

假设 Inverted Dropout 的比例因子为 $\frac{1}{1-p}$，则

$$r_j^{(l)} \sim \mathrm{Bernoulli}(p) \tag{4.4.8}$$

$$\hat{x}_j^{(l)} = r_j^{(l)} \otimes x_j^{(l)} \tag{4.4.9}$$

$$y_i^{(l+1)} = \sum_{j=1}^{3} w_{ij}^{(l+1)} \hat{x}_j^{(l)} + b_i^{(l+1)} \tag{4.4.10}$$

$$z_i^{(l+1)} = \frac{1}{1-p} f(y_i^{(l+1)}) \tag{4.4.11}$$

2. Dropout 原理分析

Dropout 可以被视为一种模型平均的方法。所谓模型平均，就是把来自不同模型的估计或者预测，通过一定的权重进行加权平均。模型平均也称为模型组合，一般包括组合估计和组合预测。

在 Dropout 中能体现出“不同模型”的地方在于以下两点。第一，随机选择要忽略的隐藏层节点。在每个批次的训练过程中，由于每次随机忽略的隐藏层节点都不同，因此每次训练的网络都是不一样的，即每个网络都可以看作一个“新”的模型。第二，隐藏层节点都是以一定概率随机出现的，因此不能保证两个隐藏节点每次都同时出现。这使得权值更新不再依赖有固定关系的隐藏节点的共同作用，避免了某些特征仅在其他特定特征下才有效果的情况。

通过 Dropout 训练大量不同的网络来平均预测概率，这是一种非常有效的神经网络模型平均方法。不同模型在不同的训练集上训练（每个批次的训练数据都是随机选择的），最后在每个模型中用相同的权重进行“融合”，类似于集成算法。

4.4.6　贝叶斯正则化

1. 贝叶斯决策理论

贝叶斯决策理论是主观贝叶斯派归纳理论中的重要组成部分。贝叶斯决策就是在不完全情报的情况下，对部分未知的状态用主观概率进行估计，然后用贝叶斯公式对发生概率进行

修正，最后再利用期望值和修正概率做出最优决策。

贝叶斯决策理论是统计决策模型中的基本方法，其决策流程包括以下几个步骤。

1）已知类条件概率密度和先验概率。

2）利用贝叶斯公式转换成后验概率。

3）根据后验概率大小进行决策分类。

设 S_1，S_2，…，S_N 为样本空间 S 的 N 个划分。如果以 $p(S_i)$ 表示事件 S_i 发生的概率，且 $p(S_i)>0$ $(i=1,2,\cdots,N)$，那么

$$p(S_j \mid x)=\frac{p(x \mid S_j)p(S_j)}{\sum_{i=1}^{N}p(x \mid S_i)p(S_i)} \tag{4.4.12}$$

2. 从贝叶斯角度理解正则化

在给定观察数据 S 的情况下，贝叶斯方法通过最大化后验概率来估计参数 $\boldsymbol{w}$，即

$$\tilde{\boldsymbol{w}}=\arg\max_{\boldsymbol{w}} p(\boldsymbol{w} \mid S)=\arg\max_{\boldsymbol{w}}\frac{p(S \mid \boldsymbol{w})p(\boldsymbol{w})}{p(S)}=\arg\max_{\boldsymbol{w}} p(S \mid \boldsymbol{w})p(\boldsymbol{w}) \tag{4.4.13}$$

式中，$p(S \mid \boldsymbol{w})$ 是似然函数，表示在已知参数向量 $\boldsymbol{w}$ 时观测数据 S 出现的概率；$p(\boldsymbol{w})$ 是参数向量 $\boldsymbol{w}$ 的先验概率。

对似然函数，有

$$p(S \mid \boldsymbol{w})=\prod_{n=1}^{N}p(S_n \mid \boldsymbol{w}) \tag{4.4.14}$$

对后验概率取对数，有

$$\tilde{\boldsymbol{w}}=\arg\max_{\boldsymbol{w}} p(S \mid \boldsymbol{w})p(\boldsymbol{w})=\arg\max_{\boldsymbol{w}}\prod_{n=1}^{N}p(S_n \mid \boldsymbol{w})p(\boldsymbol{w}) \tag{4.4.15a}$$

$$\begin{aligned}\ln\tilde{w}&=\arg\max_{w}\left[\sum_{n=1}^{N}\ln p(S_n \mid w)+\ln p(w)\right]\\&=\arg\min_{w}\left[-\sum_{n=1}^{N}\ln p(S_n \mid w)-\ln p(w)\right]\end{aligned} \tag{4.4.15b}$$

当先验概率分布满足正态分布（高斯分布）时，即

$$p(w_m)=N(w_m \mid m_{w_m},\sigma^2)=\frac{1}{\sqrt{2\pi\sigma^2}}\mathrm{e}^{-\frac{(w_m-m_{w_m})^2}{2\sigma^2}} \tag{4.4.16}$$

$$p(w)=\prod_{m=1}^{M}p(w_m) \tag{4.4.17}$$

$$\begin{aligned}\ln\tilde{w}&=\arg\min_{w}\left[-\sum_{n=1}^{N}\ln p(S_n \mid w)-\ln p(w)\right]\\&=\arg\min_{w}\left[-\sum_{n=1}^{N}\ln p(S_n \mid w)-\sum_{m=1}^{M}\ln p(w_m)\right]\\&=\arg\min_{w}\left[-\sum_{n=1}^{N}\ln p(S_n \mid w)+\sum_{m=1}^{M}\frac{1}{\sigma^2}(w_m-m_{w_m})^2\right]\\&=\arg\min_{w}\left[-\sum_{n=1}^{n}\ln p(S_n \mid w)+\lambda\sum_{m=1}^{M}w_m^2\right]\qquad\left(m_{w_m}=0,\sigma=\sqrt{\frac{1}{\lambda}}\right)\end{aligned} \tag{4.4.18}$$

对比下式

$$\tilde{w} = \arg\min_{w} \sum_{i} Loss(y_i, f(x_i, w)) + \lambda\Omega(w) \tag{4.4.19}$$

可以看到，式（4.4.18）中的似然函数部分对应于式（4.4.19）中的损失函数（经验风险），而式（4.4.18）中的先验概率部分对应于式（4.4.19）中的正则项。L2 正则等价于参数 w 的先验概率分布满足正态分布（高斯分布）。

当先验概率分布满足拉普拉斯分布时，即

$$p(w_m) = N(w_m \mid m_{w_m}, b) = \frac{1}{2b}\mathrm{e}^{-\frac{|w_m - m_{w_m}|}{b}} \tag{4.4.20}$$

$$\begin{aligned}
\ln\tilde{w} &= \arg\min_{w}\left[-\sum_{n=1}^{N}\ln p(S_n \mid w) - \ln p(w)\right] \\
&= \arg\min_{w}\left[-\sum_{n=1}^{N}\ln p(S_n \mid w) - \sum_{m=1}^{M}\ln p(w_m)\right] \\
&= \arg\min_{w}\left[-\sum_{n=1}^{N}\ln p(S_n \mid w) + \sum_{m=1}^{M}\frac{1}{b}\mid w_m - m_{w_m}\mid\right] \\
&= \arg\min_{w}\left[-\sum_{n=1}^{N}\ln p(S_n \mid w) + \lambda\sum_{m=1}^{M}\mid w_m\mid\right] \quad \left(m_{w_m} = 0, b = \frac{1}{\lambda}\right)
\end{aligned} \tag{4.4.21}$$

L1 正则等价于参数 $\boldsymbol{w}$ 的先验概率分布满足拉普拉斯分布。

图 4.25 显示了拉普拉斯分布和高斯分布曲线。该图表明，拉普拉斯分布在 0 值附近较为突出，而高斯分布在 0 值附近较为平缓，两边分布稀疏。对应地，L1 正则倾向于产生稀疏模型，而 L2 正则对权值高的参数惩罚更重。

从贝叶斯角度来看，正则项等价于引入参数的先验概率分布。常见的 L1 正则和 L2 正则分别等价于参数先验概率分布符合拉普拉斯分布和高斯分布。

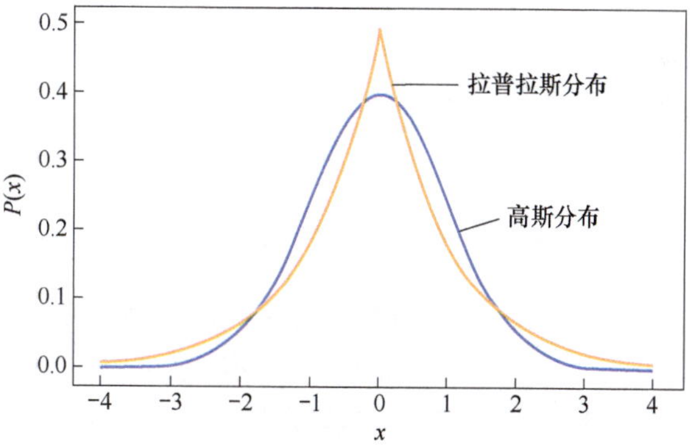

图 4.25　拉普拉斯分布和高斯分布曲线

第 5 章　深度神经网络

导　读

本章首先从深度神经网络的概念出发，介绍了深度神经网络的工作原理与主要模型。然后重点介绍了卷积神经网络：从常规的卷积神经网络结构出发，结合图示分析了输入层、卷积层、激活函数、池化层和输出层的功能；从链式法则出发，推导了梯度下降与反向传播算法、卷积层的误差传递、卷积层权重梯度的计算以及池化层的误差传递；从卷积神经网络的工作流程出发，介绍了模型的训练与优化，并比较了卷积神经网络与人工神经网络的异同。

深度神经网络（Deep Neural Network，DNN）虽然在 20 世纪 80 年代就已经开始发展，但是直到 2006 年左右，随着计算能力的显著提升和大数据集的出现，深度学习才真正开始崛起，并在全球范围内引发了一场人工智能革命。在图像分类、语音识别、自然语言处理、游戏智能等诸多领域，深度学习都取得了突破性成果。本章首先介绍深度神经网络的概念与分类，然后重点分析卷积神经网络。

5.1　深度神经网络概述

5.1.1　深度神经网络的工作原理

深度神经网络可以理解为含有多个隐藏层的神经网络，有时也被称为多层感知器。根据不同层的位置，DNN 内部的神经网络层可以分为三类：输入层、隐藏层和输出层，如图 5.1 所示。一般来说，第一层是输入层，最后一层是输出层，而中间的层都是隐藏层。层与层之间是全连接的，即每个神经元都与相邻层的神经元连接。其核心思想是在输入层和输出层之间堆叠多个隐藏层，每一层都执行非线性变换，逐层对输入数据进行特征提取和抽象表达。

1. 神经网络的“深度”

神经网络的“深度”指的是从输入神经元到输出神经元的最长路径的长度。通常，神经网络可以看作是多个网络层的线性串联序列。在这种情况下，网络的深度就是其中间层的数量，即数据模型中包含的隐藏层数。通过这些层，可以对数据进行高层次的抽象表达。图 5.1 所示的网络有 3 层隐藏层，该网络的深度就是 3。

目前普遍认为，深度是高性能网络的重要组成部分，因为深度提升了网络的表现能力，有助于网络学习越来越抽象的特征。残差网络（ResNet）成功的一个主要原因是，它允许训练非常深的网络，多达 1000 层。因此，越来越多的深度模型实现了最高水平的性能。而所谓的深度已经从早期深度学习中的“两层或更多层”发展为今天模型中的数十层或数百层。

图5.2给出了一些典型模型的网络深度及其准确率的对照图。

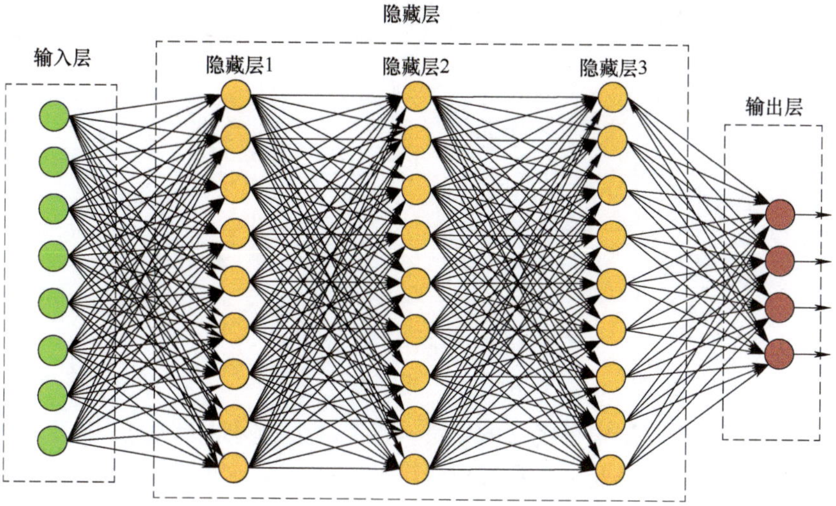

图5.1 DNN的内部结构示意

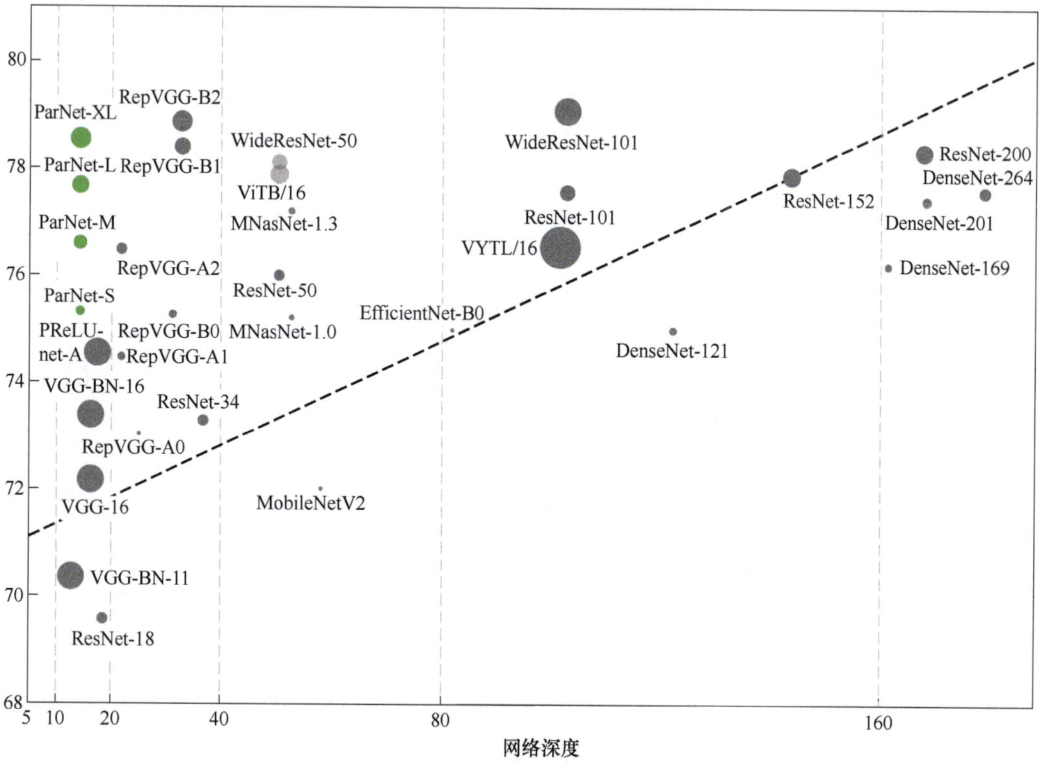

图5.2 典型模型的网络深度及其准确率

与浅层神经网络相比，深度神经网络具有更多的层次和更复杂的结构，能够在更抽象的层次上表达输入数据，并能够捕捉到更多的特征和非线性关系。然而，神经网络并不是越深越好，过深的网络可能会导致梯度消失或梯度爆炸等问题，从而影响训练效果，如图5.3所示。

图5.3表明，无论是训练误差还是测试误差，网络并不是越深越好，相反，随着隐藏层数增加，误差也会增大。

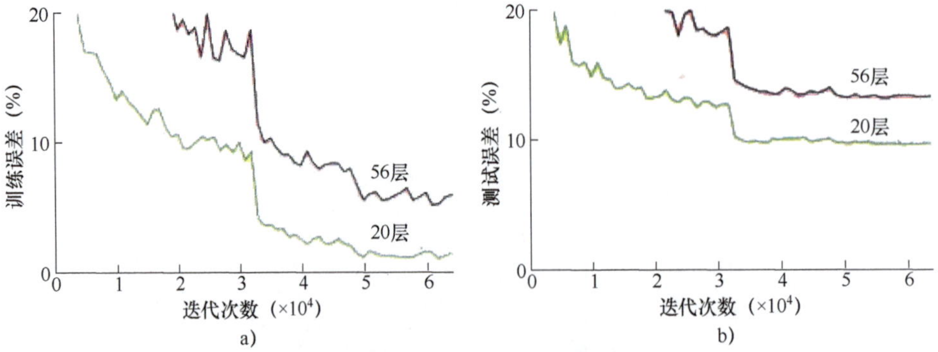

图 5.3　深度对网络性能的影响
a）训练误差曲线　b）测试误差曲线

神经网络的宽度是指每层中神经元的数量。宽度过小的网络无法充分捕捉输入数据的复杂特征，而宽度过大的网络可能会导致过拟合问题。只有适当的宽度，才可以帮助网络更好地学习和泛化输入数据。

在设计深度神经网络时需要考虑许多因素，包括网络结构、训练数据、优化算法等。网络结构应该根据具体的应用场景来选择。例如，卷积神经网络适用于处理图像数据，而循环神经网络则适用于处理序列数据。训练数据的质量和数量对深度神经网络的性能也有着重要影响。在选择训练数据时，应该尽可能地选择具有代表性、多样性和充足数量的数据。优化算法是训练深度神经网络的关键，常见的优化算法包括随机梯度下降、Adam、RMSProp 等。

2. 深度神经网络中的关键点

(1) 多层次非线性变换

深度神经网络的每一层神经元通过接收前一层的输出，并将其送入非线性激活函数（如 Sigmoid、ReLU 等）进行处理，将原始数据逐步转化为更抽象和复杂的特征表示。在图像识别任务中，底层神经元能学习到边缘、纹理等低级特征，而高层神经元则能够捕捉更高级别的特征，如物体的部件和整体形态。

(2) 反向传播与优化

深度神经网络的训练采用反向传播算法，结合梯度下降或其他优化算法（如 Adam、AdaGrad 等），通过计算损失函数相对于权重的梯度，来更新网络权重以最小化损失函数，从而实现对训练数据的良好拟合。

(3) 计算能力与大数据支持

早期由于计算资源有限和训练数据匮乏，深度神经网络经常遇到梯度消失或梯度爆炸等问题，导致训练困难。随着 GPU 等高性能计算平台的普及和大规模数据集的积累，这些问题得到了有效缓解。同时，深度神经网络也能够学习到更丰富和普适的特征，进而提高模型的泛化性能。在实际应用中，深度神经网络已广泛应用于图像识别、语音识别、自然语言处理等领域，并取得了显著成效。

例如，AlexNet、VGG、Inception 和 ResNet 等深度神经网络模型在 ImageNet 图像识别挑战赛中均取得了超越人类水平的成绩。而在语音识别、机器翻译、情感分析和文本生成等任务上，深度神经网络同样展现了卓越的性能。随着技术的不断发展，深度神经网络已经成为现代人工智能解决方案中不可或缺的一部分，持续推动着人工智能技术的进步和应用落地。

5.1.2　深度神经网络的主要模型

1. 人工神经网络

人工神经网络（Artificial Neural Network，ANN）是深度学习的基本模型，包括输入层、隐藏层和输出层，可用于各种机器学习和深度学习任务，如分类、回归、聚类和生成等。ANN 通常指的是前馈神经网络，信息在网络中只向前传递，没有反馈连接。

2. 卷积神经网络

卷积神经网络（Convolutional Neural Network，CNN）是一种用于处理图像数据的深度学习模型。它首先通过卷积层和池化层来提取图像中的特征，再通过全连接层进行分类或回归。CNN 在计算机视觉领域中应用广泛，常用于图像分类、物体检测和图像分割等任务。

3. 循环神经网络

循环神经网络（Recurrent Neural Network，RNN）是一种用于处理序列数据的深度神经网络模型。它通过循环结构来处理序列数据，可以捕捉时间依赖性。RNN 常用于自然语言处理和时间序列分析。然而，模型存在梯度消失问题，使其难以处理长期依赖关系。

4. 生成对抗网络

生成对抗网络（Generative Adversarial Network，GAN）由生成器和判别器两部分组成，通过对抗训练来生成高质量的合成数据。其中，生成器用于生成与真实数据相似的数据，而判别器则用于区分真实数据和生成数据。GAN 广泛用于生成图像、音频和文本等任务。

5. 长短期记忆网络

长短期记忆（Long Short-Term Memory，LSTM）网络是一种改进的循环神经网络，专门用于捕捉长期依赖关系。LSTM 具有内部存储单元，能够更好地处理长序列问题，如机器翻译和语音识别。

6. 深度 Q 网络

深度 Q 网络（Deep Q Network，DQN）是强化学习中广泛使用的模型，用于解决决策问题。它通过学习值函数（Q 值函数），来指导智能体在环境中选择最佳行动，从而最大化累积奖励。DQN 广泛用于游戏设计和机器人控制等领域。

7. Transformer

Transformer 是一种创新型的深度学习模型，最初用于自然语言处理任务。它采用自注意力机制，允许模型同时考虑输入序列中不同位置的信息。目前，Transformer 模型已经成为自然语言处理任务的主流架构，如 BERT、GPT 和 T5。

8. 图神经网络

图神经网络（Graph Neural Network，GNN）是用于处理图数据的深度学习模型。它能够捕捉图数据中节点和边之间的复杂关系，通过在图上执行节点聚合操作来传播信息，广泛用于社交网络分析、推荐系统、生物信息学和物理模拟等领域。

上述模型在不同领域和任务中都有广泛的应用。如何选择适当的模型，取决于具体的数据结构和问题类型。

需要说明的是，不同结构的深度神经网络本质上就是不同形式的多层复合函数。例如，卷积神经网络是一种通过局部感受野来优化人工神经网络的模型（在卷积神经网络中，将人工神经网络中的线性组合优化为局部区域的卷积操作，且增加了池化层），特别适合处理文本、图像及视频类的数据。而 ResNet 通过特殊的连接把数据从某一隐藏层传至后面几层

(通常是 2～5 层)。该网络的目的不是要找出输入数据与输出数据之间的映射，而是致力于构建该映射与输入数据之间的映射函数。本质上，ResNet 是在学习映射函数的一阶差分(一阶导数)，从而有效抑制优化过程中的梯度消失。类似地，DenseNet 实质上是在学习映射函数的高阶差分，因此也能有效抑制梯度消失。此外，还有一些其他的深度神经网络结构，如 AutoEncoder、GAN、Variational GAN 等。

5.2 卷积神经网络

在传统神经网络的学习过程中，网络输入通常是一维特征，也就是一维向量。在输入多维特征时，常采用降维操作。这种压缩特征的学习方法虽然能满足研究目的，但是在分类识别领域会忽略样本的空间特征，导致识别准确率较低。自卷积神经网络提出以来，它已应用于图像分割、图像风格转换、图像识别和语音识别等领域。

卷积神经网络之所以在图像领域表现突出，是因为其能保留数字化图像的原有空间特征并减少计算数据量。

典型的卷积神经网络由输入层、隐藏层（包括卷积层、池化层和全连接层）、输出层构成，其结构示意如图 5.4 所示。在隐藏层中，卷积层负责提取样本中的局部特征；池化层用于降低卷积层输出的样本维度；而全连接层是传统神经网络的基本结构，用来输出结果。

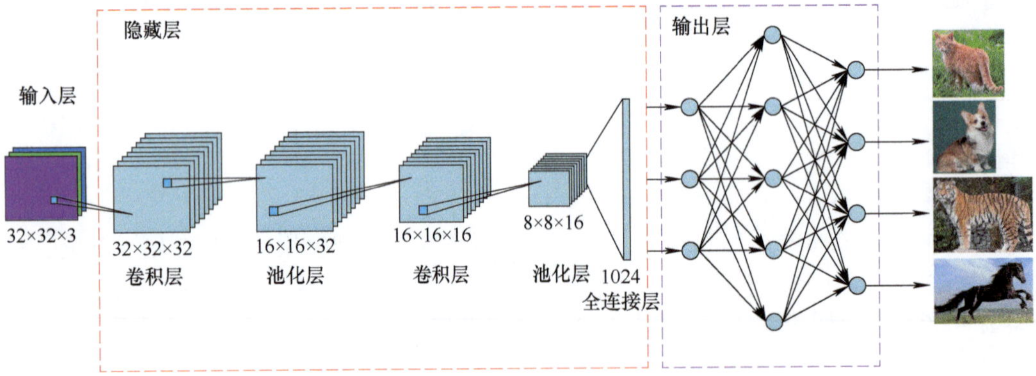

图 5.4　卷积神经网络结构示意图

5.2.1　输入层

与传统神经网络一样，卷积神经网络模型中也需要对输入进行预处理操作。常见的图像预处理方式有均值化、归一化、主成分分析/白化等，如图 5.5 所示。

1. 均值化

将输入数据的各个维度都中心化到 0，即对所有样本求和取平均值，然后将每个样本都减去这个均值就是均值化。

2. 归一化

将数据幅度归一化到同样的范围。对于每个特征而言，范围区间为[-1,1]。

3. 主成分分析/白化

用主成分分析进行降维，消除各个维度之间的相关性，使特征之间相互独立。白化则是将数据每个特征轴上的幅度都进行归一化。

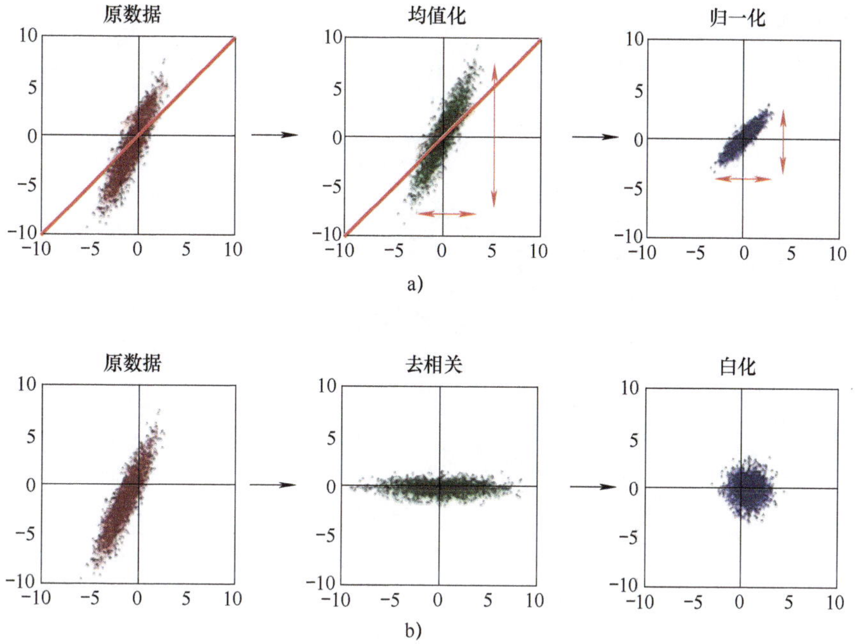

图 5.5　输入预处理

a）均值化与归一化　b）去相关与白化

5.2.2　隐藏层

1. 卷积层

（1）常规卷积

假设有一个 3×3 的卷积层，其输入通道为 3，输出通道为 4。那么常规卷积就是用 4 个 3×3×3 的卷积核（又称为滤波器）分别与输入数据卷积，得到只有一个输出通道的数据。之所以会得到一个输出通道的数据，是因为 3×3×3 的卷积核的每个通道都会在输入数据的对应通道上卷积，然后将每个通道对应位置的卷积输出叠加，使之变成单通道。因此，4 个卷积核一共需要(3×3×3)×4＝108个参数。

（2）局部卷积

在大脑识别图像的过程中，并不是同时识别整张图，而是首先局部感知图片中的每一个特征，然后通过更高层次对局部感知信息进行综合操作，从而得到全局信息。局部卷积过程（假设只有一层卷积层）如图 5.6 所示。

卷积层的计算公式为

$$F_1 = w_{11} \otimes R + w_{12} \otimes G + w_{13} \otimes B + b_1 \tag{5.2.1a}$$

$$F_2 = w_{21} \otimes R + w_{22} \otimes G + w_{23} \otimes B + b_2 \tag{5.2.1b}$$

$$F_3 = w_{31} \otimes R + w_{32} \otimes G + w_{33} \otimes B + b_3 \tag{5.2.1c}$$

$$F_4 = w_{41} \otimes R + w_{42} \otimes G + w_{43} \otimes B + b_4 \tag{5.2.1d}$$

式中，$\boldsymbol{F}$ 表示卷积特征图；$\boldsymbol{w}$ 表示卷积核；$\otimes$表示卷积运算。

卷积操作的具体含义是什么？例如，对一张 32×32×3 的图像进行卷积，卷积核大小为 5×5×3，其操作过程如图 5.7 所示。

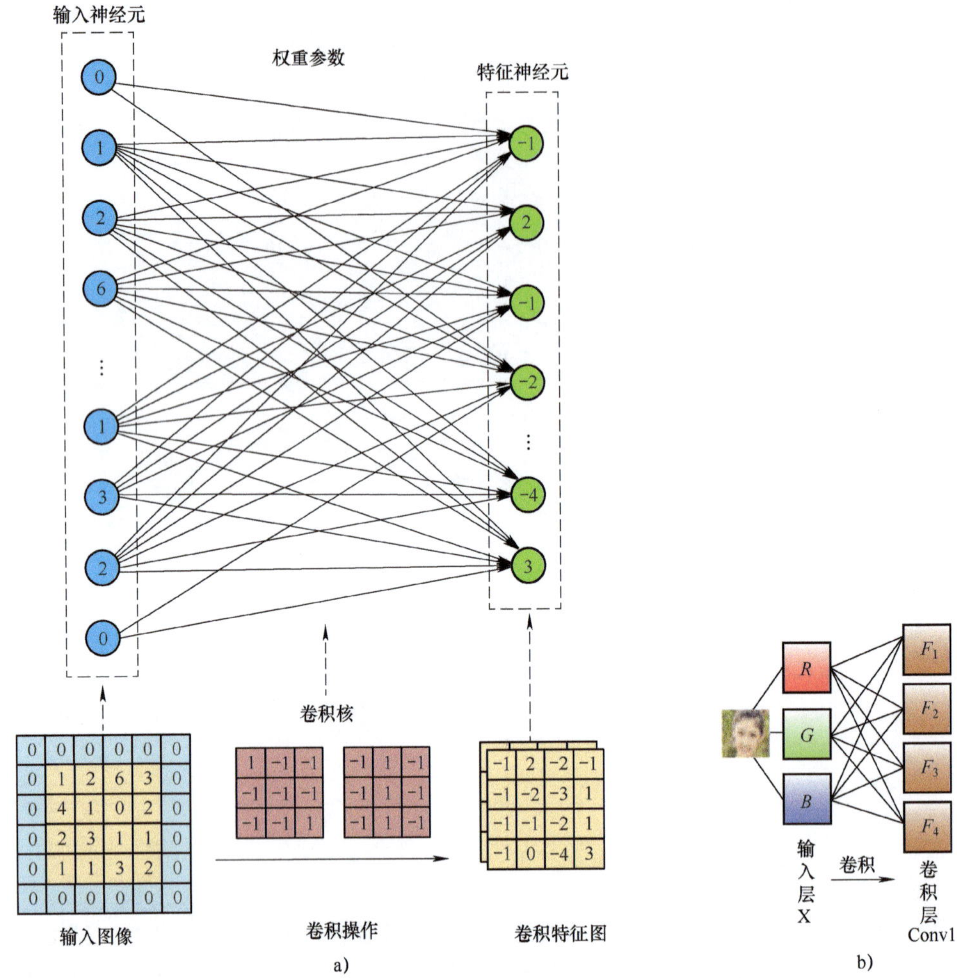

图 5.6　局部卷积过程

a）局部卷积过程与网络结构的对应关系　b）局部卷积

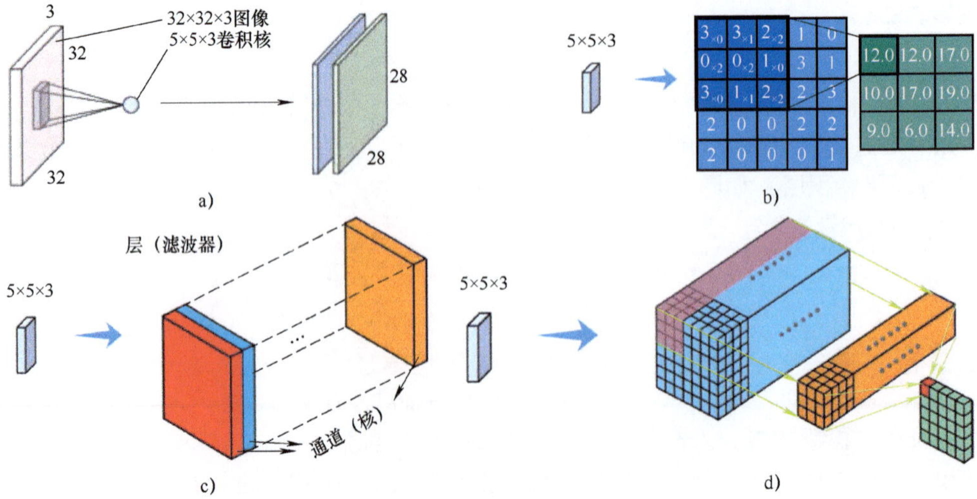

图 5.7　卷积操作

a）卷积输入与输出　b）卷积计算　c）卷积核　d）逐层卷积

对于三通道的卷积计算，例如对一张大小为 5 ×5 ×3 的图像进行卷积，设卷积核为 3 ×3 ×3，填充为 1，步长为 2，其卷积计算过程如图 5. 8 所示。

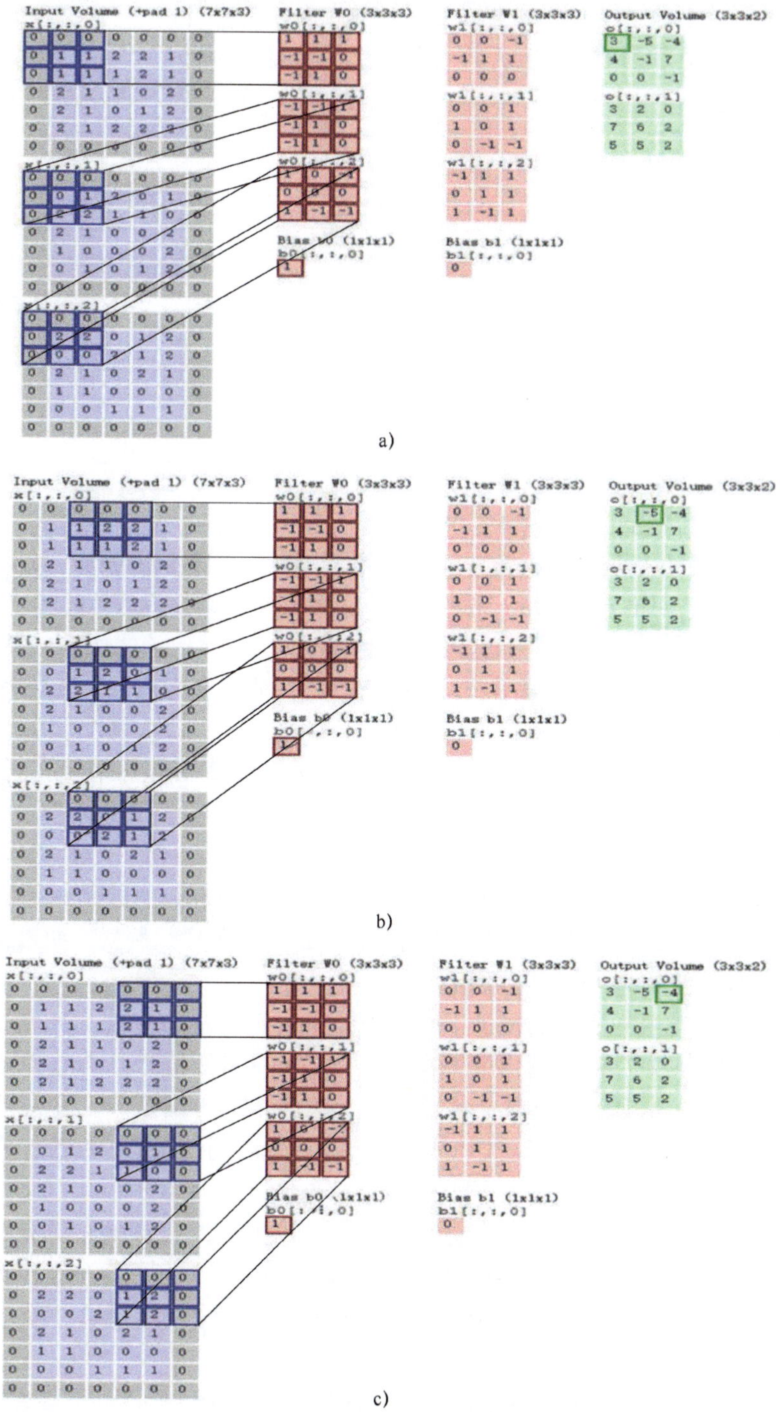

图 5. 8　三通道的卷积计算过程

a）左上角 3 ×3 区域与卷积核卷积　b）向右滑动 2 步后的 3 ×3 区域与卷积核卷积

c）继续向右滑动 2 步后的 3 ×3 区域与卷积核卷积

(3) 转置卷积

转置卷积又称为反卷积。

注意：此处的反卷积不是数学意义上的反卷积或分数步长卷积。

转置卷积将常规卷积操作中的卷积核转置，然后将卷积的输出作为转置卷积的输入，而转置卷积的输出正是卷积的输入。常规卷积与转置卷积的计算过程正好相反，如图 5.9 所示。

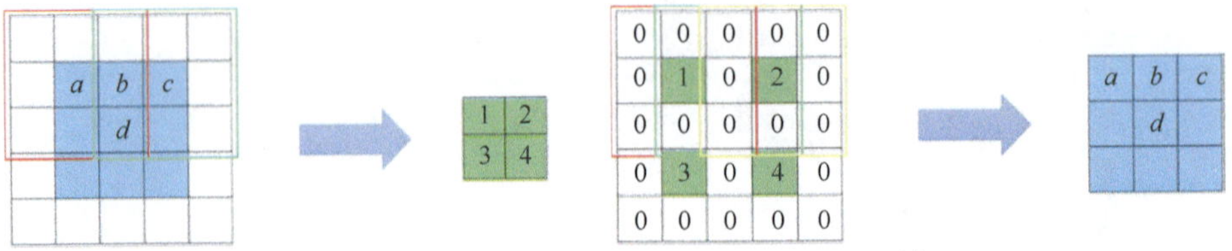

a)　　　　b)

图 5.9　常规卷积与转置卷积的计算过程

a）常规卷积（正）　b）转置卷积（反）

在图 5.9a 中，常规卷积的卷积核大小为 3×3，步长为 2，填充为 1。卷积核在红框位置时输出元素 1，在绿色位置时输出元素 2。可以发现，输入元素 a 仅与一个输出元素有运算关系，也就是元素 1，而输入元素 b 与输出元素 1、2 均有关系。同理，c 只与元素 2 有关，而 d 与元素 1、2、3、4 都有关。那么在进行转置卷积时，依然应该保持这个连接关系不变。

在图 5.9b 中，转置卷积需要将图 5.9a 中的绿色特征图作为输入，蓝色特征图作为输出，并且保持连接关系不变。也就是说，a 只与 1 有关，b 与 1、2 两个元素有关，其他类推。要达到这个效果，可以先对绿色特征图进行插值，即使相邻两个绿色元素的间隔为卷积的步长，同时也需要对绿色元素的边缘进行补 0（数量与插值数量相等），如图 5.9b 所示。

此时，卷积核的滑动步长不是 2 而是 1，步长体现在插值补 0 的过程中。

在卷积神经网络中，转置卷积一般用于对特征图进行上采样。例如，如果想将特征图扩大 2 倍，就可以使用步长为 2 的转置卷积。

为了更好地理解转置卷积，定义 $\boldsymbol{w}$ 为卷积核，$\boldsymbol{Large}$ 为输入图像，$\boldsymbol{Small}$ 为输出图像。经过卷积（矩阵乘法）后，将大图像下采样为小图像。这种矩阵乘法的卷积可表示为 $\boldsymbol{w} \times \boldsymbol{Large} = \boldsymbol{Small}$，如图 5.10 所示。在图中，将输入展开为 16×1 的矩阵，并将卷积核转换为一个 4×16 的稀疏矩阵。然后，在稀疏矩阵和展开的输入之间使用矩阵乘法，再将所得到的 4×1 的矩阵转换为 2×2 的输出。

矩阵乘法的卷积实现了将 4×4 的输入图像 $\boldsymbol{Large}$ 转换为 2×2 的输出图像 $\boldsymbol{Small}$。

现在，如果在图 5.10 的两边都乘以矩阵的转置 $\boldsymbol{T}$，由于“一个矩阵与其转置矩阵的乘法得到一个单位矩阵”，那么就能得到 $\boldsymbol{T} \times \boldsymbol{Small} = \boldsymbol{Large}$，如图 5.11 所示。

(4) 平铺卷积

平铺卷积介于局部卷积和常规卷积之间。平铺卷积与局部卷积的相同之处在于相邻的单元具有不同的参数；区别在于平铺卷积会有 t 个不同的卷积核循环使用，也就是说，每隔 t 个卷积核，参数就会循环使用，如图 5.12 所示。

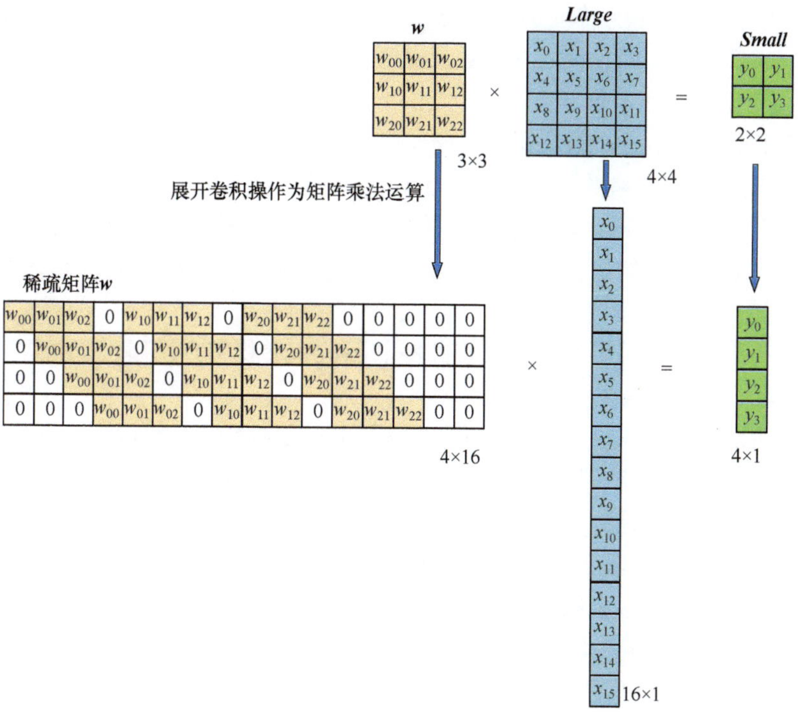

图 5.10　矩阵乘法的卷积实现

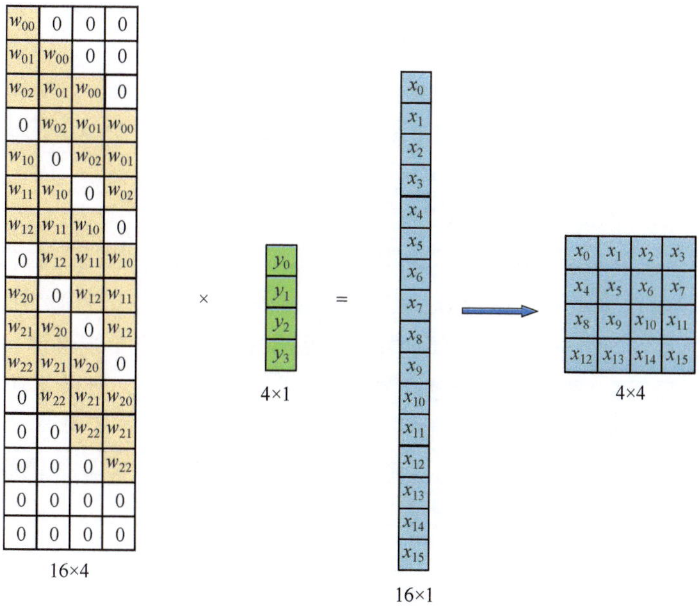

图 5.11　矩阵乘法的转置卷积实现

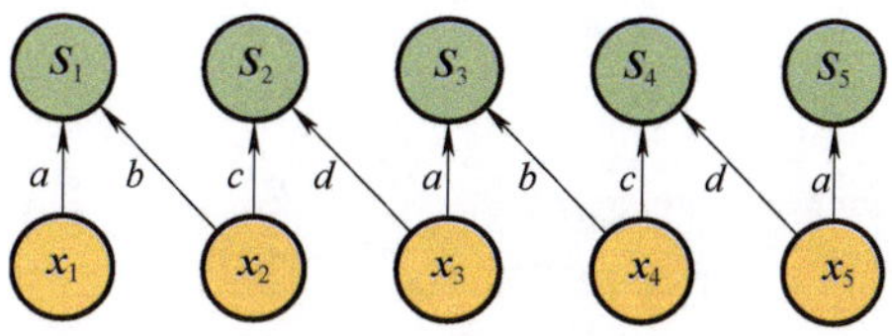

图 5.12　平铺卷积

图中，S 为卷积核；x 为特征值；a、b、c、d 分别为相邻单元各自的参数。在图 5.12 中，每隔 t 个（图中 $t=2$）卷积核，参数就会重复使用。

(5) 卷积运算的核心思想

卷积运算主要有以下三个核心思想。

① 稀疏交互。卷积网络的稀疏交互（也称为稀疏连接或稀疏权重）是通过使用远小于输入大小的卷积核来实现的。这与全连接层的矩阵相乘运算不同，卷积核只接收有限个输入，从而使参数量减少。例如，3×3 大小的卷积核只接收 9 个像素点的输入。这个输入的区域称为感受野。

这说明，卷积核主要用于学习局部相关性。因此，卷积神经网络可以处理时间序列，因为语音和文本具有局部相关性。

卷积神经网络中的卷积操作主要是为了获得图片或文本的局部特征，在计算机视觉中，将这种操作称为滤波，即获得局部领域的输出。常规卷积操作的本质是加权平均，利用 BP 算法进行线性运算是获取局部特征最简单的操作。

② 参数共享。参数共享是指在一个模型的多个函数中使用相同的参数。在卷积网络中，一个卷积核会从左到右、从上到下按照步长遍历特征图的所有位置。这种参数共享保证了模型只需要学习一个参数集合，而不是对每一个输入位置都需要学习一个单独的参数。

③ 等变表示。参数共享使卷积网络层对平移具有等变性质。所谓等变，即输入发生改变，输出也以同样的方式改变。若对输入进行轻微的平移，则卷积运算的结果保持不变。然而，卷积对其他的一些变换并不是天然等变的。例如，对于图像的放缩或旋转变换，还需要一些其他的机制来进行处理。

2. 激活函数

激活函数实际上是对卷积层的输出结果做一次非线性映射。卷积层的输出可以表示为

$$\boldsymbol{X}_k^{(l)} = f\left(\sum_j \boldsymbol{W}_{jk}^{(l)} \otimes \boldsymbol{X}_j^{(l-1)} + \boldsymbol{b}_k^{(l)}\right) \tag{5.2.2}$$

式中，$\boldsymbol{X}_k^{(l)}$ 表示第 l 层第 k 个输出特征图；$\boldsymbol{W}_{jk}^{(l)}$ 表示第 l 层第 k 个特征图与第 $l-1$ 层第 j 个特征图之间的连接权重；$\otimes$表示卷积计算；$\boldsymbol{X}_j^{(l-1)}$ 表示第 $l-1$ 层第 j 个输出特征图；$\boldsymbol{b}_k^{(l)}$ 表示第 l 层第 k 个偏置。另外，$f(\cdot)$表示卷积层的激活函数，常用的非线性激活函数有 Sigmoid、Tanh、ReLU、LReLU 等。激活函数经常用在输入数据加权之后。如果不使用激活函数（即激活函数相当于恒等函数），每一层的输出都是输入的线性函数。因此无论有多少神经网络层，输出都是输入的线性组合，与没有隐藏层的效果是一样的，这就是最原始的感知器。通过激活函数引入非线性因素，提升深层神经网络拟合任意函数的能力，协助卷积层表达更复杂的特征。

Sigmoid：

$$\text{Sigmoid}(x) = \frac{1}{1+\mathrm{e}^{-x}} \tag{5.2.3}$$

Tanh：

$$\text{Tanh}(x) = \frac{\mathrm{e}^{x}-\mathrm{e}^{-x}}{\mathrm{e}^{x}+\mathrm{e}^{-x}} \tag{5.2.4}$$

ReLU：

$$\mathrm{ReLU}(x)=\begin{cases}x, & x>0\\ 0, & x\leqslant 0\end{cases} \tag{5.2.5}$$

LReLU：

$$\mathrm{LReLU}(x)=\begin{cases}x, & x>0\\ \alpha x, & x\leqslant 0\end{cases} \tag{5.2.6}$$

式中，α 为较小的非零常数项，表示非零斜率。它们的原函数及导函数曲线，分别如图 5.13 ~ 图 5.16 所示。双端饱和的激活函数 Sigmoid 与 Tanh 着重于增强信号的中央区域，在信号特征空间的映射上具有较好的效果。但在递推式反向传播过程中，随着网络层数的增加，可能导致训练梯度逐渐消失，即存在梯度为 0 的情况。与它们相比，ReLU 虽然不是全区间可导，但在正区间能够更有效地完成梯度下降以及反向传播，且只有输入超出特定阈值时神经元才得以激活。在训练时，ReLU 将特征图中所有的负值都设置为 0，以此引入可动态变化的稀疏性。由于其正值部分斜率为 1 且单端饱和，梯度在反向传播过程中能够较好地进行传递。同时，ReLU 函数避免了复杂的幂运算，因此在深层神经网络中可加速求解过程。为了解决输入值为负而产生无法学习的静默神经元问题，LReLU 函数在 ReLU 函数的负半区间引入非零常数项 α。由于全区间内导数不为零，LReLU 函数能够有效减少静默神经元的出现次数，改善基于梯度的学习过程。

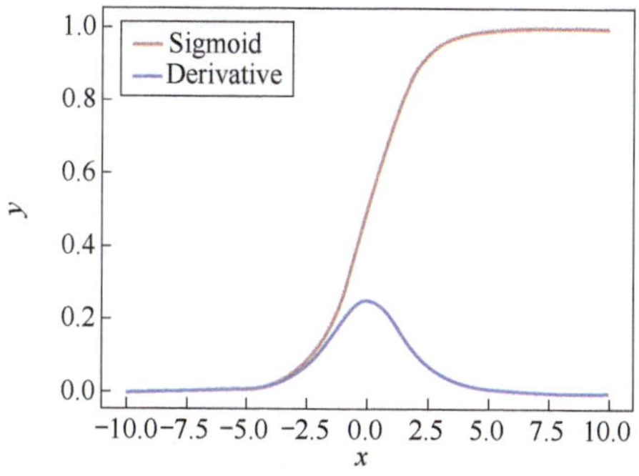

图 5.13　Sigmoid 原函数及导函数曲线

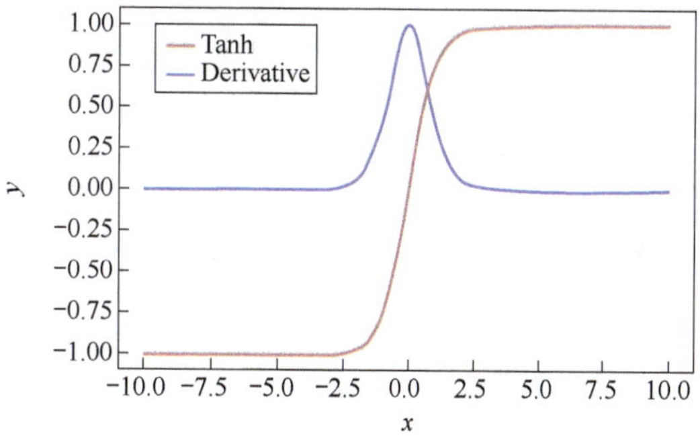

图 5.14　Tanh 原函数及导函数曲线

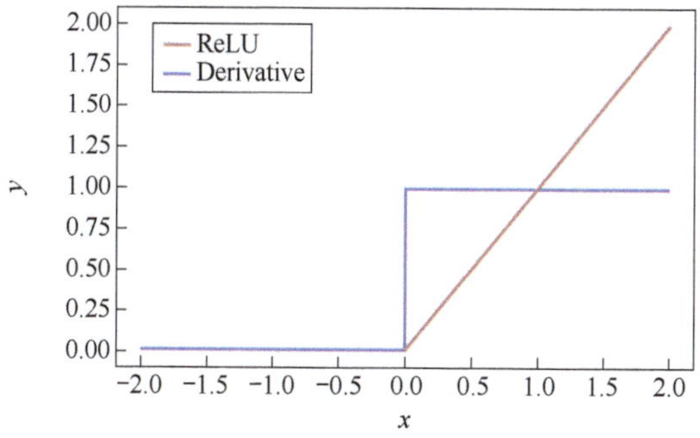

图 5.15　ReLU 原函数及导函数曲线

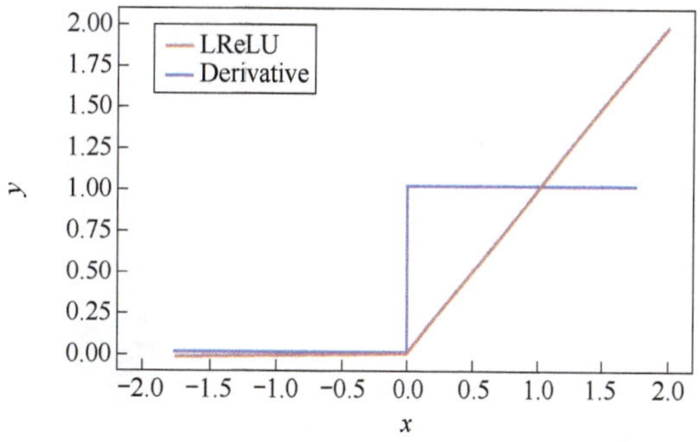

图 5.16　LReLU 原函数及导函数曲线

对于激活函数，首选 ReLU，因为其迭代速度较快，但其效果可能不佳。如果 ReLU 失效，可以考虑使用 LReLU 或者 Maxout 来进行调整。Tanh 函数在文本和音频处理方面有较好的应用效果。

3. 池化层

池化层也称为子采样层或降采样层，主要用于特征降维、压缩数据和参数的数量、减小过拟合、提高模型的容错性。常见的池化操作有最大池化、平均池化和随机池化。最大池化选取图像区域中的最大值作为该区域池化后的值，而平均池化计算图像区域的平均值作为该区域池化后的值。

(1) 最大池化

最大池化又分为重叠池化和非重叠池化。若步长等于卷积核大小，则属于非重叠池化；若步长小于卷积核大小，则属于重叠池化。与非重叠池化相比，重叠池化不仅可以提升预测精度，在一定程度上还可以缓解过拟合。

最大池化的具体操作为：将整张图片不重叠地分割成若干个同样大小的小块（池化区域），取每个小块内最大的数字作为本区域的池化输出，舍弃其他节点后，保持原有的平面结构得到整张图片的池化输出，如图 5.17 所示。

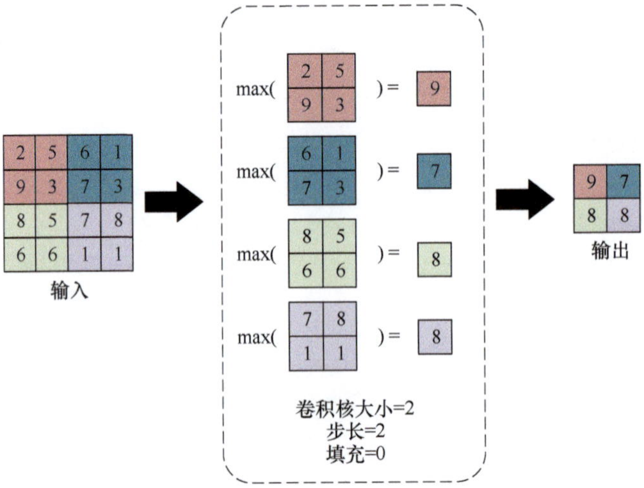

图 5.17 最大池化

对于多个特征映射，例如，64 张 224 ×224 的图像，经过最大池化后，变成了 64 张 112 × 112 的图像，如图 5.18 所示，从而实现了降采样的目的。

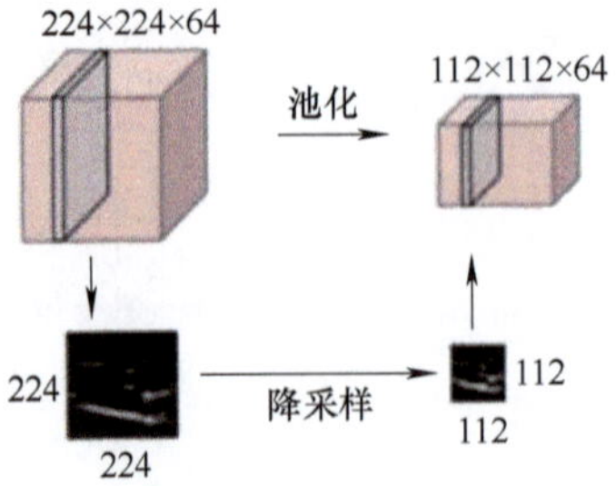

图 5.18 多个特征映射的最大池化

(2) 平均池化

图 5.19 表示在一个 4 ×4 的特征映射区域内，使用一个大小为 2 ×2、步长为 2 的卷积核进行扫描，计算平均值并将其输出到下一层，这种操作称为平均池化。

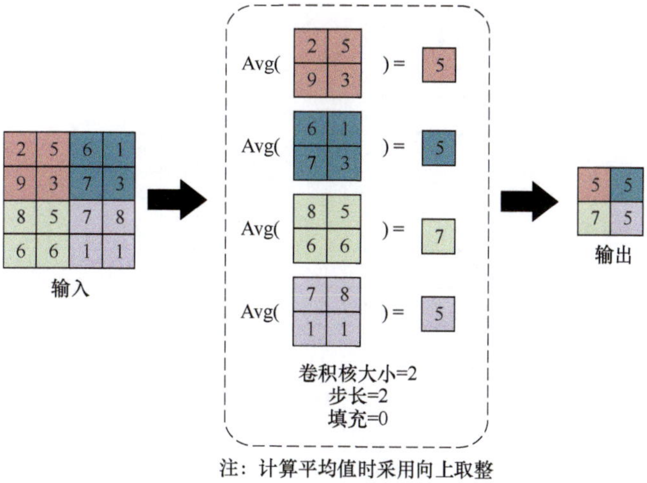

图 5.19 平均池化

(3) 随机池化

根据相关理论，特征提取的误差主要来自两个方面：一是邻域大小受限造成估计值方差增大；二是卷积层参数误差造成估计均值偏移。一般来说，平均池化能减小第一种误差，保留更多的图像背景信息；而最大池化能减小第二种误差，保留更多的纹理信息。

1）随机池化的定义。

随机池化介于最大池化和平均池化之间，通过对像素点按照其数值大小赋予概率，再按照概率进行采样。在平均意义上，与平均池化近似；在局部意义上，服从最大池化的准则。随机池化可以看作在一个池化窗口内对特征图数值进行归一化，按照特征图归一化后的概率值随机采样，即元素值大的被选中的概率也大。而不像最大池化那样，永远只取那个最大值元素。

随机池化过程如图 5.20 所示。特征区域中的值越大，代表其被选择的概率越高。如左下角的区域中，按最大池化准则本应该是选择 7，但是由于引入概率，5 也有一定的概率被选中。

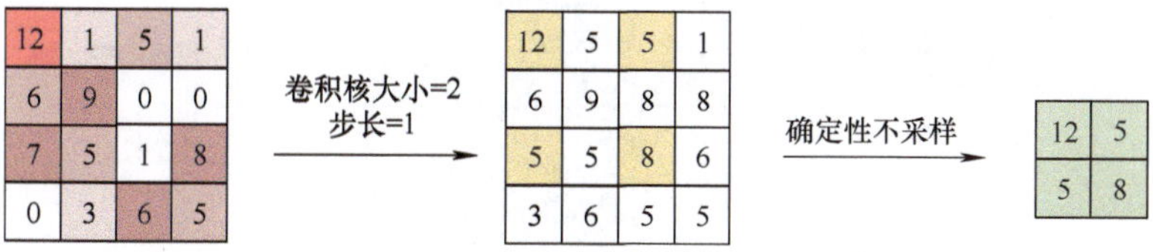

图 5.20 随机池化

通过改变网格大小来控制失真/随机性，如图 5.21 所示。

随着网格大小的增加，训练误差也会变大，模型具有更多的随机性。测试误差先降低后升高（训练误差太高）。随机池化与最大池化和平均池化的比较，如图 5.22 所示。

2）随机池化的计算。

随机池化的计算步骤如下。

步骤 1：先将池化区域中的元素同时除以它们的和，得到概率矩阵。

步骤 2：按照概率随机选中区域中的方格。

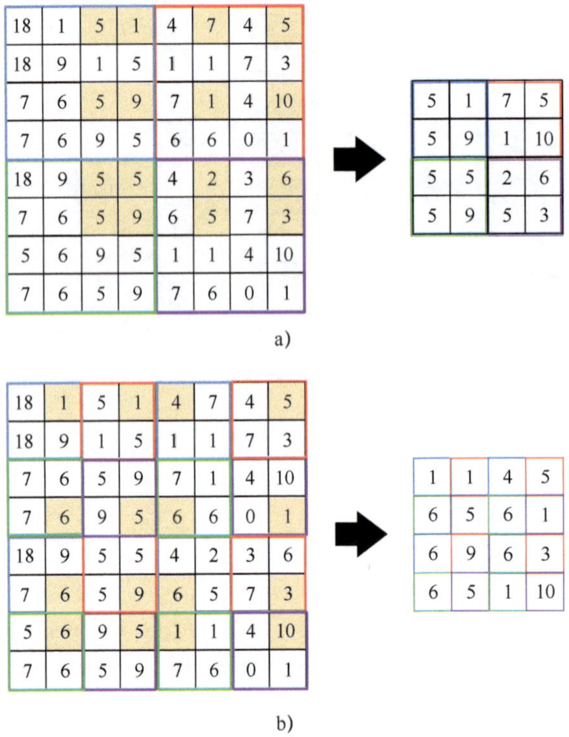

图 5.21　改变网格大小

a）步长 =2，网格大小 =4　b）步长 =2，网格大小 =2

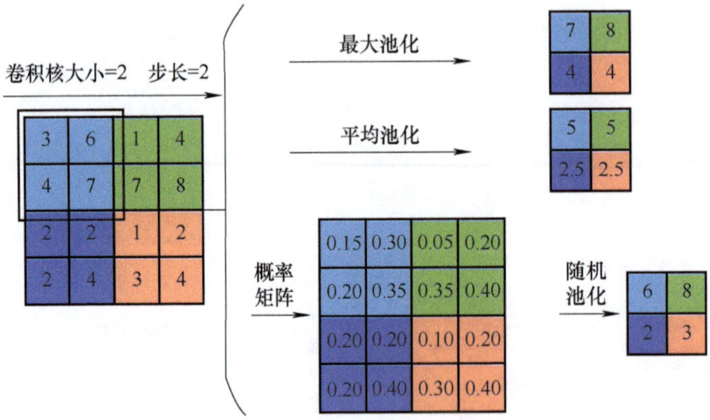

图 5.22　随机池化与最大池化和平均池化的比较

步骤 3：方格位置的值就是池化得到的值。

使用随机池化时，其推理过程也很简单，对矩阵区域求加权平均即可。

在反向传播求导时，只需要保留前向传播已经记录被选中节点的位置值，其他值都为 0，这与最大池化的反向传播非常类似。

5.2.3　输出层（全连接层）

经过若干次卷积、激活和池化后，就到了输出层。模型会将学到的一个高质量的特征图送入全连接层。然而，在全连接层之前，若神经元过多，则学习能力过强，有可能出现过拟合。因此，可以引入 Dropout 操作，通过随机删除神经网络中的部分神经元来解决此问题。此外，还可以通过局部响应归一化、数据增强等操作来增加模型的鲁棒性。

输出层的主要任务是将神经网络的处理结果转化为人类或其他生物可理解的格式并输出。在分类任务中，全连接层之后的部分可以理解为一个简单的多分类神经网络（如 BP 神经网络），通过 Softmax 函数得到最终的输出，整个模型训练完毕，如图5.4 所示。这一层的神经元数量和连接方式，可以根据具体任务的需要进行适当的调整。

5.3 卷积神经网络算法

5.3.1 链式法则

反向传播算法是一种计算多层复合函数中所有变量偏导数的利器。其中，梯度下降法的关键是求梯度，可简单地理解为链式法则，如图5.23 所示。

根据链式法则，求 e 对 a 的偏导和 e 对 b 的偏导，即

$$\frac{\partial e}{\partial a}=\frac{\partial e}{\partial c}\cdot\frac{\partial c}{\partial a} \tag{5.3.1}$$

$$\frac{\partial e}{\partial b}=\frac{\partial e}{\partial c}\cdot\frac{\partial c}{\partial b}+\frac{\partial e}{\partial d}\cdot\frac{\partial d}{\partial b} \tag{5.3.2}$$

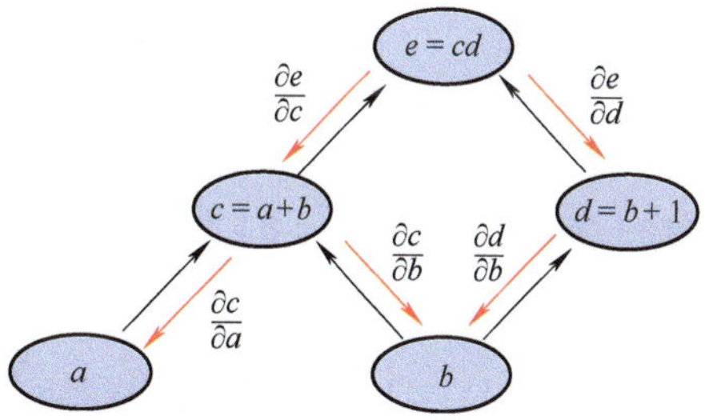

图5.23　链式法则

可以看出，它们都求了 e 对 c 的偏导。对于拥有数万个权值的深度神经网络，这样的冗余导致的计算量是相当大的。BP 算法巧妙地避开了这种冗余，通过自上而下的反向传播来求偏导，减少了计算量。

5.3.2 梯度下降与反向传播算法

假设 $\boldsymbol{x}=[x_1,x_2,x_3]$ 表示输入层的输入；$\boldsymbol{y}=[y_1,y_2]$ 表示输出层的输出；w_{jk}表示输入层节点 k 到隐藏层节点 j 的权重；net_j 表示节点 j 的加权输入，则

$$net_j=w_{j1}x_1+w_{j2}x_2+w_{j3}x_3=\sum_{k=1}^{3}w_{jk}x_k \tag{5.3.3}$$

若 a_j 表示节点 j 的输出，采用 Sigmoid 函数作激活函数，则

$$a_j=\mathrm{Sigmoid}(net_j) \tag{5.3.4}$$

实际上，一个节点的误差项就是网络误差 E 对这个节点输入的偏导数的相反数，即

$$\delta_j=-\frac{\partial E}{\partial net_j} \tag{5.3.5}$$

式中，δ_j 表示节点 j 的误差项。

取输出层节点 i 的误差平方和作为目标函数，即

$$E_d=\frac{1}{2}\sum_{i=1}^{2}(\hat{y}_i-y_i)^2 \tag{5.3.6}$$

式中，E_d 表示样本的误差平方和；$\hat{y}_i$ 表示网络的输出值。训练神经网络的目的就是求使 E_d

最小的 w_{ik}，即

$$w_{ik} \leftarrow w_{ik} - \eta \frac{\partial E_d}{\partial w_{ik}} \tag{5.3.7}$$

以节点 8 和节点 4 为例，如图 5.24 所示，推导梯度下降与反向传播算法。

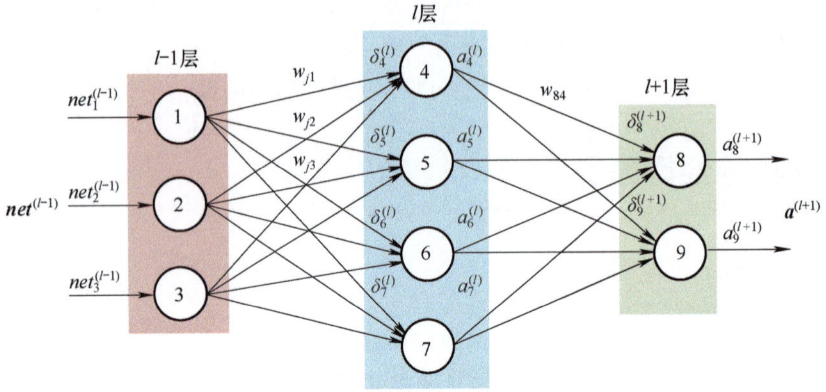

图 5.24　推导梯度下降与反向传播算法

$$\delta_8^{(l+1)} = -\frac{\partial E_d}{\partial net_8^{(l+1)}} = -\frac{\partial E_d}{\partial a_8^{(l+1)}} \cdot \frac{\partial a_8^{(l+1)}}{\partial net_8^{(l+1)}} \tag{5.3.8}$$

$$\frac{\partial E_d}{\partial a_8^{(l+1)}} = \frac{\partial}{\partial a_8^{(l+1)}} \frac{1}{2} \sum (\hat{a}_i^{(l+1)} - a_i^{(l+1)})^2 = -(\hat{a}_8^{(l+1)} - a_8^{(l+1)}) \tag{5.3.9}$$

$$\frac{\partial a_8^{(l+1)}}{\partial net_8^{(l+1)}} = \frac{\partial \mathrm{Sigmoid}(net_8^{(l+1)})}{\partial net_8^{(l+1)}} = a_8^{(l+1)}(1 - a_8^{(l+1)}) \tag{5.3.10}$$

$$\delta_8^{(l+1)} = (\hat{a}_8^{(l+1)} - a_8^{(l+1)}) a_8^{(l+1)} (1 - a_8^{(l+1)}) \tag{5.3.11}$$

$$\frac{\partial E_d}{\partial w_{84}} = \frac{\partial E_d}{\partial net_8^{(l+1)}} \cdot \frac{\partial net_8^{(l+1)}}{\partial w_{84}} = -\delta_8^{(l+1)} \frac{\partial \sum_{k=4}^{7} w_{8k} a_k}{\partial w_{84}} = -\delta_8^{(l+1)} a_4^{(l)} \tag{5.3.12}$$

$$\Delta w_{84} = -\eta \frac{\partial E_d}{\partial w_{84}} = \eta \delta_8^{(l+1)} a_4^{(l)} \tag{5.3.13}$$

$$\begin{aligned} \delta_4^{(l)} &= -\frac{\partial E_d}{\partial net_4^{(l)}} = -\left[\frac{\partial E_d}{\partial a_8^{(l+1)}} \cdot \frac{\partial a_8^{(l+1)}}{\partial net_8^{(l+1)}} \cdot \frac{\partial net_8^{(l+1)}}{\partial a_4^{(l)}} \cdot \frac{\partial a_4^{(l)}}{\partial net_4^{(l)}} + \right. \\ &\quad \left. \frac{\partial E_d}{\partial a_9^{(l+1)}} \cdot \frac{\partial a_9^{(l+1)}}{\partial net_9^{(l+1)}} \cdot \frac{\partial net_9^{(l+1)}}{\partial a_4^{(l)}} \cdot \frac{\partial a_4^{(l)}}{\partial net_4^{(l)}} \right] \\ &= \delta_8^{(l+1)} \frac{\partial net_8^{(l+1)}}{\partial a_4^{(l)}} \cdot \frac{\partial a_4^{(l)}}{\partial net_4^{(l)}} + \delta_9^{(l+1)} \frac{\partial net_9^{(l+1)}}{\partial a_4^{(l)}} \cdot \frac{\partial a_4^{(l)}}{\partial net_4^{(l)}} \end{aligned} \tag{5.3.14}$$

$$\frac{\partial net_8^{(l+1)}}{\partial a_4^{(l)}} = \frac{\partial}{\partial a_4^{(l)}} \sum_{k=4}^{7} w_{8k} a_k^{(l)} = w_{84} \tag{5.3.15}$$

$$\frac{\partial net_9^{(l+1)}}{\partial a_4^{(l)}} = \frac{\partial}{\partial a_4^{(l)}} \sum_{k=4}^{7} w_{9k} a_k^{(l)} = w_{94} \tag{5.3.16}$$

$$\frac{\partial a_4^{(l)}}{\partial net_4^{(l)}} = \frac{\partial \mathrm{Sigmoid}(net_4^{(l)})}{\partial net_4^{(l)}} = a_4^{(l)}(1 - a_4^{(l)}) \tag{5.3.17}$$

$$\delta_4^{(l)} = a_4^{(l)}(1 - a_4^{(l)})[\delta_8^{(l+1)} w_{84} + \delta_9^{(l+1)} w_{94}] \tag{5.3.18}$$

$$\frac{\partial E_d}{\partial w_{41}} = \frac{\partial E_d}{\partial net_4^{(l)}} \cdot \frac{\partial net_4^{(l)}}{\partial w_{41}} = -\delta_4^{(l)} \frac{\partial \sum_{k=1}^{3} w_{4k} net_k^{(l-1)}}{\partial w_{41}} = -\delta_4^{(l)} net_1^{(l-1)} \tag{5.3.19}$$

$$\Delta w_{41} = -\eta \frac{\partial E_d}{\partial w_{41}} = \eta \delta_4^{(l)} net_1^{(l-1)} \tag{5.3.20}$$

5.3.3　卷积层的误差传递

在卷积层的训练过程中，存在着误差传递。训练过程如图 5.25 所示。现以 $\delta_{11}^{(l-1)}$ 和 $\delta_{22}^{(l-1)}$ 的计算为例，介绍卷积层的误差传递，如图 5.26 所示。

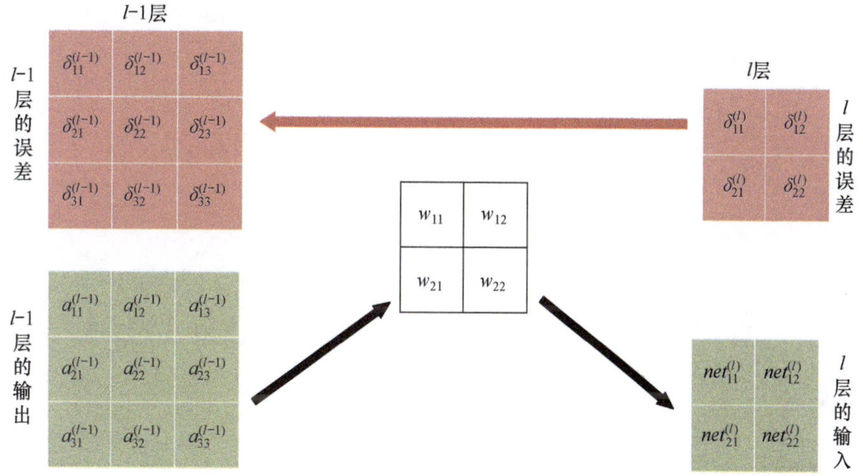

图 5.25　卷积层的训练

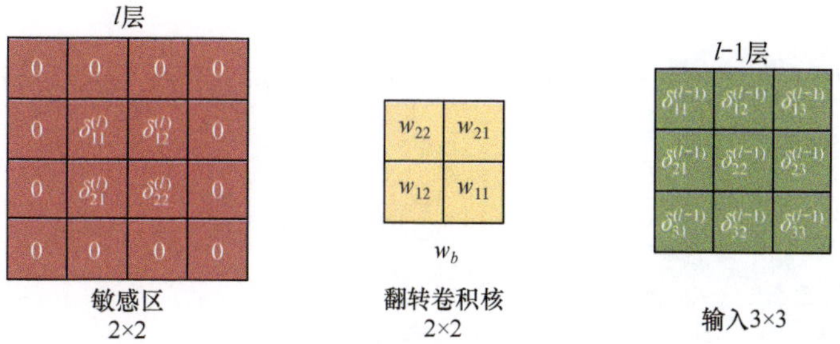

图 5.26　卷积层的误差传递

1. $\delta_{11}^{(l-1)}$ 的计算

$$\delta_{11}^{(l-1)} = -\frac{\partial E_d}{\partial net_{11}^{(l-1)}} = -\frac{\partial E_d}{\partial a_{11}^{(l-1)}} \cdot \frac{\partial a_{11}^{(l-1)}}{\partial net_{11}^{(l-1)}} \tag{5.3.21}$$

式中，$a_{11}^{(l-1)}$ 仅能通过 $net_{11}^{(l)}$ 来影响 E_d。由于

$$net_{11}^{(l)} = w_{11} a_{11}^{(l-1)} + w_{12} a_{12}^{(l-1)} + w_{21} a_{21}^{(l-1)} + w_{22} a_{22}^{(l-1)} \tag{5.3.22}$$

故

$$-\frac{\partial E_d}{\partial a_{11}^{(l-1)}} = -\frac{\partial E_d}{\partial net_{11}^{(l)}} \cdot \frac{\partial net_{11}^{(l)}}{\partial a_{11}^{(l-1)}} = \delta_{11}^{(l)} w_{11} \tag{5.3.23}$$

又由于 $a_{11}^{(l-1)}=f(net_{11}^{(l-1)})$，故

$$\frac{\partial a_{11}^{(l-1)}}{\partial net_{11}^{(l-1)}}=f'(net_{11}^{(l-1)}) \tag{5.3.24}$$

综上

$$\delta_{11}^{(l-1)}=\delta_{11}^{(l)}w_{11}f'(net_{11}^{(l-1)}) \tag{5.3.25}$$

2. $\delta_{22}^{(l-1)}$ 的计算

$$\delta_{22}^{(l-1)}=-\frac{\partial E_d}{\partial net_{22}^{(l-1)}}=-\frac{\partial E_d}{\partial a_{22}^{(l-1)}}\cdot\frac{\partial a_{22}^{(l-1)}}{\partial net_{22}^{(l-1)}} \tag{5.3.26}$$

式中，$a_{22}^{(l-1)}$ 可以通过 $net_{11}^{(l)}$、$net_{12}^{(l)}$、$net_{21}^{(l)}$、$net_{22}^{(l)}$ 来影响 E_d。由于

$$net_{11}^{(l)}=w_{11}a_{11}^{(l-1)}+w_{12}a_{12}^{(l-1)}+w_{21}a_{21}^{(l-1)}+w_{22}a_{22}^{(l-1)}$$

$$net_{12}^{(l)}=w_{11}a_{12}^{(l-1)}+w_{12}a_{13}^{(l-1)}+w_{21}a_{22}^{(l-1)}+w_{22}a_{23}^{(l-1)} \tag{5.3.27}$$

$$net_{21}^{(l)}=w_{11}a_{21}^{(l-1)}+w_{12}a_{22}^{(l-1)}+w_{21}a_{31}^{(l-1)}+w_{22}a_{32}^{(l-1)} \tag{5.3.28}$$

$$net_{22}^{(l)}=w_{11}a_{22}^{(l-1)}+w_{12}a_{23}^{(l-1)}+w_{21}a_{32}^{(l-1)}+w_{22}a_{33}^{(l-1)} \tag{5.3.29}$$

故

$$-\frac{\partial E_d}{\partial a_{22}^{(l-1)}}=\delta_{11}^{(l)}w_{22}+\delta_{12}^{(l)}w_{21}+\delta_{21}^{(l)}w_{12}+\delta_{22}^{(l)}w_{11} \tag{5.3.30}$$

又 $\dfrac{\partial a_{22}^{(l-1)}}{\partial net_{22}^{(l-1)}}=f'(net_{22}^{(l-1)})$，故综上可得

$$\delta_{22}^{(l-1)}=(\delta_{11}^{(l)}w_{22}+\delta_{12}^{(l)}w_{21}+\delta_{21}^{(l)}w_{12}+\delta_{22}^{(l)}w_{11})f'(net_{22}^{(l-1)}) \tag{5.3.31}$$

卷积层的误差传递为

$$\delta^{(l-1)}=\delta^{(l)}\otimes w^{*}f'(net^{(l-1)}) \tag{5.3.32}$$

式中，⊗表示卷积操作。

5.3.4 卷积层权重梯度的计算

权重项 w_{jk} 通过 $net_{jk}^{(l)}$ 影响的值进而影响 E_d。以 w_{11} 为例，说明卷积层权重梯度的计算过程，如图 5.27 所示。

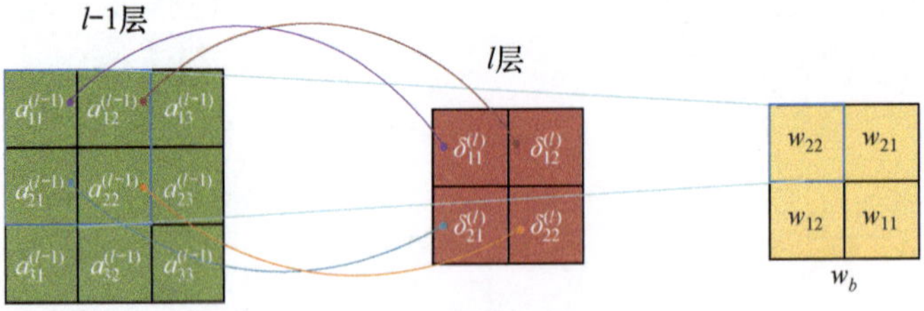

图 5.27 卷积层权重梯度的计算过程

$$\frac{\partial E_d}{\partial w_{11}}=\frac{\partial E_d}{\partial net_{11}^{(l)}}\cdot\frac{\partial net_{11}^{(l)}}{\partial w_{11}}+\frac{\partial E_d}{\partial net_{12}^{(l)}}\cdot\frac{\partial net_{12}^{(l)}}{\partial w_{11}}+\frac{\partial E_d}{\partial net_{21}^{(l)}}\cdot\frac{\partial net_{21}^{(l)}}{\partial w_{11}}+\frac{\partial E_d}{\partial net_{22}^{(l)}}\cdot\frac{\partial net_{22}^{(l)}}{\partial w_{11}} \tag{5.3.33}$$

$$=-(\delta_{11}^{(l)}a_{11}^{(l-1)}+\delta_{12}^{(l)}a_{12}^{(l-1)}+\delta_{21}^{(l)}a_{21}^{(l-1)}+\delta_{22}^{(l)}a_{22}^{(l-1)})$$

同理，得

$$\frac{\partial E_d}{\partial w_{12}}=-(\delta_{11}^{(l)}a_{12}^{(l-1)}+\delta_{12}^{(l)}a_{13}^{(l-1)}+\delta_{21}^{(l)}a_{22}^{(l-1)}+\delta_{22}^{(l)}a_{23}^{(l-1)}) \tag{5.3.34}$$

与误差传递类似，权重梯度的计算也相当于第 l 层的误差项与第 $l-1$ 层的输出项做卷积操作，得到卷积核的梯度，即

$$\frac{\partial E_d}{\partial w} = \delta^{(l)} \otimes a^{(l-1)} \tag{5.3.35}$$

5.3.5 池化层的误差传递

大部分的池化层都没有需要训练的参数，只需要传递误差。以最大池化为例，介绍池化层的误差传递，如图 5.28 所示。

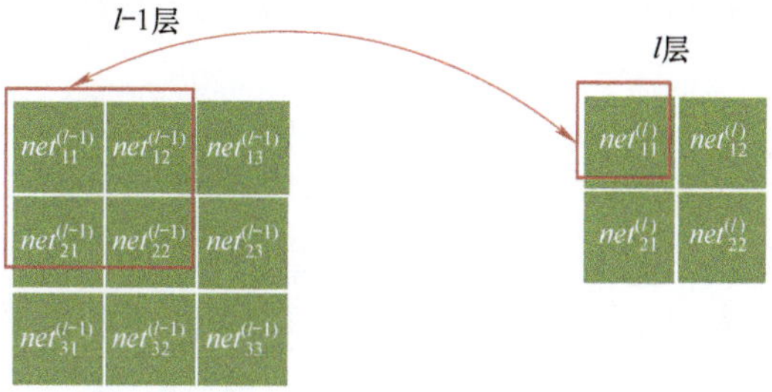

图 5.28 池化层的误差传递

$$net_{11}^{(l)} = \max(net_{11}^{(l-1)}, net_{12}^{(l-1)}, net_{21}^{(l-1)}, net_{22}^{(l-1)}) \tag{5.3.36}$$

由此可知，只有图 5.28 红框区域中的最大值 $net_{jk}^{(l-1)}$ 才会对 $net_{jk}^{(l)}$ 产生影响。假设最大值为 $net_{11}^{(l-1)}$，式（5.3.35）可写成

$$net_{11}^{(l)} = net_{11}^{(l-1)} \tag{5.3.37}$$

得

$$\frac{\partial net_{11}^{(l)}}{\partial net_{11}^{(l-1)}} = 1, \quad \frac{\partial net_{11}^{(l)}}{\partial net_{12}^{(l-1)}} = 0, \quad \frac{\partial net_{11}^{(l)}}{\partial net_{21}^{(l-1)}} = 0, \quad \frac{\partial net_{11}^{(l)}}{\partial net_{22}^{(l-1)}} = 0 \tag{5.3.38}$$

因此

$$\delta_{11}^{(l-1)} = -\frac{\partial E_d}{\partial net_{11}^{(l-1)}} = -\frac{\partial E_d}{\partial net_{11}^{(l)}} \cdot \frac{\partial net_{11}^{(l)}}{\partial net_{11}^{(l-1)}} = \delta_{11}^{(l)} \tag{5.3.39}$$

而 $\delta_{12}^{(l-1)} = 0$，$\delta_{21}^{(l-1)} = 0$，$\delta_{22}^{(l-1)} = 0$。

规律：对于最大池化，第 l 层的误差项会原封不动地传递到第 $l-1$ 层对应区块中最大值所对应的神经元，而其他神经元的误差项都是 0，如图 5.29 所示。

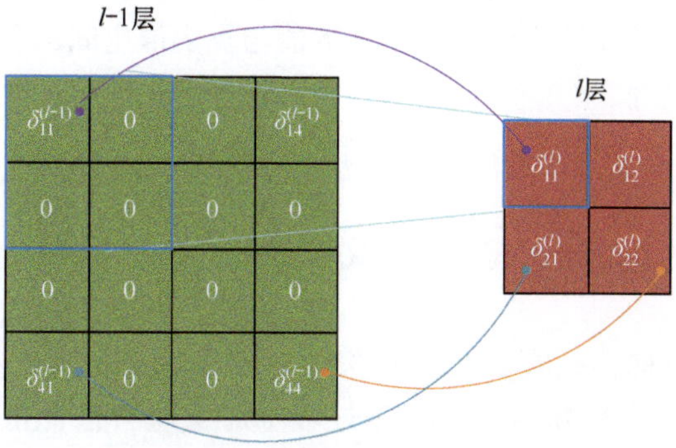

图 5.29 最大池化的误差传递

5.4 卷积神经网络的训练与优化

5.4.1 卷积神经网络的工作流程

卷积神经网络的主要工作流程是：采用卷积操作提取图像数据的特征，并通过池化去除噪声；使用全连接神经网络分析抽象特征；将抽象特征输入到多层感知器中进行分类；最后，将分类结果反馈给用户。卷积神经网络是目前用于图像分类和识别的有效技术，因其效率高、预测准确率高且能够处理大量的特征，被广泛应用于自动驾驶、医学图像处理和视觉机器人等领域。

卷积神经网络的工作流程可以分为以下几个具体的操作步骤。

步骤 1：数据输入与预处理。

将待处理的数据（通常是图像数据）输入到卷积神经网络中，并对数据进行预处理，包括归一化、缩放、去噪等，以确保数据在合适的范围内，并降低计算复杂度。

步骤 2：卷积层操作。

卷积层是卷积神经网络的核心组成部分，它通过卷积操作来提取输入数据的特征。每个卷积层包含多个卷积核（或滤波器），这些卷积核在输入数据上滑动并进行点积运算，生成特征图。卷积核的权重在训练过程中通过反向传播算法进行更新，以学习如何提取最有效的特征。在卷积操作之后，通常会应用激活函数来增强网络的非线性，这有助于网络学习并逼近复杂的函数关系。常用的激活函数包括 ReLU、Sigmoid 和 Tanh 等。

步骤 3：池化层操作。

池化层通常位于卷积层之后，用于降低特征图的维度，减少计算量，防止过拟合。常见的池化操作有最大池化和平均池化，它们分别从每个池化窗口中提取最大值或平均值。

步骤 4：全连接层操作。

在多个卷积层和池化层之后，通常会有一或多个全连接层，用于对提取的特征进行高级抽象和整合。全连接层的每个神经元都与前一层的所有神经元相连，可以看作是对特征图进行全局加权。

步骤 5：输出层操作。

输出层是网络的最后一层，用于生成最终的预测结果，并将结果反馈给用户。对于分类任务，输出层通常使用 Softmax 函数输出每个类别的概率分布；对于回归任务，输出层可能直接输出一个数值。损失函数用于衡量网络预测值与真实值之间的差异，常见的损失函数包括交叉熵损失、均方误差等。

5.4.2 训练与优化

卷积神经网络的训练与优化过程如图 5.30 所示。

1. 训练阶段

在训练阶段，通过反向传播算法计算损失函数对于网络权重的梯度，并使用优化算法（如梯度下降、Adam 等）来更新权重。训练过程中通常还会包含正则化技术（如 Dropout、L1/L2 正则化）以防止过拟合。经过多轮迭代训练后，网络逐渐学习到从输入数据中提取有效特征并进行准确预测的能力。

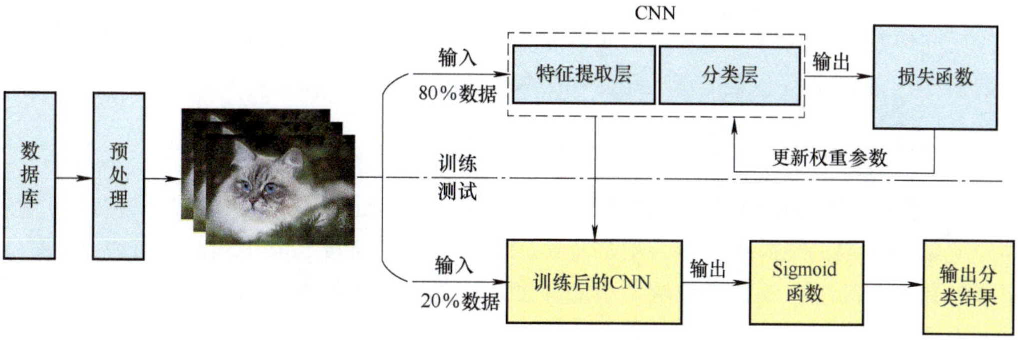

图 5.30　卷积神经网络的训练与优化过程

2. 优化阶段

在训练完成后，使用独立的测试集对网络的性能进行评估。通过计算准确率、精度、召回率、F1 分数等指标来评估网络在测试集上的表现。根据测试结果对网络进行优化或改进。

以上是卷积神经网络的训练与优化流程。在实际应用中，需要根据具体任务和数据集的特点进行调整和优化。

卷积神经网络及其延伸出的其他深度神经网络的训练过程都由两个部分组成：前向传播和反向传播。

假设网络共有 L 层，其中卷积层的卷积核个数为 K，卷积核的尺寸为 F，填充的尺寸为 P，卷积步长为 S。前向传播的步骤如下。

步骤 1：根据填充尺寸 P 填充样本维度。

步骤 2：初始化网络层的权重 $\boldsymbol{w}$ 和偏置 $\boldsymbol{b}$。

步骤 3：第一层为输入层，则前向传播从第二层（$l=2$）开始到第 L 层结束。

a）若第 l 层为卷积层，则该层的输出为

$$a^{(l)}=f(z^{(l)})=f(a^{(l-1)}\otimes \boldsymbol{w}^{(l)}+\boldsymbol{b}^{(l)}) \tag{5.4.1}$$

b）若第 l 层为池化层，则该层的输出为

$$a^{(l)}=\text{Pool}(a^{(l-1)}) \tag{5.4.2}$$

c）若第 l 层为全连接层，则该层的输出为

$$a^{(l)}=\sigma(z^{(l)})=\sigma(\boldsymbol{w}^{(l)}a^{(l-1)}+\boldsymbol{b}^{(l)}) \tag{5.4.3}$$

步骤 4：若网络最后一层的激活函数选为 Softmax，则第 L 层的输出为

$$a^{(L)}=\text{Softmax}(z^{(L)})=\text{Softmax}(\boldsymbol{w}^{(L)}a^{(L-1)}+\boldsymbol{b}^{(L)}) \tag{5.4.4}$$

以上是卷积神经网络前向传播的过程。为了防止过拟合，在设置网络时，可以设置 Dropout 参数。该参数的作用是使网络中的神经元随机失活，即强制神经元置零，达到防止过拟合的目的。

在反向传播中，交叉熵损失函数描述了网络输出概率与实际输出概率的距离，即交叉熵越小，两者的概率分布越接近。假设该损失函数为 $Loss(\boldsymbol{w},\boldsymbol{b})$，学习率为 η。反向传播中第 l 层权重和偏置的更新公式为

$$\boldsymbol{w}^{(l)}(k+1)=\boldsymbol{w}^{(l)}(k)-\eta\frac{\partial}{\partial \boldsymbol{w}^{(l)}}Loss(\boldsymbol{w},\boldsymbol{b}) \tag{5.4.5}$$

$$\boldsymbol{b}^{(l)}(k+1)=\boldsymbol{b}^{(l)}(k)-\eta\frac{\partial}{\partial\boldsymbol{b}^{(l)}}Loss(\boldsymbol{w},\boldsymbol{b}) \tag{5.4.6}$$

在反向传播中，网络会随着迭代次数的增加不断调整并优化权重和偏置，使得交叉熵损失函数最小，直到它不再变化或达到迭代次数时停止。

5.4.3 卷积神经网络与人工神经网络的比较

1）人工神经网络使用的是全排列方式，即神经元按照一维排列；而卷积神经网络中每层神经元都是按照三维排列，每一层都有长、宽、高三个维度，其中长和高分别代表输入图像矩阵的长度和高度，宽代表该层网络的深度。尽管人工神经网络和卷积神经网络有着不同的排列方式，但是其内部都是基于神经元模型组成的神经网络，如图 5.31 所示。

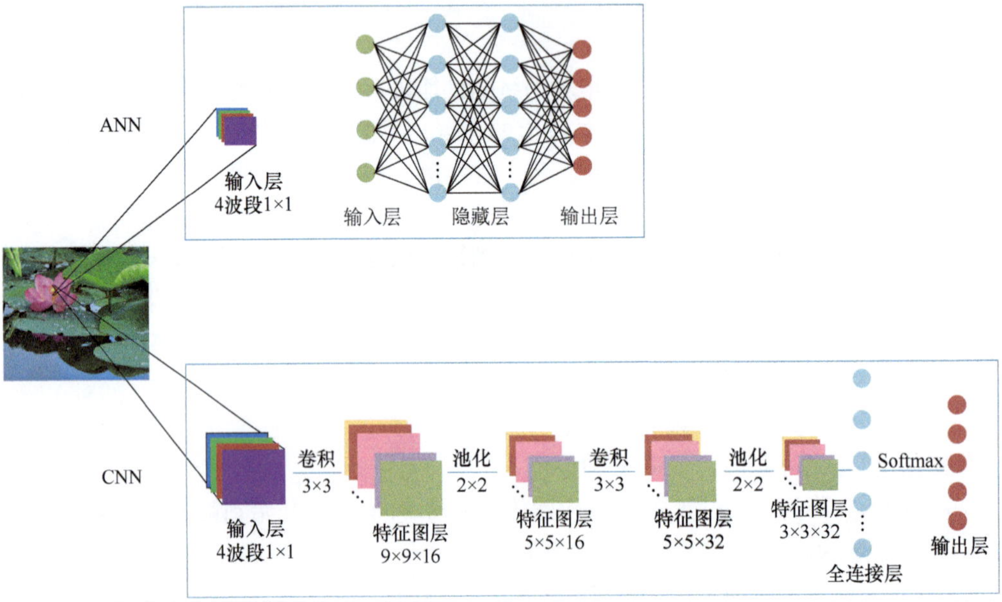

图 5.31 人工神经网络与卷积神经网络的比较

2）在卷积神经网络的卷积层和全连接层中，权重参数由梯度下降算法训练得到，最终使得卷积神经网络计算出的分类结果与训练集中的图像标签吻合。

3）卷积神经网络的全连接层与人工神经网络的框架基本相同。

第 6 章　图神经网络

导　读

本章从图神经网络发展的必要性出发，引出了图神经网络的结构特点和工作原理；阐述了经典的图神经网络，包括图卷积网络、图样本和聚合、图注意力网络；分析了其他的图神经网络，包括无监督的节点表示学习和图池化。

近年来，深度学习领域对于图神经网络（Graph Neural Network，GNN）的研究热情日益高涨。图神经网络已经成为各大深度学习顶会的研究热点。图神经网络在处理非结构化数据时的出色能力使其在网络数据分析、推荐系统、物理建模、自然语言处理和图上的组合优化问题等方面都取得了新的突破。

本章将从一个更直观的角度对当前流行的图神经网络进行简要分析，包括 GCN、GraphSAGE、GAT、GAE 以及 graph pooling 策略 DiffPool 等。

6.1 图神经网络概述

6.1.1 图神经网络的出现与发展

随着机器学习和深度学习的发展，语音、图像和自然语言处理领域取得了很大的突破。其中，语音、图像和文本都是结构化的序列或网格数据，而传统的深度学习正善于处理这种类型的数据，如图 6.1 所示。

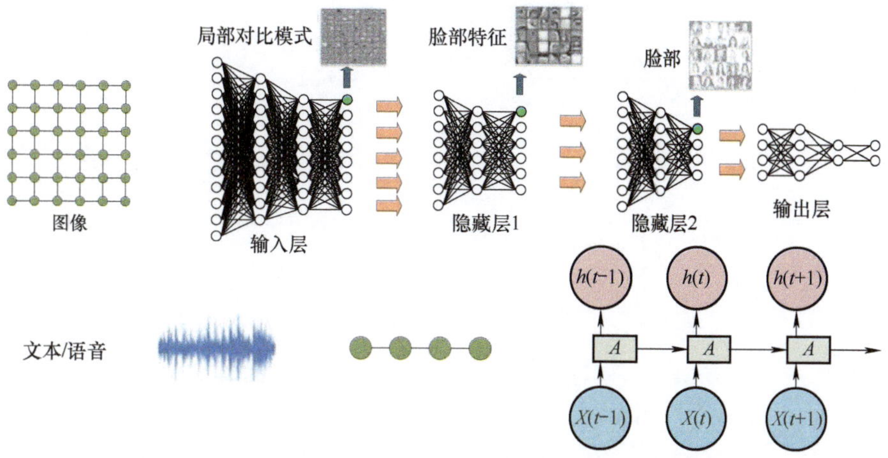

图 6.1　结构化数据及其处理模型

然而，现实世界中并不是所有的事物都可以表示为一个序列或网格。例如，社交网络、知识图谱、复杂系统等，都是非结构化的数据，如图 6.2 所示。

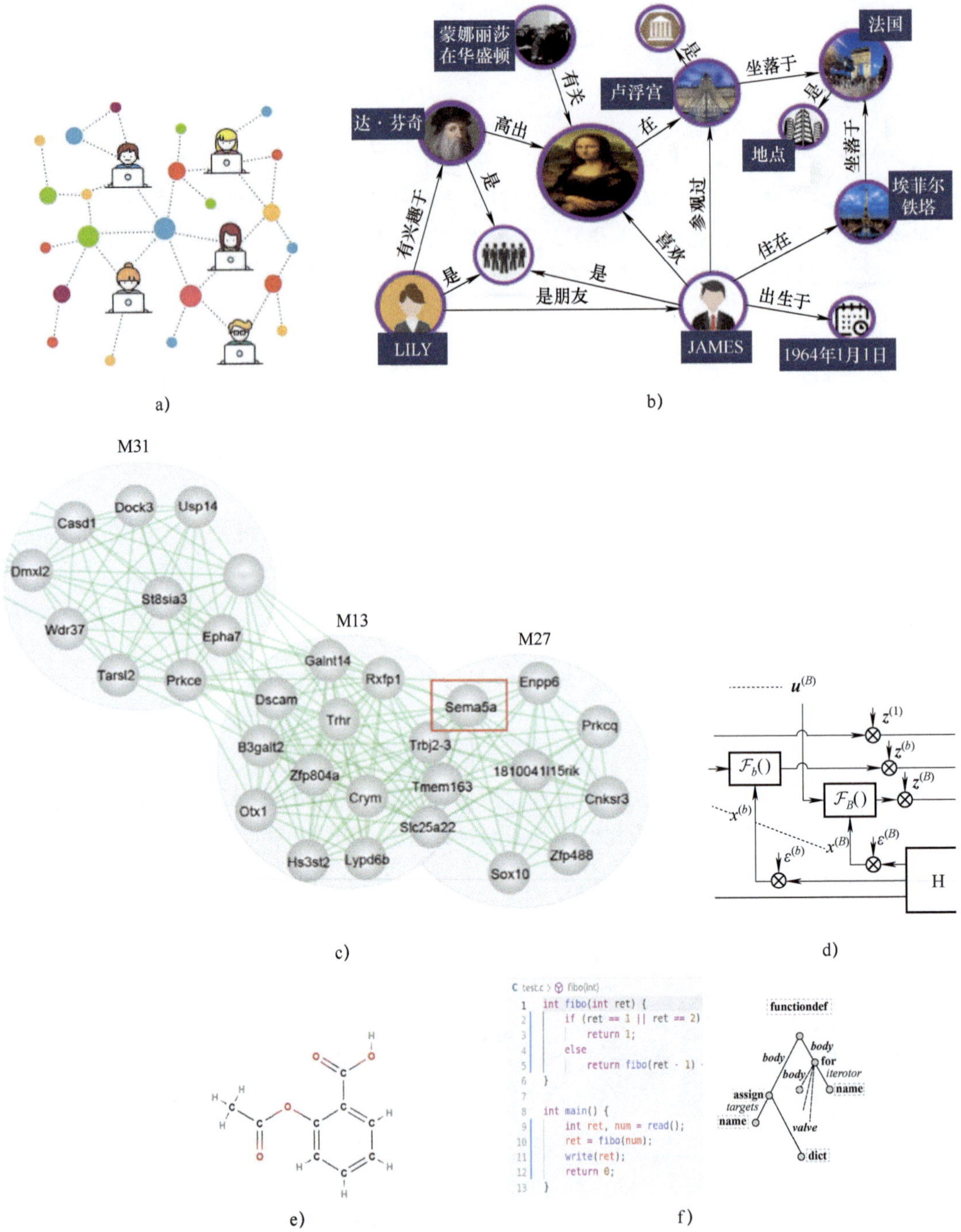

图 6.2　非结构化数据

a）社交网络　b）知识图谱　c）基因调控网络　d）复杂系统　e）分子　f）代码

与结构化的文本和图像数据相比，这种非结构化的数据十分复杂，处理它的难点包括以下几点。

1）图的大小是任意的，且拓扑结构复杂，没有图像那样的空间局部性。

2）图没有固定的节点顺序，缺乏参考节点。

3）图经常是动态图，而且包含多模态的特征。

对于这类数据，应该如何建模呢？能否将深度学习进行扩展，使其能够建立该类数据的模型呢？这些问题促使了图神经网络的出现与发展。

6.1.2　图神经网络

与最基本的神经网络结构一样，图神经网络也含有全连接层，如图 6.3 所示。与特征矩阵乘以权重矩阵相比，图神经网络多了一个邻接矩阵。图神经网络的计算形式很简单，只需三个矩阵相乘再加上一个非线性变换，即

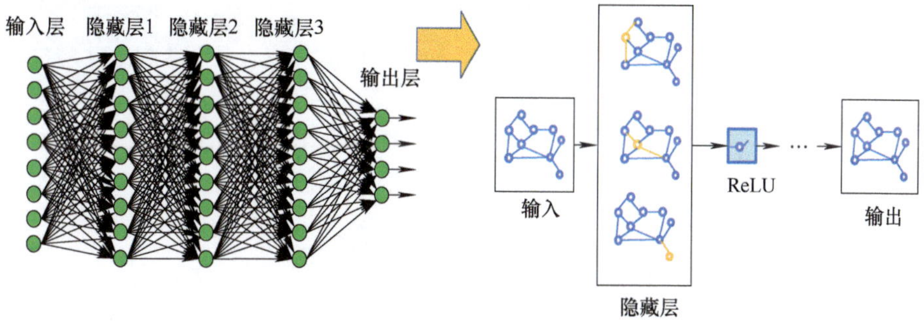

图 6.3　全连接层与图神经网络

$$\boldsymbol{H} = \sigma(\boldsymbol{XW}) \tag{6.1.1}$$

$$\boldsymbol{H} = \sigma(\boldsymbol{AXW}) \tag{6.1.2}$$

式中，$\boldsymbol{X}$ 为特征矩阵；$\boldsymbol{W}$ 为权重矩阵；$\boldsymbol{A}$ 为邻接矩阵。

因此，一个常见的图神经网络的应用模式如图 6.4 所示。其中，输入是一张图网络，经过多层图卷积、正则化以及激活函数变换等操作，最终得到各个节点的表示，以便于完成节点分类、链接预测、图与子图生成等任务。

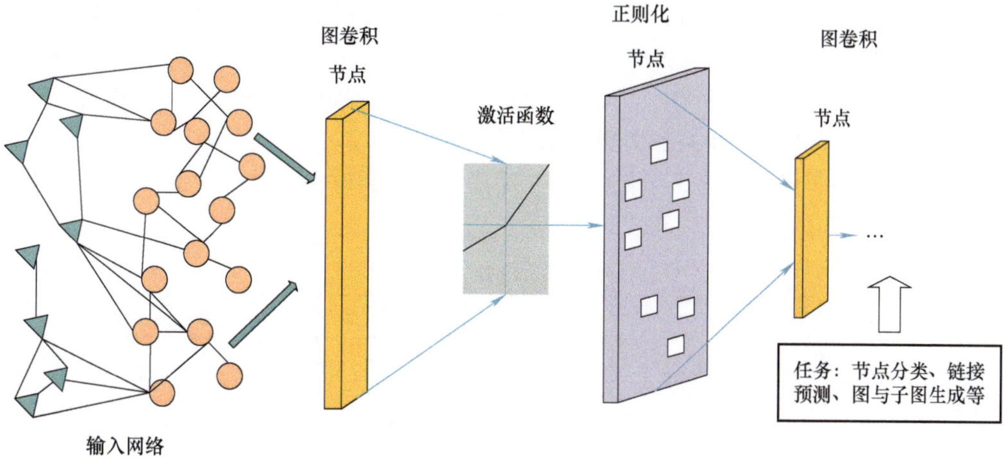

图 6.4　图神经网络的应用模式

6.2 经典的图神经网络

6.2.1 图卷积网络

图卷积网络（Graph Convolutional Network，GCN）可谓是图神经网络的“开山之作”，它首次将图像处理中的卷积操作应用到图结构数据处理中，如图 6.5 所示。

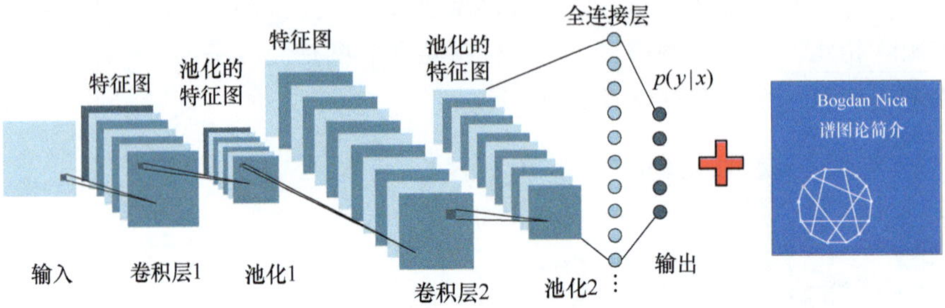

图 6.5 图卷积网络

$$h_v = f\left(\frac{1}{|\mathcal{N}(v)|}\sum_{u\in\mathcal{N}(v)} \boldsymbol{W}\boldsymbol{x}_v + \boldsymbol{b}\right), \forall v \in \mathcal{V} \tag{6.2.1}$$

式中，$\mathcal{N}(v)$ 是节点 v 的邻居节点数。式（6.2.1）表示聚合了节点 v 的邻居节点特征后，并对其做非线性变换。为了使 GCN 能够捕捉到第 k 阶邻居节点的信息，可以堆叠多个 GCN 层，如堆叠 n 层，有

$$h_v^{n+1} = f\left(\frac{1}{|\mathcal{N}(v)|}\sum_{u\in\mathcal{N}(v)} \boldsymbol{W}^n h_v^n + \boldsymbol{b}^n\right), \forall v \in \mathcal{V} \tag{6.2.2}$$

式（6.2.1）的矩阵形式为

$$\boldsymbol{H}^{(l+1)} = \sigma(\boldsymbol{D}^{-\frac{1}{2}}\tilde{\boldsymbol{A}}\boldsymbol{D}^{-\frac{1}{2}}\boldsymbol{H}^{(l)}\boldsymbol{W}^{(l)}) \tag{6.2.3}$$

式中，$\boldsymbol{D}^{-\frac{1}{2}}\tilde{\boldsymbol{A}}\boldsymbol{D}^{-\frac{1}{2}}$ 是归一化后的邻接矩阵；$\boldsymbol{H}^{(l)}\boldsymbol{W}^{(l)}$ 表示给第 l 层的所有节点嵌入了一次线性变换。这表明，对每个节点来说，该节点的特征可以表示为邻居节点特征相加之后的结果。

注意： 将 $\boldsymbol{XW}$ 转换成矩阵 $\boldsymbol{AXW}$ 就是式（6.1.1）和式（6.1.2）所说的三矩阵相乘。

将 GCN 放到节点分类任务中，分别在 CiteSeer、Cora、PubMed 和 NELL 数据集上进行实验，数据集统计见表 6.1，分类准确率的结果摘要见表 6.2。结果表明，与传统方法相比，GCN 的分类效果显著提升。这主要是由于 GCN 善于编码图的结构信息，能够学习到更好的节点表示。

表 6.1 数据集统计（2016）

数据集	类型	节点数	边数	类别数	特征数	标签率
CiteSeer	引文类型	3327	4732	6	3370	0.036
Cora	引文类型	2708	5429	7	1433	0.052
PubMed	引文类型	19717	44338	3	500	0.003
NELL	知识图谱	65755	266144	210	5414	0.001

表 6.2 分类准确率的结果摘要（百分比）

方 法	CiteSeer	Cora	PubMed	NELL
ManiReg	60. 1	59. 5	70. 7	21. 8
SemiEmb	59. 6	59. 0	71. 1	26. 7
LP	45. 3	68. 0	63. 0	26. 5
DeepWalk	43. 2	67. 2	65. 3	58. 1
ICA	69. 1	75. 1	73. 9	23. 1
Planetoid	64. 7（26s）	75. 7（13s）	77. 2（25s）	61. 9（185s）
GCN	70. 3（7s）	81. 5（4s）	79. 0（38s）	66. 0（48s）
GCN（random_split（））	67. 9 ±0. 5	80. 1 ±0. 5	78. 9 ±0. 7	58. 4 ±1. 7

GCN 是一种有效的图神经网络，能够很好地捕获图数据的拓扑结构和节点特征。然而，它也存在一些缺点。首先，GCN 假设图数据的拓扑结构是固定的，而在实际应用中图数据的拓扑结构往往是动态变化的。其次，GCN 只能处理同质的图数据，不能处理多模态或异质的图数据。此外，GCN 对大规模图数据的处理能力较弱，因为在大规模图数据上计算所有节点的表示，其成本是非常高的。

6.2.2 图样本和聚合

为了解决 GCN 的缺点问题，图样本和聚合（Graph Sample and AggreGatE，GraphSAGE）模型被提了出来。GraphSAGE 模型是一种用于学习图数据表示的无监督模型，旨在将图的顶点表示为向量。该模型通过利用邻居节点的信息来产生顶点的嵌入表示，从而实现对图结构数据的深度挖掘和特征提取。GraphSAGE 的核心思想在于，通过聚合当前节点的 k 阶邻居节点信息来生成该节点的嵌入表示，这种策略有助于捕捉节点之间的复杂关系和结构信息。

1. GraphSAGE 模型

GraphSAGE 模型的特点如下。

1）层次化邻居采样。通过递归采样的方式，从目标节点的一阶邻居开始，逐步扩展到更高阶的邻居，从而在降低计算复杂度的同时保留多阶邻居的信息。

2）节点特征聚合。通过定义一系列可学习的聚合函数（也称为聚合器，如均值、最大池化、LSTM 等），将邻居节点的特征向量聚合到一起，可以同时考虑到邻居节点的特征以及它们之间的相对关系。

3）层级特征聚合。随着层数的增加，节点的嵌入逐渐聚合了越来越远的邻居信息。每一层的聚合结果都被传送到下一层作为邻居节点的特征，并与当前层的原始邻居特征一起参与新的聚合运算。

2. GraphSAGE 的实现

实现 GraphSAGE 的关键步骤如下。

步骤 1：数据预处理。构建图数据结构，为节点分配初始特征（如果有），并确定邻居采样策略。

步骤 2：模型构建。使用深度学习框架（如 TensorFlow 和 PyTorch）搭建 GraphSAGE 模型，包括定义采样器、聚合函数、神经网络层结构等。

步骤 3：模型训练。利用监督或无监督学习训练模型（如节点分类、链接预测等），并通过反向传播更新模型参数。

步骤 4：嵌入生成。在训练完成后，对整个图的所有节点运行 GraphSAGE 模型，得到每个节点的最终嵌入表示。

GraphSAGE 模型的优势在于，它能够为新增节点快速生成嵌入表示，而无须增加额外的训练过程，这使它在处理大规模图数据时具有较高的效率和灵活性。此外，GraphSAGE 可以通过采样当前节点的 k 阶邻居节点来计算其嵌入表示，使得计算具有上亿节点、数十亿条边的大规模图网络成为可能。

3. 直推学习与归纳学习

（1）GraphSAGE 中的直推学习

直推学习，也称为转导学习，是指将当前学习的知识直接推广到指定的部分数据上的方法，即用于训练的数据中包含了测试数据。直推学习作用在固定的数据上，一旦数据发生改变，就需要重新进行学习训练。在 GraphSAGE 中，直推学习可以较好地处理图中的新节点，即利用已知节点的信息为未知节点生成嵌入表示。

（2）GraphSAGE 中的归纳学习

GraphSAGE 是一个归纳学习框架。在具体实现中，训练时它仅保留训练样本之间的边，主要包含采样和聚合两大步骤。采样是指对邻居节点的个数进行选择；聚合是指获取邻居节点的嵌入表示之后将它们汇聚起来以更新自己的嵌入信息。GraphSAGE 的学习过程如图 6.6 所示。

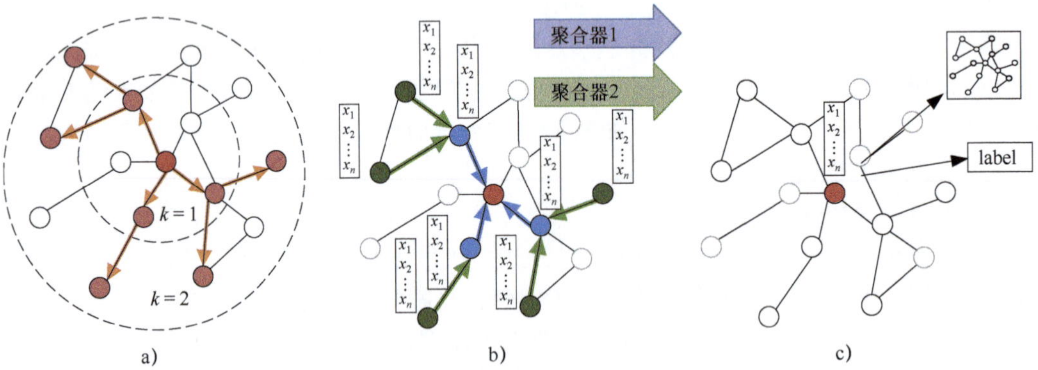

图 6.6 GraphSAGE 的学习过程

a）样本社区 b）聚合邻居的特征信息 c）利用汇聚信息预测节点标签

GraphSAGE 的学习步骤如下。

步骤 1：对邻居进行采样。

步骤 2：将采样到的邻居的嵌入表示传到节点上来，并使用聚合函数将这些邻居信息聚合，以更新该节点的嵌入表示。

步骤 3：根据更新后的嵌入表示预测节点的标签。

现给出训练 GraphSAGE 为一个新节点生成嵌入表示（即前向传播）的算法伪代码如下。

算法 6.1：GraphSAGE 嵌入生成（即前向传播）算法

输入：图形 $\zeta(\nu,\varepsilon)$；输入特征 $\{X_v, \forall v \in \mathcal{V}\}$；深度 K；权重矩阵 $\boldsymbol{W}^k$，$\forall k \in \{1,2,\cdots,K\}$；非线性激活函数 σ；可微聚合函数 AGGREGATEK$_k$，$\forall k \in \{1,2,\cdots,K\}$；邻域函数 $\aleph: v \rightarrow 2^{\nu}$

输出：向量表示 z_v，$\forall v \in \mathcal{V}$

$h_v^0 \leftarrow X_v, \forall v \in \mathcal{V}$

for $k = 1,\cdots,K$ **do**

  for $v \in \mathcal{V}$ **do**

    $h_{\aleph(v)}^k \leftarrow \text{AGGREGATE}_k(\{h_u^{k-1}, \forall u \in \aleph(v)\})$

    $h_v^k \leftarrow (\sigma(\boldsymbol{W}^k \text{Concat}(h_v^{k-1}, h_{\aleph(v)}^k))$

  end

  $h_v^k \leftarrow h_v^k / \| h_v^k \|_2, \forall v \in \mathcal{V}$

end

$z_v \leftarrow h_v^K, \forall v \in \mathcal{V}$

首先，初始化输入图中所有节点的特征向量（line 1）。对于每个节点 v，获取它采样得到的邻居节点 u 后，利用聚合函数将邻居节点的信息聚合（line 4），并结合自身的信息通过非线性激活函数来更新自身的嵌入表示（line 5）。

注意：算法里面的 K 是指聚合器的数量，也是指权重矩阵的数量，还是指网络的层数（深度），这是因为每一层网络中的聚合器和权重矩阵都是共享的。网络的层数可以理解为需要访问的最远邻居的阶数，如在图 6.6 中，若红色节点的更新获取了它一、二阶邻居的信息，那么网络层数就是 2。为了更新红色节点，首先要在第一层（$k=1$），将蓝色节点的信息聚合到红色节点上，同时将绿色节点的信息聚合到蓝色节点上。其次在第二层（$k=2$），用更新后的蓝色节点信息再次更新红色节点。这样就保证了红色节点更新后的信息包括蓝色和绿色节点的信息，也就是两阶信息。

为了更清晰地表达两阶信息的传递过程，将更新某个节点的过程展开，如图 6.7 所示为节点 A 和节点 B 的更新过程。该图表明，在更新不同节点的过程中，每一层网络中聚合器 $Q^{(k)}$ 和权重矩阵 $W^{(k)}$ 都是共享的。

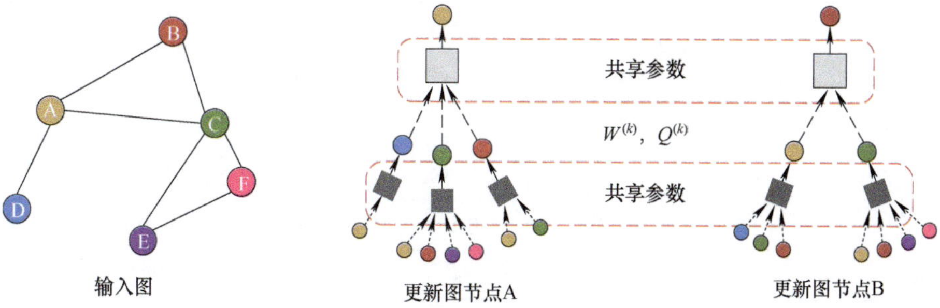

图 6.7 节点 A 和节点 B 的更新过程

4. GraphSAGE 的采样工作原理

GraphSAGE 采用定长抽样的方法，即首先定义需要的邻居个数 S，然后采用有放回的重采样或负采样的方法得到 S 个邻居。这样可以保证每个节点（采样后的）邻居个数一致，以便将多个节点及其邻居拼接成 Tensor 送到 GPU 中进行批训练。

5. GraphSAGE 聚合器

GraphSAGE 主要有以下三种聚合器。

1）均值聚合器

$$h_v^n \leftarrow \delta(W\text{Mean}(\{h_v^{n-1}\} \cup \{h_u^{n-1}, \forall u \in N(v)\})) \tag{6.2.4}$$

2）LSTM 聚合器

LSTM 聚合器应用于邻域随机排列。

3）最大池化聚合器

$$\text{AGGREGATE}_n^{pool} = \max(\{\delta(W_{pool}h_{u_i}^n + b), \forall u_i \in N(v)\}) \tag{6.2.5}$$

注意：与 GCN 一样，均值聚合器也是一种求和运算。而 LSTM 是长短期记忆网络，相关内容介绍详见第 8 章。

GraphSAGE 可以通过损失函数来学习聚合器的参数以及权重矩阵。若是在有监督学习的情况下，可以使用每个节点的预测标签和真实标签之间的交叉熵作为损失函数。若是在无监督学习的情况下，则可以假设相邻节点的嵌入表示尽可能相近，因此设计的损失函数为

$$J_g(Z_u) = -\log(\delta(z_u^{\mathrm{T}}z_v)) - QE_{v_n \sim P_n(v)}\log(\delta(-z_u^{\mathrm{T}}z_v)) \tag{6.2.6}$$

式中，v 表示 u 附近同时出现的节点；P_n 表示负采样分布；Z_u 表示从 GraphSAGE 嵌入数据；Q 表示负采样数量。

相关研究在 Citation、Reddit 和 PPI 数据集上分别测试了无监督学习和有监督学习的预测结果，如表 6.3 所示。表中显示了不同方法的预测结果，宏观平均分数的类似趋势保持不变。表 6.3 表明，与传统方法相比，GraphSAGE 能显著提升模型的预测效果。

表 6.3　三个数据集的预测结果（微平均 F1 分数）

名　字	Citation		Reddit		PPI	
	Unsup. F1	Sup. F1	Unsup. F1	Sup. F1	Unsup. F1	Sup. F1
Random	0. 206	0. 206	0. 043	0. 042	0. 396	0. 396
Raw features	0. 575	0. 575	0. 585	0. 585	0. 422	0. 422
Deep Walk	0. 565	0. 565	0. 324	0. 324	—	—
Deep Walk + features	0. 701	0. 701	0. 691	0. 691	—	—
GraphSAGE-GCN	0. 742	0. 772	0. 908	0. 908	0. 465	0. 500
GraphSAGE-mean	0. 778	0. 820	0. 897	0. 897	0. 486	0. 589
GraphSAGE-LSTM	0. 788	0. 832	0. 907	0. 907	0. 482	0. 612
GraphSAGE-pool	0. 798	0. 839	0. 892	0. 892	0. 502	0. 600
% gain over feat	39%	46%	55%	63%	19%	45%

6. GraphSAGE 的优缺点

（1）GraphSAGE 的优点

1）利用采样机制，很好地解决了 GCN 必须要知道图中全部信息的问题，克服了 GCN

训练时内存和显存的限制，即使对于未知的新节点，也能得到其嵌入表示。

2）聚合器和权重矩阵的参数对所有的节点都是共享的。

3）模型参数的数量与图的节点个数无关，因此 GraphSAGE 能够处理大规模的图数据。

4）既能处理有监督任务，也能处理无监督任务。

（2）GraphSAGE 的缺点

1）对于邻居数量较多的节点，GraphSAGE 的采样没有考虑到不同邻居节点的重要性差异，而且在聚合计算时，邻居节点的重要性和当前节点也不同。

2）GraphSAGE 的聚合操作可能会丢失一些重要的图结构信息，因为它只考虑了固定数量的邻居节点。

3）GraphSAGE 对异质图的处理能力较弱，因为它假设所有节点的邻居节点都具有相同的重要性。

6.2.3 图注意力网络

1. 图注意力网络的原理

为了解决 GraphSAGE 在聚合邻居节点时没有考虑不同邻居节点的重要性差异问题，图注意力网络（Graph Attention Network，GAT）借鉴了 Transformer 的思想，引入自注意力机制。在计算图中每个节点的嵌入表示时，GAT 会根据邻居节点特征的不同来为其分配不同的权值。具体地，图注意层如图 6.8 所示。

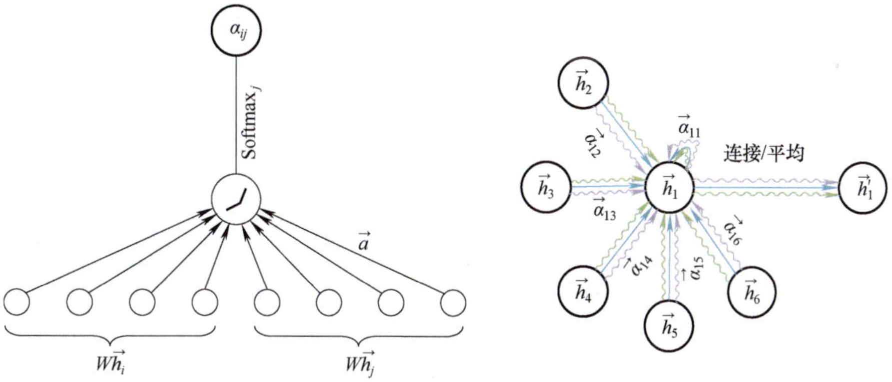

图 6.8 图注意层

输入特征：$\boldsymbol{h} = \{\vec{h}_1, \vec{h}_2, \cdots, \vec{h}_N\}$，$\vec{h}_i \in \mathbb{R}^F$

重要性比较：$e_{ij} = a(\boldsymbol{W}\vec{h}_i, \boldsymbol{W}\vec{h}_j)$，$\alpha_{ij} = \text{Softmax}_j(e_{ij})$

其中，α 采用单层前馈神经网络实现，计算公式为

$$\alpha_{ij} = \frac{\exp(\text{LeakyReLU}(\vec{\boldsymbol{a}}^{\mathrm{T}}[\boldsymbol{W}\vec{h}_i \| \boldsymbol{W}\vec{h}_j]))}{\sum_{k \in N_i} \exp(\text{LeakyReLU}(\vec{\boldsymbol{a}}^{\mathrm{T}}[\boldsymbol{W}\vec{h}_i \| \boldsymbol{W}\vec{h}_k]))} \tag{6.2.7}$$

注意：权重矩阵 $\boldsymbol{W}$ 对所有的节点都是共享的。

计算完 α_{ij} 之后，就可以得到某个节点聚合其邻居节点信息后的新表示，计算公式为

$$\vec{h}_i' = \delta\left(\sum_{j \in N_i} \alpha_{ij} \boldsymbol{W} \vec{h}_j\right) \tag{6.2.8}$$

为了提高模型的拟合能力，可以引入多头自注意力机制，即同时使用多个 $\boldsymbol{W}^n$ 来计算 α_{ij}，然后将计算的结果合并（连接或求和），即

$$\vec{h}_i = \prod_{k=1}^{K}\delta\left(\sum_{j\in N_i}\alpha_{ij}\boldsymbol{W}\vec{h}_j\right) \leftarrow \text{更新节点表示}(K\text{表示头数}) \tag{6.2.9}$$

$$\vec{h}'_i = \sigma\left(\frac{1}{n}\sum_{n=1}^{K}\sum_{j\in N_i}\alpha_{ij}^n\boldsymbol{W}^n\vec{h}_j\right) \leftarrow \text{节点的最终表示} \tag{6.2.10}$$

此外，由于 GAT 结构的特性，GAT 无须使用预先构建好的图，因此 GAT 既适用于直推学习，又适用于归纳学习。

相关研究分别在三个直推学习和一个归纳学习任务上进行了实验，实验结果如表 6.4 ~ 表 6.6 所示。

表 6.4　不同数据集中 GAT 的模型结构

	Cora	CiteSeer	PubMed	PPI
任务	传导式	传导式	传导式	电感式
Nodes	2708（1 graph）	3327（1 graph）	19717（1 graph）	56944（24 graphs）
Edges	5429	4732	44338	818716
Features/Nodes	1433	3703	500	50
Classes	7	6	3	121（multilabel）
Training Nodes	140	120	60	44906（20 graphs）
Validation Nodes	500	500	500	6514（2 graphs）
Test Nodes	1000	1000	1000	5524（2 graphs）

表 6.5　传导式任务的实验结果

方　法	Cora	CiteSeer	PubMed
MLP	55.1%	46.5%	71.4%
ManiReg	59.5%	60.1%	70.7%
SemiEmb	59.0%	59.6%	71.7%
LP	68.0%	45.3%	63.0%
DeepWalk	67.2%	43.2%	65.3%
ICA	75.1%	69.1%	73.9%
Planetoid	75.7%	64.7%	77.2%
Chebyshev	81.2%	69.8%	74.4%
GCN	81.5%	70.3%	79.0%
MoNet	81.7 ±0.5%	—	78.8 ±0.3%
GCN-64	81.4 ±0.5%	70.9 ±0.5%	79.0 ±0.3%
GAT	**83.0** ±0.7%	**72.5** ±0.7%	**79.0** ±0.3%

表 6.6　电感式任务的实验结果

方　　法	PPI
Random	0.396
MLP	0.422
GraphSAGE-GCN	0.500
GraphSAGE-mean	0.598
GraphSAGE-LSTM	0.612
GraphSAGE-pool	0.600
GraphSAGE	0.768
Const-GAT	0.934 ±0.006
GAT	**0.973** ±0.002

表 6.4～表 6.6 表明，无论是在直推学习还是在归纳学习的任务中，GAT 的效果都要优于传统方法的效果。

2. 图注意力网络的特点

1）训练 GAT 时，无须了解整个图结构，只须知道每个节点的邻居节点即可。

2）计算速度快，可以在不同的节点上进行并行计算。

3）既可以用于直推学习，又可以用于归纳学习，可以处理未学过的图结构。

本节介绍了经典的图神经网络，即 GCN、GraphSAGE 和 GAT。下面将针对具体的任务类别分析一些其他的图神经网络模型与方法。

6.3　其他图神经网络模型

6.3.1　无监督的节点表示学习

由于标注数据的成本非常高，若能够利用无监督的方法学习到节点的表示，则会有巨大的价值和意义。例如，找到相同兴趣的社区、发现大规模图中有趣的结构等，如图 6.9 所示。

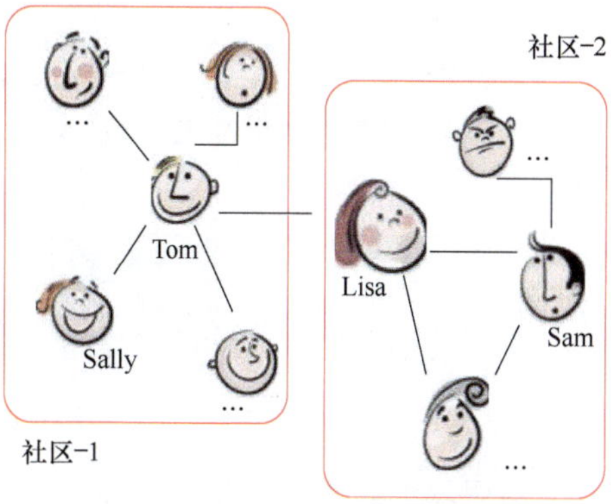

图 6.9　找到相同兴趣的社区

比较经典的模型有 GraphSAGE、Graph Auto-Encoder（GAE）等。GAE 是一种无监督学习方法。在讨论其他图神经网络模型之前，先分析自编码器的原理。

1. 自编码器

1986 年，Rumelhart 提出了自编码器的概念，并将其用于高维复杂数据的处理，促进了神经网络的发展。2006 年，Hinton 对初始的自编码器结构进行了改进，得到了深度自编码器（Deep

Auto-Encoder，DAE）。2007 年，Bengio 提出稀疏自编码器的概念，进一步深化了 DAE 的研究。2008 年，Vincent 提出的降噪自编码器，可以防止过拟合现象。2009 年，Bengio 利用堆叠自编码器，构建了深度学习神经网络。2010 年，Salah 提出收缩自编码器，对升维和降维的过程进行了限制。2011 年，Jonathan 提出用卷积自编码器构建卷积神经网络。2012 年，Taylor 利用自编码器构建了不同类型的深度结构。Hinton、Bengio 和 Vincent 等人对比了初始的自编码器、稀疏自编码器、降噪自编码器、收缩自编码器、卷积自编码器和受限玻尔兹曼机（Restricted Boltzmann Machine，RBM）等结构的性能，为以后的实践和科研提供了参考。2013 年，Telmo 测试了用不同代价函数训练 DAE 的模型性能，为代价函数优化策略的发展指明了方向。

（1）自编码原理

编解码原理如图 6.10 所示。

图中，输入 $\boldsymbol{x}$ 经编码器 f，得到编码结果为

$$\boldsymbol{h} = f(\boldsymbol{x}) \tag{6.3.1}$$

编码结果 $\boldsymbol{h}$ 经解码器 g，得到重构结果为

$$\hat{\boldsymbol{x}} = g(\boldsymbol{h}) \tag{6.3.2}$$

重构结果 $\hat{\boldsymbol{x}}$ 与输入 $\boldsymbol{x}$ 的接近程度可以用损失函数来衡量。损失函数记为 $Loss(\boldsymbol{x},\hat{\boldsymbol{x}})$，用于评估重构的好坏，目标是最小化 $Loss(\boldsymbol{x},\hat{\boldsymbol{x}})$ 的期望值。损失函数有多种定义，其中均方误差是最常见的一种形式，即

$$Loss(\boldsymbol{x},\hat{\boldsymbol{x}}) = \frac{1}{2}\|\hat{\boldsymbol{x}} - \boldsymbol{x}\|^2 \tag{6.3.3}$$

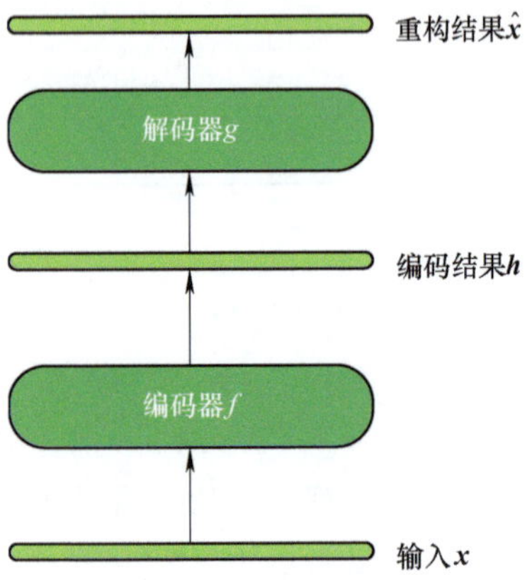

图 6.10　编解码原理

图 6.11 显示了重构过程中存在的误差。

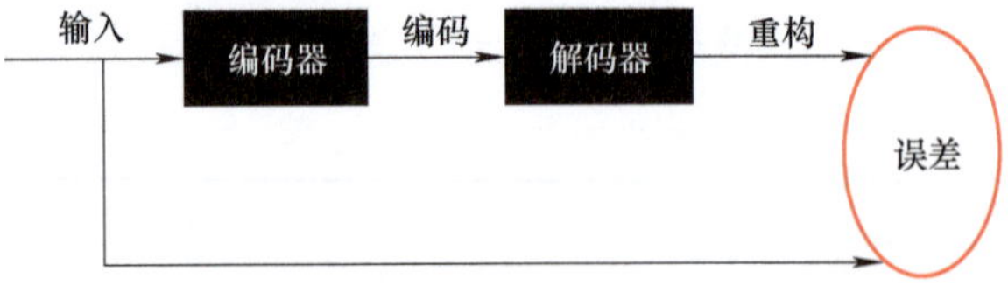

图 6.11　重构过程中存在的误差

自编码器是深度学习中的一种无监督学习模型。其工作原理是：先通过编码器将高维原始输入特征值映射到低维度的隐藏表示，再通过解码器重构原始输入特征值，如图 6.12 所示。

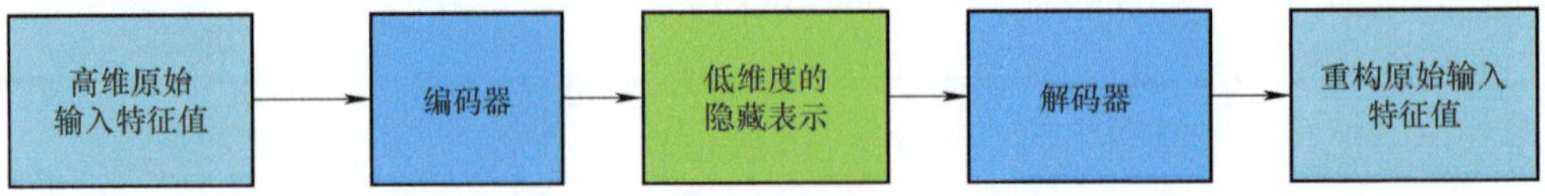

图 6.12　自编码器的工作原理

编码器将高维原始输入特征量 $\boldsymbol{x} = [x_1, x_2, \cdots, x_N]$ 映射到一个低维隐藏空间向量 $\boldsymbol{z}$（M 维），然后解码器再将 $\boldsymbol{z}$ 映射到一个 N 维输出层，从而实现对原始输入特征量的重构。由输入层、映射层（编码层）、瓶颈层、解映层（解码层）和输出层构成的自编码器如图 6.13 所示。

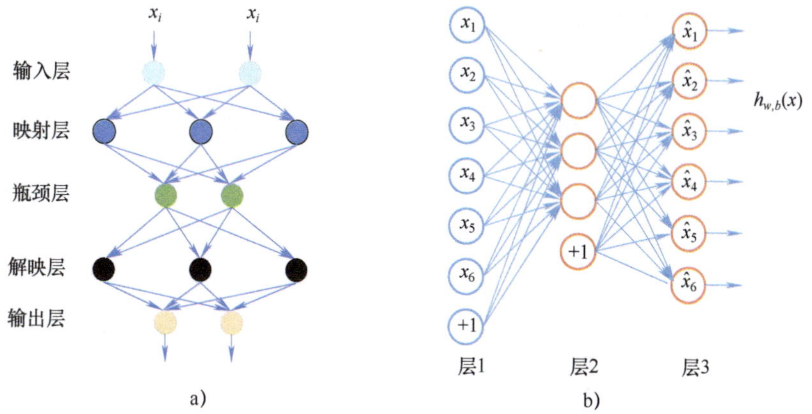

图 6.13　自编码器

a）五层结构　b）三层结构

图6.13a为五层结构，图6.13b为简化的三层结构。假设输入层的输入向量 $\boldsymbol{x}=[x_1, x_2,\cdots,x_N]^{\mathrm{T}}$；编码层的编码函数 $\boldsymbol{f}(\boldsymbol{x})=[f_1(\boldsymbol{x}),f_2(\boldsymbol{x}),\cdots,f_{N_h}(\boldsymbol{x})]$；输出层的输出向量 $\hat{\boldsymbol{x}}=[\hat{x}_1,\hat{x}_2,\cdots,\hat{x}_N]^{\mathrm{T}}$；解码层的解码函数 $\boldsymbol{h}(\boldsymbol{x})=[h_1(\boldsymbol{x}),h_2(\boldsymbol{x}),\cdots,h_{N_h}(\boldsymbol{x})]^{\mathrm{T}}$；$N$ 是输入样本和输出样本的维度；N_h 是隐藏层的维度。则隐藏层与输入层之间的映射关系为

$$\boldsymbol{h}(\boldsymbol{x})=f(\boldsymbol{x})=s_f(\boldsymbol{w}^{(1)}\boldsymbol{x}+\boldsymbol{b}^{(1)}) \tag{6.3.4}$$

式中，s_f 为线性或非线性的激活函数；$\boldsymbol{w}^{(1)}\in\mathbf{R}^{N_h\times N}$是隐藏层的权值矩阵；$\boldsymbol{b}^{(1)}\in\mathbf{R}^{N_h}$是隐藏层的偏置向量。

同理，隐藏层到输出层也可以由一个函数 g 映射得到，其关系为

$$\hat{\boldsymbol{x}}=\boldsymbol{g}(\boldsymbol{h})=\boldsymbol{s}_g(\boldsymbol{w}^{(2)}\boldsymbol{h}+\boldsymbol{b}^{(2)}) \tag{6.3.5}$$

式中，s_g 为激活函数；$\boldsymbol{w}^{(2)}\in\mathbf{R}^{N\times N_h}$是权值矩阵；$\boldsymbol{b}^{(2)}\in\mathbf{R}^{N}$ 是隐藏层的偏置向量。自编码器的基本思想为：从网络的输入层到输出层，学习一个函数使 $p_\theta(\boldsymbol{x})=g(f(\boldsymbol{x}))\approx\boldsymbol{x}$。激活函数均选 Sigmoid，其形式为

$$f(x)=\frac{1}{1+\exp(-x)} \tag{6.3.6}$$

由于$f(x)$ 的值域在0~1之间，因此需要对数据进行归一化，即

$$x=\frac{x-x_{\min}}{x_{\max}-x_{\min}} \tag{6.3.7}$$

自编码器的参数包括权值矩阵和偏置向量，即 $\boldsymbol{\theta}=\{\boldsymbol{w}^{(1)},\boldsymbol{w}^{(2)},\boldsymbol{b}^{(1)},\boldsymbol{b}^{(2)}\}$，可以通过最小化损失函数 $Loss(x,\hat{x})$ 进行求解。假设训练样本为 $\boldsymbol{x}=\{x_1,x_2,\cdots,x_N\}$，$N$ 为样本个数，$\boldsymbol{x}\in\mathbf{R}^D$，则损失函数为

$$Loss_{\mathrm{AE}}=L(\boldsymbol{x},\hat{\boldsymbol{x}})=\frac{1}{2N}\sum_{i=1}^{N}\|x_i-\hat{x}_i\|^2=\frac{1}{2N}\sum_{i=1}^{N}\sum_{j=1}^{D}(x_{ij}-\hat{x}_{ij})^2 \tag{6.3.8}$$

基于以上假设，反向传播算法的步骤如下。

步骤1：计算前向传播中各层（$l=L-1,L-2,\cdots,2$）神经元的激活值，即

$$\hat{\boldsymbol{x}}^{(l)}=\boldsymbol{h}_{\boldsymbol{w},\boldsymbol{b}}^{(l)}=f(\boldsymbol{w}^{(l-1)}\boldsymbol{x}^{(l-1)}+\boldsymbol{b}^{(l-1)}) \tag{6.3.9}$$

步骤2：计算第 l 层（输出层）中第 i 个神经元的梯度差，即

$$g_i^{(l)} = \frac{\partial Loss_{\mathrm{AE}}}{\partial z_i^{(l)}} = \frac{\partial}{\partial z_i^{(l)}} \frac{1}{2} \| x_i^{(l)} - \hat{x}_i^{(l)} \|^2 = -(x_i^{(l)} - h_{(w,b)i}^{(l)}) f'(z_i^{(l)}) \tag{6.3.10}$$

式中，$z_i^{(l)}$ 表示第 l 层第 i 个神经元的输出。

步骤 3：计算第 $l-1$ 层（隐藏层）第 i 个神经元的梯度差，即

$$\begin{aligned} g_i^{(l-1)} &= \frac{\partial Loss_{\mathrm{AE}}}{\partial z_i^{(l-1)}} = \frac{\partial Loss_{\mathrm{AE}}}{\partial z_i^{(l)}} \frac{\partial z_i^{(l)}}{\partial z_i^{(l-1)}} \\ &= g_i^{(l)} \frac{\partial z_i^{(l)}}{\partial z_i^{(l-1)}} = g_i^{(l)} \frac{\partial}{\partial z_i^{(l-1)}} \sum_{j=1}^{N_{l-1}} w_{ij}^{(l-1)} f(z_i^{(l-1)}) \\ &= \sum_{j=1}^{N_{l-1}} w_{ij}^{(l-1)} g_i^{(l)} f'(z_i^{(l-1)}) \end{aligned} \tag{6.3.11}$$

式中

$$g_i^{(l)} = \sum_{j=1}^{N_l} w_{ij}^{(l)} g_i^{(l+1)} f'(z_i^{(l)}) \tag{6.3.12}$$

步骤 4：计算网络中最终的偏导数，即

$$\nabla_{w^{(l)}} Loss_{\mathrm{AE}} = h_{(w,b)i}^{(l)} g_i^{(l+1)} \tag{6.3.13a}$$

$$\nabla_{b^{(l)}} Loss_{\mathrm{AE}} = g_i^{(l+1)} \tag{6.3.13b}$$

（2）稀疏自编码器

自编码器要求输出尽可能等于输入，并且它的隐藏层必须满足一定的稀疏性，即隐藏层不能携带太多信息。因此，隐藏层对输入进行了压缩，并在输出层解压缩。虽然这个过程会丢失部分信息，但训练能够使丢失的信息尽量减少。稀疏自编码器就是在自编码器的基础上，对隐藏层增加稀疏性限制，并且可以将多个自编码器进行堆叠。图 6.14 所示为堆叠了两个自编码器的稀疏自编码器。第一个自编码器训练好后，取其隐藏层 h_1 作为下一个自编码器的输入与期望输出。如此反复堆叠，直至达到预定网络层数。之后进入网络微调过程，将输入层 x 、第一层隐藏层 h_1 、第二层隐藏层 h_2 以及之后所有的隐藏层整合为一个新的神经网络，最后连接一个数据分类器，利用全部带标签数据有监督地重新调整网络参数。

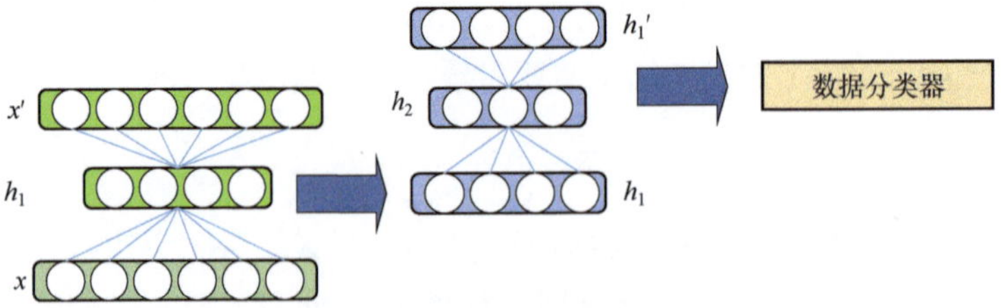

图 6.14　稀疏自编码器结构图

网络中常用的激活函数为 Sigmoid，其输出范围在 0～1 之间，因此第 l 个隐藏层中第 j 个神经元对第 $l-1$ 个隐藏层中的所有神经元的激活平均值 $\hat{\rho}_j^{(l)}$ 为

$$\hat{\rho}_j^{(l)} = \frac{1}{N_{l-1}} \sum_{i=1}^{N_{l-1}} (h_{(w,b)j}^{(l)} (h_{(w,b)i}^{(l-1)})) \tag{6.3.14}$$

$\hat{\rho}_j^{(l)}$ 总接近一个比较小的实数 ρ，即 $\hat{\rho}_j^{(l)} = \rho$，$\rho$ 表示稀疏度目标，可以保证网络隐藏层的稀疏性。为了使两者尽可能接近，引入 KL 散度。KL 散度定义为

$$Loss_{\mathrm{KL}}(\rho \| \hat{\rho}) = \sum_{l=1}^{N_h} Loss_{\mathrm{KL}}(\rho \| \hat{\rho}_j^{(l)}) = \sum_{l=1}^{N_h} \sum_{j}^{N_l} \left(\rho \log \frac{\rho}{\hat{\rho}_j^{(l)}} + (1-\rho) \log \frac{1-\rho}{1-\hat{\rho}_j^{(l)}} \right) \tag{6.3.15}$$

式中，N_l 表示隐藏层中节点的数量。稀疏自编码器（Sparse Auto-Encoder，SAE）的总代价函数表示为

$$Loss_{\mathrm{SAE}} = \frac{1}{N} \sum_{i=1}^{N} \frac{1}{2} \| \hat{x}_i - x_i \|^2 + \frac{\lambda}{2} \sum_{l=1}^{N_l} \| \boldsymbol{w}^{(l)} \|^2 + \beta Loss_{\mathrm{KL}}(\rho \| \hat{\rho}) \tag{6.3.16}$$

式中，β 表示稀疏性惩罚项。通过最小化代价函数，可以获得最优参数 $\boldsymbol{w}^{(l)}$ 和 $\boldsymbol{b}^{(l)}$。因为代价函数多了一项，所以梯度的表达式也有变化。

为了方便起见，对稀疏性惩罚项只计算第 1 层参数，令

$$S(\boldsymbol{w}^{(l)}, \boldsymbol{b}^{(l)}) = \beta Loss_{\mathrm{KL}}(\rho) = \beta \sum_{l=1}^{N_h} Loss_{\mathrm{KL}}(\rho \| \hat{\rho}_j^{(l)}) \tag{6.3.17}$$

所以

$$\begin{aligned}
\frac{\partial S(\boldsymbol{w}^{(1)}, \boldsymbol{b}^{(1)})}{\partial w_{ji}^{(1)}} &= \sum_{n=1}^{N} \frac{\partial S(\boldsymbol{w}^{(1)}, \boldsymbol{b}^{(1)})}{\partial z_n^{(2)}(x_n)} \cdot \frac{\partial z_n^{(2)}(x_n)}{\partial w_{ji}^{(1)}} \\
&= \sum_{n=1}^{N} h_j^{(1)}(x_n) \cdot \beta \frac{\partial}{\partial z_i^{(2)}(x_n)} [\rho \log \frac{\rho}{\hat{\rho}_i} + (1-\rho) \log \frac{1-\rho}{1-\hat{\rho}_i}] \\
&= \sum_{n=1}^{N} h_j^{(1)}(x_n) \cdot \beta \left(-\frac{\rho}{\hat{\rho}_i} + \frac{1-\rho}{1-\hat{\rho}_i} \right) \frac{\partial \hat{\rho}_n}{\partial z_i^{(2)}(x_n)} \\
&= \sum_{n=1}^{N} h_j^{(1)}(x_n) \cdot \beta \left(-\frac{\rho}{\hat{\rho}_i} + \frac{1-\rho}{1-\hat{\rho}_i} \right) \left(\frac{1}{N} \frac{\partial h_i^{(2)}(x_n)}{\partial z_i^{(2)}(x_n)} \right) \\
&= \frac{1}{N} \sum_{n=1}^{N} h_j^{(1)}(x_n) \cdot \beta \left(-\frac{\rho}{\hat{\rho}_i} + \frac{1-\rho}{1-\hat{\rho}_i} \right) f'(z_i^{(2)}(x_n))
\end{aligned} \tag{6.3.18}$$

所以

$$\begin{aligned}
\frac{\partial Loss_{\mathrm{SAE}}(\boldsymbol{w}, \boldsymbol{b})}{\partial w_{ji}^{(1)}} &= \frac{1}{N} \sum_{n=1}^{N} h_j^{(1)}(x_n) g_i^{(2)}(x_n) + \lambda w_{ji}^{(1)} + \frac{\partial S(\boldsymbol{w}^{(1)}, \boldsymbol{b}^{(1)})}{\partial w_{ji}^{(1)}} \\
&= \frac{1}{N} \sum_{n=1}^{N} a_j^{(1)}(x_n) [g_i^{(2)}(x_n) + \beta \left(-\frac{\rho}{\hat{\rho}_i} + \frac{1-\rho}{1-\hat{\rho}_i} \right) f'(z_i^{(2)}(x_n))] + \lambda w_{ji}^{(1)} \\
&= \frac{1}{N} \sum_{n=1}^{N} h_j^{(1)}(x_n) \left[\sum_{r=1}^{s_3} g_r^{(3)}(x_n) w_{ri}^{(2)} + \beta \left(-\frac{\rho}{\hat{\rho}_i} + \frac{1-\rho}{1-\hat{\rho}_i} \right) f'(z_i^{(2)}(x_n)) \right] + \lambda w_{ji}^{(1)}
\end{aligned} \tag{6.3.19}$$

相当于

$$g_i^{(2)} = \left(\sum_{j=1}^{N_3} g_j^{(3)} w_{ji}^{(2)} \right) f'(z_i^{(2)}) \tag{6.3.20}$$

变成

$$g_i^{(2)} = \left[\sum_{j=1}^{N_3} g_j^{(3)} w_{ji}^{(2)} + \beta \left(-\frac{\rho}{\hat{\rho}_i} + \frac{1-\rho}{1-\hat{\rho}_i} \right) \right] f'(z_i^{(2)}) \tag{6.3.21}$$

2. 变分自编码器

(1) 变分自编码理论

变分自编码器（Variational Auto-Encoder，VAE）是自编码器的一种，能将高维原始特征量提取成低维的高阶特征量，同时尽可能多地保留原本的信息。与一般的自编码器不同，VAE 基于变分贝叶斯推断寻找高阶隐藏变量所满足的高斯分布，使映射得到的高阶特征具有更强的鲁棒性，有利于增强分类器的泛化能力并减少噪声带来的干扰。变分自编码器通常由 3 层神经网络组成，包括输入层、隐藏层和输出层。通过对输入 $\boldsymbol{x} \in \mathbb{R}^{D\times N}$($D$ 为样本维数，N 为样本数）进行编码得到隐藏层输出 $\boldsymbol{h} \in \mathbb{R}^{D_h\times N}$($D_h$ 为隐藏层空间维数)，再通过解码将隐藏层输出重构回样本原始的空间维度，得到重构样本 $\tilde{\boldsymbol{x}}$。自编码器的训练是使输出 $\tilde{\boldsymbol{x}}$ 不断地逼近输入 $\hat{\boldsymbol{x}}$，进而获得能表征输入样本特性的隐藏层特征。

VAE 作为一类生成模型，其基本结构如图 6.15 所示。VAE 首先利用隐变量 z 表征原始数据集 $\boldsymbol{x}$ 的分布，通过优化来生成参数 $\boldsymbol{\theta}$；然后利用隐变量 z 生成数据 $\hat{\boldsymbol{x}}$，使 $\hat{\boldsymbol{x}}$ 与原始数据 $\boldsymbol{x}$ 尽可能地相似，即最大化边缘分布

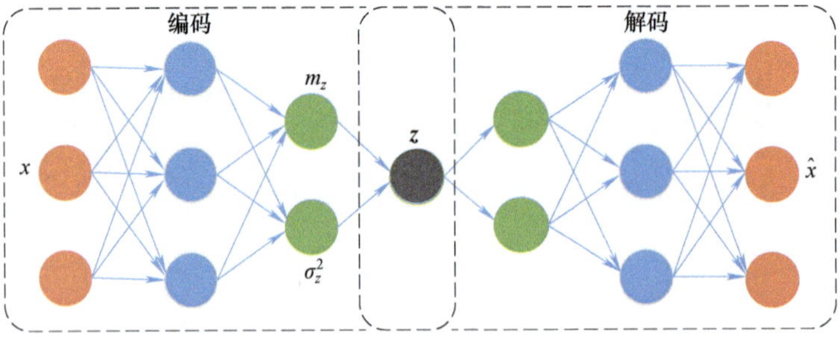

图 6.15 VAE 的基本结构（一）

$$f_\theta(\boldsymbol{x}) = \int f_\theta(\boldsymbol{x} \mid z) f_\theta(z)\,\mathrm{d}z \tag{6.3.22}$$

式中，$f_\theta(\boldsymbol{x} \mid z)$ 表示由隐变量 z 重构原始数据 $\boldsymbol{x}$；$f_\theta(\boldsymbol{x})$ 表示隐变量 z 的先验分布，这里采用高斯分布 $N(\mathbf{0},\mathbf{I})$。由于没有标签与 z 对应，会导致利用 z 生成的样本不能与原始样本相对应。因此，采用 $f_\theta(\boldsymbol{x} \mid z)$ 表示由原始数据通过学习得到隐变量 z，从而建立 z 与 $\boldsymbol{x}$ 的关系。由于真实的后验分布 $f_\theta(\boldsymbol{x} \mid z)$ 很难计算，故采用服从高斯分布的近似后验 $f_\varphi(z \mid \boldsymbol{x})$ 代替真实后验，两个分布的 KL 散度为

$$\begin{aligned} Loss_{\mathrm{KL}}[f_\varphi(z \mid \boldsymbol{x}) \| f_\theta(z \mid \boldsymbol{x})] &= E_{f_\varphi(z \mid \boldsymbol{x})}[\log f_\varphi(z \mid \boldsymbol{x}) - \log f_\theta(z \mid \boldsymbol{x})] \\ &= E_{f_\varphi(z \mid \boldsymbol{x})}[\log f_\varphi(z \mid \boldsymbol{x}) - \log f_\theta(\boldsymbol{x} \mid z) - \log f_\theta(z)] + \log f_\theta(\boldsymbol{x}) \end{aligned} \tag{6.3.23}$$

将式（6.3.23）进行变换，得

$$\log f_\theta(\boldsymbol{x}) - Loss_{\mathrm{KL}}[f_\varphi(z \mid \boldsymbol{x}) \| f_\theta(z \mid \boldsymbol{x})] = -E_{f_\varphi(z \mid \boldsymbol{x})}[\log f_\varphi(z \mid \boldsymbol{x}) - \log f_\theta(\boldsymbol{x} \mid z) - \log f_\theta(z)] \tag{6.3.24}$$

由于 KL 散度非负，令式（6.3.24）右侧等于 $Loss(\boldsymbol{\theta},\boldsymbol{\varphi};\boldsymbol{x})$，得 $\log f_\theta(\boldsymbol{x}) \geqslant Loss(\boldsymbol{\theta},\boldsymbol{\varphi};\boldsymbol{x})$。$\log f_\theta(\boldsymbol{x})$ 是需要最大化的对数似然函数，而又希望近似后验分布 $f_\varphi(z \mid \boldsymbol{x})$ 接近真实后验分布 $f_\theta(z \mid \boldsymbol{x})$，使 $Loss_{\mathrm{KL}}[f_\varphi(z \mid \boldsymbol{x}) \| f_\theta(z \mid \boldsymbol{x})]$ 接近于 0，这里称 $Loss(\boldsymbol{\theta},\boldsymbol{\varphi};\boldsymbol{x})$ 为 $\log f_\theta(\boldsymbol{x})$ 的变分下界。为优化 $\log f_\theta(\boldsymbol{x})$ 和 $Loss_{\mathrm{KL}}[f_\varphi(z \mid \boldsymbol{x}) \| f_\theta(z \mid \boldsymbol{x})]$，可由似然函数的变分下界定义

VAE 的损失函数，即

$$\begin{aligned} Loss(\boldsymbol{\theta},\boldsymbol{\varphi};\boldsymbol{x}^{(i)}) &= E_{f_{\varphi}(z|\boldsymbol{x}^{(i)})}[\log f_{\varphi}(z|\boldsymbol{x}^{(i)}) - \log f_{\boldsymbol{\theta}}(\boldsymbol{x}^{(i)}|z) - \log f_{\boldsymbol{\theta}}(z)] \\ &= -J_{\mathrm{KL}}[f_{\varphi}(z|\boldsymbol{x}^{(i)}) \| f_{\boldsymbol{\theta}}(z)] + E_{f_{\varphi}(z|\boldsymbol{x}^{(i)})}[\log f_{\boldsymbol{\theta}}(\boldsymbol{x}^{(i)}|z)] \end{aligned} \tag{6.3.25}$$

式中，$J_{\mathrm{KL}}[f_{\varphi}(z|\boldsymbol{x}^{(i)}) \| f_{\boldsymbol{\theta}}(z)]$ 表示正则化项；$E_{f_{\varphi}(z|\boldsymbol{x}^{(i)})}[\log f_{\boldsymbol{\theta}}(\boldsymbol{x}^{(i)}|z)]$ 表示重构误差。与自编码器类似，$f_{\varphi}(z|\boldsymbol{x})$ 可表示为一个变分参数为 $\boldsymbol{\varphi}$ 的编码器，而 $f_{\boldsymbol{\theta}}(\boldsymbol{x}|z)$ 可表示为一个生成参数为 $\boldsymbol{\theta}$ 的解码器。

通过假设 $f_{\boldsymbol{\theta}}(z)$ 服从 $N(\mathbf{0},\boldsymbol{I})$，$f_{\varphi}(z|\boldsymbol{x})$ 服从 $N(\boldsymbol{m},\boldsymbol{\sigma}^2)$ 的高斯分布，计算式（6.3.25）的右侧第 1 项，即

$$-J_{\mathrm{KL}}[f_{\varphi}(z|\boldsymbol{x}^{(i)}) \| f_{\boldsymbol{\theta}}(z)] = \frac{1}{2}\sum_{j=1}^{N}[1 + \log(\boldsymbol{\sigma}_j^{(i)})^2 - (\boldsymbol{m}_j^{i})^2 - (\boldsymbol{\sigma}_j^{(i)})^2] \tag{6.3.26}$$

计算式（6.3.25）的右侧第 2 项，即

$$E_{f_{\varphi}(z|\boldsymbol{x}^{(i)})}[\log f_{\boldsymbol{\theta}}(\boldsymbol{x}^{(i)}|z)] = \frac{1}{S}\sum_{s=1}^{S}\log f_{\boldsymbol{\theta}}(\boldsymbol{x}^{(i)}|z^{(s)}) = \log f_{\boldsymbol{\theta}}(\boldsymbol{x}^{(i)}|z) \tag{6.3.27}$$

式中，S 表示对 $f_{\varphi}(z|\boldsymbol{x})$ 采样的次数，一般，$S=1$。由于采样过程不可导，为避免无法直接对 z 进行求导，导致不能通过梯度下降更新网络参数，可以利用重参数化技巧对随机变量 z 进行重参数化，即

$$\boldsymbol{z} = \boldsymbol{m} + \boldsymbol{\sigma} \odot \varepsilon \tag{6.3.28}$$

式中，ε 为 N 维独立标准高斯分布的一次随机采样值；$\odot$ 表示元素积；$\boldsymbol{m}$ 为均值；$\boldsymbol{\sigma}$ 为方差。为计算式（6.3.27），$f_{\boldsymbol{\theta}}(\boldsymbol{x}|z)$ 一般选择伯努利分布或高斯分布。如果网络的输入信号为非二值型数据，这里 $f_{\boldsymbol{\theta}}(\boldsymbol{x}|z)$ 的分布选择高斯分布，有

$$f_{\boldsymbol{\theta}}(\boldsymbol{x}|z) = \prod_{n=1}^{N}\frac{1}{\sqrt{2\pi\sigma_n^2}}\exp\left(-\frac{1}{2}\left\|\frac{x_n - m_n}{\sigma_n}\right\|^2\right) \tag{6.3.29}$$

由此即可计算式（6.3.27），有

$$\log f_{\boldsymbol{\theta}}(\boldsymbol{x}|z) = -\sum_{n=1}^{N}\left(\frac{1}{2}\left\|\frac{\boldsymbol{x}_n - \boldsymbol{m}_n}{\boldsymbol{\sigma}_n}\right\|^2 + \log(\sqrt{2\pi}\sigma_n)\right) \tag{6.3.30}$$

由式（6.3.26）和式（6.3.30）计算 $Loss(\boldsymbol{\theta},\boldsymbol{\varphi};x)$，即可得 VAE 的损失函数。

根据式（6.3.28）~式（6.3.30），N 维标准差向量 $\boldsymbol{\sigma} = [\sigma_1,\sigma_2,\cdots,\sigma_N]$；$N$ 维数学期望向量 $\boldsymbol{m} = [m_1,m_2,\cdots,m_N]$。这时，图 6.15 可以改画为图 6.16。

VAE 模型训练的目标是最小化重构误差和使 $f_{\varphi}(z|\boldsymbol{x})$ 尽可能地接近标准多元高斯分布。VAE 的损失函数为

$$Loss_{\mathrm{VAE}} = \frac{1}{2}(Loss_{\mathrm{xent}} + Loss_{\mathrm{KL}}) \tag{6.3.31}$$

$$Loss_{\mathrm{xent}} = -\frac{1}{N}\sum_{i=1}^{N}[x_i\ln\hat{x}_i + (1-x_i)\ln(1-\hat{x}_i)] \tag{6.3.32}$$

$$Loss_{\mathrm{KL}} = \frac{1}{2}\sum_{j=1}^{N}[1 + \log(\sigma_j^{(i)})^2 - (m_j^{(i)})^2 - (\sigma_j^{(i)})^2] \tag{6.3.33}$$

式中，x_i 为原始的第 i 维输入特征量；$\hat{x}_i$ 为复现的第 i 维输入特征量。损失函数由两部分组成：一部分为交叉熵损失函数，用来度量复现特征与原始特征之间的差异程度；另一部分为相对熵损失函数，即 KL 散度，用来度量 $f_{\varphi}(z|x)$ 与标准多元高斯分布之间的差异程度。

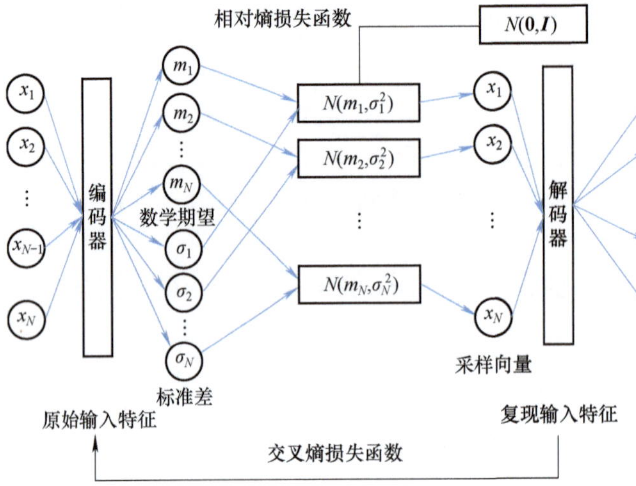

图 6.16　VAE 的基本结构（二）

（2）堆叠变分自编码器

1）堆叠变分自编码器结构。

堆叠变分自编码器（Stacked Variational Auto-Encoder，SVAE）是将多个 VAE 堆叠构成的深层网络结构。SVAE 逐层降低输入特征的维度，提取高阶特征。整个模型的训练过程分为无监督的预训练和有监督的微调两个阶段。评估模型的结构如图 6.17 所示。图中，输入层中的圆圈表示神经元，$z^{(k)}$ 为第 k 个 VAE 提取的高阶特征值。

在预训练阶段，模型从最底层的 VAE 开始训练。当充分完成对本层特征的学习之后，本层 VAE 输出的高阶特征将作为下一层 VAE 的输入，继续对下一层 VAE 进行训练，直至所有 VAE 都得到了充分的训练。如此，便完成了对判别模型的预训练，实现了对原始高维特征的提取。整个预训练过程不需要标注数据的参与，是一个无监督的学习过程。预训练使 VAE 的参数收敛到较好的局部最优解，同时减小使用反向传播算法进行微调时梯度弥散的影响。SVAE 通过学习特征的分布情况，在训练时加入高斯噪声，增强模型的泛化能力，使提取的高阶特征具有抗噪声能力。与单个 VAE 直接提取特征相比，SVAE 的深层网络结构能提取更抽象的高阶特征，对于高维的非线性系统有更好的拟合能力，更适合复杂的分类任务。经过 SVAE 提取的高阶特征输入 Logistic 分类器，使用反向传播算法对整个网络的参数进行有监督的微调。假设模型的最优参数为 $\boldsymbol{\theta}_{\text{opt}}$，即

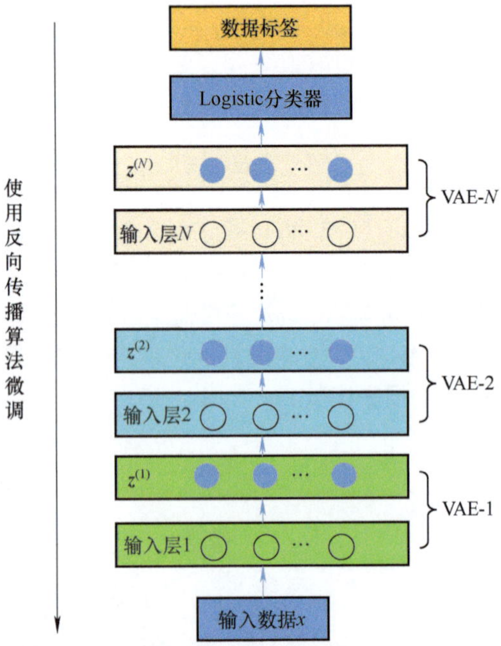

图 6.17　评估模型的结构（SVAE + Logistic）

$$\boldsymbol{\theta}_{\text{opt}} = \arg\min_{\theta}[-\boldsymbol{x}\ln\hat{\boldsymbol{x}} - (1-\boldsymbol{x})\ln(1-\hat{\boldsymbol{x}})] \tag{6.3.34}$$

式中，$\arg\min_{\theta}(\cdot)$ 表示求 θ 值使函数（·）最小；$\boldsymbol{\theta}$ 为模型的参数矩阵；$\boldsymbol{x}$ 为训练样本的期望标签值；$\hat{\boldsymbol{x}}$ 为训练样本的预测标签值。

2）L2 正则化。

为了提高判别模型的泛化能力，引入 L2 正则化。加入 L2 正则化后的损失函数 $Loss_{\text{Sparse}}$ 为

$$Loss_{\text{Sparse}} = Loss_{\text{VAE}} + \lambda \sum_{q} \boldsymbol{w}_q^2 \tag{6.3.35}$$

式中，$Loss_{\text{VAE}}$ 为原始的目标函数；$\boldsymbol{w}_q$ 为神经元的权重参数；λ 为惩罚系数。在损失函数中加入 L2 正则化项，使判别模型在训练时倾向于使用较小的权重参数，在一定程度上可以减少模型的过拟合，增强其泛化能力。

3. 变分图自编码器

理解了自编码器之后，可以更好地理解变分图自编码器（Variational Graph AutoEncoder, VGAE），如图 6.18 所示。输入图的邻接矩阵 $\boldsymbol{A}$ 和节点的特征矩阵 $\boldsymbol{X}$，通过编码器（图卷积网络）学习节点低维向量表示的均值 $\boldsymbol{\mu}$ 和方差 $\boldsymbol{\sigma}$，然后用解码器（链路预测）生成图。

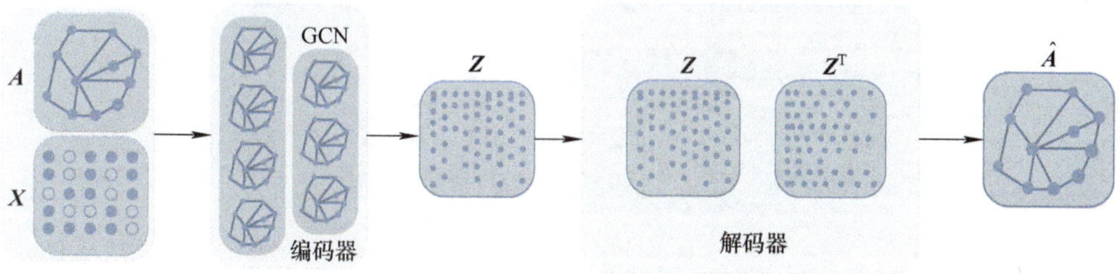

图 6.18　变分图自编码器

编码器采用两层简单的 GCN，而解码器通过计算两点之间存在边的概率来重构图。损失函数包括生成图和原始图之间的距离度量，以及节点表示向量分布和正态分布的 KL 散度两部分，具体公式为

$$\text{编码器：}\quad \begin{cases} \boldsymbol{\mu} = \text{GCN}_{\mu}(\boldsymbol{X},\boldsymbol{A}) \\ \boldsymbol{\delta} = \text{GCN}_{\delta}(\boldsymbol{X},\boldsymbol{A}) \end{cases} \tag{6.3.36}$$
$$\text{GCN}(\boldsymbol{X},\boldsymbol{A}) = \hat{\boldsymbol{A}}\text{ReLU}(\hat{\boldsymbol{A}}\boldsymbol{X}\boldsymbol{W}_0)\boldsymbol{W}_1$$

$$\text{解码器：}\quad p(\boldsymbol{A} \mid \boldsymbol{Z}) = \prod_{i=1}^{N}\prod_{j=1}^{N} p(A_{ij} \mid z_i, z_j), \quad \text{with}\ \ p(A_{ij}=1 \mid z_i, z_j) = \boldsymbol{\delta}(z_i^{\mathrm{T}}, z_j) \tag{6.3.37}$$

$$\text{损失函数：}\quad L = \underbrace{E_{q(Z \mid X,A)}[\log p(\boldsymbol{A} \mid \boldsymbol{Z})]}_{\text{重构损失函数}} - \underbrace{\text{KL}[q(\boldsymbol{Z} \mid \boldsymbol{X},\boldsymbol{A}) \| p(\boldsymbol{Z})]}_{\text{KL 散度}} \tag{6.3.38}$$

4. 图自编码器

与变分图自编码器相比，图自编码器（Graph Auto-Encoder，GAE）的结构更简单。GAE 通常由两层 GCN 构成，损失函数只包含重构损失函数。

相关研究分别在 Cora、CiteSeer 和 PubMed 数据集上做链接预测任务，实验结果如表 6.7 所示。表 6.7 表明，GAE 和 VGAE 的预测效果普遍优于传统方法，且 VGAE 的效果更好。在 PubMed 数据集中，GAE 的效果最佳，可能是因为 PubMed 网络较大，而 VGAE 比 GAE 模

型更复杂，所以更难调参。

表 6.7 链接预测任务实验结果

方法	Cora		CiteSeer		PubMed	
	AUC	AP	AUC	AP	AUC	AP
SC	84.6 ±0.01	88.5 ±0.00	80.5 ±0.01	85.0 ±0.01	84.2 ±0.02	87.8 ±0.01
DW	83.1 ±0.01	85.0 ±0.00	80.5 ±0.02	83.6 ±0.01	84.4 ±0.00	84.1 ±0.00
GAE*	84.3 ±0.02	88.1 ±0.01	78.7 ±0.02	84.1 ±0.02	82.2 ±0.01	87.4 ±0.00
VGAE*	84.0 ±0.02	87.7 ±0.01	78.9 ±0.03	84.1 ±0.02	82.7 ±0.01	87.5 ±0.01
GAE	91.0 ±0.02	92.0 ±0.03	89.5 ±0.04	89.9 ±0.05	**96.4** ±0.00	**96.5** ±0.00
VGAE	**91.4** ±0.01	**92.6** ±0.01	**90.8** ±0.02	**92.0** ±0.02	94.4 ±0.02	94.7 ±0.02

6.3.2 图池化

图池化是 GNN 中很流行的一种操作，目的是为了获取一整张图的表示，主要用于处理图级别的分类任务，如有监督的图分类、文档分类等，如图 6.19 所示。

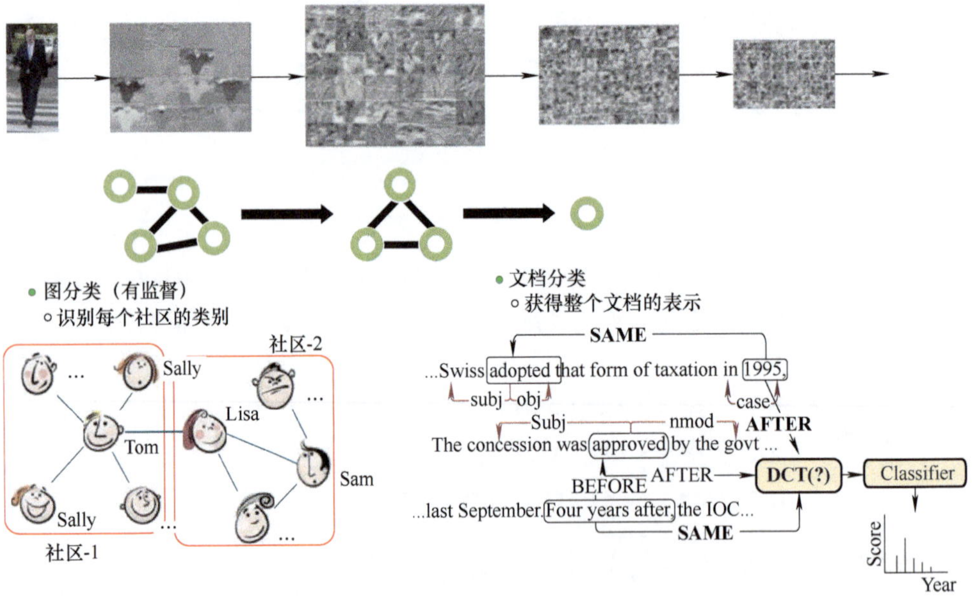

图 6.19 有监督的图分类和文档分类

图池化的方法有很多，如简单的最大池化和平均池化。然而，这两种方法的效率不高且忽视了节点的顺序信息。下面介绍另一种方法，即可微池化（Differentiable Pooling，DiffPool）。

1. DiffPool

在图级别的任务中，当前的很多方法都是将所有的节点嵌入进行全局池化，忽略了图中的层级结构。这对于图分类任务目标的实现有一定的困难，因为其目标是预测整张图的标签。针对这个问题，斯坦福大学团队提出了一个用于图分类的可微池化操作模块，即 DiffPool。DiffPool 用于生成图的层级表示，并且可以以端到端的方式与各种图神经网络结合。

DiffPool 的核心思想是通过一个可微池化操作模块来分层聚合图节点，如图 6.20 所示。

具体做法是，该模块基于 GNN 上一层生成的节点嵌入 $\boldsymbol{X}$ 以及分配矩阵 $\boldsymbol{S}$，以端到端的方式将这些信息输入到下一层，进而实现用分层的方式堆叠多个 GNN 层。

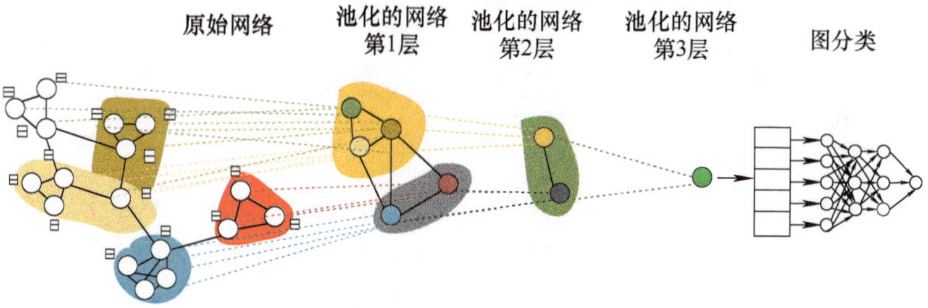

图 6.20 DiffPool 操作

(1) 分配矩阵的学习

这里采用两个分开的 GNN 来生成分配矩阵 $\boldsymbol{S}^{(l)}$ 和每一个节点的新嵌入 $\boldsymbol{Z}^{(l)}$，这两个 GNN 都是用节点特征矩阵 $\boldsymbol{X}^{(l)}$ 和粗化邻接矩阵 $\boldsymbol{A}^{(l)}$ 作为输入，即

$$\boldsymbol{S}^{(l)} = \mathrm{Softmax}(\mathrm{GNN}_{l,\mathrm{pool}}(\boldsymbol{A}^{(l)}, \boldsymbol{X}^{(l)})) \tag{6.3.39}$$

$$\boldsymbol{Z}^{(l)} = \mathrm{GNN}_{l,\mathrm{embed}}(\boldsymbol{A}^{(l)}, \boldsymbol{X}^{(l)}) \tag{6.3.40}$$

(2) 池化分配矩阵

计算得到 $\boldsymbol{S}^{(l)}$ 和 $\boldsymbol{Z}^{(l)}$ 之后，DiffPool 根据分配矩阵，对图中的每个节点生成一个新的粗化邻接矩阵 $\boldsymbol{A}^{(l+1)}$ 与新的嵌入矩阵 $\boldsymbol{X}^{(l+1)}$，即

$$\boldsymbol{X}^{(l+1)} = \boldsymbol{S}^{(l)\mathrm{T}} \boldsymbol{Z}^{(l)} \in \mathbb{R}^{n_{l+1} \times d} \tag{6.3.41}$$

$$\boldsymbol{A}^{(l+1)} = \boldsymbol{S}^{(l)\mathrm{T}} \boldsymbol{A}^{(l)} \boldsymbol{S}^{(l)} \in \mathbb{R}^{n_{l+1} \times n_{l+1}} \tag{6.3.42}$$

总的来看，每层的 DiffPool 其实就是更新每一个节点的粗化邻接矩阵和特征矩阵，即

$$(\boldsymbol{A}^{(l+1)}, \boldsymbol{X}^{(l+1)}) = \mathrm{DiffPool}(\boldsymbol{A}^{(l)}, \boldsymbol{Z}^{(l)}) \tag{6.3.43}$$

相关研究在多种图分类的基准数据集上进行了实验，如蛋白质数据集（ENZYMES、PROTEINS 和 D&D）、社交网络数据集（REDDIT-MULTI-12K）和科研合作数据集（COLLAB）。实验结果如表 6.8 所示。

表 6.8 图分类的实验结果

方 法		数 据 集					
		ENZYMES	D&D	REDDIT-MULTI-12K	COLLAB	PROTEINS	Gain
基于 Kernel 的方法	Graphlet	41.03	74.85	21.73	64.66	72.91	
	Shortest-Path	42.32	78.86	36.93	59.10	76.43	
	1-WL	53.43	74.02	39.03	78.61	73.76	
	WL-OA	60.13	79.04	44.38	80.74	75.26	
基于 GNN 的方法	PATCHY-SAN	—	76.27	41.32	72.60	75.00	4.17
	GraphSAGE	54.25	75.42	42.24	68.25	70.48	—
	ECC	53.50	74.10	41.73	67.79	72.65	0.11
	Set2Set	60.15	78.12	43.49	71.75	74.29	3.32
	SortPool	57.12	79.37	41.82	73.76	75.54	3.39
	DiffPool-DET	58.33	75.47	46.18	**82.13**	75.62	5.42

（续）

方　　法		数　据　集					
		ENZYMES	D&D	REDDIT-MULTI-12K	COLLAB	PROTEINS	Gain
基于 GNN 的方法	DiffPool-NOLP	61.95	79.98	46.65	75.58	76.22	5.95
	DiffPool	**62.53**	**80.64**	**47.08**	75.48	**76.25**	**6.27**

其中，GraphSAGE 采用全局平均池化；DiffPool-DET 是一种 DiffPool 的变体，使用确定性图聚类算法生成分配矩阵；DiffPool-NOLP 也是 DiffPool 的变体，取消了链接预测的目标部分。总的来说，DiffPool 在 GNN 的所有池化方法中获得了最高的平均性能。

为了更好地验证 DiffPool 对图分类的有效性，相关研究使用了其他 GNN 体系结构（Structure2Vec，S2V），并且构造了两个变体进行对比实验。实验结果如表 6.9 所示。

表 6.9　将 DiffPool 应用于 S2V 的实验结果

数　据　集	方　　法		
	S2V	S2V With 1 DiffPool	S2V With DiffPool
ENZYMES	61.10	62.86	63.33
D&D	78.92	80.75	82.07

表 6.9 表明，DiffPool 显著提升了 S2V 在 ENZYMES 和 D&D 数据集上的性能。图 6.21 显示了 DiffPool 中分层集群分配的可视化效果。

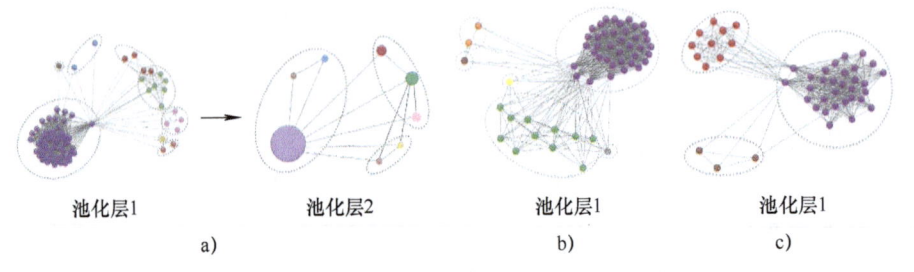

池化层1　池化层2　a)　池化层1　b)　池化层1　c)

图 6.21　DiffPool 中分层集群分配的可视化效果

图 6.21 中的示例图来自 COLLAB 数据集。图 6.21a 显示了两层的分层聚类，其中第二层的节点对应于第一层的集群（颜色用于连接跨层的节点或集群，虚线用于指示集群）。图 6.21b 和图 6.21c 显示了另外两个图中第一层的集群示例。

注意：尽管全局设置的集群数量为节点的 25%，但分配 GNN 仍会自动学习并为这些不同的图分配适当的集群。

2. DiffPool 的特点

DiffPool 的优点如下。

1）可以学习层次化的池化策略。

2）可以学习到图的层次化表示。

3）可以以端到端的方式与各种图神经网络结合。

然而，DiffPool 也有其局限性。例如，分配矩阵需要很大的存储空间，其空间复杂度为 $O(kV^2)$，其中 k 为池化层的层数。因此，DiffPool 无法处理大规模的图数据。

第 7 章　空洞多级卷积神经网络

导　读

本章在分析空洞卷积原理的基础上，设计了空洞多级模块；在介绍多光谱图像数据集的基础上，建立了基于卷积神经网络的高效 Pan-sharpening 模型，并给出了超参数设置与网络结构、代价函数及其求解的方法；在分析梯度域和梯度先验知识的基础上，建立了深度学习结合模型优化的 Pan-sharpening 模型；在分析多尺度空洞卷积的基础上，构建了超分辨率多尺度空洞卷积神经网络和多尺度多深度空洞卷积神经网络。

遥感多光谱影像从低空间分辨率到高空间分辨率的图像全景锐化或全色增强（Pan-sharpening）是一个高度非线性的过程。然而，传统的 Pan-sharpening 模型大多以线性的方式进行融合，这普遍会导致空间失真、光谱扭曲、运算复杂性高以及泛化性不足等问题。深度学习具有强大的非线性表示能力，而卷积神经网络是一种代表性的深度学习模型，通过堆叠若干层卷积层可以实现高度非线性映射，从而打破传统优化模型的线性限制。本章将讨论一种基于卷积神经网络的高效 Pan-sharpening 模型及多尺度空洞深度卷积神经网络。

7.1　空洞多级模块

7.1.1　空洞卷积

在图像处理领域，提高图像像素间的相关性有助于图像的重构。在卷积神经网络中，像素间的相关性可以通过神经网络的局部感受野来体现，感受野越大表明像素间的相关性越强。增大局部感受野通常通过增加神经网络的层数或卷积核的大小来实现，但这两种方法都会极大地增加网络的复杂度和过拟合的影响。为了在网络复杂度和局部感受野之间取得平衡，相关研究提出了空洞卷积（Dilated Convolution，DConv）结构。

空洞卷积也称膨胀卷积，简单来说，就是在卷积核元素之间加入一些空格（其值为零）来扩大卷积核的过程。通过这种方式，可以在不计算池化损失信息的情况下，增大图像的感受野，同时保持常规卷积核的大小和参数量。

假设以一个变量 *rate* 来衡量空洞卷积的空洞系数，则加入空洞之后的实际卷积核尺寸与原始卷积核尺寸之间的关系为

$$K \leftarrow K + (k-1)(rate-1) \tag{7.1.1}$$

式中，k 为原始卷积核大小；*rate* 为卷积空洞率；K 为经过扩展后的实际卷积核大小。除此之外，空洞卷积的卷积方式与常规卷积一样。不同的卷积空洞率会导致卷积核的感受野也不

同。例如，卷积空洞率分别为 1、2 和 4 时，卷积核的感受野如图 7.1 所示。

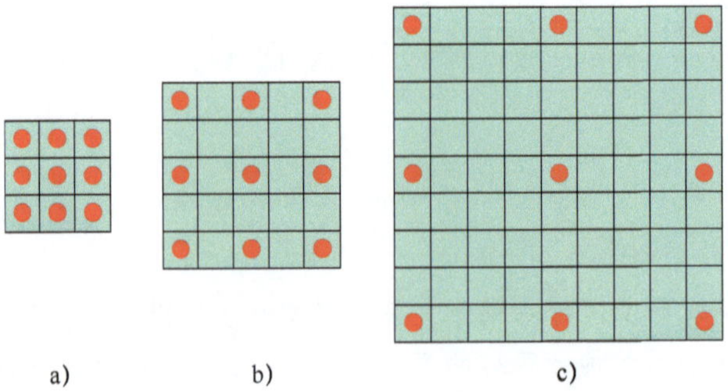

图 7.1 卷积空洞率与卷积核感受野的关系
a）空洞率为 1 b）空洞率为 2 c）空洞率为 4

图 7.1 中，卷积核没有红点标记的位置为 0，红点标记的位置同常规卷积核。3×3 的红点表示经过卷积后，输出图像的像素为 3×3 像素。尽管这三种空洞卷积的输出都是同一尺寸，但是模型观察到的感受野有很大的不同。

常规卷积网络中第 l 层卷积层或池化层的感受野大小为

$$r^{(l)} = r^{(l-1)} + \left[(k-1) \prod_{i=1}^{l-1} s^{(i)} \right] \tag{7.1.2}$$

式中，k 表示该层卷积核或池化层所用核的大小；$r^{(l-1)}$ 表示上一层感受野的大小；$s^{(i)}$ 表示第 i 层卷积或池化的步长。

如果初始感受野大小为 1，那么

第 1 层 3×3 卷积（$s=1$）：$r=1+(3-1)=3$，即感受野的大小为 3×3。

第 2 层 2×2 池化（$s=2$）：$r=3+(2-1)\times1=4$，即感受野的大小为 4×4。

第 3 层 3×3 卷积（$s=3$）：$r=4+(3-1)\times2\times1=8$，即感受野的大小为 8×8。

第 4 层 3×3 卷积（$s=4$）：$r=8+(3-1)\times3\times2\times1=20$，即感受野的大小为 20×20。

空洞卷积的感受野计算方法与常规卷积相同。所谓的空洞可以理解为扩大了卷积核的大小，下面来介绍一下空洞卷积感受野的变化（假设初始感受野大小为 1，卷积核大小为 3×3，$s=1$）。

第 1 层空洞卷积：空洞率为 1 的卷积其实就是常规 3×3 卷积，因此，$r=1+(3-1)=3(r=2^{\log_2 1+2}-1=3)$，即感受野的大小为 3×3。

第 2 层空洞卷积：空洞率为 2 可以理解为将卷积核大小变成了 5×5，因此，$r=3+(5-1)\times1=7(r=2^{\log_2 2+2}-1=7)$，即感受野的大小为 7×7。

第 3 层空洞卷积：空洞率为 4 可以理解为将卷积核大小变成了 9×9，因此，$r=7+(9-1)\times1\times1=15(r=2^{\log_2 4+2}-1=15)$，即感受野的大小为 15×15。

可见，将多层空洞卷积叠加，感受野的变化会呈指数增长，其大小 $r=2^{\log_2 rate+2}-1$。该计算公式是基于叠加的顺序，如果单独使用三个初始大小为 3×3、步长为 1、空洞率为 2（$rate=2$）的卷积，则感受野大小的计算公式如下（$rate=2$ 相当于卷积核大小变为 5×5）。

第一层：$r=1+(5-1)=5$。

第二层：$r=5+(5-1)\times1=9$。

第三层：$r = 9 + (5-1) \times 1 \times 1 = 13$。

空洞卷积相比于常规卷积极大地降低了参数量，同时可以得到更大的感受野，但是由于其卷积核内部间隔性地存在数个为零的参数，破坏了卷积核参数的连续性。对于空洞率过大的卷积核，提取的信息具有较大的不连续性。因此，在本节模型中，采用最大为 3 的空洞率，以避免由于过稀疏的卷积核提取出相关性过低的图像特征，影响图像的重构。

7.1.2　空洞多级模块结构

卷积神经网络通过堆叠若干卷积核提取图像中的特征，随着网络层数的增加，卷积核可以提取更高级别的特征，但底层的图像特征可能会丢失。底层图像特征表现出的空间细节往往与输入图像更接近，而随着网络层数的增加，提取的特征也会越来越抽象。图 7.2 是一组输入图像及其被提取的特征图像，图 7.2b 和图 7.2c 是分别是卷积神经网络第 1 层中第 1 个和第 9 个卷积核提取的特征图像，图 7.2d 是第 3 层中第 5 个卷积核提取的特征图像。通过比较发现，第 1 层可以提取输入图像的高频信息，如第 1 个卷积核提取了湖泊的特征，第 9 个卷积核提取了植被的特征，两者都保留了相对完整的图像细节，而第 3 层第 5 个卷积核提取的特征则非常抽象。

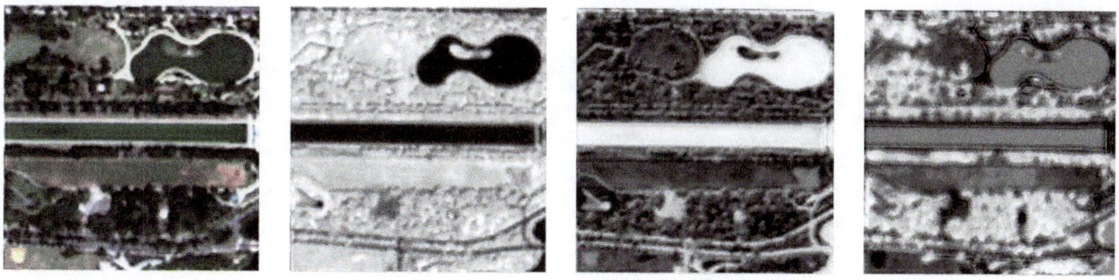

a)　　b)　　c)　　d)

图 7.2　卷积神经网络的输入与中间结果

a）输入图像　b）1_1　c）1_9　d）3_5

大多数神经网络在提取图像特征并进行图像重构时，只考虑了图像的高层特征，而忽略了底层特征中的高频信息。为了充分利用神经网络中不同级别的特征，在多尺度模块的基础上提出了空洞多级模块。普通模块、多尺度模块及空洞多级模块的结构如图 7.3 所示。多尺度模块可以在相同感受野下提取不同尺度的特征，虽然可以增加提取特征的尺度，但是与普通卷积模块一样，存在底层特征丢失的问题。空洞多级模块将底层特征重新接入神经网络中，使网络可以充分将底层与高层特征用于图像重构。实验证明，空洞多级模块可以显著提升浅层网络结构的图像重构性能。

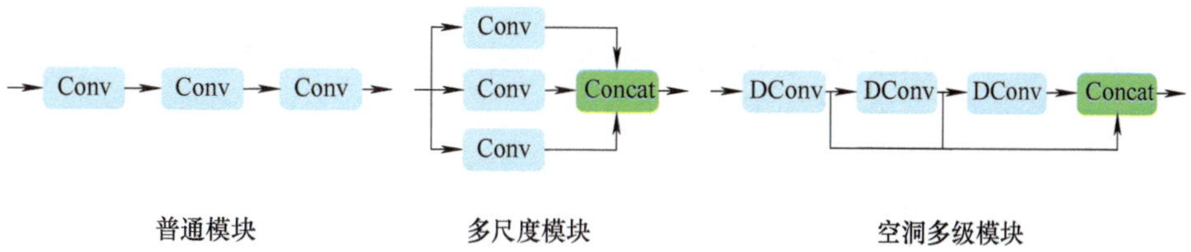

图 7.3　普通模块、多尺度模块及空洞多级模块结构

为了验证空洞多级模块的有效性，将其与多尺度模块和普通模块组成的神经网络进行比较。为了确保比较的公平性，三个模块均在相同的数据集与超参数下进行实验，迭代次数均为 1.5×10^5。在训练过程中，每迭代 1000 次对网络进行一次测试，并记录各自模型对应的 *Loss* 值，如图 7.4 所示。该图表明，与普通模块相比，多尺度模块的性能比普通模块略有提高，而空洞多级模块的性能明显提高。

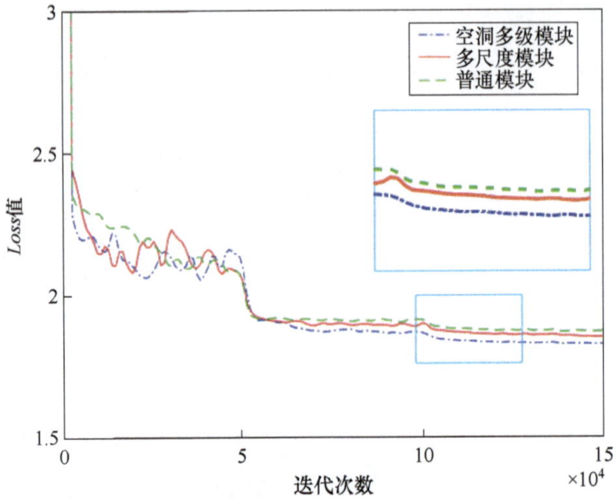

图 7.4　三种模块在相同条件下的实验结果对比

现有的基于卷积神经网络的 Pan-sharpening 模型虽然可以取得较好的融合效果，但是其深层网络结构容易产生过拟合问题。研究表明，这些模型只能对特定的遥感图像起作用，对于不同种类的卫星图像或不同场景下的图像均无法起到融合效果，也就是泛化性能差。因此，需要设计一种浅层但高效的网络结构，既能取得较好的融合效果，也具有一定的泛化能力。

为了使浅层网络可以提取高层的图像特征，相关研究采用空洞卷积核代替普通的卷积核。空洞卷积核的空洞率决定了卷积核的稀疏性和大小，同时也间接决定了提取特征的尺度与深度。该模型中的第一个卷积核的空洞率设为 1，其余空洞率依次递增，使得卷积核可以提取尺度逐渐升高的图像特征。同时，由于空洞卷积的应用，该模型可以在不增加层数与运算量的基础下，提取级别足够高的图像特征。

高层的卷积核虽然可以提取出级别足够高的特征，但由于网络结构过浅，可能会存在特征利用不足的问题。因此，可以对提取出的特征采用多级结构进行连接，使底层与高层的图像特征都可以得到利用，从而提升图像的重构效果。

7.2　基于卷积神经网络的高效 Pan-sharpening 模型

7.2.1　数据集

卫星获取的多光谱图像根据波段数可以分为 4 波段和 8 波段两种，其中 4 波段多光谱图像包含蓝色、绿色、红色和红外波段，而 8 波段多光谱图像除了以上 4 个波段外，还有黄色、边缘红色、近红外以及近海波段。对多光谱数据的 4 波段与 8 波段进行两组实验，共选用 WorldView-2、WorldView-3、QuickBird 和 IKONOS 共 4 组数据集，如表 7.1 所示。

表 7.1　数据集的细节信息（基于卷积神经网络）

数据集	波段数	目标场景	训练集数据量	测试集数据量
WorldView-2	8	华盛顿 斯德哥尔摩 悉尼	83200	16000
WorldView-3	8	里约 阿德莱德	—	16000
QuickBird	4	新德里 武汉	83200	16000
IKONOS	4	圣保罗 四川	—	16000

卷积神经网络的训练除了需要低分辨率多光谱图像（Low Resolution MultiSpectral image, LRMS），还需要相对应的高分辨率多光谱图像（High Resolution MultiSpectral image, HRMS）。然而，理想的目标图像在原始分辨下并不存在，这限制了神经网络的训练。为了避免上述问题，基于卷积神经网络的 Pan-sharpening 模型在 Wald 协议基础上对训练数据集按图 7.5 所示做降质处理，该处理过程基于式（3.3.8）进行。在对图像处理前，先对多光谱图像（MS）与全色图像（Pan）用调制转移函数（MTF）进行滤波。滤波的作用对应于式（3.3.8）中的卷积核 $\boldsymbol{g}_{\mathrm{MTF}}$ 与光谱响应矩阵 $\boldsymbol{H}$ 对高分辨率多光谱图像的退化过程。滤波后，分别对多光谱图像与全色图像做 4 倍下采样，将它们同时缩小为原来大小的 1/4。随后，对多光谱图像进行 interp23tap 插值，使上采样后的多光谱图像与对应的全色图像大小相等。由于降质后的多光谱图像与降质前的多光谱图像大小一致且由后者得到，因此可以作为神经网络训练时的一对数据样本。图像的退化过程严格按照式（3.3.8）进行，可以避免由退化图像训练得到的模型在融合真实数据时带来的影响。

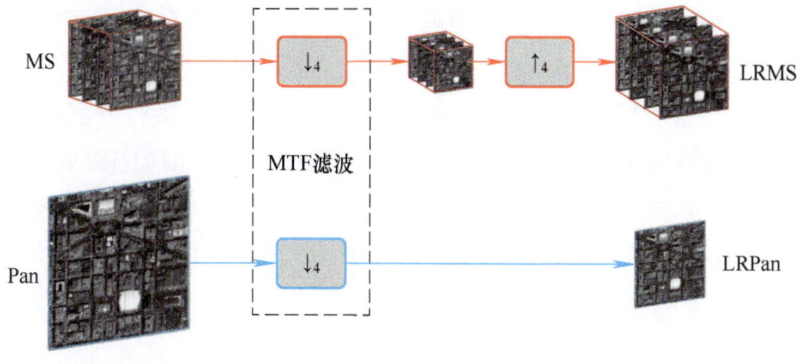

图 7.5　数据集的降质处理（基于卷积神经网络）

在得到处理后的训练图像和目标图像后，由于多光谱图像的波段数较多，过大的图像会增加显卡的内存与运算负担，因此需要对输入与标签进行裁剪后再进行训练。对于 8 波段组实验，采用 WorldView-2 数据集作为训练对象，约 84% 的数据作为训练集，剩余数据作为测试集，以确保训练集数据与测试集数据完全不重合，避免由于训练集混入测试数据中导致测试结果不准确。4 波段组实验采用 QuickBird 数据集作为训练对象，训练集与测试集的划分比例与 8 波段组一样。为了测试模型的鲁棒性与泛化能力，测试集除了上述数据外，还包括了 WorldView-3 与 IKONOS 数据集。

7.2.2 超参数设置与网络结构选择

空洞多级模块是本节实验中模型的主要组成部分，其中空洞卷积层数间接决定了模型的深度。为了验证最佳的网络层数，采用 7.2.1 节中所述的训练与测试数据集，对不同深度的网络模型进行训练与测试，以确定最合适的参数。

由于空洞多级模块至少由两个卷积层构成，因此，比较对象包括由 2～5 个空洞卷积层构成的空洞多级模块。这些模块均设置相同的超参数，且均进行了 1.5×10^5 次迭代训练。在训练过程中，每迭代 1000 次对网络进行一次测试，并保存训练得到的模型参数。为了测试各网络的融合性能，分别重构 Pan-sharpening 模型，并以 ERGAS 为测量标准，生成的 ERGAS 曲线如图 7.6a 所示。图 7.6a 表明，当空洞多级模块仅由两个空洞卷积层组成（$L=2$）时，由于网络的拟合能力较低，因此融合效果最差；当卷积层数增加到 3（$L=3$）时，融合效果有较大提高；当层数继续增大到 4（$L=4$）时，效果提升较小；而当层数达到 5（$L=5$）时，融合效果几乎没有提高。

由于本节实验中的模型在设计时充分考虑了模型的泛化能力，因此除了性能测试外，还进行了泛化性测试，即采用不同的卫星数据作为测试集，得到的泛化性能曲线如图 7.6b 所示。图 7.6b 表明，当空洞多级模块由三层空洞卷积组成（$L=3$）时，模型的泛化性最佳；两层卷积的模块（$L=2$）由于欠拟合而无法实现有效融合，因此模型具有较高的误差；而当卷积的层数达到 4（$L=4$）时，模型出现明显的过拟合现象，融合效果比三层卷积显著下降；当模块的卷积层数增大到 5（$L=5$）时，模型的过拟合问题已经非常严重。

图 7.6a 和图 7.6b 表明，当卷积层数为 5 时，融合效果最佳，但泛化性最差；当层数为 4 时，融合效果较好，但存在较为严重的过拟合问题；当层数为 2 时，由于欠拟合问题，模型融合效果最差，且在新数据上出现严重误差。因此，本节实验的模型采用 3 个卷积层组成的空洞多级模块作为默认网络结构，并将该网络命名为空洞多级卷积神经网络（Dilated Multi-Level Convolutional Neural Network，DMLCNN），如图 7.7 所示。

DMLCNN 的第一层是级联层，将全色图像与多光谱图像连接，并将连接得到的图像接入网络卷积层，利用网络的拟合能力，以非线性的方式从全色图像中提取空间信息，实现由 LRMS 向 HRMS 的映射。空洞多级模块是 DMLCNN 的主要组成部分，在整个模型中起到提取图像特征的作用。实验表明，空洞多级模块可以有效提取丰富的图像特征。DMLCNN 的最后一个卷积层在整个网络中起图像重构的作用，将空洞多级模块提取的图像特征进行重构，生成融合后的图像。

空洞多级模块在整个模型中起到补偿局部信息的作用。为了实现全局的信息补偿，将残差结构引入模型。引入残差结构不仅能显著减少网络的训练时间，而且极大提高了图像的融合质量。为了显示残差结构在网络中起到的作用，在保留网络其他结构的前提下，移除残差结构，并将其与含有残差结构的模型进行比较，如图 7.6c 所示。图 7.6c 表明，残差结构极大地提高了融合图像的准确性。

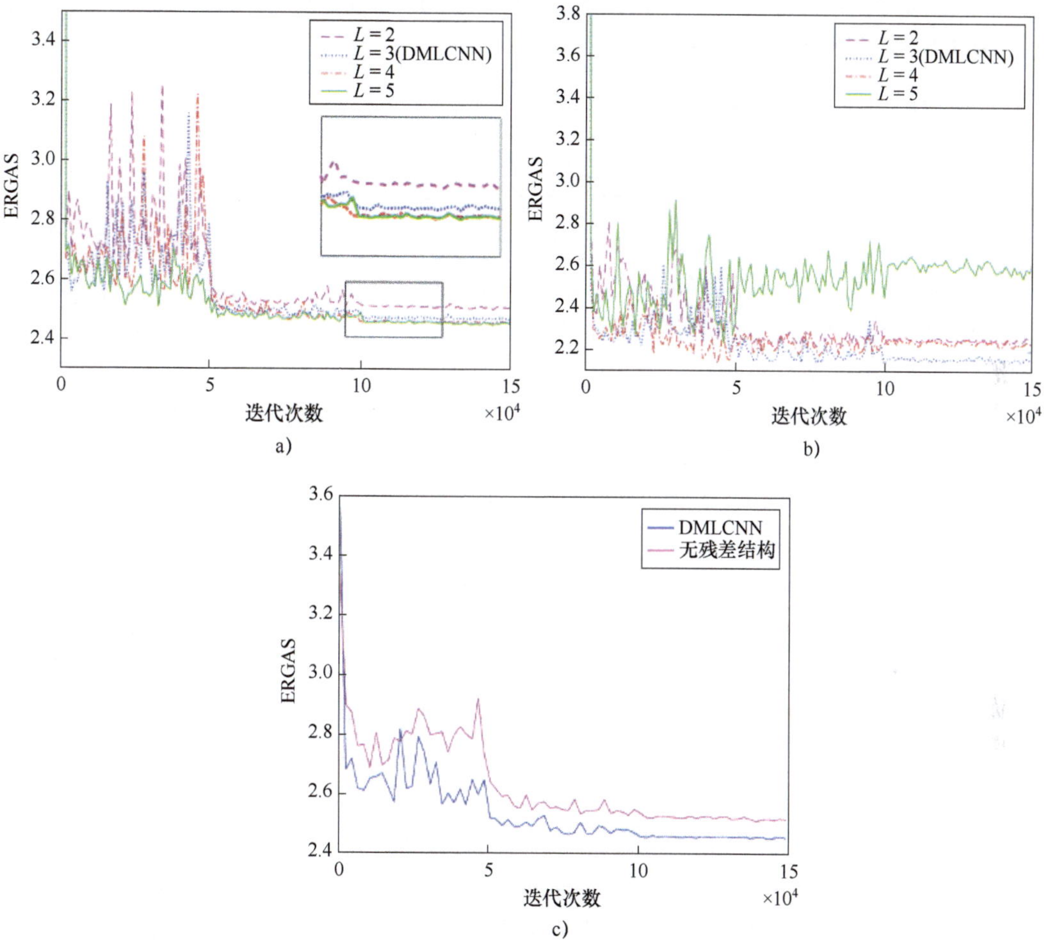

图 7.6　卷积神经网络超参数验证

a）ERGAS 曲线　b）泛化性能曲线　c）残差结构的影响

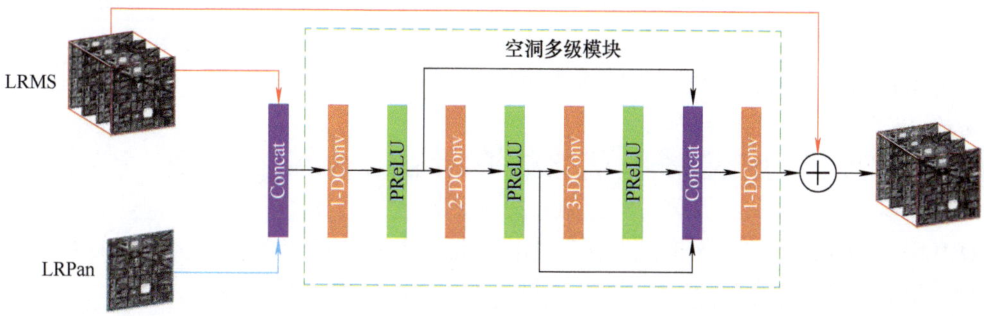

图 7.7　DMLCNN 结构

7.2.3 代价函数及其求解

卷积神经网络的训练过程就是对其代价函数进行优化的过程。通过计算重构图像 $\hat{\boldsymbol{x}}$ 与目标图像 $\boldsymbol{x}$ 之间的误差，并通过反向传播算法对模型中的参数进行优化，使各参数趋于最优解。DMLCNN 的代价函数定义为

$$\begin{aligned} Loss &= \arg\min_{\boldsymbol{w},\boldsymbol{b}} Loss(\boldsymbol{w},\boldsymbol{b};\{\boldsymbol{y},\boldsymbol{p}\},\boldsymbol{x}) + \frac{\lambda}{2}\Omega(\boldsymbol{w}) \\ &= \arg\min_{\boldsymbol{w},\boldsymbol{b}} \frac{1}{N}\sum_{l=1}^{N}\left(\frac{1}{2}\|x_l - \mathcal{R}(\boldsymbol{w},\boldsymbol{b};\{y_l,p_l\},x_l) - y_l\|_2^2\right) + \frac{\lambda}{2}\|\boldsymbol{w}\|_2^2 \end{aligned} \tag{7.2.1}$$

式中，$Loss$ 是均方误差项；Ω 是权重约束项；$\boldsymbol{w}$ 和 $\boldsymbol{b}$ 是网络模型中的权重与偏置，以 $\boldsymbol{\theta}=\{\boldsymbol{w},\boldsymbol{b}\}$ 表示网络中的可训练参数；N 是网络训练时一次迭代的样本数量，实验中设为 32；x_l、y_l 表示第 l 个训练样本中的对应数据；$\boldsymbol{p}$ 表示测绘得到的全色图像，p_l 表示第 l 个训练样本中的全色图像；λ 是权重参数，用于决定约束项在代价函数中起到的作用。

下面用随机梯度下降法对网络中的参数进行优化。对参数的优化主要基于代价函数的梯度值，首先根据 $Loss$ 值计算对应的梯度值，计算公式为

$$\begin{cases} \nabla_w \widetilde{Loss} = \nabla_w Loss + \lambda \boldsymbol{w} \\ \nabla_b \widetilde{Loss} = \nabla_b Loss \end{cases} \tag{7.2.2}$$

深度卷积神经网络往往具有较深的网络结构，梯度的计算由最后一层向前逐层计算。因此，当梯度更新值大于 1 时，随着计算层数的增加，最终求出的梯度更新值将以指数形式增加。为了避免梯度爆炸，在已知梯度值的条件下，通过设置阈值 δ 对梯度值进行裁剪，裁剪公式为

$$(\nabla_\theta \widetilde{Loss})_{\text{clipped}} = \frac{\delta \nabla_\theta \widetilde{Loss}}{\max\left(\delta, \left\|\nabla_\theta \widetilde{Loss}\right\|_2^2\right)} \tag{7.2.3}$$

虽然梯度裁剪可以有效降低梯度爆炸对网络训练的影响，但是网络的训练过程会变得非常缓慢。为了加速网络的训练，可以加入动量算法。引入动量算法后的模型参数更新公式为

$$\Delta\theta \leftarrow \mu\Delta\theta - \varepsilon\,(\nabla_\theta \widetilde{Loss})_{\text{clipped}} \tag{7.2.4}$$

$$\theta \leftarrow \theta + \Delta\theta \tag{7.2.5}$$

式中，ε 表示学习率，模型的初始学习率设为10^{-2}；μ 表示动量因子，在网络中设为 0.9。在深度学习框架 Caffe 中，网络训练迭代10^5 次，对学习率除以 10 以降低学习率。结果表明，采用动量算法后的模型将网络训练所消耗的时间降低了 30%。

7.3 深度学习结合模型优化的 Pan-sharpening 模型

DMLCNN 以增强网络空间信息、保留光谱特征以及提高模型泛化能力为设计目标。由于该模型采用端到端的融合方式，因此网络训练与图像融合只能在像素域内完成，且存在较大的过拟合风险。引入空洞多级模块虽然可以较好地避免过拟合，但是融合质量难以进一步提高。

本节在提出基于梯度域的线性 Pan-sharpening 优化算法（GB-MBO）的基础上，进一步

利用卷积神经网络的非线性拟合能力与优化模型的泛化能力，提出一种模型优化结合深度学习的 Pan-sharpening 算法（DPNet）。与模型端到端的训练方式不同，DPNet 的训练在梯度域内完成，可以避免过拟合现象并提高融合性能。

7.3.1　基于梯度域的线性 Pan-sharpening 模型优化算法

1. 梯度域内的线性 Pan-sharpening 优化模型

Pan-sharpening 中的优化模型是根据式（3.3.8）所示的多光谱图像与全色图像生成模型建立的。模型的一般结构可以归纳为式（3.3.9）与式（3.3.10），其中，$f_1(\boldsymbol{x},\boldsymbol{y})$ 为图像光谱保真项；$f_2(\boldsymbol{x},\boldsymbol{p})$ 为空间保真项；$\phi(\boldsymbol{x})$ 为先验项，在整个网络中起约束解空间的作用。

在 GB-MBO 中，光谱保真项为

$$f_1(\boldsymbol{x},\boldsymbol{y}) = \sum_{i=1}^{I} \|\boldsymbol{\kappa} \otimes x_i - y_i\|_2^2 \tag{7.3.1}$$

式中，滤波核 $\boldsymbol{\kappa}$ 采用的是基于平滑滤波的亮度变换（Smothing Filter-based Intensity Modulation，SFIM）中 5×5 的卷积核，代替式（3.3.8）中用于对 $\boldsymbol{x}$ 降质的调制转移函数 $\boldsymbol{g}_{\mathrm{MTF}}$。

空间保真项在 GB-MBO 中的作用是提取全色波段中各波段的空间信息，以提高多光谱图像的空间分辨率。P + XS 是一种经典的 Pan-sharpening 优化模型，其空间保真项为 $\left\| \sum_{i=1}^{I} w_i x_i - \boldsymbol{p} \right\|^2$，其中 $\boldsymbol{w}$ 是 I 维的权重参数，并且满足 $\sum_{i=1}^{I} w_i = 1$。研究表明，多光谱图像缺乏的空间信息主要存在于全色图像的高频部分。因此，高频域的空间保真理论上更具合理性，高频域的空间保真项为

$$f_2(\boldsymbol{x},\boldsymbol{p}) = \left\| \varphi\left(\sum_{i=1}^{I} w_i x_i - \boldsymbol{p} \right) \right\|_2^2 \tag{7.3.2}$$

式中，φ 是对应的高频算子。

与传统 L2 范数的最小二乘法相比，基于 L1 范数的全变差（Total Variation，TV）先验项具有更好的保边性能，在图像处理领域应用广泛。相关研究提出了基于全变差的图像去噪模型，其主要思想是将图像去噪问题转化为能量函数的最小化问题，利用 TV 的扩散特性，在平滑噪声的同时，很好地保留图像的边缘细节信息。基于全变差的方法在遥感图像的 Pan-sharpening 和其他图像处理领域均取得了较好的效果。

全变差正则项根据包含的差分项不同，分为各向异性全变差和各向同性全变差两种。与各向同性全变差相比，各向异性全变差项中包含有不同方向的差分信息，因此，基于各向异性全变差项的模型更加稀疏，可以更好地保留图像的边缘细节。各向异性全变差项表示为

$$\phi(\boldsymbol{x}) = \sum_{i=1}^{I} \sum_{j} \|D_j x_i\|_1 \tag{7.3.3}$$

式中，D 是差分算子；j 表示水平与竖直两个方向的差分运算。

综合上述分析，将 GB-MBO 描述为

$$\hat{\boldsymbol{x}} = \arg\min_{\boldsymbol{x}} \left(\frac{\alpha}{2} \sum_{i=1}^{I} \|\boldsymbol{\kappa} \otimes x_i - y_i\|_2^2 + \frac{\beta}{2} \sum_{j} \left\| D_j \left(\sum_{i=1}^{I} w_i x_i - \boldsymbol{p} \right) \right\|_2^2 + \frac{\gamma}{2} \sum_{j} \sum_{i=1}^{I} \|D_j x_i\|_1 \right) \tag{7.3.4}$$

式中，α、β 和 γ 均为模型的权重参数，α 与 β 分别决定了光谱保真项和空间保真项在模型

中占的比重，而 γ 决定了重构图像的稀疏性。

2. ADMM 优化方法

基于模型优化的重构方法在图像逆问题求解中应用极为广泛。由于构建的优化模型多数是可优化的凸问题，因此多采用交替迭代的方式进行优化。交替方向乘子法（Alternating Direction Method of Multipliers，ADMM）是一种典型的凸优化方法。本节提出的 GB-MBO 和 DPNet 模型中相关的优化部分均采用 ADMM 算法。

假设凸优化模型为

$$\hat{\boldsymbol{x}} = \arg\min_{\boldsymbol{x}}[\ell(\boldsymbol{y};\boldsymbol{x}) + \beta\varphi(\boldsymbol{x})] \tag{7.3.5}$$

式中，$\ell(\boldsymbol{y};\boldsymbol{x})$ 是保真项；$\varphi(\boldsymbol{x})$ 是先验项；参数 β 决定了先验项在模型中所占的比重。式（7.3.5）中优化对象 $\boldsymbol{x}$ 可以替换为 $\boldsymbol{x}$ 和变量 $\boldsymbol{u}$，这时式（7.3.5）的等价约束优化问题为

$$\hat{\boldsymbol{x}} = \arg\min_{\boldsymbol{x}}[\ell(\boldsymbol{y};\boldsymbol{x}) + \beta\varphi(\boldsymbol{u})] \quad \text{s.t.} \quad \boldsymbol{x} = \boldsymbol{u} \tag{7.3.6}$$

对于式（7.3.6）的等价约束问题，ADMM 首先构建其增广拉格朗日乘子函数，即

$$L_\lambda(\boldsymbol{x},\boldsymbol{z},\boldsymbol{u}) = \ell(\boldsymbol{y};\boldsymbol{x}) + \beta\varphi(\boldsymbol{u}) + \boldsymbol{z}^{\mathrm{T}}(\boldsymbol{x}-\boldsymbol{u}) + \frac{\lambda}{2}\|\boldsymbol{x}-\boldsymbol{u}\|_2^2 \tag{7.3.7}$$

式中，$\boldsymbol{z}$ 是对偶变量；平衡参数 λ 决定了 ADMM 的收敛速度，但对优化结果影响不大。ADMM 的优化是对式（7.3.7）展开的，因此将其形式变换为

$$\begin{aligned} L_\lambda(\boldsymbol{x},\boldsymbol{z},\boldsymbol{u}) &= \ell(\boldsymbol{y};\boldsymbol{x}) + \beta\varphi(\boldsymbol{u}) + \frac{\lambda}{2}\left[\|\boldsymbol{x}-\boldsymbol{u}\|_2^2 + \frac{2}{\lambda}\boldsymbol{z}^{\mathrm{T}}(\boldsymbol{x}-\boldsymbol{u})\right] \\ &= \ell(\boldsymbol{y};\boldsymbol{x}) + \beta\varphi(\boldsymbol{u}) + \frac{\lambda}{2}\left[\|\boldsymbol{x}-\boldsymbol{u}\|_2^2 + \frac{2}{\lambda}\boldsymbol{z}^{\mathrm{T}}(\boldsymbol{x}-\boldsymbol{u}) + \left\|\frac{\boldsymbol{z}^{\mathrm{T}}}{\lambda}\right\|_2^2\right] - \frac{\lambda}{2}\left\|\frac{\boldsymbol{z}^{\mathrm{T}}}{\lambda}\right\|_2^2 \\ &= \ell(\boldsymbol{y};\boldsymbol{x}) + \beta\varphi(\boldsymbol{u}) + \frac{\lambda}{2}\left\|\boldsymbol{x}-\boldsymbol{u}+\frac{\boldsymbol{z}}{\lambda}\right\|_2^2 - \frac{\lambda}{2}\left\|\frac{\boldsymbol{z}}{\lambda}\right\|_2^2 \end{aligned} \tag{7.3.8}$$

为了方便推导，将式（7.3.8）中的 $\boldsymbol{z}/\lambda$ 替换为 $\boldsymbol{v}$，得

$$L_\lambda(\boldsymbol{x},\boldsymbol{v},\boldsymbol{u}) = \ell(\boldsymbol{y};\boldsymbol{x}) + \beta\varphi(\boldsymbol{u}) + \frac{\lambda}{2}\|\boldsymbol{x}-\boldsymbol{u}+\boldsymbol{v}\|_2^2 - \frac{\lambda}{2}\|\boldsymbol{v}\|_2^2 \tag{7.3.9}$$

将式（7.3.9）中的保真项与先验项分离成两项，即

$$\begin{cases} \boldsymbol{x}(k+1) = \arg\min\limits_{\boldsymbol{x}}\left\{\ell[\boldsymbol{y};\boldsymbol{x}(k)] + \frac{\lambda}{2}\|\boldsymbol{x}(k)-\boldsymbol{u}(k)+\boldsymbol{v}(k)\|_2^2\right\} \\ \boldsymbol{u}(k+1) = \arg\min\limits_{\boldsymbol{u}}\left\{\beta\varphi[\boldsymbol{u}(k)] + \frac{\lambda}{2}\|\boldsymbol{x}(k)-\boldsymbol{u}(k)+\boldsymbol{v}(k)\|_2^2\right\} \\ \boldsymbol{v}(k+1) = \boldsymbol{v}(k) + [\boldsymbol{x}(k)-\boldsymbol{u}(k)] \end{cases} \tag{7.3.10}$$

式中，$\boldsymbol{x}(k+1)$ 是保真项的优化项，$\boldsymbol{u}(k+1)$ 是先验项的优化项，根据这两项的具体公式可以得到对应的更新项 $\boldsymbol{v}(k+1)$。$\boldsymbol{v}(k+1)$ 是对偶变量的优化项，其更新量取决于当前值和 $\boldsymbol{x}$ 与 $\boldsymbol{u}$ 的更新量。ADMM 通过交替更新以上三项实现并简化模型的求解。

3. 模型求解

为了优化 GB-MBO，将式（7.3.4）表示为等价约束形式，即

$$\begin{aligned} \hat{\boldsymbol{x}} = \arg\min_{\boldsymbol{x}}\Bigg(&\frac{\alpha}{2}\sum_{i=1}^{I}\|\boldsymbol{\kappa}\otimes\boldsymbol{x}_i-\boldsymbol{y}_i\|_2^2 + \frac{\beta}{2}\sum_j\left\|\boldsymbol{D}_j\left(\sum_{i=1}^{I}\boldsymbol{w}_i\boldsymbol{x}_i-\boldsymbol{p}\right)\right\|_2^2 + \\ &\frac{\gamma}{2}\sum_j\sum_{i=1}^{I}\|\boldsymbol{D}_j\boldsymbol{x}_i\|_1\Bigg) \quad \text{s.t.} \quad \boldsymbol{D}_j\boldsymbol{x}_i = \boldsymbol{u}_{i,j} \end{aligned} \tag{7.3.11}$$

式中，$w_i=1/I$；$\boldsymbol{u}$ 是替换变量。式（7.3.11）的增广拉格朗日乘子函数为

$$\hat{\boldsymbol{x}}=\arg\min_{\boldsymbol{x}}\left(\frac{\alpha}{2}\sum_i\|\boldsymbol{\kappa}\otimes\boldsymbol{x}_i-\boldsymbol{y}_i\|_2^2+\frac{\beta}{2}\sum_{i,j}\|\boldsymbol{D}_j(\boldsymbol{w}_i\boldsymbol{x}_i-\boldsymbol{p})\|_2^2+\frac{\gamma}{2}\sum_{i,j}\|\boldsymbol{u}_{i,j}\|_1+\frac{\lambda}{2}\sum_{i,j}\|\boldsymbol{D}_j\boldsymbol{x}_i-\boldsymbol{u}_{i,j}+\boldsymbol{v}_{i,j}\|_2^2\right)\tag{7.3.12}$$

根据 ADMM 优化算法，式（7.3.12）可以转化为

$$\text{P1：}\boldsymbol{u}(k+1)=\arg\min_{\boldsymbol{u}}\left(\frac{\gamma}{2}\sum_{i,j}\|\boldsymbol{u}_{i,j}\|_1+\frac{\lambda}{2}\sum_{i,j}\|\boldsymbol{D}_j\boldsymbol{x}_i(k)-\boldsymbol{u}_{i,j}+\boldsymbol{v}_{i,j}(k)\|_2^2\right)\tag{7.3.13}$$

$$\text{P2：}\boldsymbol{x}(k+1)=\arg\min_{\boldsymbol{x}}\left(\frac{\alpha}{2}\sum_i\|\boldsymbol{\kappa}\otimes\boldsymbol{x}_i-\boldsymbol{y}_i\|_2^2+\frac{\beta}{2}\sum_{i,j}\|\boldsymbol{D}_j(\boldsymbol{w}_i\boldsymbol{x}_i-\boldsymbol{p})\|_2^2+\frac{\lambda}{2}\sum_{i,j}\|\boldsymbol{D}_j\boldsymbol{x}_i-\boldsymbol{u}_{i,j}+\boldsymbol{v}_{i,j}\|_2^2\right)\tag{7.3.14}$$

$$\boldsymbol{v}(k+1)=\boldsymbol{v}(k)+[\boldsymbol{x}(k+1)-\boldsymbol{u}(k+1)]\tag{7.3.15}$$

在 P1 与 P2 两个子问题的迭代更新过程中，每个变量都是用当前其他所有变量来更新的，且 P1 和 P2 都是凸问题。

1）P1 子问题：式（7.3.13）是先验的分解项，且存在固定解，由二维阈值算法可以直接求解，得

$$\boldsymbol{u}(k+1)=\max\left\{\|\boldsymbol{Dx}(k+1)+\boldsymbol{v}(k)\|_2-\frac{\gamma}{\lambda},0\right\}\frac{\boldsymbol{Dx}(k+1)+\boldsymbol{v}(k)}{\|\boldsymbol{Dx}(k+1)+\boldsymbol{v}(k)\|_2}\tag{7.3.16}$$

式中，$\boldsymbol{D}$ 是由水平与竖直方向梯度算子堆叠成的矩阵。该式在模型中会限制重构图像的稀疏性，同时间接影响图像的融合质量。

2）P2 子问题：这个问题对应于高分辨率图像 $\boldsymbol{x}$ 的重构过程，结合全色图像和低分辨率多光谱图像（LRMS）等观测数据，利用最小二乘法即可得到基于局部先验约束和全局先验约束的各波段高分辨率图像的估计值 $\hat{\boldsymbol{x}}$。该问题对应的目标函数为

$$\frac{\alpha}{2}\|\boldsymbol{\kappa}\otimes\boldsymbol{x}-\boldsymbol{y}\|_2^2+\frac{\beta}{2}\|\boldsymbol{D}(\boldsymbol{wx}-\boldsymbol{p})\|_2^2+\frac{\lambda}{2}\|\boldsymbol{Dx}-\boldsymbol{u}+\boldsymbol{v}\|_2^2\tag{7.3.17}$$

式（7.3.17）是光滑的凸优化函数，对其求解需要先将其展开为

$$\frac{\alpha}{2}(\boldsymbol{\kappa}\otimes\boldsymbol{x}-\boldsymbol{y})^{\mathrm{T}}(\boldsymbol{\kappa}\otimes\boldsymbol{x}-\boldsymbol{y})+\frac{\beta}{2}[\boldsymbol{D}(\boldsymbol{wx}-\boldsymbol{p})]^{\mathrm{T}}[\boldsymbol{D}(\boldsymbol{wx}-\boldsymbol{p})]+\frac{\lambda}{2}(\boldsymbol{Dx}-\boldsymbol{u}+\boldsymbol{v})^{\mathrm{T}}(\boldsymbol{Dx}-\boldsymbol{u}+\boldsymbol{v})\tag{7.3.18}$$

对式（7.3.18）进一步展开并去除不包含 $\boldsymbol{x}$ 的项，得

$$\frac{\alpha}{2}(\boldsymbol{x}^{\mathrm{T}}\boldsymbol{\kappa}^{\mathrm{T}}\boldsymbol{\kappa x}-\boldsymbol{x}^{\mathrm{T}}\boldsymbol{\kappa}^{\mathrm{T}}\boldsymbol{y}-\boldsymbol{y}^{\mathrm{T}}\boldsymbol{\kappa x})+\frac{\beta}{2}(\boldsymbol{x}^{\mathrm{T}}\boldsymbol{w}^{\mathrm{T}}\boldsymbol{D}^{\mathrm{T}}\boldsymbol{Dwx}-\boldsymbol{x}^{\mathrm{T}}\boldsymbol{w}^{\mathrm{T}}\boldsymbol{D}^{\mathrm{T}}\boldsymbol{Dp}-\boldsymbol{p}^{\mathrm{T}}\boldsymbol{D}^{\mathrm{T}}\boldsymbol{Dwx})+\frac{\lambda}{2}(\boldsymbol{x}^{\mathrm{T}}\boldsymbol{D}^{\mathrm{T}}\boldsymbol{Dx}-\boldsymbol{x}^{\mathrm{T}}\boldsymbol{D}^{\mathrm{T}}\boldsymbol{u}+\boldsymbol{x}^{\mathrm{T}}\boldsymbol{D}^{\mathrm{T}}\boldsymbol{v}-\boldsymbol{u}^{\mathrm{T}}\boldsymbol{Dx}+\boldsymbol{v}^{\mathrm{T}}\boldsymbol{Dx})\tag{7.3.19}$$

式（7.3.19）对 $\boldsymbol{x}$ 求导并令求导结果为 0，即

$$\alpha(\boldsymbol{\kappa}^{\mathrm{T}}\boldsymbol{\kappa x}-\boldsymbol{\kappa}^{\mathrm{T}}\boldsymbol{y})+\beta(\boldsymbol{w}^{\mathrm{T}}\boldsymbol{D}^{\mathrm{T}}\boldsymbol{Dwx}-\boldsymbol{w}^{\mathrm{T}}\boldsymbol{D}^{\mathrm{T}}\boldsymbol{Dp})+\lambda(\boldsymbol{D}^{\mathrm{T}}\boldsymbol{Dx}-\boldsymbol{D}^{\mathrm{T}}\boldsymbol{u}+\boldsymbol{D}^{\mathrm{T}}\boldsymbol{v})=0\tag{7.3.20}$$

调整得

$$(\alpha\boldsymbol{\kappa}^{\mathrm{T}}\boldsymbol{\kappa}+\beta\boldsymbol{w}^{\mathrm{T}}\boldsymbol{D}^{\mathrm{T}}\boldsymbol{Dw}+\lambda\boldsymbol{D}^{\mathrm{T}}\boldsymbol{D})\boldsymbol{x}=\alpha\boldsymbol{\kappa}^{\mathrm{T}}\boldsymbol{y}+\beta\boldsymbol{w}^{\mathrm{T}}\boldsymbol{D}^{\mathrm{T}}\boldsymbol{Dp}+\lambda\boldsymbol{D}^{\mathrm{T}}\boldsymbol{u}-\lambda\boldsymbol{D}^{\mathrm{T}}\boldsymbol{v}\tag{7.3.21}$$

重构解 $\boldsymbol{x}$ 为

$$\boldsymbol{x}=(\alpha\boldsymbol{\kappa}^{\mathrm{T}}\boldsymbol{\kappa}+\beta\boldsymbol{w}^{\mathrm{T}}\boldsymbol{D}^{\mathrm{T}}\boldsymbol{Dw}+\lambda\boldsymbol{D}^{\mathrm{T}}\boldsymbol{D})^{-1}(\alpha\boldsymbol{\kappa}^{\mathrm{T}}\boldsymbol{y}+\beta\boldsymbol{w}^{\mathrm{T}}\boldsymbol{D}^{\mathrm{T}}\boldsymbol{Dp}+\lambda\boldsymbol{D}^{\mathrm{T}}\boldsymbol{u}-\lambda\boldsymbol{D}^{\mathrm{T}}\boldsymbol{v})\tag{7.3.22}$$

式中，$\boldsymbol{D}^{\mathrm{T}}\boldsymbol{D}$ 是非常大的对角矩阵。由于涉及大型矩阵的求逆问题，在像素域内对式（7.3.22）直接求解很难实现，因此 GB-MBO 采用傅里叶变换的方法在频域内对其求解。令 $\boldsymbol{\mathcal{F}}$ 表示傅里叶变换矩阵，重构结果的傅里叶变换系数 $\boldsymbol{\theta}=\boldsymbol{\mathcal{F}}\boldsymbol{x}$，则对式（7.3.21）两侧同时进行傅里叶变换，得

$$\boldsymbol{\mathcal{F}}(\alpha\boldsymbol{\kappa}^{\mathrm{T}}\boldsymbol{\kappa}+\beta\boldsymbol{w}^{\mathrm{T}}\boldsymbol{D}^{\mathrm{T}}\boldsymbol{D}\boldsymbol{w}+\lambda\boldsymbol{D}^{\mathrm{T}}\boldsymbol{D})\boldsymbol{\mathcal{F}}^{\mathrm{H}}\boldsymbol{\theta}=\boldsymbol{\mathcal{F}}(\alpha\boldsymbol{\kappa}^{\mathrm{T}}\boldsymbol{y}+\beta\boldsymbol{w}^{\mathrm{T}}\boldsymbol{D}^{\mathrm{T}}\boldsymbol{D}\boldsymbol{p}+\lambda\boldsymbol{D}^{\mathrm{T}}\boldsymbol{u}-\lambda\boldsymbol{D}^{\mathrm{T}}\boldsymbol{v}) \tag{7.3.23}$$

式中，$\boldsymbol{\mathcal{F}}\boldsymbol{\kappa}^{\mathrm{T}}\boldsymbol{\kappa}\boldsymbol{\mathcal{F}}^{\mathrm{H}}$、$\boldsymbol{\mathcal{F}}\boldsymbol{w}^{\mathrm{T}}\boldsymbol{D}^{\mathrm{T}}\boldsymbol{D}\boldsymbol{w}\boldsymbol{\mathcal{F}}^{\mathrm{H}}$和 $\boldsymbol{\mathcal{F}}\boldsymbol{D}^{\mathrm{T}}\boldsymbol{D}\boldsymbol{\mathcal{F}}^{\mathrm{H}}$均为对角矩阵且具有循环性质，傅里叶变换矩阵 $\boldsymbol{\mathcal{F}}$ 即为以上三项共同的特征矩阵。设 Λ_1 和 Λ_2 分别为矩阵 $\boldsymbol{\kappa}^{\mathrm{T}}\boldsymbol{\kappa}$ 与 $\boldsymbol{D}^{\mathrm{T}}\boldsymbol{D}$ 的特征值，则

$$\boldsymbol{\theta}=\frac{\boldsymbol{\mathcal{F}}(\alpha\boldsymbol{\kappa}^{\mathrm{T}}\boldsymbol{y}+\lambda\boldsymbol{D}^{\mathrm{T}}\boldsymbol{u}-\lambda\boldsymbol{D}^{\mathrm{T}}\boldsymbol{v}+\beta\boldsymbol{w}^{\mathrm{T}}\Lambda_2\boldsymbol{p})}{\alpha\Lambda_1+\beta\boldsymbol{w}^{\mathrm{T}}\Lambda_2\boldsymbol{w}+\lambda\Lambda_2} \tag{7.3.24}$$

式中，$\boldsymbol{\theta}$ 为傅里叶域内的重构结果，只要对其做傅里叶逆变换即可得到融合后的结果。

7.3.2 基于深度梯度先验的 Pan-sharpening 模型优化算法

GB-MBO 虽然具有一定的融合能力，但是该模型的空间保真项仍然是线性项，存在严重的光谱失真和空间信息增强不足等问题，且图像的重构过程需要大量迭代。为了突破 GB-MBO 的线性限制，将该模型中的空间保真项替换为基于卷积神经网络的深度梯度先验，在保留原模型泛化能力的同时赋予其非线性拟合能力，以提高模型的综合融合能力。

1. 数据集

本节实验中的模型采用梯度域的深度先验，网络训练也是在梯度域下进行的。为了避免由于缺乏高分辨率多光谱图像导致网络无法训练，现采用与 7.2 节实验中类似的方式对原始多光谱图像和全色图像进行降质。由于模型是梯度域的深度实验，因此使用的数据集与表 7.1 所示的像素域内的数据集不同，本实验中数据集的细节信息如表 7.2 所示。数据集的降质处理流程如图 7.8 所示。

表 7.2 数据集的细节信息（基于深度梯度先验）

数 据 集	波 段 数	目 标 场 景	训练集数据量	测试集数据量
WorldView-2	8	华盛顿 斯德哥尔摩 悉尼	64320	9024
WorldView-3	8	里约 阿德莱德	—	16000
WorldView-4	4	纽约 阿卡普尔科	83200	16000
IKONOS	4	墨尔本 四川	—	16000

数据集同样是以 Wald 协议为基础。在处理原始多光谱图像和全色图像前，先根据卫星的型号对其进行 MTF 滤波，以模拟数据生成时的降质过程。滤波后，对其做 4 倍下采样，将多光谱与全色图像同时缩小为原大小的 1/4。下采样后的多光谱图像与全色图像仍然保持 1:4 的大小比例，并且与原始数据保持相同性质，以模拟原始图像。

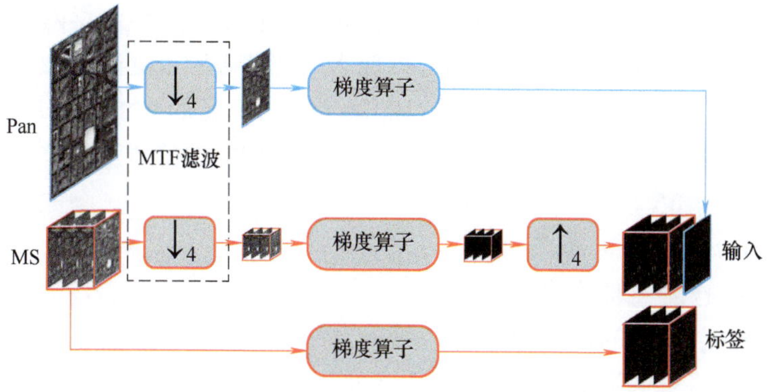

图 7.8　数据集的降质处理（基于深度梯度先验）

在得到下采样后的对应图像后，分别提取其水平和竖直方向的梯度信息，其中，多光谱图像的梯度信息用 interp23tap 做 4 倍插值，使上采样后的多光谱梯度图像与全色梯度图像大小一致。随后将多光谱与全色图像的梯度信息连接在一起，作为网络的输入。网络的标签图像为对应的原始高分辨率多光谱图像的梯度成分。

2. 递归模块

DMLCNN 是一种像素域内的神经网络，鉴于不同卫星数据间的差异，为了保证网络的泛化性，选用浅层网络结构虽然使模型具有一定的鲁棒性，但是过浅的网络会限制融合精度的进一步提高。

不同型号的卫星数据在像素域存在较大差异，但是这些差异在梯度域显著减小，因此梯度域的网络可以选用深层结构。不仅避免了像素域训练可能导致的过拟合风险，还提高了 Pan-sharpening 图像的融合质量。为了使网络可以适应梯度域内的训练，引入递归模块，用于高效地拟合复杂的非线性梯度信息。

为了提高图像的融合精度以及充分利用网络提取的特征，递归模块结构如图 7.9 所示。由于模块输入信息的大小无法满足残差的需要，因此模块中第一个卷积层的目的在于调整输入图像特征的大小，使其满足残差输入的要求。其后三个递归单元中，每个递归单元主要由两个卷积层组成。为了提高网络的拟合速度和非线性拟合能力，在每个卷积层后面各加入了一个批归一化（BN）和激活函数（ReLU）。每个递归模块均由 7 个卷积层组成，为了避免由于过深的网络结构导致最终图像的降质，在每一个递归单元中都引入了残差结构，以进一步提高融合精度。

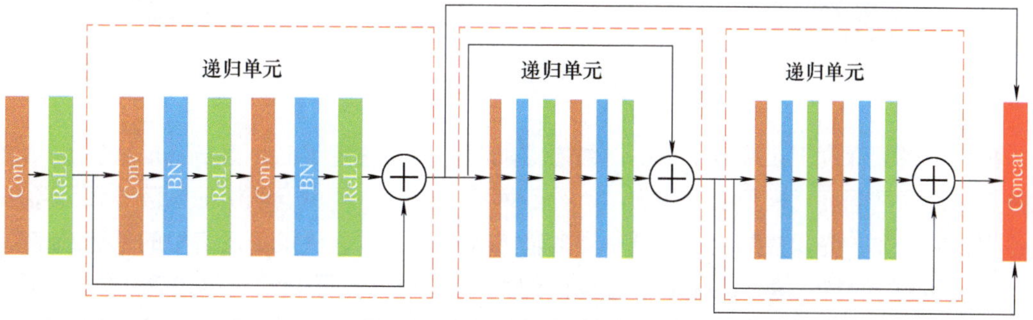

图 7.9　递归模块结构

虽然递归模块可以高效地提取图像特征，而残差结构可以避免深层网络结构引起的融合结果退化，但是随着递归单元数量的增加，提取出的特征级别也逐渐增加。为了提高特征的利用效率，在递归模块的最后加入级联层，将每个递归单元的输出级联后重新输入到网络中，以补偿网络中逐渐丢失的低层图像特征，并提高重构图像的质量。

递归模块主要由 BN 层、残差结构与级联层三个部分组成。为了验证各部分的有效性，将验证实验分为三组，分别将 BN 层、残差结构和级联层从递归模块中去除，并将它们命名为无 BN 模块、无残差模块和无级联模块。以上三种模块和递归模块，分别在相同的数据集和参数下训练 2×10^5 次，每迭代 1000 次保留一次训练得到的参数。为了比较各模块的融合效果，采用 Q8 作为评测指标，测试结果如图 7.10 所示。图 7.10表明，残差结构的引入降低了深层网络引起的退化，显著提高了融合图像的精度；级联层的引入提高了不同特征的利用效率及融合图像的质量，减少了网络拟合所需的迭代次数；BN 层的引入虽然降低了稳定性，但提高了融合图像的光谱与空间结果。

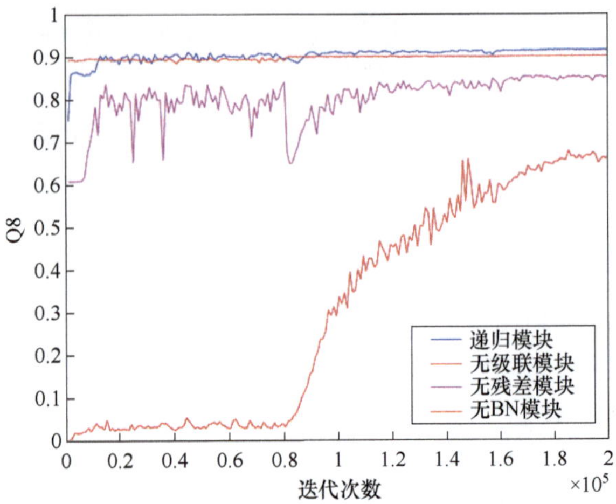

图 7.10　递归模块与其对比模块的实验效果

3. 网络结构与参数设置

实验表明，递归模块作为一种深层且高效的网络模块，可以拟合非常复杂的非线性函数。现将递归模块作为本节实验中模型的主要构成成分，其具体结构如图 7.11 所示。图 7.11表明，网络的特征提取通过堆积若干个递归模块来实现，提取的特征再由最后一个卷积层进行重构，得到输出的梯度域信息。由于网络的输出在模型中起到深度先验项的作用，因此将该模型记为 DPNet（Deep Prior Network）。

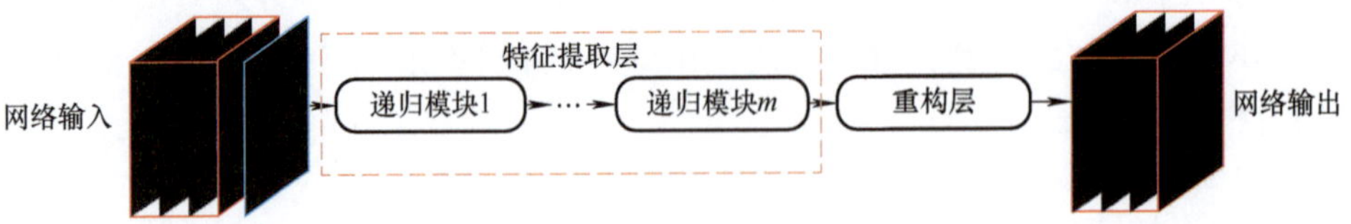

图 7.11　DPNet 的结构

神经网络的深度不仅决定了训练网络所需的时间，还决定了 Pan-sharpening 的融合质量。现重点讨论网络深度对模型结果的影响。神经网络的深度主要由卷积层的层数、每个卷积层中卷积核的个数、卷积核的大小以及每层的输入大小四个方面决定。网络中的部分超参数设置为 MemNet 中的默认值，即网络中卷积核的大小为 3 ×3，每个卷积层包含 32 个卷积核。实验表明，卷积核数量与大小的增加只能略微提高最终图像的质量，但网络拟合的时间却会激增。因此，网络层数与输入图像大小对实验结果有较大的影响。

神经网络的层数往往是模型中最重要的超参数，本节实验中模型的网络层数间接地由递归模块的数量决定。因此，对网络层数的验证，可通过比较图 7.11 所示的模型结构在不同数量递归模块下的融合效果来实现。将由 1 个、2 个和 3 个递归模块组成的模型作为比较对象，分别在相同条件下训练 3×10^5 次。每迭代 1000 次测试一次 *Loss* 值，测试结果如图 7.12 所示。图 7.12 表明，当模型只有一个递归模块时，呈现明显的欠拟合状态；当递归模块数量达到 3 时，又出现降质问题；只有递归模块数量为 2 时，模型性能最优。

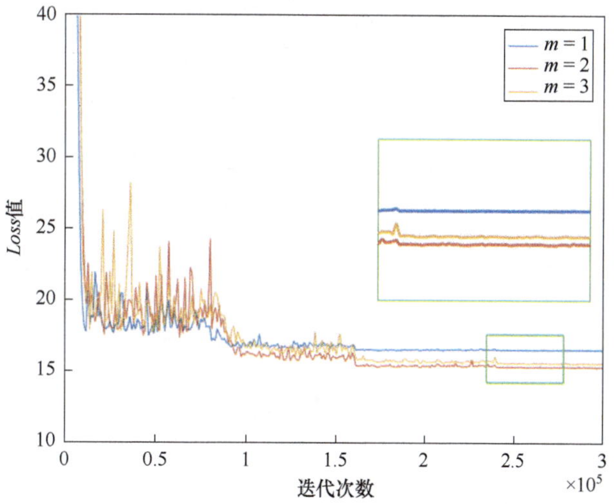

图 7.12　DPNet 在不同数量递归模块下的效果对比

4. 深度先验 Pan-sharpening 模型结构

设计 DPNet 的目的在于将深度学习与模型优化相结合，确保在突破 GB-MBO 线性限制的同时保留其泛化性强的特点。DPNet 将这两种方法结合的切入点为式（7.3.4）中的空间保真项，将其替换为 7.2 节模型中卷积神经网络的输出，并作为新模型中的深度先验项。因此，深度先验 Pan-sharpening 模型描述为

$$\hat{\boldsymbol{x}} = \arg\min_{\boldsymbol{x}} \left(\frac{\alpha}{2} \sum_{i=1}^{I} \|\boldsymbol{g}_{\mathrm{MTF}} \otimes \boldsymbol{x}_i - \boldsymbol{y}_i\|_2^2 + \frac{\beta}{2} \sum_{j} \sum_{i=1}^{I} \|\boldsymbol{D}_j \boldsymbol{x}_i - \boldsymbol{G}_{i,j}\|_2^2 + \frac{\gamma}{2} \sum_{j} \sum_{i=1}^{I} \|\boldsymbol{D}_j \boldsymbol{x}_i\|_1 \right) \tag{7.3.25}$$

式中，$\boldsymbol{G}$ 表示卷积神经网络的输出；$\boldsymbol{D}$ 表示梯度算子；$\boldsymbol{g}_{\mathrm{MTF}}$ 表示所选型号卫星对应的调制转移函数；其余符号代表的含义与式（7.3.4）一致。

通过比较式（7.3.25）所示的 DPNet 与式（7.3.24）所示的 GB-MBO 可知，DPNet 有如下特点。

1）两个模型均在梯度域进行空间保真。不同点在于 GB-MBO 以线性的方式提取全色图像的空间信息，导致模型不稳定；而 DPNet 将空间保真项替换为深度先验项，具有非线性的空间特征提取能力，突破了传统优化方法的线性限制。

2）与式（7.3.4）中的空间保真项相比，DPNet 的深度先验项具有更强的约束性能。实验表明，GB-MBO 需要数十次至上百次迭代才能得到预期结果，而 DPNet 只需要 3 ~ 5 次迭代即可收敛。

3）GB-MBO 通过迭代的方式逐渐优化融合结果的梯度信息，而 DPNet 的深度先验项能高效恢复融合图像的梯度信息，且精确度远高于 GB-MBO。实验还表明，与 GB-MBO 相比，DPNet 具有更出色的融合效果。

5. 模型求解及参数设置

现采用 ADMM 分离式（7.3.25）中的变量，并以迭代的方式逐渐优化得到最优解。将式（7.3.25）表示为增广拉格朗日乘子函数，即

$$Loss = \arg\min_{x}\left(\frac{\alpha}{2}\sum_{i}\|\boldsymbol{y}_i - \boldsymbol{g}_{\text{MTF}} \otimes \boldsymbol{x}_i\|_2^2 + \frac{\beta}{2}\sum_{i,j}\|\boldsymbol{D}_j\boldsymbol{x}_i - \boldsymbol{G}_{i,j}\|_2^2 + \frac{\gamma}{2}\sum_{i,j}\|\boldsymbol{u}_{i,j}\|_1 + \frac{\lambda}{2}\sum_{i,j}\|\boldsymbol{D}_j\boldsymbol{x}_i - \boldsymbol{u}_{i,j} + \boldsymbol{v}_{i,j}\|_2^2\right) \tag{7.3.26}$$

式中，$\boldsymbol{u}$ 是替换变量，用来替换 $\boldsymbol{D}_j\boldsymbol{x}_i$ 以将其分解。式（7.3.26）的优化问题可以通过转化为求解以下两个子问题与一个迭代更新项来间接实现，即

$$\text{P1：}\boldsymbol{u}(k+1) = \arg\min_{u}\left(\frac{\gamma}{2}\sum_{i,j}\|\boldsymbol{u}_{i,j}\|_1 + \frac{\lambda}{2}\sum_{i,j}\|\boldsymbol{D}_j\boldsymbol{x}_i(k+1) - \boldsymbol{u}_{i,j} + \boldsymbol{v}_{i,j}(k)\|_2^2\right) \tag{7.3.27}$$

$$\text{P2：}\boldsymbol{x}(k+1) = \arg\min_{x}\left(\frac{\alpha}{2}\sum_{i}\|\boldsymbol{y}_i - \boldsymbol{g}_{\text{MTF}} \otimes \boldsymbol{x}_i\|_2^2 + \frac{\beta}{2}\sum_{i,j}\|\boldsymbol{D}_j\boldsymbol{x}_i - \boldsymbol{G}_{i,j}\|_2^2 + \frac{\lambda}{2}\sum_{i,j}\|\boldsymbol{D}_j\boldsymbol{x}_i - \boldsymbol{u}_{i,j}(k) + \boldsymbol{v}_{i,j}(k)\|_2^2\right) \tag{7.3.28}$$

$$\boldsymbol{v}(k+1) = \boldsymbol{v}(k) + [\boldsymbol{x}(k+1) - \boldsymbol{u}(k+1)] \tag{7.3.29}$$

式中，P1 问题与 7.3.1 节中的 P1 子问题一样，且具有相同的解为式（7.3.16）。DPNet 主要求解的是 P2 问题，具体推导过程如下。

式（7.3.28）等价目标函数的展开式表示为

$$Loss = \frac{\alpha}{2}(\boldsymbol{y} - \boldsymbol{g}_{\text{MTF}} \otimes \boldsymbol{x})^{\text{T}}(\boldsymbol{y} - \boldsymbol{g}_{\text{MTF}} \otimes \boldsymbol{x}) + \frac{\beta}{2}(\boldsymbol{D}\boldsymbol{x} - \boldsymbol{G})^{\text{T}}(\boldsymbol{D}\boldsymbol{x} - \boldsymbol{G}) + \frac{\lambda}{2}(\boldsymbol{D}\boldsymbol{x} - \boldsymbol{u} + \boldsymbol{v})^{\text{T}}(\boldsymbol{D}\boldsymbol{x} - \boldsymbol{u} + \boldsymbol{v}) \tag{7.3.30}$$

继续将该表达式展开，并去除不含 $\boldsymbol{x}$ 的多项式，得损失函数为

$$Loss = \frac{\alpha}{2}(\boldsymbol{x}^{\text{T}}\boldsymbol{g}_{\text{MTF}}^{\text{T}}\boldsymbol{g}_{\text{MTF}}\boldsymbol{x} - \boldsymbol{x}^{\text{T}}\boldsymbol{g}_{\text{MTF}}^{\text{T}}\boldsymbol{y} - \boldsymbol{y}^{\text{T}}\boldsymbol{g}_{\text{MTF}}\boldsymbol{x}) + \frac{\beta}{2}(\boldsymbol{x}^{\text{T}}\boldsymbol{D}^{\text{T}}\boldsymbol{D}\boldsymbol{x} - \boldsymbol{x}^{\text{T}}\boldsymbol{D}^{\text{T}}\boldsymbol{G} - \boldsymbol{G}^{\text{T}}\boldsymbol{D}\boldsymbol{x}) + \frac{\lambda}{2}(\boldsymbol{x}^{\text{T}}\boldsymbol{D}^{\text{T}}\boldsymbol{D}\boldsymbol{x} - \boldsymbol{x}^{\text{T}}\boldsymbol{D}^{\text{T}}\boldsymbol{u} + \boldsymbol{x}^{\text{T}}\boldsymbol{D}^{\text{T}}\boldsymbol{v} - \boldsymbol{u}^{\text{T}}\boldsymbol{D}\boldsymbol{x} + \boldsymbol{v}^{\text{T}}\boldsymbol{D}\boldsymbol{x}) \tag{7.3.31}$$

理想的 $\boldsymbol{x}$ 可以使式（7.3.31）所示的损失函数 *Loss* 值最小。因此，对式（7.3.31）关于 $\boldsymbol{x}$ 求导，并令其结果为 0，即

$$\alpha(\boldsymbol{g}_{\text{MTF}}^{\text{T}}\boldsymbol{g}_{\text{MTF}}\boldsymbol{x} - \boldsymbol{g}_{\text{MTF}}^{\text{T}}\boldsymbol{y}) + \beta(\boldsymbol{D}^{\text{T}}\boldsymbol{D}\boldsymbol{x} - \boldsymbol{D}^{\text{T}}\boldsymbol{G}) + \lambda(\boldsymbol{D}^{\text{T}}\boldsymbol{D}\boldsymbol{x} - \boldsymbol{D}^{\text{T}}\boldsymbol{u} + \boldsymbol{D}^{\text{T}}\boldsymbol{v}) = 0 \tag{7.3.32}$$

对式（7.3.32）进行调整，得

$$(\alpha\boldsymbol{g}_{\text{MTF}}^{\text{T}}\boldsymbol{g}_{\text{MTF}} + \beta\boldsymbol{D}^{\text{T}}\boldsymbol{D} + \lambda\boldsymbol{D}^{\text{T}}\boldsymbol{D})\boldsymbol{x} = \alpha\boldsymbol{g}_{\text{MTF}}^{\text{T}}\boldsymbol{y} + \beta\boldsymbol{D}^{\text{T}}\boldsymbol{G} + \lambda\boldsymbol{D}^{\text{T}}\boldsymbol{u} - \lambda\boldsymbol{D}^{\text{T}}\boldsymbol{v} \tag{7.3.33}$$

这里，重构解 $\boldsymbol{x}$ 为

$$\boldsymbol{x} = (\alpha\boldsymbol{g}_{\text{MTF}}^{\text{T}}\boldsymbol{g}_{\text{MTF}} + \beta\boldsymbol{D}^{\text{T}}\boldsymbol{D} + \lambda\boldsymbol{D}^{\text{T}}\boldsymbol{D})^{-1}(\alpha\boldsymbol{g}_{\text{MTF}}^{\text{T}}\boldsymbol{y} + \beta\boldsymbol{D}^{\text{T}}\boldsymbol{G} + \lambda\boldsymbol{D}^{\text{T}}\boldsymbol{u} - \lambda\boldsymbol{D}^{\text{T}}\boldsymbol{v}) \tag{7.3.34}$$

在对 $\boldsymbol{x}$ 按式（7.3.34）直接求解时，由于 $\boldsymbol{D}^{\text{T}}\boldsymbol{D}$ 过大，直接对其求逆很难实现。为了避免直接求解带来的问题，在傅里叶域内完成对 $\boldsymbol{x}$ 的重构，即令 $\boldsymbol{\theta} = \boldsymbol{\mathcal{F}}\boldsymbol{x}$，对式（7.3.33）两侧同时做傅里叶变换，得

$$\boldsymbol{\mathcal{F}}(\alpha\boldsymbol{g}_{\text{MTF}}^{\text{T}}\boldsymbol{g}_{\text{MTF}} + \beta\boldsymbol{D}^{\text{T}}\boldsymbol{D} + \lambda\boldsymbol{D}^{\text{T}}\boldsymbol{D})\boldsymbol{\mathcal{F}}^{\text{H}}\boldsymbol{\theta} = \boldsymbol{\mathcal{F}}(\alpha\boldsymbol{g}_{\text{MTF}}^{\text{T}}\boldsymbol{y} + \beta\boldsymbol{D}^{\text{T}}\boldsymbol{G} + \lambda\boldsymbol{D}^{\text{T}}\boldsymbol{u} - \lambda\boldsymbol{D}^{\text{T}}\boldsymbol{v}) \tag{7.3.35}$$

式中，$\boldsymbol{\theta}$ 为 $\boldsymbol{x}$ 在傅里叶域内的变换结果。设 Λ_1 和 Λ_2 分别为 $\boldsymbol{g}_{\text{MTF}}^{\text{T}}\boldsymbol{g}_{\text{MTF}}$ 和 $\boldsymbol{D}^{\text{T}}\boldsymbol{D}$ 的特征值，则

$$\boldsymbol{\theta} = \frac{\boldsymbol{\mathcal{F}}(\alpha\boldsymbol{g}_{\text{MTF}}^{\text{T}}\boldsymbol{y} + \beta\boldsymbol{D}^{\text{T}}\boldsymbol{G} + \lambda\boldsymbol{D}^{\text{T}}\boldsymbol{u} - \lambda\boldsymbol{D}^{\text{T}}\boldsymbol{v})}{\alpha\Lambda_1 + \beta\Lambda_2 + \lambda\Lambda_2} \tag{7.3.36}$$

最后，只需要对 $\boldsymbol{\theta}$ 做傅里叶逆变换就可得到重构的融合后的多光谱图像。

DPNet 有 4 个参数 α、β、γ 和 λ。其中，α 是光谱保真项，主要影响重构图像的光谱性

能；β 是深度先验项的权重参数，决定了空间保真项在模型中所占的比重；γ 是先验项的参数，决定了重构图像的稀疏度，从而间接决定了重构图像的稀疏性；λ 是为实现模型优化所引入的变量，决定了实验结果收敛的速度，对最终结果影响不大。在以上 4 个参数中，α 和 β 主要决定最终实验结果的质量，同时由于光谱保真与空间保真两个方面具有相同的重要性，因此设置 $\alpha=\beta$，将两个参数综合优化，其余两个参数单独验证其最优解。

实验表明，当 ADMM 的参数设为 $\alpha=\beta=30$，$\gamma=200$，$\lambda=10^{-3}$时，模型性能最佳。为了确定参数设置的有效性，将参数验证实验分为三组，每次优化一组变量，固定其余参数，并将 ERGAS 与 Q8 作为评测指标，实验结果如图 7.13 所示。图 7.13 表明，默认的 ADMM 参数可得到最优解。

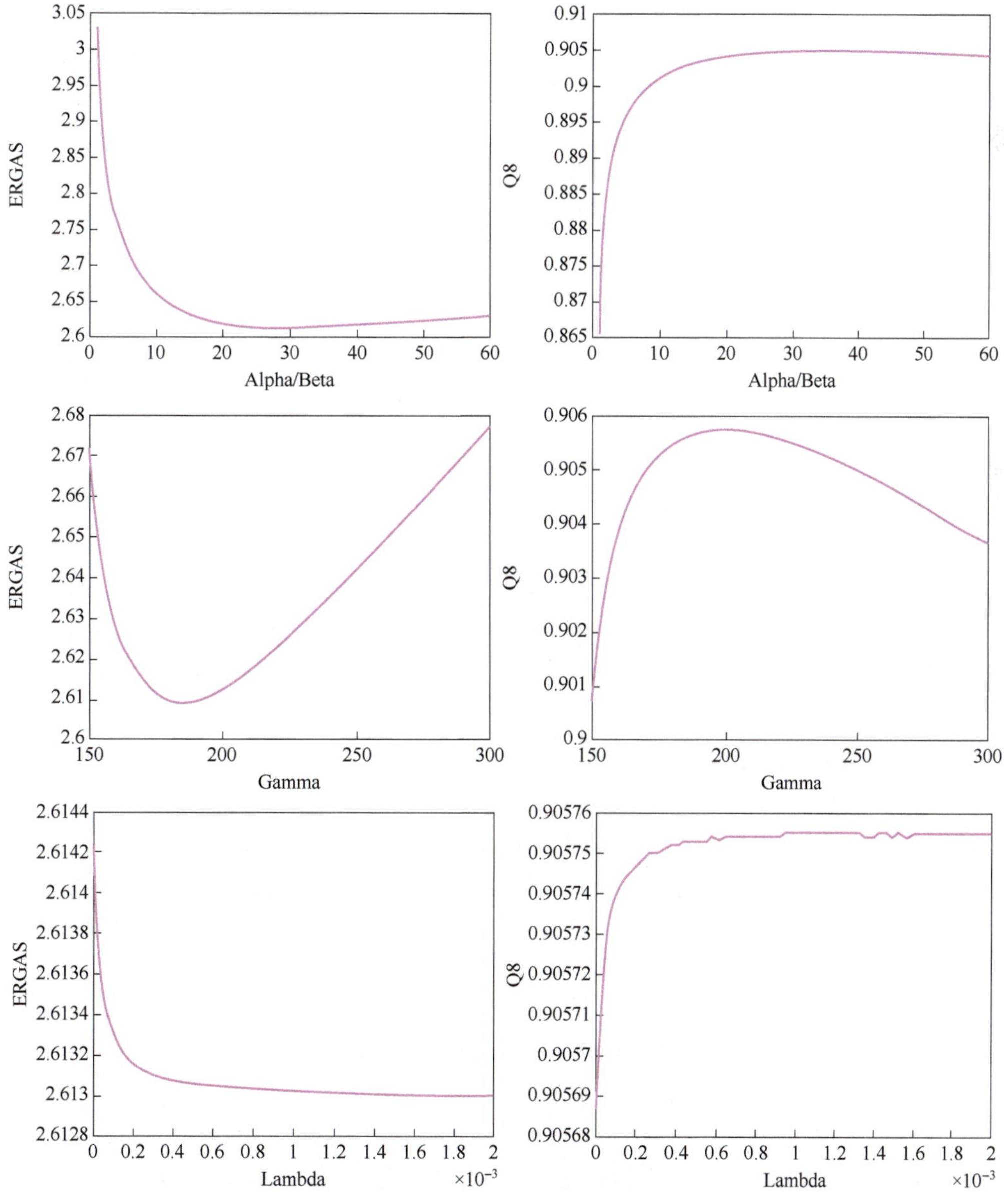

图 7.13　DPNet 中 ADMM 参数验证实验

7.4 多尺度空洞深度卷积神经网络

传统的遥感图像融合方法主要是对全色图像的空间细节和多光谱图像的光谱信息进行组合。然而，对于多光谱图像，仅通过简单的插值放大，会在融合过程中丢失大量的空间细节信息。实际上，多光谱图像中的空间信息对于提高融合图像空间分辨率有较大的帮助。相关研究提出一种结合人工神经网络对遥感图像进行先增强再融合的算法。该算法主要分为两个部分：首先，由基于卷积神经网络的超分辨率重构算法对低分辨率的多光谱图像进行增强；其次，由 Gram-Schmidt 方法对增强后的多光谱图像以及原有的全色图像进行融合。与直接融合原多光谱图像相比，该算法的融合结果在细节信息的保留上得到了一定的提升。然而，超分辨率卷积神经网络（Super-Resolution Convolutional Neural Network，SRCNN）的增强任务主要针对自然图像，且拟合效果不佳，融合后的图像会出现光谱失真现象。

基于以上研究背景，本节的工作内容如下。

1）分析遥感图像的特性，在已有的深度卷积神经网络增强模型基础上，结合其特点提出新的深度卷积神经网络，并由 WordView-2 卫星图像进行有效性验证。

2）为充分利用卷积层提取的特征，在网络中引入多尺度空洞卷积和局部残差，进一步补偿丢失的细节。

7.4.1 SRCNN

1. 单幅图像的超分辨率重构算法

图像超分辨率（Super-Resolution，SR）重构算法旨在使用低分辨率（Low-Resolution，LR）图像恢复出相应的高分辨率（High-Resolution，HR）图像，增加 LR 图像中的高频成分，是计算机视觉领域中的经典热门问题。该算法能够突破硬件设备的限制，获得更高清晰度的图像，提高图像分辨率，在卫星遥感、医学图像诊疗、视频监控、模式识别等领域为进一步分析图像提供更加清晰的图像源。

由于单幅图像的超分辨率重构算法的输入只有一幅 LR 图像，通常采用基于学习的方法进行 HR 重建。该算法采用的样本库既可以来自 LR 图像自身不同尺度的相似结构，也可以来自外部 LR-HR 样本库。前者通常适用于具有重复结构的图像，如人工建筑图像等。

近年来，随着硬件计算能力的提高和深度学习的广泛应用，超分辨率领域开始引入深度学习思想。传统的浅层学习只能人工提取特征并进行相对简单的函数拟合，而深度学习可以自动学习层次化的特征表示，实现更加复杂的非线性函数模型逼近。目前，基于深度学习的超分辨率重建算法性能已经超越了很多经典算法，成为研究的热点。

2. SRCNN

假设现有一幅低分辨率图像，采用双三次插值的方法对其进行插值，将其放大到与高分辨率图像相同的尺寸，得到图像 $\boldsymbol{Y}$。该算法的目的是通过低分辨率图像 $\boldsymbol{Y}$ 得到目标函数 $F(\boldsymbol{Y})$，使被恢复的 $F(\boldsymbol{Y})$ 可以无限接近高分辨率图像 $\boldsymbol{X}$。SRCNN 中包含 3 个卷积层，分别用于提取和表征、非线性映射以及高分辨率图像恢复。SRCNN 的结构如图 7.14所示。

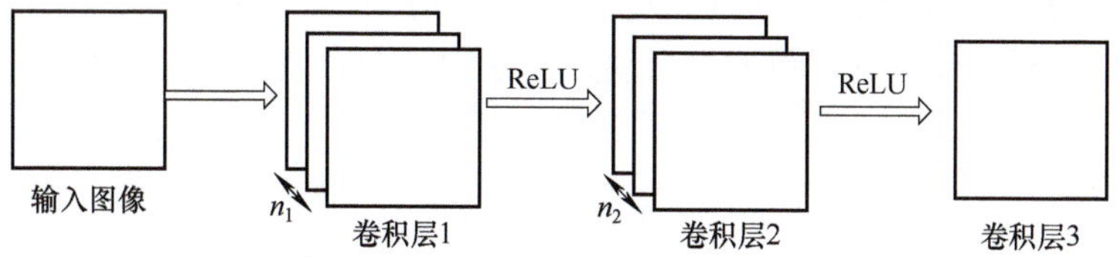

图 7.14 SRCNN 的结构

在 SRCNN 中，第 1 个卷积层用于对输入图像的特征进行提取和表征，即

$$F_1(\boldsymbol{Y}) = \max(0, \boldsymbol{W}_1 \otimes \boldsymbol{Y} + \boldsymbol{B}_1) \tag{7.4.1}$$

式中，$\boldsymbol{Y}$ 表示输入图像；$\boldsymbol{W}_1$ 和 $\boldsymbol{B}_1$ 表示局部感受野和偏置；$\otimes$表示卷积运算。$\boldsymbol{W}_1$ 表示 n_1 个 $c \times f_1 \times f_1$ 卷积核，c 为本层网络包含的通道数量，f_1 为局部感受野的大小。即使用 $\boldsymbol{W}_1$ 对输入图像进行了 n_1 次卷积，所使用的卷积核大小为 $c \times f_1 \times f_1$，本层对应输出 n_1 个特征映射。$\boldsymbol{B}_1$ 为 n_1 维的向量，其每个元素均对应一个局部感受野。激活函数使用 ReLU，即 $\max(0, x)$。实验中设置 $n_1 = 64$，$f_1 = 9$。

第 1 层网络用于对图像进行 n_1 维的特征提取，第 2 层网络将前一层网络的 n_1 维特征映射到本层 n_2 维的特征向量上。第 2、3 层的结构与第 1 层相似，即

$$F_2(\boldsymbol{Y}) = \max(0, \boldsymbol{W}_2 \otimes F_1(\boldsymbol{Y}) + \boldsymbol{B}_2) \tag{7.4.2}$$

$$F_3(\boldsymbol{Y}) = \max(0, \boldsymbol{W}_3 \otimes F_2(\boldsymbol{Y}) + \boldsymbol{B}_3) \tag{7.4.3}$$

式中，$\boldsymbol{W}_2$ 包含 n_2 个卷积核，实验中设为 $n_2 = 32$。卷积核数量变多的情况下，将卷积核的尺寸换为 1×1。同理，第 3 层网络中卷积核的个数设为 $n_3 = 1$，卷积核的大小为 5×5，激活函数为 ReLU。

根据式（7.4.1）~式（7.4.3），若要得到 $F(\boldsymbol{Y})$，需要通过神经网络的迭代学习获得并更新网络参数 $\boldsymbol{\theta} = \{\boldsymbol{W}_1, \boldsymbol{W}_2, \boldsymbol{W}_3, \boldsymbol{B}_1, \boldsymbol{B}_2, \boldsymbol{B}_3\}$。参数的更新需要大量一一对应的高分辨率图像 $\{\boldsymbol{X}_i\}$ 以及低分辨率图像 $\{\boldsymbol{Y}_i\}$ 组成训练集和验证集。在进行多次迭代后，通过 $F(\boldsymbol{Y}_i;\boldsymbol{\theta})$ 和高分辨率图像 $\{\boldsymbol{X}_i\}$ 的差值求得 $\boldsymbol{\theta}$。SRCNN 使用均方误差作为损失函数，即

$$Loss(\boldsymbol{\theta}) = \frac{1}{N}\sum_{i=1}^{N} \| F(\boldsymbol{Y}_i;\boldsymbol{\theta}) - \boldsymbol{X}_i \|^2 \tag{7.4.4}$$

式中，N 是训练样本数量。SRCNN 使用标准的反向传播随机梯度下降法来最小化损失函数。

7.4.2 超分辨率多尺度空洞卷积神经网络

1. 算法流程

该算法的主要流程如图 7.15 所示。先将低分辨率的多光谱图像上采样至与全色图像相同的大小，再将多光谱图像中的 RGB 通道转换到 YCBCR 空间，通过卷积神经网络对其中的 Y 通道进行增强，再将强化后的 Y 通道转换到 RGB 空间以获得增强后的多光谱图像。最后，使用 SFIM 算法将增强后的多光谱图像和全色图像融合。

2. 网络结构

卷积核是 CNN 模型的核心组成部分。使用更深的网络可以实现更为复杂的非线性映射，但随着网络层数的增加，也会导致网络退化。由于遥感图像样本数量的限制，为避免较深网络产生的过拟合现象，现使用 6 层网络进行训练，超分辨率多尺度空洞卷积神经网络（SR-

MDCNN）的结构如图 7.16 所示。网络中全部使用大小为 3 ×3 的卷积核。为增强网络的拟合效果，分别加入局部残差学习单元、全局残差学习单元以及多尺度空洞卷积。

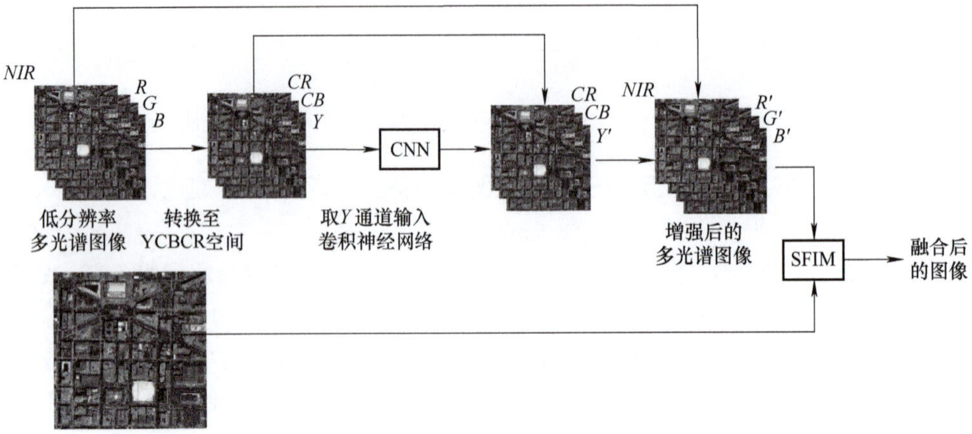

图 7.15　超分辨率多尺度空洞卷积神经网络的主要流程

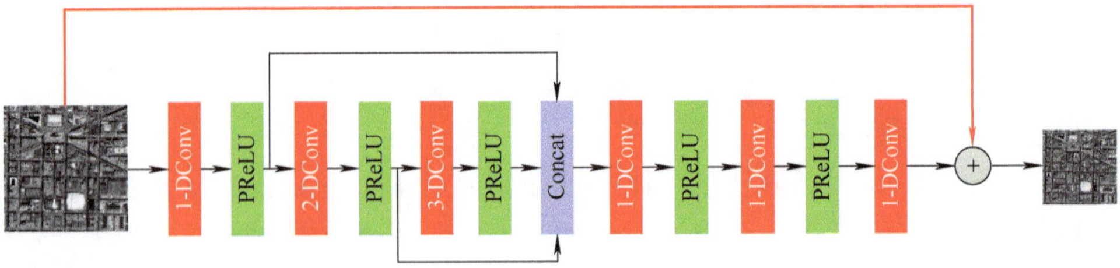

图 7.16　超分辨率多尺度空洞卷积神经网络的结构

3. 残差学习单元

残差学习单元可以通过将降级的卷积直接拟合到相应的残余分量来形成。而跳跃连接则是另一种引入残差表示的方法，它可以直接形成输入到输出的连接。SR-MDCNN 中采用跳跃连接引入全局残差学习单元，以补偿丢失的细节。为了进一步验证 SR-MDCNN 残差学习单元的效率，先删除跳跃连接，使用网络 *Loss* 值作为评价标准，再加入跳跃连接。这两种网络的拟合性能如图 7.17 所示。

图 7.17 表明，与无残差网络相比，引入残差单元后，*Loss* 值有所下降。这说明残差学习单元可以增强网络对数据集的学习能力，提高网络的拟合能力，并有效地避免网络退化。

4. 多尺度空洞卷积

获取图像相邻像素的信息有助于恢复整体图像。为此，采用较大的卷积核和增加堆叠效应，可以有效提取图像的细节信息。然而，随着卷积核的增大，网络的参数也会增加，同时计算成本和计算负担也会加大。因此，使用适当大小的卷积核成为搭建网络的关键。

三种卷积网络结构如图 7.18所示。其中，多尺度空洞卷积是为了使用多种卷积核捕捉图像的不同细节，同时保持网络的参数量不变。这样既可以很好地恢复高质量的遥感图像，也不会增加计算成本。

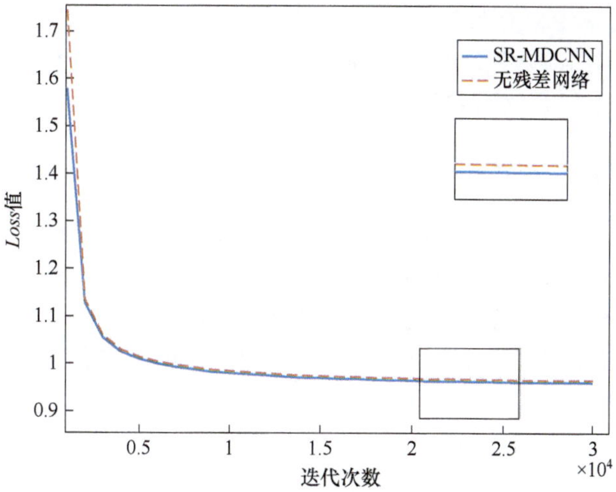

图 7.17　加入跳跃连接对网络拟合性能的影响

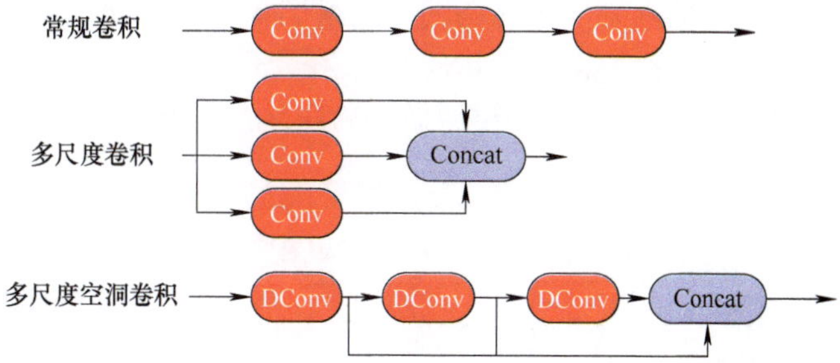

图 7.18　三种卷积网络结构

针对这三种网络结构，每迭代 1000 次记录一次 *Loss* 值，共计训练 3×10^4 次，拟合效果如图 7.19 所示。

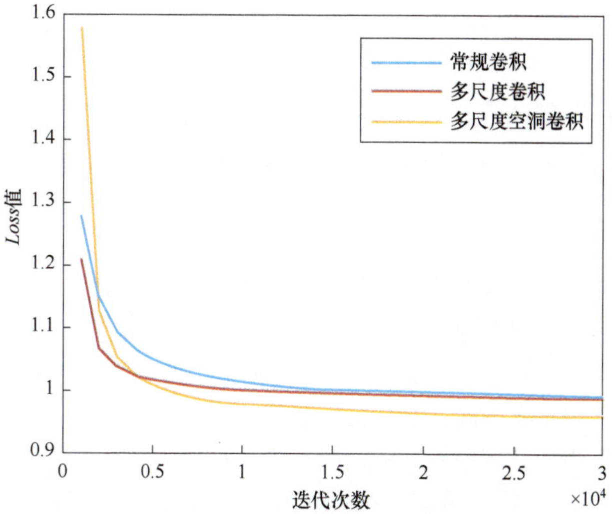

图 7.19　三种卷积网络的拟合效果

图 7.19 表明，三种网络在训练时，其 *Loss* 值都在稳步下降。由于针对的是同一数据集，因此 *Loss* 值可以反映网络对数据集的拟合能力。常规卷积与多尺度卷积的拟合效果比较接近，而多尺度空洞卷积的拟合效果明显优于以上两种结构。

7.4.3 多尺度多深度空洞卷积神经网络

多光谱图像与全色图像的融合过程实际是将全色图像的空间信息注入多光谱图像中，其过程是非线性的。然而，大多数现有的优化方法都是线性的，会造成一定的光谱失真、空间扭曲以及在部分卫星图像的融合上泛化性不足的现象。由于卷积神经网络可以实现高度非线性映射，因此直接使用端到端的卷积神经网络可以对全色图像和多光谱图像进行融合，并有效避免上述问题的出现。

1. 网络结构

在第 7.4.1 节和第 7.4.2 节中提到的融合模型可以较好地完成 4 通道遥感图像的增强任务。浅层网络虽然可以较好地降低网络过拟合的风险，但是往往拟合效果不佳。现兼顾网络拟合能力和泛化能力，提出一种多尺度多深度空洞卷积神经网络（MSDCNN）。网络的总体结构如图 7.20 所示，网络的输入为 S 个通道的多光谱图像和 1 个通道的全色图像（由于本节实验是对 8 通道遥感图像进行处理，所以 $S=8$）。在经过两个卷积神经网络的拟合后，将各自输出的图像进行叠加。最后再对整个模型做全局残差，输出图像即为目标融合图像。

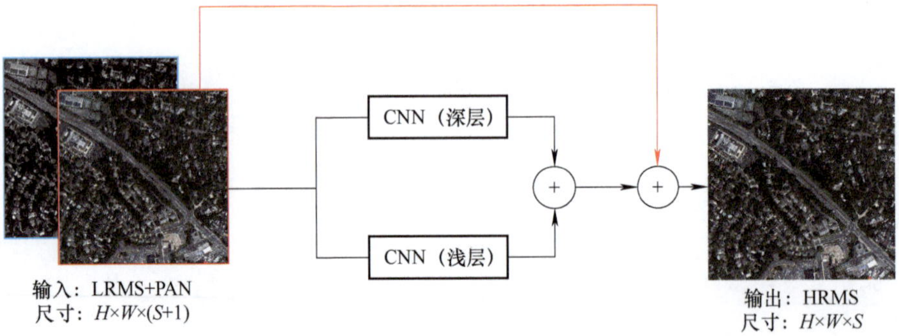

图 7.20 网络总体结构

图 7.20 所示的结构中并联了两种卷积神经网络。其中，浅层 CNN 为 SR-MDCNN，如图 7.16所示，其主要目的是拟合图像中的高频空间信息；深层 CNN 为 MSDCNN，如图 7.21 所示，图中数字表示卷积的特征映射数。

2. 残差结构

针对传统深度卷积神经网络训练困难的问题，残差结构被提出。通常情况下，随着网络层数的增加，网络对数据的拟合程度将越来越高。但当网络深度达到一定程度时，更多的网络层数会带来网络退化的结果。图 7.22 已清楚地表明，当过度增加网络的深度时，训练集和测试集的拟合精度不仅不会提高，反而会明显降低。

网络退化的原因有很多，其中最重要的一点就是在使用随机梯度下降法时产生了较为严重的梯度消失及梯度爆炸问题，而这一问题可以通过增加批归一化（Batch Normalization，BN）层得到解决。在加入 BN 层后，卷积神经网络的网络深度可以达到几十层。然而，随着网络层数的进一步增加，训练过程中的拟合精度开始饱和甚至下降。为了解决这一问题，可以在卷积神经网络中加入残差结构，残差结构如图7.23所示。

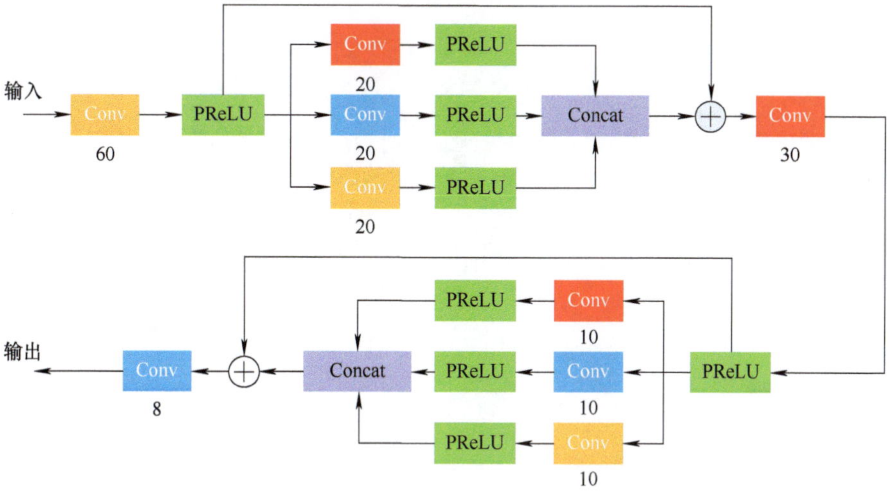

图7.21 深层网络结构

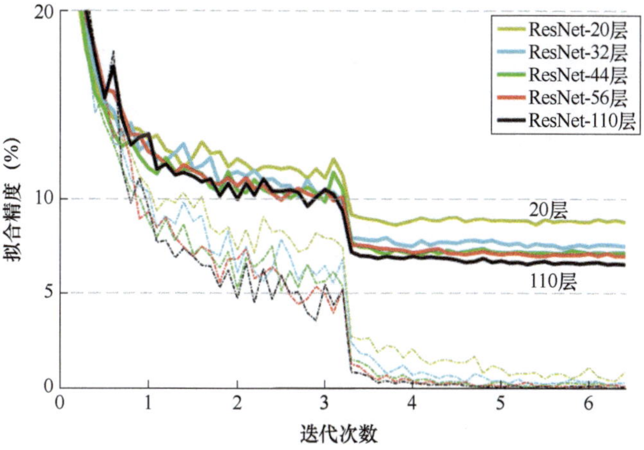

图7.22 不同残差网络层数对应的精度曲线

在MSDCNN中，由于数据集自身的原因，输入为9个通道、输出为8个通道，无法直接在神经网络中引入全局残差学习单元。现使用全新的数据集整理方式，将多光谱图像与全色图像分开，使LRMS图像可以直接与HRMS图像做残差运算。由于这种方法使用了两条路径进行训练，因此在网络中有多种方式可以使用残差学习单元。以下是在网络中添加残差学习单元的几种方式。

1）在深层卷积神经网络中使用残差学习单元。

2）在浅层卷积神经网络中使用残差学习单元。

3）只使用一次全局残差学习单元。

4）同时使用全局残差学习单元以及浅层网络中的残差学习单元。

5）同时使用全局残差学习单元以及深层网络中的残差学习单元。

上述 5 种方式的拟合效果如图 7.24 所示。

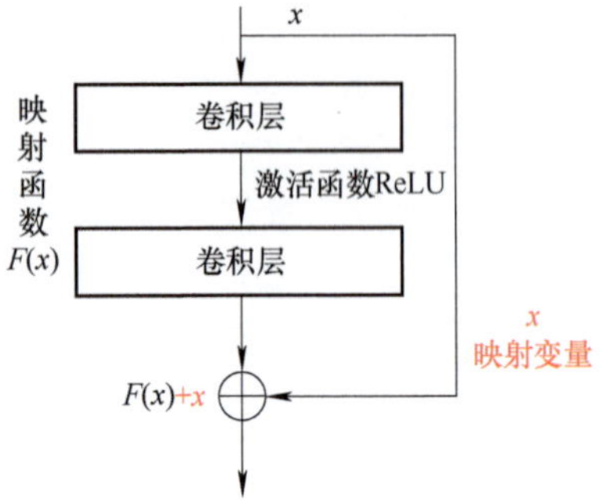

图 7.23　残差结构

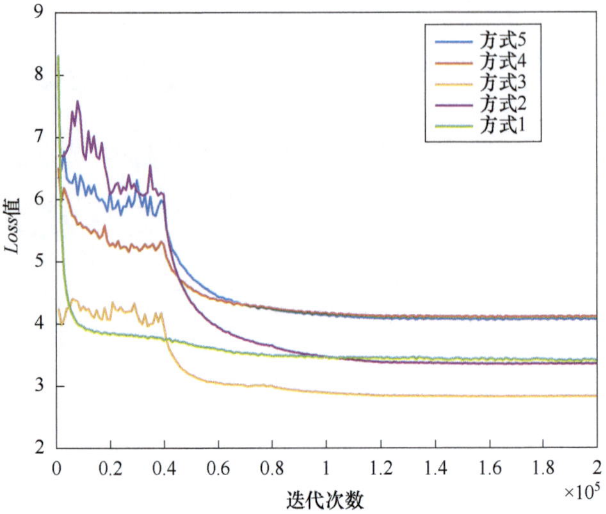

图 7.24　5 种添加残差学习单元的方式的拟合效果

图 7.24 表明，针对同样的数据集，在前 4×10^4 次迭代中，只有方式 1，即在深层网络中使用残差学习单元的 *Loss* 值比较平缓且持续下降，其他几种网络都有不同程度的波动。在 4×10^4 次迭代后，各网络对数据的拟合逐渐趋于平稳，且方式 3，即只使用一次全局残差学习单元的 *Loss* 值更小、网络拟合效果更好。

第 8 章　深度强化学习

导　读

本章在分析强化学习 4 个要素的基础上，简述了深度学习与强化学习的关系；分析了基于值函数的深度强化学习，包括深度 Q 学习、DQN 及深度 Q 学习的衍生网络；分析了基于策略梯度的深度强化学习，包括深度确定性策略梯度算法、异步深度强化学习算法和信赖域策略优化及其衍生算法。

强化学习作为一种序贯决策方式，通过智能体和环境的交互，周期性地做出决策。智能体根据交互获得的反馈，向获得更多奖励的方向调整策略。强化学习在自然科学、社会科学和工程学等领域都有极大的潜力亟待挖掘。最初的强化学习理论并未引起足够的关注，主要是因为在学习最优策略的过程中，智能体需要不断与环境进行交互，以获得有关环境更全面的知识，但这个过程需要耗费大量的时间。一旦涉及大型网络，强化学习能够发挥的作用就显得微乎其微。

深度学习的提出、大数据的普及、计算能力的提升和新算法的出现，为突破强化学习的困境和发展瓶颈带来了希望。将深度神经网络和强化学习相结合，充分利用深度神经网络在训练过程中的优势，推动了强化学习向深度强化学习的发展，带来了传统强化学习的复兴，开辟了深度强化学习的新时代。

8.1　组成与结构

8.1.1　基本概念

强化学习通常由马尔可夫决策过程（Markov Decision Process，MDP）来描述。具体而言，智能体处在一个环境中，每个状态代表智能体对当前环境的感知；智能体只能通过动作来影响环境，当智能体执行一个动作后，会使环境按某种概率转移到另一个状态；同时，环境会根据潜在的奖赏函数反馈给智能体一个奖励。总之，强化学习主要包含 4 个要素：状态、动作、状态转移概率以及奖赏函数，如图 8.1 所示。

智能体（Agent）：学习器与决策者的角色。

环境（Environment）：智能体之外与之交互的一切事物。

动作（Action）：智能体的行为表征。

状态（State）：智能体从环境获取的信息。

奖励（Reward）：环境对于动作的反馈。

策略（Policy）：智能体根据状态进行下一步动作的函数。

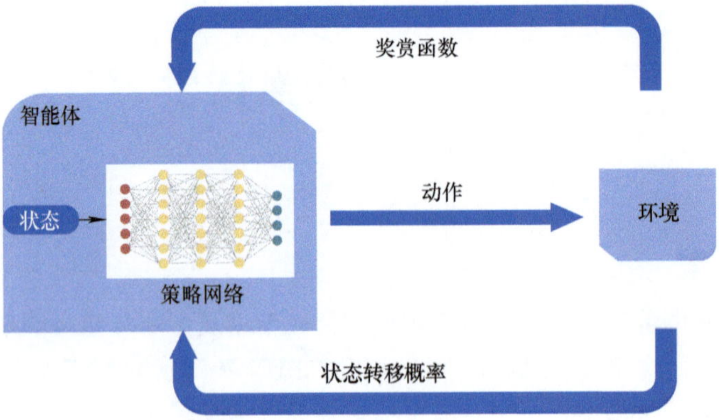

图 8.1　强化学习的 4 个要素

状态转移概率：智能体做出动作后，环境进入下一状态的概率。状态转移过程如图 8.2 所示。

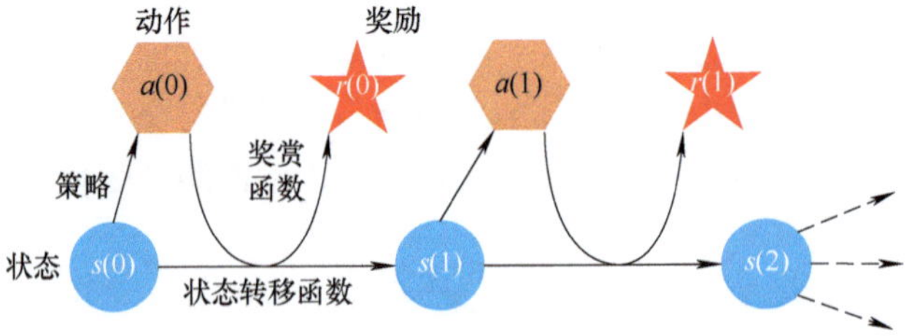

图 8.2　状态转移过程

8.1.2　马尔可夫决策过程

马尔可夫性质是指系统的下一个状态仅与当前状态有关，而与历史状态无关，即

$$p[s(t+1)\mid s(t),\cdots,s(0)]=p[s(t+1)\mid s(t)] \tag{8.1.1}$$

为最大化长期累积奖赏，将当前时刻后的累积奖赏定义为回报，同时为了避免时间过长时，总回报无穷大，需要考虑折扣因子，即

$$R(t)=r(t+1)+\gamma r(t+2)+\gamma^2 r(t+3)+\cdots=\sum_{k=0}^{\infty}\gamma^k r(t+k+1) \tag{8.1.2}$$

强化学习的目标是学习一个策略来最大化期望回报，即希望智能体执行一系列的动作来获得尽可能多的平均回报。为评估一个策略的期望回报，将状态值函数定义为

$$V^{\pi}(s)=\mathbb{E}_{\pi}[R(t)\mid s(t)=s]=\mathbb{E}_{\pi}\left[\sum_{k=0}^{\infty}\gamma^k r(t+k+1)\mid s(t)=s\right] \tag{8.1.3}$$

状态-动作值函数为

$$Q^{\pi}(s,a)=\mathbb{E}_{\pi}[R(t)\mid s(t)=s,a(t)=a]=\mathbb{E}_{\pi}\left[\sum_{k=0}^{\infty}\gamma^k r(t+k+1)\mid s(t)=s,a(t)=a\right] \tag{8.1.4}$$

根据马尔可夫性质，两者的关系为

$$Q^{\pi}(s,a) = \mathbb{E}_{\pi}\{r(t+1) + \gamma V^{\pi}[s(t+1)]\} \tag{8.1.5}$$

$$V^{\pi}(s) = \mathbb{E}_{a\sim\pi(a|s)}[Q^{\pi}(s,a)] \tag{8.1.6}$$

即状态值函数 $V^{\pi}(s)$ 是状态-动作值函数 $Q^{\pi}(s,a)$ 关于动作 a 的期望。值函数是对策略的评估，在策略有限时，可以对所有策略进行评估并选出最优策略，即

$$V(s) = \max_{\pi} V^{\pi}(s) \tag{8.1.7}$$

$$\pi = \arg\max_{\pi} V^{\pi}(s) \tag{8.1.8}$$

8.1.3　数学基础

1. 贝尔曼方程

根据状态值函数的表达式，推导贝尔曼方程，其意义在于当前状态的值函数可以通过下一状态的值函数来计算，即

$$\begin{aligned} V^{\pi}[s(t)] &= \mathbb{E}_{\pi}[R(t) \mid s(t) = s] = [r(t+1) + \gamma r(t+2) + \cdots \mid s(t) = s] \\ &= \mathbb{E}_{\pi}\{r(t+1) + \gamma[r(t+2) + \gamma r(t+3) + \cdots] \mid s(t) = s\} \\ &= \mathbb{E}_{\pi}[r(t+1) + \gamma R(t+1) \mid s(t) = s] \\ &= \mathbb{E}_{\pi}\{r(t+1) + \gamma V^{\pi}[s(t+1)] \mid s(t) = s\} \end{aligned} \tag{8.1.9}$$

同理，状态-动作值函数也有类似关系，即

$$Q^{\pi}[s(t),a(t)] = \mathbb{E}_{\pi}\{r(t+1) + \gamma Q^{\pi}[s(t+1),a(t+1)] \mid s(t) = s, a(t) = a\} \tag{8.1.10}$$

状态值函数的具体计算过程如图 8.3 所示，其中空心圆圈表示状态，实心圆圈表示状态-动作对。计算状态值函数的目的是构建学习算法，以从数据中得到最优策略。每个策略对应着一个状态值函数，最优策略对应着最优状态值函数。

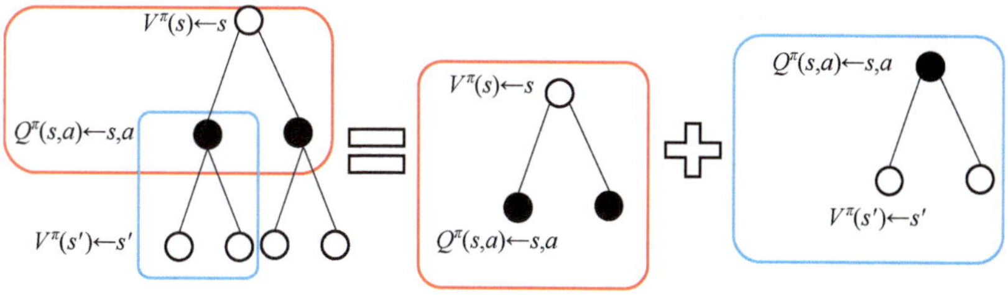

图 8.3　状态值函数的计算过程

2. 基于值函数的策略更新

由于值函数是对策略的评估，为了不断优化直至选出最优策略，一种可行的方法是依据值函数选取策略更新的方式。现介绍两种常见的策略更新方式。

(1) 贪婪策略

$$\pi^{*}(a \mid s) = \begin{cases} 1, & a = \arg\max_{a} Q^{\pi}(s,a) \\ 0, & \text{其他} \end{cases} \tag{8.1.11}$$

贪婪策略是一种确定性策略，即始终选取使值函数最大的策略。

(2) ε-贪婪策略

$$\pi^*(a|s) = \begin{cases} 1-\varepsilon+\dfrac{\varepsilon}{|A(s)|}, & a = \arg\max\limits_a Q^\pi(s,a) \\ \dfrac{\varepsilon}{|A(s)|}, & a \neq \arg\max\limits_a Q^\pi(s,a) \end{cases} \tag{8.1.12}$$

ε-贪婪策略平衡了探索和利用，即选取使值函数最大的动作的概率为 $1-\varepsilon+\varepsilon/|A(s)|$，其他动作的概率为 $\varepsilon/|A(s)|$，这是一种常用的随机策略。其他的策略还有高斯策略和基于玻尔兹曼分布的随机策略，在此不详述。

3. 基于模型的迭代方法

基于模型的强化学习可以用动态规划的思想来解决。利用动态规划解决问题需要满足以下两个条件。

1）整个优化问题可以分解为多个子优化问题。

2）子优化问题可解，而且解能够被存储和重复利用。

由贝尔曼方程知，马尔可夫决策过程满足动态规划的条件，因此动态规划的方法适用。常用的方法有策略迭代和值迭代。

8.1.4 策略迭代

策略迭代算法包括策略评估和策略改进两个步骤。策略评估，即在给定策略下，通过数值迭代算法不断计算每个状态的值函数；策略改进，即利用计算得到的值函数来更新策略，不断循环，直至收敛到最优策略，如图 8.4 所示。

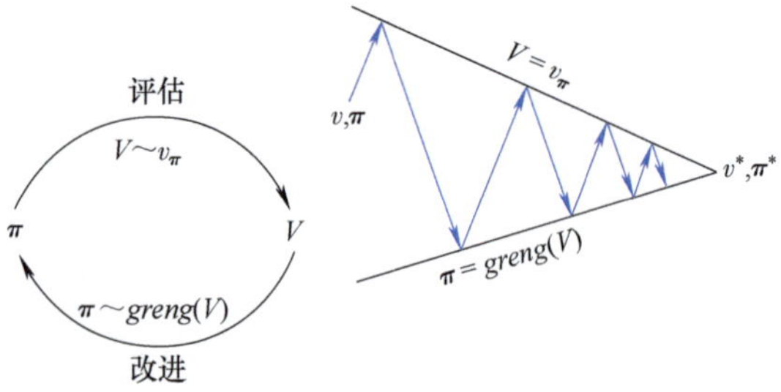

图 8.4　策略迭代算法

算法 8.1　策略迭代算法

输入：MDP 五元组 (S,A,P,r,γ)

初始化：$\forall s$、$\forall a$、$\pi(a|s) = \dfrac{1}{|A|}$

repeat

//策略评估

repeat

根据贝尔曼方程（式（8.1.9）），计算 $V^\pi(s)$

until $\forall s$，$V^\pi(s)$ 收敛

//策略改进

根据式（8.1.10），计算 $Q^\pi(s,a)$

$\forall s$，$\pi(a|s) = \arg\max\limits_a Q^\pi(s,a)$

until $\forall s$，$\pi(a|s)$ 收敛

输出：策略 π

8.1.5 值迭代

在策略迭代中策略评估和策略改进交替进行，其中策略评估内部还需要进行迭代（而事实上不必执行到完全收敛），因此计算量较大。值迭代将策略评估和策略改进两个过程整合在一起，直接计算出最优策略，如图 8.5 所示。

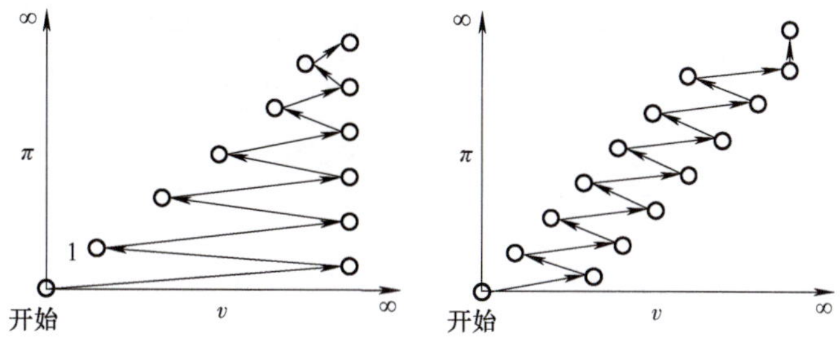

图 8.5 值迭代

根据贝尔曼方程，最优状态值函数 $V^*(s)$ 和最优状态–动作值函数 $Q^*(s,a)$ 进行的迭代计算为

$$V^*(s) = \max \mathbb{E}[r(t+1) + \gamma V^*(s(t+1))] \tag{8.1.13}$$

$$Q^*(s,a) = \mathbb{E}\{r(t+1) + \gamma \max_{a(t+1)} Q^*[s(t+1),a(t+1)]\} \tag{8.1.14}$$

此即贝尔曼最优方程，可通过迭代最优值函数来得到最优策略，充分体现了动态规划的思想。

算法 8.2 值迭代算法

输入：MDP 五元组 (S,A,P,r,γ)

初始化：$\forall s \in S$，$V^\pi(s) = 0$

repeat

$\forall s$, $V^\pi(s) \leftarrow \max_a E_{s' \sim p(s' \mid s,a)}[r(s,a,s') + \gamma V^\pi(s')]$

until $\forall s$，$V^\pi(s)$ 收敛

根据式（8.1.10），计算 $Q^\pi(s,a)$

$\forall s$，$\pi(s) = \arg\max_a Q^\pi(s,a)$

输出：策略 π

值迭代和策略迭代都是基于模型的强化学习算法，一方面要求模型完全已知，另一方面要求复杂度较小，因此实际应用的场合较少。

8.2 深度学习与强化学习

深度学习与强化学习虽然都属于人工智能领域，但是它们在理论基础、应用场景、方法论和技术特点等方面都有诸多差异。现通过对深度学习与强化学习的异同点进行全面深入的探讨，以期能够更好地理解这两个领域，为从事相关研究与开发的人员提供有益的参考。深度学习、机器学习与强化学习之间的关系如图 8.6 所示。

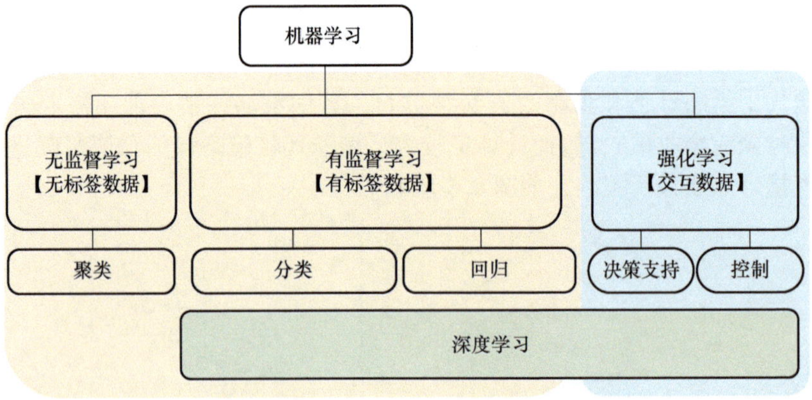

图 8.6　深度学习、机器学习与强化学习

深度学习是一种基于人工神经网络的机器学习方法，其主要特点是通过多层神经网络结构（即深度模型）来学习和提取数据的高阶特征，从而实现对复杂数据的有效表示和分类，如图 8.7所示。

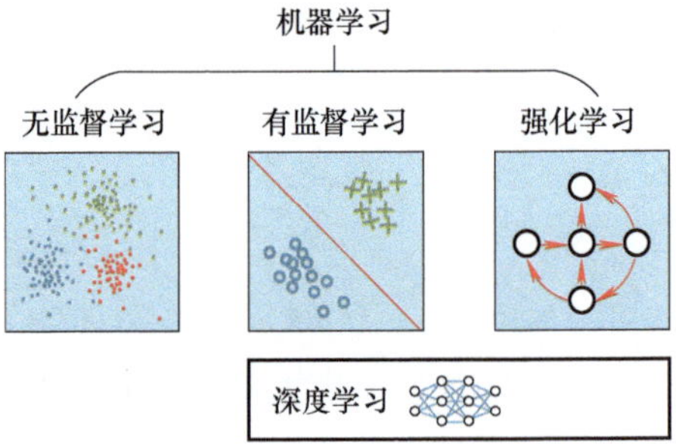

图 8.7　深度学习

强化学习是一种基于智能体与环境交互的学习方法，其主要特点是以目标导向的方式来进行学习和决策。在强化学习中，智能体通过与环境的交互来获得奖励信号，然后根据这些奖励信号来调整自身的行为策略，以便在环境中更好地实现目标任务，如图 8.8 所示。

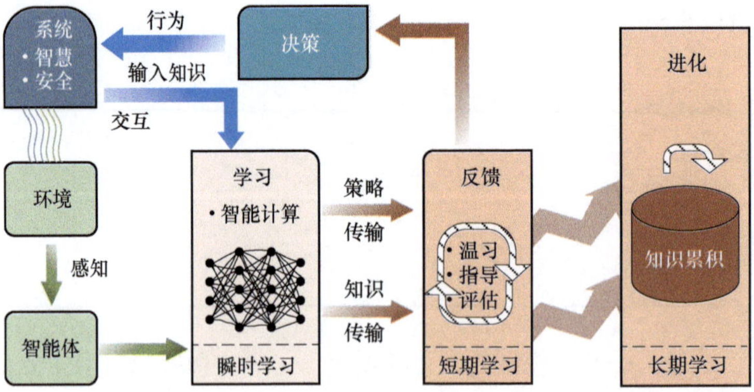

图 8.8　强化学习

8.2.1　深度学习与强化学习之不同

1）目标导向与特征提取。深度学习主要关注从原始数据中学习和提取高级特征表示；而强化学习则主要关注在目标导向的任务中通过与环境交互来优化行为策略。

2）数据驱动与奖励导向。深度学习主要受到大规模数据的驱动，通过对数据的学习来完成对目标任务的自动化实现；而强化学习则主要受到奖励信号的驱动，通过与环境的交互来实现对目标任务的自主决策和优化。

3）学习方式与算法原理。深度学习主要采用基于梯度下降的优化算法对模型参数进行更新与学习，强调学习过程中的数据驱动和模型拟合；而强化学习则主要采用基于值函数、策略梯度等方法进行决策优化，强调学习过程中的奖励信号和行为策略。

4）应用场景与技术特点。深度学习主要广泛应用于图像识别、语音识别、自然语言处理等领域，其技术特点是通过对大规模数据的学习完成对复杂任务的自动化实现，而强化学习则主要应用于机器人控制、自动驾驶、游戏策略等领域，其技术特点是通过与环境的交互实现对目标任务的自主优化。

8.2.2 深度学习与强化学习之结合

近年来，深度学习与强化学习的结合已成为人工智能领域的热点研究方向。这种结合主要体现在两个方面。一方面，在强化学习中引入深度学习，来实现更加复杂的状态空间和动作空间的表示与学习。另一方面，在深度学习中引入强化学习的奖励导向学习方式，来实现更具目标导向的任务优化。深度学习与强化学习的结合如图 8.9 所示。

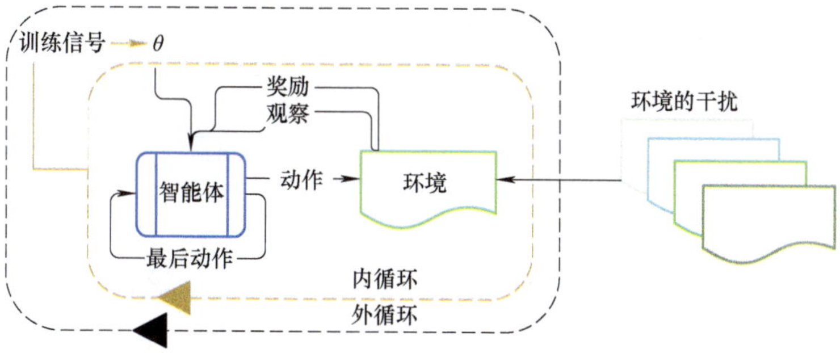

图 8.9 深度学习与强化学习的结合

深度强化学习（Deep Reinforcement Learning，DRL）是深度学习与强化学习的结合，其中深度学习主要用于对状态空间和动作空间的表示和学习，而强化学习主要用于对目标任务的优化。DRL 已经在一系列复杂任务中取得了显著的成效，如 AlphaGo、自动驾驶等。这表明，深度学习与强化学习的结合能够在复杂任务中实现更加具有普适性和自适应性的自主学习和决策。

总体来看，虽然深度学习与强化学习在基本原理、学习方式、算法原理、应用场景和技术特点等方面都存在着一定的差异，但它们也有诸多联系和共同之处。通过对它们的异同进行深入研究和探讨，能为人工智能领域的发展提供有益的启发和参考。

8.3 基于值函数的深度强化学习

在 8.1.3 节简单介绍了基于值函数的学习方法。最初的深度强化学习就是将近似的函数用一个深度神经网络来替代。类似于监督学习，通过一些训练样本（智能体和环境交互得到的数据）来模拟一个功能（值函数近似）。深度 Q 学习（Deep Q-Learning，DQL）是第一个将传统强化学习和深度学习结合的算法。之后的很多深度强化学习算法都是对深度 Q 学习算法的改进。

8.3.1　深度 Q 学习

第一个深度强化学习方法是深度 Q 网络（Deep Q-Network，DQN）。DQN 是深度神经网络和强化学习的融合。

使用非线性函数（例如神经网络）近似状态 - 动作值函数时，强化学习被认为是不稳定甚至难以收敛的。因为采集到的一系列数据之间存在关联，所以对于 Q 函数极小的改变都会显著改变策略进而改变数据分布，导致 Q 函数和目标值之间存在关联。深度 Q 学习通过使用经验回放和独立的目标网络来解决不稳定的问题。其中，经验回放用来随机抽取数据，以打破数据之间的关联，平滑数据分布的变化；而独立的目标网络指目标值和 Q 函数采用不同的参数表示，确保参数的更新频率不同，以减少两者之间的相关性。

在深度 Q 学习中，使用深度卷积神经网络（如图 8.10 所示）参数化一个值函数的近似函数 $Q(s,a;\boldsymbol{w}_i)$，并将该网络称为 Q 网络，其中 $\boldsymbol{w}_i$ 是第 i 次迭代时 Q 网络的权重。在图 8.10 中，神经网络的输入是经过预处理的 84×84×4 图像，然后是两个卷积层（注意，蛇形线表示每个卷积核在输入图像上的滑动）和两个全连接层（用来单独输出每个有效动作）。每个隐藏层之后均连接非线性修正函数 $\max(0,x)$。

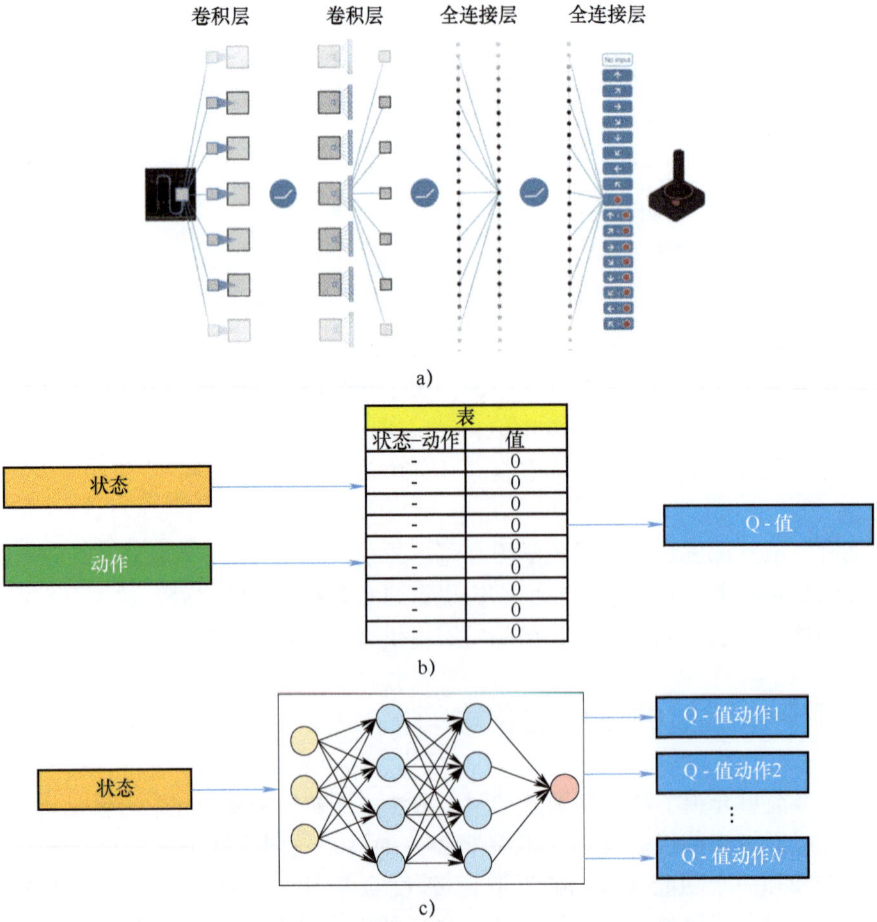

图 8.10　DQN 中的 Q 网络

a）一般深度 Q 网络　b）Q-学习　c）深度 Q 学习

经验回放需要一个存储智能体经验的数据集 $D(t)=\{e(1),e(2),\cdots,e(t)\}$，其中每一步经验 $e(t)=\{s(t),a(t),r(t),s(t+1)\}$，包括当前的状态、动作、回报和下一个状态。在深度 Q 学习中，应用 Q 学习的更新方法，在存储的样本数据集中随机均匀采样一批数据 $\{s(t),a(t),r(t),s(t+1)\}$，并将其称为小批量。Q 学习更新的损失函数为

$$Loss_i[\boldsymbol{w}(i)]=\mathbb{E}_{(s,a,r,s')\sim U(D)}\{r+\gamma\max_{a'}\hat{Q}[s',a';\boldsymbol{w}^-(i)]-Q[s,a;\boldsymbol{w}(i)]^2\} \tag{8.3.1}$$

在 Q 学习更新中，有两个网络：一个是 Q 网络 $Q(s,a;\boldsymbol{w}(i))$，其中 $\boldsymbol{w}(i)$ 是第 i 次迭代时 Q 网络的参数；另一个是目标网络 $\hat{Q}(s',a';\boldsymbol{w}^-(i))$，其中 $\boldsymbol{w}^-(i)$ 是第 i 次迭代时用来计算目标网络的参数。$\boldsymbol{w}(i)$ 和 $\boldsymbol{w}^-(i)$ 的更新频率不同。目标网络的参数 $\boldsymbol{w}^-(i)$ 每隔 C 步才会跟随 Q 网络的参数 $\boldsymbol{w}(i)$ 更新一次，其他时间都是固定的；而 Q 网络的参数 $\boldsymbol{w}(i)$ 每一步都会更新。Q 学习的更新过程就是参数 $\boldsymbol{w}(i)$ 的更新过程，Q 网络可以通过调整参数 $\boldsymbol{w}(i)$ 来最小化损失函数进行训练。使用 $\hat{\mathrm{Q}}$ 网络产生 $\hat{\mathrm{Q}}$ 学习时间差分（Temporal Difference，TD）的目标 $Y(j)=r+\gamma\max_{a'}\hat{Q}[s',a';\boldsymbol{w}^-(i)]$。使用较旧的参数集生成目标时，会在更新 Q 网络的时间与更新 $Y(j)$ 的时间之间增加延迟，从而解决了强化学习不收敛或振荡的问题。由梯度下降法优化损失函数，即

$$\nabla_{w_i}Loss_i[\boldsymbol{w}(i)]=\mathbb{E}_{(s,a,r,s')}\{[r+\gamma\max_{a'}\hat{Q}(s',a';\boldsymbol{w}^-(i))-Q(s,a;\boldsymbol{w}(i))]\nabla_{w_i}Q[s,a;\boldsymbol{w}(i)]\} \tag{8.3.2}$$

具有经验回放的深度 Q 学习算法如算法 8.3 所示。首先，对回放经验 D 和两个网络进行初始化。从第 2 行开始循环实验，对于每一次实验，实施步骤如下：初始化每一次实验的初始状态 $s(1)$ 和预处理后得到状态对应的特征输入 $\boldsymbol{\Phi}(1)$，$\boldsymbol{\Phi}$ 为 Q 网络的输入。对于每一步 t：使用 ε-贪婪策略选择动作 $a(t)$；然后，执行动作 $a(t)$，观察回报 $r(t)$ 和图像 $x(t+1)$；转移至下一状态 $s(t+1)$，同时得到状态对应的特征输入 $\boldsymbol{\Phi}(t+1)$；将本次经验 $[\boldsymbol{\Phi}(t),a(t),r(t),\boldsymbol{\Phi}(t+1)]$ 存储在回放经验 D 中；从 D 中均匀随机采样一批经验，用 $[\boldsymbol{\Phi}(j),a(j),r(j),\boldsymbol{\Phi}(j+1)]$ 表示；如果到达实验的终止状态，目标值设置为 $r(j)$，否则利用目标网络 $\hat{Q}[\boldsymbol{\Phi}(j+1),a';\boldsymbol{w}^-(i)]$ 计算目标值；对 $\{Y(j)-Q[\boldsymbol{\Phi}(j),a;\boldsymbol{w}(i)]\}^2$ 执行梯度下降，以更新 Q 网络的参数 $\boldsymbol{w}$；每隔 C 步利用 $\boldsymbol{w}$ 更新 $\hat{\mathrm{Q}}$ 网络参数 $\boldsymbol{w}^-$。第 14 行表示结束每一次实验的循环，第 15 行表示结束所有循环。

算法 8.3　具有经验回放的深度 Q 学习算法

```
初始化容量为 N 的回放经验 D
初始化具有随机权重 w 的网络 Q
初始化目标网络 Q̂，权重 w⁻ = w
对于每一次实验，实施以下步骤：
    初始化序列 s(1) = {x(1)} 和预处理序列 Φ(1) = Φ{s(1)}
    对于 1 ≤ t ≤ T，执行以下步骤：
        以概率 ε 随机选择动作 a(t)
        否则选择动作 a(t) = arg max_a Q{Φ[s(t)],a;w}
        在仿真器中执行动作 a(t)，观察回报 r(t) 和图像 x(t+1)
        设置 s(t+1) = [s(t),a(t),x(t+1)] 和预处理 Φ(t+1) = Φ[s(t+1)]
        在回放经验 D 中存储经验 [Φ(t),a(t),r(t),Φ(t+1)]
```

从 D 中均匀随机采样小批量经验 $[\Phi(j), a(j), r(j), \Phi(j+1)]$

设置

$$Y(j) = \begin{cases} r(j), & \text{如果本次实验终止在 } j+1 \text{ 步} \\ r(j) + \gamma \max_{a'} \hat{Q}[\Phi(j+1), a'; \boldsymbol{w}^-(i)], & \text{其他} \end{cases}$$

更新网络参数 $\boldsymbol{w}$，对 $\{Y(j) - Q[\Phi(j), a; \boldsymbol{w}(i)]\}^2$ 执行梯度下降

每隔 C 步重置 $\hat{Q}$ 的参数 $\boldsymbol{w}^-$

结束一次实验循环

训练结束

8.3.2 DQN 与 Q 学习的区别

为了更好地理解 DQN 与 Q 学习的区别，以图文形式表示 DQN 算法流程，如图 8.11 所示。

DQN 算法基本沿袭了 Q 学习的思想，只不过为了能够与深度神经网络结合，做了如下改进。

1）图 8.11 中的第⑤步增加了记忆库。记忆库的作用是用于重复学习，正如同背单词，要重复背才能够记得深刻。

2）图 8.11 中的第 8.3 步利用神经网络计算 Q 值。这一步的思想和 Q 学习是一致的，利用预测网络计算预测值，利用目标网络计算目标值，两者之间的误差，用来更新预测网络的参数。

3）图 8.11 的第 8.2 步暂时冻结目标网络。由于在强化学习中，连续获得的观测值之间往往是有相关性的。比如，今天背的单词中很有可能有一部分是昨天背的单词。为了消除这种数据之间的相关性，需要复制一份大脑 Y 出来，即为目标网络，其结构与现实的大脑 X 是一样的，但是不会每一步都更新。那么，当大脑 X 在遇到十天前记的单词时，就可以用十天前复制的大脑 Y 来检验预测的单词释义到底对不对。也就是说，目标网络用来检验预测网络的 Q 值是否正确，如果不正确，就更新预测网络的参数。

8.3.3 改进深度 Q 网络

在 2015 年提出 DQN 后，后续研究者们针对其中存在的不足进行了改进。例如，通过使用多网络，解决 Q 值的过估计问题；采用更高效的抽样机制提高数据利用率等。基于 DQN 的衍生网络有很多，这里只简单介绍以下几种。

1. 双深度 Q 网络（Double DQN）

在标准的 Q 学习和深度 Q 学习中，使用相同的值函数来选择和评估动作，直接选取目标网络中下一个状态各个动作对应的 Q 值中最大的 Q 值来更新目标值，这会造成过估计问题。过估计是学习中固有的问题，其估计的值函数的值比真实值大，原因是 Q 学习中采用了最大化操作。如果过估计在每个状态中不是均匀分布的，这会导致次优解的存在。为此，Hasselt 提出了双 Q 学习（Double Q-Learning）的方法。双 Q 学习可以将目标中的最大化操作分解为选择动作和评估动作，并使用不同的值函数，分别用 $\boldsymbol{w}$ 和 $\boldsymbol{w}'$表示，以解决过估计问题。双 Q 学习的目标值为

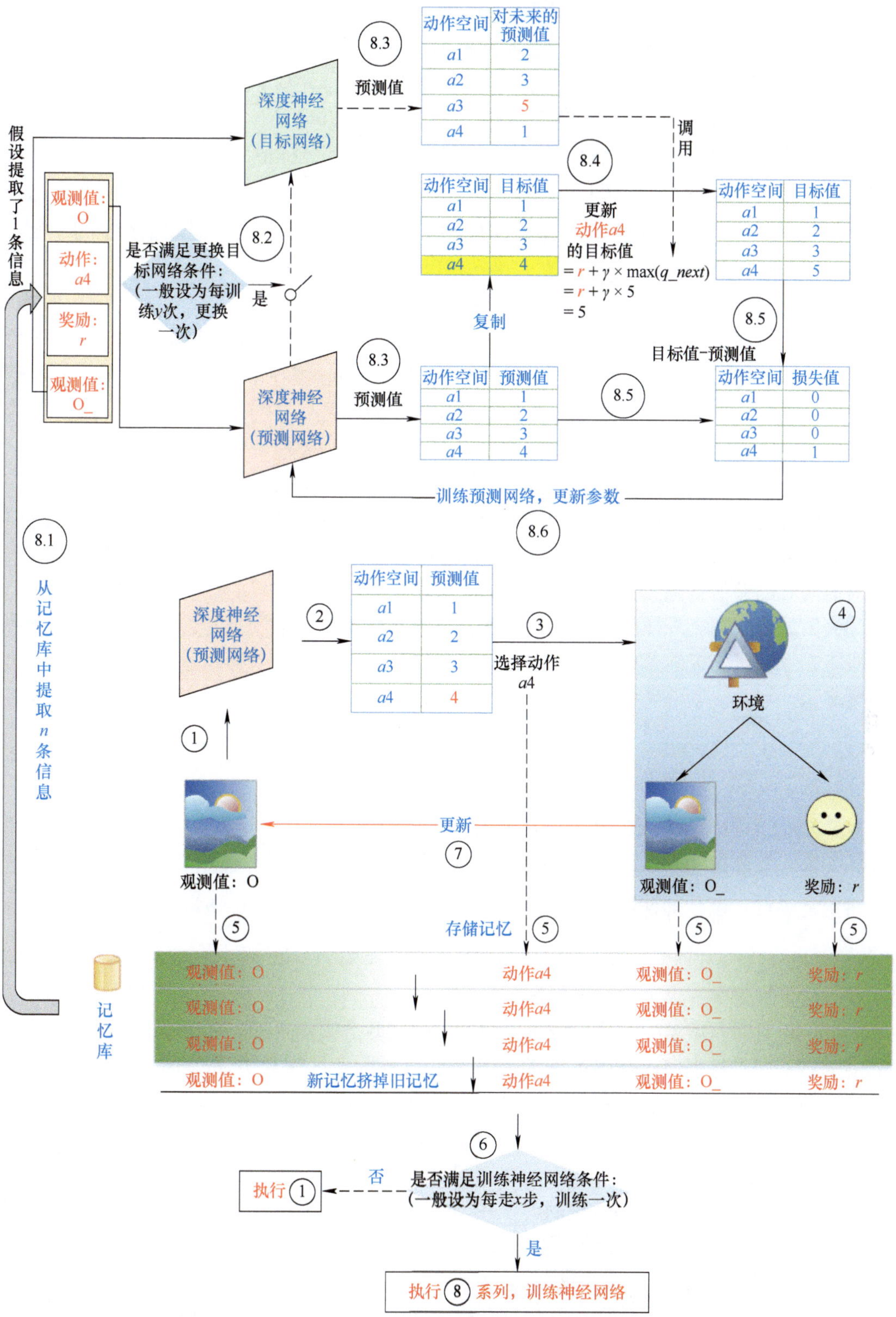

图 8.11　DQN 算法流程

$$Y^{\text{DoubleQ}}(t) = R(t+1) + \gamma Q(S(t+1), \arg\max_a Q[S(t+1), A; \boldsymbol{w}(t)), \boldsymbol{w}'(t)] \tag{8.3.3}$$

在每一次更新时，$\boldsymbol{w}$ 是 Q 网络的参数，根据贪婪策略选取当前 Q 网络中最大 Q 值对应的动作；$\boldsymbol{w}'$是目标网络的参数，用于对当前的贪婪策略进行评估。此时，目标网络的参数不一定是最大的，从而在一定程度上避免了过估计。

将双 Q 学习的思想运用在 DQN 中即可得到双 DQN，其目标值为

$$Y^{\text{DoubleDQN}}(t) = R(t+1) + \gamma Q(S(t+1), \arg\max_a Q(S(t+1), A; \boldsymbol{w}(t)), \boldsymbol{w}^-(t)) \tag{8.3.4}$$

与双 Q 学习相比，$\boldsymbol{w}'$被双 DQN 中目标网络的参数 $\boldsymbol{w}^-$代替，用于对当前的贪婪策略进行评估。目标网络的更新与 DQN 一致，并且是周期性更新。

2. 优先回放 DQN

实际上，DQN 算法在经验回放中只存储最后 N 个经验元组。当执行更新时，从回放经验中随机均匀采样。然而，这种方法也有限制。例如，经验缓存中没有区分经验的重要性，同时由于存储空间有限，最新的经验会覆盖之前的经验。此外，均匀采样将所有经验视作同等重要，而更复杂的采样策略可以学习到更多重要的经验，类似于优先回放。将优先回放与 DQN 结合，与采用均匀回放的 DQN 相比，优先回放 DQN 表现更优异。

优先回放的一个重要内容是衡量每个经验的重要性。智能体在当前状态从某个经验中学习的信息量可以作为重要性的指标，由 TD 偏差作为衡量标准。TD 偏差越大，该状态的 TD 目标与值函数的差值就越大，智能体在当前状态从某个经验中学习的信息也就越多。

优先回放采用随机采样的方法，在纯贪婪采样和均匀随机采样之间进行插值。为了确保采样概率在经验优先级中是单调的，同时保证最低优先级经验的采样概率不为零，经验 i 的采样概率为

$$P(i) = \frac{p^\alpha(i)}{\sum_i p^\alpha(i)} \tag{8.3.5}$$

式中，$p^\alpha(i)$是经验 i 的优先级，指数 α 表明优先级的使用程度，$\alpha = 0$ 时表示均匀采样。第一种优先级的变体由 TD 偏差决定，即 $p(i) = |\delta(i)| + \varepsilon$，$\varepsilon$ 用于确保 TD 偏差为 0 时的经验也可以被采样；第二种优先级的变体由 TD 偏差 $\delta(i)$ 的排序决定，即 $p(i) = \frac{1}{\text{rank}(i)}$，其中 $\text{rank}(i)$ 是经验 i 在回放经验中根据 $\delta(i)$ 的排序。这两种变体方法都是误差单调的，但是第二种方法更加稳健，因为它对异常值不敏感。

随机更新对动作值函数的估计依赖于对动作值函数分布的更新。因为采样分布与动作值函数的分布不同，优先回放会引入偏差，并改变估计收敛的解决方案（即使策略和状态分布是固定的）。可以通过使用重要性采样权重来纠正这种偏差，即

$$w(i) = \left[\frac{1}{N} \cdot \frac{1}{P(i)}\right]^\beta \tag{8.3.6}$$

该权重参数将在 Q 网络参数更新时使用 $w(i)\delta(i)$ 代替 $\delta(i)$。为了稳定性，将权重标准化为 $w(i)/\max_i w(i)$，这样只会向下进行更新。

当把非线性函数逼近与优先回放结合使用时，重要性采样的另一个好处是，优先级采样可以确保多次采样到高偏差的经验。同时，重要性采样可以校正并减小梯度幅度，从而减小参数空间中的有效步长。

将优先回放嵌入双 DQN 中，并用随机优先和重要性采样代替双 DQN 中的均匀随机采样。具有优先回放的双 DQN 如算法 8.4 所示。首先，输入小批量 k、经验回放库 H、回放周期 K、间隔周期 C 以及总时间 T；初始化 H 为空，权重改变量 $\Delta=0$，经验的采样概率 $p(1)=1$。观察初始状态 $S(0)$，根据策略 π_0 选择动作 A_0。时间从 $t=1$ 到 T 进入循环：采取动作 A 与环境交互，得到环境返回的观测值 $s(t)$、$r(t)$、$\gamma(t)$；在经验回放库 H 中存储经验 $[s(t-1),a(t-1),r(t),\gamma(t),s(t)]$，其优先级 $p(t)=\max\limits_{i<t}p(i)$。每隔 K 步进行回放，采样 k 个经验进入循环：根据概率分布 $P(j)=p^{\alpha}(j)/\sum\limits_{j}p^{\alpha}(j)$ 采样一个经验；计算经验的重要性权重 $w(j)=[NP(j)]^{-\beta}/\max\limits_{j}w(j)$；计算 TD 偏差 $\delta(j)=r(j)+\gamma(j)Q_{\text{target}}\{s(j),\arg\max\limits_{a}Q[s(j),a(j)]\}-Q[s(j-1),a(j-1)]$；根据 $|\delta(j)|$ 更新经验优先级；累积权重改变量 $\Delta\leftarrow\Delta+w(j)\delta(j)\nabla_w Q[s(j-1),a(j-1)]$。采样并处理完 k 个经验，更新权重 $\boldsymbol{w}\leftarrow\boldsymbol{w}+H\Delta$。每隔 C 步将权重 w 复制给目标网络权重 $\boldsymbol{w}_{\text{target}}$，结束一次更新。根据新的策略 $\pi_t[S(t)]$ 选择动作 A_t。执行新的动作，得到环境反馈，进入时间 t 的下一个循环。

算法 8.4　具有优先回放的双 DQN 算法

输入：小批量 k、经验回放库 H、回放周期 K、间隔周期 C、总时间 T
初始化经验回放库 $H=\varnothing$、$\Delta=0$、$p(1)=1$
观察 $S(0)$，选择 $A_0\sim\pi_0\ [S(0)]$
For $t=1{:}T$ Do
　观测 $s(t)$、$r(t)$、$\gamma(t)$
　在 H 中存储具有最大优先级 $p(t)=\max\limits_{i<t}p(i)$ 的经验 $[s(t-1),a(t-1),r(t),\gamma(t),s(t)]$
　If $t=0\bmod K$ Then
　　For $j=1{:}k$ Do
　　采样经验 $j\sim P(j)=p^{\alpha}(j)/\sum\limits_{j}p^{\alpha}(j)$
　　计算重要性采样权重 $w(j)=[NP(j)]^{-\beta}/\max\limits_{j}w(j)$
　　计算 TD 偏差
　　$\delta(j)=r(j)+\gamma(j)Q_{\text{target}}\{s(j),\arg\max\limits_{a}Q[s(j),a(j)]\}-Q[s(j-1),a(j-1)]$
　　更新经验优先级
　　累积权重改变量 $\Delta\leftarrow\Delta+w(j)\delta(j)\nabla_w Q[s(j-1),a(j-1)]$
　End For
　更新权重 $\boldsymbol{w}\leftarrow\boldsymbol{w}+H\Delta$
　If，$t=C$ Then
　　将权重复制到目标网络中 $\boldsymbol{w}_{\text{target}}\leftarrow\boldsymbol{w}$
　选择动作 $A_t\sim\pi_t(S(t))$
　End For

3. 竞争 DQN

竞争 DQN 在网络结构上改进了 DQN，将状态 – 动作值函数 $Q^{\pi}(s,a)$ 分解为与动作无关

的状态值函数 $V^{\pi}(s)$ 和依赖于状态的动作优势函数，即 $A^{\pi}(s,a)$。优势函数可以表现出当前行动和平均表现之间的差异，其期望为0。如果优于平均表现，那么优势函数为正，反之则为负。在许多动作的值函数相似的情况下，竞争 DQN 可以促进更好的策略评估。

如图 8.12 所示，图 8.12a 是一般的 DQN 结构，即输入层接三个卷积层后，再接两个全连接层，输出为每个动作的 Q 值；图 8.12b 是竞争 DQN 结构，即将卷积层提取的抽象特征分流到两个支路中，分别估计状态值（标量）和每个动作的优势，然后将它们组合得到 Q 函数，两个支路都为每个动作输出 Q 值。

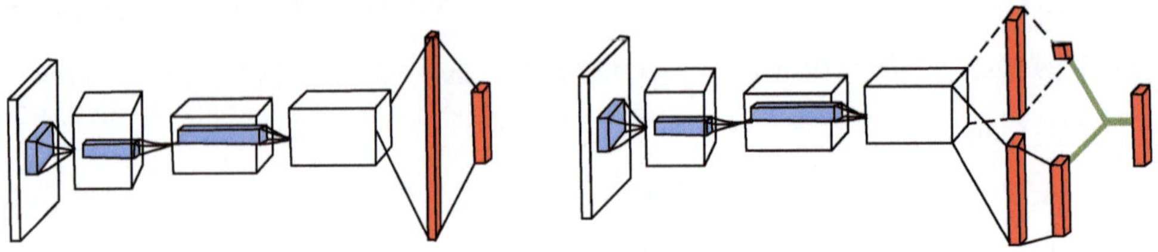

a)　　　　b)

图 8.12　DQN 结构与竞争 DQN 结构

a）DQN 结构　b）竞争 DQN 结构

竞争 DQN 的一个支路的全连接层输出标量 $V(s;\boldsymbol{w},\beta)$，另一个支路的全连接层输出 $|A|$ 维向量，即 $A(s,a;\boldsymbol{w},\alpha)$。其中，$\boldsymbol{w}$ 表示两部分共有的卷积神经网络的参数，α 和 β 则是两部分独有的全连接层的参数。使用优势定义，构建聚合模型为

$$Q(s,a;\boldsymbol{w},\alpha,\beta) = V(s;\boldsymbol{w},\beta) + A(s,a;\boldsymbol{w},\alpha) \tag{8.3.7}$$

在给定 Q 的基础上，式（8.3.7）是不可识别的，不能唯一地恢复状态值函数和优势函数。如果在 $V(s;\boldsymbol{w},\beta)$ 中加一个常数，并从 $A(s,a;\boldsymbol{w},\alpha)$ 中减去相同的常数，该常数抵消会导致出现相同的 Q 值。为了解决不可识别问题，可以强制使优势函数估计器在所选择的操作中没有任何优势，让网络的最后一个模块实现前向映射，即

$$Q(s,a;\boldsymbol{w},\alpha,\beta) = V(s;\boldsymbol{w},\beta) + \left[A(s,a;\boldsymbol{w},\alpha) - \max_{a'\in A} A(s,a';\boldsymbol{w},\alpha)\right] \tag{8.3.8}$$

对于最优动作 $a^* = \arg\max_{a'\in A} Q(s,a';\boldsymbol{w},\alpha,\beta) = \arg\max_{a'\in A} A(s,a';\boldsymbol{w},\alpha)$，可以得到 $Q(s,a^*;\boldsymbol{w},\alpha,\beta) = V(s;\boldsymbol{w},\beta)$。这样，可以确保 $V(s;\boldsymbol{w},\beta)$ 是对值函数的估计，$A(s,a;\boldsymbol{w},\alpha)$ 是对优势函数的估计。一个替代模块（用求平均值代替式（8.3.8）中的取最大值的操作）可表示为

$$Q(s,a;\boldsymbol{w},\alpha,\beta) = V(s;\boldsymbol{w},\beta) + \left[A(s,a;\boldsymbol{w},\alpha) - \frac{1}{|A|}\sum_{a'} A(s,a';\boldsymbol{w},\alpha)\right] \tag{8.3.9}$$

一方面，因为 V 和 A 因一个常数而偏离目标，所以失去了其原始语义；另一方面，它对优势函数进行了去中心化处理，增加了优化的稳定性。将优势函数设置为单独的优势函数减去某个状态下所有动作的优势函数的平均值，可以保证该状态下各动作的优势值及 Q 值的相对等级不变。由于竞争 DQN 不是独立的算法，而是神经网络算法中的一种，因此对竞争 DQN 的训练仅需要通过反向传播来完成。由于竞争 DQN 与 DQN 共享输入输出，因此可由循环 Q 网络的学习算法来训练竞争 DQN。

4. 深度递归 Q 网络

DQN 最初应用于机器人游戏领域，基于智能体感知的最后四个游戏状态相对应的视觉信息来决定下一个最佳动作。因此，该算法无法掌握完整的游戏状态，无法解决部分观测的

问题。为此，深度递归 Q 网络（Deep Recurrent Q-Network，DRQN）将每一次输入由四帧画面减少为一帧画面，并用一个 LSTM 替换 DQN 中卷积神经网络的第一个全连接层，其输出经过一个全连接层之后即为每个动作的 Q 值。由此产生的深度递归 Q 网络（如图 8.13 所示）虽然在每个时间步长只能看到一帧画面，但是能够在时间上成功地整合信息，并在标准的 Atari 游戏中表现出优于 DQN 的性能。

（1）LSTM

LSTM 模型是 RNN 的一种改进，通过在 RNN 上增加输入门、输出门、遗忘门和记忆单元，拥有学习信号时序特征和有效处理长序列数据的能力。

LSTM 的数学描述为

$$\boldsymbol{i}(k)=\sigma[\boldsymbol{W}_{ix}\boldsymbol{x}(k)+\boldsymbol{W}_{ih}\boldsymbol{h}(k-1)+b_i] \tag{8.3.10}$$

$$\boldsymbol{f}(k)=\sigma[\boldsymbol{W}_{fx}\boldsymbol{x}(k)+\boldsymbol{W}_{fh}\boldsymbol{h}(k-1)+b_f] \tag{8.3.11}$$

$$\boldsymbol{o}(k)=\sigma[\boldsymbol{W}_{ox}\boldsymbol{x}(k)+\boldsymbol{W}_{oh}\boldsymbol{h}(k-1)+b_o] \tag{8.3.12}$$

$$\boldsymbol{g}(k)=\sigma[\boldsymbol{W}_{gx}\boldsymbol{x}(k)+\boldsymbol{W}_{gh}\boldsymbol{h}(k-1)+b_g] \tag{8.3.13}$$

$$\boldsymbol{c}(k)=\boldsymbol{f}(k)\boldsymbol{c}(k-1)+\boldsymbol{i}(k)\boldsymbol{g}(k) \tag{8.3.14}$$

$$\boldsymbol{h}(k)=\boldsymbol{o}(k)\mathrm{Tanh}\boldsymbol{c}(k) \tag{8.3.15}$$

式中，$\boldsymbol{x}(k)$、$\boldsymbol{h}(k)$分别表示 k 时刻的输入和输出；$\boldsymbol{h}(k-1)$为前一时刻的输出；$\boldsymbol{c}(k)$为单元记忆状态，$\boldsymbol{c}(k-1)$为前一时刻的单元记忆状态；$(\boldsymbol{W}_{ix},\boldsymbol{W}_{ih},b_i)$、$(\boldsymbol{W}_{fx},\boldsymbol{W}_{fh},b_f)$、$(\boldsymbol{W}_{ox},\boldsymbol{W}_{oh},b_o)$和$(\boldsymbol{W}_{gx},\boldsymbol{W}_{gh},b_g)$分别表示输入门 $\boldsymbol{i}(k)$、遗忘门 $\boldsymbol{f}(k)$、输出门 $\boldsymbol{o}(k)$ 和候选单元值 $\boldsymbol{g}(k)$的权重矩阵和偏置矩阵；σ 为 Sigmoid 激活函数，Tanh 为双曲正切激活函数。LSTM 神经网络的损失函数为

$$L(\boldsymbol{W},\boldsymbol{b})=\frac{1}{N}\sum_{k=1}^{N}\boldsymbol{E}^2(k),\ \boldsymbol{E}(k)=\boldsymbol{y}(k)-\boldsymbol{h}(k)\big|_{\boldsymbol{W},\boldsymbol{b}} \tag{8.3.16}$$

为解决样本数较小时 LSTM 网络存在欠拟合的问题，引入局部加权回归。依据非参数学习的理论，利用核函数建立误差与样本特征之间的非线性映射关系，为不同的样本分配差异权重，可以降低欠拟合的发生概率，增强 LSTM 神经网络的泛化性能。

局部加权 LSTM（Local Weighted LSTM，LWLSTM）神经网络通过核函数对 LSTM 神经网络的损失函数和反向传播权重$\boldsymbol{W}_f$、$\boldsymbol{W}_i$、$\boldsymbol{W}_o$ 和$\boldsymbol{W}_c$ 的偏导进行局部加权，即

$$\frac{\partial \boldsymbol{E}(k)}{\partial \boldsymbol{W}_f}=\frac{\partial \boldsymbol{E}(k)}{\partial \boldsymbol{h}(k)}\cdot\frac{\partial \boldsymbol{h}(k)}{\partial \boldsymbol{c}(k)}\cdot\frac{\partial \boldsymbol{c}(k)}{\partial \boldsymbol{f}(k)}\cdot\frac{\partial \boldsymbol{f}(k)}{\partial \boldsymbol{W}_f}=r\{\delta[\boldsymbol{f}(k)]\cdot\boldsymbol{f}(k)\cdot[1-\boldsymbol{f}(k)]\}[\boldsymbol{x}(k)]^{\mathrm{T}} \tag{8.3.17}$$

$$\frac{\partial \boldsymbol{E}(k)}{\partial \boldsymbol{W}_i}=\frac{\partial \boldsymbol{E}(k)}{\partial \boldsymbol{h}(k)}\cdot\frac{\partial \boldsymbol{h}(k)}{\partial \boldsymbol{c}(k)}\cdot\frac{\partial \boldsymbol{c}(k)}{\partial \boldsymbol{i}(k)}\cdot\frac{\partial \boldsymbol{i}(k)}{\partial \boldsymbol{W}_i}=r\{\delta[\boldsymbol{i}(k)]\cdot\boldsymbol{i}(k)\cdot[1-\boldsymbol{i}(k)]\}[\boldsymbol{x}(k)]^{\mathrm{T}} \tag{8.3.18}$$

$$\frac{\partial \boldsymbol{E}(k)}{\partial \boldsymbol{W}_o}=\frac{\partial \boldsymbol{E}(k)}{\partial \boldsymbol{h}(k)}\cdot\frac{\partial \boldsymbol{h}(k)}{\partial \boldsymbol{o}(k)}\cdot\frac{\partial \boldsymbol{o}(k)}{\partial \boldsymbol{W}_o}=r\{\delta[\boldsymbol{o}(k)]\cdot\boldsymbol{o}(k)\cdot[1-\boldsymbol{o}(k)]\}[\boldsymbol{x}(k)]^{\mathrm{T}} \tag{8.3.19}$$

$$\frac{\partial \boldsymbol{E}(k)}{\partial \boldsymbol{W}_c}=\frac{\partial \boldsymbol{E}(k)}{\partial \boldsymbol{h}(k)}\cdot\frac{\partial \boldsymbol{h}(k)}{\partial \boldsymbol{c}(k)}\cdot\frac{\partial \boldsymbol{c}(k)}{\partial \tilde{\boldsymbol{c}}(k)}\cdot\frac{\partial \tilde{\boldsymbol{c}}(k)}{\partial \boldsymbol{W}_c}=r\{\delta[\tilde{\boldsymbol{c}}(k)]\cdot[1-(\tilde{\boldsymbol{c}}(k))^2]\}[\boldsymbol{x}(k)]^{\mathrm{T}} \tag{8.3.20}$$

LWLSTM 神经网络的损失函数为

$$L(\boldsymbol{W},b)=\frac{1}{N}\sum_{k=1}^{N}r^{2}[\boldsymbol{E}(k)] \tag{8.3.21}$$

式中，r 是核函数依据误差赋予不同样本的权重，权重大小与误差大小成反比，从而使预测值 $\boldsymbol{h}(k)$ 更接近真实值 $\boldsymbol{y}(k)$。

注意：核函数对网络性能有影响，可通过实验选取核函数。

如果选择高斯核函数对 LWLSTM 神经网络进行加权，则

$$r(i,i)=\exp\left(\frac{|\hat{y}(i)-y(i)|}{-2q^{2}}\right) \tag{8.3.22}$$

式中，$\hat{y}(i)$ 为网络输出值；$y(i)$ 为数据集标签值；q 是控制函数宽度范围的参数，影响核函数的径向作用大小以及每个样本的权重大小，可以降低拟合现象的出现。

(2) 深度递归 Q 网络

深度递归 Q 网络如图 8.13 所示。

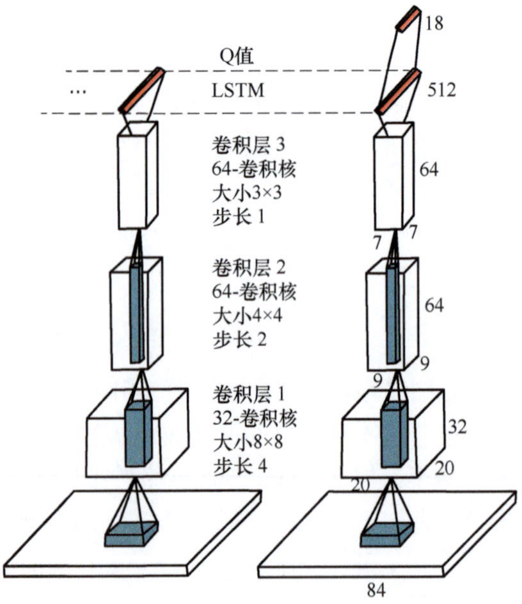

图 8.13　深度递归 Q 网络

5. 深度注意力递归 Q 网络

将注意力机制引入 DRQN 进行扩展，得到深度注意力递归 Q 网络（Deep Attention Recurrent Q-Network，DARQN)，如图 8.14 所示。其中，注意力机制可以帮助智能体在做决策时关注输入图像中相关性较小的信息区域，减少整个结构的参数，从而加速训练和测试过程。与 DARQN 相比，DARQN 的 LSTM 层存储的数据不仅用于下一个动作的选择，也用于选择下一个关注的区域。在 DARQN 的结构中，CNN 用于接收视觉图像并得到 D 个大小为 $M\times M$ 的特征图；注意力网络将特征图转换为包含 $M\times M$ 个 D 维向量的输入，输出为向量中元素的线性组合 $\boldsymbol{z}(t)$；LSTM 使用 $\boldsymbol{z}(t)$、上一个隐藏状态 $h(t-1)$ 和记忆库中选取的状态 $c(t-1)$ 计算 Q 值并产生新的隐藏状态 $h(t)$，如图 8.14 所示。

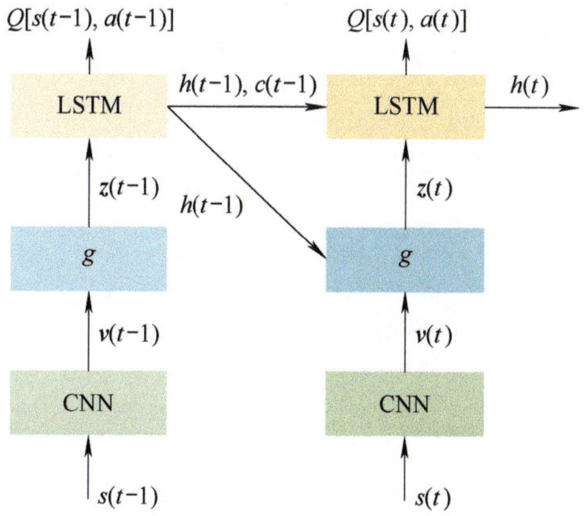

图 8.14　DARQN

（1）工作过程

每个时间 t，CNN 接收当前状态（一帧），然后生成特征图（每一张大小都是 $M \times M$，总共 D 个特征图）。然后注意力网络的输入为这些特征图的向量集合 $\boldsymbol{v}(t)=\{\boldsymbol{v}^1(t),\boldsymbol{v}^2(t),\cdots,\boldsymbol{v}^L(t)\}$，其中 $\boldsymbol{v}^i(t)\in\boldsymbol{R}^D$，且 $\boldsymbol{v}^i(t)$ 是 D 维的，这说明经过注意力机制后，不同特征图上同一位置的特征被放在了同一个向量中，即 $\boldsymbol{v}^i(t)$ 中每一个元素都是不同特征图上的同一个点，$L=M\times M$。注意力网络的输出为这些向量中元素的线性组合 $\boldsymbol{z}(t)\in\boldsymbol{R}^D$，这个向量称为内容向量，即 $\boldsymbol{z}(t)$ 实际上只包含了要关注的区域的信息。在 LSTM 中将内容向量 $\boldsymbol{z}(t)$ 以及上一时刻的 $h(t-1)$ 和 $c(t-1)$ 作为输入，产生新的隐藏状态 $h(t)$。现介绍两种不同的注意力机制。

（2）注意力机制

1）Soft Attention。$\boldsymbol{z}(t)$ 是 $\boldsymbol{v}(t)=\{\boldsymbol{v}^1(t),\boldsymbol{v}^2(t),\cdots,\boldsymbol{v}^L(t)\}$ 中每个元素的加权求和，每一个 $\boldsymbol{v}^i(t)$ 对应着一个 CNN 图像中提取的不同位置的特征，也就是说，$\boldsymbol{v}^1(t)$ 可能对应着输入图像左上角的特征。加权求和中的权重与向量的重要性成比例，而向量的重要性是由注意力网络 g 来评估的。g 中包含了两个全连接层和一个 Softmax 激活操作，即

$$g[\boldsymbol{v}^i(t),h(t-1)]=\exp\{\text{Linear}(\text{Softmax}(\text{Linear}(\boldsymbol{v}^i(t))+Wh(t-1)))\}/Z \tag{8.3.23}$$

式中，Z 是一个归一化常数。然后 $\boldsymbol{z}(t)$ 的计算公式为

$$\boldsymbol{z}(t)=\sum_{i=1}^{L}g[\boldsymbol{v}^i(t),h(t-1)]\boldsymbol{v}^i(t) \tag{8.3.24}$$

式中，$g[\boldsymbol{v}^i(t),h(t-1)]$ 作为加权求和的权重使用。

整个 DARQN 模型训练的损失函数为

$$Loss_t[\boldsymbol{w}(t)]=\mathbb{E}_{(s(t),a(t))\sim(\rho(\cdot),r(t))}\{[\mathbb{E}_{(s(t)+1)\sim\varepsilon}(Y(t)\mid s(t),a(t))-Q(s(t),a(t);\boldsymbol{w}(t))]^2\} \tag{8.3.25}$$

式中

$$Y(t)=r(t)+\gamma\max_{a(t+1)}Q[s(t+1),a(t+1);\boldsymbol{w}(t+1)] \tag{8.3.26}$$

式中，$r(t)$ 是采取行动 $a(t)$ 的立即奖赏；$\gamma\in[0,1]$。与 DQN 一样，DARQN 采取的也是 ε-贪婪策略，其参数的更新公式为

$$\boldsymbol{w}(t+1)=\boldsymbol{w}(t)+\alpha\{Y(t)-Q[s(t),a(t);\boldsymbol{w}(t)]\}\nabla_{\boldsymbol{\theta}(t)}Q[s(t),a(t);\boldsymbol{w}(t)] \tag{8.3.27}$$

2）Hard Attention。这是一种更加自然的注意力机制，因为它结合了强化学习中的策略梯度算法（Reinforce 算法）。在每个时间步，注意力机制都会依据一个随机注意力策略 π_g，从特征图中抽样一个需要注意的位置。这个策略使用一个神经网络 g 来表示，并使用 Reinforce 算法来训练，它的输出是由位置选择的概率组成的。Reinforce 的梯度计算和更新公式为

$$\begin{aligned}\nabla Loss(\boldsymbol{w}) &= \sum_s \mu_\pi(s) \sum_a q_\pi(s,a)\ \nabla_{\boldsymbol{w}}\pi(a \mid s,\boldsymbol{w}) \\ &= \mathbb{E}_\pi\left\{\gamma^t \sum_a q_\pi[s(t),a]\ \nabla_{\boldsymbol{w}}\pi[a \mid s(t),\boldsymbol{w}]\right\} \\ &= \mathbb{E}_\pi\left\{\gamma^t \sum_a \pi[a \mid s(t),\boldsymbol{w}]q_\pi[s(t),a]\ \frac{\nabla_{\boldsymbol{w}}\pi[a \mid s(t),\boldsymbol{w}]}{\pi[a \mid s(t),\boldsymbol{w}]}\right\} \\ &= \mathbb{E}_\pi\left\{\gamma^t q_\pi[S(t),A(t)]\ \frac{\nabla_{\boldsymbol{w}}\pi[A(t) \mid S(t),\boldsymbol{w}]}{\pi[A(t) \mid S(t),\boldsymbol{w}]}\right\}(\text{由样本 } A(t) \sim \pi \text{ 替代 } a) \\ &= \mathbb{E}_\pi\left\{\gamma^t G(t)\ \frac{\nabla_{\boldsymbol{w}}\pi[A(t) \mid S(t),\boldsymbol{w}]}{\pi[A(t) \mid S(t),\boldsymbol{w}]}\right\}(\text{因为 } \mathbb{E}_\pi[G(t) \mid S(t),A(t)] = q_\pi[S(t),A(t)])\end{aligned} \tag{8.3.28}$$

$$\boldsymbol{w}(t+1) = \boldsymbol{w}(t) + \alpha\gamma^t G(t)\ \frac{\nabla_{\boldsymbol{w}}\pi[A(t) \mid S(t),\boldsymbol{w}]}{\pi[A(t) \mid S(t),\boldsymbol{w}]} \tag{8.3.29}$$

式中，$\nabla Loss(\boldsymbol{w})$表示策略梯度；$G(t)$是累积奖赏（折扣）；$\alpha$ 是步长参数；γ 是折扣因子。

假设 $s(t)$是从环境分布中抽样的，受策略 $\pi_g[i(t) \mid v(t),h(t-1)]$影响，$v(t),h(t-1)$表示状态，$i(t)$表示动作，动作的集合是$\{1,2,\cdots,L(t)\}$，也就是向量 $v(t)$ 中每一个元素都代表了图像上的一个位置。那么输出就是一个向量，向量中每个元素对应每个动作的概率为$\{p(1),p(2),\cdots,p(L)\}$。注意力网络的 Softmax 层会给出一个分类分布。策略的参数更新公式为

$$\Delta \boldsymbol{w}^g(t) \propto \nabla_{\boldsymbol{w}^g(t)} \log\pi_g[i(t) \mid v(t),h(t-1)]R(t) \tag{8.3.30}$$

式中，$R(t)$是策略选择关注位置 $i(t)$时的折扣回报。在实际更新时，加入了基线，也就是使用 Reinforce with Baseline 算法，这是 Reinforce 算法的一种泛化，其参数的更新公式为

$$\boldsymbol{w}^g(t+1) = \boldsymbol{w}^g(t) + \alpha\, \nabla_{\boldsymbol{w}^g(t)} \log\pi_g[i(t) \mid v(t),h(t-1)][G(t) - Y(t)] \tag{8.3.31}$$

式中，$G(t)$使用了一个单独的神经网络来估计状态值，即 $G(t) = \text{Linear}[h(t)]$。$Y(t)$在此处表示累积期望回报 $\mathbb{E}[R(t)]$。所以 $G(t)$训练更新的目标是让其估计值 $G(t)$更加靠近 $Y(t)$，也就是把 $Y(t)$当作标签值计算。实际上，这里可以采用 Reinforce with Baseline 算法来计算，而 $G(t)-Y(t)$也可以使用泛化优势函数估计来计算。

式（8.3.31）的训练可以描述为调整注意力网络的参数 $\boldsymbol{w}$，使注意位置的对数概率更高，并且预期未来奖赏增加，而其他低奖赏位置的对数概率则降低。为了降低随机梯度的方差，使用的内容向量中有 50% 的向量是由式（8.3.27）生成的。

8.4 基于策略梯度的深度强化学习

DQN 算法通过卷积神经网络近似值函数，实现了高维状态空间问题的求解。然而，其优化思路为找到使动作值函数最大的动作，这在连续动作空间中，每一步都需要迭代优化，

使 DQN 无法进行此类操作，这是 DQN 算法的盲区。如果要将 DQN 应用于连续性问题，可以通过将动作空间离散化来扩展算法的使用范围。然而，这样做的缺点同样十分明显，动作的数量将随着自由度的增加呈指数式增长，导致计算量增大。

在传统强化学习中，策略梯度方法通过直接优化策略的累积回报值，以端到端的方式在策略空间中进行搜索，节省了计算量大的中间环节，适用于连续动作问题。因此，深度强化学习的另一思路是将策略梯度方法和深度神经网络结合，得到的基于策略梯度的深度强化学习方法具有比基于值函数的深度强化学习方法更广的适用范围。

8.4.1 深度确定性策略梯度算法

深度确定性策略梯度（Deep Deterministic Policy Gradient，DDPG）以演员-评论家（Actor-Critic）算法为框架，将深度学习和确定性策略梯度（Deterministic Policy Gradient，DPG）相结合，利用卷积神经网络对策略函数和 Q 函数进行模拟，能够解决连续动作空间的深度强化学习问题。

1. 深度策略梯度

策略梯度是强化学习中用于学习连续行为控制策略的经典方法。其基本思想是通过概率分布函数 $\pi(a \mid s,\boldsymbol{\theta})$ 表示每一步的最优策略，并基于该分布进行动作采样，获取当前最佳动作值，即

$$\pi(a \mid s,\boldsymbol{\theta}) = P[A(t) = a \mid S(t) = s,\boldsymbol{\theta}(t) = \boldsymbol{\theta}] \tag{8.4.1}$$

式中，$\boldsymbol{\theta}$ 为策略参数。策略梯度方法实际输出的是动作的概率分布，也称为随机策略梯度（Stochastic Policy Gradient，SPG）。该方法虽然能够求解连续动作空间问题，但是当动作为高维向量时，针对生成的随机策略，动作采样是十分耗费计算能力的。

确定性随机策略通过直接生成确定的行为策略来解决频繁动作采样带来的计算量问题。此时每一步动作都将通过策略函数 μ 获得唯一确定值。相关研究已经证明，无模型的确定性策略梯度是存在的，而且确定性策略梯度是随机策略梯度的一种极限形式。

令 $\pi_{\boldsymbol{\theta}}$ 表示随机策略，$\mu_{\boldsymbol{\theta}}$ 表示确定性策略，目标函数为获得的累积回报 $Loss(\boldsymbol{\theta})$。随机策略梯度中目标函数表示为状态空间和动作空间的双重积分，即

$$Loss(\pi_{\boldsymbol{\theta}}) = \int_S \rho^{\pi}(s)\int_A \pi_{\boldsymbol{\theta}}(a \mid s)r(s,a)\,\mathrm{d}a\mathrm{d}s \tag{8.4.2}$$

确定性策略梯度只需要对状态空间进行积分，如式（8.4.3）所示，这使 DPG 的计算量大大减小，对于样本的数量要求也大幅度降低。实际上，DPG 每次更新的计算成本与动作维度和策略参数的数量呈线性关系，即

$$Loss(\mu_{\boldsymbol{\theta}}) = \int_S \rho^{\mu}(s)r[s,\mu_{\boldsymbol{\theta}}(s)]\,\mathrm{d}s \tag{8.4.3}$$

结合目标函数，能够得到确定性策略梯度目标函数的梯度表达式为

$$\begin{aligned}\nabla_{\boldsymbol{\theta}}Loss(\mu_{\boldsymbol{\theta}}) &= \int_S \rho^{\mu}(s)\,\nabla_a Q^{\mu}(s,a)\,\big|_{a=\mu_{\boldsymbol{\theta}}(s)} \\ &= \mathbb{E}_{s\sim\rho^{\mu}}[\nabla_{\boldsymbol{\theta}}\mu_{\boldsymbol{\theta}}(s)\,\nabla_a Q^{\mu}(s,a)\,\big|_{a=\mu_{\boldsymbol{\theta}}(s)}]\end{aligned} \tag{8.4.4}$$

然而，DPG 输出确定性策略也导致其失去了 SPG 可以通过随机采样实现对于不同动作的探索能力。因此，DPG 需要利用 Off-Policy 实现探索和利用的平衡，即根据随机策略选择

动作，保证探索性；学习确定性目标策略，充分利用其高效性。

DPG 思想可以与 Actor-Critic 算法结合，实现 Off-Policy 算法，该算法涉及三个主要参数的更新规则为

$$\text{TD 误差：}\delta(t) = r(t) + \gamma Q^{w}\{s(t+1), \mu_{\boldsymbol{\theta}}[s(t+1)]\} - Q^{w}[s(t), a(t)] \tag{8.4.5}$$

$$\text{估值函数参数 } \boldsymbol{w}\text{：}\boldsymbol{w}(t+1) = \boldsymbol{w}(t) + a_{w}\delta(t)\nabla_{w}Q^{w}[s(t), a(t)] \tag{8.4.6}$$

$$\text{策略参数 } \boldsymbol{\theta}\text{：}\boldsymbol{\theta}(t+1) = \boldsymbol{\theta}(t) + \alpha_{\boldsymbol{\theta}}\nabla_{\boldsymbol{\theta}}\mu_{\boldsymbol{\theta}}[s(t)]\nabla_{a}Q^{w}[s(t), a(t)]\big|_{a=\mu_{\boldsymbol{\theta}}(s)} \tag{8.4.7}$$

式中，TD 误差和估值函数参数都采用了值函数近似的方法来更新，而策略参数则使用了 DPG 的方法进行更新。DDPG 算法便是基于该框架得到的。

2. 深度确定性策略梯度

深度确定性策略梯度采用 Actor-Critic 的结构。其中，Actor 利用 DPG 方法学习最优行为策略；Critic 利用 Q 学习方法实现对动作值函数的评估和优化。DDPG 通过卷积神经网络对这两部分需要的函数进行拟合。

对卷积神经网络进行训练时，数据需要满足独立同分布的条件。然而，强化学习中的数据是按照顺序采集的，存在马尔可夫性。在 DQN 中，使用经验回放机制来解决数据关联性问题。DDPG 不仅沿用了经验回放机制，同时也使用了目标 Q 网络，以提高收敛的稳定性。同时，通过一定程度的修改，提高了算法的实际效益。

(1) 经验回放机制

智能体通过和环境交互得到数据元组 $(s(t), a(t), r(t), s(t+1))$，并将其存储于经验池中。网络需要更新时就从经验池进行小批量抽样，抽样的小批量数据元组可以表示为 $(s(i), a(i), r(i), s(i+1))$。如果经验池存储的数据量到达峰值，就会自动丢弃旧数据。

因为 DDPG 是一种 Off-Policy 算法，所以经验池可以足够大，以尽可能实现更新时选取的样本完全不相关。

(2) 目标网络

DDPG 中存在两个目标网络，分别对应演员（Actor）和评论家（Critic）。DQN 中目标 Q 网络在固定时间间隔直接复制估值 Q 网络的参数进行更新，与此不同，DDPG 采用了一种 Soft 参数更新模式，每一步都将修正目标网络中的参数。假设演员对应的目标网络参数为 $\boldsymbol{\theta}^{\mu'}$，评论家对应的目标网络参数为 $\boldsymbol{\theta}^{Q'}$。Soft 模式下参数的更新规则为

$$\boldsymbol{\theta}^{\mu'} \leftarrow \tau\boldsymbol{\theta}^{\mu} + (1-\tau)\boldsymbol{\theta}^{\mu'} \tag{8.4.8}$$

$$\boldsymbol{\theta}^{Q'} \leftarrow \tau\boldsymbol{\theta}^{Q} + (1-\tau)\boldsymbol{\theta}^{Q'} \tag{8.4.9}$$

式中，$\tau \ll 1$。这种参数的更新方式更接近监督学习，能够极大地提高学习的稳定性，但更新速度较慢。

(3) 批标准化

当从低维特征向量中学习时，环境反馈的观测信息的不同组成部分可能会有不同的物理单位（例如，位置和速度），而且可能随着环境的变化而发生改变。这使得网络很难高效学习。另一方面，想要找到能够满足不同规模和尺寸的环境状态值的泛化超参数也十分困难。DDPG 采用了深度学习中的一个特殊技巧——批标准化（Batch Normalization，BN），将输入值强制标准化为均值为 0、方差为 1 的标准正态分布。

(4) 加噪声

为了保证有足够的探索性，结合 Off-Policy 的特性，DDPG 通过加入噪声来构造探索性

策略 μ'，独立于原来的学习算法，即

$$\mu'[s(t)] = \mu[s(t) \mid \boldsymbol{\theta}^{\mu}(t)] + N \tag{8.4.10}$$

式中，N 表示噪声。DDPG 中使用 Ornstein-Uhlenbeck（OU）随机过程作为引入的随机噪声。OU 随机过程在时序上具备很好的相关性，可以使智能体更好地探索具备动量属性的环境。DDPG 算法的详细过程如下。

算法 8.5　DDPG 算法

初始化 Critic 网络 $Q(s,a \mid \boldsymbol{\theta}^Q)$ 和 Actor 网络 $\mu(s \mid \boldsymbol{\theta}^{\mu})$，对应的参数分别为 $\boldsymbol{\theta}^Q$、$\boldsymbol{\theta}^{\mu}$
初始化目标网络 Q'、μ'，对应的参数分别为 $\boldsymbol{\theta}^{Q'}$、$\boldsymbol{\theta}^{\mu'}$
初始化经验池 R
For episode = 1：M Do
　　初始化随机过程 N（用于动作探索）
　　收到初始观测状态反馈 $s(1)$
　　For $t=1$：T Do
　　根据当前策略和噪声情况选择动作 $a(t) = \mu[s(t) \mid \boldsymbol{\theta}^{\mu}] + N(t)$
　　执行动作 $a(t)$，观察奖励 $r(t)$ 和新状态 $s(t+1)$
　　在经验池 R 中存储经验 $(s(t), a(t), r(t), s(t+1))$
　　从经验池 R 中随机采样 N 组小批量经验 $(s(i), a(i), r(i), s(i+1))$
　　令 $y(i) = r(i) + \gamma Q'\{s(i+1), \mu'[s(i+1) \mid \boldsymbol{\theta}^{\mu'}] \mid \boldsymbol{\theta}^{Q'}\}$
　　更新 Critic 网络，并最小化损失函数

$$L = \frac{1}{N}\sum_{i}\{y(i) - Q^2[s(i), a(i) \mid \boldsymbol{\theta}^Q]\}$$

　　利用抽样数据的梯度更新 Actor 策略
　　更新目标网络

$$\boldsymbol{\theta}^{\mu'} \leftarrow \tau\boldsymbol{\theta}^{\mu} + (1-\tau)\boldsymbol{\theta}^{\mu'}$$

$$\boldsymbol{\theta}^{Q'} \leftarrow \tau\boldsymbol{\theta}^{Q} + (1-\tau)\boldsymbol{\theta}^{Q'}$$

End For
End For

8.4.2　异步深度强化学习算法

无论是 DQN 还是 DDPG，为了解决获取的数据不满足深度学习训练数据要求的独立分布条件的问题，都统一使用了经验回放机制，将数据存储于经验池中，在不同的时间步进行随机抽样。该方法虽然成功解决了强化学习中数据间的时间关联性问题，但代价是需要更多的存储和计算资源。同时，由于需要使用旧策略产生的数据更新目标策略，因此只能使用 Off-Policy 的强化学习方法，将能够与深度学习结合的强化学习方法局限在 Off-Policy 的范围内。

DeepMind 团队于 2016 年完全摒弃了经验回放机制，提出了一种新的深度强化学习方法——异步深度强化学习。该方法利用 CPU 的多线程，实现多个智能体并行学习，每个线程可以对应不同的探索策略，从而去除数据相关性。

1. 异步深度强化学习

异步深度强化学习是一种轻量级的异步学习框架，可以在多个环境实例中并行且异步地运行多个智能体。这种算法将传统算法扩展至多线程异步结构，每个线程都有一个智能体运行在相同的环境中，每一步生成一个参数的梯度。在一定步数后，多线程共享参数，实现了多个线程对梯度更新信息的累加。通俗理解为一个人拥有多个分身，在相同时间内，所有分身自行学习，学习完成后，分身的学习成果可以在主体上实现叠加，既节省了时间又提高了效率。

异步深度强化学习使得同策略算法和异策略算法都可以用于深度强化学习中，主要包括异步 1 步 Q 学习、异步 1 步 SARSA 学习、异步 n 步 Q 学习、异步优势 Actor-Critic 算法等。算法 8.6 展示了异步 1 步 Q 学习的算法过程，其中 I_{target} 表示目标网络，$I_{\text{AsyneVydere}}$ 表示异步网络。

算法 8.6　异步 1 步 Q 学习算法

初始化：全局变量 $\boldsymbol{\theta}$、$\boldsymbol{\theta}'$，以及计数变量 $T=0$
每个线程的目标网络参数：$\boldsymbol{\theta}^- \leftarrow \boldsymbol{\theta}$
每个线程的计数变量：$t \leftarrow 0$
每个线程网络参数的梯度：$\mathrm{d}\boldsymbol{\theta} \leftarrow 0$
获取初始环境状态 s
Repeat
　　基于值函数 $Q(s,a;\boldsymbol{\theta})$ 采用 ε-贪婪策略执行动作 a
　　返回新的状态 s' 和立即奖赏 r

$$\hat{Q}(s,a;\boldsymbol{\theta}^-) = \begin{cases} r, & \text{终止状态 } s' \\ r + \gamma \max\limits_{a'} Q(s',a';\boldsymbol{\theta}^-), & \text{非终止状态 } s' \end{cases}$$

　　更新累积梯度：$\mathrm{d}\boldsymbol{\theta} \leftarrow \mathrm{d}\boldsymbol{\theta} + \partial^2[Q(s,a;\boldsymbol{\theta}^-) - Q(s,a;\boldsymbol{\theta})]/\partial\boldsymbol{\theta}$
　　$s=s'$，$T=T+1$，$t=t+1$
If $T\% I_{\text{target}} == 0$ Then
　　　　更新目标网络参数：$\boldsymbol{\theta}^- \leftarrow \boldsymbol{\theta}$
　　End If
　　If $t\% I_{\text{AsyneVydere}} == 0$ or s 为终止状态 Then
　　　　利用 $\mathrm{d}\boldsymbol{\theta}$ 更新 $\boldsymbol{\theta}$
　　　　$\mathrm{d}\boldsymbol{\theta} \leftarrow 0$
　　End If
Until $T > T_{\max}$

算法 8.6 表明，异步 1 步 Q 学习会为各线程建立独立的环境及智能体，同时建立一个所有线程共享的智能体。各线程的网络参数会从共享网络中获取，与各自独立的环境进行交互，并计算状态–动作梯度值，即

$$\mathrm{d}\boldsymbol{\theta} = \frac{\partial^2[\hat{Q}(s,a;\boldsymbol{\theta}^-) - Q(s,a;\boldsymbol{\theta})]}{\partial\boldsymbol{\theta}} \tag{8.4.11}$$

当各独立线程完成了 t 时间步或者结束了各自的任务时，将梯度加入到累积梯度值中，即

$$d\boldsymbol{\theta} = d\boldsymbol{\theta}_1 + d\boldsymbol{\theta}_2 + \cdots + d\boldsymbol{\theta}_t \tag{8.4.12}$$

累积梯度值用来更新共享智能体的网络参数。

此外，异步 1 步 Q 学习算法为每一个线程都引入了目标网络来提升稳定性，并且目标网络模型的参数取自一定时间步之前的线程网络参数。

在异步强化学习框架中，异步并行方法代替了数据经验池，节约了存储资源和每次交互产生的计算资源，不同的智能体可以采用不同的探索策略来最大化数据间的多样性，提高稳定性。异步学习框架具有普适性，能够解锁一大批传统的 On-Policy 方法，无论是 SARSA 还是 Q 学习都能够与该学习框架良好结合，利用深度学习实现高效运行。异步深度强化学习对设备的要求也大幅度降低，只需要在一个多核的 CPU 单机上运行即可，同时减少了在不同硬件上运行带来的通信成本。

2. A3C 算法

A3C（Asynchronous Advantage Actor-Critic）算法是一种基于 Actor-Critic 的异步深度强化学习算法，如图 8.15 所示。

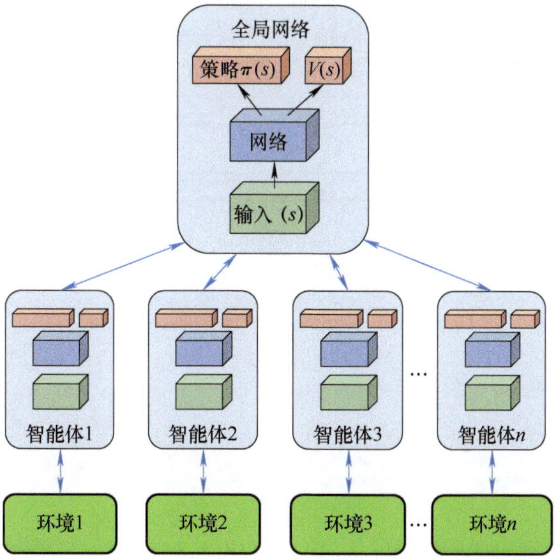

图 8.15　A3C 算法

异步（Asynchronous）是指算法并行执行一组环境。DQN 中单个神经网络代表单个智能体与单个环境交互，而 A3C 中利用上述多个分身来更有效地学习。在 A3C 中，有一个全局网络和多个智能体，每个智能体都有自己的网络参数集。这些智能体只与它们自己的环境副本交互（并行训练）。这种训练方式可以加速完成更多工作。此外，由于每个智能体的经验都独立于其他智能体的经验。因此还可以使训练的整体经验多样化。

优势（Advantage）是指策略梯度的更新使用优势函数。

演员-评论家（Actor-Critic）算法是一种动作评价方法，涉及一个在学到的状态值函数帮助下进行更新的策略，即

$$\nabla_{\boldsymbol{\theta}'} \log \pi[a(t) \mid s(t);\boldsymbol{\theta}'] A[s(t),a(t);\boldsymbol{\theta}(v)] \tag{8.4.13}$$

$$A[s(t),a(t);\boldsymbol{\theta}(v)] = \sum_{i=0}^{k-1}\gamma^i r(t+i) + \gamma^k V[s(t+k);\boldsymbol{\theta}(v)] - V[s(t);\boldsymbol{\theta}(v)] \quad (8.4.14)$$

式中，可以用 k 步的 Bootstrap 进行更新。

A3C 创造了多个并行的相同环境，让拥有相同结构的智能体副本能够同时运行在这些并行环境中，从而更新主结构的参数。并行中的智能体互不干扰，主结构的参数依靠不同副结构不连续提交的更新进行调整，因此更新的相关性降低、收敛性提高。

准确地说，A3C 涉及的强化学习算法被称为 A2C（Advantage Actor-Critic）。A2C 是在原始的 Actor-Critic 算法中加入优势函数后形成的一种方差更小、收敛性更好的算法。A2C 选择状态值函数 $V^{\pi}[s(t)]$ 作为基准项，并利用动作值函数和状态值函数的贝尔曼方程（$Q^{\pi}[s(t),a(t)]=\mathbb{E}\{r(t)+\gamma V^{\pi}[s(t+1)]\}$）对动作值函数进行替换，最终使用仅涉及一个变量的状态值函数计算 TD 误差。

与 DDPG 相同的是，A3C 也使用了深度神经网络实现 Actor-Critic 算法中对于策略和值函数的估计；不同的是，A3C 中没有使用确定性策略梯度，而是采用了类似异步多步 Q 学习的方法，通过前向视角的多步回报同时更新策略函数和估计值函数。因此，在每次循环结束或到达最终状态时，才对策略函数和价值函数进行更新。

具体的 A3C 算法如下所示。

算法 8.7　A3C 算法

//设全局共享的参数为 $\boldsymbol{\theta}$ 和 $\boldsymbol{\theta}(v)$，全局共享的计数器 $T=0$
//设线程专有的参数为 $\boldsymbol{\theta}'$ 和 $\boldsymbol{\theta}'(v)$
初始化线程步长计数器 $t\leftarrow 1$
Repeat
重置梯度值：$d\boldsymbol{\theta}\leftarrow 0$，$d\boldsymbol{\theta}(v)\leftarrow 0$
同步线程专有参数 $\boldsymbol{\theta}'=\boldsymbol{\theta}$，$\boldsymbol{\theta}'(v)=\boldsymbol{\theta}(v)$
　$t_{\text{start}}=t$
　获取状态 $s(t)$
Repeat
　根据策略 $\pi[a(t)\mid s(t);\boldsymbol{\theta}']$ 执行动作 $a(t)$
　收到反馈回报值 $r(t)$ 和下一状态 $s(t+1)$
　更新参数：$t\leftarrow t+1$，$T\leftarrow T+1$
　Until 到达终止状态 $s(t)$ 或 $t-t_{\text{start}}=t_{\max}$

$$R=\begin{cases}0, & \text{当 } s(t) \text{ 为终止状态}\\ V(s(t),\boldsymbol{\theta}'(v)), & \text{当 } s(t) \text{ 为非终止状态}\end{cases}$$ // 从上一次状态 Bootstrap

　For $i\in\{t-1,\cdots,t_{\text{start}}\}$ Do
　　$R\leftarrow r(i)+\gamma R$
　　累积梯度参数 $\boldsymbol{\theta}'$ 和 $\boldsymbol{\theta}'(v)$：
　　　$d\boldsymbol{\theta}\leftarrow d\boldsymbol{\theta}(v)+\nabla_{\boldsymbol{\theta}}\log\pi[a(i)\mid s(i);\boldsymbol{\theta}']\{R-V[s(i);\boldsymbol{\theta}'(v)]\}$
　　　$d\boldsymbol{\theta}(v)\leftarrow d\boldsymbol{\theta}(v)+\partial^2\{R-V[s(i);\boldsymbol{\theta}'(v)]\}/\partial\boldsymbol{\theta}'(v)$
End For
利用 $d\boldsymbol{\theta}$ 和 $d\boldsymbol{\theta}(v)$ 对 $\boldsymbol{\theta}$ 和 $\boldsymbol{\theta}(v)$ 进行异步更新
Until $T>T_{\max}$

算法8.7表明，A3C中存在一个类似于中央大脑的主网络，其余均为副本。副本网络根据计数器的计数情况定时向主网络推送更新，然后从主网络获得最新的网络参数。其中，第9步的回报计算分为两种情况，当$s(t)$为终止状态时，$R=0$；当$s(t)$为非终止状态时，$R=V[s(t),\boldsymbol{\theta}'(v)]$。网络结构使用卷积神经网络，其中一个Softmax输出作为策略函数$\pi[a(t)\mid s(t);\boldsymbol{\theta}]$，另一个线性输出作为估值函数$V[s(t),\boldsymbol{\theta}(v)]$，其余部分均共享。另外，将策略熵加入目标函数中，可以避免收敛到次优确定性解。

8.4.3 信赖域策略优化及其衍生算法

1. On-Policy与Off-Policy

(1) On-Policy（在策略）

On-Policy算法是指在训练过程中，智能体使用当前策略（例如ε-贪婪策略）与环境进行交互，并使用从这些交互中获得的数据来更新策略。

具体来说，On-Policy算法通常使用状态-动作对的轨迹（也称为样本）来更新策略。策略更新所使用的数据是由当前策略生成的。

常见的On-Policy算法包括SARSA和A2C。

(2) On-Policy算法的特点

① 直截了当、速度快，但是不一定能找到最优策略。

② On-Policy算法虽然可以提升整体策略的稳定性，但是会加剧样本利用率低的问题，因为每次更新都需要进行新的采样。

③ 难以平衡探索和利用的问题。探索少容易导致学习到局部最优解，而保持探索则必然会牺牲一定的最优选择机会，降低学习效率。

④ 可以把On-Policy视为Off-Policy的一种特殊情形。

(3) Off-Policy（离策略）

Off-Policy算法是指在训练过程中，智能体可以使用以往收集的经验，而不是使用从当前策略与环境交互中得到的经验。换句话说，它可以使用任意策略生成的数据来更新策略。

具体来说，Off-Policy算法通常使用状态-动作对的经验回放缓冲区中的样本来更新策略。这些样本可以是在任意策略中生成的。

常见的Off-Policy算法包括Q学习和DQN。

在强化学习领域，On-Policy和Off-Policy是两个非常重要的概念，它们把强化学习方法分成了两个类别。基于Off-Policy的方法将收集数据当作一个单独的任务，它具备两个策略：行为策略与目标策略。行为策略专门负责学习数据的获取，具有一定的随机性，且有一定的概率选出潜在的最优动作；目标策略则借助行为策略收集到的样本以及策略提升方法来提升自身性能，并最终成为最优策略。

(4) Off-Policy算法的特点

① 可重复利用数据进行训练，数据利用率相对较高，但是面临收敛和稳定性的问题。Haarnoja提出的Soft Actor-Critic极大地提高了Off-Policy的稳定性和性能。

② Off-Policy收敛较慢，但更为强大和通用。因为它确保了数据的全面性，所有行为都能覆盖，数据来源多样，可以自行产生或来自外部。

③ 迭代过程中允许存在两个策略，可以很好地分离探索和利用，并灵活调整探索概率。

（5）On-Policy 和 Off-Policy 的区分

根据与环境进行交互的策略和最终学习的策略是否相同进行 On-Policy 和 Off-Policy 的区分。On-Policy 是指学习策略和交互策略采用相同的策略，但这面临着数据利用中的一个问题：根据抽样数据对策略进行更新后，需要对新策略下的数据进行重新采样，才能进行下一轮策略更新和优化。这种方法对于数据的利用效率较低，而且频繁采样无疑会浪费时间。Off-Policy 将学习策略和交互策略一分为二，即利用行为策略π_b与环境交互进行数据采样；利用目标策略 π 根据行为策略 π_b 抽样产生的数据进行参数更新。因为行为策略 π_b 是固定的，所以采样得到的数据可以被反复利用。

在 Off-Policy 中，行为策略和目标策略是不同的策略。如果要通过行为策略 π_b 得到的样本对目标策 π 进行更新，需要借助重要性采样。利用重要性采样比率 $p_\pi[a(t)\mid s(t)]/p_{\pi_b}[a(t)\mid s(t)]$ 实现分布的转换，这使得目标策略下的函数期望与根据目标策略抽样数据计算的期望是相等的，即

$$\mathbb{E}_{x\sim\pi}[f(x)] = \mathbb{E}_{x\sim\pi_b}\left\{f(x)\frac{p_\pi[a(t)\mid s(t)]}{p_{\pi_b}[a(t)\mid s(t)]}\right\} \tag{8.4.15}$$

据此特性，重要性采样在传统 Off-Policy 强化学习中起到了举足轻重的作用，但是直接计算和依靠重要性采样这两种方法的方差并不相同，即

$$\mathrm{Var}_{x-\pi}[f(x)] = \mathbb{E}_{x\sim\pi}[f^2(x)] - \{\mathbb{E}_{x\sim\pi}[f(\pi)]\}^2 \tag{8.4.16}$$

$$\mathrm{Var}_{x-\pi_b}\left\{f(x)\frac{p_\pi[a(t)\mid s(t)]}{p_{\pi_b}[a(t)\mid s(t)]}\right\} = \mathbb{E}_{x\sim\pi}\left\{f^2(x)\frac{p_\pi[a(t)\mid s(t)]}{p_{\pi_b}[a(t)\mid s(t)]}\right\} - \{\mathbb{E}_{x\sim\pi}[f(\pi)]\}^2 \tag{8.4.17}$$

如果目标策略和行为策略两者的分布差别过大，方差就会出现较大的差别。在训练过程中可以进行多次采样来避免这种差别对结果造成影响。

在实际中，希望能有更加简便的方法从根本上保证两种策略之间的分布差距不要太大，也就是每次更新时通过增加约束条件，能较小幅度地改变分布的形态，将两种分布的差距限定在能够接受的范围内。基于这种考虑，相关学者提出了信赖域策略优化（Trust Region Policy Optimization，TRPO）算法，而近端策略优化（Proximal Policy Optimization，PPO）算法就是基于 TRPO 算法的改进。

2. TRPO

在策略梯度方法中，策略参数的更新公式为

$$\boldsymbol{\theta}_{\text{new}} = \boldsymbol{\theta}_{\text{old}} + \alpha\,\nabla_{\boldsymbol{\theta}}Loss \tag{8.4.18}$$

式（8.4.18）表明，在参数更新过程中，涉及一个很重要的问题，就是更新步长 α 的选择。当更新步长不合适时，策略函数的表现可能会越来越差。TRPO 算法就是为了解决这个问题而提出的。与其他策略优化算法不同，TRPO 算法的目的是找到一个合适的步长，确保每次更新时目标函数的不减性，保证策略优化总是朝着更好的方向前进。

TRPO 算法是信赖域（又称作置信域）和强化学习相结合而产生的新方法。信赖域和线搜索是优化问题中常用的两种策略。线搜索方法首先找到一个使目标函数下降的方向，然后计算应该沿着该方向移动的步长。确定函数下降方向时，可以采用常用的梯度下降法、牛顿法或拟牛顿法。而信赖域与之不同，首先将函数的下降范围缩小到一个具体范围内，小到能

够使用另外一个新的函数来近似目标函数，再通过优化这个函数来确定更新的方向和步长。TRPO 算法利用信赖域的方法，通过为问题增加优化条件，近似实现目标函数的最优求解。

如果将新策略对应的目标函数拆分为旧策略对应的目标函数和其他项，只要其他项大于等于 0，那么新策略就能够保证累积回报单调不减。用 η 表示目标函数（累积回报），$\tilde{\pi}$ 表示新策略，π 表示旧策略，那么新策略对应的目标函数可以表示为

$$\eta(\tilde{\pi}) = \eta(\pi) + \mathbb{E}_{a(t)\sim\tilde{\pi}[\cdot|s(t)]}\left\{\sum_{t=0}^{\infty}\gamma^t A_\pi[s(t),a(t)]\right\} \tag{8.4.19}$$

式（8.4.19）右边包含优势函数 $A_\pi[s(t),a(t)]$的折扣累积期望，该项是新旧策略累积回报的差值。如果在策略更新后，所有状态的优势函数为非负值，那么就能够实现策略函数的增长。$\mathbb{E}_{a(t)\sim\tilde{\pi}[\cdot|s(t)]}[\cdot]$ 表示每个时间步的动作都是依据新策略进行抽样的。该项可以根据概率分布进行改写，先对状态 s 的整个动作空间求和，再对整个状态空间求和，最后对整个时间序列求和，即

$$\mathbb{E}_{a(t)\sim\tilde{\pi}[\cdot|s(t)]}\left\{\sum_{t=0}^{\infty}\gamma^t A_\pi[s(t),a(t)]\right\} = \sum_{t=0}^{\infty}\sum_{s}P[s(t)=s|\tilde{\pi}]\sum_{a}\tilde{\pi}(a|s)\gamma^t A_\pi(s,a) \tag{8.4.20}$$

如果令 ρ_π 表示折扣访问频率，且 $\rho_\pi = p[s(0)=s] + \gamma p[s(1)=s] + \gamma^2 p[s(2)=s] + \cdots$，那么新略对应的目标函数为

$$\eta(\tilde{\pi}) = \eta(\pi) + \sum_{s}\rho_{\tilde{\pi}}(s)\sum_{a}\tilde{\pi}(a|s)A_\pi(s,a) \tag{8.4.21}$$

注意： 这里的状态 s 对新策略有很强的依赖性，而更新的最终目的是获得新策略，所以如果在计算中需要用到有关新策略的状态分布等所求量，实际中是不具备可操作性的。

TRPO 算法采用了一些小技巧来解决这个问题。首先是用旧策略的状态分布代替新策略的状态分布，因为每次策略更新带来的变化并不大，所以可以利用旧策略近似替代，对目标函进行估算，即

$$Loss_\pi(\tilde{\pi}) = \eta(\pi) + \sum_{s}\rho_\pi(s)\sum_{a}\tilde{\pi}(a|s)A_\pi(s,a) \tag{8.4.22}$$

已经证明：如果存在可微的参数化策略 π_θ，且 $Loss$ 和 η 都是策略 π_θ 的函数，那么 $Loss$ 是 η 的一阶近似，即

$$Loss_{\pi_{\theta_0}}(\pi_{\theta_0}) = \eta(\pi_{\theta_0}) \tag{8.4.23}$$

$$\nabla_{\boldsymbol{\theta}} Loss_{\pi_{\theta_0}}(\pi_{\theta_0})\big|_{\theta=\theta_0} = \nabla_{\boldsymbol{\theta}}\eta(\pi_{\theta_0})\big|_{\theta=\theta_0} \tag{8.4.24}$$

此外，由于二者梯度变化方向是相同的，故在$\boldsymbol{\theta}_{old}$附近能改善 $Loss_\pi(\tilde{\pi})$的策略也一定能够改善 η。然而，这里并没有给出具体的步长大小。为了解决这个问题，Kakade 和 Langford 提出一种策略更新方法——保守策略迭代（Conservative Policy Iteration，CPI），借此实现在一定前提下找到最优近似策略的目的。CPI 方法利用混合策略来更新策略：$\pi_{new} = (1-\alpha)\pi_{old} + \alpha\pi'$，并给出了利用此更新方式时策略性能增长的界限。

然而，这种方法的实用性很差，TRPO 算法将 CPI 的适用范围从混合策略拓展到一般的随机策略。将 α 用总差异散度在各个状态的最大值 $D_{TV}^{max}(\pi_{old},\pi_{new})$进行替换，再结合总差异散度和 KL 散度的关系式 $D_{TV}(p\|q)^2 \leqslant D_{KL}(p\|q)$，将其用 KL 散度进行替换，最终更新后的策略性能下界为

$$\eta(\tilde{\pi}) \geqslant Loss_{\pi}(\tilde{\pi}) - CD_{\mathrm{KL}}^{\max}(\pi,\tilde{\pi}) \tag{8.4.25}$$

式中，补偿系数 $C=\dfrac{4\varepsilon\gamma}{(1-\gamma)^2}$；不等式右边的表达式也被称为替代函数。

如果要生成一系列单调不减的策略序列 $\eta[\pi(0)]\leqslant\eta[\pi(1)]\leqslant\eta[\pi(2)]\leqslant\cdots$，那么令 $M_i(\pi)=Loss_{\pi(i)}-CD_{\mathrm{KL}}^{\max}[\pi(i),\pi]$，得

$$\eta[\pi(i+1)] \geqslant M_i[\pi(i+1)],\ \eta[\pi(i)] \geqslant M_i[\pi(i)] \tag{8.4.26}$$

因此，得到结论

$$\eta[\pi(i+1)]-\eta[\pi(i)] \geqslant M_i[\pi(i+1)]-M_i[\pi(i)] \tag{8.4.27}$$

根据该不等式，在之后的迭代过程中只需要最大化 M_i，就能够保证 η 具有单调不减性。这样，策略优化问题便可以转换为寻找函数最大值的过程。重新定义相关参数符号，令 $\boldsymbol{\theta}$ 表示策略，$\boldsymbol{\theta}_{\mathrm{old}}$ 表示旧策略，那么参数应满足表达式

$$\max_{\boldsymbol{\theta}}[Loss_{\boldsymbol{\theta}_{\mathrm{old}}}-CD_{\mathrm{KL}}^{\max}(\boldsymbol{\theta}_{\mathrm{old}},\boldsymbol{\theta})] \tag{8.4.28}$$

如果直接优化替代函数，得到的步长很小。为了加大步长同时保证算法的健壮性，TRPO 算法使用 KL 散度的约束条件 $D_{\mathrm{KL}}^{\max}(\pi,\tilde{\pi})\leqslant\delta$ 来代替惩罚项。由于状态有无穷多个，意味着约束条件也有无穷多个，直接使用该约束条件并不现实，因此再次进行近似，用平均散度替代最大散度，即

$$\begin{aligned}&\max_{\boldsymbol{\theta}} Loss_{\boldsymbol{\theta}_{\mathrm{old}}}(\boldsymbol{\theta})\\ &\mathrm{s.\,t.}\ \ \overline{D}_{\mathrm{KL}}^{\rho_{\boldsymbol{\theta}_{\mathrm{old}}}}(\boldsymbol{\theta}_{\mathrm{old}},\boldsymbol{\theta})\leqslant\delta\end{aligned} \tag{8.4.29}$$

TRPO 算法在求解最大化替代函数时，根据计算难易程度对 $Loss_{\boldsymbol{\theta}_{\mathrm{old}}}(\boldsymbol{\theta})$ 中涉及的参数向量做了不同的近似。例如，$\max\limits_{\boldsymbol{\theta}} Loss_{\boldsymbol{\theta}_{\mathrm{old}}}(\boldsymbol{\theta}) \sim \max\limits_{\boldsymbol{\theta}}\sum\limits_{s}\rho_{\boldsymbol{\theta}_{\mathrm{old}}}(s)\sum\limits_{a}\pi_{\boldsymbol{\theta}}(a\mid s)A_{\boldsymbol{\theta}_{\mathrm{old}}}(s,a)$，包括对约束问题的二次近似以及非约束问题的一次近似，这是凸优化中一种常见的近似；用 $\dfrac{1}{1-\gamma}\mathbb{E}_{s\sim\rho_{\boldsymbol{\theta}_{\mathrm{old}}}}[\cdot]$ 代替 $\sum\limits_{s}\rho_{\boldsymbol{\theta}_{\mathrm{old}}}(s)$；用更易获取的动作值函数 $Q_{\boldsymbol{\theta}_{\mathrm{old}}}$ 代替优势函数 $A_{\boldsymbol{\theta}_{\mathrm{old}}}$，只改变一个常数值；对某一状态对应动作空间的求和用重要性采样代替，令 q 表示重要性采样比率。最终由替代函数表述的最大化问题为

$$\begin{aligned}&\max_{\boldsymbol{\theta}}\mathbb{E}_{s\sim\rho_{\boldsymbol{\theta}_{\mathrm{old}}},a\sim q}\left[\frac{\pi_{\boldsymbol{\theta}}(a\mid s)}{q(a\mid s)}Q_{\boldsymbol{\theta}_{\mathrm{old}}}(s,a)\right]\\ &\mathrm{s.\,t.}\ \mathbb{E}_{s\sim\rho_{\boldsymbol{\theta}_{\mathrm{old}}},a\sim q}\{D_{\mathrm{KL}}[\pi_{\boldsymbol{\theta}_{\mathrm{old}}}(\cdot\mid s)\,\|\,\pi_{\boldsymbol{\theta}}(\cdot\mid s)]\}\leqslant\delta\end{aligned} \tag{8.4.30}$$

在实际中，用样本平均值代替期望值，用经验估计值代替 Q 值。对于采样问题，TRPO 算法给出了单路径和多路径方法。单路径方法在抽样后生成一条轨迹。而多路径方法会在每个状态下延伸出多个不同的动作，在不同轨迹的每个状态中执行不同动作，这种方法带来的方差会更小。

TRPO 算法的流程有三个步骤。首先，使用单路径或多路径方法采样得到一系列状态－动作对，利用方法估算得到的 Q 值；其次，通过对样本平均得到优化问题中替代函数和约束条件的估计；最后，近似解决该约束优化问题，更新参数向量，可以采用共轭梯度和线搜索的方法来实现。

3. PPO

PPO 算法由 OpenAI 团队提出，是对 TRPO 算法的改进。PPO 保留了 TRPO 算法数据效

率高和训练结构健壮性强的优势，同时将 TRPO 算法烦琐的计算过程简化为一阶优化，更易于实现。PPO 算法有两种不同的方法，一般称为 PPO 算法和 PPO2 算法。

在了解 PPO 之前，先了解策略梯度（Policy Gradient，PG），PPO 算法是建立在 PG 算法之上的。

（1）策略梯度

给定状态和动作的序列 $s(1) \to a(1) \to s(2) \to a(2) \to \cdots \to s(T) \to a(T)$，记轨迹为 $\tau = s(1), a(1), s(2), a(2), \cdots, s(T), a(T)$，则有

$$\begin{aligned} p_{\boldsymbol{\theta}}(\tau) &= p[s(1)]p_{\boldsymbol{\theta}}[a(1) \mid s(1)]p[s(2) \mid s(1), a(1)] \\ &\quad p_{\boldsymbol{\theta}}[a(2) \mid s(2)]p[s(3) \mid s(2), a(2)]\cdots \\ &= p[s(1)]\prod_{t=1}^{T} p_{\boldsymbol{\theta}}[a(t) \mid s(t)]p[s(t+1) \mid s(t), a(t)] \end{aligned} \tag{8.4.31}$$

奖励为

$$R(\tau) = \sum^{T} r(t) \tag{8.4.32}$$

奖励的期望为

$$\bar{R}_{\boldsymbol{\theta}} = \sum_{\tau} R(\tau)p_{\boldsymbol{\theta}}(\tau) = \mathbb{E}_{\tau \sim p_{\boldsymbol{\theta}}(\tau)}[R(\tau)] \tag{8.4.33}$$

对其求梯度

$$\nabla\bar{R}_{\boldsymbol{\theta}} = \nabla\sum_{\tau} R(\tau)p_{\boldsymbol{\theta}}(\tau) = \sum_{\tau} R(\tau)\Delta p_{\boldsymbol{\theta}}(\tau) \tag{8.4.34}$$

做一些变换，得

$$\begin{aligned} \nabla\bar{R}_{\boldsymbol{\theta}} &= \sum_{\tau} R(\tau)\ \nabla p_{\boldsymbol{\theta}}(\tau) \\ &= \sum_{\tau} R(\tau)p_{\boldsymbol{\theta}}(\tau)\ \nabla p_{\boldsymbol{\theta}}(\tau)/p_{\boldsymbol{\theta}}(\tau) \\ &= \sum_{\tau} R(\tau)p_{\boldsymbol{\theta}}(\tau)\ \nabla \log p_{\boldsymbol{\theta}}(\tau) \end{aligned} \tag{8.4.35}$$

转化成采样

$$\nabla\bar{R}_{\boldsymbol{\theta}} = \mathbb{E}_{\tau \sim p_{\boldsymbol{\theta}}(\tau)}[R(\tau)\ \nabla \log p_{\boldsymbol{\theta}}(\tau)] \approx \frac{1}{N}\sum_{n=1}^{N} R(\tau^n)\ \nabla \log[p_{\boldsymbol{\theta}}(\tau^n)] \tag{8.4.36}$$

将式（8.4.31）代入式（8.4.36），并移除 $\boldsymbol{\theta}$ 梯度为 0 的项，得

$$\nabla\bar{R}_{\boldsymbol{\theta}} \approx \frac{1}{N}\sum_{n=1}^{N}\sum_{t=1}^{T_n} R(\tau^n)\ \nabla \log\{p_{\boldsymbol{\theta}}[a^n(t) \mid s^n(t)]\} \tag{8.4.37}$$

式中，$p_{\boldsymbol{\theta}}[a^n(t) \mid s^n(t)]$ 为模型的输出。将计算梯度转化为

$$Loss = \min\left\{-\frac{1}{N}\sum_{n=1}^{N}\sum_{t=1}^{T_n} R(\tau^n)\log[p_{\boldsymbol{\theta}}(a^n(t) \mid s^n(t))]\right\} \tag{8.4.38}$$

在奖励中加入一个基线，以保证反馈有正有负，即

$$\nabla\bar{R}_{\boldsymbol{\theta}} \approx \frac{1}{N}\sum_{n=1}^{N}\sum_{t=1}^{T_n}[R(\tau^n) - b]\ \nabla \log\{p_{\boldsymbol{\theta}}[a^n(t) \mid s^n(t)]\} \tag{8.4.39}$$

式（8.4.39）表明，对于每个动作，都有相同的 $R(\tau^n) - b$，可以将其看作是动作的权重，但是每个序列的所有动作都有相同的权重并不合理。因此，可以考虑每个动作只会对后

续动作产生影响，而且这种影响来自于后续的奖励，所以修改奖励为

$$\nabla R_{\boldsymbol{\theta}} \approx \frac{1}{N}\sum_{n=1}^{N}\sum_{t=1}^{T_n}\left[\sum_{t'=1}^{T_n} r^n(t') - b\right]\nabla\log\{p_{\boldsymbol{\theta}}[a^n(t) \mid s^n(t)]\} \tag{8.4.40}$$

对于每一个动作，它对当前奖励的影响较大，随着时间推移，这个动作的影响会越来越小，所以应该添加一个修正因子 $\gamma<1$。这时奖励期望的梯度为

$$\nabla R_{\boldsymbol{\theta}} \approx \frac{1}{N}\sum_{n=1}^{N}\sum_{t=1}^{T_n}\left[\sum_{t'=t}^{T_n} r^n(t')\gamma^{t'-t} - b\right]\nabla\log\{p_{\boldsymbol{\theta}}[a^n(t) \mid s^n(t)]\} \tag{8.4.41}$$

由此可知

$$Loss = -\frac{1}{N}\sum_{n=1}^{N}\sum_{t=1}^{T_n} R(\tau^n)\log\{p_{\boldsymbol{\theta}}[a^n(t) \mid s^n(t)]\} \tag{8.4.42}$$

(2) PPO

PPO 算法用惩罚项，即正则项代替约束条件，将有约束问题转变为无约束的优化问题，即

$$\max_{\boldsymbol{\theta}} Loss^{\mathrm{KL}}(\boldsymbol{\theta}) = \max_{\boldsymbol{\theta}} \hat{\mathbb{E}}_t\left\{\frac{\pi_{\boldsymbol{\theta}}[a(t) \mid s(t)]}{\pi_{\boldsymbol{\theta}}[a(t) \mid s(t)]}\hat{A}(t) - \beta\mathrm{KL}[\pi_{\boldsymbol{\theta}_{\mathrm{old}}}(\cdot \mid s(t)), \pi_{\boldsymbol{\theta}}(\cdot \mid s(t))]\right\} \tag{8.4.43}$$

式中，β 为惩罚项的系数。TRPO 算法选择用严格的约束条件，而不是惩罚项，因为找到一个在不同问题或者只在单个问题中表现良好的系数 β 很困难，且参数会随着学习的进程不断变化。实验证明，如果只是简单地确定一个固定的惩罚项系数，并用随机梯度下降法对带惩罚项的目标函数进行优化，其效果并不好。要想获得具有 TRPO 改进效果的一阶算法，需要其他更灵活的改进思路。PPO 算法能够根据目标函数的具体情况，用灵活变化的自适应系数来解决这个问题。

令 $d=\hat{\mathbb{E}}_t\{\mathrm{KL}[\pi_{\boldsymbol{\theta}_{\mathrm{old}}}(\cdot \mid s(t)), \pi_{\boldsymbol{\theta}}(\cdot \mid s(t))]\}$，同时确定一个预定值 d_{targ}。当 $d<d_{\mathrm{targ}}/1.5$ 时，$\beta \leftarrow \beta/2$；当 $d>d_{\mathrm{targ}}/1.5$ 时，$\beta \leftarrow \beta\times 2$。也就是说，当 KL 值过大时，增大系数 β；当 KL 值过小时，减小 β。

(3) PPO2

令 $\gamma_t(\boldsymbol{\theta})$ 表示概率比，且 $\gamma_t(\boldsymbol{\theta})=\dfrac{\pi_{\boldsymbol{\theta}}[a(t) \mid s(t)]}{\pi_{\boldsymbol{\theta}_{\mathrm{old}}}[a(t) \mid s(t)]}$，则当 $\boldsymbol{\theta}=\boldsymbol{\theta}_{\mathrm{old}}$ 时，$\gamma_t(\hat{\boldsymbol{\theta}}_{\mathrm{old}})=1$。利用 $\gamma_t(\boldsymbol{\theta})$ 表示 TRPO 算法中需要最大化的目标函数，得

$$L^{\mathrm{CPI}}(\boldsymbol{\theta}) = \hat{\mathbb{E}}_t\left\{\frac{\pi_{\boldsymbol{\theta}}[a(t) \mid s(t)]}{\pi_{\boldsymbol{\theta}_{\mathrm{old}}}[a(t) \mid s(t)]}\hat{A}(t)\right\} = \hat{\mathbb{E}}_t[\gamma_t(\boldsymbol{\theta})\hat{A}(t)] \tag{8.4.44}$$

在没有约束条件的情况下，最大化 L^{CPI} 会导致过度的大范围更新。为了减少这种大范围更新，将目标函数修正为

$$L^{\mathrm{CLIP}}(\boldsymbol{\theta}) = \hat{\mathbb{E}}_t\{\min[\gamma_t(\boldsymbol{\theta})]\hat{A}(t), \mathrm{CLIP}[\gamma_t(\boldsymbol{\theta}), 1-\varepsilon, 1+\varepsilon]\hat{A}(t)\} \tag{8.4.45}$$

式中，ε 为超参数，可以令 $\varepsilon=0.2$。γ_t 的取值区间为 $[1-\varepsilon, 1+\varepsilon]$，这个区间称为截断概率比区间。当目标函数朝着最大化方向变化时，截断概率比并不起作用；只有在目标函数朝着非最大化方向变化时，截断概率比才会起作用。因此，在目标函数优化开始时，令概率比 $\gamma_t(\boldsymbol{\theta})$ 远离 1。

需要的注意的是：$L^{\text{CLIP}}(\boldsymbol{\theta})$ 中有两个概率比，一个是没被截断的，一个是被截断到 $[1-\varepsilon, 1+\varepsilon]$ 之间的。目标函数在优化时，会从截断和未截断中取小。这意味着目标函数在优化时会根据截断概率比和优势（Advantage）值来选择截断或者未截断。Advantage 为正时，期待有更大的 $\gamma_t(\boldsymbol{\theta})$，但会被 $1+\varepsilon$ 截断；Advantage 为负时，期待有更小的 $\gamma_t(\boldsymbol{\theta})$，但会被 $1-\varepsilon$ 截断。

第 9 章　深度生成对抗网络

导　读

本章在阐述生成网络、鉴别网络和损失函数的基础上，分析了多尺度生成对抗网络的多尺度结构、网络结构和损失函数，以及深度卷积生成对抗网络的优化、改进和设计；在简述 YOLO 网络发展及 YOLOv5 结构的基础上，改进了 YOLOv5 网络，并设计了半监督 YOLOv5 网络；在分析 Exposure 图像增强模型的基础上，设计了相对对抗学习及奖励函数、评论家正则化策略梯度算法，构建了深度强化对抗学习网络。

近年来，深度学习在很多领域都取得了突破性进展，但深度学习取得突破性进展的工作基本都与鉴别模型相关。2014 年，Goodfellow 等人受博弈论中二人零和博弈的启发，开创性地提出了生成对抗网络（Generative Adversarial Network，GAN）。生成对抗网络包含一个生成模型和一个鉴别模型。其中，生成模型负责捕捉样本数据的分布，而鉴别模型在一般情况下是一个二分类器，用于鉴别输入是真实的数据还是生成的样本。GAN 模型的优化过程属于“二元极小极大博弈”问题，在训练时固定其中一方（鉴别网络或生成网络），然后更新另一个模型的参数，并交替迭代，最终，生成模型能够估测出样本数据的分布。生成对抗网络对无监督学习和图像生成等研究起到了极大的促进作用，已经从最初的图像生成领域拓展到计算机视觉的各个领域，如图像分割、视频预测、风格迁移等。

本章在简要分析生成对抗网络的基础上，进一步给出其拓展延伸模型。

9.1 生成对抗网络

生成对抗网络由生成网络 G 和鉴别网络 D 构成。生成网络 G 通过捕捉样本数据 x 的分布，用服从某一分布（如均匀分布、高斯分布等）的噪声 z 生成类似真实训练数据的样本，其追求的生成效果越像真实样本越好；而鉴别网络 D 是一个二分类器，用于估计一个样本来自于训练数据（而非生成数据）的概率。如果样本来自于真实的训练数据，则 D 输出大概率；否则，D 输出小概率。经典的生成对抗网络模型如图 9.1 所示。

在经典的生成对抗网络中，鉴别网络的损失函数为

$$Loss\_D = -\log[D(x)] - \log\{1 - D[G(z)]\} \tag{9.1.1}$$

生成网络的损失函数为

$$Loss\_G = \log\{1 - D[G(z)]\} \tag{9.1.2}$$

利用经典的生成对抗网络模型，设计深度残差生成对抗网络模型，如图 9.2 所示。现分析其生成网络、鉴别网络以及损失函数。

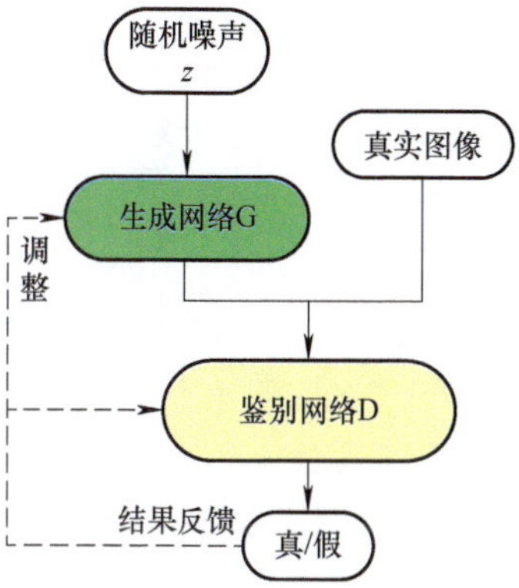

图 9.1　经典的生成对抗网络模型

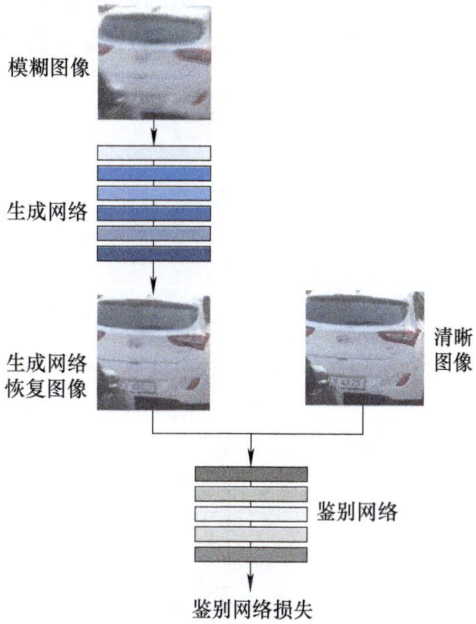

图 9.2　深度残差生成对抗网络模型

9.1.1　生成网络

在生成网络中，将原始模糊图像替换为随机噪声输入到网络中，并且图像维度在整个网络中保持不变。保持图像维度不变虽然会占用较多的计算机内存，但是可以避免图像由于使用反卷积操作而产生棋盘效应。本节实验中设计的生成网络结构如图 9.3 所示，采用 U-Net 结构，主要包括 ResBlock、EBlock 和 DBlock 三个部分。

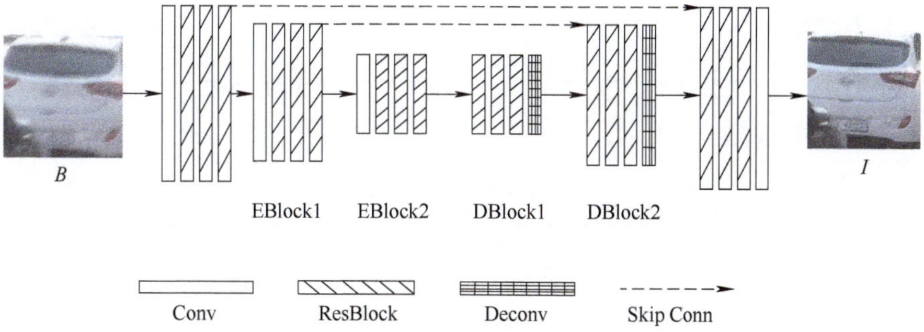

图 9.3　生成网络结构

与普通的卷积神经网络相比，加入残差块可以训练更深的网络，并得到更好的结果。与传统的残差块结构相比，ResBlock 的结构如图 9.4 所示。在 ResBlock 中，去除传统残差块中的 BN 层，并且由于模糊图像和清晰图像对的值相似，通过残差网络可以学习二者之间的映射关系。此外，移除原始残差块快捷连接后的整流线性单元，可以提高训练时的收敛速度。

EBlock 与 DBlock 组成了一个 U-Net 网络结构。其中，EBlock 主要由一个卷积层和三个 ResBlock 组成；DBlock 与 EBlock 相对应，由三个 ResBlock 和一个解卷积层组成。采用U-Net

结构，利用 EBlock 与 DBlock 之间的跳跃连接（Skip Connection）组合特征映射之间的信息，有利于梯度传播并加速模型收敛。许多视觉任务证明：U-Net 结构是有效的。

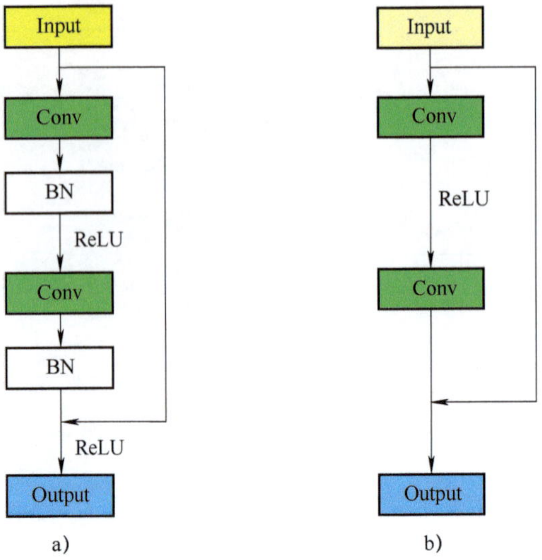

图 9.4　传统的残差块结构与 ResBlock 结构
a）传统残差块　b）ResBlock

生成网络均采用大小为 5×5 的卷积核，每层卷积核的个数分别为：前四层的卷积核个数为 32，EBlock1 的卷积核个数为 64，EBlock2 的卷积核个数为 128，DBlock1 的卷积核个数为 128，DBlock2 的卷积核个数为 64，最后四层的卷积核个数为 32。在生成网络中有两处采用了跳跃连接，其作用是防止网络层数增加导致的梯度弥散与退化。

9.1.2　鉴别网络

鉴别网络 D 是一个二分类器，用来估计一个样本来自于训练数据（而非生成数据）的概率。鉴别网络结构如表 9.1 所示。

表 9.1　鉴别网络结构

卷　积　层	卷积核个数	卷积核大小	步　　长	激活函数
Conv1	64	4	2	ReLU
Conv2	128	4	2	ReLU
Conv3	256	4	2	ReLU
Conv4	512	4	1	ReLU
Conv5	512	1	1	ReLU
Sigmoid	—	—	—	—

该鉴别网络一共有 5 个卷积层，每个卷积层后面都包含 BN 层，激活函数采用 ReLU。前 3 层均采用大小为 4×4 的卷积核，步长设为 2；第 4 层的卷积核大小不变，步长变为 1；第 5 层采用 1×1 的卷积核且步长为 1；最后通过 Sigmoid 激活函数得到一个 0 或 1 的分类标签。

9.1.3　损失函数

在 GAN 中，生成网络可以产生清晰逼真的图像，然后通过鉴别网络判断图像是否是“真实的”。将真实图像的输出作为鉴别网络的输入，并根据图像是潜像还是去模糊图像进行分类。在整个网络的训练过程中，生成网络的目标就是尽量生成与真实图像高度相似的图像去欺骗鉴别网络。而鉴别网络的目标就是尽量辨别出输入的图像是生成网络生成的假图像还是真实图像。生成网络和鉴别网络构成了一个动态的“博弈过程”，最终会达到一个平衡点。因此，GAN 模型的损失函数主要由生成损失和鉴别损失两部分构成。

鉴别损失为

$$D\_Loss = -\lambda\{\mathbb{E}[\log D(I)] + \mathbb{E}[\log(1 - D(G(B)))]\} \tag{9.1.3}$$

式中，λ 取值为 0.001；I 表示清晰的真实图像；$D(I)$ 表示鉴别网络判断图像是真实图像的概率；B 表示模糊图像；$D(G(B))$ 表示鉴别网络判断生成网络生成的图像是真实图像的概率。

生成损失为

$$G\_Loss = -\eta\mathbb{E}\{\log[1 - D(B)]\} + mse\_Loss \tag{9.1.4}$$

$$mse\_Loss = \frac{1}{C \times W \times H}\|G(B) - I\|_2^2 \tag{9.1.5}$$

式中，η 取值为 0.001；$G(B)$ 表示生成网络生成的图像；C、W 和 H 分别表示图像的通道数、图像的宽度以及图像的高度。这里，生成网络的损失函数由两部分组成，即传统鉴别网络损失函数和均方误差函数，目的是减轻复原图像的振铃效应。

9.2　多尺度生成对抗网络

9.2.1　多尺度结构

多尺度图像处理就是将图像在不同的尺度下分别进行处理。在获取图像的某种特性时，可能在一种尺度中很难看清，但是在另一种尺度下却很容易发现或者提取。通常利用金字塔结构来模拟多尺度结构。一幅金字塔图像就是一系列按照金字塔形状排列且源于同一张图片的图像集合。在这个“金字塔”中，层级越高，图像越小、分辨率越低，如图 9.5 所示。图 9.5是用高斯金字塔实现图像的多尺度处理。

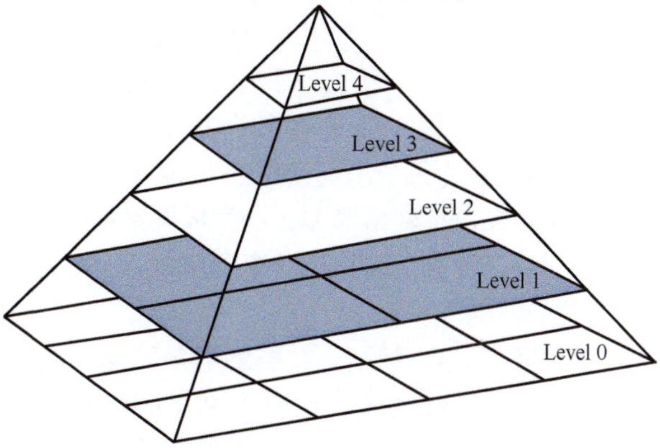

图 9.5　金字塔图像

高斯金字塔是通过高斯滤波和下采样组成的一系列图像。在高斯金字塔中，第 $k+1$ 层的图像是第 k 层图像经过平滑和下采样处理得到的。

在高斯金字塔中的构建过程如下。

步骤 1：将原始图像扩大一倍后作为高斯金字塔中的第一组第一层，将第一层图像经过高斯滤波后产生的图像作为金字塔第一组第二层，其中高斯滤波函数为

$$G(x,y)=\frac{1}{2\pi\sigma^2}\mathrm{e}^{-\frac{(x-x_0)^2+(y-y_0)^2}{2\sigma^2}} \tag{9.2.1}$$

式中，σ 为方差，是一个固定常数。

步骤 2：将 σ 乘以一个比例系数 k，得到新的平滑因子 $k\sigma$。利用这个新平滑因子平滑图像第二层，将得到的结果作为第一组第三层。

步骤 3：不断重复步骤 2，最终得到 L 层图像。在相同组中每一层图像的大小都是相同的，不同的是平滑系数，与之相应的平滑系数分别为：0、σ、$k\sigma$、$k^2\sigma$、$k^3\sigma$、…、$k^{(L-2)}\sigma$。

步骤 4：将第一组中的倒数第三层图像做比例因子为 2 的下采样，得到的图像作为第二组第一层。然后对第二组第一层图像做平滑因子为 σ 的高斯滤波，得到第二组第二层。同步骤 2 一样不断重复，即可得到第二组的 L 层图像。相同组中的图像大小相同，对应的平滑系数分别为 0、σ、$k\sigma$、$k^2\sigma$、$k^3\sigma$、…、$k^{(L-2)}\sigma$。

注意：第二组图像大小是第一组图像大小的一半。

步骤 5：不断重复执行上述步骤，一共得到两组，每组 L 层图像，如图 9.6 所示。

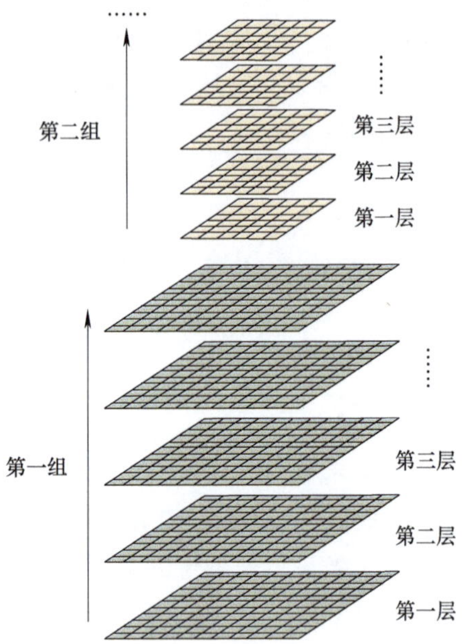

图 9.6　高斯金字塔

9.2.2　多尺度生成对抗网络结构

Nah 等人利用多尺度与卷积神经网络相结合的方法实现图像去模糊，从模糊图像中的一个非常粗糙的尺度，逐渐恢复高分辨率的潜在清晰图像，直到达到全分辨率。该模型遵循传统方法中的多尺度机制，其中由粗到细的处理方法在处理较大模糊核时很常见。

在成熟的多尺度方法中，每个尺度下的求解器及其参数通常是相同的，因为在每个尺度都要解决相同的问题。Chen 提出的级联网络与 Nah 的思想基本一致，都采用多尺度方法解决问题，但 Chen 为每个尺度使用独立的参数，也得到了不错的效果。本节实验受上述方法启发，采用生成对抗网络模型，在生成网络中将多尺度与卷积神经网络相结合，以更好以提取图像细节特征；采用跨尺度共享网络权重，以减少训练困难、提高稳定性。

1. 生成网络

将多尺度与 GAN 相结合，提出了多尺度生成对抗网络。其中，生成网络采用 U-Net 结构，主要由 4 个部分组成，即输入块（InBlock）、编码块（E1 ~ E4）、解码块（D1 ~ D4）和输出块（OutBlock）。输入第一层的初始模糊图像大小为 256 × 256，即 B1 的大小。多尺度的规模为 3，B2 和 B3 的大小分别为 128 × 128 和 64 × 64。具体结构如图 9.7 所示。

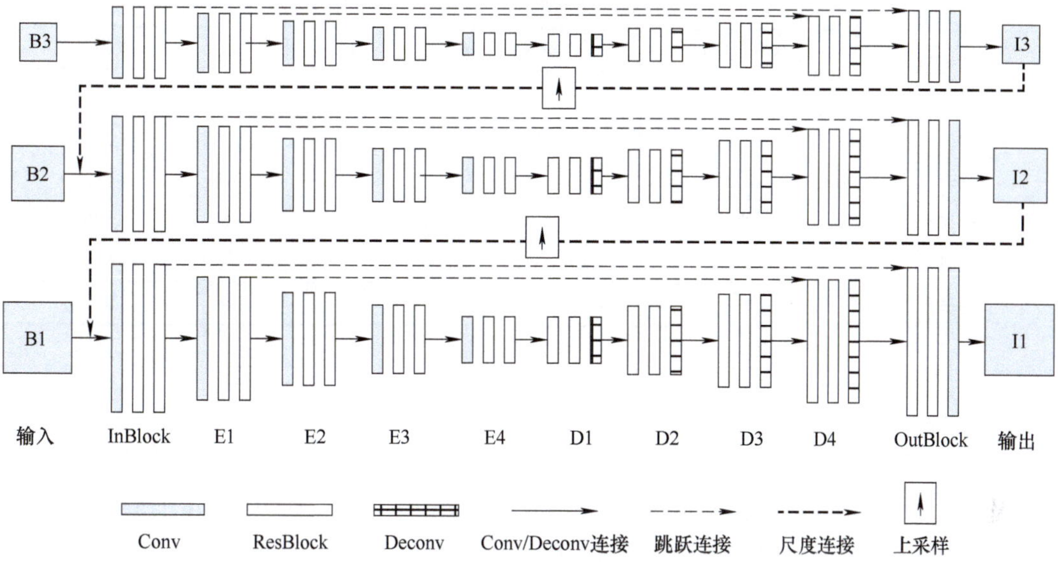

图 9.7　生成网络

图中，InBlock 由一个卷积层和两个 ResBlock 组成；编码块 E1 ~ E4 与解码块 D1 ~ D4 相对应且组成 U-Net 结构，都由一个卷积层和两个 ResBlock 组成；OutBlock 由两个 ResBlock 和一个卷积层组成。各模块结构如图 9.8 所示。

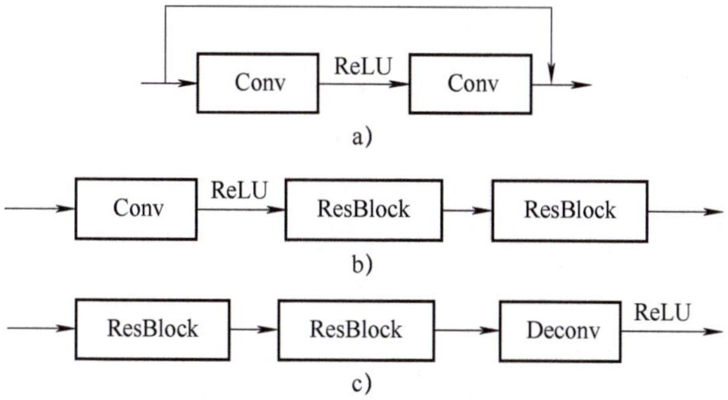

图 9.8　各模块结构

a）ResBlock　b）E1 ~ E4　c）D1 ~ D4

在生成网络中，每一层均采用大小为 5 × 5 的卷积核，InBlock 中卷积核数量为 32，编码块 E1 中的卷积核数量为 64，E2 ~ E4 中的卷积核数量为 128，解码块 D1 ~ D3 中的卷积核数量为 128，D4 中的卷积核数量为 64，OutBlock 中的卷积核数量为 32。整个网络中存在两次跳跃连接。

2. 鉴别网络

鉴别网络起到一个二分类的作用。将多尺度生成网络产生的结果或真实清晰的图像作为输入，放入鉴别网络中去判断它是模糊图像还是清晰图像。网络结构如表 9.2 所示。

表 9.2 鉴别网络结构

卷 积 层	卷积核个数	卷积核大小	步 长	激活函数
Conv1	64	5×5	1	ReLU
Conv2	64	5×5	2	ReLU
Conv3	128	5×5	1	ReLU
Conv4	128	5×5	4	ReLU
Conv5	256	5×5	1	ReLU
Conv6	256	5×5	4	ReLU
Conv7	512	5×5	1	ReLU
Conv8	512	5×5	1	ReLU
Sigmoid	—	—	—	—

表9.2表明，网络一共有9层，前8层中每个卷积核大小均为5×5，并且每个卷积层后面都采用批标准化BN和激活函数ReLU，最后一层通过Sigmoid生成一个二分类0或1的标签。

9.2.3 损失函数

根据生成对抗网络的基本原理，通过交替训练生成网络和鉴别网络。其中，鉴别网络的损失函数为

$$Loss_D = -\lambda\{\mathbb{E}[\log D(I)] + \mathbb{E}[\log(1-D(G(B)))]\} \tag{9.2.2}$$

式中，λ 取值为0.001；$\mathbb{E}$ 表示平均期望；I 表示清晰真实图像；$D(I)$ 表示鉴别网络判断图像是真实图像的概率；B 表示模糊图像；$D(G(B))$ 表示鉴别网络判断生成网络生成的图像是真实图像的概率。

生成网络的损失函数由对抗损失函数和内容损失函数组成，即

$$Loss_G = \mathbb{E}\{\log[1-D(G(B))]\} + \lambda Loss_{\text{content}} \tag{9.2.3}$$

式中，λ 为固定值，取10^{-3}。

内容损失函数用来描述生成网络产生的图像与真实图像之间的差异。通常可以选择L1或者L2范数作为内容损失函数。本节实验选择L2范数，因为L1范数会使最终得到的复原图像过于平滑。内容损失函数定义为

$$Loss_{\text{content}} = \mathbb{E}[\|G(B) - I\|_2^2] \tag{9.2.4}$$

9.3 深度卷积生成对抗网络

在原始的GAN中，生成网络和鉴别网络都是前馈神经网络。随着深度学习技术的发展，得益于卷积神经网络在图像领域的成功应用，在深度卷积生成对抗网络（Deep Convolutional Generative Adversarial Network，DCGAN）中尝试将CNN与GAN相结合，用CNN替换GAN中的前馈神经网络，同时在训练过程中使用一些技巧来避免模型崩溃和模型不收敛等问题。

9.3.1　DCGAN 的优化

与 GAN 相比，除了将 GAN 中的前馈神经网络替换成 CNN 外，其余的基本不变。DC-GAN 的整体结构如图 9.9 所示。

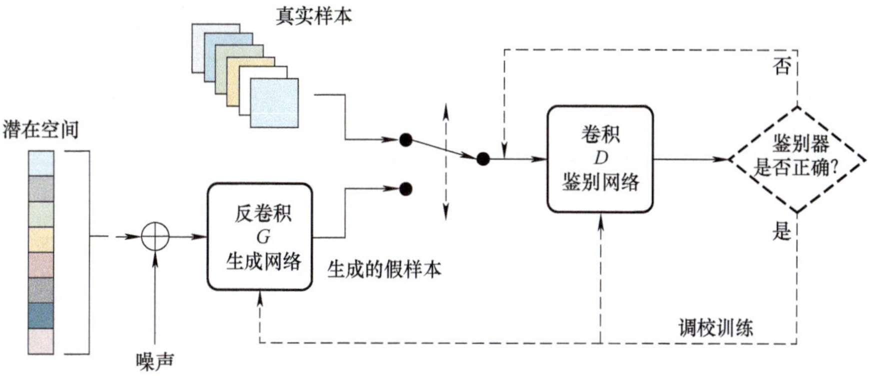

图 9.9　DCGAN 的整体结构

DCGAN 的价值函数依然为

$$\min_G \max_D V(D,G)=\mathbb{E}_{x\sim p_{data}(x)}[\log D(x)]+\mathbb{E}_{z\sim p_z(z)}\{\log[1-D(G(z))]\} \tag{9.3.1}$$

式中，D 和 G 均为 CNN。

1. 生成网络

生成网络的输入是 1 个 100 维的随机数据 z，服从在 $[-1,1]$ 间的均匀分布。生成网络的第一层为全连接层，其任务是将 100 维的噪声向量变成 $4\times4\times1024$ 维的向量。从第二层开始，使用步长卷积做上采样操作，逐步减少通道数，最终输出 $64\times64\times3$ 的图像。生成网络结构如图 9.10 所示。

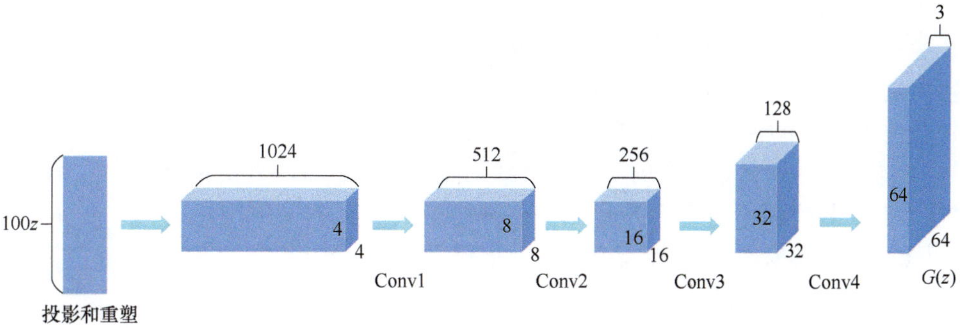

图 9.10　DCGAN 中的生成网络结构

2. 鉴别网络

对于鉴别网络，基本是生成网络的反向操作，如图 9.11 所示。输入层为 $64\times64\times3$ 的图像数据，经过一系列的卷积降低数据维度，最终输出为一个二分类数据。

在 DCGAN 中，一张图像经鉴别网络处理后，其输出结果为此图像是真实图像的概率。鉴别网络通过若干层网络对输入图像进行卷积后，提取卷积特征，并将得到的特征输入到 Logistic 函数中，其输出可看作是概率。

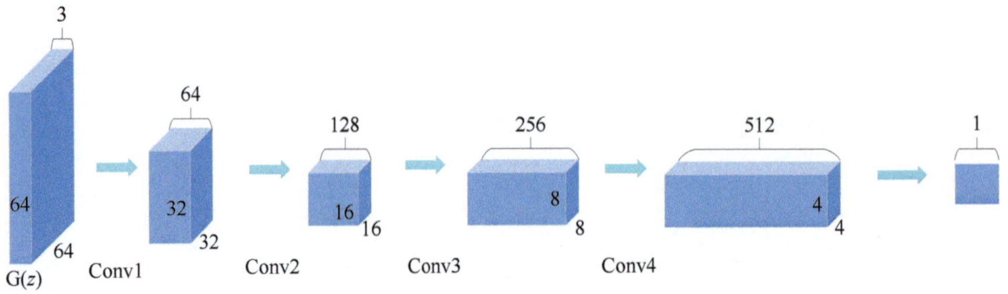

图 9.11 DCGAN 中的鉴别网络结构

9.3.2 DCGAN 的改进

DCGAN 的改进之处如下。

1）DCGAN 的生成网络和鉴别网络都舍弃了 CNN 的池化层。其中，鉴别网络保留了 CNN 的整体架构，生成网络则将卷积层替换成了反卷积层。

2）在鉴别网络和生成网络中使用了 BN 层，这有助于处理初始化不良导致的训练问题，加速模型训练，提升训练稳定性。

3）在生成网络中除了输出层使用 Tanh 激活函数，其余层全部使用 ReLU 激活函数。而在鉴别网络中，除输出层外的所有层都使用 LReLU 激活函数，防止梯度稀疏。

9.3.3 DCGAN 的设计

DCGAN 的设计技巧如下。

1）取消所有池化层，在生成网络中使用转置卷积进行上采样，在鉴别网络中加入带步长的卷积层代替池化层，以防止梯度稀疏。

2）去掉全连接层，使网络变成全卷积网络。

3）生成网络中使用 ReLU 作为激活函数，最后一层使用 Tanh 激活函数。

4）鉴别网络中除了输出层均使用 LReLU 激活函数。

5）在生成网络和鉴别网络中都使用 BN 层，以解决初始化差的问题，帮助梯度传播到每一层，并防止生成网络把所有的样本都收敛到同一点。然而，直接将 BN 层应用到所有层会导致样本振荡和模型不稳定，因此在生成网络的输出层和鉴别网络的输入层不使用 BN 层，可以防止这种现象。

6）使用 Adam 优化器。

9.4 半监督深度卷积生成对抗网络

随着计算机视觉和深度学习领域的快速发展，目标检测技术在医学图像分析中的作用变得至关重要。在医学图像分析领域，血细胞检测是提高疾病诊断和治疗准确性的重要辅助手段。然而，由于医学图像数据的获取和标注困难，传统的监督学习方法在数据稀缺和高成本标注的情况下存在明显的局限性。

为克服传统监督学习方法的缺陷，将 YOLOv5-ALT 与 DCGAN 相结合，充分利用两者在目标检测和图像生成领域的优势。同时，对 DCGAN 进行改进，采用 SELU 作为激活函数提高网络的非线性建模能力，并引入坐标注意力机制到生成网络中，以增强模型对输入数据中特定空间坐标的关注。此外，改进了鉴别网络的卷积层，采用空洞卷积替换传统卷积，旨在拓宽感受野，更全面地捕获上下文信息。

在结合 YOLOv5-ALT 和改进 DCGAN 的半监督学习框架中，通过引入改进 DCGAN 生成的图像，增强模型对数据分布的理解，提高对未标注数据的利用效率。同时，通过适当的控制机制，防止改进的 DCGAN 生成图像时引入噪声和误导性信息，以确保模型的稳定性和鲁棒性。

9.4.1 YOLOv5 网络结构

YOLO（You Only Look Once）系列算法是由 Joseph Redmon 等人开发的一系列用于实时目标检测的深度学习算法。该系列算法的主要思想是将目标检测问题转化为单一的回归问题，通过一个神经网络直接从整幅图像中输出目标的类别和边界框坐标，从而实现快速准确的目标检测。YOLO 系列算法的主要版本包括 YOLO、YOLOv2、YOLOv3、YOLOv4、YOLOv5、YOLOv6、YOLOv7、YOLOv8、YOLOv9 等，每个版本都在前一版本的基础上进行了改进和优化，提高了检测精度和速度。YOLO 系列算法的发展时间线如图 9.12所示。

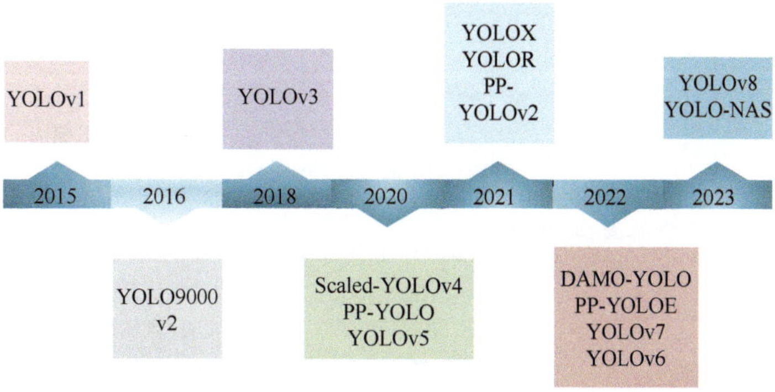

图 9.12 YOLO 系列算法的发展时间线

YOLOv1 ~ YOLOv8 的比较如表 9.3 所示。

表 9.3 YOLOv1 ~ YOLOv8 的比较

模型	先验框	输入	骨干网络	连接部分	预测/训练
YOLOv1	锚框（7 × 7grids，2anchors）	Resize（448 × 448 × 3）：训练是 224 × 224，测试是448 × 448	GoogLeNet（24 × Conv + 2 × FC + reshape；Dropout 防止过拟合；最后一层使用线性激活函数，其余层都使用 ReLU 激活函数）	无	IoU_Loss、NMS；一个网格只预测 2 个框，并且都只属于同一类；全连接层直接预测 bbox 的坐标值

（续）

模型	先 验 框	输 入	骨 干 网 络	连 接 部 分	预测/训练
YOLOv2	锚框（13×13 grids，5anchors：遇到 k 均值选择先验框）	Resize（416×416×3）：416/32=13，最后得到的是奇数值，有实际的中心点；在原训练的基础上又加上了 10 个 epoch 的 448×448 高分辨率样本进行微调	Darknet-19（19×Conv+5×MaxPool+AvgPool+Softmax；没有 FC 层，每一个卷积层后都使用 BN 和 ReLU 防止过拟合（舍弃 Dropout）；提出 pass-through 层：把高分辨率特征拆分并叠加到低分辨率特征中，进行特征融合，有利于小目标的检测）	无	IoU_Loss、NMS；一个网格预测 5 个框，每个框都可以属于不同类；预测相对于先验框的偏移量；多尺度训练（训练模型经过一定迭代后，输入图像尺寸变换）、联合训练机制
YOLOv3	锚框（13×13 grids，9anchors：三种尺度×三种宽高比）	Resize（608×608×3）	Darknet-53（53×Conv；每个卷积层后都使用 BN 和 LReLU 防止过拟合；使用残差连接）	FPN（多尺度检测，特征融合）	IoU_Loss、NMS；多标签预测（Softmax 分类函数更改为 Logistic 分类器）
YOLOv4	锚框	Resize（608×3）、Mosaic 数据增强、SAT 自对抗训练数据增强	CSPDarknet-53（CSP 模块：更丰富的梯度组合，同时减少计算量；跨小批量标准化（CmBN）；Mish 激活；Drop-Block 正则化（随机删除一大块神经元）；改进的 SAM 注意力机制：在空间位置上添加权重）	SPP（通过最大池化将不同尺寸的输入图像变为尺寸一致）、PANet（修改 PAN，将 add 操作替换成 concat 操作）	CIoU_Loss、DIoU_NMS；自对抗训练 SAT：在原始图像的基础上，添加噪音并设置权重阈值，让神经网络对自身进行对抗性攻击训练；标签平滑：将绝对化标签进行平滑（如：[0，1]➡[0.05，0.95]），即分类结果具有一定的模糊化，使得网络的抗过拟合能力增强
YOLOv5	锚框	Resize（608×608×3）、Mosaic 数据增强、自适应锚框计算、自适应图片缩放	CSPDarknet-53（CSP 模块；每个卷积层后都使用 BN 和 ReLU 防止过拟合；Focus 模块）	SPP、PAN	GIoU_Loss、DIoU_NMS；跨网格匹配（在当前网格上、下、左、右四个网格中找到离目标中心点最近的两个网格，再加上当前网格共三个网格进行匹配）

（续）

模型	先验框	输入	骨干网络	连接部分	预测/训练
YOLOX	无锚框	Resize（608×608×3）	Darknet-53	SPP、FPN	CIoU_Loss、DIoU_NMS、Decoupled Head、SimOTA 标签分配策略
YOLOv6	无锚框	Resize（640×640×3）	EfficientRep（Rep 算子）	SPP、Rep-PAN	SIoU_Loss、DIoU_NMS、Efficient Decoupled Head、SimOTA 标签分配策略
YOLOv7	锚框	Resize（640×640×3）	Darknet-53（CSP 模块替换了 ELAN 模块；下采样变成 MP2 层；每一个卷积层后都使用 BN 和 SELU 防止过拟合）	SPP、PAN	CIoU_Loss、DIoU_NMS、SimOTA 标签分配策略、带辅助头的训练（通过增加训练成本，提升精度，同时不影响推理时间）
YOLOv8	无锚框	Resize（640×640×3）	Darknet-53（C3 模块换成了 C2f 模块）	SPP、PAN	CIoU_Loss、DFL、DIoU_NMS、TAL 标签分配策略、Decoupled Head

1. YOLO 系列算法的核心思想

YOLO 系列算法的核心思想就是把目标检测问题转变为一个回归问题，利用整张图片作为网络的输入，通过神经网络，得到边界框的位置及类别。

2. YOLO 系列算法的步骤

步骤 1：划分图像。YOLO 将输入图像划分为一个固定大小的网格。

步骤 2：预测边界框和类别。对于每个网格，YOLO 预测出固定数量（通常为 5 个或 3 个）的边界框。每个边界框由 2 个主要属性描述：边界框的位置（中心坐标及其宽和高）以及边界框包含目标的置信度。此外，每个边界框用于预测目标的类别。

步骤 3：单次前向传递。YOLO 通过卷积神经网络进行单次前向传递，同时预测所有边界框的位置和类别。与其他目标检测算法（如基于滑动窗口或区域提议的算法）相比，YOLO 具有更快的速度，因为它只需要一次前向传递即可完成预测。

步骤 4：计算损失函数。YOLO 使用多任务损失函数来训练网络。该损失函数包括位置损失、置信度损失和类别损失。位置损失用于衡量和预测边界框和真实边界框之间的位置差异。置信度损失用于衡量边界框是否正确预测了目标，并惩罚边界框的置信度。类别损失用于衡量目标类别的预测准确性。

步骤 5：加入非极大值抑制（Non-Maximum Suppression，NMS）算法。在预测的边界框中，可能存在多个相互重叠的框代表同一个目标。为了消除冗余的边界框，YOLO 使用非极大值抑制算法，根据置信度和重叠程度筛选出最佳的边界框。

3. Backbone、Neck 和 Head

物体检测器的结构通常被描述为三个部分：骨干网络（Backbone）、颈部（Neck）和头部（Head）。一个高层次的 Backbone、Neck 和 Head 如图 9.13 所示。

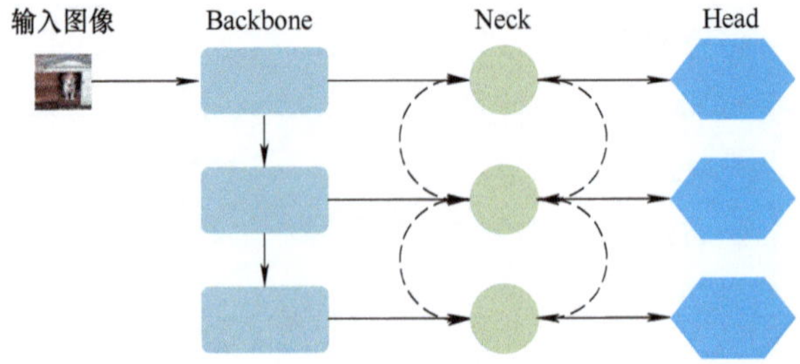

图 9.13　物体检测器结构

1）Backbone 负责从输入图像中提取有用的特征，通常是一个卷积神经网络，在大规模的图像分类任务中进行训练，如 ImageNet。Backbone 在不同尺度上捕捉层次化的特征，在较浅的层中提取低层次的特征（如边缘和纹理），在较深的层中提取高层次的特征（如物体部分和语义信息）。

2）Neck 是连接 Backbone 和 Head 的中间部件。它用于聚集并细化 Backbone 提取的特征，通常侧重于加强不同尺度的空间和语义信息。Neck 可能包括额外的卷积层、特征金字塔（FPN）或其他机制，以提高特征的代表性。

3）Head 是物体检测器最后的组成部分，负责根据 Backbone 和 Neck 提供的特征进行预测。它通常由一个或多个特定任务的子网络组成，执行分类、定位以及最近的实例分割和姿势估计等任务。Head 处理 Neck 提供的特征，为每个候选物生成预测。最后，通过 NMS 等后处理步骤过滤掉重叠的预测，只保留置信度最高的检测。

4. YOLOv5 网络

（1）模型简述

YOLOv5 有 YOLOv5n、YOLOv5s、YOLOv5m、YOLOv5l 和 YOLOv5x 共 5 个版本。这些模型的结构基本一样，不同的是模型深度和模型宽度这两个参数。YOLOv5n 网络是 YOLOv5 系列中深度最小、特征图宽度最小的网络，如图 9.14 所示。其他 4 个版本都是在此基础上不断加深和加宽的结果。

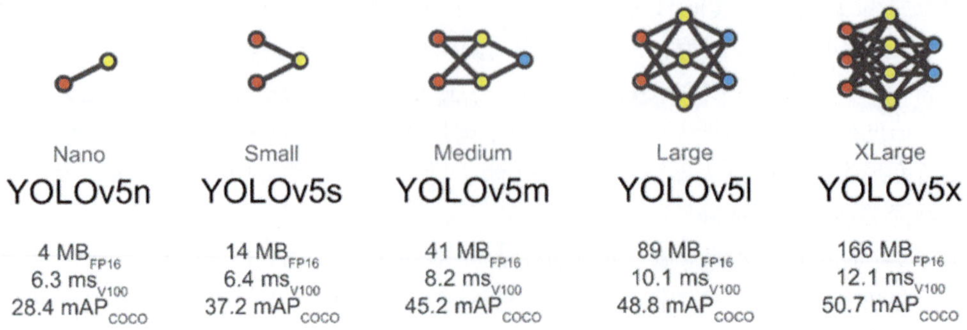

图 9.14　YOLOv5 系列模型的大小

(2) 网络结构

YOLOv5 的网络结构。

输入端：Mosaic 数据增强、自适应锚框计算、自适应图片缩放。

Backbone：Focus 结构、CSP 结构。

Neck：FPN + PAN 结构。

Head：CIoU_Loss。

YOLOv5 中的基本组件如下。

Focus：基本就是 YOLOv2 的 passthrough 层。

CBL：由 Conv + BN + ReLU 三者组成。

CSP1_X：借鉴 CSPNet 结构，由三个卷积层和 X 个残差模块组成。

CSP2_X：不再用残差模块，而是改为 CBL。

SPP：采用 1×1、5×5、9×9 和 13×13 的最大池化方式，进行多尺度融合。

(3) 改进部分

① 输入端。

无明显变化。

② Backbone。

Focus 结构：是 YOLOv5 中的一个重要组件，用于提取高分辨率特征。它采用一种轻量级的卷积操作，帮助模型在保持较高感受野的同时减少计算负担。Focus 结构通过对输入特征图进行通道划分和空间划分，将原始特征图转换为更小尺寸的特征图，并保留原始特征图中的重要信息。这样做有助于提高模型的感知能力和对小尺寸目标的检测准确性。

CSPDarknet-53 结构：是 YOLOv5 中骨干网络的重要组件。与 YOLOv4 中的 Darknet-53 相比，CSPDarknet-53 引入了跨阶连接的思想，通过将特征图在通道维度上分为两个部分，并将其中一部分直接连入下一阶段，以增加信息流动的路径，提高特征的传递效率。CSPDarknet-53 结构在减少参数和计算量的同时，保持了较高的特征表示能力，有助于提高目标检测的准确性和速度。

③ Neck。

无明显变化。

④ 输出端。

无明显变化。

(4) 性能表现

在 COCO 数据集上，当输入原图的尺寸为 640×640 时，YOLOv5 的 5 个不同版本模型的检测数据如表 9.4 所示。

表 9.4　输入 640×640 原图时 YOLOv5 的 5 个版本模型的检测数据

模型	尺寸/像素	$mAP^{val\ 0.5:0.95}$	$mAP^{val\ 0.5}$	速度$^{CPU\ b1}$/ms	速度$^{V100\ b1}$/ms	速度$^{V100\ b32}$/ms	参数量/M	$FLOPs^{@640(B)}$
YOLOv5n	640	28.0	45.7	**45**	**6.3**	**0.6**	**1.9**	**4.5**
YOLOv5s	640	37.4	56.8	98	6.4	0.9	7.2	16.5
YOLOv5m	640	45.4	64.1	224	8.2	1.7	21.2	49.0
YOLOv5l	640	49.0	67.3	430	10.1	2.7	46.5	109.1
YOLOv5x	640	50.7	68.9	766	12.1	4.8	86.7	205.7

在 COCO 数据集上，当输入原图的尺寸为 1280 × 1280 时，YOLOv5 的 5 个不同版本模型的检测数据如表 9.5 所示。

表 9.5　输入 1280 × 1280 原图时 YOLOv5 的 5 个版本模型的检测数据

模型	尺寸/像素	$mAP^{val\,0.5:0.95}$	$mAP^{val\,0.5}$	速度$^{CPU\ b1}$/ms	速度$^{V100\ b1}$/ms	速度$^{V100\ b32}$/ms	参数量/M	FLOPs$^{@640(B)}$
YOLOv5n	1280	36.0	54.4	153	8.1	2.1	3.2	4.6
YOLOv5s	1280	44.8	63.7	385	8.2	3.6	12.6	16.8
YOLOv5m	1280	51.3	69.3	887	11.1	6.8	35.7	50.0
YOLOv5l	1280	53.7	71.3	1784	15.8	10.5	76.8	111.4
YOLOv5x	1280	55.0	72.7	3136	26.2	19.4	140.7	209.8
YOLOv5x + TTA	1536	**55.8**	**72.7**	—	—	—	—	—

表 9.5 表明，从 YOLOv5n 到 YOLOv5x，这 5 个 YOLOv5 版本模型的检测精度逐渐上升，而检测速度逐渐下降。根据项目要求，用户可以选择合适的模型，以实现精度与速度的最佳平衡。

9.4.2　改进的 YOLOv5 网络

为了降低血细胞的漏检率并提高检测准确率，在 YOLOv5 的基础上构建了一种血细胞检测方法。改进的网络模型如图 9.15 所示。在图 9.15 中，每个模块都由一个实心矩形框表示，每个实心矩形框的前半部分是模块名称，括号中是模块的相关参数。该模型主要改进的内容如下。

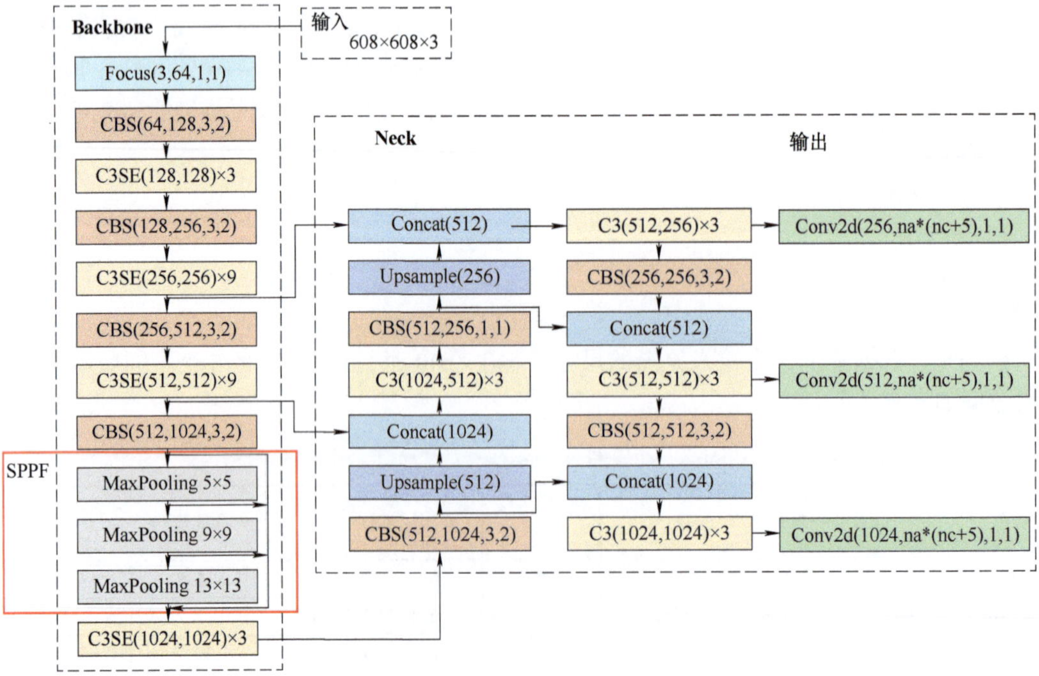

图 9.15　改进模型的整体结构

1）针对 YOLOv5 容易忽视局部信息以及细胞类型少、数量不平衡的问题，将注意力机制集成到 YOLOv5 骨干网络的卷积层中，增强特征图的重要性和相关性，更好地捕捉对象之间的语义关系和上下文信息，提高特征提取能力。

2）针对密集场景下的小目标检测，选择用快速空间金字塔池化（Spatial Pyramid Pooling-Fast，SPPF）代替空间金字塔池化（SPP），在保持多尺度特征提取能力的同时，提高计算效率和检测精度。

3）为了准确定位不同类型细胞的位置，并准确表达边界框与预测框的重叠关系，使用有效交并比（Efficient Intersection over Union，EIoU）损失函数来代替原始网络中的 CIoU 损失函数，从而提高血细胞检测的准确性和可靠性。

1. 通道注意力机制

在处理目标仅占图像小部分的情况下，背景信息的不断累积可能导致冗余信息的产生，这可能会掩盖目标，导致检测准确性降低。

为了解决这个问题，引入通道注意力机制中的压缩和激励（Squeeze-and-Excitation，SE）模块，如图 9.16 所示。通过 SE 模块，可以动态调整模型中每个通道的重要性，从而增强对目标的感知力，抑制背景信息的影响，提高检测准确率。

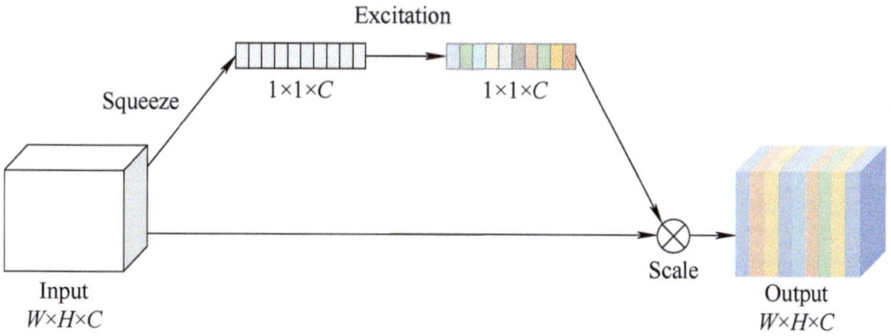

图 9.16　SE 模块结构

在 SE 模块中，首先给定输入 $U \in \mathbb{R}^{W \times H \times C}$，采用全局平均池化作为 Squeeze 进行一次操作，得到输出 $Z \in \mathbb{R}^{1 \times 1 \times C}$，即

$$Z = \frac{1}{W \times H} \sum_{i} \sum_{j=1}^{w} U(i,j) \tag{9.4.1}$$

然后，让 Z 经过 Excitation 得到输出权重 $S \in \mathbb{R}^{1 \times 1 \times C}$，即

$$S = \text{Excitation}(Z, W) = \sigma[g(z,w)] = \sigma[w_2 \delta(w_1 z)] \tag{9.4.2}$$

式中，w_1 和 w_2 代表两个全连接层；δ 为 ReLU 激活函数；σ 为 Sigmoid 激活函数；W 为权重值。

最后，利用上一步得到的权重值，对原始的特征图进行操作，将得到的权重施加到最初输入 U 中的每一个通道上，得到输出 $\widetilde{X} \in \mathbb{R}^{W \times H \times C}$，即

$$\widetilde{X} = \text{Scale}(U, S) = SU \tag{9.4.3}$$

根据改进的 YOLOv5 模型整体结构，在 Backbone 的第 3、5、7 和 10 层的 C3 模块里面融合 SE 模块，由此得到的 C3SE 模块结构如图 9.17 所示。SE 模块先对合并后的特征图进行通道权重的重新校准，再进行卷积操作，这有助于模型更好地关注重要的特征通道，提高目

标检测的准确性。改进后的 Backbone 网络结构如表 9.6 所示。这些优化措施有助于网络更高效地提取检测目标的特征信息，从而提升检测的准确性。

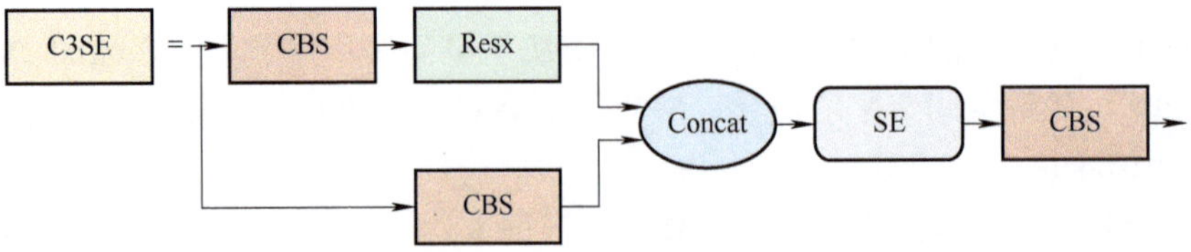

图 9.17　C3SE 模块结构

表 9.6　改进后的 Backbone 网络结构

模　　块	参 数 量	参数设置
Focus	3520	[3,32,3]
CBS	18560	[32,64,3,2]
C3SE	18944	[64,64,1]
CBS	73984	[64,128,3,2]
C3SE	158464	[128,128,3]
CBS	295424	[128,256,3,2]
C3SE	631296	[256,256,3]
CBS	1180672	[256,512,3,2]
SPPF	656896	[512,512,[5,9,13]]
C3SE	1190912	[512,512,1,False]

2. 空间金字塔池化模块

在 YOLOv5 网络中，SPP 模块被用于主干特征提取网络中。借鉴 SPP 思想，通过在不同池化核大小下进行最大池化，实现局部特征和全局特征的融合，提高特征图的表达能力。SPP 模块结构如图 9.18 所示。

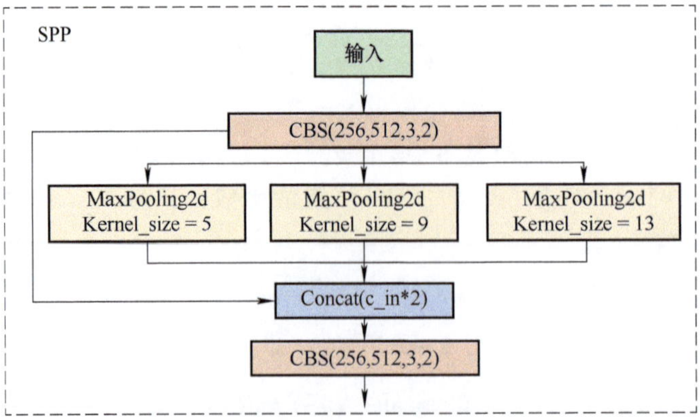

图 9.18　SPP 模块结构

SPP 模块对输入图像具有强大的适应性，可以将任意大小的输入图像重新缩放到固定大小，并生成固定长度的特征向量。由于 SPP 模块是对整个图像进行池化操作，因此对小目标的检测效果不佳。而血细胞图像属于小目标检测，所以为了适应血细胞图像的检测，用 SPPF 模块代替 SPP 模块。

SPPF 对 SPP 做了改进，将原来的并行结构改成了串行结构，如图 9.19 所示。SPP 结构将图像同时输入到多个大小不同的 MaxPooling 层，每个 MaxPooling 层独立地对输入进行池化操作，并生成不同尺度的特征图。然后，将这些特征图进行拼接，形成一个固定长度的特征向量，作为下一层的输入。而 SPPF 模块在经过 CBS 之后，串行通过一个 5 ×5 大小的 MaxPooling 层、一个 9 ×9 大小的 MaxPooling 层和一个 13 ×13 大小的 MaxPooling 层，然后将所有池化后的特征图进行拼接。尽管 SPPF 对特征图进行了多次池化，但是特征图尺寸和通道并未发生变化。最终，模块的输出能够在通道维度上进行融合，使模块能够保持特征图的维度和通道数不变，同时解决了多次池化操作对特征图的影响。

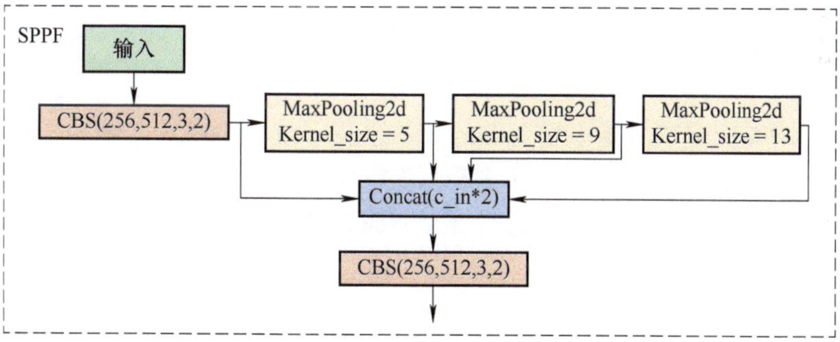

图 9.19　SPPF 模块结构

将 SPPF 嵌入原 YOLOv5 网络模型中 SPP 的位置进行研究。SPPF 的核心功能在于提取和融合高层特征，通过多次应用最大池化技术，充分提取高层次的语义特征。

3. 损失函数

YOLOv5 的损失函数是由边框回归损失、置信度损失以及分类概率损失三部分组成。在边框回归损失函数中，采用 CIoU 作为损失函数的预测为

$$Loss_{\mathrm{CIoU}} = 1 - \mathrm{IoU} + \frac{\rho^2(b, b^{gt})}{c^2} + av \tag{9.4.4}$$

$$a = \frac{v}{(1 - \mathrm{IoU}) + v} \tag{9.4.5}$$

$$v = \frac{4}{\pi^2}\left(\arctan\frac{W^{gt}}{H^{gt}} - \arctan\frac{W}{H}\right)^2 \tag{9.4.6}$$

$$\mathrm{IoU} = \frac{A \cap B}{A \cup B} \tag{9.4.7}$$

式中，b、b^{gt}分别代表预测框和真实框的中心点；ρ 代表两个中心点之间的欧氏距离；c 代表能够同时包含预测框和真实框的最小区域的对角线距离；W、W^{gt} 分别代表预测框和真实框的宽度；H、H^{gt}分别代表预测框和真实框的高度；IoU 是预测框（A）和真实框（B）之间的交集和并集之比。

CIoU 损失函数考虑了边界框回归的重叠面积、中心点距离和纵横比。然而，式（9.4.6）

中的 v 反映的是纵横比差异，而不是宽度和高度与其置信度的真实差异，导致模型在优化相似性时受到一定的阻碍。针对这一问题，Zhang 等人在 CIoU 损失函数的基础上将纵横比拆开，定义了 EIoU 损失函数。与其他边框回归损失函数相比，EIoU 损失函数考虑了重叠面积、中心点距离和长宽边长真实差，同时基于 CIoU 损失函数解决了纵横比的模糊定义。EIoU 损失函数的定义为

$$\begin{aligned} Loss_{\mathrm{EIoU}} &= Loss_{\mathrm{IoU}} + Loss_{\mathrm{dis}} + Loss_{\mathrm{asp}} \\ &= 1 - \mathrm{IoU} + \frac{\rho^2(b,b^{\mathrm{gt}})}{c^2} + \frac{\rho^2(W,W^{\mathrm{gt}})}{C_W^2} + \frac{\rho^2(H,H^{\mathrm{gt}})}{C_H^2} \end{aligned} \tag{9.4.8}$$

式中，C_W 和 C_H 代表覆盖两个边框的最小外接框的宽度和高度。EIoU 损失函数包含三个部分：重叠损失、中心距离损失和宽高损失。重叠损失和中心距离损失延续 CIoU 损失函数中的方法，而宽高损失则通过最小化目标框与锚框的宽度和高度差，加快了收敛速度。

与原网络中的 CIoU 损失函数相比，EIoU 损失函数中的宽高损失能提高收敛速度和精度，因此选择使用 EIoU 损失函数作为边框回归损失函数。

4. 半监督网络

为了解决不同类别样本可能不均衡的问题，采用 YOLOv5-ALT 与改进的 DCGAN 结合的半监督方法进行血细胞检测。基于 YOLOv5-ALT 模型，结合改进的 DCGAN 的生成能力，以期望在有限标注数据和大量无标注数据的情况下提高模型性能。因此，设计的网络结构中的关键组成部分如下。

1）针对医学图像任务的特殊性，采用 YOLOv5-ALT 模型，提高图像语义信息的提取能力，以更好地理解医学图像中的细节和结构。

2）针对不同类别样本可能不均衡的问题，引入改进的 DCGAN 模型。其中，生成网络能够生成与真实数据分布相似的图片，增加训练样本的多样性，在一定程度上缓解标注数据不足的问题。虽然不能完全替代真实的标注数据，但是生成的图片可以作为额外的训练样本，帮助模型学习到更多的小目标特征。

通过设计改进 DCGAN 的生成网络和鉴别网络，并选择 SELU 作为生成网络中的非线性激活函数。生成网络可以生成更逼真的血细胞图像。与传统的 ReLU 激活函数相比，SELU 在训练过程中更能抑制梯度消失的问题，有助于实现更稳定和更快速的模型训练。此外，SELU还具有自归一化的性质，能稳定神经网络的输出分布。在处理不平衡数据集时，SELU 有助于模型避免对多数类的过度偏向，并保持对不同类别的敏感性，从而提高对少数类的识别能力。在生成网络中，引入坐标注意力（Coordinate Attention，CA）机制，使模型能够更好地关注重要的通道特征，特别是有助于突出小目标的特征信息。这有助于模型在检测小目标时能够更有效地利用有限的特征。在鉴别网络中，采用空洞卷积扩大感受野，使模型能捕获更大范围内的上下文信息，以此来更好地理解不同类别之间的关系和差异，同时能学习到少数类样本的特征表示，从而提高对少数类的识别准确率。整体的网络模型如图 9.20 所示。

（1）激活函数

在 DCGAN 模型中时，采用激活函数完成卷积的非线性化。虽然激活函数 ReLU 能够加速梯度下降优化算法的收敛速度，但会出现“神经元死亡”的问题，即当神经元的输出为负数时，ReLU 激活函数的导数为零，这意味着神经元在训练过程中将不再更新其权重。这种情况可能会导致模型中的部分神经元始终处于非激活状态，无法提取有效特征，进而对模

型性能产生不良影响。

在 DCGAN 中，这种现象可能会导致生成网络无法学习到足够多样化和丰富的图像特征，从而导致生成的图像质量较差或者缺乏多样性。为了克服这个问题，选择使用激活函数 SELU，可以在一定程度上缓解神经元死亡问题，提高模型的性能和稳定性。激活函数 SELU 的曲线如图 9.21 所示。

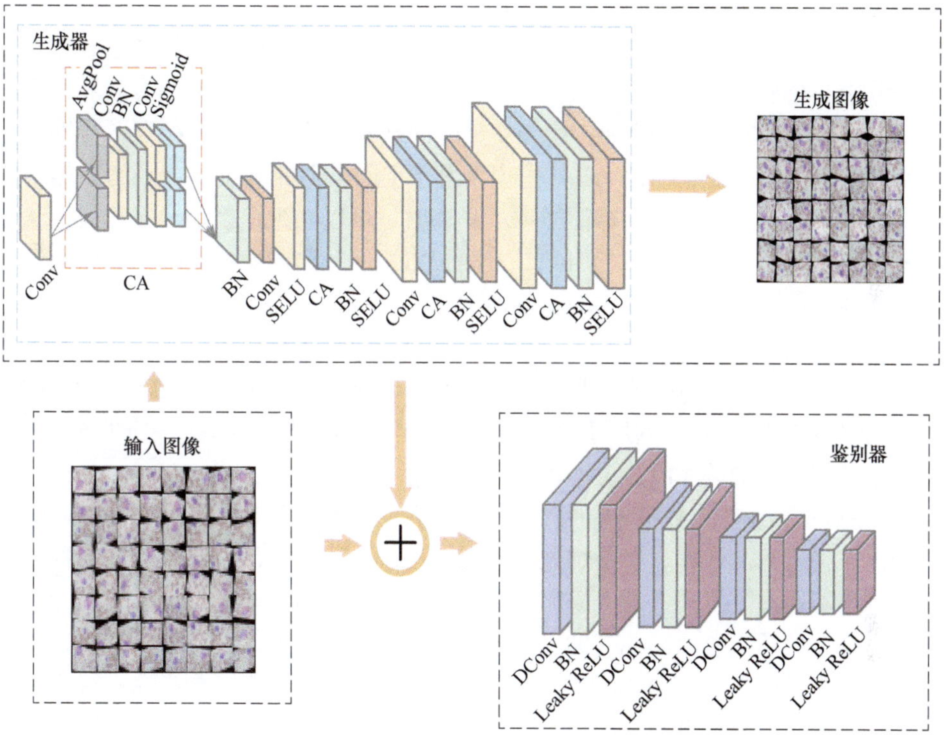

图 9.20　整体的网络模型

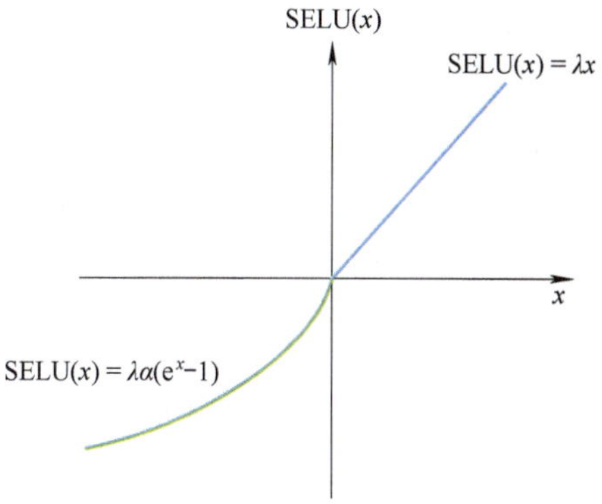

图 9.21　激活函数 SELU

SELU 引入了缩放和平移操作，有助于缓解梯度消失问题；SELU 具有自归一化的性质，在一定条件下，网络中每一层的输出都具有单位均值和方差，从而有助于缓解梯度消失问题；SELU 避免了神经元死亡问题，有助于保持神经元的活跃性，提高网络的稳定性。ReLU 的输出范围不是有界的，可能导致数值爆炸。而 SELU 引入了缩放因子，有助于自归一化，通过将输出范围限制在一个较小的区间内，减少数值爆炸的可能性。SELU 的定义为

$$\mathrm{SELU}(x)=\lambda\begin{cases}x, & x>0\\ \alpha(\mathrm{e}^{x}-1), & x\leqslant 0\end{cases}\tag{9.4.9}$$

式中，λ 和 α 为两个超参数，通常 $\lambda=1.0507$，$\alpha=1.67326$。

使用激活函数 SELU 有助于增强模型的泛化能力，使其更能适应未曾见过的数据。在半监督学习任务中，模型的泛化能力至关重要，决定了模型对未标注数据的有效利用程度。

激活函数 SELU 的自归一化特性，能够使神经网络输出的分布更加稳定，帮助模型更好地处理不平衡的数据集。由于加入 SELU 的模型对于不同类别的响应不会因为数据的分布差异而产生过大的偏差，因此当类别标注样本不平衡时，可以减少模型偏向多数类，从而提高对少数类的识别准确率。SELU 通过其自归一化特性，可以帮助模型在训练过程中保持对不同类别的敏感性，从而提高对少数类的识别能力。

（2）坐标注意力机制

坐标注意力（CA）机制在神经网络中增强了模型对输入数据中特定空间坐标的关注。在高效移动网络设计中，CA 机制用于降低计算复杂性，提高模型效率，同时增强神经网络对输入数据中关键信息的关注度，进而优化模型性能。

CA 机制侧重于关注输入数据中的特定空间坐标。通过关注特定坐标，可以避免模型对信息较少的区域进行冗余计算。在图像处理领域，CA 机制通常应用于卷积神经网络。其基本思想是通过学习通道之间的关系，模型能够更加聚焦于对当前任务更为重要的通道。这不仅有助于提高模型的感知能力，还有助于在模型准确性和计算效率之间取得平衡。

在生成网络中，引入 CA 机制可以动态地学习并调整每个通道的重要性，有助于提高生成特征图的判别性，使模型更容易区分不同类别的目标或对象。CA 机制通过精确捕获位置信息，实现对通道关系和长期依赖性的有效编码。其具体操作包括坐标信息嵌入和坐标注意力生成两个关键步骤。CA 机制结构如图 9.22 所示。

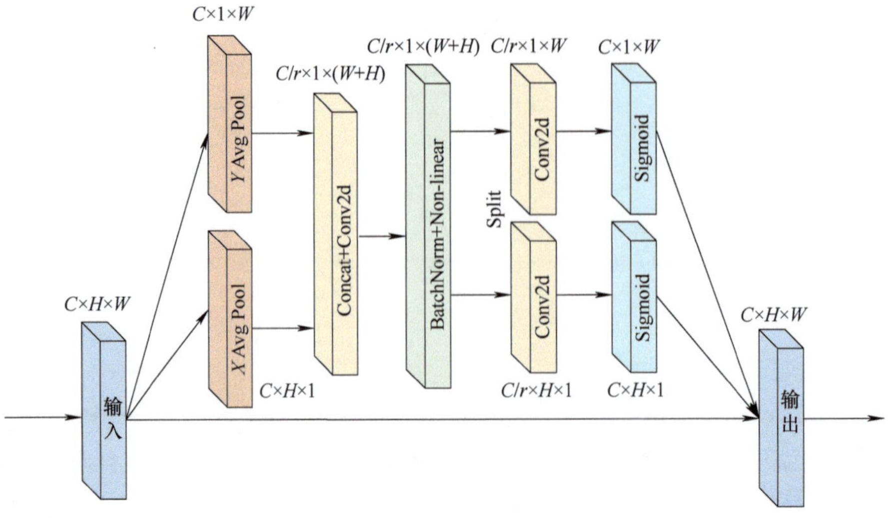

图 9.22　CA 机制结构

给定输入 $F \in \mathbb{R}^{C\times H\times W}$，为了能够捕获具有精准位置信息的远程空间交互，将全局平均池化分解分为两步操作，即用两个池化核（H,1）和（1,W）沿着特征图的两个不同方向进行池化，得到两个嵌入后的信息特征图，即

$$Z_C^h(h) = \frac{1}{W}\sum_{0\leqslant i\leqslant W} x_C(h,i),\ Z_C^h \in \mathbb{R}^{C\times H\times 1} \tag{9.4.10}$$

$$Z_C^w(w) = \frac{1}{H}\sum_{0\leqslant j\leqslant H} x_C(j,w),\ Z_C^w \in \mathbb{R}^{C\times 1\times W} \tag{9.4.11}$$

式（9.4.10）表示水平方向上的全局池化，其中，W 表示宽；i 表示在 0 到 W 之间的任意值；C 表示通道数；Z_C^h 表示在 $C\times H\times 1$ 维度上的特征图。式（9.4.11）表示垂直方向上的全局池化，其中，H 表示高；j 表示在 0 到 H 之间的任意值；Z_C^w 表示在 $C\times 1\times W$ 维度上的特征图。

将得到的两个嵌入特征图 Z_C^h 和 Z_C^w 沿着空间维度进行拼接得到 $[Z^h,Z^w]$，再经过 1×1 卷积 F_1 变换后，通过 δ 进行激活操作，得到 $C/r\times 1\times(W+H)$ 维特征图 f，即

$$f=\delta(F_1([Z^h,Z^w])),\ f\in\mathbb{R}^{C/r\times 1\times(W+H)} \tag{9.4.12}$$

随后沿着空间维度进行 Split 操作得到 $C/r\times H\times 1$ 和 $C/r\times 1\times W$ 维的特征图 f^h 和 f^w，其中

$$f^h\in\mathbb{R}^{C/r\times H\times 1} \tag{9.4.13}$$

$$f^w\in\mathbb{R}^{C/r\times 1\times W} \tag{9.4.14}$$

对其分别在水平和垂直方向上进行 Transform 操作（F_h 和 F_w）和 Sigmoid 操作（σ），最后得到 $C\times H\times 1$ 和 $C\times 1\times W$ 的注意力向量 g^h 和 g^w，即

$$g^h=\sigma(F_h(f^h)),\ g^h\in\mathbb{R}^{C\times H\times 1} \tag{9.4.15}$$

$$g^w=\sigma(F_w(f^w)),\ g^w\in\mathbb{R}^{C\times 1\times W} \tag{9.4.16}$$

对原来的特征图进行校正。将 $C\times H\times W$、$C\times H\times 1$ 和 $C\times 1\times W$ 特征图的对应位置相乘，得到校正后的特征图为

$$y_C(i,j)=x_C(i,j)g_C^h(i)g_C^w(i) \tag{9.4.17}$$

坐标信息嵌入主要是将输入的坐标信息嵌入到特征表示中，以便模型能够学习到每个位置相关的坐标信息。对于输入特征图中的每个位置，首先生成相应的坐标信息，通常是一个二维网格，其中每个元素都包含其相应的行和列坐标，然后将生成的坐标信息嵌入到特征表示中。这个嵌入操作可以将坐标信息与特征图中的每个位置的特征向量进行连接，形成更丰富的特征表示。在嵌入过程中，通过将坐标信息与原始特征连接在一起，每个位置的特征都会包含其相应的坐标信息。这有助于模型更好地理解不同位置之间的关系。

坐标注意力生成的关键是通过学习得到每个位置的注意力权重，使模型能够有选择性地关注不同位置的特征。首先利用嵌入的坐标信息，计算每个位置的注意力权重，表示模型对不同坐标位置的关注程度。然后使用计算得到的注意力权重，对每个位置的特征进行加权，将加权后的特征通过求和或其他操作进行整合，形成最终的加权特征表示。整合后的表示包含了通过坐标注意力赋予不同位置信息不同重要性之后的特征。

(3) 空洞卷积

空洞卷积是一种高效的卷积操作方式，通过在卷积核中设置固定间隔的空洞来扩大感受野，而不引入额外的参数。空洞卷积有助于捕捉输入图像的全局信息，尤其是在处理大范围

上下文依赖性任务时，对于图像识别、目标检测等任务可以显著提升模型性能。

对鉴别网络中的4个卷积层进行修改，将传统的卷积层替换为空洞卷积层。4个卷积层的通道数分别为{64,128,256,512}，其空洞率参数为{1,2,3,5}。这样的修改能够有效扩大感受野，使模型在处理需要长程依赖性的任务时表现得更为出色，有助于模型更好地理解和分析图像中的全局结构和模式。

将鉴别网络的卷积层替换为空洞卷积层，并改变感受野的计算方式，在一定程度上提高了鉴别网络对输入图像的全局信息捕捉能力。同时，由于减少了参数数量、降低了模型的复杂度、减轻了过拟合的风险，因此在半监督学习中，这种模型更有利于泛化到未标注的数据。

9.4.3 半监督YOLOv5网络

监督学习需要大量标注数据，然而标注工作耗时耗力，对于医学图像来说，得到标注数据更加困难。而半监督学习则是一种有效利用有限标注数据和大量未标注数据的方法。在血细胞检测任务中，通过半监督学习进行血细胞检测，解决标注数据缺失的问题。为此，本节实验中提出了一种基于自训练和一致性正则化的半监督血细胞检测算法，利用未标注数据扩展训练数据集，以减轻对标注数据的需求。

1. 算法结构

基于自训练和一致性正则化的半监督血细胞检测算法旨在利用少量标注数据和大量未标注数据来提升血细胞检测效果。算法流程如图9.23所示。该算法主要由以下三部分组成。

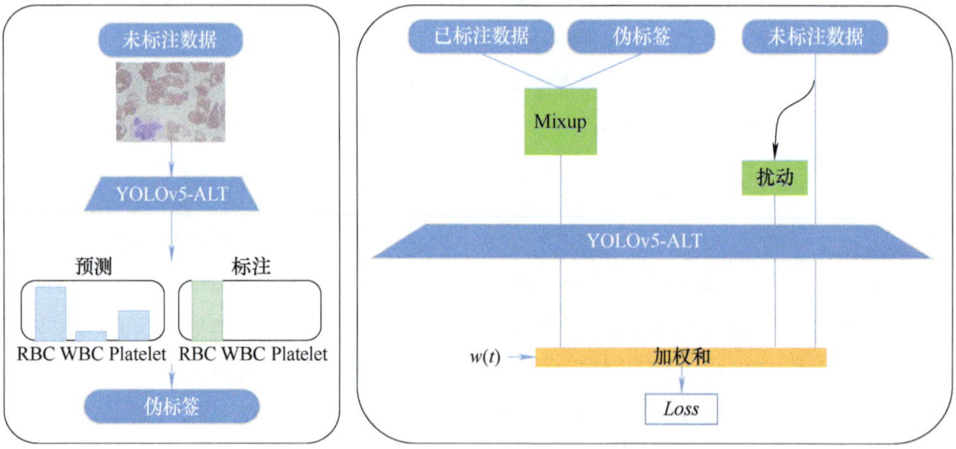

图9.23 基于自训练和一致性正则化的半监督血细胞检测算法

1）使用训练好的模型对未标注数据进行预测，生成一组伪标签。针对伪标签可能出现错误的问题，提出了一种基于阈值的方法来提高伪标签的质量。通过这种方法，不仅能够利用未标注数据扩充训练集，还能在一定程度上保证扩充数据的质量，进而提升模型的性能。

2）对未标注数据进行扰动处理，使模型在不同的扰动下产生一致的预测结果。通过对未标注数据进行数据增强，增加数据的多样性和丰富性，提高模型的泛化能力。然后利用YOLOv5-ALT模型，对未标注数据和扰动后的数据进行预测。经过旋转、缩放、裁剪等方法进行数据增强的图片如图9.24所示。

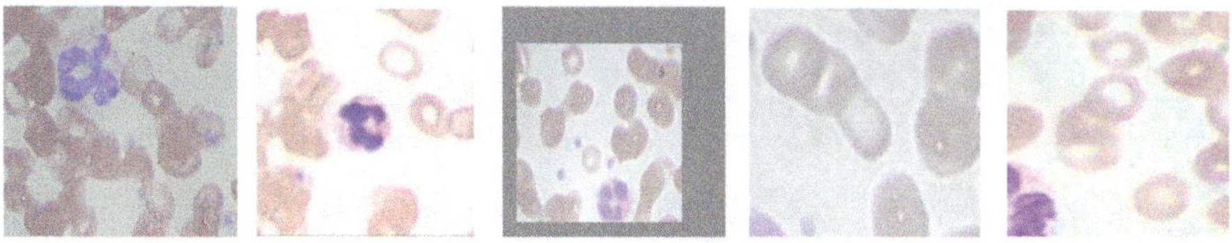

图 9.24　数据增强的图片

3）为了充分利用标注数据和伪标签数据，采用 Mixup 方法进行数据混合，并将混合后的数据用于 YOLOv5-ALT 的训练。将所有样本的交叉熵损失进行加权，得到整体的一致性损失。在训练过程中，不断更新模型参数，并在验证集上评估模型的性能，以确保模型能够在实际应用中具有良好的表现。

2. 伪标签选择

基于阈值生成伪标签是一种常见的生成伪标签的方法，特别适用于目标检测任务。基于目标检测模型对未标注数据的预测概率进行阈值判断，并且同时使用两种阈值，即熵阈值和置信度阈值。

置信度阈值用于过滤掉置信度较低的伪标签。对于目标检测任务，模型对物体的预测结果有一个置信度分数，通常在 0 到 1 之间。通过设置一个置信度阈值，只有当模型对某个物体的预测置信度高于设定阈值时，才会将其作为伪标签。

熵是衡量模型对某个样本预测不确定性的指标。在半监督学习中，可以计算每个样本的预测熵，然后设置一个熵阈值。只有当模型对某个样本的预测熵低于设定阈值时，才将其作为伪标签。

首先，在 YOLOv5-ALT 模型上用标注数据进行训练，使其能够对目标进行准确的检测。然后，采用训练好的目标检测模型对未标注数据进行检测，对于每个样本，利用预测结果的概率分布计算其熵，即

$$H = -\frac{1}{N}\sum_{i=1}^{N} p_i \log(p_i) \tag{9.4.18}$$

式中，N 表示样本数量；p_i 表示模型对第 i 个类别预测的概率。将计算得到的熵作为样本的预测熵。预测熵的值越高，表示模型对样本的预测越不确定；预测熵的值越低，表示模型对样本的预测越确定。

如果某个目标的最大类别预测值低于熵阈值，且置信度高于置信度阈值，则将该目标标注为相应类别的伪标签，并记录其边界框坐标。

虽然经过预测熵阈值和置信度阈值可以过滤掉大部分无效预测，但是伪标签和真实标签之间还存在一定的差距，部分真实对象可能未被预测到。因此，这部分只对边界框和类别进行预测，并将它们加权求和之后得到损失函数，即

$$Loss_{\text{unlabel}} = Loss_{\text{box}} + \lambda Loss_{\text{cls}} \tag{9.4.19}$$

网络整体的损失函数可以表示为有监督部分和无监督部分的加权和，即

$$Loss = Loss_{\text{label}} + Loss_{\text{unlabel}} \tag{9.4.20}$$

结合使用置信度阈值和熵阈值可以更全面地筛选伪标签，确保伪标签的可靠性，有助于提高模型的鲁棒性，避免将不确定性较高的预测结果作为伪标签。

3. 一致性正则化

(1) 一致性正则化方法

一致性正则化是一种半监督学习方法，旨在利用数据的一致性信息来提升模型的性能和泛化能力。在目标检测领域中，一致性正则化通过使用未标注数据来增强模型的训练。在一致性正则化中，常用的损失函数之一是交叉熵损失，该损失用于衡量模型对未标注数据的一致性。最小化交叉熵损失可以使模型在不同变换下的输出结果更加一致，以提高模型的鲁棒性和泛化性能。

损失函数由三部分组成，分别为标注数据交叉熵损失、伪标签数据交叉熵损失和一致性正则化交叉熵损失。

对于标注数据，假设其真实标签为 y，模型对样本的预测结果为 $\hat{y}$，j 表示类别索引，那么标注数据交叉熵损失函数定义为

$$Loss\_label = -\sum_{j} y\log(\hat{y}) \tag{9.4.21}$$

对于筛选得到的伪标签数据，同样使用交叉熵损失函数进行计算。假设未标注数据的伪标签为 w，模型对样本的预测结果为 t，j 表示类别索引，那么伪标签交叉熵损失函数定义为

$$Loss\_pseudo = \sum_{j} w\log(t) \tag{9.4.22}$$

在一致性正则化过程中，对于每个未标注样本，使用 YOLOv5-ALT 模型进行预测，得到伪标签的预测结果，并假设伪标签的预测结果为$\hat{y}_{\text{pseudo}}$。对每个未标注样本进行多次扰动，得到多组数据。对每组数据，使用相同的 YOLOv5-ALT 模型进行预测，得到多组预测结果，分别记为$\{\hat{y}_1,\hat{y}_2,\cdots,\hat{y}_N\}$。对于每组扰动数据的预测结果$\hat{y}_i$，计算其与伪标签预测结果$\hat{y}_{\text{pseudo}}$之间的交叉熵损失，作为一致性正则化交叉熵损失，即

$$Loss\_consistency = -\frac{1}{N}\sum_{i=1}^{N}\sum_{j}\hat{y}_{\text{pseudo}}\log(\hat{y}_i) \tag{9.4.23}$$

交叉熵损失函数可以衡量模型的预测结果与目标标签之间的交叉熵。

总损失函数由标注数据、伪标签数据和一致性正则化交叉熵损失进行加权求和后得到，即

$$Loss = \alpha Loss\_lable + \beta Loss\_pseudo + \gamma Loss\_consistency \tag{9.4.24}$$

在有限标签样本和伪标签样本上引入一致性正则化，通过鼓励模型对相似输入产生一致的预测，提高了模型的鲁棒性。这一步骤在半监督学习中起到了关键作用。

(2) 数据增强

数据增强的流程包括：首先对输入图像进行亮度、对比度等颜色变换，随后进行翻转、旋转等整体操作，最后在图像上进行裁剪，即随机选择固定大小的正方形区域，并用全 0 填充。

4. Mixup

对于伪标签数据和标注数据，可以由 Mixup 进行数据混合。传统的 Mixup 操作是用于图像分类任务的，而在目标检测任务中需要对计算方式进行修改，如式（9.4.25）所示。其中 x_1 和 x_2 表示两个不同的样本；b_1 和 b_2 表示其对应的真实边界框位置信息；y_1 和 y_2 表示其类别标签；x_{mix}表示对两个样本的特征进行混合后得到的新特征；b_{mix}表示对两个样本的边界框位置信息进行线性混合后得到的新边界框的位置信息；y_{mix}表示对两个样本的类别标签

进行线性混合后得到新类别标签；ε 服从 Beta 分布，且 $\varepsilon \in [0,1]$。

$$\varepsilon \sim \mathrm{Beta}(\alpha,\alpha) \tag{9.4.25a}$$

$$x_{\mathrm{mix}} = \varepsilon x_1 + (1-\varepsilon) x_2 \tag{9.4.25b}$$

$$b_{\mathrm{mix}} = \varepsilon b_1 + (1-\varepsilon) b_2 \tag{9.4.25c}$$

$$y_{\mathrm{mix}} = \varepsilon y_1 + (1-\varepsilon) y_2 \tag{9.4.25d}$$

Mixup 操作既能扩充数据集，弥补训练数据的不足，又能通过样本线性插值提升模型的泛化能力，防止过拟合。

最终，新的半监督目标检测方法如算法 9.1 所示。

算法 9.1　半监督目标检测方法

输入：已标注数据集 L；未标注数据集 M；测试集 V
输出：模型权重 W
初始化超参数：训练总轮数 Q；伪标签阈值 $P=\{p_1,\cdots,p_Q\}$，$P<0.1$
使用 L 对模型进行预训练得到初始权重 W
　for $q=1:Q$
　　for $m=1:Q$
　　根据 W 对 M 进行预测，得到 $P<0.1$
　end for
　得到伪标签数据集 R
　for $h=1:Q$
　　对 M 进行数据增强，得到 E；对 L 和 R 进行 Mixup 操作
　　对 L、M、E 和 R 进行预测，按照式（9.4.21）、式（9.4.22）、式（9.4.23）求其损失，进行加权求和
　end for
　得到新的训练集 $S=L\cup R$
　使用 S 对模型进行训练，同时结合一致性正则化损失，更新权重 W
end for
return W
使用 W 在 V 上进行测试

9.5　深度强化对抗学习网络

在传统的图像增强算法中，已经有许多参数化的操作或算子可以提升图像的亮度，改善对比度并调整颜色。其中，LIME（Low-light IMage Enhancement）、NPE（Naturalness Preserved Enhancement）、BIMEF（Bio-Inspired Multi-Exposure Fusion）、CLAHE（Contrast Limited Adaptive Histogram Equalization）等算法，缺乏对图像语义信息或对象关系的理解，其增强结果存在颜色偏移，且算法适用范围有限，泛化性较差。而基于深度学习的照片修饰方法、使用 GAN 模型的算法、应用深度强化学习算法、搭建 Exposure 图像增强框架算法等，Actor-Critic（AC）及 GAN 算法在训练时的不稳定性，会导致网络学习到次优的图像修饰策略，其增强结果通常会出现过曝、色彩及对比度失真等问题。

针对此类问题，本节实验中提出了评论家正则化相对对抗优势 AC（Relativistic Adversarial Advantage Actor-Critic with Critic-Regularization，RA3C-CR）算法，采用 RAGAN（Relativistic Average GAN）评估处理图像的主观质量，并根据其损失函数近似 AC 算法中的奖励函数，即图像质量评估函数，大幅缩短了网络训练时间。同时，通过惩罚算法中 Critic 的时间差分误差来约束 Actor 的学习行为，提升算法的稳定性及整体表现。类似 Exposure 框架，RA3C-CR 算法适用于任意分辨率的图像处理。

9.5.1 Exposure 图像增强模型

基于 Exposure 图像增强模型可以建模一个马尔科夫决策过程，即将原始图像作为输入，智能体从预定义的算子集合中选择一个算子对图像进行修饰，环境给予该动作一个评估分数，然后进入到下一个状态，通过与环境之间的互动，不断进行状态转移，直至获得视觉效果较好的图像。图像增强过程如图 9.25 所示，图中红框内容为已选用的动作及参数，其余未选用的动作包括白平衡调整、饱和度调整及黑白调整。

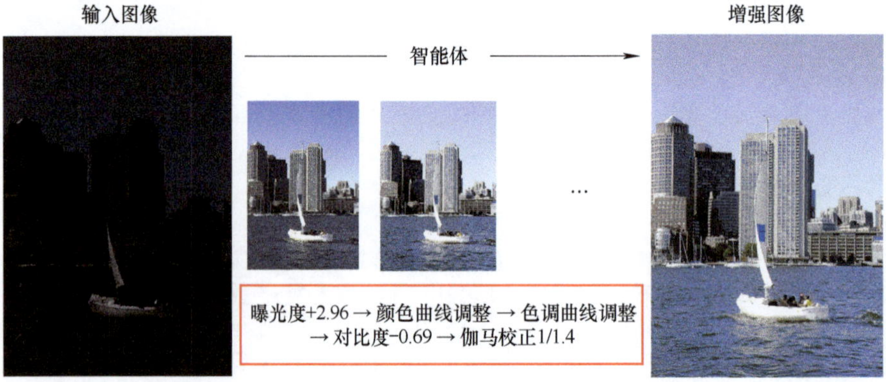

图 9.25 模拟从相机传感器中捕获的线性 RGB 图像的增强过程

现将此图像增强模型用 $P=(S,A)$ 表示。其中，S 为状态空间，即原始图像以及增强过程中所有中间状态的集合，$s(k)\in S$ 为第 k 步智能体所处的状态；A 为动作空间，即决策过程中可采用的算子集合，$a(k)\in A$ 为当前状态下采用的动作。当智能体在状态 $s(k)$ 执行动作 $a(k)$ 时，转移到状态 $s(k+1)$ 的转移概率为

$$p[s(k+1)]=p[s(k),a(k)] \tag{9.5.1}$$

式中，$p(\cdot)$ 为状态转移函数。每执行一次动作，环境都会给予一个立即奖励，即强化学习中的奖励函数 r。将一系列动作作用于原始图像，便形成了状态、动作以及奖励组成的轨迹 t_r，即

$$t_r=\{s(0),a(0),r(0),s(1),a(1),r(1),\cdots,s(k-1),a(k-1),r(k-1),s(T)\} \tag{9.5.2}$$

将在 $s(k)$ 状态之后所获得奖励的总和定义为累计折扣回报 $r^{\gamma}(k)$，即

$$r^{\gamma}(k)=\sum_{\tau=0}^{T-\tau}\gamma^{\tau}r[s(k+\tau),a(k+\tau)] \tag{9.5.3}$$

式中，γ 为折扣因子，且 $\gamma\in(0,1]$，表示智能体对未来奖励的考虑程度。将策略 π 定义为当前状态 $s(k)$ 下动作空间的概率密度函数。该增强算法的目的是：在顺序决策进程中寻找

出最优的策略 π，以最大化该策略下所有可能轨迹 t_r 的期望回报 $J(\pi)$。此优化过程可表示为

$$\arg\max_{\pi} J(\pi) = \arg\max_{\pi} \mathop{\mathbb{E}}_{s\sim\rho^{\pi},t_r\sim\pi}[r^{\gamma}(0) \mid \pi] \tag{9.5.4}$$

式中，$r^{\gamma}(0)$ 为智能体从初始状态 $s(0)$ 出发得到的累计折扣回报。ρ^{π} 为折扣状态访问分布，定义为

$$\rho^{\pi} = \sum_{\substack{k=0 \\ t_r\sim\pi}}^{\infty} \mathbb{P}[s(k) = s]\gamma^{k} \tag{9.5.5}$$

类似地，状态值函数 $V^{\pi}(s)$ 表示状态 $s(k)$ 遵循策略 π 与环境互动获得的累计折扣奖励的期望值，即

$$V^{\pi}(s) = \mathop{\mathbb{E}}_{s(k)=s,t_r\sim\pi}[r^{\gamma}(k)] \tag{9.5.6}$$

状态-动作值函数 Q^{π} 可由状态值函数 $V^{\pi}(s)$ 表示为

$$Q^{\pi}[s(k),a(k)] = \mathop{\mathbb{E}}_{s\sim\rho^{\pi},a\sim\boldsymbol{a}(k),t_r\sim\pi}\{r[s(k),a(k)] + \gamma V^{\pi}[p(s(k),a(k))]\} \tag{9.5.7}$$

通过优势函数 $A^{\pi}[s(k),a(k)] = Q^{\pi}[s(k),a(k)] - V^{\pi}[s(k)]$ 来评估在状态 $s(k)$ 下执行动作 $a(k)$ 的合适程度。

为模拟图像后期修饰处理的过程，将动作空间分为离散动作空间 A_1（修饰算子的选择）和连续动作空间 A_2（算子的随机变量取值范围）。因此，上述策略 $\boldsymbol{\pi}$ 包含两部分：随机策略 π_1 和确定性策略 π_2。其中，π_1 为当前状态下选择动作 $a(1)$ 的概率分布；π_2 为选择某动作后，在该动作的取值范围区间内选择其最优动作 $a(2)$。使用 A2C 算法来优化上述策略。算法框架主要由双策略网络（随机性策略网络和确定性策略网络）以及价值网络组成。价值网络近似计算状态值函数 V^{π}，双策略网络分别根据状态-动作值函数 Q^{π} 和优势函数 A^{π} 来更新策略，从而得到每一个状态下选择每一个动作的合理概率及最优参数取值。

状态函数 V 以及策略函数 $\boldsymbol{\pi} = \{\pi_1,\pi_2\}$ 分别通过卷积神经网络 V_w 和 $\pi_{(\theta_1,\theta_2)}$ 近似，其中 $\boldsymbol{w}$ 及 $\theta = (\theta_1,\theta_2)$ 分别为价值网络和双策略网络的学习参数。TD 误差被用作优势函数的无偏估计。在实际应用中，使用价值网络近似 TD 误差 e，以减少参数并提高训练的稳定性。通过最小化 J_w 优化价值网络，J_w 定义为

$$J_w = \frac{1}{2}\mathop{\mathbb{E}}_{s\sim\rho^{\pi},a\sim\pi(s)}\{e[s(k),s(k+1);\boldsymbol{w}]^2\} \tag{9.5.8}$$

$$e[s(k),s(k+1);\boldsymbol{w}] = r[s(k),a(k)] + \gamma V\{p[s(k),a(k)];\boldsymbol{w}\} - V[s(k);\boldsymbol{w}] \tag{9.5.9}$$

由于动作分为离散动作和连续动作，分别采用随机性及确定性策略梯度算法更新模型，策略梯度为

$$\nabla_{\theta_1} J(\pi_{\theta}) = \mathop{\mathbb{E}}_{s\sim\rho^{\pi},w_1=\pi_1(s,w_1)}\{\nabla_{\theta_1}\log\pi_1[s,a(1);\theta_1 A(s,(a(1),a(2));\boldsymbol{w}_1]\} \tag{9.5.10}$$

式中，

$$\nabla_{\theta_2} J(\pi_{\theta}) = \mathop{\mathbb{E}}_{s\sim\rho^{\pi},w_2=\pi_2(s,w_1)}\{\nabla_{\theta_2}\log\pi_2[s,a(1);\theta_2]\nabla_{a(2)} Q[s,(a(1),a(2));\boldsymbol{w}_2]\} \tag{9.5.11}$$

参数的更新公式为

$$\theta_1(k+1) = \theta_1(k) + \alpha\nabla_{\theta_1} J(\pi_{\theta}) \tag{9.5.12}$$

$$\theta_2(k+1)=\theta_2(k)+\alpha\nabla_{\theta_2}J(\pi_\theta) \tag{9.5.13}$$

$$\boldsymbol{w}(k+1)=\boldsymbol{w}(k)-\alpha_w\nabla_w Loss_w \tag{9.5.14}$$

式中，优势函数 A 可由 TD 误差 e 进行计算；动作值函数 Q 通过式（9.5.7）计算，其梯度通过链式法则计算。

9.5.2　相对对抗学习及奖励函数

在强化学习算法中，需要设计合理的奖励机制来驱动智能体的期望行为。本节实验中的奖励机制基于执行动作后所得生成图像的视觉效果进行设计，而图像视觉效果的好坏取决于图像的语义背景信息以及个人审美。在此情况下，传统的图像评估指标可能效果不佳，因此难以确定合适的指标来评估图像的美学效果。

针对此问题，采用相对对抗模型来判别增强图像，并使用近似上述 AC 算法的奖励函数，即图像质量评估函数。鉴别网络的鉴别能力及训练稳定性会直接影响图像生成的质量。因此，使用 RAGAN 中的相对平均鉴别网络（Relativistic average Discriminator，RaD）代替标准鉴别网络，以提高鉴别网络的鉴别能力，并解决训练鉴别网络时的梯度消失问题。不同于标准鉴别网络仅估计输入图像 s_f 为真实图像的概率，RaD 预测真实图像 s_r 相对于生成图像 s_f 更为逼真的概率。标准鉴别网络的鉴别行为 $F(x)=\sigma(D(x))$，其中 σ 为 Sigmoid 函数，$D(\cdot)$为未转换的鉴别网络输出。因此，RaD 鉴别行为可以表示为

$$F_{\text{RaD}}(s_r,s_f)=\sigma\{D(s_r)-\mathbb{E}_{s_f}[D(s_f)]\} \tag{9.5.15}$$

式中，$\mathbb{E}_{s_f}[\cdot]$ 表示对批量数据取平均值的操作。因此，将 RAGAN 鉴别网络的损失函数定义为

$$Loss_D=-\mathop{\mathbb{E}}_{s_r\sim f_r}\{\log[F_{\text{RaD}}(s_r,s_f)]\}-\mathop{\mathbb{E}}_{s_f\sim\rho^{\pi}}\{\log[1-F_{\text{RaD}}(s_r,s_f)]\}+\eta\mathop{\mathbb{E}}_{\hat{s}\sim f_{\hat{s}}}\{[\|\nabla_{\hat{s}}D(\hat{s})\|_2-1]^2\} \tag{9.5.16}$$

式中，$f_{\hat{s}}$ 为 $\hat{s}$ 的分布，$\hat{s}=\varepsilon s_f+(1-\varepsilon)s_r$，$\varepsilon\in[0,1]$。引入 WGAN-GP（Wasserstein GAN with Gradient Penalty）中的梯度惩罚项以确保鉴别网络满足 Lipschitz 连续性条件，稳定网络的训练。受 Exposure 定义奖励函数方式的启发，将 RA3C 算法中的奖励定义为：状态 s_f 根据策略 π 采取动作后到达下一状态 s'_{f_a}，相对于真实图像 s_r，奖励为当前状态与下一状态评估概率的增量，即

$$r\{s,[a(1),a(2)]\}=\log[F_{\text{RaD}}(s'_{f_a},s_r)]-\log[F_{\text{RaD}}(s_f,s_r)] \tag{9.5.17}$$

$$s'_{f_a}=f\{s_f,[a(1),a(2)]\} \tag{9.5.18}$$

该奖励值越大，表明下一状态比当前状态的像素分布更接近真实图像，间接说明当前状态下执行的动作更合适。

对抗学习算法框架中的生成网络为 AC 算法，其最终目的是提供最优策略，使经过修饰的图像尽可能地接近真实图像。由于上述奖励函数包含 s_f 和 s_r，因此生成网络会同时将生成数据和真实数据纳入损失函数的梯度计算中，而其他 GAN 仅受到生成数据梯度的影响。因此，RA3C 算法框架有助于网络学习到更合适的曝光度、对比度及图像的颜色分布。该算法框架如图 9.26 所示。

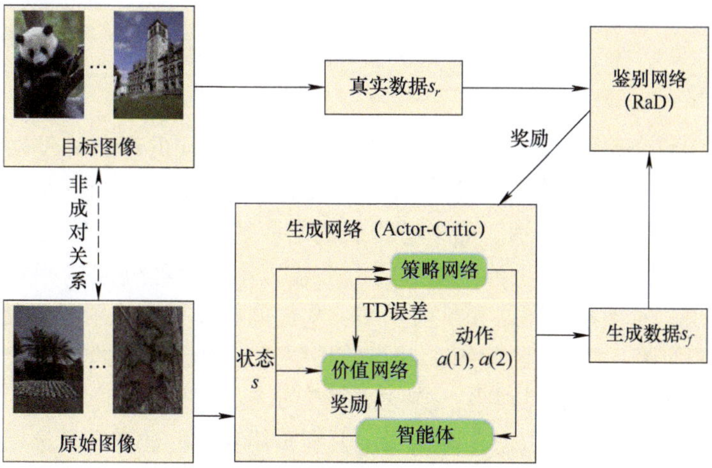

图 9.26　RA3C 算法框架

9.5.3　评论家正则化策略梯度算法

类似于 GAN 模型，AC 算法中演员和评论家以交替的方式进行更新学习，而价值函数的不准确估计会引起次优策略的产生。当策略不佳时，价值估计会产生偏差。该学习方式的不稳定性会影响算法准确地探索与利用环境信息，进而导致训练难以收敛。引入神经网络近似函数后，估计偏差的增大使训练的收敛性更难以保证。TD3（Twin Delayed Deep Deterministic）策略梯度算法提出了延迟策略更新（Delayed Policy Update，DPU），即策略网络的更新频率低于价值网络，只有当价值网络的误差足够小时才更新策略网络。然而，该算法需要在更新策略网络之前多次训练价值网络以确保其准确度，导致耗时较长。受 TD3 算法的启发，为提升 AC 算法的精度及有效性，提出评论家正则化（Critic-Regularization，CR）策略梯度算法。该算法通过将价值网络的损失函数 TD 误差作为策略网络梯度的正则项来规范演员对策略的更新，避免当评论家对价值函数估计高度不准确时，高错误状态的演员产生次优策略并引起偏差累积。该算法训练耗时较短，提高了 AC 算法的稳定性及整体表现。根据式(9.5.10)，正则化策略梯度表示为

$$\nabla_{\theta_1} J(\pi_\theta) = \mathop{\mathbb{E}}_{s \sim \rho^\pi, a(1) \sim \pi_1(s), a(1) = \pi_1(s, a(1))} \{\nabla_{\theta_1} \log \pi_1(s, a(1); \theta_1) C(s, (a(1), a(2)); w)\} \tag{9.5.19}$$

式中，$C(s,(a(1),a(2));w) = A(s,(a(1),a(2));w) - \lambda_i e^2(s,s';w)$，$s' = p(s,(a(1),a(2)))$，$\lambda_i e^2(s,s';w)$ 为评论家正则项，e 为 TD 误差，λ_i 为惩罚系数。随着迭代次数 i 的增加，价值网络对价值函数的近似估计更为准确，正则项的影响逐渐减小，因此应逐步降低惩罚系数。现引入衰减因子 α，使惩罚系数随着训练的进行逐渐衰减，即 $\lambda_i(k+1) = \alpha\lambda_i(k)$，$0 < \alpha < 1$。同理，根据式（9.5.11），确定性策略梯度为

$$\nabla_{\theta_2} J(\pi_\theta) = \mathop{\mathbb{E}}_{\substack{s \sim \rho^\pi, \\ a(2) = \pi_2(s, a(1))}} \{\nabla_{\theta_2} \pi_2[s, a(1); \theta_2] \nabla_{a(2)} [Q(s, (a(1), a(2)); w) - \lambda_i e^2(s, s'; w)]\} \tag{9.5.20}$$

实验表明，引入正则项对策略更新进行约束，不仅提升了算法稳定性，还提高了图像增

强的质量。

9.5.4 网络结构

为体现 RA3C-CR 算法的优越性，使用与 Exposure 中相同的卷积神经网络结构及输入输出处理方式。Exposure 中所述的随机策略网络、确定策略网络、价值网络和鉴别网络都采用相同的网络结构，如图 9.27 所示。图中卷积层的卷积核大小为 4 × 4，步长为 2，每个卷积层后均接 LReLU 激活函数。每一种网络都需要在输入图像上额外连接相对应的特征平面作为增加的输入通道。对于策略网络和价值网络，附加的特征平面表示已经使用的算子（8 个布尔值，0 表示未使用，1 表示已使用）和目前增强进程中已采用的步骤数（用于防止已选用的动作重复使用）。对于鉴别网络，特征平面表示整个图像的平均亮度、对比度和饱和度。不同功能网络的最后一层均为全连接层，分别采用对应的通道数及激活函数以实现各自的功能。各功能网络的结构设置如下。

1）随机策略网络，其通道数 N_c 为算子个数，采用 Softmax 激活函数，输出为选择各算子的概率分布。

2）确定策略网络，N_c 为算子参数个数，采用 Tanh 激活函数，输出为确定的算子参数。

3）价值网络，$N_c = 1$，无激活函数，输出为状态值的估计。

4）鉴别网络，$N_c = 1$，与 Exposure 不同，采用 Sigmoid 激活函数，输出为状态真伪的概率。

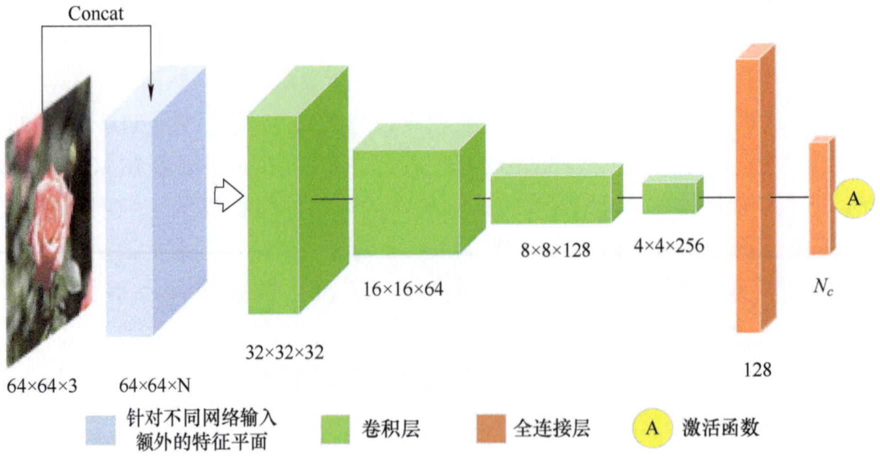

图 9.27 Exposure 中的网络结构

第 10 章　基础实战案例

导　读

本章为基础篇实战案例，包括 Python 开发环境的安装与验证以及基于 PCA-BP 神经网络的数字仪器识别技术。通过这两个实战案例，读者可以掌握 Python 开发环境的安装与验证方法，也可以初步了解建立神经网络与解决实际问题的思路与方法，起抛砖引玉之效。

10.1　Python 开发环境的安装与验证

10.1.1　Python 安装

Python 的安装过程如下。

1）打开 Python 官网 https://www. python. org/downloads/，如图 10.1 所示。

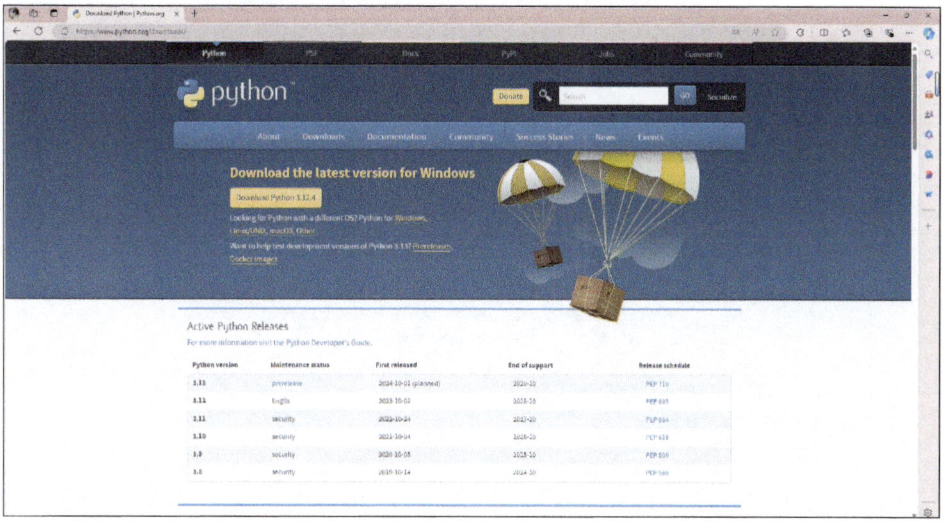

图 10.1　Python 官网

2）下滑找到 Python 3. 9. 13，如图 10.2 所示。

3）找到并单击“Windows installer（64-bit）”即可下载，如图 10.3 所示。

4）运行下载的安装程序。在安装向导中，确保勾选“Add Python 3. 9 to PATH”选项，然后单击“Install Now”，开始安装 Python 3. 9. 13（64-bit），并显示安装进度，如图 10.4 和图 10. 5所示。

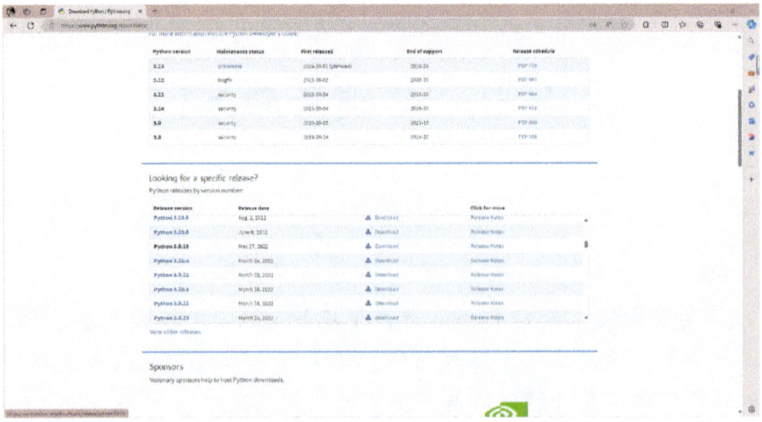

图 10. 2　找到 Python 3. 9. 13

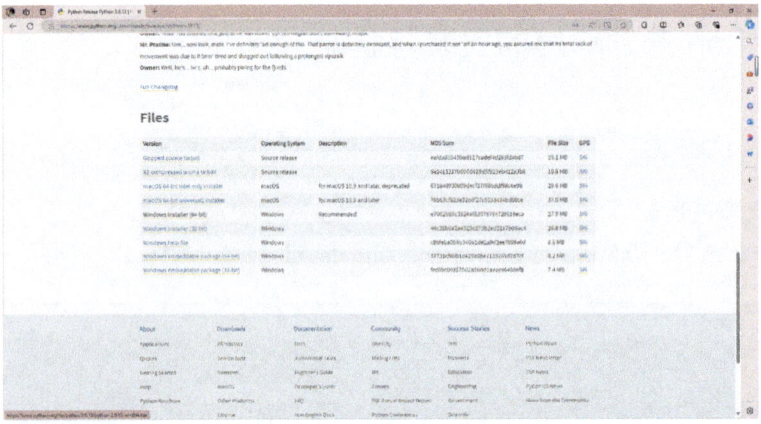

图 10. 3　找到并单击“Windows installer（64-bit）”

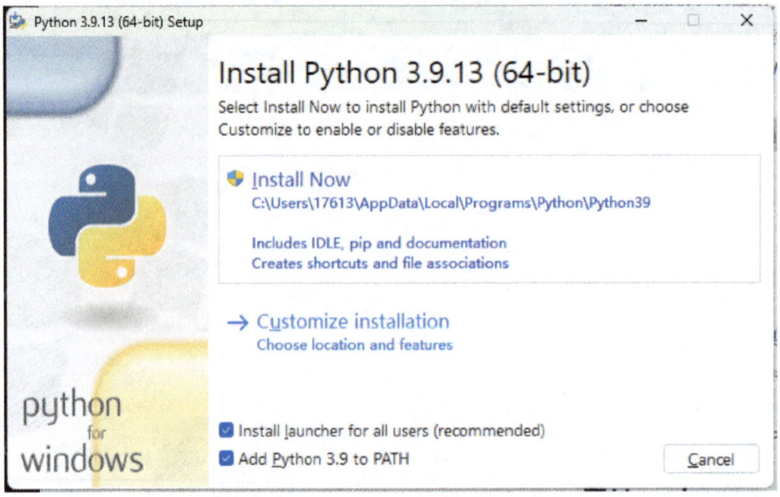

图 10. 4　安装 Python 3. 9. 13（64-bit）

5）安装完成，单击“Close”按钮，如图 10. 6 所示。

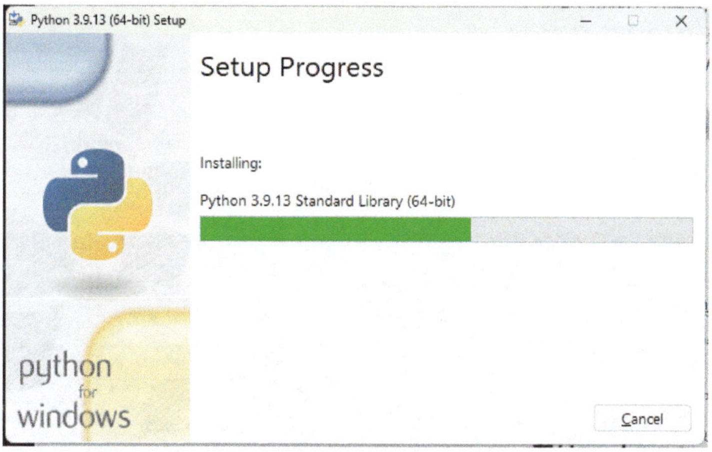

图 10.5　安装进度

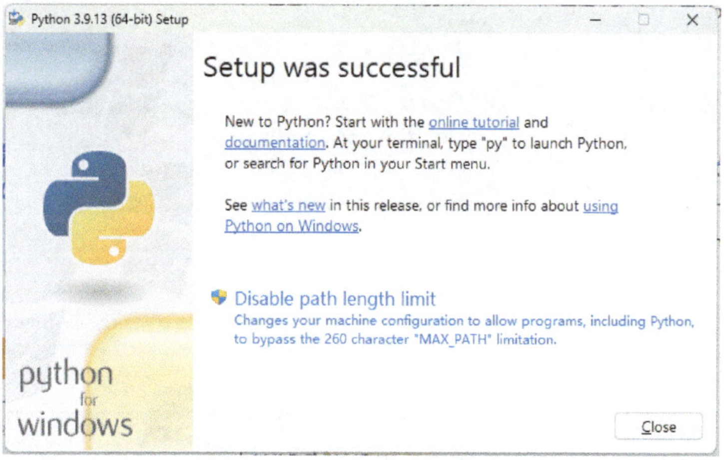

图 10.6　安装完成

6）按〈Win + R〉组合键进入运行界面，输入 cmd 后按〈Enter〉键，进入 Windows 的命令行窗口，并在命令行输入“python --version”后按〈Enter〉键。Python 3.9.13 安装成功的界面如图 10.7 所示。

图 10.7　Python 3.9.13 安装成功界面

10.1.2 OpenCV 安装与验证

OpenCV 的安装与验证过程如下。

1）首先更新 pip，按〈Win + R〉组合键进入运行界面，输入 cmd 后按〈Enter〉键，进入 Windows 的命令行，并在命令行输入 “python-m pip install--upgrade pip”，如图 10.8 所示。

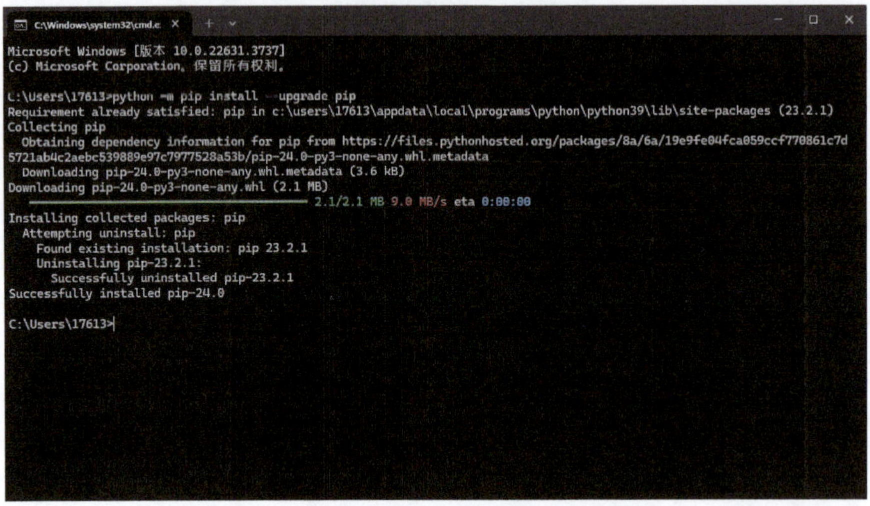

图 10.8 进入 Windows 的命令行并更新 pip

2）安装 OpenCV 的基础包。在命令行输入 “pip install-i https://pypi.tuna.tsinghua.edu.cn/simple opencv-python”，如图 10.9 所示。

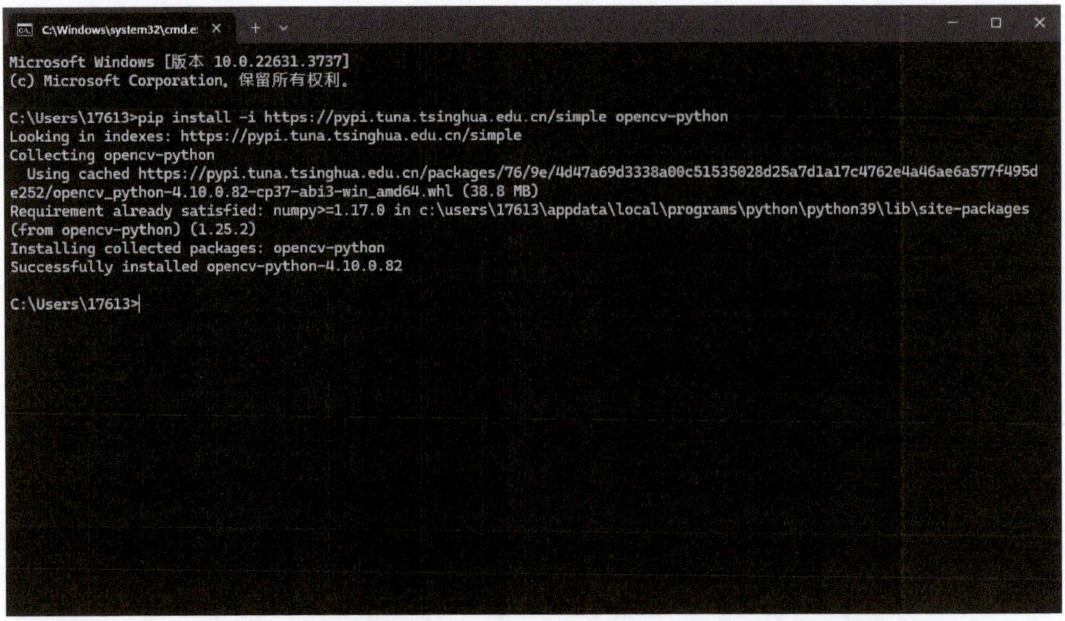

图 10.9 安装 OpenCV 基础包

3）安装 OpenCV 拓展包。在命令行输入“pip install-i https://pypi. tuna. tsinghua. edu. cn/simple opencv-contrib-python ==4. 8. 0. 76”，如图 10. 10 所示。

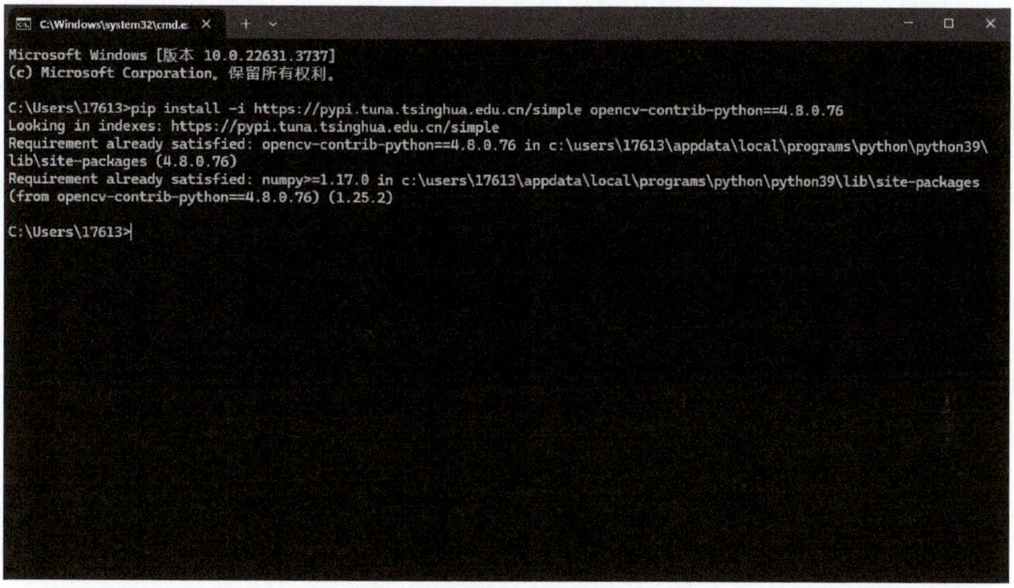

图 10. 10　安装 OpenCV 拓展包

4）安装可视化库 Matplotlib。在命令行输入“pip install-i https://pypi. tuna. tsinghua. edu. cn/simple matplotlib”，如图 10. 11 所示。

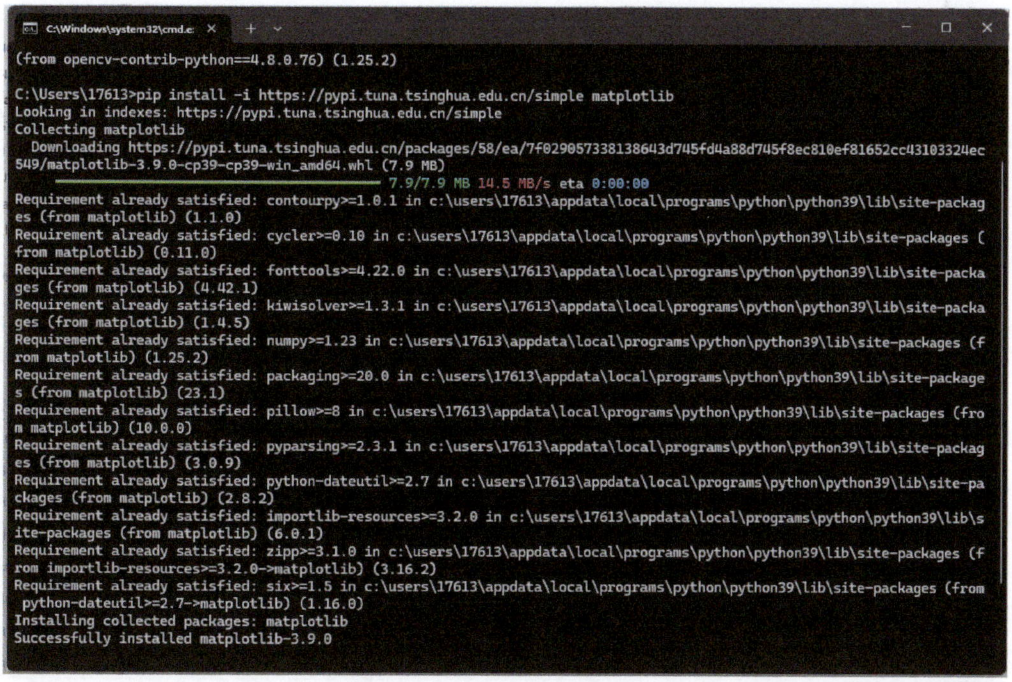

图 10. 11　安装可视化库 Matplotlib

5）最后进行验证。在命令行输入“python”，按〈Enter〉键进入 Python 交互界面，接着输入“import cv2”，按〈Enter〉键后输入“cv2. _ _version_ _”，如果按〈Enter〉键后可以得到 OpenCV 的版本号，说明安装成功，如图 10. 12 所示。

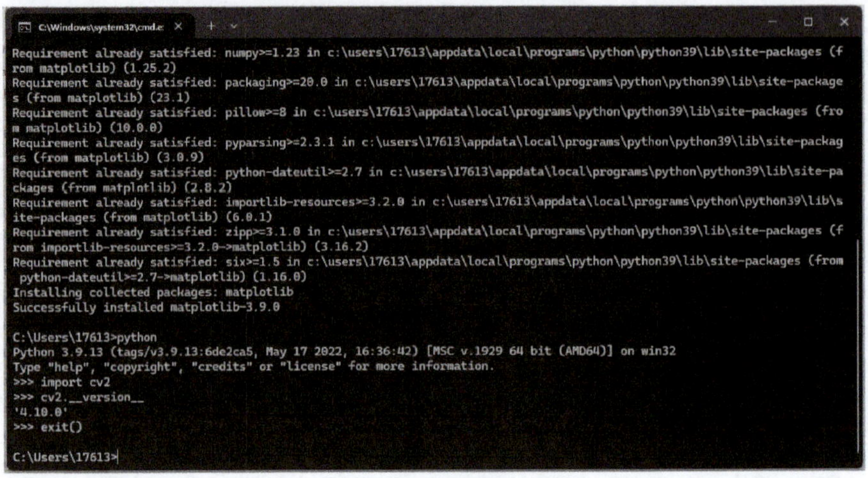

图 10. 12　OpenCV 安装完成

10. 1. 3　TensorFlow 安装与验证

TensorFlow 的安装与验证过程如下。

1. 下载 Anaconda

打开清华大学开源软件镜像站 https://mirrors. tuna. tsinghua. edu. cn/，找到“anaconda”并下载，如图 10. 13 ~ 图 10. 15 所示。

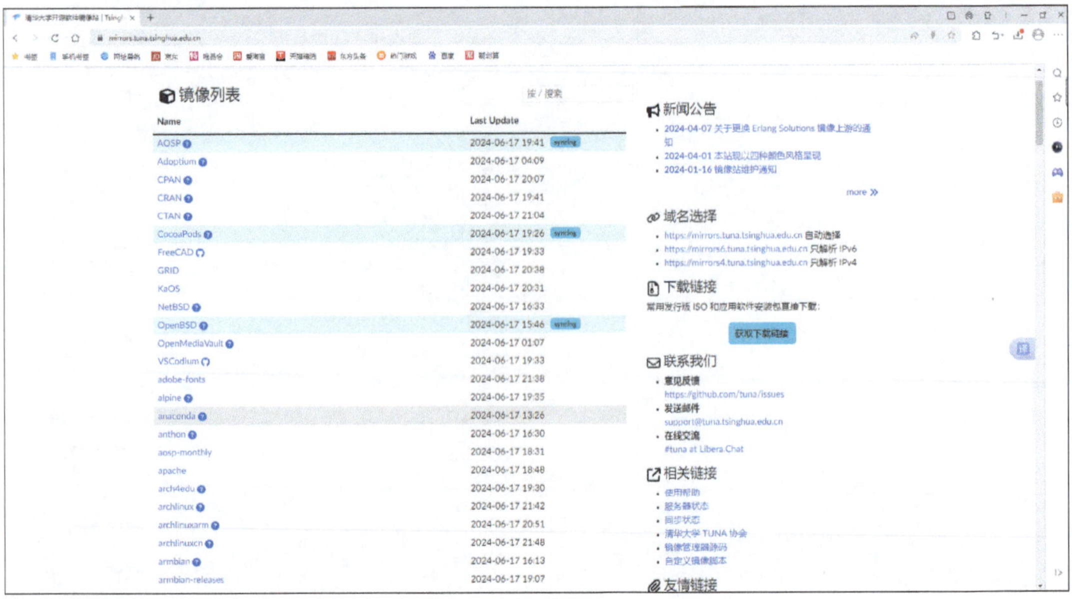

图 10. 13　打开镜像列表并找到“anaconda”

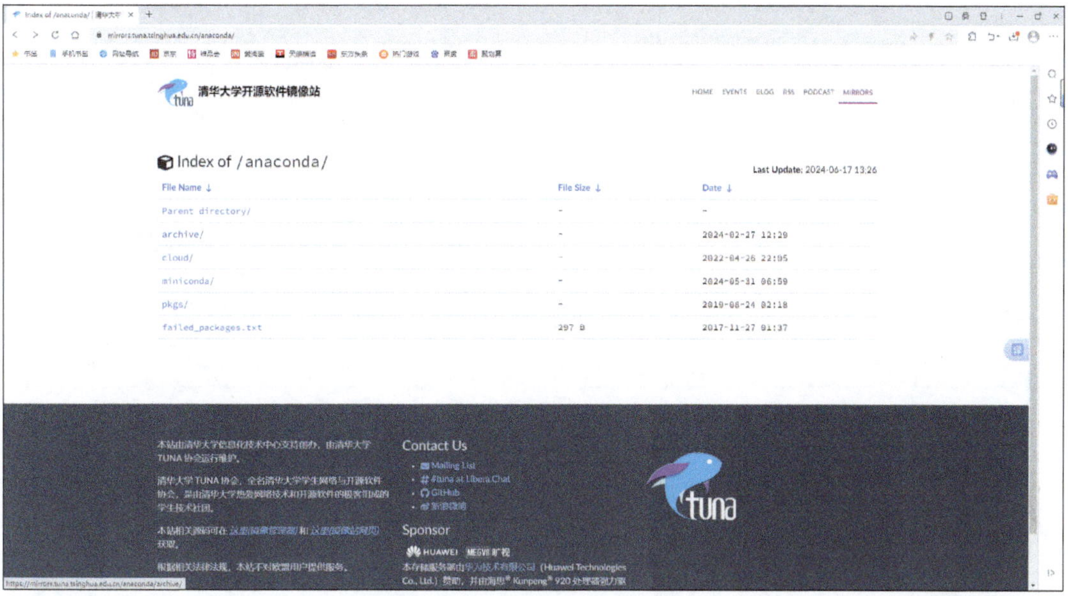

图 10.14　单击“archive/”

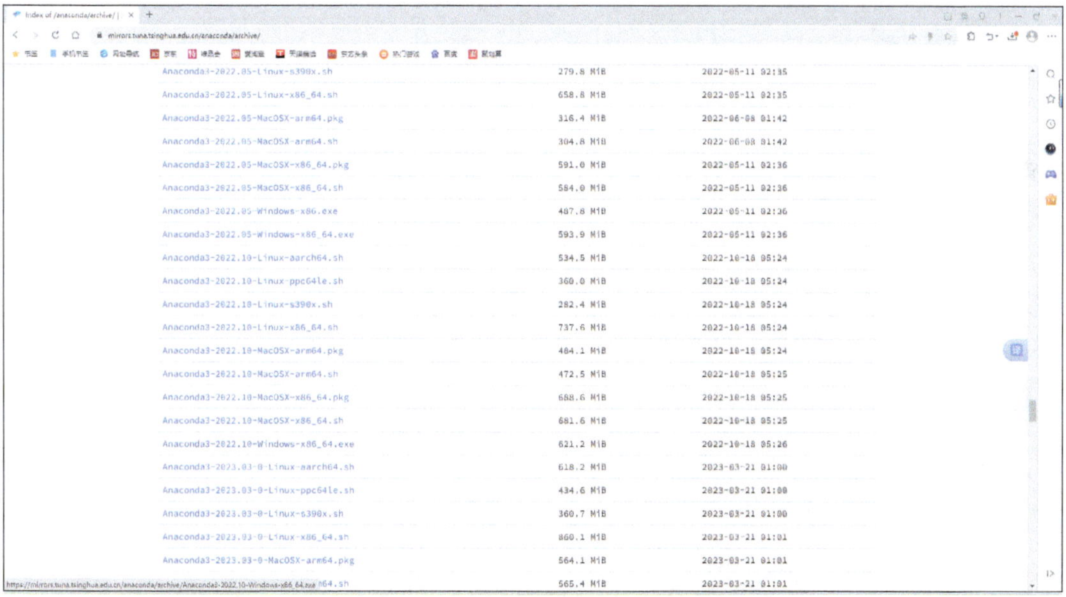

图 10.15　找到 Anaconda3-2022.10-Windows-x86_64.exe 并下载

2. 安装 Anaconda

Anaconda 的安装过程如图 10.16 ~ 图 10.20 所示。下载完成后双击文件“Anaconda3-2022.10-Windows-x86_64.exe”进行安装。

在欢迎界面中单击“Next”按钮，如图 10.16 所示。

在许可协议界面中单击“I Agree”按钮，如图 10.17 所示。

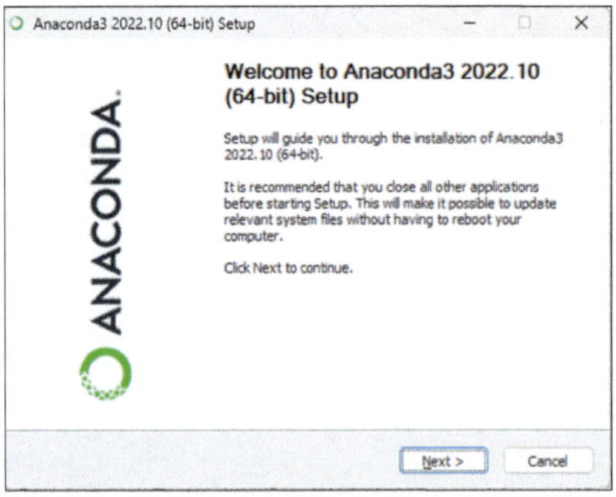

图 10.16　欢迎界面

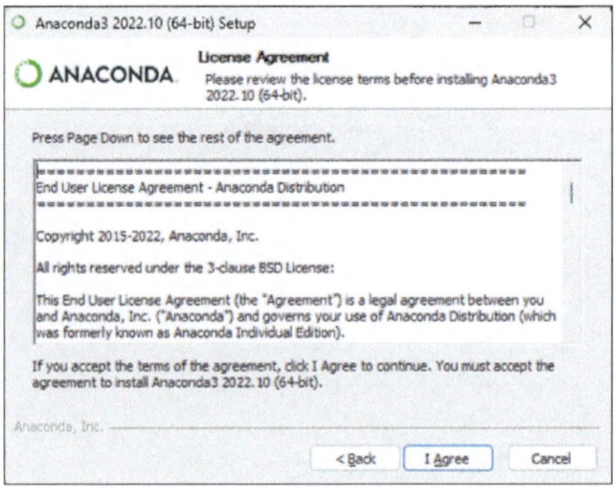

图 10.17　许可协议界面

在选择安装类型界面中选择“Just Me（recommended)”单选按钮，单击“Next”按钮，如图 10.18 所示。

在选择安装位置界面中设置安装路径，安装路径最好为全英文且文件夹为空，单击“Next”按钮，如图 10.19 所示。

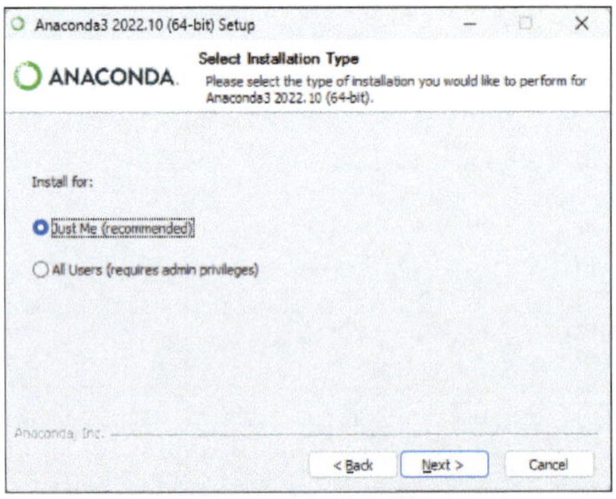

图 10.18　选择安装类型界面

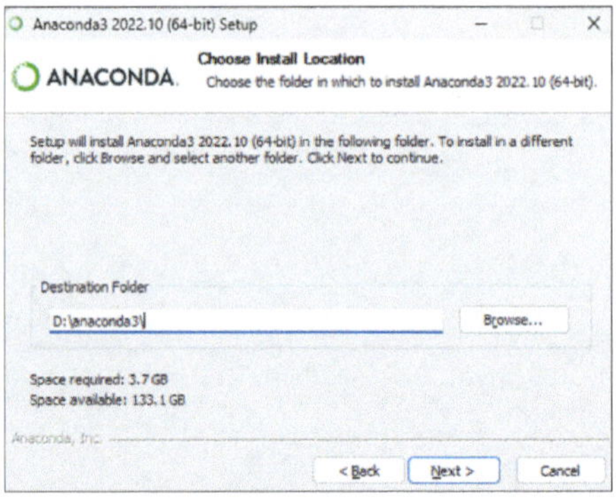

图 10.19　选择安装位置界面

在高级安装选项界面中直接单击“Install”按钮，如图 10.20 所示。

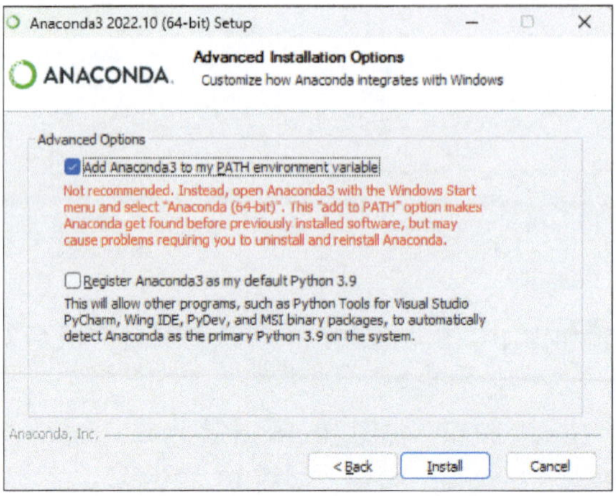

图 10.20　高级安装选项界面

3. 检查环境变量

检查环境变量的操作过程如图 10.21 ~ 图 10.24 所示。

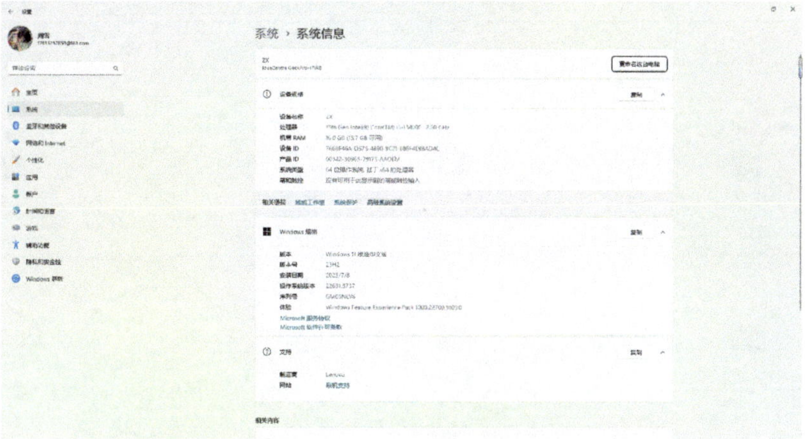

图 10.21　打开“高级系统设置”

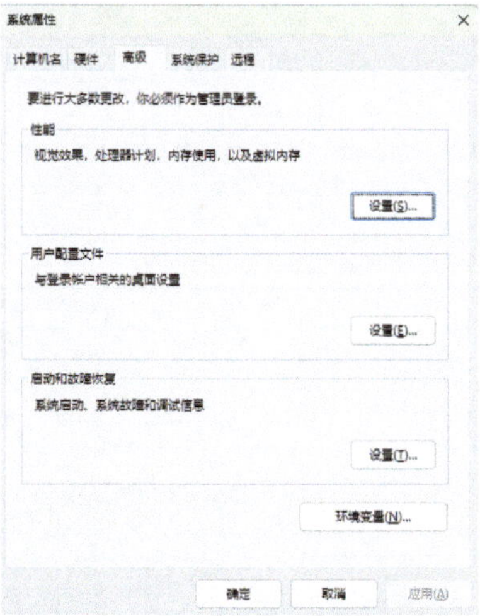

图 10.22　单击“环境变量”按钮

图 10.23　双击“Path”变量

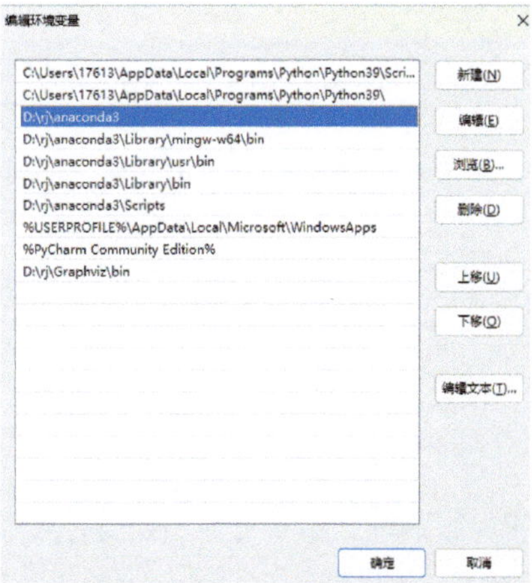

图 10.24　环境变量添加成功

4. 创建虚拟环境

创建虚拟环境的操作过程如图 10. 25 ~ 图 10. 29 所示。

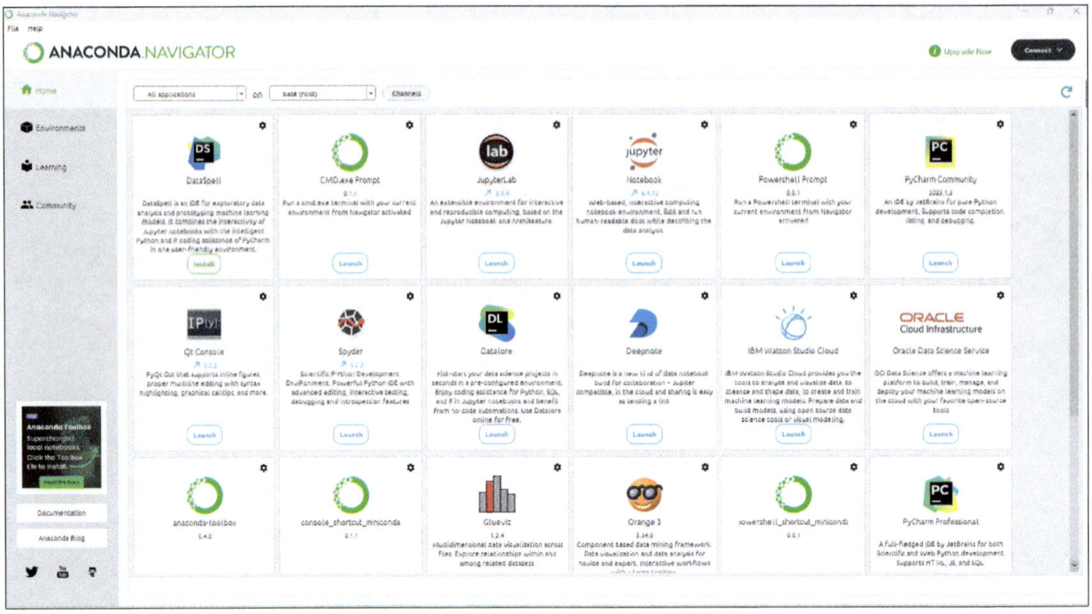

图 10. 25　打开 Anaconda

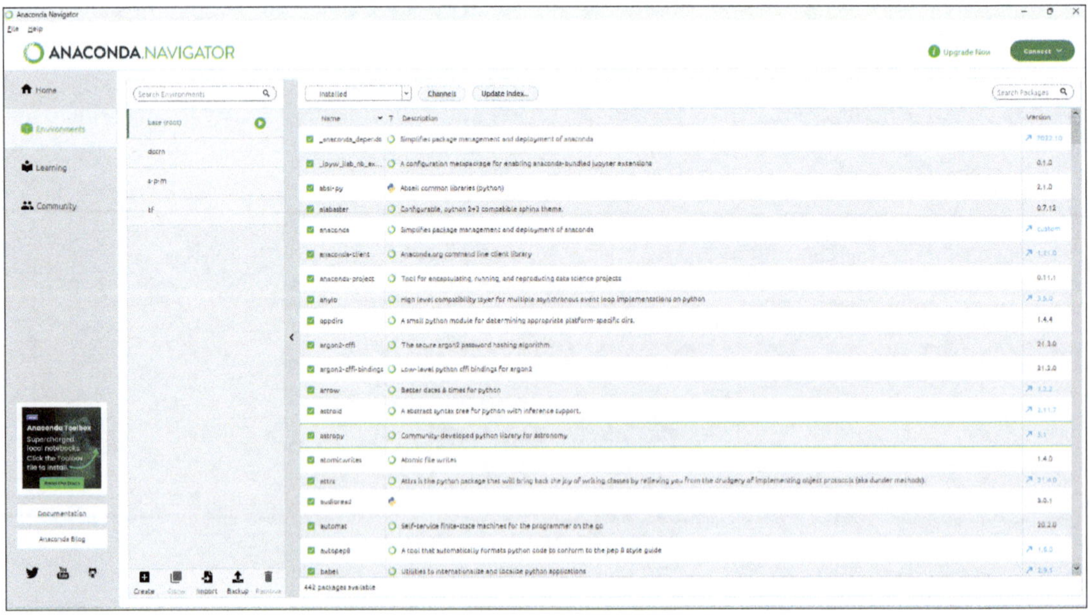

图 10. 26　单击 “Environments” 选项

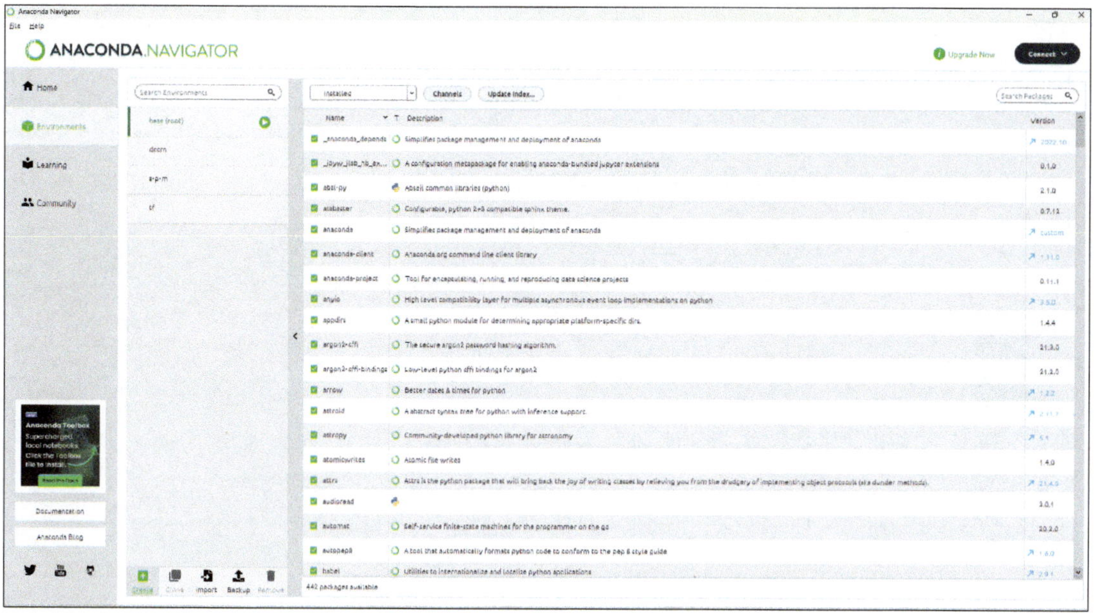

图 10.27　单击“Create”按钮

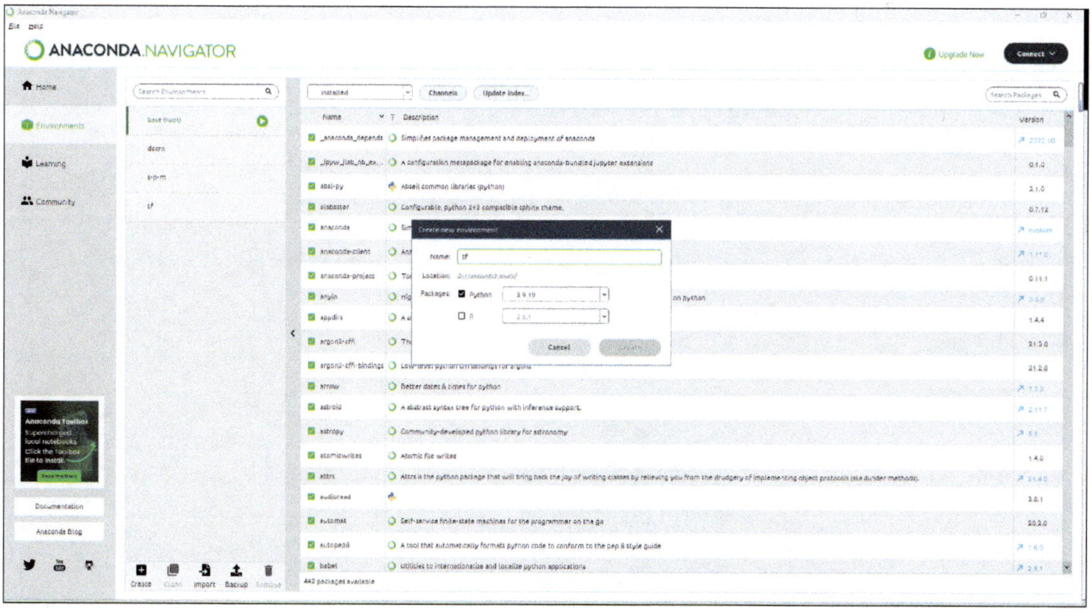

图 10.28　重命名虚拟环境并选择 Python 版本

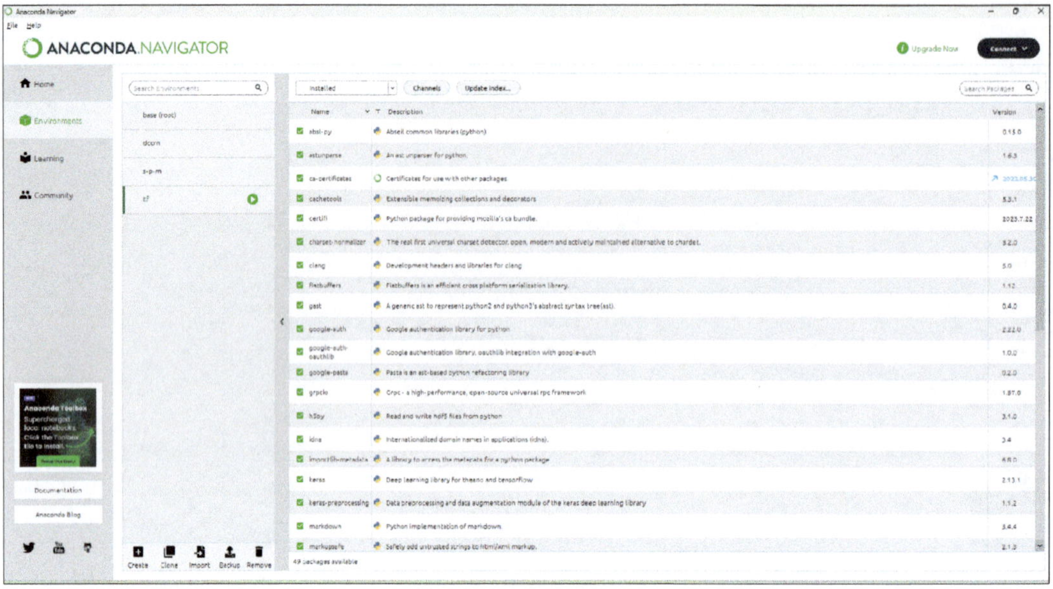

图 10.29　虚拟环境创建完成

5. 打开 NVIDIA 控制面板

在桌面上通过单击鼠标右键弹出的快捷菜单打开 NVIDIA 控制面板，如图 10.30 所示。

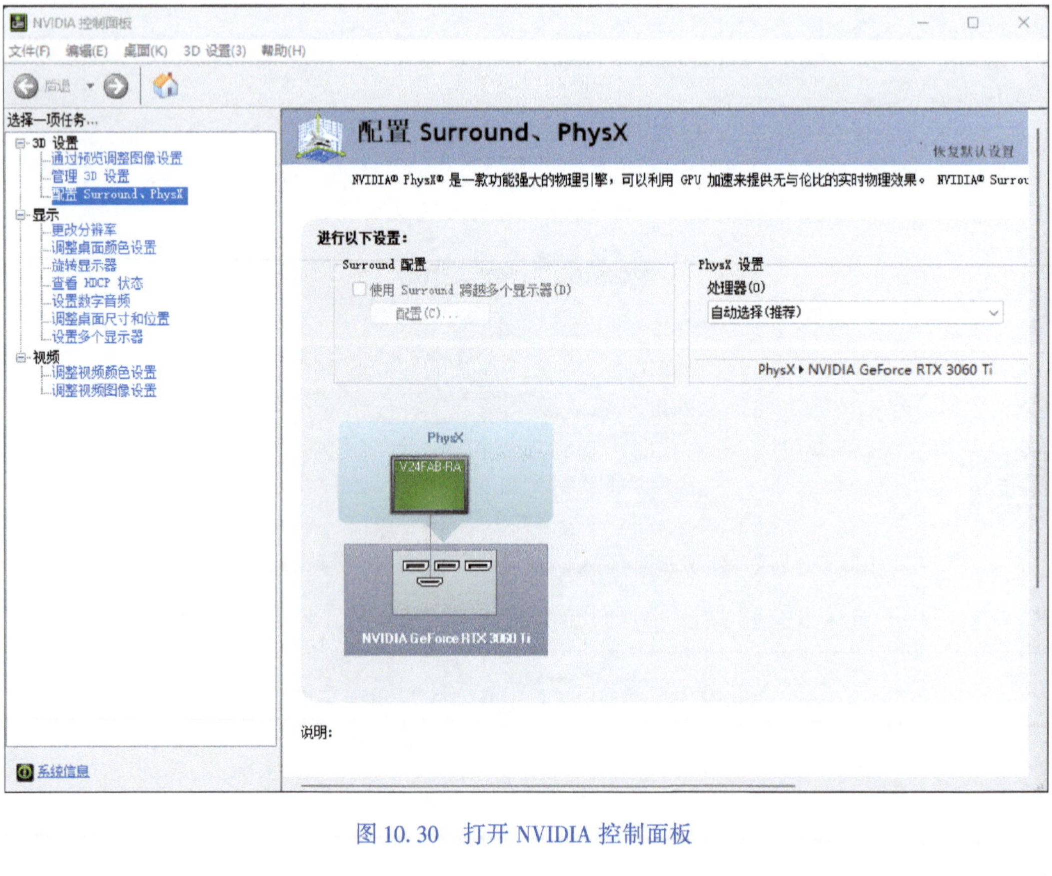

图 10.30　打开 NVIDIA 控制面板

6. 查看所用计算机支持的 CUDA 版本

在NVIDIA控制面板中单击左下角的“系统信息”，然后打开“组件”选项卡，在“组件”选项卡的第三行，可以看到64位计算机支持的CUDA版本，如图10.31所示。图中所示的CUDA版本为12.2.79。

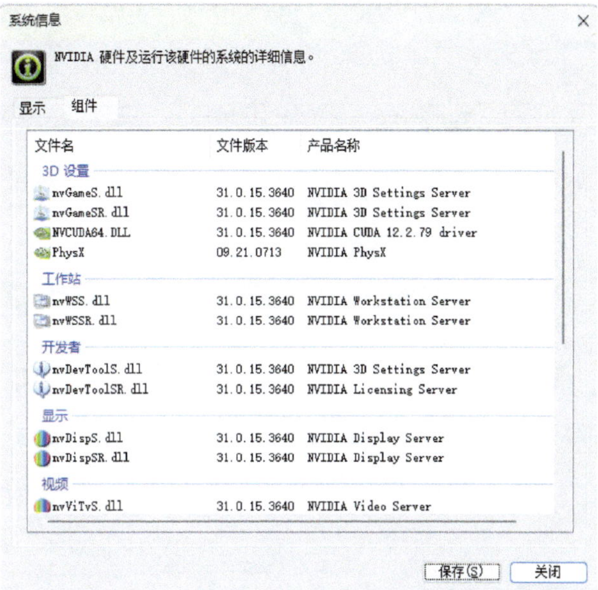

图10.31 查看所用计算机支持的CUDA版本

7. 下载 NVIDIA 显卡驱动程序

从NVIDIA官方网站（https://developer.nvidia.com/cuda-toolkit-archive）找到CUDA Toolkit 11.3.0，单击“CUDA Toolkit 11.3.0（April 2021），Versioned Online Documentation”并下载，如图10.32所示。

图10.32 选择CUDA Toolkit 11.3.0

依次选择“Windows”“x86_64”“10”“exe (local)”，最后单击“Download (2.7GB)”，如图 10.33 所示。

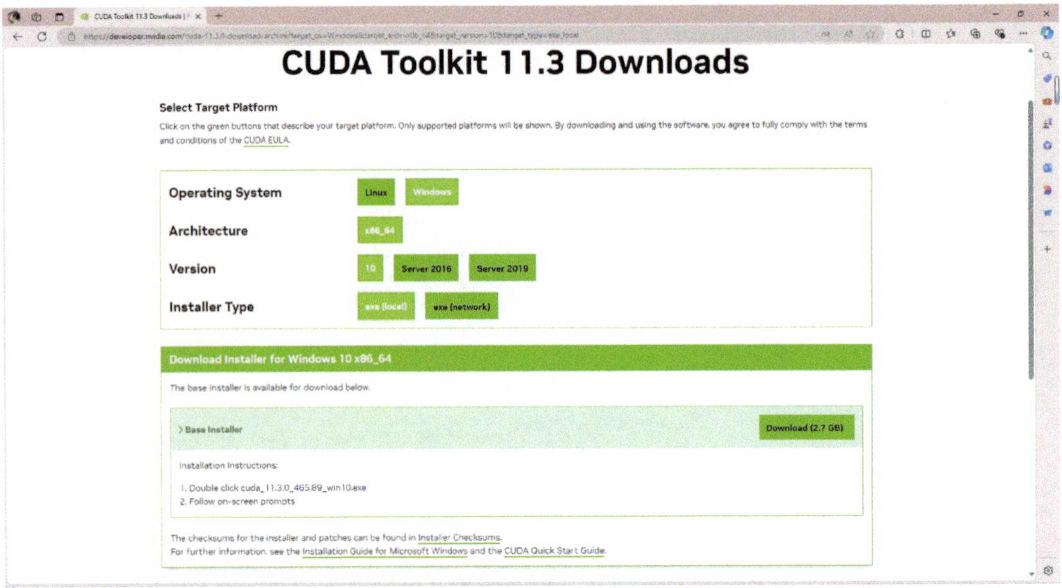

图 10.33　选择操作系统类型等选项

8. 安装 NVIDIA 显卡驱动程序

双击打开安装文件，选择安装 CUDA 的路径，单击“OK”按钮，如图 10.34 所示。

在“NVIDIA 安装程序”对话框的“许可协议”界面中单击“同意并继续”按钮，如图 10.35 所示。

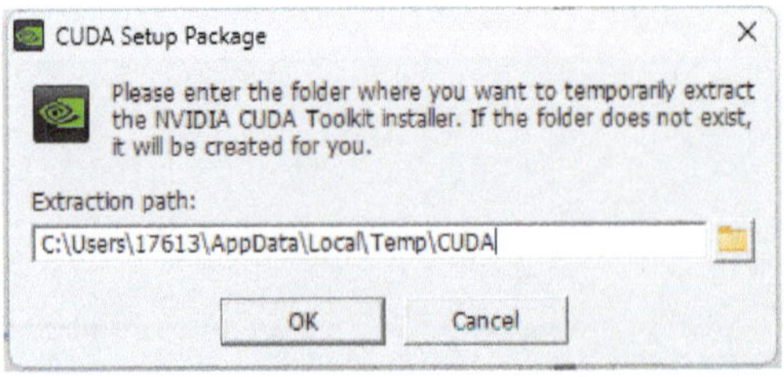

图 10.34　选择安装 CUDA 的路径

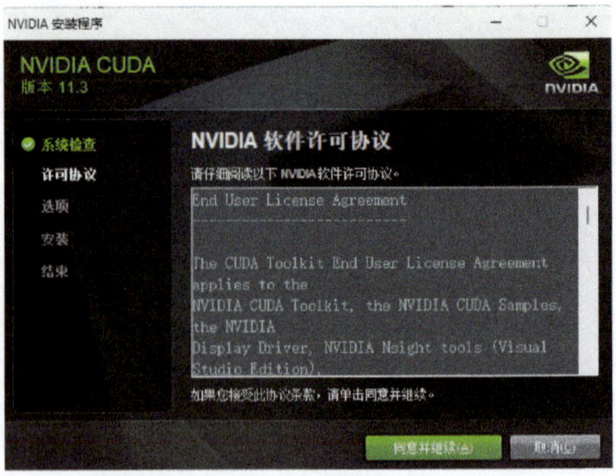

图 10.35　单击“同意并继续”按钮

在“安装选项”界面中选择“精简（推荐）”并单击“下一步”按钮，如图 10.36 所示。等待安装结束，安装进度界面如图 10.37 所示。

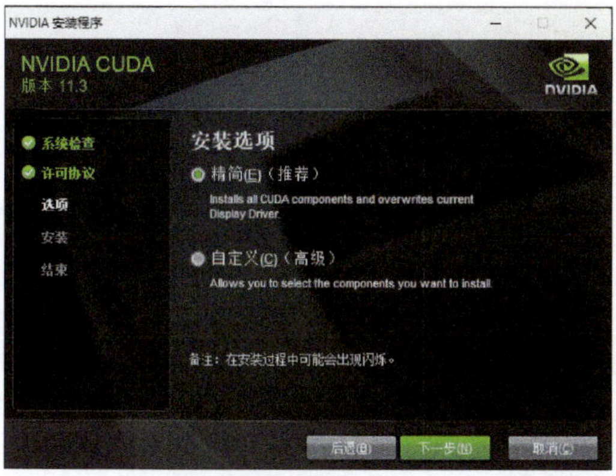

图 10.36　安装选项界面

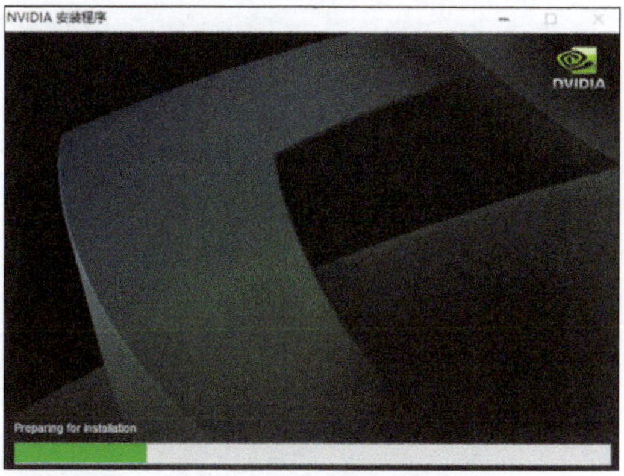

图 10.37　安装进度界面

9. 下载 cuDNN 库

打开网页 https://developer. nvidia. com/cudnn，下载 cuDNN 库，如图 10.38 ~ 图 10.43 所示。

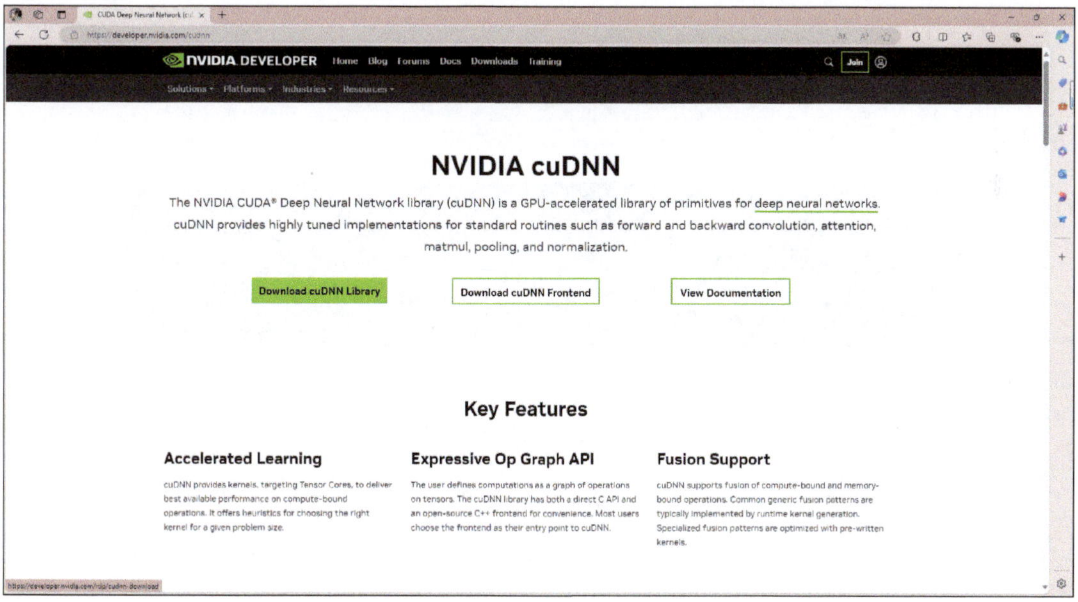

图 10.38　单击"Download cuDNN Library"

10. 复制三个文件

解压后打开 bin 文件夹，找到 cudnn64_8. dll，如图 10.44 所示。打开 include 文件夹，找到 cudnn. h，如图 10.45 所示。打开 lib 文件夹中的 x64 子文件夹，找到 cudnn. lib，如图 10.46所示。复制这 3 个文件，并分别粘贴到"C：\ Program Files \ NVIDIA GPU Computing Toolkit \ CUDA \ v11. 3"文件夹中的"bin""include""lib \ x64"三个子文件夹中。

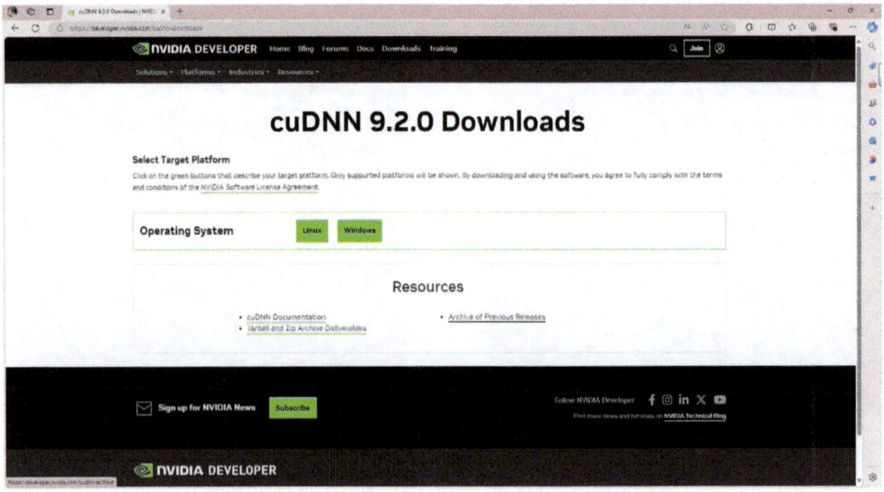

图 10. 39　单击 “Archive of Previous Releases”

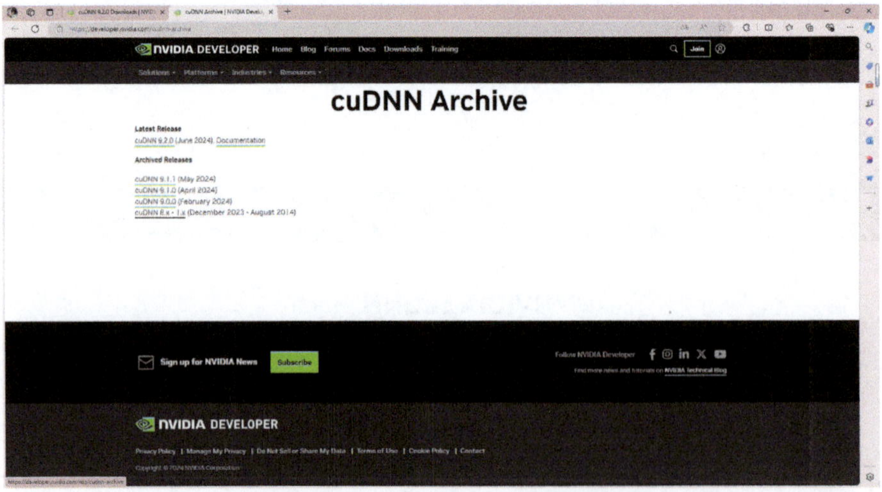

图 10. 40　单击 “cuDNN 8. x-1. x （December 2023-August 2014）”

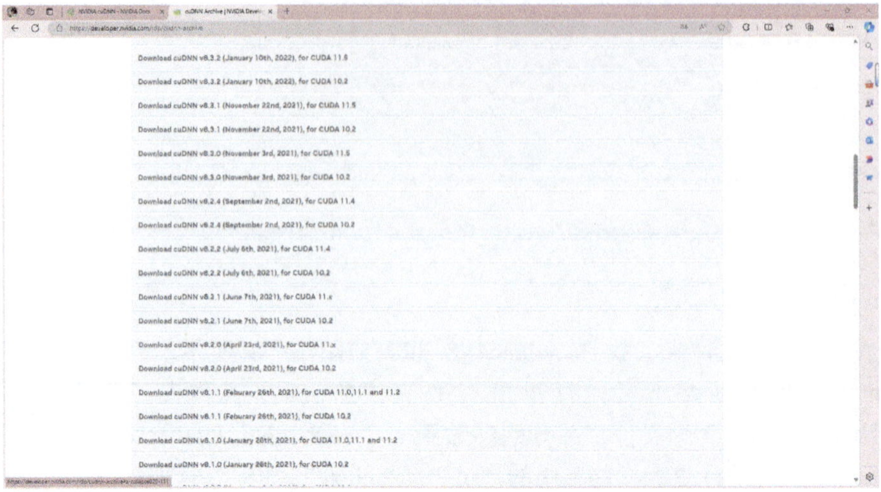

图 10. 41　单击 “Download cuDNN v8. 2. 0 （April 23rd，2021），for CUDA 11. x”

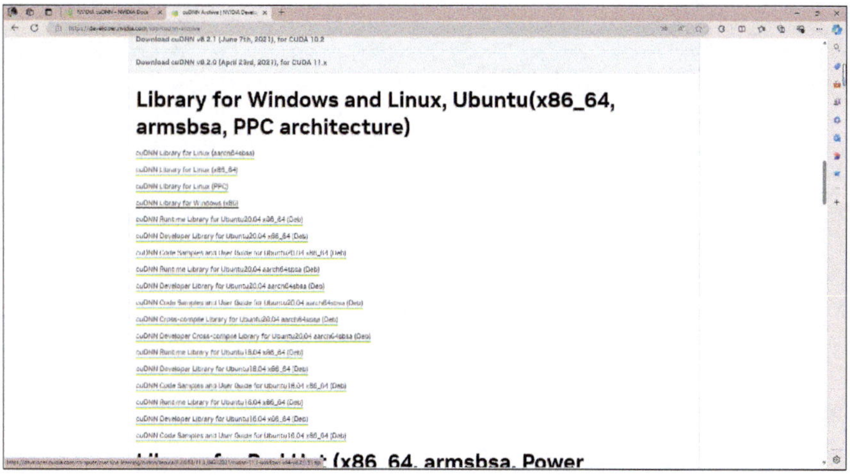

图 10.42　单击“cuDNN Library for Windows（x86）”

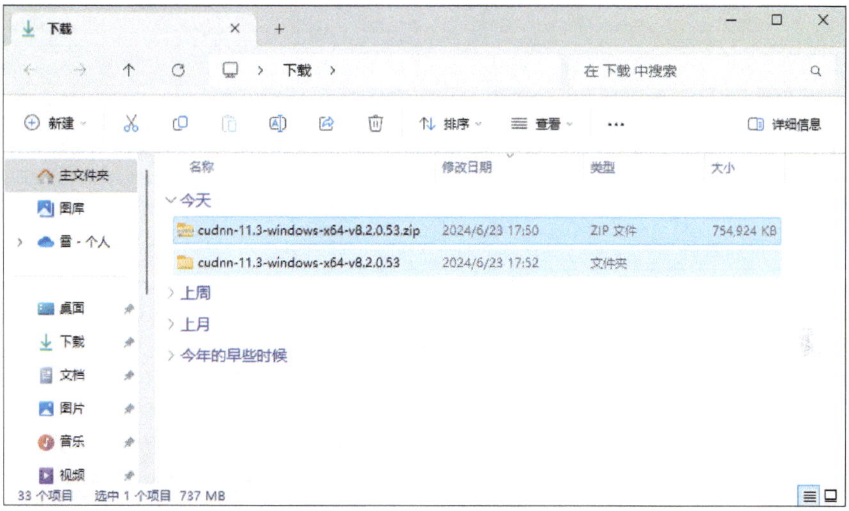

图 10.43　解压压缩包

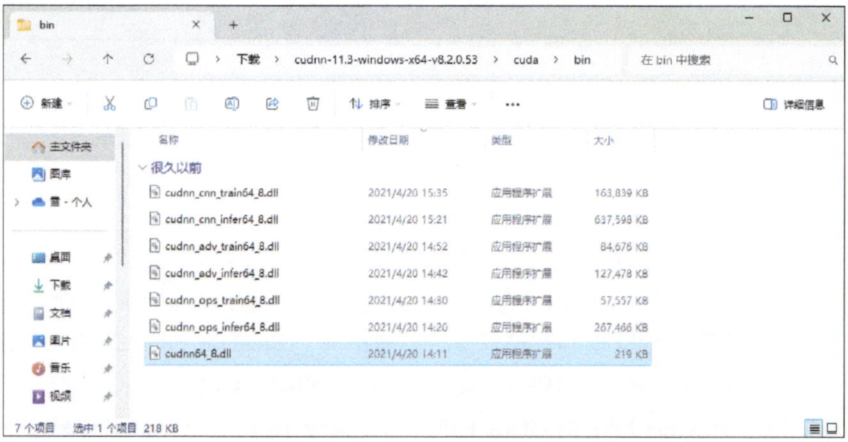

图 10.44　在 bin 文件夹中找到 cudnn64_8. dll

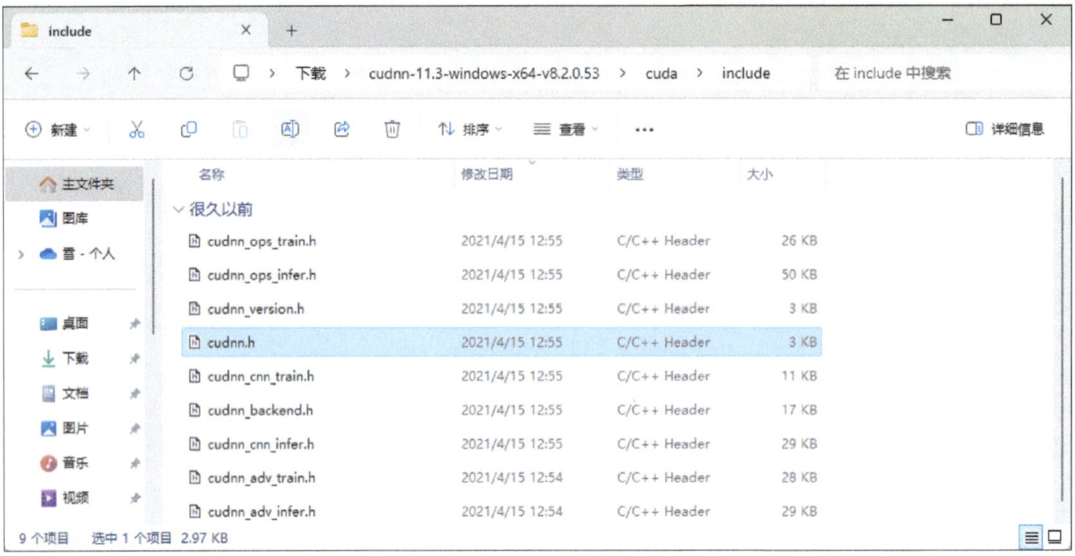

图 10.45 在 include 文件夹中找到 cudnn. h

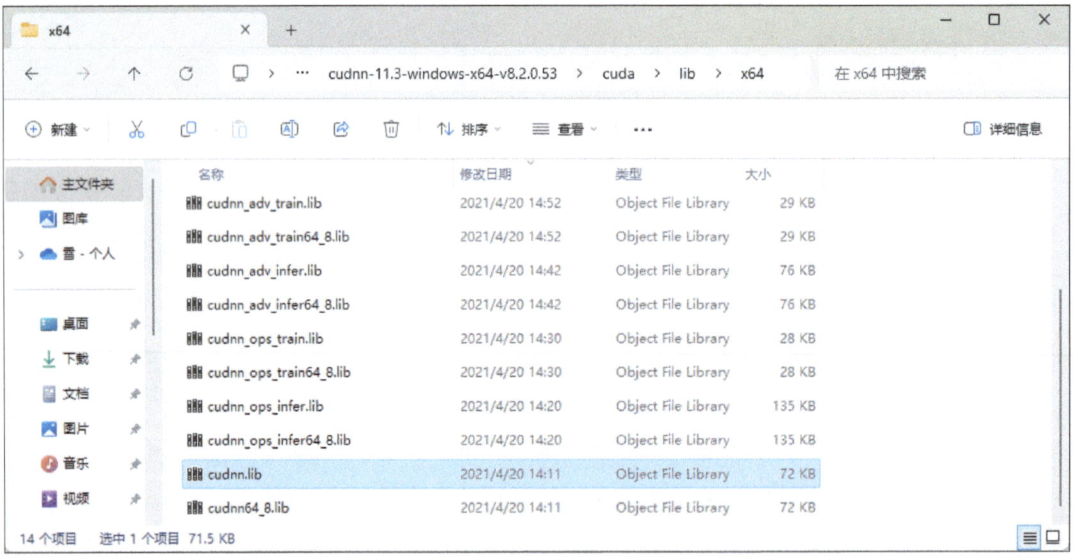

图 10.46 在 lib 文件夹的 x64 子文件夹中找到 cudnn. lib

11. 配置 cuDNN 的环境变量

按图 10.21 ~ 图 10.23 所示方法，打开“环境变量”对话框。双击系统变量中的“Path”后单击“编辑”按钮，弹出“编辑环境变量”对话框，如图 10.47 所示。

单击“新建”按钮，分别复制并粘贴如下路径“C:\Program Files\NVIDIA GPU Computing Toolkit\CUDA\v11.3\include”“C:\Program Files\NVIDIA GPU Computing Toolkit\CUDA\v11.3\lib\x64”“C:\Program Files\NVIDIA GPU Computing Toolkit\CUDA\v11.3\extras\ CUPTI\libx64”后，单击“确定”按钮，完成环境变量配置，如图 10.48 所示。

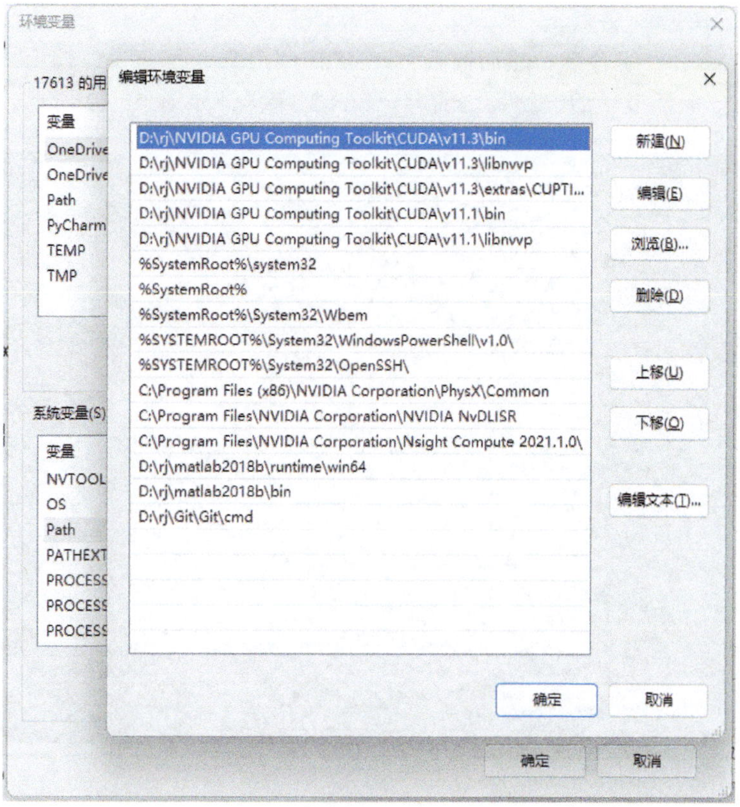

图 10.47　“编辑环境变量”对话框

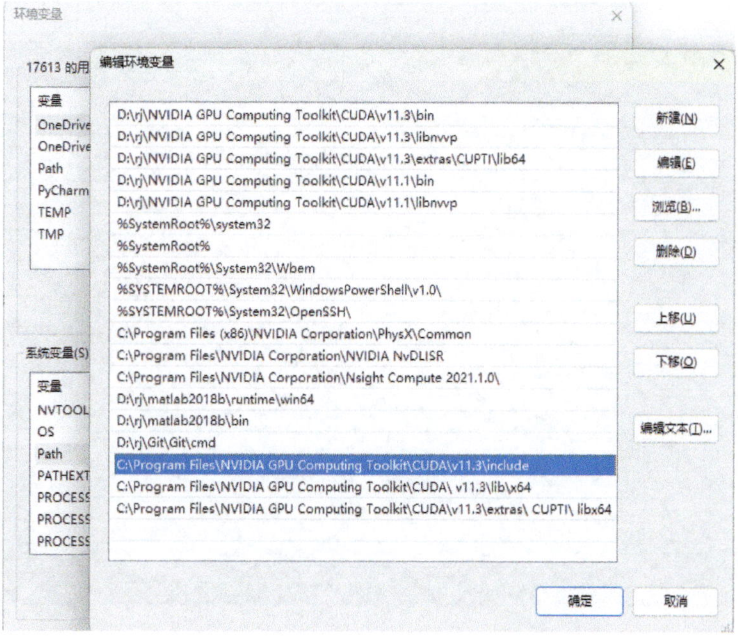

图 10.48　配置 cuDNN 的三个环境变量

12. 安装 TensorFlow 并验证

首先按〈Win + R〉组合键，然后输入“cmd”，调出命令行窗口。输入“conda activate tf”，激活 tf 环境。激活成功后，路径之前有“(tf)”字样，如图 10.49 所示。

图 10.49　激活虚拟环境 tf

接着输入命令“pip install tensorflow-gpu = = 2. 6. 0-i https://pypi. tuna. tsinghua. edu. cn/simple”，下载并安装 tensorflow-gpu 的 2. 6. 0 版本，如图 10.50 所示。

图 10.50　安装 tensorflow-gpu 的 2. 6. 0 版本

最后进行验证。在命令行输入“python”，按〈Enter〉键进入 Python 交互界面。接着输入

“import tensorflow as tf”，然后按〈Enter〉键并输入“tf. _ _version_ _”。如果按〈Enter〉键后可以得到 TensorFlow 的版本号，说明安装成功。输入“tf. test. is_gpu_available( )”，如果按〈Enter〉键后可以得到“True”，代表该 GPU 版本的 TensorFlow 可以使用，如图 10. 51 所示。

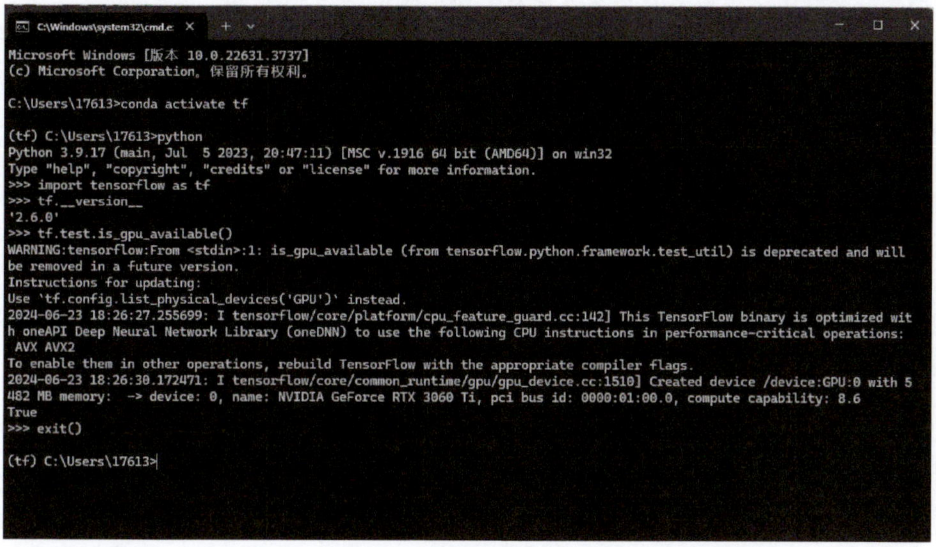

图 10. 51　验证 TensorFlow

10. 2　基于 PCA-BP 神经网络的数字仪器识别技术

数字万用表是一种多功能测量仪器，在工程实践中得到了广泛的应用。利用图像识别技术对万用表读数进行自动识别，有助于降低劳动成本、提高工作效率和减少测量误差。一般来说，万用表读数的自动识别过程主要分为三个阶段：表盘区域提取、图像预处理和字符识别。

对于表盘区域的分割，可手动提取需要识别的数字区域。此外，也可由区域增长法得到分割结果，这种方法能够更好地提供边界信息，但容易受到光照的影响，导致分割过度或分割结果偏离目标区域。通过颜色特征定位表盘的方法虽然考虑了仪器的颜色特性，但是需要预先设定仪器的颜色；而多帧差分积累的方法仅适用于视频，不适用于单张照片。

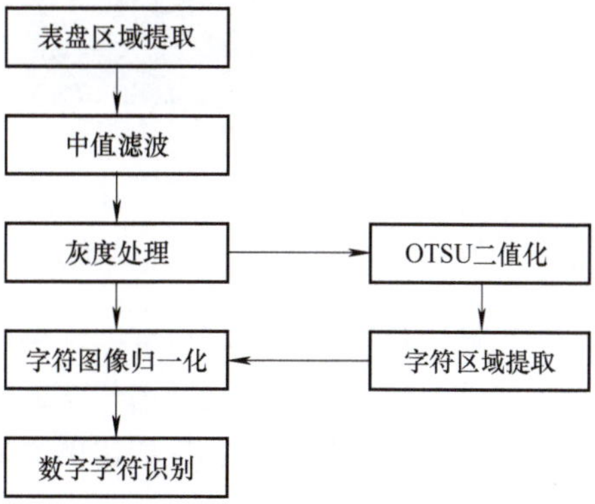

图 10. 52　自动识别流程图

针对上述各方法的优缺点，本节给出了一种基于相似度的匹配方法，通过对原始图像与仪表给出的模板进行匹配，以快速、准确地提取表盘区域，避免了人工截取，并能有效抑制光的影响。同时，本节将主成分分析法（PCA）与 BP 神经网络相结合，避免了测试隐藏层神经元数目的耗时过程，同时又不影响数字字符识别的准确性。其识别流程如图 10. 52所示。

10.2.1 表盘区域提取

在读取数字万用表之前，须对拨号区进行分割。其目的是找到包含图片中有用数据的区域。采用相似度匹配法可以有效避免光照对分割产生的噪声影响。

匹配的相似度将已知模板与原始图像进行比较。假设模板 $\boldsymbol{T}$ 的大小为 $M\times N$，搜索图像 $\boldsymbol{S}$ 的大小为 $W\times H$。模板 $\boldsymbol{T}$ 的中心沿着图像像素滑动，将模板覆盖的图像面积记为局部图像 $\boldsymbol{S}^{i,j}$，(i,j) 为图 $\boldsymbol{S}$ 中左上顶点的位置。i 和 j 的搜索范围分别为 $1\leqslant i\leqslant W-M+1$，$1\leqslant j\leqslant H-N+1$。通过比较 $\boldsymbol{T}$ 和 $\boldsymbol{S}^{i,j}$ 之间的相似性，可以选择所需的区域。$\boldsymbol{T}$ 与 $\boldsymbol{S}^{i,j}$ 之间的相似性定义为

$$\boldsymbol{R}(i,j)=\frac{\sum_{m=1}^{M}\sum_{n=1}^{N}[\boldsymbol{S}^{i,j}(m,n)\boldsymbol{T}(m,n)]}{\sum_{m=1}^{M}\sum_{n=1}^{N}[\boldsymbol{S}^{i,j}(m,n)]^2} \tag{10.2.1}$$

其矩阵形式为

$$\boldsymbol{R}(i,j)=\frac{\boldsymbol{t}^{\mathrm{T}}\boldsymbol{S}(i,j)}{(\boldsymbol{t}^{\mathrm{T}}\boldsymbol{t})^{1/2}[\boldsymbol{S}^{\mathrm{T}}(i,j)\boldsymbol{S}(i,j)]^{1/2}} \tag{10.2.2}$$

当向量 $\boldsymbol{t}$ 和 $\boldsymbol{S}$ 的夹角为 0 时，$\boldsymbol{S}(i,j)=Kt$（K 为比例系数，是常数），可以得到 $\boldsymbol{R}(i,j)=1$；否则，$\boldsymbol{R}(i,j)<1$。$\boldsymbol{R}(i,j)$ 越大，模板 $\boldsymbol{T}$ 和 $\boldsymbol{S}^{i,j}$ 越接近，点 (i,j) 是要标识的匹配点。根据上述方法，提取的区域显示在红色框内，如图 10.53 所示。

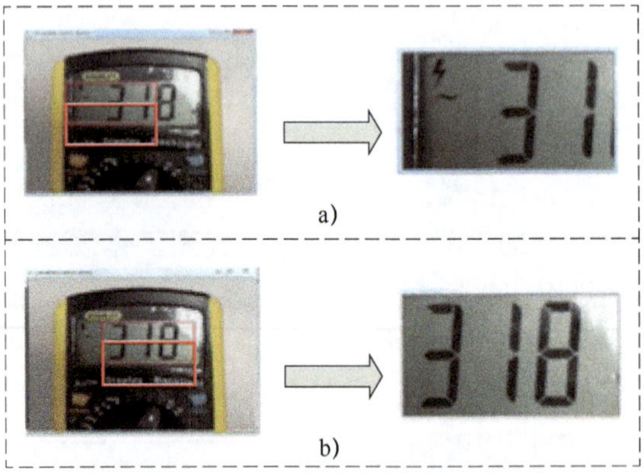

图 10.53 两种算法比较

a）区域增长法的结果 b）相似度匹配法的结果

与区域增长法相比，相似度匹配法的结果更加理想。相似度匹配法可以避免表盘右上角光照的影响，而光照会对区域增长法的效果产生不良影响。因此，使用相似度匹配法能对数字字符区域进行精确分割，提取出的区域将用于后续的阅读识别。

10.2.2 图像预处理

由于万用表使用时间较长，显示屏上通常会有很多随机分布的污垢，这对图像识别有很大的影响。中值滤波器可以在不损害图像细节的情况下去除随机噪声和孤立噪声。具体方法为：首先用中值滤波器进行图像去噪，然后采用水平和垂直投影法确定每个数字字符的位

置，接着采用加权平均法对图像进行灰度化，最后采用 OTSU 算法实现表盘图像的二值化。执行这些算法后的结果如图 10.54 所示。

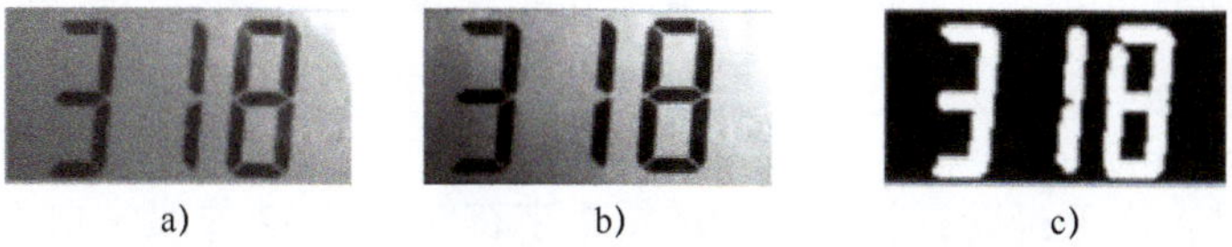

图 10.54　图像预处理
a）灰度图像　b）中值滤波后的图像　c）执行膨胀和二值化后的图像

10.2.3　字符识别

水平和垂直投影法通过分析投影值的数值来计算图像的水平投影和垂直投影，以及数字字符在图像中的具体位置。

将上述方法得到的二值图像设为 B，图像 B 的行数为 H，列数为 W。根据投影的定义，水平方向上的投影值为

$$f(i) = \sum_{j=0}^{W} s(i,j) \tag{10.2.3}$$

垂直方向上的投影值为

$$g(j) = \sum_{i=0}^{H} s(i,j) \tag{10.2.4}$$

位置，即垂直投影值沿横坐标从 0 到非 0 变化的位置，表示字符的左边界。以同样的方式，可以确定字符的其他边界。因此，可以检测每个字符的长度和宽度。水平和垂直投影如图 10.55 所示。

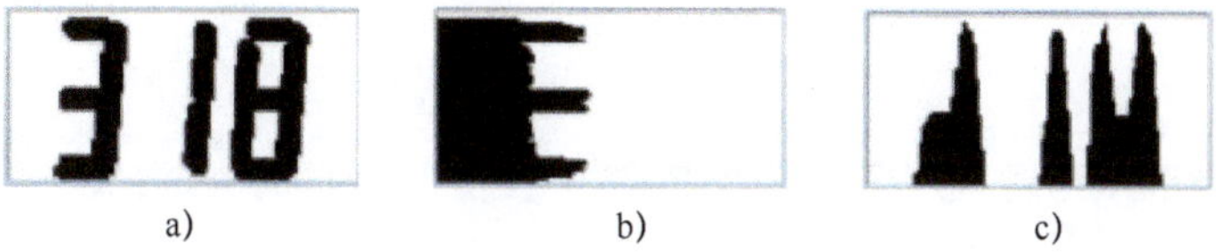

图 10.55　数字字符分割
a）图像颜色反演　b）图像的垂直投影积分　c）图像的水平投影积分

根据这些边界，可以找到每个数字的具体位置。所识别的字符用红色框标记，并与图像区域分开。分割后的字符如图 10.56 所示。

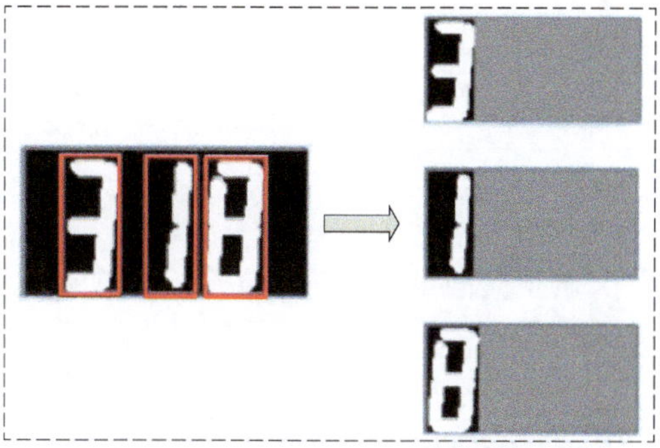

图 10.56　单个数字字符的标记和分割

10.2.4　字符识别的神经网络

利用 BP 神经网络对仪表读数进行识别时，需要对分割后的单个字符进行归一化处理，处理后的字符图像可以加快网络训练的收敛速度。传统的 BP 神经网络依靠大量的试验来获

得隐藏层中合适的神经元数目。这里将主成分分析算法与 BP 神经网络相结合来构建网络。

1. 归一化

如果没有对分割的单个特征进行归一化，学习速度会非常慢。为了加快网络的学习过程，需要对输入进行归一化，使所有样本输入的均值都接近于0，或者与它们的均方误差相比非常小。

根据图像缩放的一般经验，将分割后的单个字符缩放到32像素×14像素，有利于图像处理和识别。在BP神经网络识别过程中，缩放图像可以有效地防止输入绝对值过大造成的神经元输出饱和。

根据该原理，将标度比定义为

$$scale = \min\left(\frac{32}{H},\frac{14}{W}\right) \tag{10.2.5}$$

利用该方法对分割后的字符进行缩放（归一化）的结果如图10.57所示。

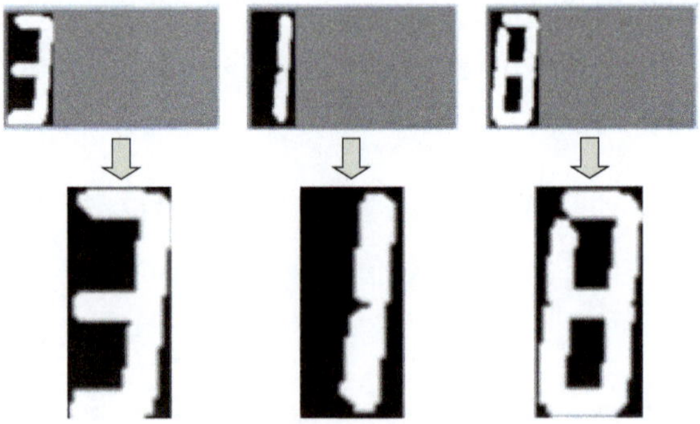

图 10.57　数字字符图像的归一化

2. 数字字符识别

(1) 数字仪器字符识别算法

为了避免测试隐藏层神经元数目的烦琐过程，将主成分分析法与BP神经网络相结合，构建了数字仪器字符识别算法，利用PCA优化隐藏层神经元的数量。

将网络输入层节点定义为 x_i，隐藏层节点定义为 y_j，则隐藏层节点的输出为

$$y_j = g\left(\sum_i w_{ji}x_i - b_j\right) \tag{10.2.6}$$

式中，w_{ji}为输入层节点与隐藏层节点之间的网络权值，所有的 w_{ji} 构成了权值矩阵 $\boldsymbol{w}$；b_j 表示阈值。

通过一个确定的完全正交向量系统将矩阵 $\boldsymbol{w}$ 展开为向量 $\boldsymbol{w}$，向量系统为$\boldsymbol{u}_j$，有

$$\boldsymbol{w} = \sum_{j=1}^{\infty} m_j\boldsymbol{u}_j \tag{10.2.7}$$

$$\boldsymbol{u}_i\boldsymbol{u}_j = \begin{cases}1, & i=j\\ 0, & i\neq j\end{cases} \tag{10.2.8}$$

$$m_j = m_j\boldsymbol{u}_j^{\mathrm{T}}\boldsymbol{u}_j = \boldsymbol{u}_j^{\mathrm{T}}\left(\sum_{j=1}^{\infty} m_j\boldsymbol{u}_j\right) = \boldsymbol{u}_j^{\mathrm{T}}\boldsymbol{w} \tag{10.2.9}$$

分解正交向量基后，用 d 个有限项估计向量 $\boldsymbol{w}$，$\hat{\boldsymbol{w}}$ 表示向量 $\boldsymbol{w}$ 的估计，有

$$\hat{\boldsymbol{w}} = \sum_{j=1}^{d} m_j\boldsymbol{u}_j \tag{10.2.10}$$

均方误差为

$$\varepsilon = \sum_{d+1}^{\infty}\left[\boldsymbol{u}_j^{\mathrm{T}}\boldsymbol{R}\boldsymbol{u}_j\right] \tag{10.2.11}$$

$$\boldsymbol{R}=\mathrm{E}[\boldsymbol{w}\boldsymbol{w}^{\mathrm{T}}] \tag{10.2.12}$$

采用拉格朗日乘子法使均方误差最小，可以表示为

$$g_l(\boldsymbol{u}_j)=\sum_{j=d+1}^{\infty}[\boldsymbol{u}_j^{\mathrm{T}}\boldsymbol{R}\boldsymbol{u}_j]-\sum_{j=d+1}^{\infty}\lambda_j(\boldsymbol{u}_j^{\mathrm{T}}\boldsymbol{u}_j-1) \tag{10.2.13}$$

计算 $g_l(\boldsymbol{u}_j)$ 对 $\boldsymbol{u}_j$ 的导数，得

$$\boldsymbol{R}\boldsymbol{u}_j=\lambda_j\boldsymbol{u}_j \tag{10.2.14}$$

当向量估计公式满足式（10.2.14）时，最小均方误差为

$$\varepsilon=\sum_{j=d+1}^{\infty}[\boldsymbol{u}_j^{\mathrm{T}}\boldsymbol{R}\boldsymbol{u}_j]=\sum_{j=d+1}^{\infty}\lambda_j \tag{10.2.15}$$

根据上述推导，均方误差最小的 $\boldsymbol{w}$ 近似为

$$\boldsymbol{w}=\sum_{j=1}^{d}m_j\boldsymbol{u}_j \tag{10.2.16}$$

它的矩阵形式是 $\boldsymbol{w}=\boldsymbol{U}_m$，其中 $\boldsymbol{U}=\{\boldsymbol{u}_1,\boldsymbol{u}_2,\cdots,\boldsymbol{u}_d\}$ 是网络输入向量 x 的矩阵 $\boldsymbol{x}\cdot\boldsymbol{x}^{\mathrm{T}}$ 的 d 维最大特征值的特征向量。将上式转置，得到最终降维后的 $\boldsymbol{M}$，即

$$\boldsymbol{M}=\boldsymbol{U}^{\mathrm{T}}\boldsymbol{w} \tag{10.2.17}$$

（2）数字仪器字符识别算法的流程

对分割后的数字字符进行训练和识别。首先，确定输入和输出数据的数量，使用归一化图像的数据信息作为输入。输入层的神经元数目为 448。输出层表示 0 ~ 9 的 10 个数字，因此输出层的神经元数目为 10。利用 PCA 确定隐藏层神经元的数目，使 BP 神经网络的训练更加准确和快速。算法流程如图 10.58 所示。

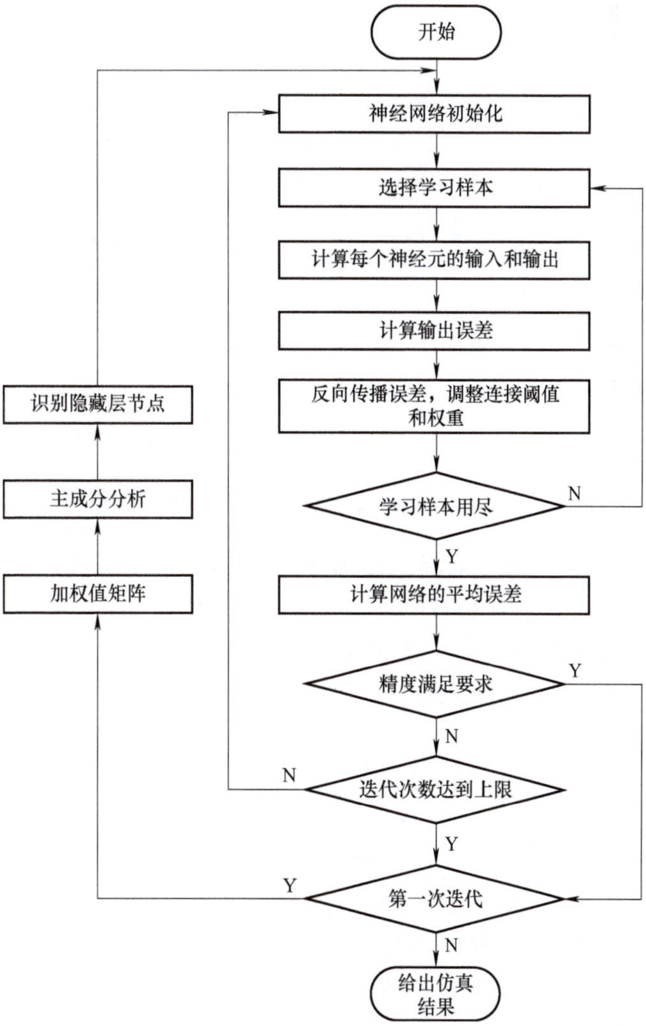

图 10.58　PCA-BP 算法流程图

（3）数字仪器字符识别的结果

根据 PCA-BP 算法，隐藏层的最优神经元数目为 18。BP 神经网络在仪器字符识别过程中的训练曲线如图 10.59 所示。

为了验证 PCA-BP 神经网络在确定隐藏层神经元数目方面的性能，将其与其他两种一般的

BP 神经网络进行比较，这两种 BP 网络的隐藏层分别有 25 个和 16 个神经元，这两个神经元数目均是由工程师根据自己的经验决定的。识别结果的曲线如图 10.60 所示。

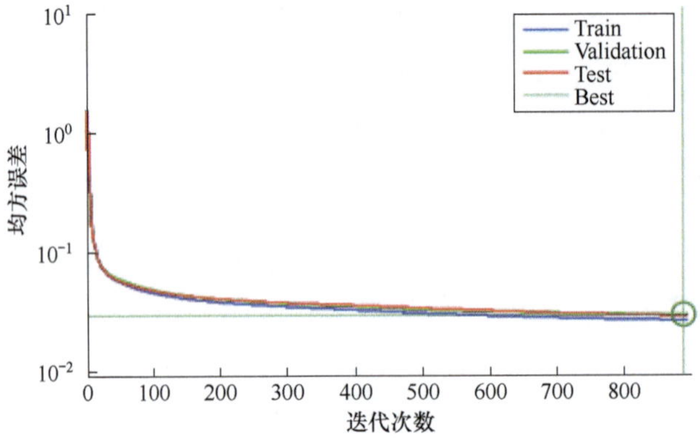

图 10.59　隐藏层为 18 的神经网络训练曲线

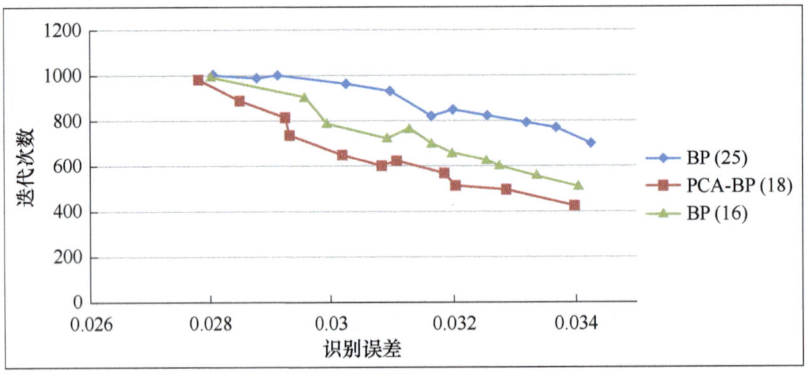

图 10.60　隐藏层神经元数不同的三种网络的误差和训练过程的比较

经过 888 次迭代后，PCA-BP 网络的误差降低到 0.02849，而其他两种网络以相同的迭代步骤运行，其精度均低于 PCA-BP 网络。结果表明，利用 PCA 确定 BP 网络隐藏层中神经元的数目是有效的。

10.2.5　实验设计

根据上述算法介绍和实现流程，设计了一种数字仪器读数识别的计算机程序。智能识别系统界面如图 10.61 所示。

利用该程序分批导入 100 幅和 1000 幅数字仪器图像，识别结果如表 10.1 和表 10.2 所示。

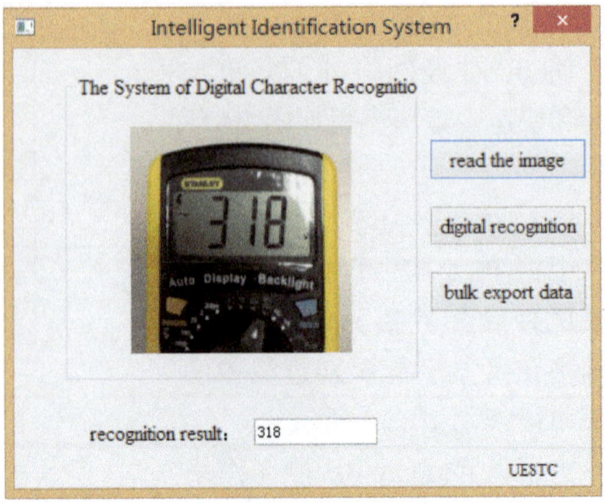

图 10.61　智能识别系统界面

表 10.1 不同算法对任意 100 幅图像的识别性能比较

识别算法	准确率/%	误差/%	时间/ms
BP	97.0	3.0	587
PCA-BP	99.0	1.0	369

表 10.2 不同算法对任意 1000 幅图像的识别性能比较

识别算法	准确率/%	误差/%	时间/ms
BP	97.5	2.5	1673
PCA-BP	98.6	1.4	951

表 10.1 和表 10.2 表明，PCA 算法和 BP 神经网络相结合，可以提高仪器读数识别的准确率和速度。

第 11 章　进阶实战案例

导　读

进阶篇实战案例，包括基于深度卷积神经网络的遥感图像分类、基于多尺度级联生成对抗网络的水下图像增强、基于多层次卷积特征融合与高置信度更新的跟踪、基于图生成对抗卷积网络的半监督睡眠分期、基于密集连接的序列稀疏化 Transformer 行人重识别、基于改进 YOLOv5 网络的无人机图像检测、基于级联多尺度特征融合残差网络的图像去噪等实战案例。每个案例都沿“问题引入、原理导入、模型构建、仿真验证、结果分析”路径，详细多角度阐述、多原理融合、多要素实验，深入展现了深度学习与解决图像处理问题之间的桥梁搭建全过程，并给出了部分案例代码，读者只要细心体味、敢于创新、勇于实践，一定能够取得事半功倍之效果。

进阶篇实战案例先进、系统而全面，涵盖了深度学习扩展模型及 Python 语言可以实现的多种项目，不但适合 Python 从业人员阅读，还可供有经验的开发人员查阅和参考。

11.1　基于深度卷积神经网络的遥感图像分类

将 CNN 用于遥感图像的识别和分类，设计一种有关农田识别的神经网络，并以经典模型 AlexNet 为原型进行网络的改进和调整。实验证明，通过改变卷积层的数量和滤波器的大小可以提高模型的识别准确率；在分类类别较少的情况下，通过减少全连接层的数量可以降低网络的参数，提高网络的训练速度；通过在减层后的网络中加入 BN 层可以提高网络的收敛速度和分类识别的准确率。

11.1.1　基于卷积神经网络的遥感图像识别

1. 遥感图像识别的 CNN 基本框架

基于 CNN 的农田遥感图像识别流程如图 11.1 所示。基于 CNN 框架的识别图像是经过融合处理后的高光谱国土资源遥感图像，包含多种不同的土地类别。因此，在遥感图像尺寸尽可能小的前提下，需要对遥感图像进行均匀裁剪。CNN 需要对输入图像进行多次卷积，而在图像特征提取时，要求图像的大小不小于网络的局部感受野，因此要求图片有合适的大小。根据以上两个要求，选择 41 ×41 的遥感图像进行分类。

2. AlexNet

AlexNet 是早期较经典的神经网络，是 Alex 等人在 2012 年提出的一种 8 层神经网络，其中包括 5 层卷积层和 3 层全连接层。AlexNet 的结构如图 11.2 所示。用该网络对自然图像数据集 ImageNet 中的 1000 种图像进行识别，其识别对象大小为 256 ×256。由于采用 CUDA 加速受 GPU 显存的限制，因此在训练时需要进行并联训练，即将网络分成两条卷积线路进行训练，并在最后的全连接层中将其合并。

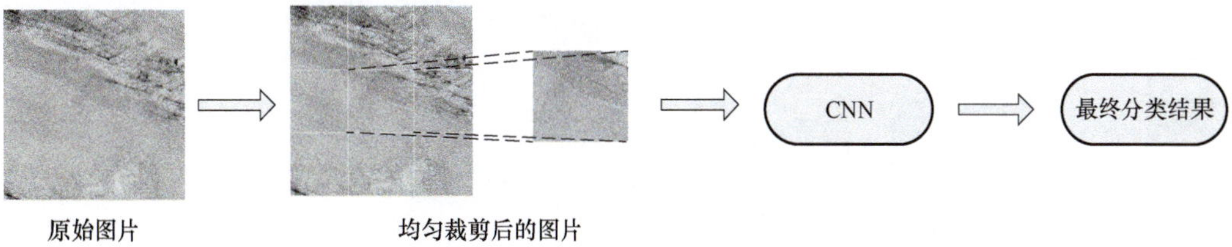

图 11.1　基于 CNN 的农田遥感图像识别流程

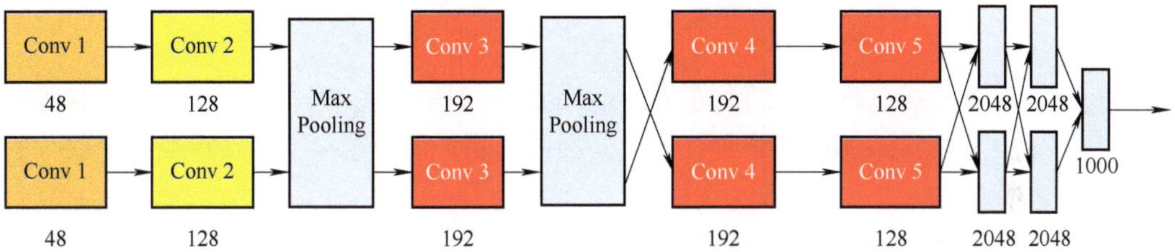

图 11.2　AlexNet 的结构

网络首层使用 96 个较大的 11 × 11 的卷积核对图像做卷积以获取较多的信息。第二层使用 256 个 5 × 5 的卷积核进一步提取图像的全局信息。在两层卷积网络后引入 1 个最大池化层来降低图像维度，同时缩减模型大小，从而提高计算速度并降低过拟合概率。第四层和第五层分别为 384 个 3 × 3 的卷积层和 1 个最大池化层。第六、七层卷积层都使用 3 × 3 的卷积核。由于 3 × 3 卷积核的有效性，在之后的卷积神经网络中该大小的卷积核被广泛使用。最后，接入了三层全连接层：前两层的神经元数量都是 4096，最后一层的神经元数量根据分类的种类决定。由于 ImageNet 分类任务中有 1000 种图像，因此网络最后一层须有 1000 个神经元输出。

11.1.2　基于改进 AlexNet 网络的遥感图像分类

1. 网络结构

用于识别遥感图像的改进 AlexNet 的网络结构如图 11.3 所示。与经典 AlexNet 网络结构类似，改进 AlexNet 由输入层、卷积层、池化层、全连接层和输出层构成，其中卷积层和采样层交替连接。网络输入为均匀裁剪后的遥感图像。

在改进 AlexNet 结构中，第 1 卷积层使用 96 个大小为 13 × 13、步长为 4 的卷积核（步长即为同一核中邻近神经元的感知域中心之间的距离）对输入图像进行滤波。该层用 13 × 13 的卷积核可以从遥感图像中提取更多特征。将第 1 卷积层的输出图像输入 96 个 3 × 3 的最大池化层进行滤波，再经过 BN 层。第 2 卷积层和第 1 个最大池化层输出相连接，其卷积核大小为 5 × 5，数量为 256。第 3 和第 4 卷积层的卷积核大小都是 3 × 3，其数量分别为 384 和 256。整个网络中，只有第 3 和第 4 卷积层之间没有最大池化层。与 AlexNet 处理的图像大小不同，如果保留第 5 卷积层，那么可能会增加网络的数据量和运算成本，还可能因图像过度卷积而导致识别准确率下降。因此，考虑到训练效率和识别准确率，在训练网络时去掉一组个数为 384 的 3 × 3 的卷积层。

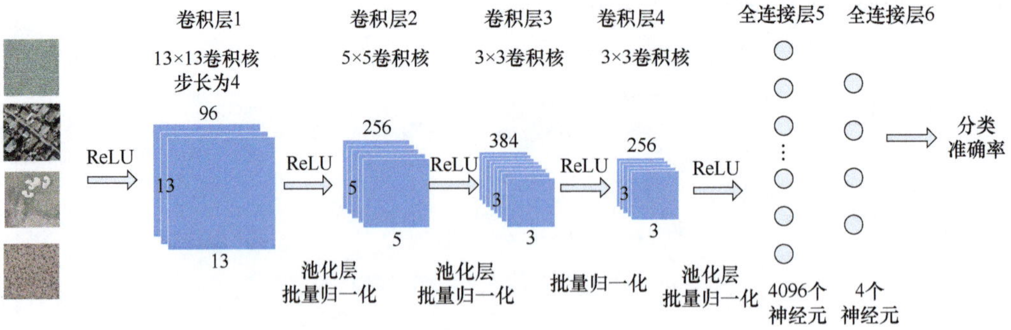

图 11.3　用于识别遥感图像的改进 AlexNet 的网络结构

经过第 4 卷积层后，将生成的 256 个 1 × 1 的特征图输入到全连接层。由于本节所需分类目标只有 4 类，比 ImageNet 的识别任务少，因此采用 2 个全连接层，其神经元个数分别为 4096 和 4。

AlexNet 使用 Dropout 避免网络过拟合，即每次训练时随机丢弃全连接层中 50% 的神经元。Dropout 原理如图 11.4 所示，图中虚线部分即为随机丢弃的神经元。将 Dropout 保留在改进 AlexNet 中。这种改进模型既采用了较少的神经元和全连接层，又采用了与 AlexNet 不同的 Dropout 率。

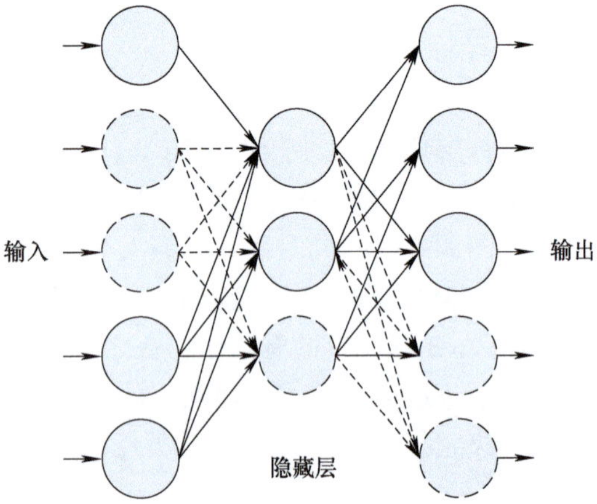

图 11.4　Dropout 原理

在 VGG 网络中使用 2 组 3 × 3 的卷积核代替 1 组 5 × 5 的卷积核，同样取得了较好的效果。本节实验在网络结构选择中，对比了不同层数的网络，并采用了不同大小的卷积核。不同网络的卷积核参数如表 11.1 所示。

表 11.1　不同网络的卷积核参数

网络模型	Conv1	Conv2	Conv3	Conv4	Conv5	Conv6	Fc7	Fc8	Fc9
网络 1	13 × 13	3 × 3	3 × 3	3 × 3	3 × 3	3 × 3	4096	4096	4
AlexNet	11 × 11	5 × 5	3 × 3	3 × 3	3 × 3	—	4096	4096	4
网络 2	13 × 13	3 × 3	3 × 3	3 × 3	—	—	4096	4096	4
网络 3	13 × 13	3 × 3	3 × 3	3 × 3	3 × 3	—	4096	4	—
改进 AlexNet	13 × 13	5 × 5	3 × 3	3 × 3	—	—	4096	4	—

2. 激活函数

早期的 Sigmoid 激活函数如图 11.5 所示，其数学表达式为

$$f(x) = \frac{1}{1 + e^{-x}} \tag{11.1.1}$$

由于它能够将分布在负无穷到正无穷的输入值压缩至 0 到 1 之间，因此又被称为逻辑斯

谛回归（Logistical）函数。然而，这种函数现在已不常使用，因为当 Sigmoid 激活函数的输入值特别大或者特别小的时候，其导数值趋于零，这将导致神经元趋于饱和，无法持续更新学习。此外，经过 Sigmoid 函数后，神经元输出分布的均值不再是 0。

Tanh 激活函数如图 11.6 所示，其数学表达式为

$$\mathrm{Tanh}(x) = 2\mathrm{Sigmoid}(2x) - 1 \tag{11.1.2}$$

Tanh 函数的均值为 0，因此其实际应用效果比 Sigmoid 函数好，更适合与 Xavier 初始化的权重配合使用。

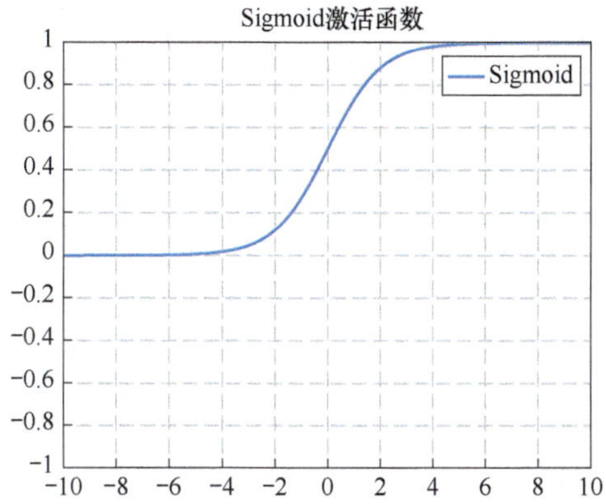

图 11.5　Sigmoid 激活函数

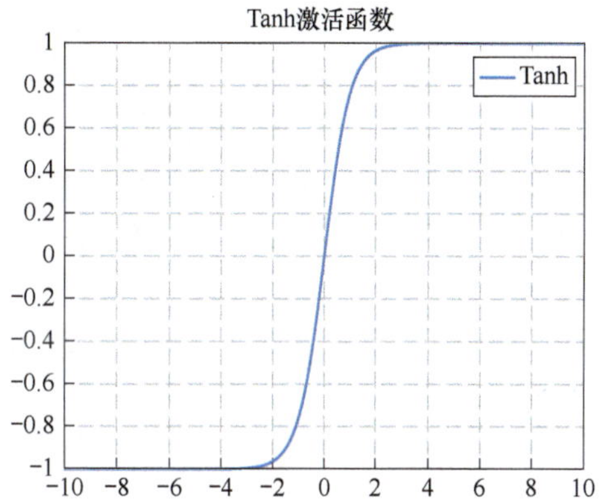

图 11.6　Tanh 激活函数

ReLU 激活函数如图 11.7 所示。在 $x>0$ 时，其导数值恒大于零，不会像 Sigmoid 和 Tanh 函数那样在网络训练中使神经元过饱和。因此，使用 ReLU 函数可以加快网络的收敛速度，而且 ReLU 函数也不需要进行复杂的指数计算，形式简单。但由于 ReLU 函数在 $x>0$ 时导数值等于输入值，因而当输入值特别大时，会覆盖掉其后所有值的影响，因此一般会选取比较小的学习率。ReLU 函数的数学表达式为

$$\mathrm{ReLU}(x) = \max(0,x) \tag{11.1.3}$$

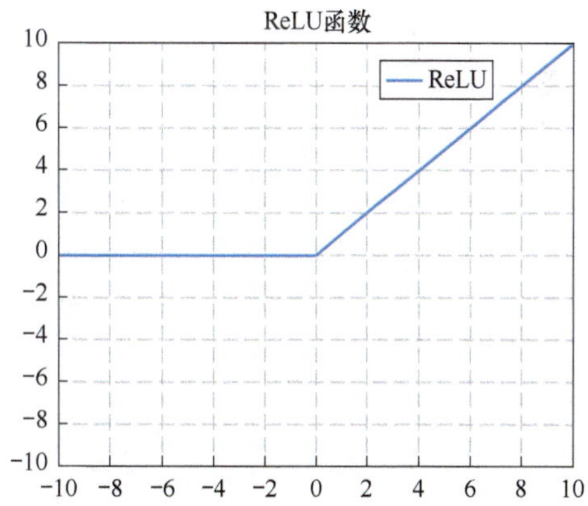

图 11.7　ReLU 激活函数

3. 训练和学习

第 1 层网络对图像特征的提取和表示为

$$\boldsymbol{F}_1(\boldsymbol{Y}) = \max(0,\boldsymbol{W}_1 \otimes \boldsymbol{Y} + \boldsymbol{B}_1) \tag{11.1.4}$$

式中，$\boldsymbol{Y}$ 表示输入图片；$\boldsymbol{W}_1$ 和 $\boldsymbol{B}_1$ 表示局部感受野和偏置；$\otimes$表示卷积运算。$\boldsymbol{W}_1$ 表示 n_1 个 $f_1 \times f_1$ 的卷积核，f_1 为局部感受野大小，即使用 $\boldsymbol{W}_1$ 对图像进行了 n_1 次卷积，所使用的卷积核为 $c \times f_1 \times f_1$，对应输出 n_1 个特征映射。$\boldsymbol{B}_1$ 表示 n_1 维的向量，其每个元素对应一个局部感受野。激活函数使用 ReLU。本层 $n_1 = 96$，卷积核大小 $f_1 = 13$。

第 1 层网络对图像进行 n_1 维的特征提取，第 2 层网络将前一层网络的 n_1 维特征映射到本层 n_2 维的特征向量上。第 2 ~ 4 层结构与第 1 层相似，即

$$\begin{cases} F_2(Y) = \max\{0, W_2 \otimes F_1(Y) + B_2\} \\ \vdots \\ F_4(Y) = \max\{0, W_4 \otimes F_3(Y) + B_4\} \end{cases} \tag{11.1.5}$$

式中，W_2 包含 n_2 个卷积核，$n_2=256$，卷积核大小为 5×5；同理，第3、4层卷积核个数依次为 $n_3=384$，$n_4=256$，卷积核大小固定为 3×3。激活函数使用 ReLU。

与经典分类网络相同，改进 AlexNet 在卷积层中交替使用了池化层。池化层通过对卷积后输出的向量进行下采样，从而减少部分参数。改进 AlexNet 中采用的池化方式为最大池化。

改进 AlexNet 的输出层与上一层完全连接，上一层产生的特征向量可以被送到输出层的逻辑斯谛回归函数中完成识别任务，并由反向传播算法更新权重。

与经典的 AlexNet 以及 VGG 网络相比，改进模型的全连接层数为2，在保持分类准确率不变的同时，降低了约 5×10^7 的数据量。其中，第2全连接层，即模型的第6层为网络输出层，包含对应 q 类遥感图像的 q 个神经元。由于本节实验是对4种类型的遥感图像进行分类，因此 $q=4$，网络输出概率 $p=[p_1,p_2,p_3,p_4]$。根据 Softmax 回归公式可表示为

$$p_j = \frac{\exp(Y_6^j)}{\sum_{i=1}^{4}\exp(Y_6^i)} \tag{11.1.6}$$

式中，Y_6 是 Softmax 函数的输入；j 是被计算的当前类别，$j=1,2,3,4$；p_j 表示第 j 类图像的输出概率。

11.1.3 仿真实验与结果分析

1. 数据集

直接获取的遥感图像数据集部分来源于 UC Merced Land Use Dataset，该数据集一共有10个种类，选取其中4类为本节实验的数据集，分别为绿地、建筑、农田以及荒漠，如图11.8所示。

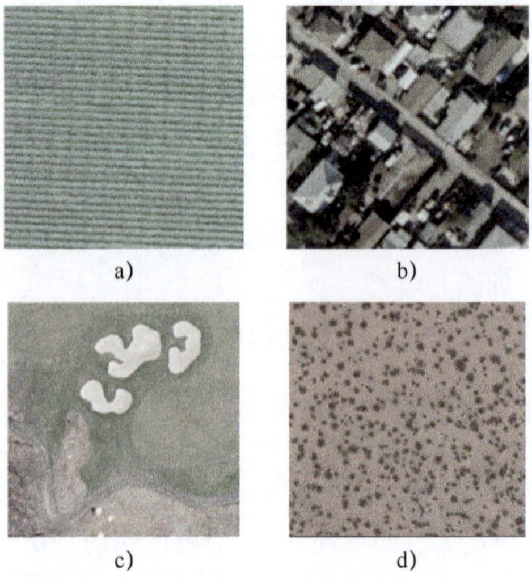

图 11.8 UC Merced Land Use Dataset 中的4类数据集
a）绿地 b）建筑 c）农田 d）荒漠

由于数据集稀缺，因此选取融合遥感图像作为本节实验数据集。神经网络对于遥感图像的分类是基于 RGB 图像进行的，因此需要对融合后的部分 MS 图像进行一定的预处理，去除其中的 NIR 通道，再进行裁剪和分割，以大幅增加数据量、提高网络的拟合能力、避免出现过拟合。从数据集中选取上述4种类型的遥感图像，每类4500张，共18000张。每类图像中用3750张作为训练集，其余750张作为测试集。从融合后的图像中获取待分类图像，如图11.9所示。

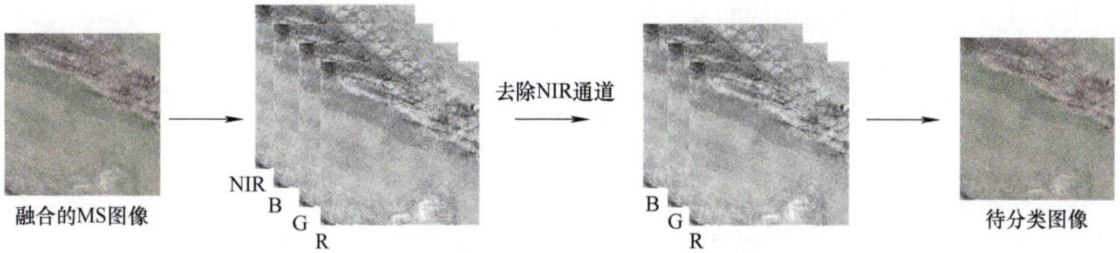

图 11.9　从融合后的图像中获取待分类图像

针对数据集图像的大小进行多次实验，每次实验均迭代 10000 次，其训练结果如表 11.2 所示。该结果表明，模型对大小为 41 ×41 像素的图像的识别准确率最高。

表 11.2　模型对不同大小图像的识别准确率

图像大小/像素	35 ×35	37 ×37	39 ×39	41 ×41	43 ×43
识别准确率	94. 75%	85. 72%	95. 62%	97. 75%	95. 89%

2. 模型验证

以 AlexNet 为原型，以训练收敛次数、模型参数量和识别准确率为性能指标，从改进的网络结构、卷积核的大小和训练的超参数等方面进行一系列的实验，结果如下。

(1) 加入 BN 的模型

加入 BN 前后，模型的性能对比如表 11.3 所示。

表 11.3　加入 BN 前后模型的性能对比

性 能 指 标		训练收敛次数	模型参数量	识别准确率
网络模型	原模型	14.9×10^5	7.33×10^8	92. 14%
	加入 BN 的模型	3.5×10^5	10.3×10^8	87. 39%

表 11.3 表明，加入 BN 的模型虽然收敛速度有所提升，但是识别准确率下降了 4. 8% ，同时模型参数量增加了 40. 5% 。

(2) 减少层数的模型

由于遥感图像的尺寸不同，相应的模型结构也不同。经典的 AlexNet 分类图像大小为 256 ×256 像素。改进 AlexNet 处理的图像大小为 41 ×41 像素，全连接层数为 2。实验证明，在此基础上，在前 4 层卷积网络中分别加入 BN，可以有效提高识别准确率，并大幅降低训练收敛次数。不同类型模型的性能对比如表 11.4 所示。

表 11.4　不同类型模型的性能对比

性 能 指 标		训练收敛次数	模型参数量	识别准确率
网络模型	原模型	149×10^4	7.33×10^8	92. 14%
	加入 BN 的模型	35×10^4	10.3×10^8	87. 39%
	改进 AlexNet	0.45×10^4	8.35×10^8	98. 15%

表 11.4 表明，改进 AlexNet 将网络层数从 8 降到 6 后，其训练收敛次数较原模型显著降

低，大大减少了训练模型所需的时间，同时其识别准确率也有较大提高，但模型参数量有所增加。显然，改进 AlexNet 的综合性能得到了提高。

(3) 卷积核大小的改变

增大卷积核可以提高模型的学习性能。在改进 AlexNet 中，现测试第一层卷积核大小对识别准确率的影响。由于识别图像的大小为 41×41，在保证后续网络结构不变的情况下，改变第一层卷积核的大小，分别为 10×10、11×11、12×12 以及 13×13。在网络结构不变的情况下，仅改变卷积核大小，同时保持相同的模型参数量，不同的卷积核大小对模型识别准确率的影响如图 11.10 所示。

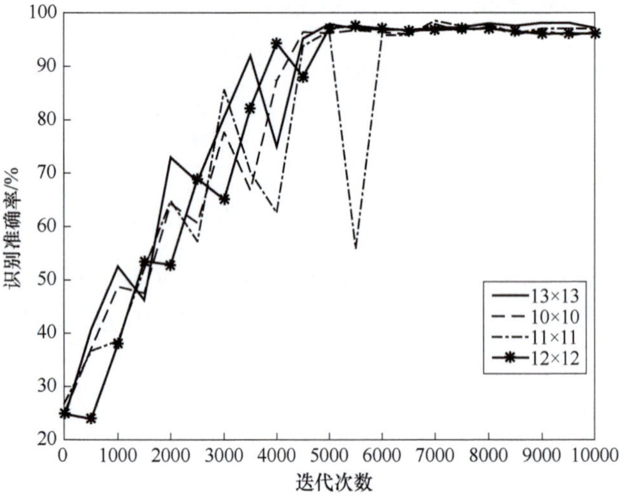

图 11.10　不同的卷积核大小对模型识别准确率的影响

图 11.10 表明，11×11 的卷积核对应的模型波动性较大；四种不同大小卷积核对应的模型在收敛后的识别准确率比较接近；在迭代 7500 次后，卷积核大小为 13×13 的模型识别准确率要明显高于其他三种模型。在网络整体结构不变的情况下，选择模型第一层卷积核大小为 13×13。

(4) 不同网络的对比

有相关研究证明，采用多个小卷积核代替一个大卷积核，增加网络深度，可以获得更好的分类效果。采用表 11.1 中提出的网络做对比实验，以验证改进 AlexNet 的优越性，结果如表 11.5 所示。

表 11.5　不同深度的模型性能对比

性能指标		训练收敛次数	模型参数量	识别准确率
网络模型	网络 1	1.9×10^4	9.82×10^8	90.33%
	AlexNet	149×10^4	7.33×10^8	92.14%
	网络 2	3.6×10^4	8.74×10^8	94.70%
	网络 3	1.2×10^4	7.78×10^8	98.21%
	改进 AlexNet	0.45×10^4	8.35×10^8	98.15%

表 11.5 表明，采用多个小卷积核替换大卷积核可以在减少参数的情况下，增加网络的深度、提高模型的识别准确率。然而，随着网络层数的增加，训练模型所需的次数也随之增加，但识别准确率并没有明显提高。因此，在改进 AlexNet 中，选择卷积层数为 4，全连接层数为 2 及较大尺寸的卷积核。

3. 超参数设置

选用合适的超参数不仅可以加快模型的收敛速度，还可以提高模型的识别准确率。采用 4 层卷积层、2 层全连接层和大小为 13×13 的卷积核构建模型，测试其最佳超参数（迭代次数和学习率)。

验证迭代次数对模型识别准确率的影响时，将学习率设为 0.001。为增加模型的鲁棒性，在验证每种设定的迭代次数时，均重复做 10 次实验。不同迭代次数对应的模型识别准确率如表 11.6 和图 11.11 所示。

表 11.6　学习率为 0.001 时，不同迭代次数对应的模型识别准确率

迭代次数	实验 1	实验 2	实验 3	实验 4	实验 5	实验 6	实验 7	实验 8	实验 9	实验 10
2000	63.15%	61.17%	62.89%	65.74%	64.89%	63.22%	54.74%	75.63%	74.56%	67.38%
4000	85.87%	78.34%	80.75%	52.39%	73.38%	81.37%	82.03%	91.07%	80.72%	84.58%
6000	93.81%	92.88%	95.36%	98.11%	49.72%	95.36%	97.28%	97.41%	95.95%	95.07%
8000	93.17%	95.35%	97.27%	98.52%	85.48%	95.73%	98.70%	97.70%	95.82%	98.45%
10000	95.74%	97.69%	98.17%	99.23%	89.33%	95.67%	99.32%	98.58%	98.29%	98.37%

图 11.11 表明，当学习率为 0.001 时，迭代 2000 次和 4000 次时，模型的识别准确率较低；迭代 6000 次时，模型的鲁棒性较差；而迭代 8000 次和 10000 次时，模型的识别准确率比较接近，其中迭代 10000 次对应的模型的识别准确率略高于迭代 8000 次对应的模型。

验证学习率对模型识别准确率的影响时，将迭代次数设为 10000。选取学习率分别为 0.001、0.003、0.005、0.01 和 0.015，在验证各学习率的影响时，均重复做 10 次实验。不同学习率对应的模型识别准确率如表 11.7 和图 11.12 所示。

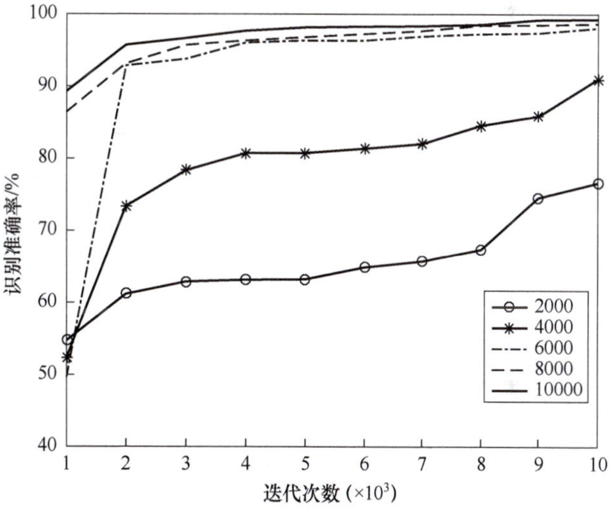

图 11.11　学习率为 0.001 时，迭代次数对模型识别准确率的影响

表 11.7　迭代次数为 10000 时，不同学习率对应的模型识别准确率

学习率	实验 1	实验 2	实验 3	实验 4	实验 5	实验 6	实验 7	实验 8	实验 9	实验 10
0.001	93.11%	95.32%	97.24%	98.57%	85.48%	95.74%	98.77%	97.79%	95.84%	98.42%
0.003	98.85%	97.94%	98.62%	98.13%	97.69%	98.57%	97.66%	98.24%	97.52%	98.64%
0.005	97.68%	98.87%	97.35%	95.80%	98.66%	97.27%	91.73%	98.24%	93.15%	95.96%
0.01	81.31%	77.74%	75.43%	77.45%	25.71%	47.98%	75.52%	55.77%	88.24%	31.40%
0.015	70.89%	53.98%	25.52%	40.74%	75.23%	41.95%	69.67%	39.46%	70.82%	64.22%

图 11.12 表明，当学习率为 0.01 和 0.015 时，因代价函数振荡，导致模型的鲁棒性较差、识别准确率较低；而当学习率为 0.001、0.003 和 0.005 时，模型的识别准确率比较接近，其中学习率为 0.003 时对应的模型鲁棒性最好。

4. Dropout 率对模型识别准确率的影响

Dropout 是一种用来防止过拟合的技术。相关研究证明，在模型最后一个全连接层中只保留 30% 的神经元，可以取得较好的实验效果；而结合 BN 的神经网络可以适当增加全连接层神经元的数量。综合考虑以上两个因素进行实验，验证 Dropout 率对模型识别准确率的影响。不同 Dropout 率对应的模型识别准确率如图 11. 13 所示。

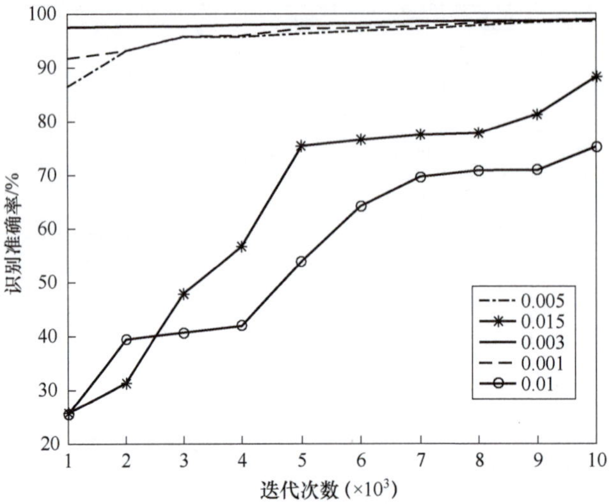

图11. 12　迭代次数为 10000 时，学习率对模型识别准确率的影响

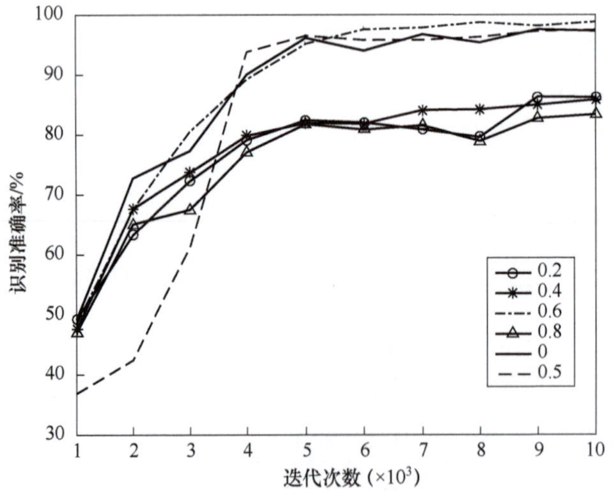

图 11. 13　不同 Dropout 率对应的模型识别准确率

图 11. 13 表明，当 Dropout 率为 0. 2、0. 4 和 0. 8 时，模型的识别准确率较低。当 Dropout 率为 0 和 0. 6 时，在迭代 3500 次前，模型的识别准确率有明显的提高；在迭代 3500 次后，Dropout 率为 0 的模型识别准确率收敛后开始振荡，且识别效果比 Dropout 率为 0. 5 和 0. 6 时差。当 Dropout 率为 0. 6 时，模型的识别准确率最高。由此可知，Dropout 不仅可以避免神经网络过拟合，还可以有效增强模型的鲁棒性。综上可知，结合 BN 与 Dropout 的模型识别准确率更高。

11.2　基于多尺度级联生成对抗网络的水下图像增强

基于非物理模型的水下图像增强算法在一些退化严重的场景中会产生明显偏色，基于物理模型的水下图像复原方法无法应对复杂水下场景的背景光估计。而基于深度学习的水下图像增强算法依靠大量数据，可以有效地解决上述问题，并提高增强结果的泛化性和鲁棒性。

本节构建了一种新的用于增强水下图像的多尺度级联生成对抗网络。在生成网络中加入残差多尺度级联特征提取块，其中的多尺度、级联和残差学习分别可以提高网络性能、渲染更多细节以及利用之前的网络层图像信息。在判别网络中加入谱归一化操作来稳定判别网络的训练。同时，损失函数包含了 L_1 损失、图像梯度损失和 GAN 损失。

11.2.1　网络结构和损失函数

GAN 不仅具有学习目标概率分布的能力，而且在理论层面上也具有吸引力。受 GAN 的启发，本节构建了水下生成对抗网络（UnderWater Generative Adversarial Network，UW-GAN），以学习非降质图像和降质图像之间的非线性映射。该网络利用端到端网络和数据驱动训练机制来生成增强结果。UWGAN 包括两个网络结构，一个是生成网络（G），另一个是鉴别网络（D），如图 11.14 所示。生成网络（或称生成器）采用残差多尺度级联块（Residual Multi-Scale Dense Block，RMSDB）进行特征提取，同时负责输出增强后的水下图像；而鉴别网络（或称鉴别器）负责鉴别候选图像是来自生成网络输出图像还是来自相应的真实图像。

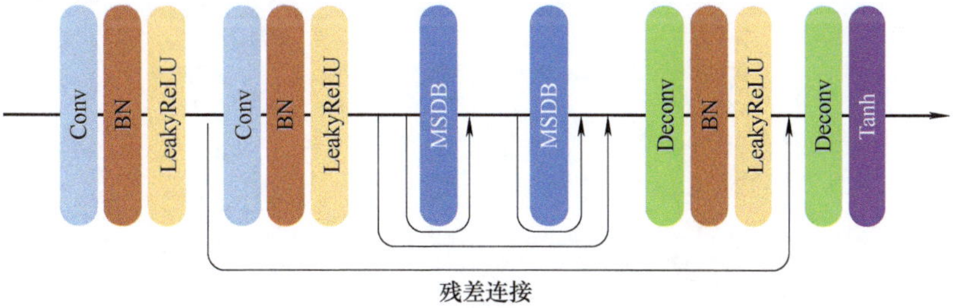

a)

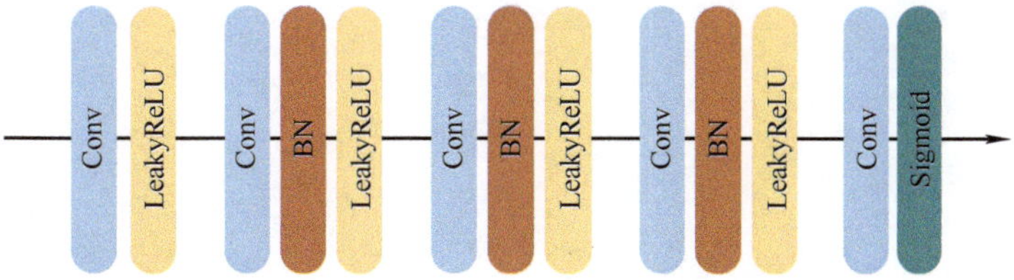

b)

图 11.14　UWGAN 网络结构

a）生成网络　b）鉴别网络

近年来，国内外许多研究人员已经提出和设计出大量卷积神经网络特征提取模块，例如 GoogLeNet、ResNet、DenseNet 等。GoogLeNet 从增加网络宽度的角度出发，使用了 Inception 模块，如图 11.15a 所示。该模块采用不同大小的卷积核级联和最大池化操作以提升网络性能，卷积核大小分别为 1×1、3×3、5×5 和 7×7。虽然已经有研究证明了 VGG 网络层数越深，网络性能就越好，但是随着网络深度增加，网络退化问题也随之出现。为了解决网络退化问题并提高网络性能，ResNet 中采用残差学习的思想，即允许前面卷积层的特征信息直接传输到后面的卷积层，如图 11.15b 所示。DenseNet 采用特征复用的方法，即每一层的输入都来自前面所有层的输出，如图 11.15c 所示。级联块可以有效地减轻梯度消失问题，增强特征传播并鼓励特征复用，同时减少模型参数量。

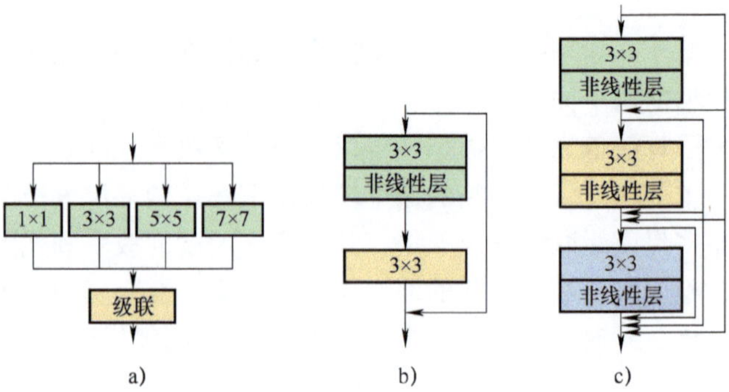

图 11.15　三种常见特征提取块

a）Inception 模块　b）残差模块　c）Dense 模块

受上述网络特征提取模块启发，设计了多尺度级联块（Multi-Scale Dense Block，MSDB），如图 11.16 所示。为了充分利用卷积神经网络的局部特征，每个级联操作都具有三个或四个特征图输入，其中一个输入直接来自上一个 MSDB 的输出。为了以不同大小比例检测特征图，MSDB 中间两条卷积路径具有不同大小的卷积核，这些卷积核可以带来不同的局部感受野以充分利用和覆盖图像特征。MSDB 最后一层卷积层为 1 × 1 的瓶颈层，目的是为了促进特征融合并提高计算效率。

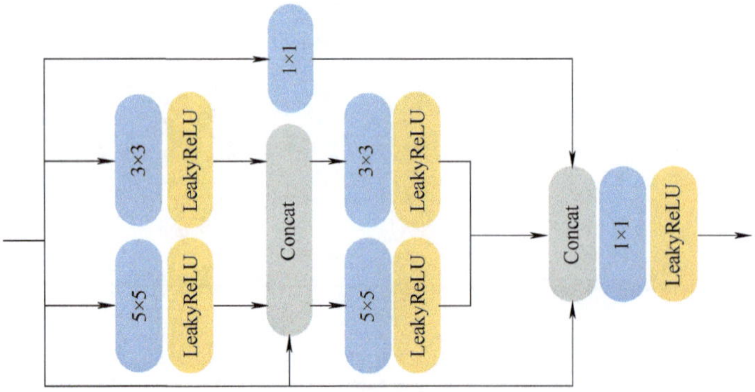

图 11.16　MSDB

MSDB 的数学定义为

$$O_1 = \mathcal{L}(w_{1\times1}^1 \otimes X_{n-1}) \tag{11.2.1}$$

$$T_1 = L(w_{3\times3}^1 \otimes X_{n-1}) \tag{11.2.2}$$

$$F_1 = \mathcal{L}(w_{5\times5}^1 \otimes X_{n-1}) \tag{11.2.3}$$

$$T_2 = \mathcal{L}(w_{3\times3}^2 \otimes [T_1, F_1, X_{n-1}]) \tag{11.2.4}$$

$$F_2 = \mathcal{L}(w_{5\times5}^2 \otimes [T_1, F_1, X_{n-1}]) \tag{11.2.5}$$

$$X_n = \mathcal{L}(w_{1\times1}^3 \otimes [T_2, F_2, O_1, X_{n-1}]) \tag{11.2.6}$$

式中，$\otimes$表示卷积操作；w 表示卷积层权重，其上标数字表示卷积层的位置，而下标数字则表示相应的卷积核大小；$\mathcal{L}$ 表示激活函数（Leaky ReLU，LReLU）；$[T_1, F_1, X_{n-1}]$ 和 $[T_2, F_2, O_1, X_{n-1}]$ 表示级联操作。

为了便于级联操作，MSDB 中的每个卷积步长均为 1，最后的 1×1 卷积层将输出特征图通道维数减少为输入特征图的通道维数。因此，就特征图通道数而言，MSDB 的输入和输出具有完全相同的数量。上述操作允许将多个 MSDB 串联在一起，如图 11.14 所示的生成网络。该网络将残差连接添加到 MSDB，形成残差多尺度级联块，进一步鼓励特征利用和传输。RMSDB 结合了两个 MSDB 来获得较好的水下图像增强性能。虽然两个以上的 MSDB 可以进一步提升图像增强性能，但会引入过多的参数并增加训练时间，如图 11.17 所示。因此，本节实验中采用含有两个 MSDB 的网络结构作为最终的模型。

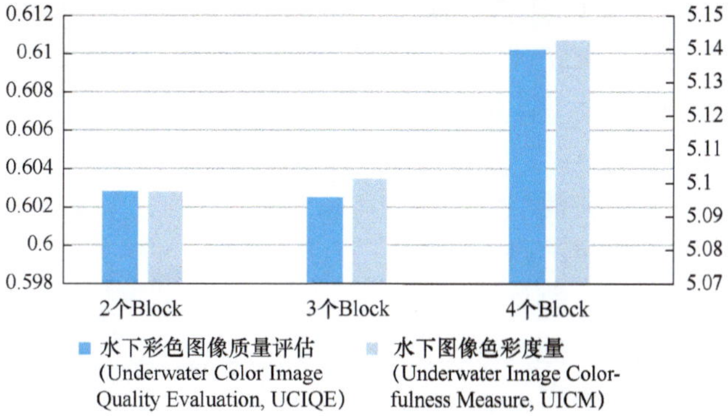

图 11.17　不同个数 MSDB 的图像增强结果

表 11.8 和表 11.9 给出了生成网络和鉴别网络的各卷积层参数情况。其中，BN 表示批量归一化。卷积核信息表述为：[卷积核长,卷积核宽,卷积步长]。特征图信息表述为：特征图高×特征图宽×通道数。在生成网络的前两层中，第一层采用了 64 个步长为 2、大小为 7×7 的卷积核，第二层采用了 128 个步长为 2、大小为 3×3 的卷积核。这两层能有效缩小图像尺寸并初步提取出图像特征。然后，加入 RMSDB 可以获得更多图像特征，加入两层反卷积可以重构出期望增强的图像。最后一层反卷积层将输出的通道维数变为输入通道的数量，并使用 Tanh 激活函数来匹配输入的 0-1 分布。

表 11.8　生成网络

特征提取层	卷　积　核	特征图信息
Conv, BN, LReLU	[7,7,2]	$(h/2) \times (w/2) \times 64$
Conv, BN, LReLU	[3,3,2]	$(h/4) \times (w/4) \times 128$
RMSDB	—	$(h/4) \times (w/4) \times 128$
Deconv, BN, LReLU	[3,3,2]	$(h/2) \times (w/2) \times 64$
Deconv, Tanh	[7,7,2]	$h \times w \times 3$

表 11.9　鉴别网络

特征提取层	卷　积　核	特征图信息
Conv, LReLU	[4,4,2]	$(h/2) \times (w/2) \times 64$
Conv, BN, LReLU	[4,4,2]	$(h/4) \times (w/4) \times 128$
Conv, BN, LReLU	[4,4,2]	$(h/8) \times (w/8) \times 256$
Conv, BN, LReLU	[4,4,1]	$(h/8) \times (w/8) \times 512$
Conv, Sigmoid	[4,4,1]	$(h/8) \times (w/8) \times 1$

表 11.9 表明，鉴别网络由五层谱归一化卷积层组成，类似于大小为 70×70 的 PatchGAN 的结构设计。PatchGAN 最初应用于 Pix2Pix 的图像风格转换，然后进一步发展为 CycleGAN。PatchGAN 的模型参数比全尺寸图像鉴别网络少，同时可以通过完全卷积的方式处理任意大小的鉴别图像。在鉴别网络的第一层和最后一层中不添加 BN，其余所有卷积层都遵循相同的设计，即 Conv-BN-LReLU。谱归一化有效地限制了鉴别网络的 Lipschitz 常数，从而可以稳定鉴别网络的训练。此外，谱归一化占用的计算资源较少并且易于实现。与没有谱归一化的鉴别网络相比，具有谱归一化的鉴别网络具有稳定且下降的损失曲线，如图 11.18 所示。

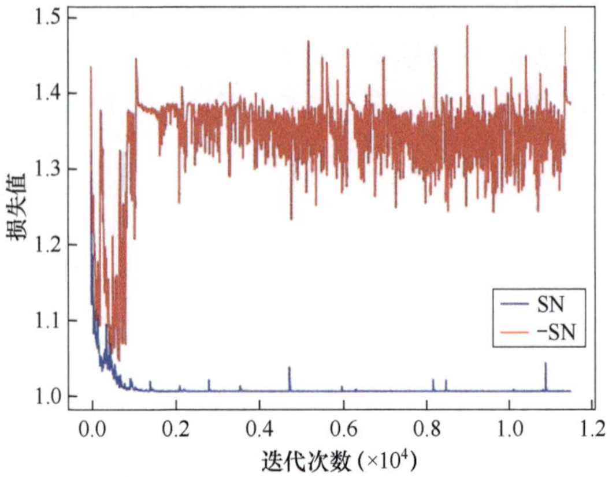

图 11.18　鉴别网络的损失函数曲线

受谷歌大脑团队相关研究的启发，本节实验使用非饱和损失函数和谱归一化策略来稳定 GAN 训练。UWGAN 的总体损失函数包括 GAN 损失、L_1 损失和图像梯度损失，具体定义为

$$\text{Loss}_{\text{UWGAN}} = \min_G \max_D V(D,G) + \lambda_1 \text{Loss}_{L_1}(G) + \lambda_g \text{Loss}_g(G) \tag{11.2.7}$$

式中，λ_1 和 λ_g 分别是 L_1 损失 $\text{Loss}_{L_1}(G)$ 和图像梯度损失 $\text{Loss}_g(G)$ 的权重系数。$\text{Loss}_{L_1}(G)$ 和 $\text{Loss}_g(G)$ 定义为

$$\text{Loss}_{L_1}(G) = \mathbb{E}[\|x - G(y)\|_1] \tag{11.2.8}$$

$$\text{Loss}_g(G) = \mathbb{E}\{\|\nabla(x) - \nabla[G(y)]\|_1\} \tag{11.2.9}$$

非饱和损失函数定义为

$$\min_G \max_D V(D,G) = \mathbb{E}_{x\sim p_{\text{train}}(x)}[\log D(x)] + \mathbb{E}_{y\sim p_{\text{gen}}(y)}\{\log[1 - D(G(y))]\} \tag{11.2.10}$$

式中，$D(x)$ 表示 x 来自真实水下图像而不是生成器 $G(y)$ 生成图像的概率。

假设 x 为主观视觉较好的高质量水下图像集，y 为主观视觉较差的退化水下图像集。CycleGAN 可以学习映射关系 $f: x\rightarrow y$ 以及 $g: y\rightarrow x$。其中，f 可以退化 x 中的高质量图像，生成用于训练的 6128 个图像对；g 类似于图像增强，可以用作对比方法。建立测试集 U215。U215 一共包含 215 张真实的水下图像，这些图像分别来自于中国獐子岛海产养殖基地、ImageNet、SUN 和其他相关文献。U215 涵盖了各种水下场景、不同的水下降质特征以及广泛的水下目标。

在训练阶段，送入 UWGAN 的图像大小为 256×256×3，并且被归一化到 [−1,1]。LReLU 函数的负半轴斜率为 0.2。在总体损失函数中，$\lambda_1=60$，$\lambda_g=10$。使用学习率为 0.0001 的 Adam 算法优化网络训练，批训练大小为 32。每次生成网络更新时，鉴别网络更新五次。整个模型在一张 GTX 1070 Ti 显卡上使用 TensorFlow 作为后端进行训练，训练迭代 60 次。

11.2.2　仿真实验与结果分析

将基于多尺度级联生成对抗网络的水下图像增强算法与其他十种方法（分别为 FE、RB

和 RGHS 三种基于非物理模型的水下图像增强方法；UDCP、RED、UIBLA 和 OSM 四种基于物理模型的水下图像增强方法；CycleGAN、WSCT 和 UWCNN 三种基于深度学习的水下图像增强方法）进行对比。本节实验使用两种适合评估水下图像质量的盲指标 UCIQE 和 UIQM。在 U215 数据集上进行大量实验，最终的定性和定量结果均验证了本节算法（UWGAN）的有效性。

为了更全面地展示上述十种算法和 UWGAN 的处理结果，同时考虑到水下降质可能不仅表现为颜色失真、有限光线条件、图像模糊等，本节实验选择了多种降质表现混合的水下场景做进一步的对比实验。绿色失真场景和蓝色失真场景的主观比较分别如图 11.19 和图 11.20 所示。

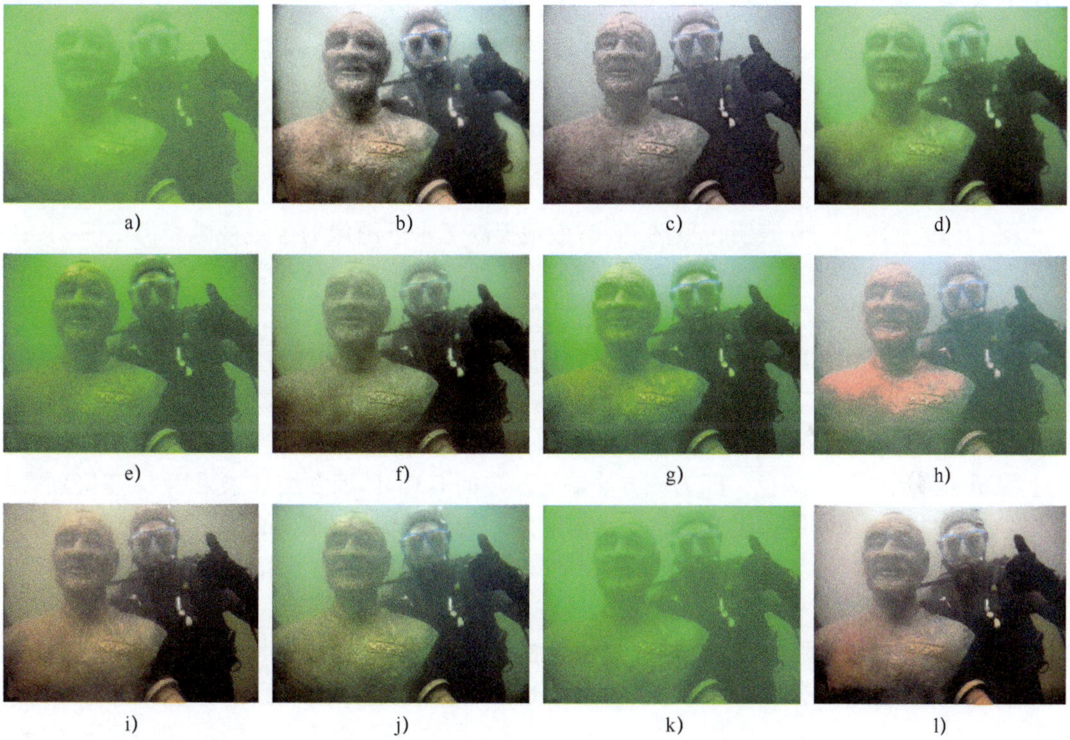

图 11.19　绿色失真场景的主观比较

a）水下雕塑　b）FE　c）RB　d）RGHS　e）UDCP　f）RED　g）UIBLA　h）OSM
i）CycleGAN　j）WSCT　k）UWCNN　l）UWGAN

图 11.20　蓝色失真场景的主观比较

a）潜水员　b）FE　c）RB　d）RGHS

e) f) g) h)

i) j) k) l)

图 11.20 蓝色失真场景的主观比较（续）

e）UDCP f）RED g）UIBLA h）OSM i）CycleGAN j）WSCT k）UWCNN l）UWGAN

图 11.19 和图 11.20 表明，虽然 FE 有效地提高了水下图像的主观视觉，但是图 11.19b 显示的增强结果还保持着淡绿色背景光，而图 11.20b 显示的增强结果有明显的红色偏色和类似“海洋雪”的噪点。虽然 RB 校正效果较好，复原了图像信息，但是图像整体亮度偏暗、颜色过饱和。UDCP、RED、UIBLA 和 OSM 四种基于物理模型的水下图像复原方法无法消除图像的蓝绿效应，甚至有些算法会加重水下的蓝绿效应。CycleGAN 对降质图像的增强作用有限，因为直接将图像风格转换应用于水下图像增强显然是不合适的。WSCT 在一定程度上保留了降质图像的颜色，因为该方法缺乏稳定的 GAN 训练方法且未采用 L_1 正则项。由于 UWCNN 是轻量级网络，因此无法有效应对严重的降质场景。图 11.19l 和图 11.20l 表明，UWGAN 依靠 MSDB 和多项损失函数，有效校正了水下图像的颜色失真问题，同时保留了不同的水下场景信息，整体的主观视觉效果较好。

图 11.21 显示了有限光线条件伴随偏色的混合失真场景。虽然 FE 和 RB 消除了水下的偏色效应，但是无法解决有限光线条件下的低对比度和亮度问题，例如无法有效区分鱼群与水下背景，而 RGHS 的增强效果有限。四种基于物理模型的水下图像增强算法均出现了不同情况的偏色。例如，UDCP 整体色调偏暗绿；RED 出现了暗红偏色；UIBLA 出现了亮绿偏色；而 OSM 虽然去除了水下绿色效应，但是整体图像亮度不足。图 11.21l 表明，UWGAN 有效地解决了有限光线条件下场景对比度不足的问题，纠正了颜色偏色，同时还提高了图像的整体亮度。

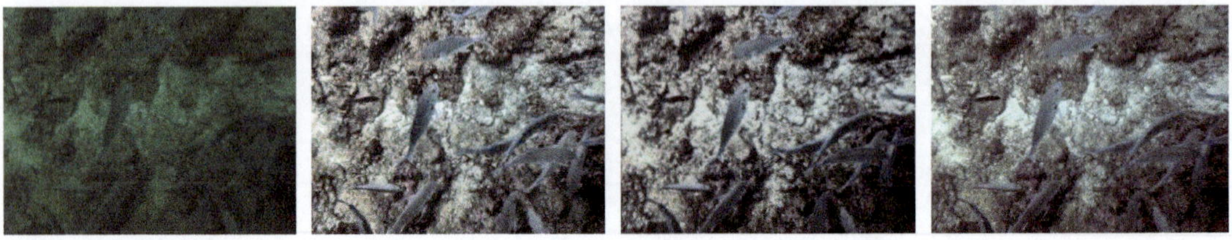

a) b) c) d)

图 11.21 有限光线条件伴随偏色的混合失真场景

a）鱼群 b）FE c）RB d）RGHS

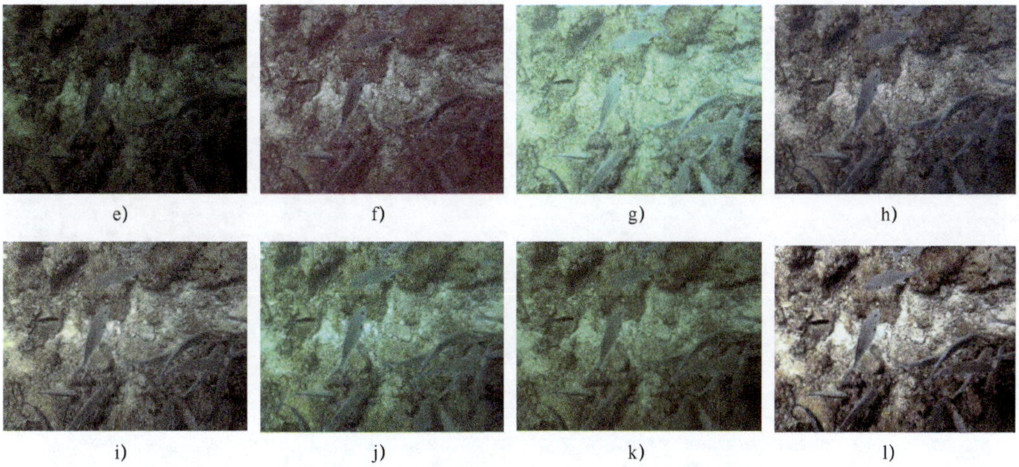

图 11.21　有限光线条件伴随偏色的混合失真场景（续）

e）UDCP　f）RED　g）UIBLA　h）OSM　i）CycleGAN　j）WSCT　k）UWCNN　l）UWGAN

图 11.22 显示了图像模糊伴随偏色失真场景。虽然 FE 和 RB 消除了水下的蓝绿效应和图像模糊现象，但是增强后的图像出现了明显的噪点，而 RGHS 增强图像出现了局部“朦胧”效果。UDCP、UIBLA、OSM 和 UWCNN 的处理结果整体出现了偏色。RED、CycleGAN 和 WSCT 虽然避免了噪声的出现，但是部分水下场景仍存在淡绿色调。图 11.22l 表明，UWGAN 较好地解决了水下场景的“雾”状效果，消除了噪点，同时保持了船体的真实颜色。

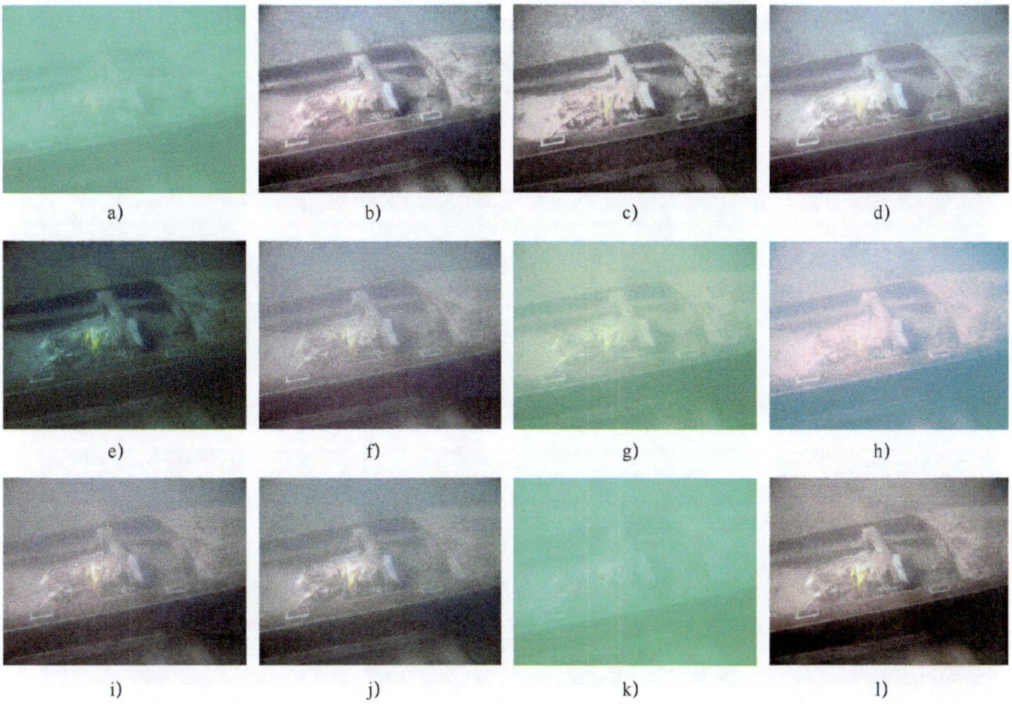

图 11.22　图像模糊伴随偏色失真场景

a）沉船　b）FE　c）RB　d）RGHS　e）UDCP　f）RED　g）UIBLA　h）OSM　i）CycleGAN　j）WSCT　k）UWCNN　l）UWGAN

图 11.23 显示了颜色盒的真实颜色。图 11.24 显示了 UWGAN 对不同相机拍摄的水下图像的增强结果。显然，UWGAN 有效地消除了由更换相机引起的相同场景中的颜色差异，从而获得了相当一致的色彩外观，这进一步证明了 UWGAN 对于不同相机设置的鲁棒性。然而，UWGAN 也存在一些问题，如颜色盒中的绿色复原不准确。

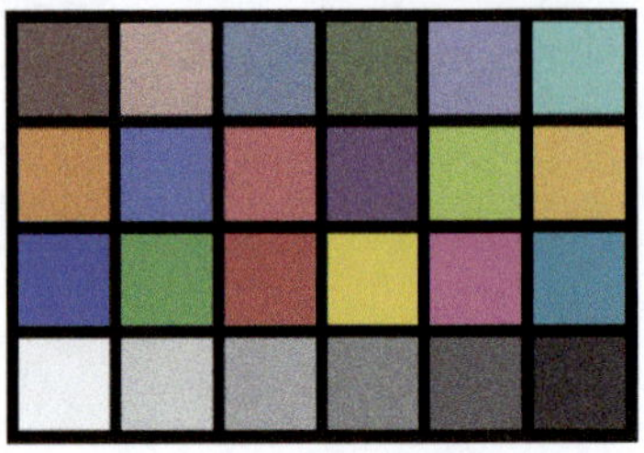

图 11.23　颜色盒

图 11.25 显示了 UWGAN 与 Dive + 的主观视觉比较。Dive + 是全球最大的潜水社区。Dive + 的主打卖点之一是能够恢复水下照片的原始颜色。与 Dive + 相比，UWGAN 有效提高了蓝绿偏色场景下的主观视觉效果。

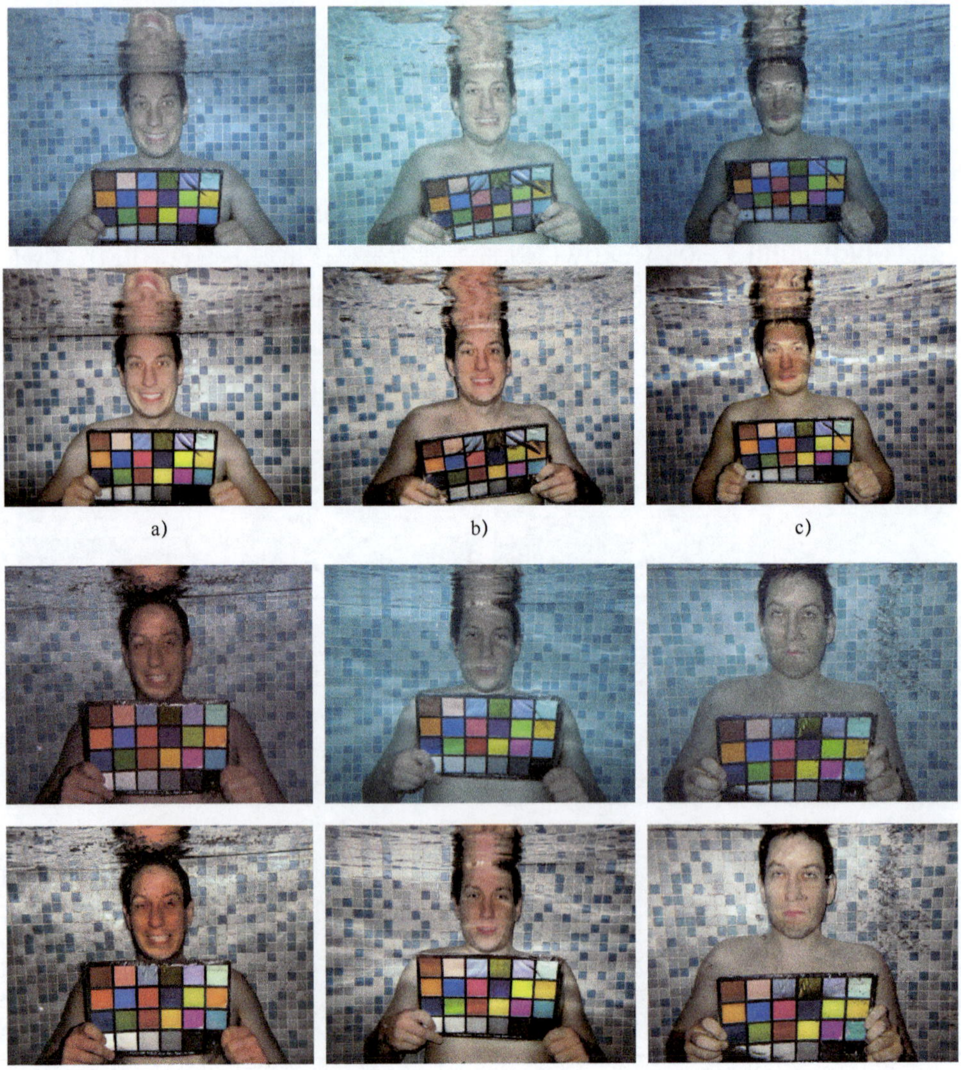

图 11.24　采用不同相机拍摄的水下图像和 UWGAN 的增强结果

a）Canon D10　b）Fujifilm Z33　c）Olympus T8000　d）Panasonic TS1　e）Pentax W60　f）Pentax W80

a)　　　b)　　　c)

图 11.25　UWGAN 与 Dive + 的主观视觉比较

a）原始图像　b）Dive +　c）UWGAN

图 11.26 表明，Entropy、AveGard 和 CCF 三种图像评价指标无法有效地衡量增强结果。FE 处理过后的图像有明显的红色偏色，但在 Entropy、AveGard 和 CCF 指标上数值较高。UWGAN 避免了 FE 中的红色噪点且纠正了部分颜色偏色，但是其客观指标却不如 FE。

Entropy；AveGrad；CCF　　7.728；5.987；48.74　　7.594；4.296；28.10

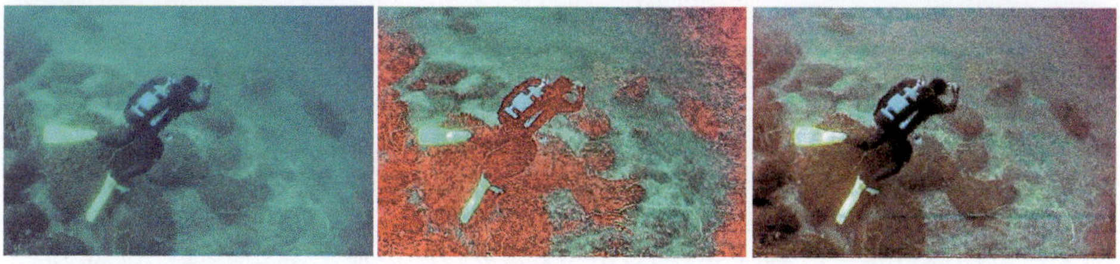

Entropy；AveGrad；CCF　　7.773；14.30；33.68　　7.389；7.136；20.38

a)　　　b)　　　c)

图 11.26　部分图像评价指标失败案例

a）原始图像　b）FE　c）UWGAN

因此，本节实验中使用其他两种适合评估水下图像质量的盲指标 UCIQE 和 UIQM。UCIQE 是色度、饱和度和对比度的线性组合，旨在分别衡量不均匀偏色、模糊和低对比度。类似地，UIQM 包括水下图像的三个属性：水下图像色彩（UICM）、水下图像清晰度（UISM）和水下图像对比度（UIConM）。UCIQE 和 UIQM 的数值越高，表示增强的水下图像质量越好。

表 11.10 列举了 215 张不同的水下场景、不同的水下降质特征以及不同的水下观测目标的图像增强结果平均值。在表 11.10 中，最优的 UCIQE、UIQM 和运行时间（RT）指标值通过红色粗体表示，次优的指标值通过蓝色粗体表示。由于采用了不合适的颜色校正算法做预处理，FE 具有明显的红色偏色，从而导致 UICM 数值减小，因此 FE 的 UIQM 排名靠后。本节实验将 CycleGAN 进行了 50000 次迭代和 100000 次迭代的训练，但没有获得任何额外的增强效果改进，因为循环一致性损失的图像风格转换无法很好地适应水下图像增强场景。表 11.10 表明，UWGAN 的 UIQM 值大于其他算法，UCIQE 值也大于大多数算法。表 11.10 最后一列计算了各种方法在 U215 上的运行时间，所有的测试时间都在同一台计算机上获得，具体配置为 i5 8400，16GB 内存，1070 ti 显卡。基于物理模型的图像增强方法往往运行时间较长，因为该类算法要估计背景光和透射率，此外，计算图像的暗通道也比较费时。而基于深度学习的图像增强方法往往运行得比较快。

表 11.10　不同方法的客观指标对比

方　法	UCIQE	标　准　差	UIQM	标　准　差	RT/s
降质图像	0.4907	0.0256	2.0523	0.6868	—
FE	**0.6262**	0.0358	3.9672	0.9447	0.1600
RB	0.5998	0.0311	**5.0116**	0.3700	0.2776
RGHS	0.5941	0.0536	2.7183	0.7051	0.8372
UDCP	0.5533	0.0686	3.4276	3.0111	3.6275
RED	0.5777	0.0510	4.1641	0.4335	3.0585
UIBLA	0.5714	0.0499	3.2618	0.5285	6.2115
OSM	0.5941	0.0536	3.7265	1.8720	2.4738
CycleGAN	0.5745	0.0389	4.4830	0.6063	0.1460
WSCT	0.5845	0.0228	4.1743	0.6534	0.1960
UWCNN	0.4815	0.0275	2.1342	0.6985	**0.0147**
UWGAN	**0.6028**	0.0292	**5.0973**	0.4163	**0.0297**

为了验证 UWGAN 对水下视频的增强效果，进行了相关实验。由于篇幅所限，仅在图 11.27 中展示部分对比方法的结果。图 11.27 表明，UWGAN 能够纠正颜色失真并改善水下视频的全局对比度。相反，其他两种对比算法在不同帧场景中无法有效地增强水下图像质量。例如，对于第 1 ~ 3 帧，FE 的增强结果有明显的红色噪点，而 UIBLA 在第 636 ~ 638 帧中出现了更为严重的全局偏色。

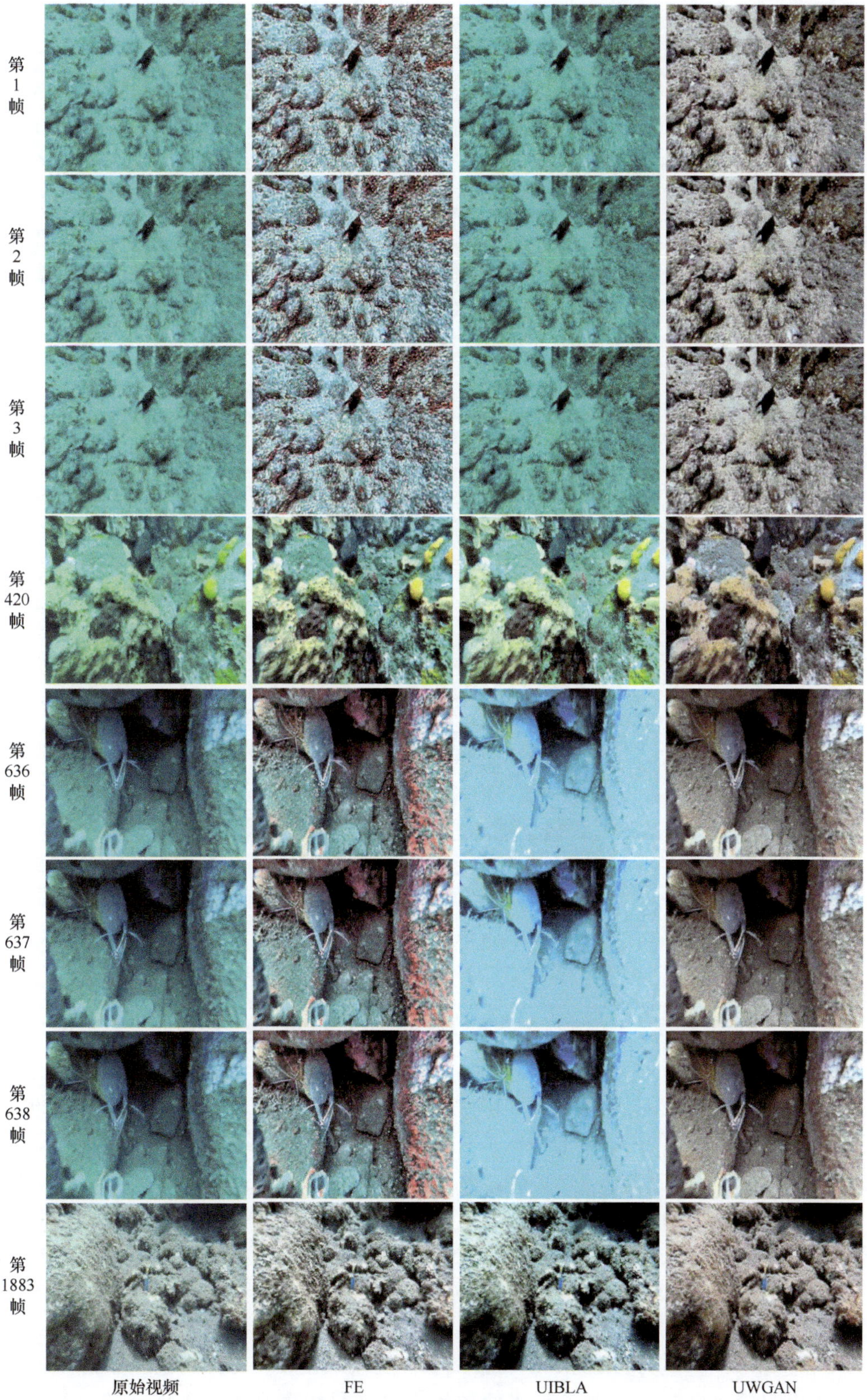

图 11.27　水下视频的增强效果比较

11.2.3　消融实验

消融实验旨在检验模型中所提出的一些模块是否有效。UWGAN 在 MSDB 中加入了多尺度、级联和残差学习三种模块。消融实验可以揭示每种模块的作用。分别移除 UWGAN 中的多尺度模块（-MS），级联模块（-DC），残差学习模块（-RL），相应的实验结果如表 11.11 所示。在表 11.11 中，最优的 UCIQE 和 UIQM 指标值通过红色粗体表示，次优的指标值通过蓝色粗体表示。表 11.11 表明，多尺度和残差学习模块都可以提高水下图像的客观评价指标。与 -DC 相比，UWGAN 通过在指定的卷积层中采用级联模块可以提高增强结果的主客观指标。如图 11.28 所示，具有级联模块的 UWGAN，虽然其 UCIQE 指标值稍有降低，但消除了主观视觉较差的伪像，获得了更好的主观感受。

表 11.11　消融实验结果

方　法	UCIQE	UICM	UIConM	UISM	UIQM
-RL	0.5983	5.2291	0.7616	6.9378	4.9191
-DC	0.6073	5.5822	0.7910	6.9967	5.0516
-MS	0.5927	5.5872	0.7919	6.9754	5.0488
UWGAN	0.6003	7.3495	0.8037	6.9848	5.0973

图 11.28　具有级联模块的 UWGAN 对伪像的消除作用
a）-DC　b）UWGAN

11.3　基于多层次卷积特征融合与高置信度更新的跟踪

目标特征提取与模型更新作为跟踪过程中的主要部分，对跟踪结果起着决定性的作用。就目标特征提取而言，使用不同的卷积层来提取目标的特征会对跟踪器的性能产生不同的影响。受跟踪场景中很多复杂因素的影响，有些跟踪场景对目标的纹理信息比较敏感，有些跟踪场景则对目标的语义信息比较敏锐。为了在提取的多个卷积特征之间做好协调，本节实验参考了很多近几年的相关算法，如 CF2、HCFT+、IBCCF、MCPF、ORHF 等。这些算法均采用 VGG19 网络的三层特征（Conv5-4、Conv4-4 和 Conv3-4）来共同进行目标特征的提取，且提取性能良好。HDT 算法采用六层卷积特征（Conv4-2、Conv4-3、Conv4-4、Conv5-2、Conv5-3 和 Conv5-4）进行弱跟踪器的特征提取，且效果显著。在控制模型更新方面，有许多较为常用的算法。如 Ting 等人提出使用置信度平滑约束来衡量不同子块的跟踪性能；

ECO 算法采用每隔几帧进行更新的方式提高算法的稳定性；LCT 算法采用当前帧的最大响应值来判定跟踪状态；ACS 算法主要用平均峰值相关能量（APCE）来解决相似物体干扰，通过 APCE 与最大响应值的结合来更新模型并作出判断，效果良好。受此启发，当面临目标遮挡或相似物体干扰等复杂因素导致跟踪失败时，采用 APCE 作为判断当前帧是否跟踪失败的条件。

综上所述，本节实验提出了基于多层次卷积特征融合与高置信度更新的跟踪算法，主要的工作内容如下。

1）传统的目标跟踪算法主要用 APCE 来判断模型是否更新，本节实验中巧妙地用 APCE 来判断当前帧是否跟踪失败，以提高模型的跟踪精度与成功率。

2）在综合分析 VGG19 每一层的卷积特征后，采用 VGG19 模型及由浅入深的五层卷积来提取目标的特征，兼具了浅层特征的纹理信息与高层特征的语义信息。

3）针对逐帧更新模型会产生大量干扰信息的问题，采用高置信度策略更新检测器，即只有当前帧目标的高置信度满足一定条件时，才更新检测器。

11.3.1　基于多层次卷积特征融合与高置信度更新的跟踪算法

基于多层次卷积特征融合与高置信度更新的跟踪算法流程如图 11.29 所示。该算法在定位阶段，使用 VGG19 提取目标不同层次的卷积特征，并通过相关卷积核将它们加权融合，从而对目标进行由浅入深的位置估计。在检测阶段，通过计算当前帧的 APCE 值与最大响应值，并将它们分别与历史均值进行比较，从而判断是否跟踪失败。在模型更新阶段，针对检测器的更新，采用一种高置信度更新策略，即计算检测器在当前帧的置信度分数，只有在当前帧的置信度分数满足一定条件时，才更新检测器。

1. VGG19 网络模型

与 VGG16 相比，VGG19 多了三个卷积层，即分别在第三、四、五段卷积块上各加一层，使网络深度达到了 19 层。网络结构如图 11.30 所示。

图中“3 ×3”代表卷积核的尺寸，“64、128、256、512”代表卷积核的数量，FC 表示全连接层。

2. 深度特征提取

为了更好地提取目标特征，须比较 VGG19 中各卷积层的特征提取效果，以提升目标跟踪性能。VGG19 中 16 个卷积层的特征提取可视化图如图 11.31 所示。

图 11.31 表明，VGG19 不同卷积层提取的特征具有不同的表达能力。随着 VGG19 的网络深度不断加大，特征图的语义信息不断得到增强，但由于池化的作用，特征图的空间分辨率逐渐降低，纹理信息也不断减弱。底层特征空间具有较高分辨率，包含大量的纹理信息，适合于跟踪过程中的精确定位，能够避免模型漂移，但在具有形变和旋转的场景下，跟踪性能较差。而高层特征拥有大量的语义信息，在具有形变和平面外旋转的目标场景下，表现出强大的不变性，但是较多的池化使空间分辨率变小，不仅降低了目标定位的准确性，而且会引起模型漂移。基于以上信息，本节实验分别选取纹理信息较多的 Conv1_1 与 Conv2_2，分辨率适中的 Conv3_4 与 Conv4_4，以及包含强大语义信息的高层特征 Conv5_4，共五层卷积层用于目标跟踪的深度特征提取。

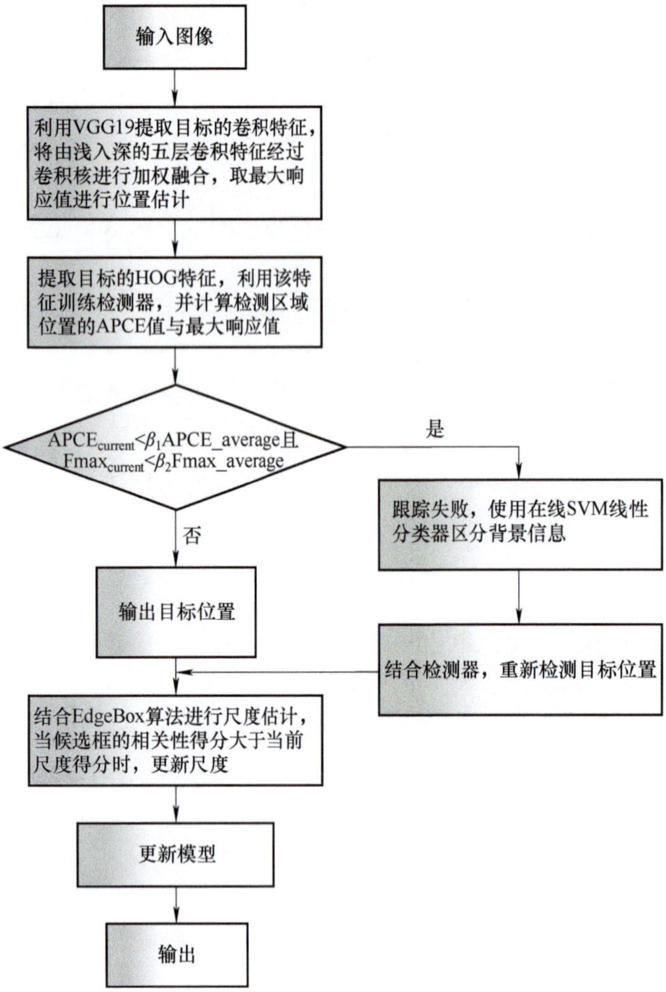

图 11.29　本节实验算法流程图

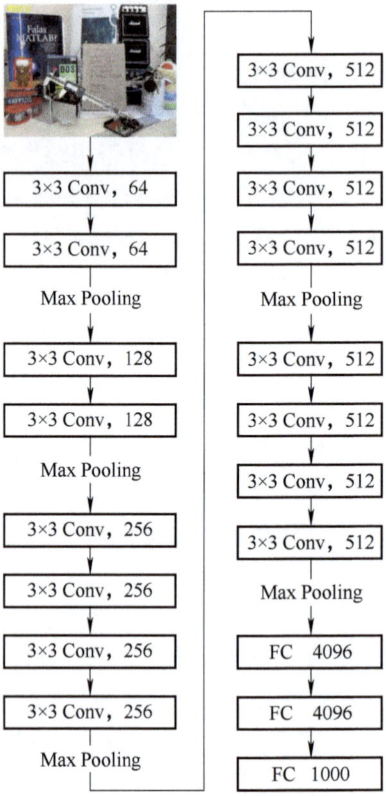

图 11.30　VGG19 的结构图

3. 自适应校正策略

基于自适应校正策略（Adaptive Correction Strategy，ACS）提出的多峰值检测方法，在跟踪过程中，当检测到的目标与正确的目标极其匹配时，理想的响应图应该只有一个峰值，而其他区域都是光滑的。然而，当正确的目标周围环境出现相似物体或者目标发生遮挡时，会出现多个峰值，如图 11.32 所示。

为了排除周围环境的干扰，使跟踪器得到一个相对稳定的更新方式，ACS 算法定义了 APCE 的概念，用来计算当前帧响应图的波动程度和检测到的目标的置信度。通过 APCE 来判断是否对当前帧进行更新，不仅提高了模型精度，而且大幅增加了模型的鲁棒性。

因此，将 APCE 作为判断当前帧是否因遮挡、相似物体干扰等因素导致跟踪失败的指标。APCE 定义为

$$\mathrm{APCE}=\frac{|f_{\max}-f_{\min}|^2}{\mathrm{mean}\left[\sum_{w,h}(f_{w,h}-f_{\min})^2\right]} \tag{11.3.1}$$

式中，f_{max}、f_{min} 和 $f_{w,h}$ 分别表示响应图的最大和最小响应分数以及 f 的第 w 行第 h 列元素。

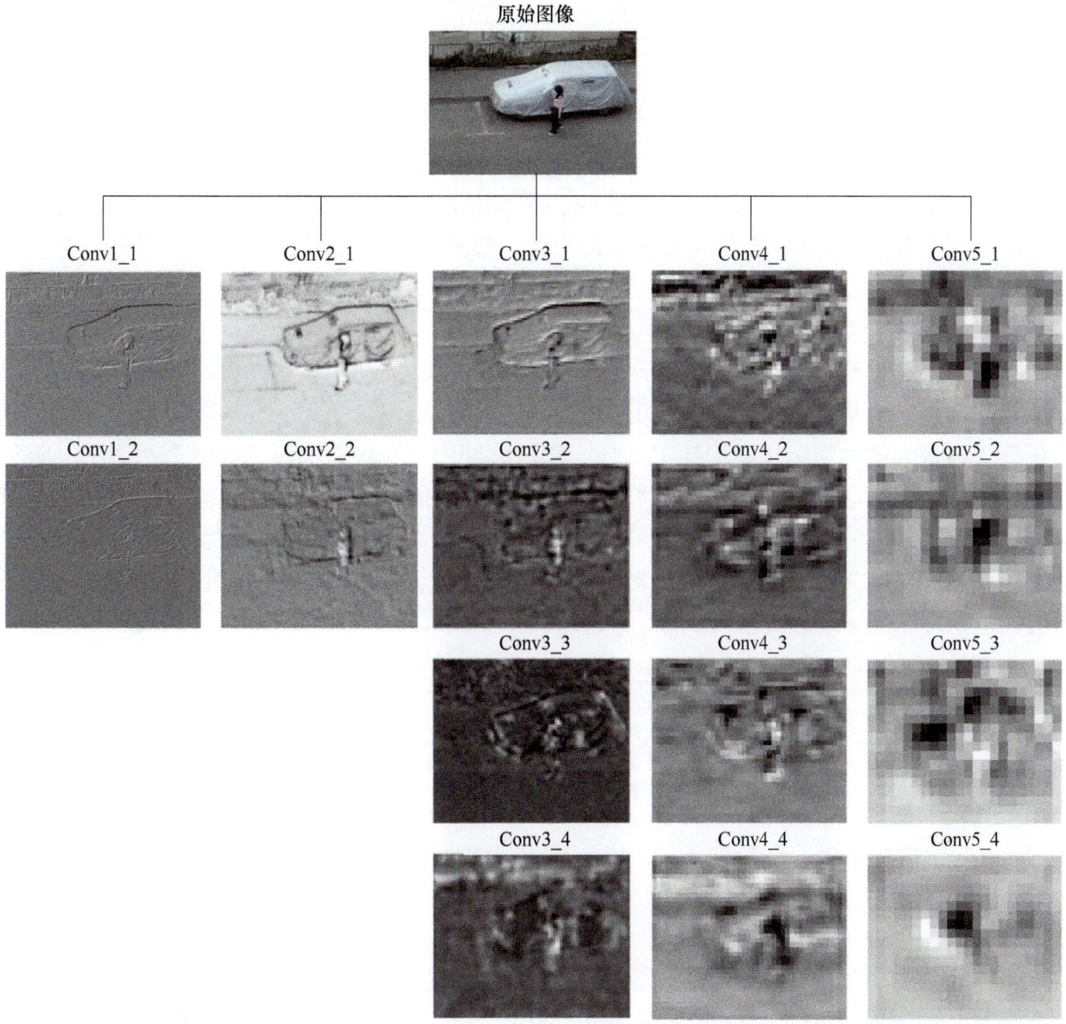

图 11.31 VGG19 卷积层的特征提取可视化图

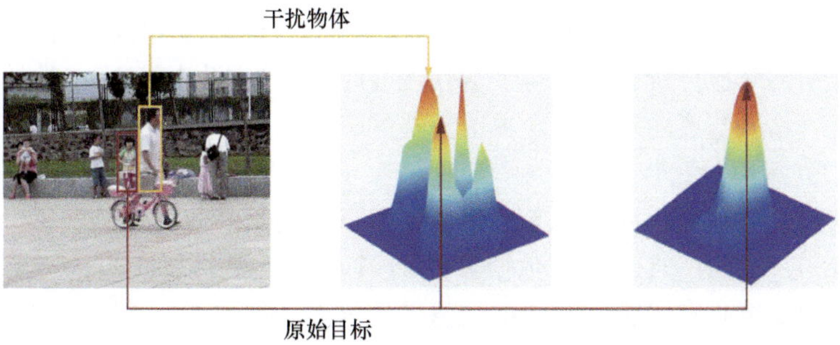

图 11.32 有相似物体干扰的响应图与理想响应图

若只用 APCE 值作为判断当前帧是否跟踪失败的条件，则不能准确反映当前帧的跟踪状态。因此，将 APCE 与最大响应值的均值分别定义为

$$\text{APCE\_average} = \frac{1}{n}\sum_{k=1}^{n}\text{APCE}_k \tag{11.3.2}$$

$$\text{Fmax\_average} = \frac{1}{n}\sum_{k=1}^{n}\text{Fmax}_k \tag{11.3.3}$$

式中，APCE_average 和 Fmax_average 分别表示当前所有帧的 APCE 均值与最大响应值均值。

用 $\text{APCE}_{\text{current}}$ 表示当前帧的 APCE 值，$\text{Fmax}_{\text{current}}$ 表示当前帧的最大响应值。如果 $\text{APCE}_{\text{current}} < \beta_1\text{APCE\_average}$ 且 $\text{Fmax}_{\text{current}} < \beta_2\text{Fmax\_average}$（其中 β_1 与 β_2 为判断当前帧是否跟踪失败的自适应校正系数），则判定当前帧目标跟踪失败，需要重新检测目标位置，否则对目标进行尺度估计。

4. 高置信度更新策略

在目标跟踪过程中，受周围复杂环境因素的影响，相关卷积核必须随时间更新以适应目标外观的变化。但是当目标面临遮挡时，目标部分丢失或完全丢失，此时如果继续逐帧更新卷积核，会将大量噪声引入卷积核中，从而在后续帧中出现跟踪漂移，当噪声积累到一定程度会导致跟踪失败。如果在模型更新时能够根据当前帧的跟踪状态设置一个评估机制，即只有在满足一定条件后才进行更新，这样将得到一个鲁棒性更强的卷积核。为了避免模型在更新期间产生干扰与失真，本节算法针对检测器的更新，设计了一个高置信度更新策略，即对当前帧的跟踪结果 z 进行置信度判断，只有满足一定条件时才进行更新，公式表示为

$$\boldsymbol{\alpha}^t = \begin{cases} \eta\boldsymbol{\alpha}_N + (1-\eta)\boldsymbol{\alpha}^{t-1}, & R(z) > T \\ \boldsymbol{\alpha}^{t-1}, & R(z) \leqslant T \end{cases} \tag{11.3.4}$$

$$\bar{\boldsymbol{x}}^t = \begin{cases} \eta\boldsymbol{x}^t + (1-\eta)\bar{\boldsymbol{x}}^{t-1}, & R(z) > T \\ \bar{\boldsymbol{x}}^{t-1}, & R(z) \leqslant T \end{cases} \tag{11.3.5}$$

式中，η 为模型更新率，T 为阈值。

11.3.2 仿真实验与结果分析

实验环境搭建于 Windows 10 系统和 MATLAB R2020b，CPU 为 Intel（R）Core（TM）i7-8700@3.20GHz，GPU 为 NVIDIA GeForce GTX 1080。实验参数：VGG19 卷积层 Conv5-4、Conv4-4、Conv3-4、Conv2-2 和 Conv1-1 的融合系数分别设置为 1、0.5、0.18、0.01 和 0.01；自适应校正系数 β_1 与 β_2 分别设置为 0.3 和 0.46；模型更新的阈值 T 设置为 0.3。除了在 OTB-2013 数据集上进行自适应校正策略的比较分析与卷积层的综合比较外，本节实验还加入了同类算法的对比分析，即将本节算法与 11.3.1 节提出的算法在具体改进点上进行比较，通过对比其精度与成功率来体现本节算法的有效性。

1. 自适应校正策略的比较分析

能准确判断当前帧是否因为遮挡等因素导致跟踪失败是本节算法的关键。因此，针对自适应校正参数 β_1 与 β_2，在 OTB-2013 数据集的 51 个视频上进行了大量的参数调试。保持其余参数不变，选取 9 组具有代表性的调试数值展现出来，如图 11.33 所示。

图 11.33 表明，当自适应校正系数 β_1 与 β_2 分别取 0.3 和 0.46 时，本节算法的精度与成功率均达到最佳效果。

2. 卷积层的综合比较

在 OTB-2013 数据集的 51 个视频上进行卷积层的综合比较，如图 11.34 所示。其中，C5

表示仅使用卷积层 Conv5-4，权重值设置为 1；C5 + C4 表示使用 Conv5-4 和 Conv4-4，融合权重值分别设置为 1 和 0.5；C5 + C4 + C3 表示使用 Conv5-4、Conv4-4 和 Conv3-4，融合权重值分别设置为 1、0.5 和 0.22；C5 + C4 + C3 + C2 表示使用 Conv5-4、Conv4-4、Conv3-4 和 Conv2-2，融合权重值分别设置为 1、0.5、0.22 和 0.01；C5 + C4 + C3 + C1 表示使用 Conv5-4、Conv4-4、Conv3-4 和 Conv1-1，融合权重值分别设置为 1、0.5、0.2 和 0.01；C5 + C4 + C3 + C2 + C1 表示使用 Conv5-4、Conv4-4、Conv3-4、Conv2-2 和 Conv1-1，融合权重值分别设置为 1、0.5、0.18、0.01 和 0.01。

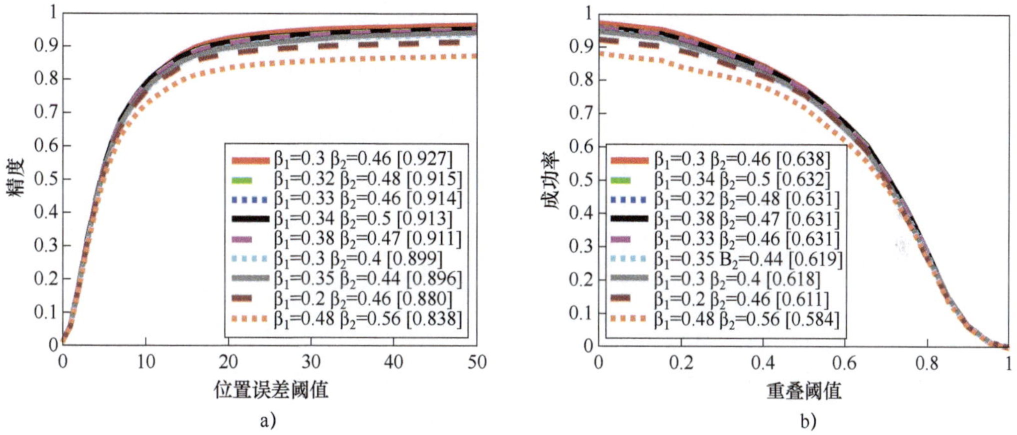

图 11.33　参数的调试

a）OPE 精度曲线图　b）OPE 成功率曲线图

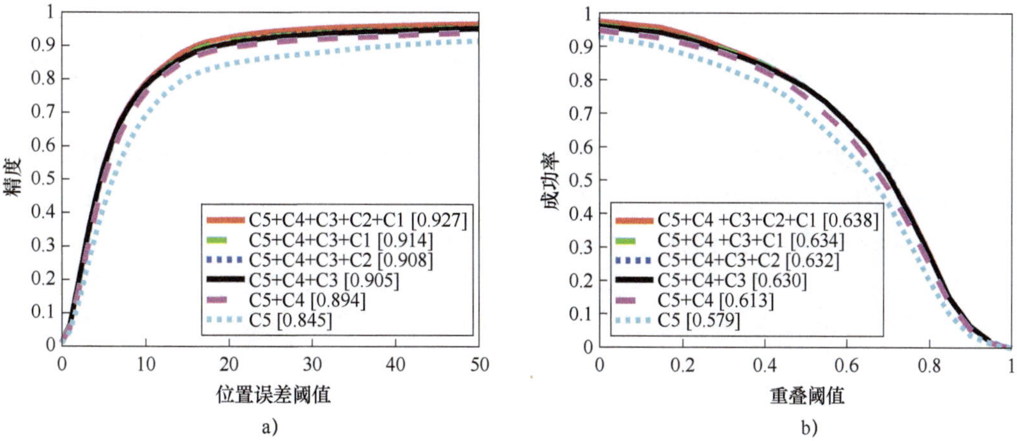

图 11.34　卷积层的综合比较

a）OPE 精度曲线图　b）OPE 成功率曲线图

图 11.34 表明，经过多个卷积层的综合比较，使用 Conv5-4、Conv4-4、Conv3-4、Conv2-2 和 Conv1-1 进行多层次卷积特征融合提取，实验效果最好。

3. 同类算法的对比分析

将本节算法记为 ours2。为了验证本节所选 VGG19 提取深度特征的有效性、高置信度更新的有效性以及结合 APCE 自适应校正策略的有效性，在 OTB-2013 数据集中的 51 个视频上，与 11. 3. 1 节提出的算法进行对比实验，采用定量分析的方式分别进行精度与成功率的对比，如图 11. 35 所示。

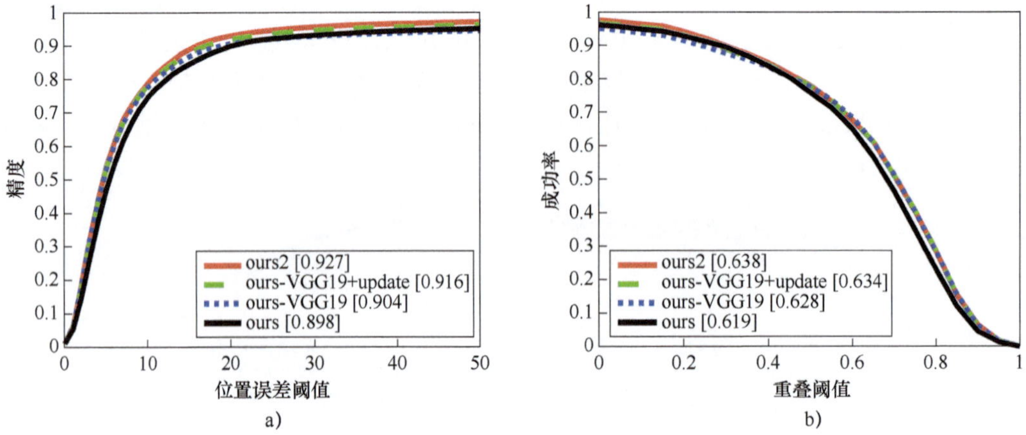

图 11. 35　同类算法的对比分析
a）OPE 精度曲线图　b）OPE 成功率曲线图

在图 11. 35 中，ours-VGG19 表示仅将 11. 3. 1 节的深度神经网络替换为 VGG19；ours-VGG19 + update 表示在上一步的基础上增加高置信度更新策略；ours2 表示在 ours-VGG19 + update 基础上将自适应校正策略改为结合 APCE 的自适应校正策略。图 11. 35 表明，如果仅将深度神经网络替换为 VGG19，那么算法精度仅提高 0. 6%，成功率会提高 0. 9%；如果同时加入高置信度更新策略，那么算法精度会提高 1. 8%，成功率会提高 1. 5%；如果再进一步将原始的自适应校正策略改为结合 APCE 的自适应校正策略，那么精度会提高 2. 9%，成功率会提高 1. 9%。由此可见，与原算法相比，本节改进之后的算法在精度和成功率上均得到一定的提升。

4. 定量分析

分别在 OTB-2013 数据集与 OTB-2015 数据集上进行定量分析，包含所有属性。同时，将 ours2 与近几年提出的 CF2 算法、HDT 算法、SAMF_AT 算法、SiamFC 算法、Staple 算法、DCFNet 算法和 UDT 算法进行比较，如图 11. 36 和图 11. 37 所示。

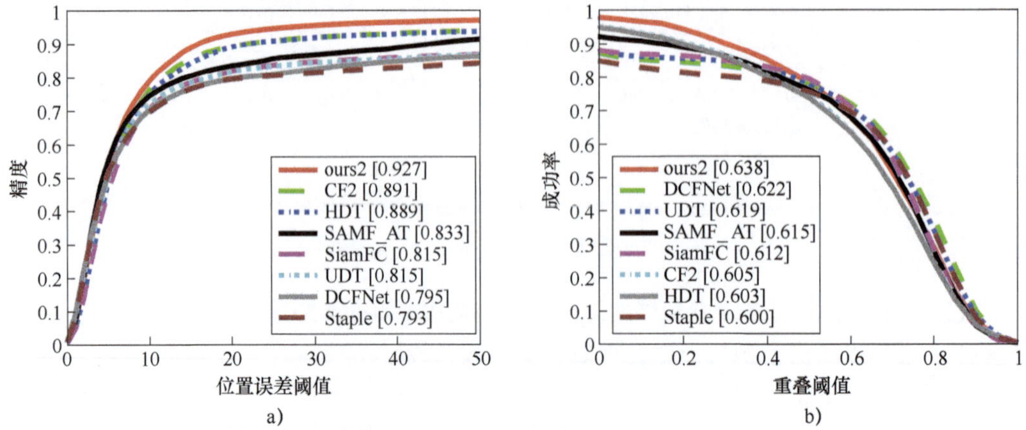

图 11. 36　各算法在 OTB-2013 数据集上的精度与成功率对比
a）OPE 精度曲线图　b）OPE 成功率曲线图

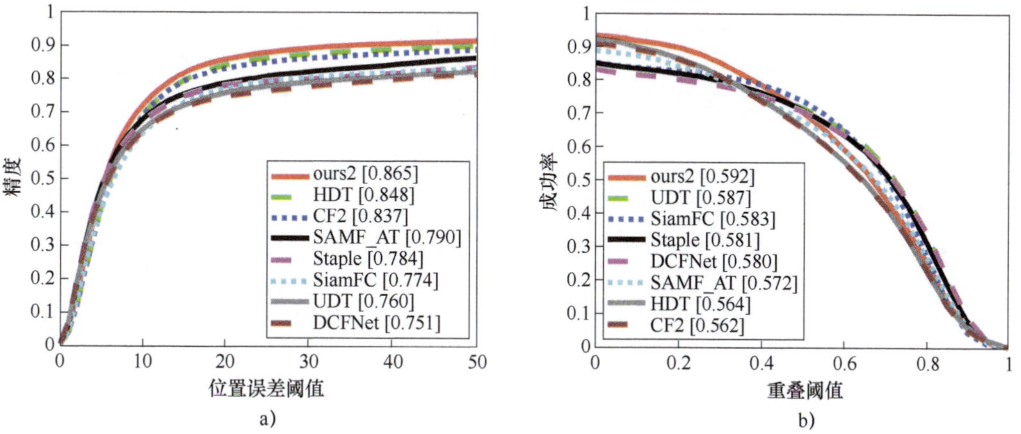

图 11.37　各算法在 OTB-2015 数据集上的精度与成功率对比
a）OPE 精度曲线图　b）OPE 成功率曲线图

图 11.36 表明，在 OTB-2013 数据集的精度与成功率对比上，ours2 算法性能均排名第一，精度达到 92.7%，成功率达到 63.8%。与 CF2 算法相比，精度提高了 3.6%，成功率提高了 3.3%；与 HDT 算法相比，精度提高了 3.8%，成功率提高了 3.5%；与 SAMF_AT 算法相比，精度提高了 9.4%，成功率提高了 2.3%；与 SiamFC 算法相比，精度提高了 11.2%，成功率提高了 2.6%；与 UDT 算法相比，精度提高了 11.2%，成功率提高了 1.9%；与 DCFNet 算法相比，精度提高了 13.2%，成功率提高了 1.6%；与 Staple 算法相比，精度提高了 13.4%，成功率提高了 3.8%。

图 11.37 表明，在 OTB-2015 数据集的精度与成功率对比上，ours2 算法性能均居首位，精度达到 86.5%，成功率达到 59.2%。与 HDT 算法相比，精度提高了 1.7%，成功率提高了 2.8%；与 CF2 算法相比，精度提高了 2.8%，成功率提高了 3%；与 SAMF_AT 算法相比，精度提高了 7.5%，成功率提高了 2%；与 Staple 算法相比，精度提高了 8.1%，成功率提高了 1.1%；与 SiamFC 算法相比，精度提高了 9.1%，成功率提高了 0.9%；与 UDT 算法相比，精度提高了 10.5%，成功率提高了 0.5%；与 DCFNet 算法相比，精度提高了 11.4%，成功率提高了 1.2%。

同时，为了进一步分析 ours2 算法的性能，将 ours2 算法与其余算法在 OTB-2013 数据集的 11 个属性上进行对比，其中精度对比如图 11.38 所示，成功率对比如图 11.39 所示。

图 11.38 表明，在 OTB-2013 数据集的 11 个属性中，除出视野外，ours2 算法的精度均为最好。

图 11.39 表明，在 OTB-2013 数据集的 11 个属性中，除遮挡、出视野与尺度变化外，ours2 算法的成功率均居首位。

5. 定性分析

在 OTB-2015 数据集的算法精度对比中，取排名前 6 的算法进行进一步的定性分析，分别为 ours2 算法、CF2 算法、HDT 算法、SAMF_AT 算法、SiamFC 算法和 Staple 算法。同时，针对形变、遮挡、光照变化等多种属性，选取 5 个具有代表性的视频序列进行可视化分析。视频序列名称及其对应属性，如表 11.12 所示，各算法在 5 组视频上的可视化结果如图 11.40 所示。

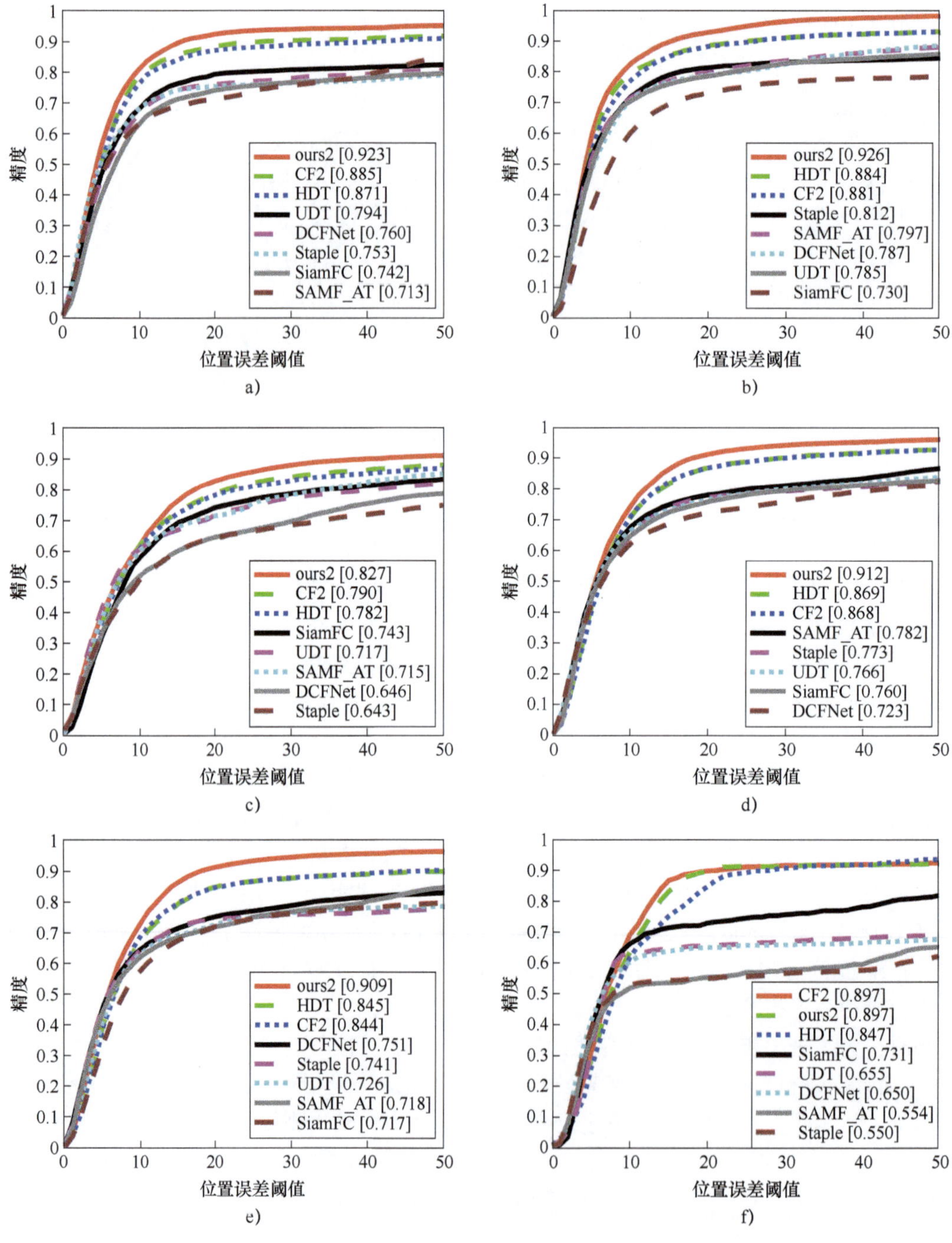

图 11.38 各算法在 OTB-2013 数据集的 11 个属性上的精度对比

a）OPE 精度曲线图—背景杂乱 b）OPE 精度曲线图—形变 c）OPE 精度曲线图—快速移动
d）OPE 精度曲线图—面内旋转 e）OPE 精度曲线图—光照变化 f）OPE 精度曲线图—低分辨率

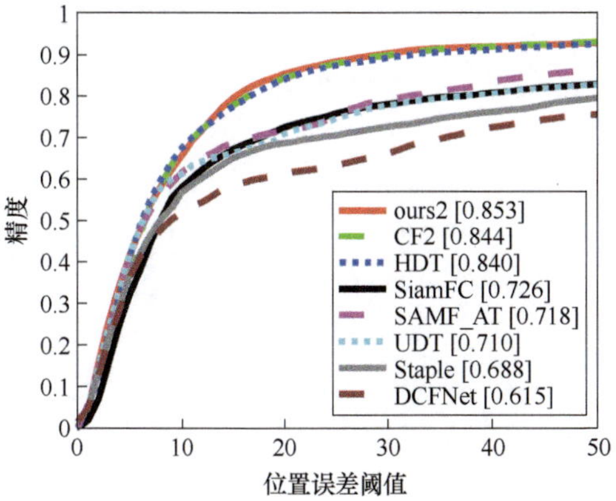

g)

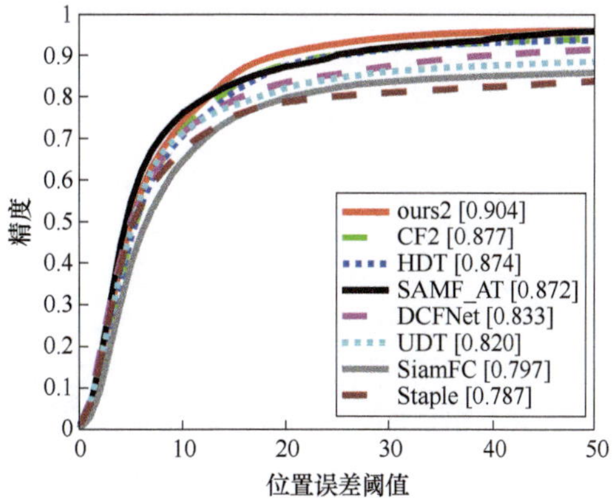

h)

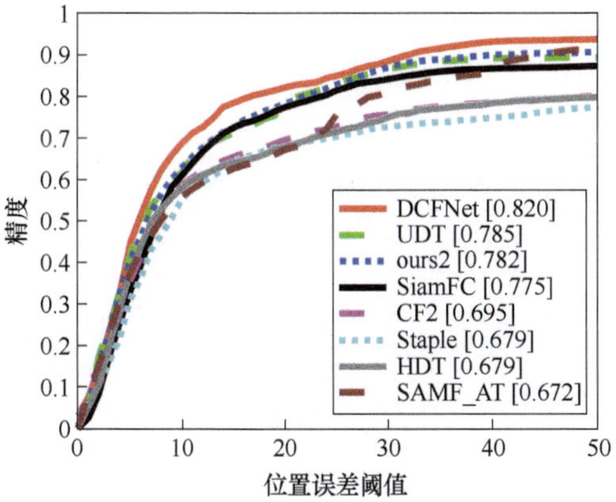

i)

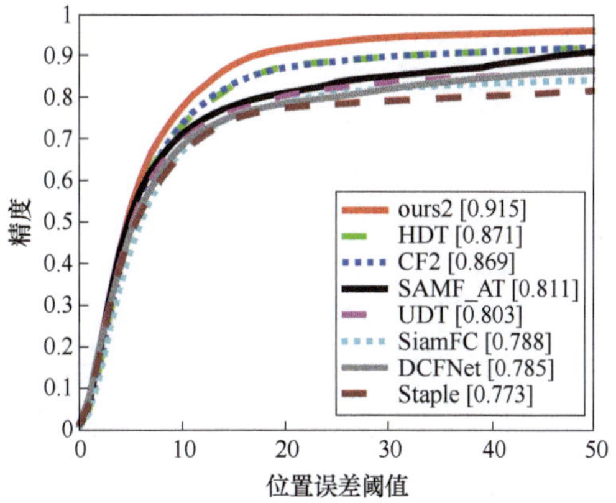

j)

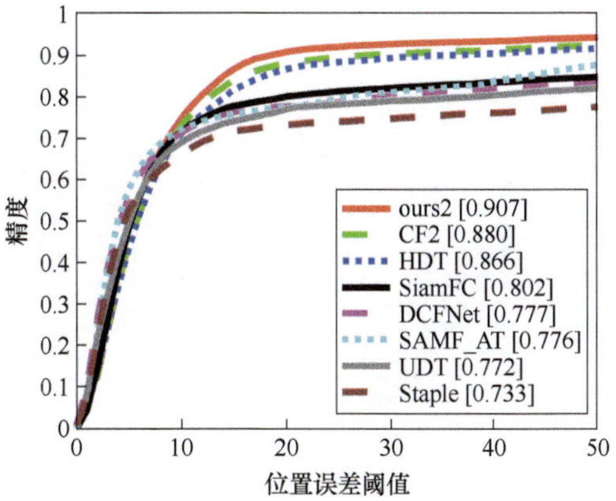

k)

图 11.38　各算法在 OTB-2013 数据集的 11 个属性上的精度对比（续）

g）OPE 精度曲线图—运动模糊　h）OPE 精度曲线图—遮挡　i）OPE 精度曲线图—出视野

j）OPE 精度曲线图—面外旋转　k）OPE 精度曲线图—尺度变化

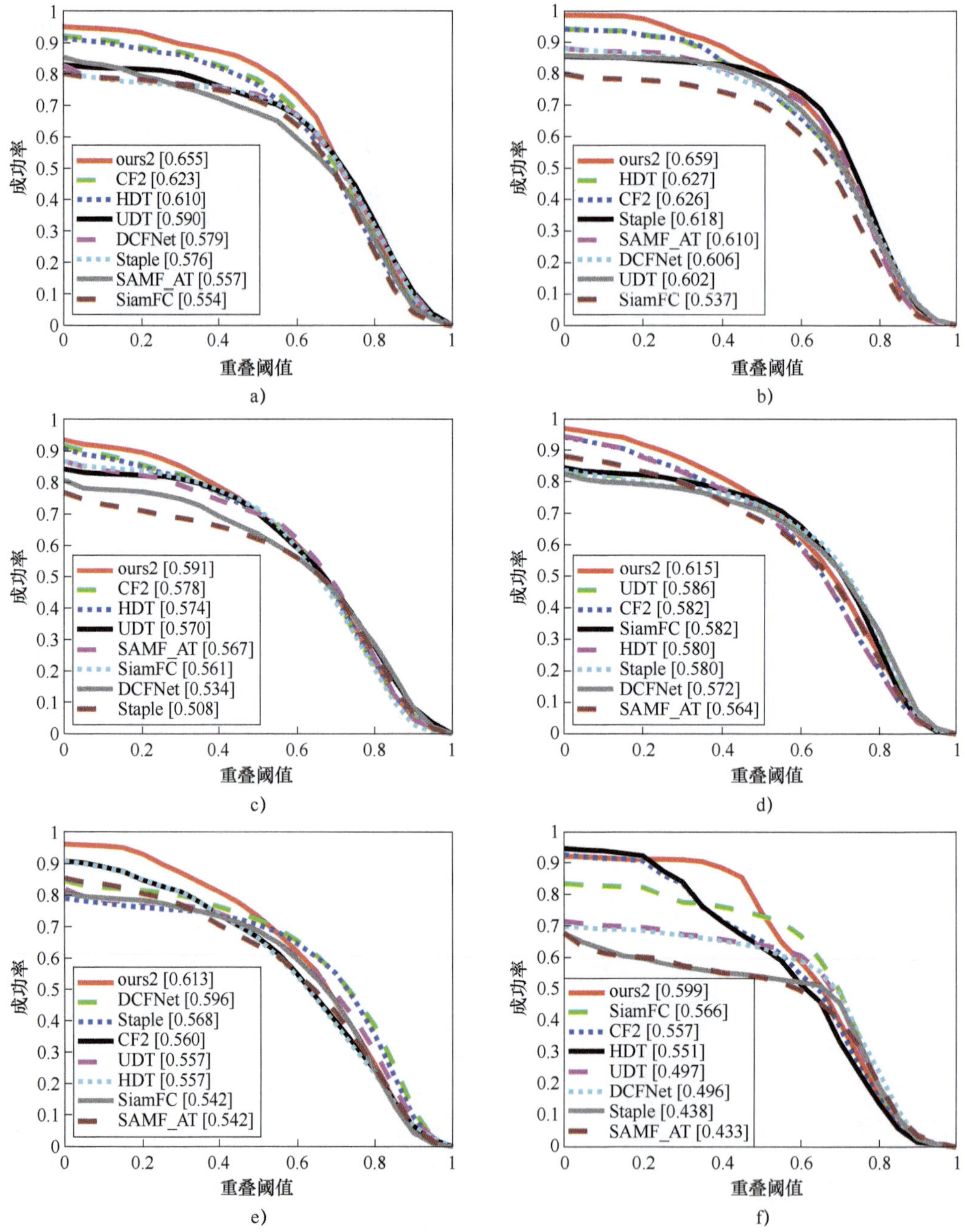

图 11.39　各算法在 OTB-2013 数据集的 11 个属性上的成功率对比

a）OPE 成功率曲线图—背景杂乱　b）OPE 成功率曲线图—形变　c）OPE 成功率曲线图—快速移动
d）OPE 成功率曲线图—面内旋转　e）OPE 成功率曲线图—光照变化　f）OPE 成功率曲线图—低分辨率

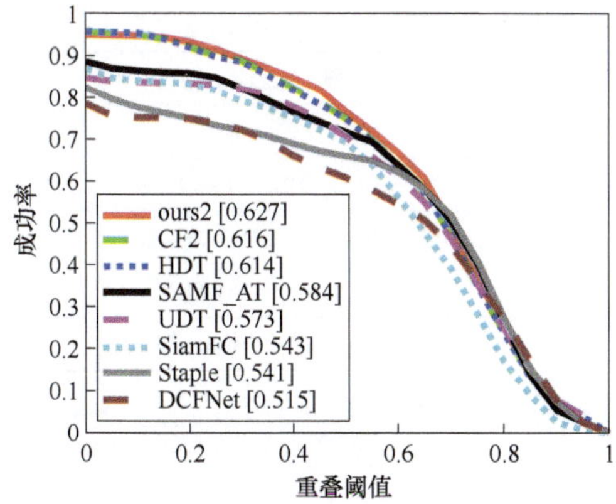

g)

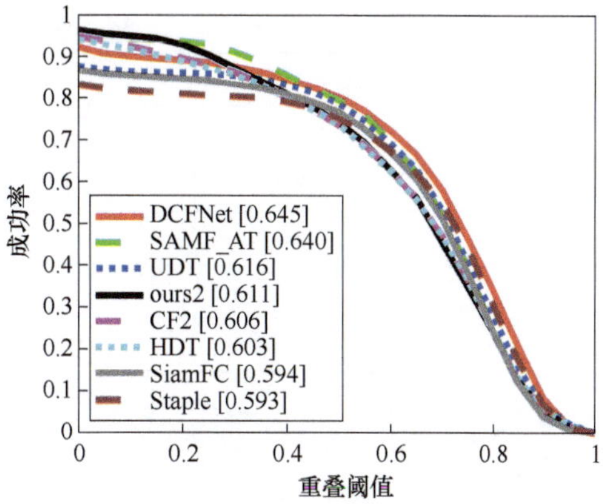

h)

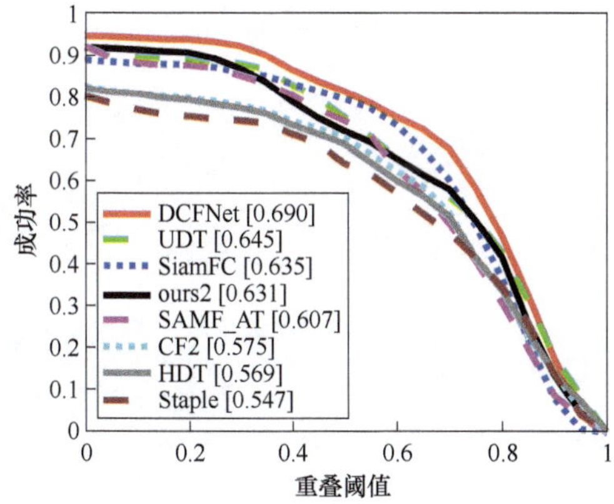

i)

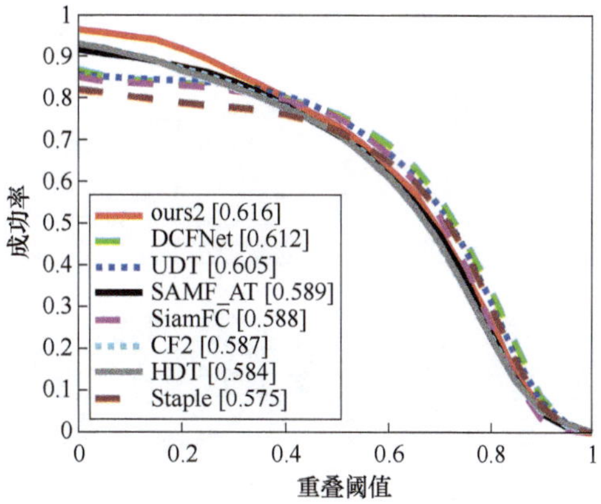

j)

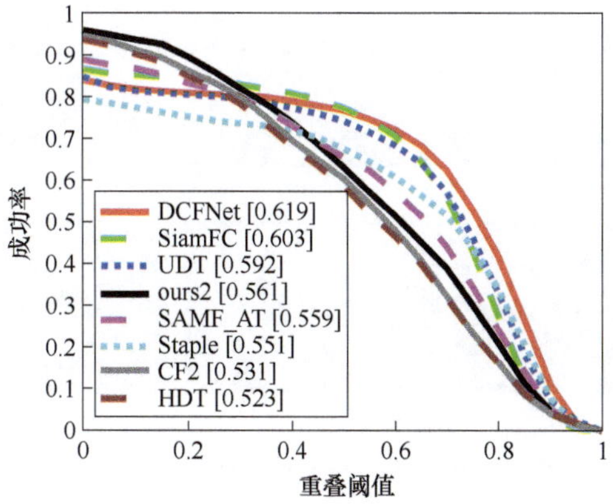

k)

图 11.39　各算法在 OTB-2013 数据集的 11 个属性上的成功率对比（续）

g）OPE 成功率曲线图—运动模糊　h）OPE 成功率曲线图—遮挡　i）OPE 成功率曲线图—出视野

j）OPE 成功率曲线图—面外旋转　k）OPE 成功率曲线图—尺度变化

图 11.40 表明，在 SUV 视频序列中，受遮挡的影响，在第 520 ~ 523 帧中，SiamFC 算法与 HDT 算法均出现了不同程度的跟踪漂移；在第 532 帧中，SiamFC 算法已经定位失败，且此时 HDT 算法出现了严重的跟踪漂移；在第 683 帧中，SiamFC 算法与 Staple 算法出现了不同程度的跟踪漂移。而在整个跟踪过程中，ours2 算法、CF2 算法和 SAMF_AT 算法均表现优异。

表 11.12 视频序列名称及其对应属性

视频序列	属　性
SUV	OCC、IPR、OV
Bird2	OPR、OCC、DEF、FM、IPR
Board	OPR、SV、MB、FM、OV、BC
Kitesurf	IV、IPR、OCC、OPR
Freeman4	OPR、SV、OCC、IPR、LR

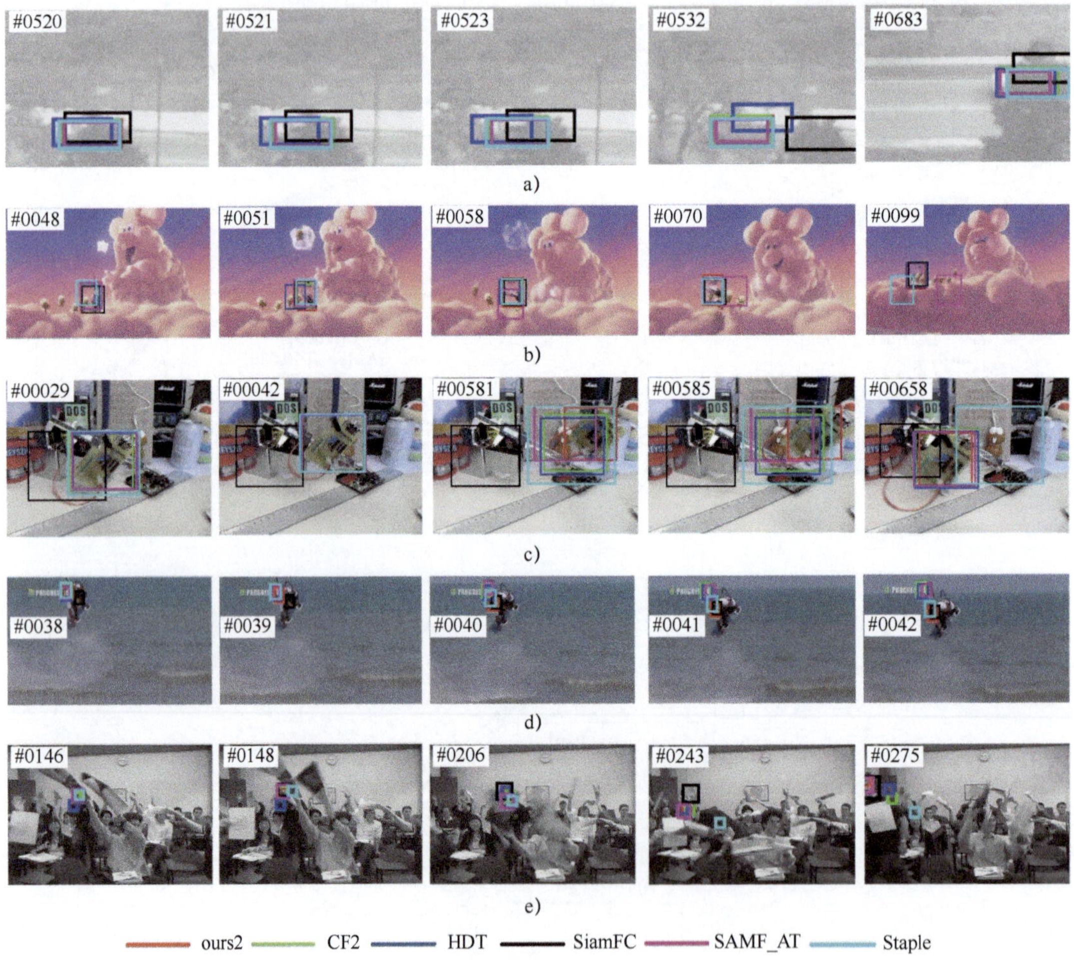

图 11.40 各算法在 5 组视频上的可视化结果

a) SUV b) Bird2 c) Board d) Kitesurf e) Freeman4

在 Bird2 视频序列中，由于受面外旋转、遮挡、形变等多种因素的影响，在第 48 ~ 51 帧中，Staple 算法与 HDT 算法均出现短暂的跟踪漂移；在第 58 帧中，可以很清晰地看到 SAMF_AT 算法出现定位偏移；在第 70 帧中，SAMF_AT 算法已经跟踪失败，且这一状态持续到最后；在第 99 帧中，可以明显看到 SAMF_AT 算法与 Staple 算法均定位失败。在整个跟踪过程中，只有 ours2 算法、CF2 算法和 SiamFC 算法能准确定位目标。

在 Board 视频序列中，由于受旋转、背景杂乱等多种因素的影响，在第 29 ~ 42 帧中，SiamFC 算法已经跟踪失败；在第 581 ~ 585 帧中，由于受运动模糊与目标发生翻转的影响，可以明显发现除本节算法外，其余算法均发生不同程度的定位漂移，这得益于 ours2 算法使用强大的多层次卷积特征融合来定位目标，有效解决了跟踪过程中目标形变与运动模糊的影响；在第 658 帧中，Staple 算法也出现了定位失败。在跟踪全程，只有 ours2 算法能准确定位目标。

在 Kitesurf 视频序列中，由于受光照变化、旋转、遮挡等多种因素的影响，从第 38 帧开始，SiamFC 算法已经出现了定位漂移；到第 40 帧，CF2 算法、HDT 算法和 SAMF_AT 算法分别出现了不同程度的跟踪漂移；在第 42 帧中，可以很明显地看到 CF2 算法、HDT 算法和 SAMF_AT 算法均跟踪失败。在跟踪全程，只有 ours2 算法与 Staple 算法能较好地定位目标。

在 Freeman4 视频序列中，由于受遮挡、旋转等多种因素的影响，在第 146 ~ 148 帧中，HDT 算法与 Staple 算法发生了短暂的跟踪偏移；在第 206 ~ 243 帧中，SAMF_AT 算法发生了短暂的跟踪偏移，而 HDT 算法与 Staple 算法已经跟踪失败；在第 275 帧中，可以清晰地看到 CF2 算法、HDT 算法与 Staple 算法跟踪失败。在跟踪全程，只有 ours2 算法能准确地定位目标。

11.4 基于图生成对抗卷积网络的半监督睡眠分期

脑电图（ElectroEncephaloGram，EEG）是通过将电极放置在固定位置而获得的记录头皮上电活动的生理记录。因其相对安全且价格低廉，已被广泛用于观察大脑活动。近年来，基于 EEG 的睡眠阶段划分已经成为一个广泛研究的课题。然而，采集到的 EEG 信号易受到生理伪影和非生理伪影等噪声的影响，导致模型的睡眠阶段分类性能下降。因此，如何有效采集 EEG 信号中包含的时间和空间特征是一项可持续研究的任务。

现有基于 GAN 模型的睡眠分期算法大多可以分为学习 EEG 的底层特征连通性分布的生成模型和预测阶段间频谱特征存在关系概率的鉴别模型。GAN 模型已被证明具有强大的数据生成能力，这得益于其独特的网络架构，即一对生成网络和鉴别网络相互竞争以生成不可区分的数据。生成网络通常由编码器 - 解码器结构组成，将已知先验分布的采样噪声作为输入，尽可能精确地拟合目标数据的分布。鉴别网络致力于区分输入数据是来自目标样本的真实分布还是来自生成网络的拟合分布。生成网络和鉴别网络通过彼此提供的反馈来优化自己的参数，最终生成真假难辨的数据。

在本节实验中，利用 EEG 信号的时间和频率特性，设计了图卷积 - 生成对抗匹配策略来构建 EEG 节点图结构的数据集，并提出了一种称为 GSGANet 的图生成对抗睡眠网络。首先，GSGANet 建立以 EEG 通道为中心的大脑图结构。然后，图生成模型通过在所有顶点上拟合其底层的真实连通性分布，并产生假样本来欺骗鉴别模型；图鉴别模型则用来检测样本顶点是来自真实情况还是来自生成模型。为进一步增强鉴别网络性能，添加加权睡眠时段预测（Weighted Sleep Stage Prediction，WSSP）模块。本节实验在考虑生成模型的实现时引入了一种基于节点级注意力的图 Softmax 函数，用于克服传统 Softmax 函数的局限性，满足了模型规范化、图结构感知和计算效率等方面的要求。实验表明，GSGANet 框架能够优于现有的先进算法，所提取出的动态时空特征在数据集上表现出较强的鲁棒性与可靠性，易于训练且在融合和表示 EEG 特征方面具有良好的性能。

11.4.1 睡眠信号基本理论

1. 睡眠信号采集

1974 年，美国斯坦福大学的 Holland 医生首次使用多导睡眠图（PSG）采集并记录人类在睡眠过程中多模态生理信号的产生与变化。PSG 通过夜间连续监测脑电信号（EEG）、肌电信号（EMG）、心电信号（ECG）和眼电信号（EOG），以及呼吸气流、血氧饱和度等指标的变化，记录受试者夜间各类生理活动，能够有效帮助睡眠专家对睡眠事件进行客观准确的判断与分析。此方法是目前最普遍且最有效的检测手段，也是当前国际通用的诊断睡眠相关疾病的黄金准则。按照 AASM 睡眠准则和相关判读指南的术语与判读规定，PSG 有关的生理信号采集标准如表 11.13 所示。

表 11.13　PSG 有关的生理信号采集标准

信号类别	最低采样精度/bit	采样频率	
		理想值/Hz	最低值/Hz
脑电信号	12	500	200
眼电信号	12	500	200
肌电信号	12	500	200
心电信号	12	500	200
呼吸气流	12	100	25
血氧饱和度	12	25	10

2. 脑电信号基础

大脑中的中枢神经系统是人体中功能最复杂的一部分，与人类多种生活活动都有关联。从总体构造上看，大脑主要由四部分构成，即前脑、脑干、丘脑和小脑。人脑的平面结构也可分成左半脑和右半脑，左半脑的表层为灰质层。完成机体各种机能的最高神经系统和灰质层的各部分区域对应相连，同时灰质层也是进行其他高级神经运动的重要物质基础，如图 11.41 所示。根据脑半球的天然沟壑构造又可把大脑区分为：枕叶、颞叶、顶叶和额叶。大脑中的神经元细胞经受刺激后从静息电位状态转变为动作电位，此时细胞膜内外产生电压差，大脑不同区域内的神经元细胞在完成各自功能时激发的生物电信号就是脑电信号。睡眠脑电信号由于能出色地表现人体大脑在睡眠过程中的活动，因此可以作为判读睡眠阶段的重要依据。

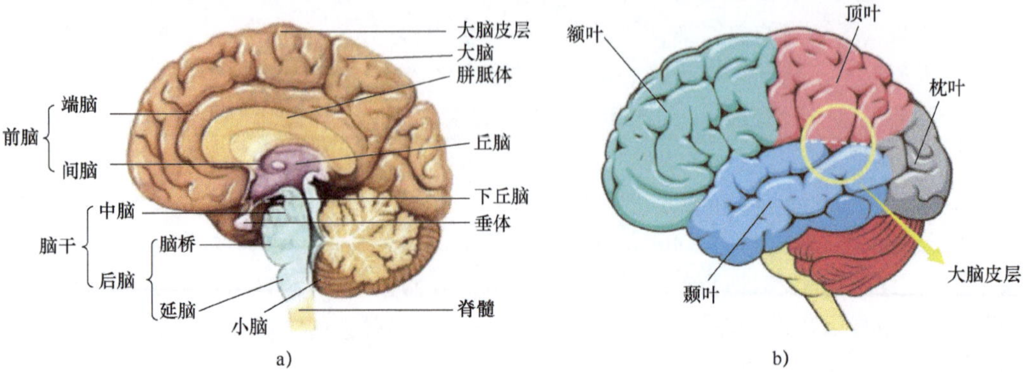

图 11.41　人脑结构及其相关分区

a）大脑结构图　b）大脑分区图

1924 年，德国医生 Hans Berger 第一次采集到了位于人体头皮的脑电信号，这是目前 EEG 信号分析能追溯到的最早时间。从生理学角度来看，EEG 反映出大脑神经细胞的离子交换、代谢等生理过程；从物理学角度来看，EEG 是脑部细胞群活动时引起的生物电场，经过一系列大脑组织后传输到头皮外侧的电位差信号。EEG 电极的位置按照标准系统电极放置法设置，如图 11.42 所示。

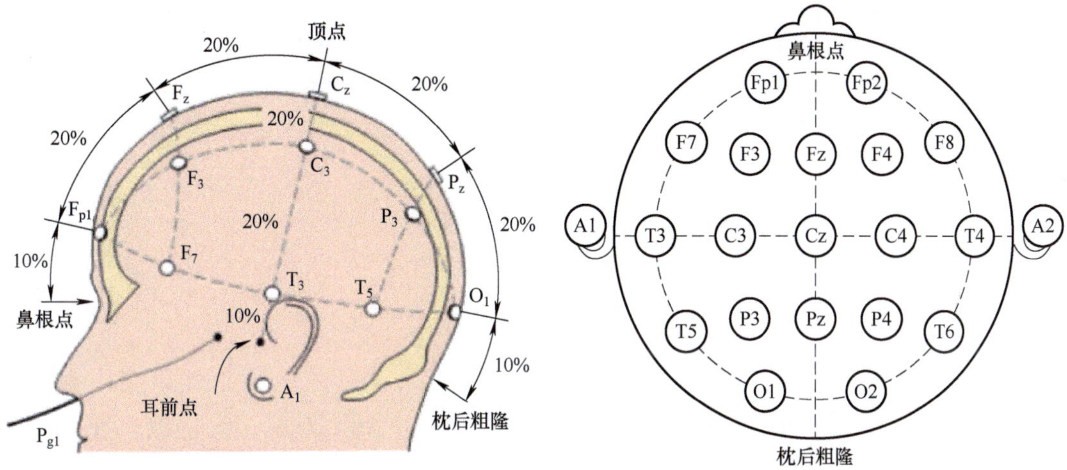

图 11.42　标准系统电极放置法

目前，EEG 已被明确为一种典型的非线性、十分不稳定、e^{-6}V 级的微弱信号。具体而言，可以将 EEG 的特点总结如下。

1）幅值微弱，容易被噪声干扰。EEG 的获取需要在头皮组织上放置电极。然而，人体本身会产生一些强烈的生物电信号，例如眼电信号和肌电信号，这些信号会干扰 EEG 的提取。此外，采集设备本身也会引入一些外部噪声，如基线漂移和工频干扰，这些也会影响 EEG 的提取。

2）具有非线性和非平稳性。大脑内部存在成百万个神经元，各个神经元时刻对自发性的生理活动以及外部的诱发性刺激做出相应的电位变化，它们相互交叉耦合连接构成一个精密复杂的非线性系统。因此，EEG 是具有非线性和非平稳性的随机信号。

3）频域特征明显。在 EEG 中，存在几种典型的节律波，频率范围通常分布在 0.5～30Hz 之间。每种节律波在信号的时域和频域上都具有独特的特征和差异。根据节律波的特征和周期性，这些波可以被归为几种不同的类型，如表 11.14 所示。

表 11.14　EEG 常见节律波类型

名　　称	频率/Hz	幅值/μV	特　　征
δ 波	0.5～4	20～200	深度睡眠或极度疲劳状态
θ 波	4～8	20～150	困倦状态
α 波	8～13	20～100	清醒安静或放松状态
β 波	13～30	5～20	有意识的智力活动
纺锤波	12～14	—	波形像纺锤，持续时间≥0.5s
锯齿波	2～6	—	常见于快速眼动时期，与做梦相关
K 复合波	—	—	以反向波—正向慢波形式呈现，持续时间 >0.5s

3. 其他生理信号基础

(1) 眼电信号

眼电信号是由光感受器细胞和视网膜色素上皮之间的静息电位相互作用产生的。当眼球处于运动过程中，视网膜和角膜之间的电势差会不断变化，从而产生眼电信号。眼电信号的强度比脑电信号更大，范围在 0.4 ~ 10mV 之间。在不同的睡眠阶段，眼电信号具有不同的幅度和频率，因此可以区分快速眼动睡眠（REM）与非快速眼动睡眠（NREM）。在相同的睡眠阶段，眼电信号的幅频特征存在阶段相似性，如图 11.43 所示。

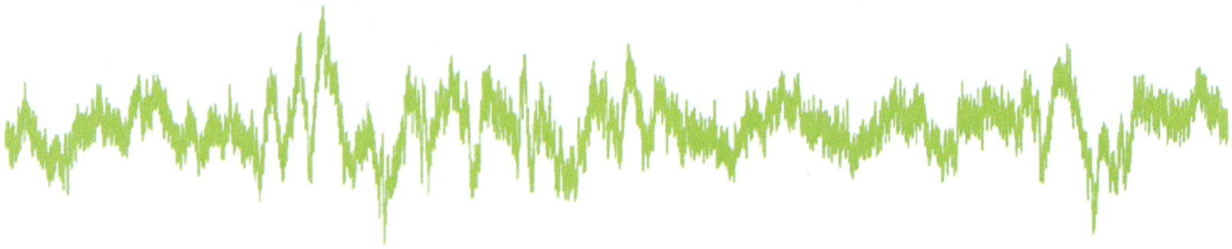

图 11.43　眼电信号波形示意图

(2) 心电信号

心电信号包括心率和心电波的数据，由 P 波、T 波、QRS 波群、PR 间期、ST 间期和 QT 间期等多种特征构成，如图 11.44 所示。心电信号波形能够帮助医生分析并诊断病人的心律失常和睡眠情况，从而加以治疗。

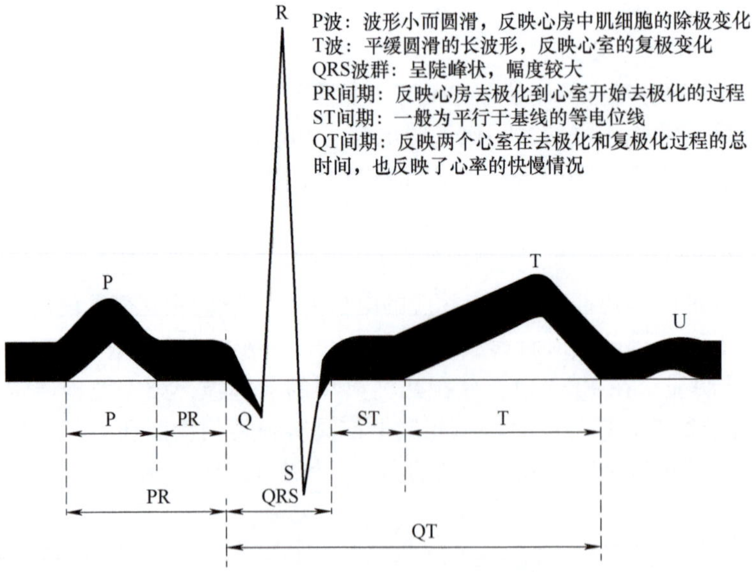
R
P波：波形小而圆滑，反映心房中肌细胞的除极变化
T波：平缓圆滑的长波形，反映心室的复极变化
QRS波群：呈陡峰状，幅度较大
PR间期：反映心房去极化到心室开始去极化的过程
ST间期：一般为平行于基线的等电位线
QT间期：反映两个心室在去极化和复极化过程的总时间，也反映了心率的快慢情况
P
T
U
P
PR
Q
ST
T
S
PR
QRS
QT

图 11.44　心电信号波形示意图

(3) 肌电信号

肌电信号是由于人体肌肉的收缩而产生的，肌肉收缩伴随着肌纤维中多个运动单元动作电位的叠加，形成了肌电信号的动态结果。下颌肌电信号的采集需要使用一个上电极和两个下电极的组合，这些电极位于下颌部位。肌电信号的强度受肌肉张力的影响，通常在睡眠清醒状态下表现出较强的信号，而在非清醒状态下信号强度会降低，这些特征可以用于区分

REM 时期和 NREM 时期。在 PSG 信号的采集中，通常使用下颌肌电，其肌电信号波形如图 11.45 所示。

图 11.45　肌电信号波形示意图

4. 睡眠分期基本理论

(1) 睡眠生理信号概述

根据 AASM 睡眠分期标准，正常成年人在不同睡眠时期的脑电信号特征如表 11.15 所示。这些特征可用于对睡眠状态进行识别和分类，包括睡眠状态、脑电波频率、脑电波幅度和特征事件等。

表 11.15　各睡眠时期的脑电信号特征

睡眠时期	EEG 信号特征
W	以低电压（10～30μV）混合波为主，主要呈现为 α 波和 β 波，频率范围为 16～25Hz。当身体处于放松且清醒的情况时，α 节律波最为明显和稳定
N1	由 W 期过渡到其他睡眠时期的过渡时期。具有低振幅、频率混合的特点。α 节律波的含量少于 W 期，约每屏降至 50% 以下。在 N1 后期出现无规律、幅值约 50～75μV 的顶尖波，维持时间小于 0.5s
N2	标志着人体真正进入睡眠状态。该时期会出现睡眠纺锤波，每段持续时间约高于 0.5s，同时会出现 K 复合波
N3	人体进入深度睡眠状态。该时期脑电波形较单一，纺锤波也有可能持续出现。在额部导联处能检测到低频率的 δ 节律波，占屏比超过 20%
REM	可观察到眼球快速运动，梦境大多在这一时期产生。该时期的信号主要表现为低振幅、频率混合等特点，并且可以观察到明显的锯齿波

不同睡眠时期具有不同的 EEG 波形，如图 11.46a 所示。例如，在 N2 时期会观测到与认知功能相关的纺锤波和 K 复合波的周期性变化，在 N3 时期会观察到高振幅的 δ 波。此外，不同模态信号在每个睡眠阶段存在不同的时域显著波形。现有的深度学习方法与其他模型共享了 EEG 的特征提取模块，忽略了眼电信号和肌电信号鉴别特征间的互补性，如图 11.46b 所示。

睡眠通常被认为是一个全脑活动过程。对于睡眠 EEG 的差异研究，通常基于多个受试者记录的统计分析。这种方法强调所有受试者的共同变化，往往忽略了个体差异。在睡眠时期之间的转换，如 N1-N2-N1 或 REM-W-N1，会产生睡眠过渡时期。这些过渡时期包含了多个时期的混合睡眠特征，增加了模型对睡眠时期分类的困难程度。

(2) 睡眠分期标准

人体在睡眠过程中仍然进行着各项生理功能的主动调节，脑部活动也在这一过程中表现出周期性的变化，导致睡眠的深浅阶段不断更替。为了对睡眠阶段进行科学的分类和研究，人们采用了基于 EEG 信号和相关生理指标的睡眠分期方法。目前，全球通用的睡眠分期标准主要有两种：1968 年的 R&K 睡眠分期标准和 2007 年的 AASM 睡眠分期判读标准，如图 11.47 所示。

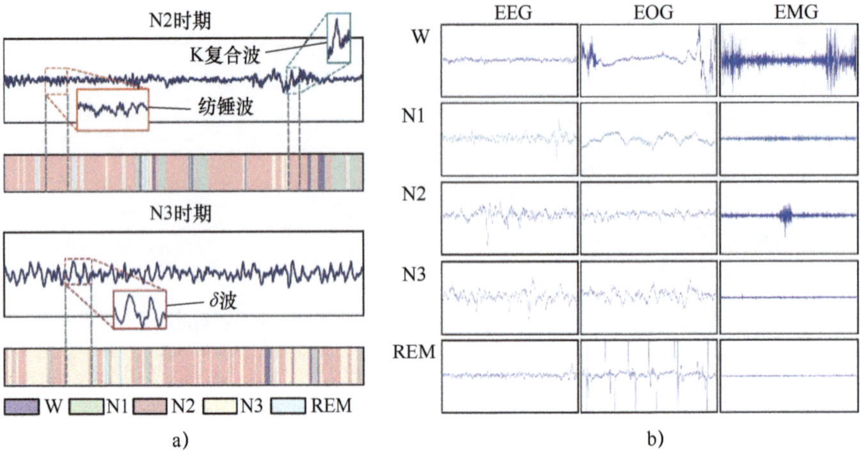

图 11.46　三种生理信号的睡眠时域波形
a）EEG 中的显著波特征　b）EEG、EOG 和 EMG 波形特征

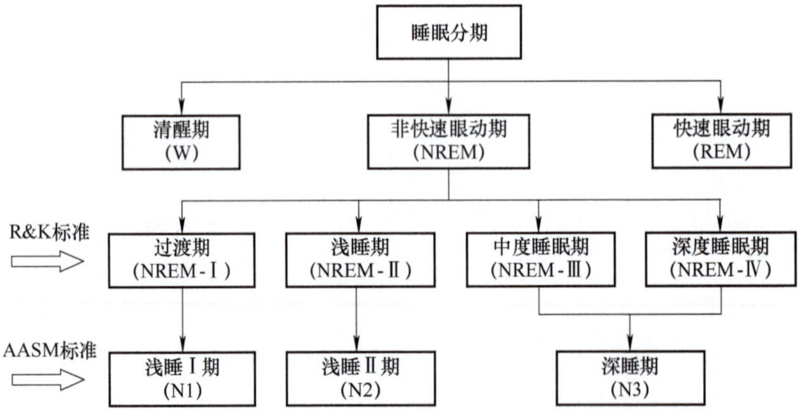

图 11.47　R&K 标准与 AASM 标准

AASM 标准在 R&K 标准的基础上对中度睡眠期（NREM-Ⅲ）和深度睡眠期（NREM-Ⅳ）进行了合并，最终将人类的睡眠分为 5 个时期：清醒期（W）、快速眼动期（REM）、浅睡Ⅰ期（N1）、浅睡Ⅱ期（N2）和深睡期（N3）。整夜的睡眠时期周期性地交替出现，从清醒期进入非快速眼动期，包括 N1、N2 和 N3 三种阶段，随着睡眠加深，逐渐进入深度睡眠。然后进入快速眼动期，并重复 NREM 和 REM 周期性交替的过程。根据研究，一般成年人在 8 小时的睡眠中，经历约 5 个 NREM 到 REM 的循环周期。人类在各睡眠时期的行为特点，如表 11.16 所示。

睡眠周期中各阶段所占比例会因为个体的生理和健康状况不同而有所不同。随着年龄的增长，NREM-Ⅲ期和 REM 期所占比例会明显减少，而清醒期所占比例会逐渐增加，同时更难进入深度睡眠期。在健康成年人的整夜睡眠中，各个睡眠时期所占的比例如图 11.48 所示。

表 11.16　人类在各睡眠时期的行为特点

睡眠时期	行为特点
W	睡眠潜伏期，眼球运动较多，眨眼频率较高，呼吸较剧烈，肌肉运动幅度大
N1	人的意识逐渐模糊，眼球运动幅度和眨眼频率降低，呼吸节律逐渐平缓，肌肉运动减少
N2	轻度睡眠阶段，眼球运动幅度和眨眼频率进一步降低，呼吸节律规律且平缓，鲜有肌肉运动
N3	深度睡眠阶段，眼球和肌肉运动基本消失，身体处于无运动的完全放松阶段
REM	眼球处于快速运动状态，眼电信号波动明显，人处于睡梦阶段

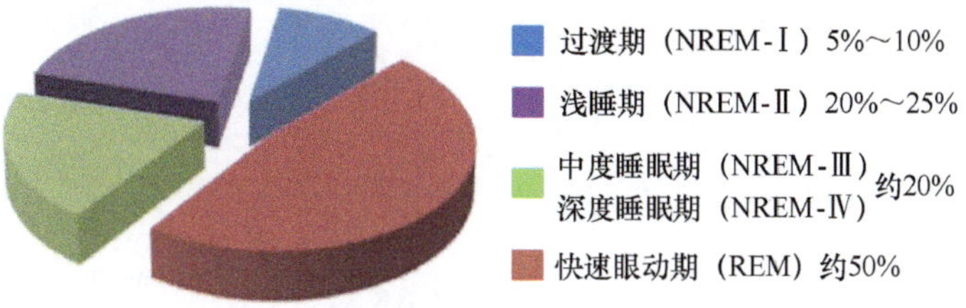

图 11.48　人体睡眠时期分布

11.4.2　GSGANet 模型

1. 模型定义

将睡眠分期任务定义为函数 $Y=\{\mathrm{W},\mathrm{N1},\mathrm{N2},\mathrm{N3},\mathrm{REM}\}$。定义一个图生成对抗睡眠网络 $G=(V,\varepsilon)$。其中，$\boldsymbol{V}=\{v_1,v_2,\cdots,v_U\}$ 表示 EEG 顶点集，$\boldsymbol{\varepsilon}=\{e_{ij}\}_{i,j=1}^{U}$ 表示边集，$\boldsymbol{N}(v_c)$ 表示连接到中心节点 v_c 的相邻顶点集。同时，为了表示出顶点集 U 中中心节点 v_c 相对于其他节点的连通性影响分布，将中心节点 v_c 的真实连通性分布定义为条件概率 $p_{\mathrm{true}}(v\mid v_c)$。因此，可以将 $\boldsymbol{N}(v_c)$ 看作是从 $p_{\mathrm{true}}(v\mid v_c)$ 中提取的一组大脑图结构的观测样本。将睡眠图生成网络定义为 $G=(v\mid v_c;\theta_G)$。生成网络试图利用真实连通性分布 $p_{\mathrm{true}}(v\mid v_c)$ 来生成最有可能与中心节点 v_c 连接的样本顶点集。将睡眠图鉴别网络定义为 $D=(v\mid v_c;\theta_D)$。鉴别网络用于输出单个标量来鉴别 v 和 v_c 之间存在边的概率，即鉴别顶点对 (v,v_c) 的连通性。

2. 模型框架

在构建 GSGANet 框架时，首先以大脑电极为顶点，脑电通道为邻边构建 EEG 图结构，充分考虑大脑区域的空间位置特征和功能性联系。然而，EEG 电极数量有限且在空间位置上不连续，因此 GSGANet 模型利用图生成对抗网络自适应地生成顶点样本用于模型训练。其中图生成网络和图鉴别网络根据 EEG 信号中的时间特性和空间特性动态地生成和鉴别样本数据，最终实现生成样本与真实样本高度相似且能用于真实模型训练。具体地说，模型在学习过程中训练 EEG 图生成网络 G 和 EEG 图鉴别网络 D。首先，图生成网络尽可能地拟合底层的真实连通性分布 $p_{\mathrm{true}}(v\mid v_c)$；然后，通过模型学习生成最可能连接到 v_c 的顶点。图鉴别网络用于分辨顶点的真伪，并计算两个顶点间存在通道的概率。鉴别网络中的加权睡眠时段预测是一种防止梯度消失的技术，以确保更稳健的实验结果。同时，为了保持 EEG 节点的异构性和每个节点特征的差异性，引入节点级注意力机制来有效提取 EEG 信号中的时空特征。GSGANet 模型总体框架如图 11.49 所示。

3. 空域图生成对抗特征提取

在 GSGANet 中，空域特征由图生成对抗网络提取。经过持续的对抗学习，图生成网络 G 试图完全拟合真实 EEG 的连通性分布 $p_{\text{true}}(v \mid v_c)$，并生成与中心节点 v_c 的相邻顶点相似的样本节点以欺骗图鉴别网络 D。G 在每次学习 D 的反馈后进行自我更新，使生成的假特征样本能完美地欺骗 D，从而提升了 G 生成的样本节点质量。而 D 的目标则相反，D 试图检测这些顶点是 v_c 的真实相邻顶点还是由 G 生成的假顶点。随着 G 生成假样本能力的增加，D 识别假样本的能力也增加，最终达到双赢的平衡。生理信号空域特征节点的图生成对抗学习过程如图 11.50 所示。

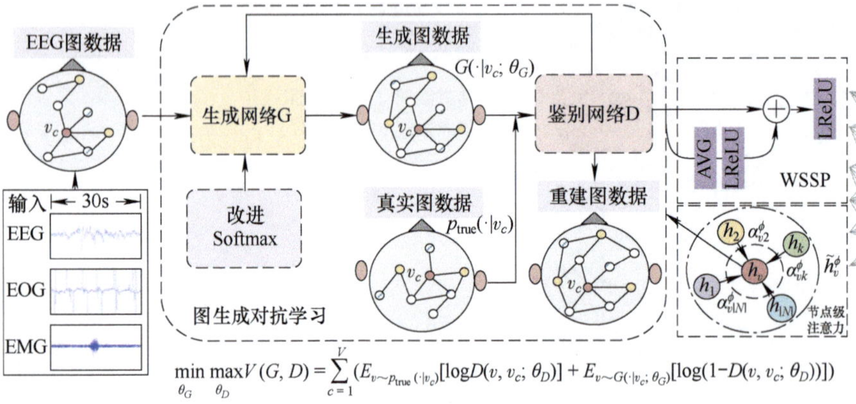

图 11.49　GSGANet 模型总体框架

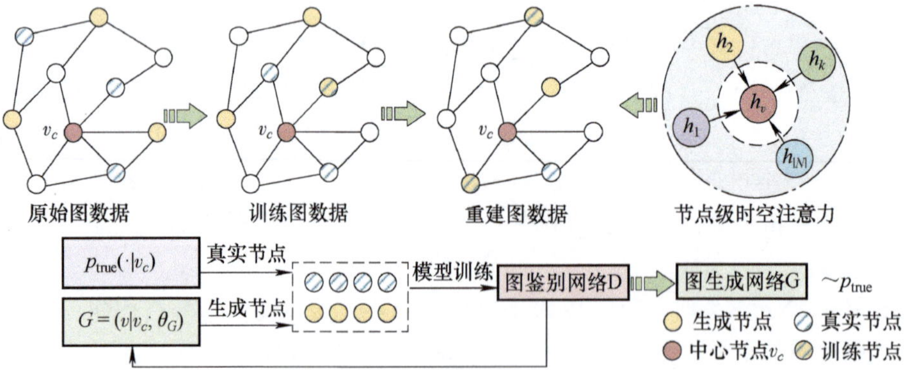

图 11.50　节点的图生成对抗学习过程

生成网络 G 和鉴别网络 D 之间的博弈过程可以使用值函数 $V(G,D)$ 表示为

$$\min_{\theta_G}\max_{\theta_D} V(G,D) = \sum_{c=1}^{V}\left(E_{v\sim p_{\text{ground}}(\cdot\mid v_c)}\left[\log D(v,v_c;\theta_D)\right] + E_{v\sim G(\cdot\mid v_c;\theta_G)}\left[\log(1-D(v,v_c;\theta_D))\right]\right) \tag{11.4.1}$$

模型通过交替地最大化和最小化值函数 $V(G,D)$ 来学习并优化图生成网络 G 和图鉴别网络 D 的最佳参数。在每次迭代中，D 都用来自 $p_{\text{true}}(\cdot\mid v_c)$ 的正样本和来自 $G=(\cdot\mid v_c;\theta_G)$ 的负样本进行训练，G 则在 D 的指导下使用策略梯度进行更新。G 和 D 通过对抗训练完成各自的

迭代更新，训练至 D 无法区分生成样本与真实样本的连通性分布为止。在 GSGANet 中，G 通过调整参数 θ_G 改变其近似连通性分布，达到增加生成样本真实性的目标。关于 θ_G 的 $V(G,D)$ 的梯度表示为

$$\nabla_{\theta_G} V(G,D) = \sum_{c=1}^{V} E_{v \sim G(\cdot \mid v_c)} \{ \nabla_{\theta_G} \log G(v \mid v_c;\theta_G) \log[1 - D(v,v_c;\theta_D)] \} \tag{11.4.2}$$

式中，$\nabla_{\theta_G} V(G,D)$ 是梯度 $\nabla_{\theta_G} \log G(v \mid v_c;\theta_G)$ 和加权对数概率 $\log[1 - D(v,v_c;\theta_D)]$ 的期望总和，即在 θ_G 上应用梯度下降后，G 会自动远离具有较高负样本概率的顶点。在构造 G 时，首先使用传统 Softmax 函数将 G 定义为

$$G(v \mid v_c) = \frac{\exp(\boldsymbol{g}_v^{\mathrm{T}} \boldsymbol{g}_{v_c})}{\sum_{v \neq v_c} \exp(\boldsymbol{g}_v^{\mathrm{T}} \boldsymbol{g}_{v_c})} \tag{11.4.3}$$

式中，$\boldsymbol{g}_v$ 和 $\boldsymbol{g}_{v_c}$ 分别表示顶点 v 和中心节点 v_c 的 k 维向量。然而，使用 Softmax 函数计算图中节点的关系时，会遍历图中的所有节点，计算耗时且低效。此外，在计算顶点特征时平等地处理所有顶点，忽略了图结构中不同顶点存在时间和空间上的不同关联，限制了模型对 EEG 图结构空间信息的考虑。因此，考虑到传统 Softmax 函数不适用于 GSGANet 框架，本节使用了一种改进的图 Softmax 函数以满足睡眠分期模型在规范化、图结构感知和计算效率方面的理想特性，用于构造生成器并重新定义其图连通性分布。

计算 EEG 通道间的连通性分布 $G = (v \mid v_c;\boldsymbol{\theta}_G)$，按下列步骤进行。

首先，从原始图的中心节点 v_c 开始，执行广度优先搜索（Breadth First Search，BFS），得到以 v_c 为根的 BFS 树 T_c。

然后，将 $\boldsymbol{N}_c(v)$ 表示为 T_c 中 v 的邻居集合，包括其父顶点和所有子顶点。对于给定的顶点 v 及其某邻居节点 $v_i \in \boldsymbol{N}_c(v)$，将 v 与 v_i 间的相关概率定义为

$$p_c(v_i \mid v) = \frac{\exp(\boldsymbol{g}_{v_i}^{\mathrm{T}} \boldsymbol{g}_v)}{\sum_{v_j \in N_c(v)} \exp(\boldsymbol{g}_{v_j}^{\mathrm{T}} \boldsymbol{g}_v)} \tag{11.4.4}$$

将顶点 v 通过 T_c 中根 v_c 的唯一路径表示为

$$P_{v_c \to v} = (v_{r_0}, v_{r_1}, \cdots, v_{r_m}), \quad v_{r_0} = v_c, v_{r_m} = v \tag{11.4.5}$$

最终，将使用图 Softmax 构造的生成网络连通性分布表示为

$$G(v \mid v_c) \triangleq \left(\prod_{j=1}^{m} p_c(v_{r_j} \mid v_{r_{j-1}}) \right) p_c(v_{r_{m-1}} \mid v_{r_m}) \tag{11.4.6}$$

与生成网络不同，鉴别网络的任务是分辨生成网络的产出是否为真实的，对抗生成网络的同时并给出反馈，使生成网络学习并改进以生成更逼真的结果。将鉴别网络 D 定义为两个输入顶点内积的 Sigmoid 函数，即

$$D(v,v_c) = \sigma(\boldsymbol{d}_v^{\mathrm{T}} \boldsymbol{d}_{v_c}) = \frac{1}{1 + \exp(-\boldsymbol{d}_v^{\mathrm{T}} \boldsymbol{d}_{v_c})} \tag{11.4.7}$$

式中，$\boldsymbol{d}_v^{\mathrm{T}} \boldsymbol{d}_{v_c} \in \mathbb{R}^k$ 为鉴别网络 D 的顶点 v 和中心节点 v_c 的 k 维向量。给定一个样本对 (v,v_c)，然后通过升序来更新 $\boldsymbol{d}_v$ 和 $\boldsymbol{d}_{v_c}$，其过程表示为

$$\nabla_{\theta_D} V(G,D) = \begin{cases} \nabla_{\theta_D} \log D(v,v_c), & v \sim p_{\text{true}} \\ \nabla_{\theta_D} \log[1 - D(v,v_c)], & v \sim G \end{cases} \tag{11.4.8}$$

GSGANet 的图生成对抗策略如算法 11.1 所示。

算法 11.1 GSGANet

输入：嵌入维度 k，生成样本尺寸 s，鉴别样本尺寸 t
初始化：生成网络 $G=(v|v_c;\theta_G)$，鉴别网络 $D=(v|v_c;\theta_D)$
　初始化并预训练 $G=(v|v_c;\theta_G)$ 和 $D=(v|v_c;\theta_D)$
　对于所有节点 ν 建立以 v_c 为根的 BFS 树 T_c
　While GSGANet 不收敛 **do**
　　for G-steps **do**
　　　$G=(v|v_c;\theta_G)$ 对于每个顶点 v_c 生成 s
　　　$v_{pre}\leftarrow v_c$，$v_{cur}\leftarrow v_c$
　　　While true do
　　　　随机选择 $v_i\in\nu$，根据式（11.4.4）计算 $p_c(v_i|v_{cur})$
　　　　if $v_i=v_{pre}$ **then**
　　　　　$v_{gen}\leftarrow v_{cur}$
　　　　　return v_{gen}
　　　　else
　　　　　$v_{pre}\leftarrow v_{cur}$，$v_{cur}\leftarrow v_i$
　　　　end if
　　　end While
　　　根据式（11.4.2）、式（11.4.4）和式（11.4.6）更新 θ_G
　　end for
　　for D-steps **do**
　　对于每个顶点 v_c，从真实值中抽取 t 个正顶点，从 $G=(v|v_c;\theta_G)$ 中抽取 t 个负顶点
　　根据式（11.4.7）和式（11.4.8）更新 θ_D
　　end for
　end While
return $G=(v|v_c;\theta_G)$ 和 $D=(v|v_c;\theta_D)$

图生成对抗睡眠网络的损失函数定义为

$$Loss_G=-\frac{1}{L}\sum_{i=1}^{L}\sum_{r=1}^{R_y}p_c(v_i|v)\log\hat{p}_c(v_i|v) \tag{11.4.9}$$

式中，$Loss_G$ 为睡眠阶段分类任务的交叉熵损失函数；L 表示 PSG 样本数量；p_c 是真实脑图节点，而 $\hat{p}_c$ 是模型预测结果。将当前访问顶点定义为 v_{cur}，将先前访问顶点定义为 v_{pre}，根据生成网络的在线生成策略得到生成的顶点 v_{gen}。

4. 时域循环单元特征提取

BiGRU 用于学习睡眠阶段的转换规则以及提取生理信号间的时域相关特征。将睡眠特征 $F_t=(f_1,f_2,\cdots,f_t)$ 作为时间序列输入模型，由于这些特征之间具有时间相关性，预测模型必须具有能够包含前后时间序列信息的记忆函数。由于大脑活动是一个动态的时间过程，帧之间的变化可能包含关于潜在心理状态的额外信息。本节方法采用 BiGRU 模型对数据进行时间维度上的卷积运算，并结合图生成对抗卷积层充分提取大脑的空间特征，最后使用标准

的 2D 卷积层提取睡眠阶段的时域上下文信息。这种方法可以在不同维度上同时利用数据的特征信息，提高判别睡眠分期的准确性。第 m 层的时间卷积运算公式为

$$\boldsymbol{f}^{(m)} = \mathrm{ReLU}\{\boldsymbol{\lambda} \otimes [\mathrm{ReLU}(G_\theta \boldsymbol{f}^{m-1})]\} \in \mathbb{R}^{C\times N_m \times D_m} \tag{11.4.10}$$

式中，ReLU 为激活函数；$\boldsymbol{\lambda}$ 为卷积核参数；$\otimes$ 为卷积操作；G_θ 为图生成对抗卷积；C 为睡眠图结构的顶点数；N_m 为第 m 层每个节点的神经网络数；D_m 为第 m 层的时域维度。

在充分提取睡眠信号的空域与时域特征后，采取级联操作将特征融合，其过程表示为

$$\boldsymbol{f} = \boldsymbol{f}^{\mathrm{S}} \| \boldsymbol{f}^{\mathrm{T}} \tag{11.4.11}$$

式中，$\boldsymbol{f}^{\mathrm{S}}$和$\boldsymbol{f}^{\mathrm{T}}$分别表示空域特征和时域特征；$\|$ 为级联操作。

5. 节点级时空注意力

每个通道上的每个节点特征具有差异性，因此每个节点的原始特征由不同向量表征。为了保持 EEG 节点的异构性，以及考虑到节点 v 的原始特征 $\boldsymbol{f}_v \in \mathbb{R}^{1\times d}$，利用多个类型特定的变换矩阵 $\boldsymbol{M}_{\phi_k} \in \mathbb{R}^{d\times w}$将每个节点的原始特征映射到不同通道的特征空间 $H_v^{\phi_k} = \boldsymbol{f}_v \boldsymbol{M}_{\phi_k}$。其中，$\boldsymbol{d}$ 和 $\boldsymbol{w}$ 分别为原始特征维度和变换维度，$\boldsymbol{\phi}_k$ 代表第 $\boldsymbol{k}$ 个 EEG 通道。变换矩阵 $\boldsymbol{M}_{\phi_k}$不仅可以将所有节点映射到同一特征空间，而且可以利用节点级注意力聚集不同且丰富的时空信息。节点级时空注意力的聚合过程如图 11.51 所示。

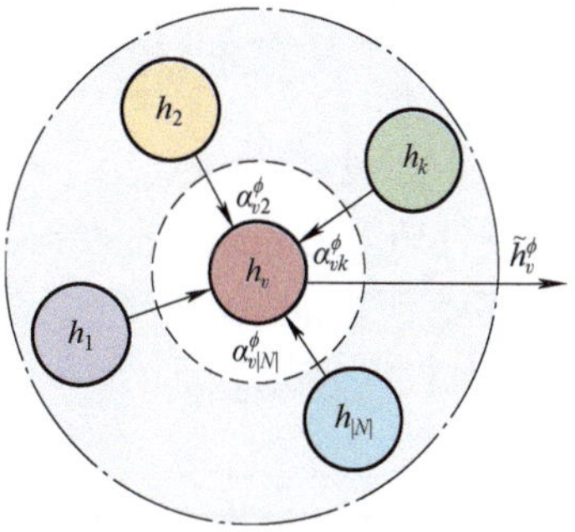

图 11.51　节点级时空注意力的聚合过程

将原始特征映射到不同的睡眠时空特征空间后，利用节点级注意力聚合每个目标节点的邻居节点信息，其过程表示为

$$\tilde{\boldsymbol{h}}_v^{\phi} = \sigma\left(\sum_i \boldsymbol{\alpha}_{vk}^{\phi} \boldsymbol{h}_k\right) \tag{11.4.12}$$

式中，σ 为激活函数；$\tilde{\boldsymbol{h}}_v^{\phi}$ 为节点 v 聚合邻居节点后的特征函数，邻居节点的特征表示为 $\boldsymbol{h}_k(k=1,2,\cdots,|N|)$，$|N|$表示中心节点的邻居节点数量；$\boldsymbol{\alpha}_{vk}^{\phi}$为通道路径 ϕ 下节点 v 及其相邻节点间的注意力向量，即表示节点 k 对于节点 v 的重要性。$\boldsymbol{\alpha}_{vk}^{\phi}$表示为

$$\boldsymbol{\alpha}_{vk}^{\phi} = \frac{\exp(\sigma(\boldsymbol{\alpha}_\phi[\boldsymbol{h}_v \| \boldsymbol{h}_k]^{\mathrm{T}}))}{\sum\limits_{j\in N}\exp(\sigma(\boldsymbol{\alpha}_\phi[\boldsymbol{h}_v \| \boldsymbol{h}_j]^{\mathrm{T}}))} \tag{11.4.13}$$

式中，$\boldsymbol{\alpha}_\phi$ 表示通道路径 ϕ 下所有节点共享的注意力权重；$\|$ 表示级联操作。$\boldsymbol{\alpha}_{vk}^{\phi}$具有不对称性，即 $\boldsymbol{\alpha}_{vk}^{\phi} \neq \boldsymbol{\alpha}_{vg}^{\phi}$。对于给定通道 $\boldsymbol{\phi}$ 和目标节点 v，注意力 $\boldsymbol{\alpha}$ 计算并聚合目标节点 h_v 及其所有邻居节点的特征$(\boldsymbol{h}_1,\boldsymbol{h}_2,\cdots,\boldsymbol{h}_N)$。

6. 加权睡眠时段预测

在图生成对抗网络中，图结构特征的微小变化会导致生成相似的单一子图，造成生成节点质量的降低，从而导致模型梯度消失。现有的睡眠阶段分类技术无法在低方差情况下区分 EEG 时空特征，为了减少样本个体差异性对模型的影响，消除不期望的错误预测结果，现提出了一种加权睡眠时段分类预测方法，即将可学习的权重应用于预测符合样本可区分的失真分布，从而增强模型的鲁棒性。具体而言，原始网络输出一个单通道睡眠时段矩阵 $\boldsymbol{P} \in \mathbb{R}^{l\times k\times k}$，$k$ 为输出矩阵的行数。将 $\boldsymbol{P}$ 展平以获得向量 $\boldsymbol{p} \in \mathbb{R}^{k^2}$。通过求向量 $\boldsymbol{p}$ 中各元素的平均

值，并应用非线性激活函数 LReLU 来计算全局表征 p_{global}，即

$$p_{\text{global}} = \text{LReLU}\left(\frac{1}{k^2}\sum_{i=1}^{k^2}\boldsymbol{p}_i\right) \tag{11.4.14}$$

激活函数 LReLU 有助于确保梯度可以应用于整个架构。然后，连接 p_{global} 和 $\boldsymbol{p}$ 以准备加权预测 $\hat{y}$，其定义表示为

$$\boldsymbol{q} = p_{\text{global}} \| \boldsymbol{p}, \boldsymbol{q} \in \mathbb{R}^{k^2+1} \tag{11.4.15}$$

$$\hat{y} = \sum_{i=1}^{k^2+1}\beta_i q_i \tag{11.4.16}$$

式中，β_i 表示分配给全局图和睡眠时段预测的可学习权重。加权睡眠时段预测模块是对所有阶段预测的平均结果进行加权，以提供输入的全局视图并调整最终预测。

11.4.3　仿真实验与结果分析

1. 模型性能比较

硬件环境为 Intel Xeon Silver 4116 CPU，16 GB 内存，NVIDIA GeForce RTX 3060 Ti GPU；软件环境为 Windows 10 系统，Python 3.8，深度学习框架为 TensorFlow 1.14.0。实验参数设置如表 11.17 所示。

表 11.17　实验参数设置

参数	批大小	学习率	衰减率	迭代次数	优化器	β_1	β_2	λ
参数值	64	0.0002	2	80	Adam	0.9	0.999	10^{-4}

将 GSGANet 与其他 6 个先进模型在准确率、F1 分数和 Kappa 系数三个性能评估指标上进行比较。6 个基准模型为：Supratak 等人提出结合 CNN 和 BiLSTM 来获取睡眠时域特征，从而进行睡眠分期；Phan 等人将睡眠阶段转换为序列到序列，利用 ARNN 和 RNN 实现睡眠分期；Jia 等人提出 STGCN 对睡眠阶段进行分类；Eldele 等人利用 MRCNN 结合 AFR 实现睡眠阶段分类；Dong 等人利用 MCP 与 LSTM 结合的混合神经网络进行睡眠阶段分类；Alexander 等人在混合队列环境中利用 ResNet-50 开展睡眠分类。

此外，还将 GSGANet 与 C2GNet 和 MGANet 进行了比较。分别在 ISRUC 和 SHHS 数据集上对上述模型进行验证，实验结果如表 11.18 所示。表中，性能最高的结果用加粗表示，性能次高的结果用下划线表示。

表 11.18　GSGANet 与其他模型的性能比较结果

当前先进方法	ISRUC			SHHS		
	准 确 率	F1 分数	Kappa 系数	准 确 率	F1 分数	Kappa 系数
CNN + BiLSTM	0.788	0.779	0.730	0.719	0.588	—
ARNN + RNN	0.789	0.763	0.725	0.865	0.785	0.811
STGCN	0.821	0.808	0.769	—	—	—
MRCNN + AFR	0.606	0.552	—	0.689	0.557	—
MLP + LSTM	0.779	0.713	0.758	0.802	0.779	0.792
ResNet-50	0.782	—	0.674	0.837	—	0.754
MGANet	0.825	<u>0.814</u>	0.775	0.873	0.801	0.827

（续）

当前先进方法	ISRUC			SHHS		
	准确率	F1 分数	Kappa 系数	准确率	F1 分数	Kappa 系数
C2GNet	0.828	0.814	0.780	0.883	0.812	0.835
GSGANet	**0.831**	**0.815**	**0.783**	**0.886**	**0.819**	**0.841**

实验结果表明，使用多模态组合方法的 GSGANet 在 ISRUC 和 SHHS 数据集上具有最佳性能。次优结果来自于 C2GNet，验证了相较于传统的 CNN 等深度学习方法，基于图生成对抗网络的睡眠分期方法取得了更好的分类结果，同时证明了将非欧式数据拓展为图结构进行训练是可行且有效的。

2. 模块兼容性分析

GSGANet 模型包含图生成对抗网络、改进图 Softmax、节点级时空注意力以及加权睡眠时段预测模块。为了验证所添加模块的必要性与优越性，设计了以下消融实验，通过逐步添加各模块以测试模型性能，模块设置及兼容性分析实验结果如表 11.19 所示。其中，基线代表图生成对抗网络模块，A 代表改进图 Softmax 模块，B 代表节点级时空注意力模块，C 代表加权睡眠时段预测模块。消融实验结果（即在 ISRUC-S3 和 SHHS 数据集上取得的混淆矩阵）如图 11.52 与图 11.53 所示。

表 11.19　模块设置及兼容性分析实验结果

模块设置	数据集	各睡眠阶段 F1 分数（%）					模型总体性能（%）		
		W	N1	N2	N3	REM	准确率	F1 分数	Kappa 系数
基线	ISRUC-S3	77.7	55.5	78.3	85.8	67.5	75.2	73.0	68.4
基线 + A		82.6	59.4	80.8	86.9	70.2	78.2	76.0	72.2
基线 + A + B		87.5	59.5	83.8	88.5	80.6	81.8	80.0	76.8
GSGANet		90.0	61.0	83.6	89.0	84.1	83.1	81.5	78.3
基线	SHHS	86.5	49.2	89.3	84.2	82.6	84.9	78.4	79.1
基线 + A		88.4	43.3	89.9	85.6	83.4	85.6	78.1	80.1
基线 + A + B		89.9	46.7	90.0	88.3	86.3	87.2	80.2	82.2
GSGANet		92.8	47.7	90.3	90.4	88.5	88.6	81.9	84.1

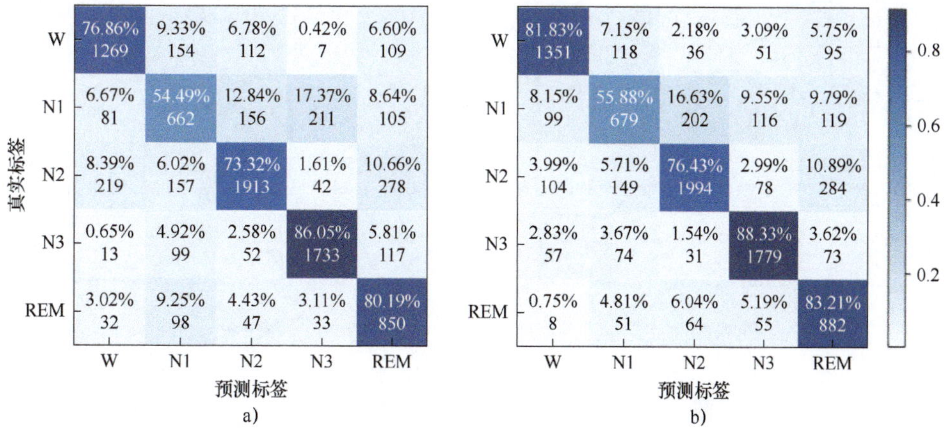

图 11.52　在 ISRUC-S3 数据集上取得的混淆矩阵

a）基线　b）基线 + A

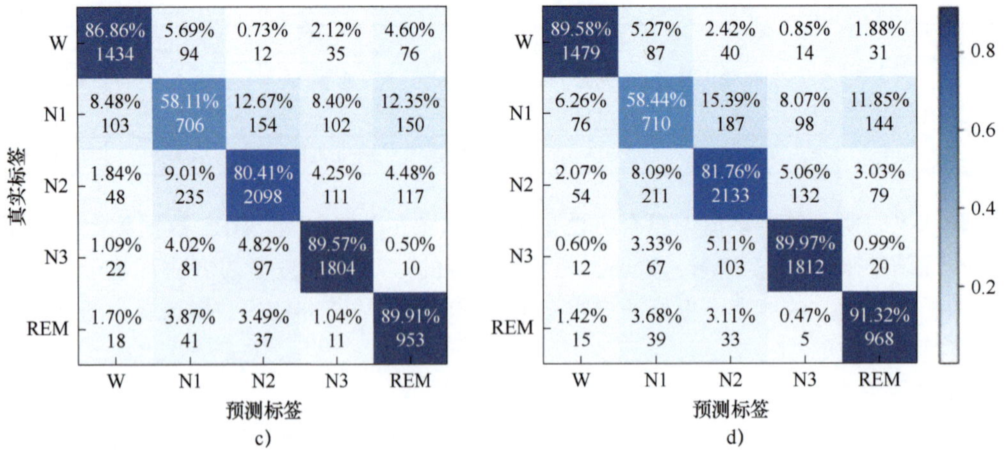

图 11.52　在 ISRUC-S3 数据集上取得的混淆矩阵（续）

c）基线 + A + B　d）GSGANet

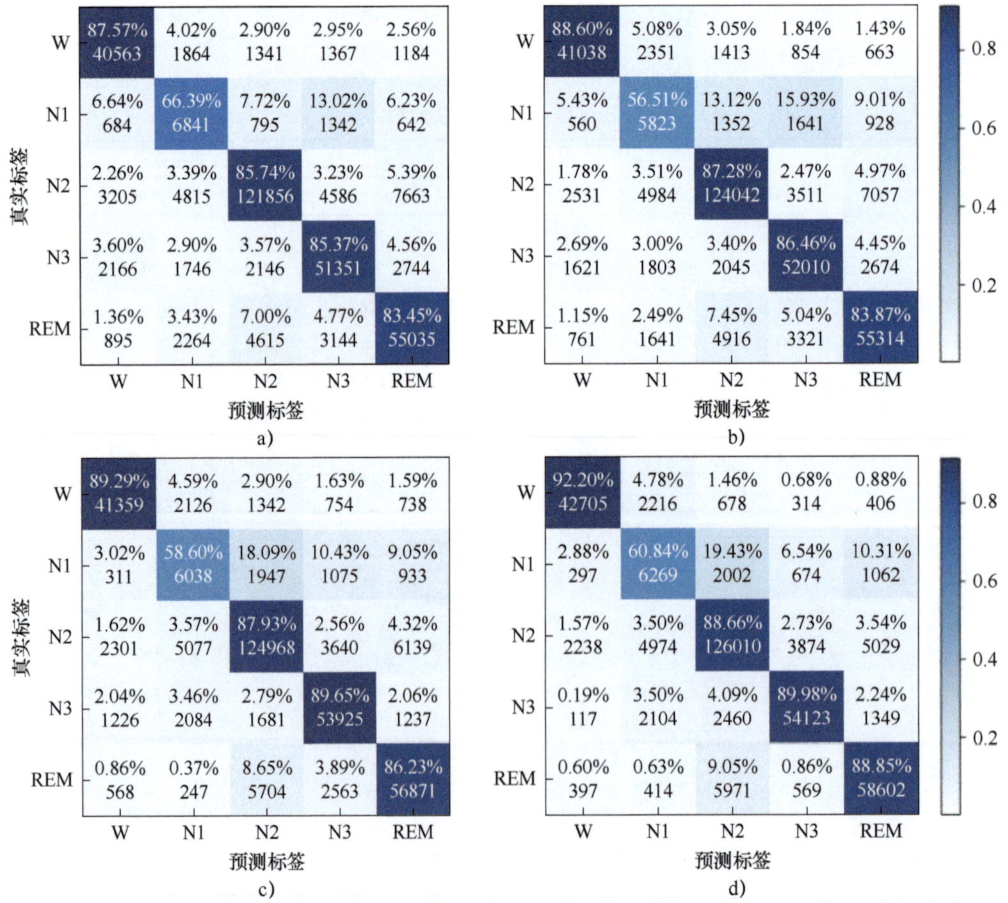

图 11.53　在 SHHS 数据集上取得的混淆矩阵

a）基线　b）基线 + A　c）基线 + A + B　d）GSGANet

图 11.52 和图 11.53 表明，消融实验的最优结果是 GSGANet 取得的，次优结果是基线 + A + B 模块取得的。总体而言，由图生成对抗网络基础模块训练的模型，其分类性能较好，在添加上述模块后，其分类性能得到进一步优化。值得注意的是，添加了加权睡眠时段预测模块后，使 GSGANet 在 W 和 N1 时期的分类准确率有了显著提升，证明了此模块的必要性与有效性。

3. 输入睡眠时段尺寸分析

为评估输入不同尺寸的睡眠时间序列对于 GSGANet 模型性能的影响，设计的实验为：分别将大小为 1、8、32、256 和 1024 的睡眠时段作为输入，其持续时间分别对应 30s、240s、960s、7680s 和 30720s。实验的模型设置如表 11.20 所示，其中 (D_T, D_S, D_C) 分别表示输入序列 S 的时域、空域和通道维度。模型的批处理大小与输入睡眠时段尺寸呈反比关系，故每个批处理中的睡眠时段均为 2048。输入不同睡眠时段尺寸的准确率性能测试如图 11.54 所示。

表 11.20　输入睡眠时段尺寸分析实验的模型设置

(D_T, D_S, D_C)	卷积核尺寸	步　长	滤波器宽度	批处理大小	输入睡眠时段尺寸
$(N,64,2)$	(16,3)	(2,2)	32	2	1024
				8	256
				64	32
				256	8
				2048	1

该实验表明，在大部分睡眠阶段，性能都会随着输入时段尺寸的增大而有所提升，这种影响对于较小尺寸的输入尤为显著。当输入尺寸从 32 增加到 256 时，REM 睡眠阶段的准确率有显著提高；输入尺寸为 256 时对应于 128 分钟，即多于一个睡眠周期。人们普遍认为，批处理大小过大可能会对模型性能产生不利影响，但对具有较小输入睡眠时段尺寸的模型使用较小批处理大小的实验表明，性能没有显著变化。

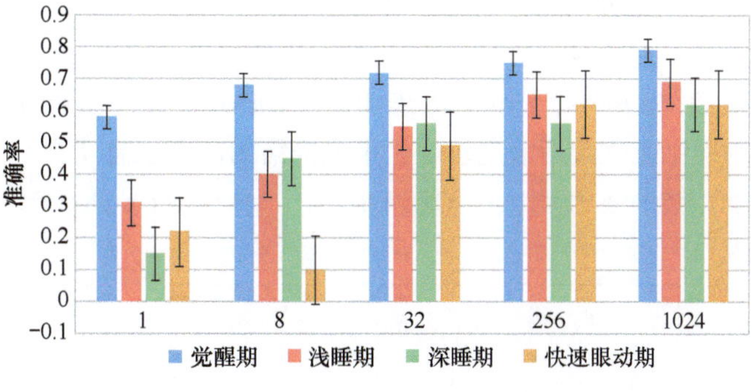

图 11.54　输入不同睡眠时段尺寸的准确率性能测试

4. 图结构边预测

在模型处理图数据时，需要先确定图节点与邻边以构建图结构。在图卷积相关网络构建的睡眠分期模型中，图节点对应于大脑电极位置，邻边对应于脑电通道。因此，为验证模型对于顶点对之间邻边的可预测性，即预测相邻 EEG 顶点之间是否存在邻边，设计的实验为：在原始 EEG 的 PSG 样本中随机隐藏 5% 的边作为基本真值，用于模型训练；训练后获得顶点的表征向量，并使用逻辑斯谛回归方法预测给定顶点对之间存在边的概率。将测试集设置为包括原始图中隐藏的 5% 的顶点对作为正样本，以及随机选择的断开的顶点对作为相等数量的负样本。对照实验的基准模型为 GCN、GAT 和 GraphSAGE。训练得到的准确率和 Macro-F1 结果如图 11.55 所示。

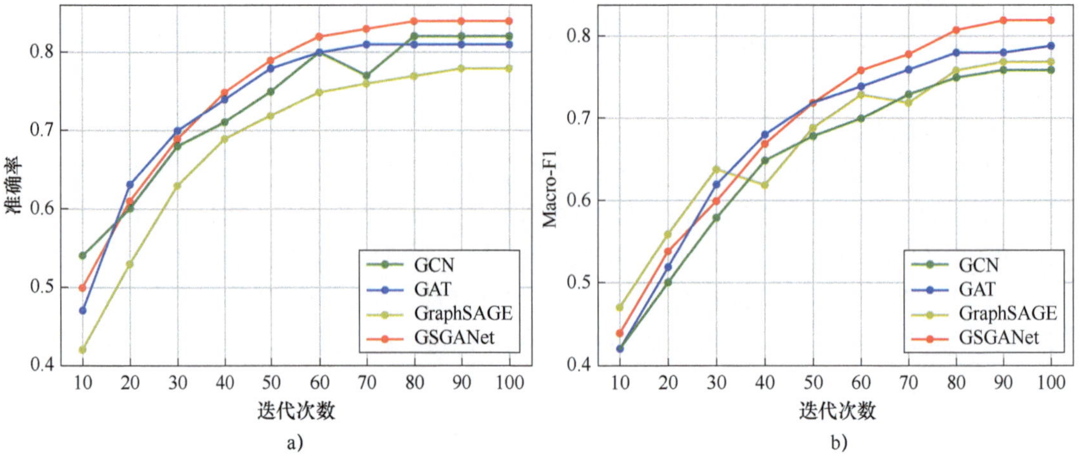

图 11.55　GSGANet 与其他模型的边预测性能比较
a）准确率　b）Macro-F1

图 11.55 表明，GCN 和 GraphSAGE 在边预测中表现的性能相对较差，原因可能是其无法完全捕捉图中边存在的模式；而使用 GAT 和 GSGANet 构建的睡眠分期模型的性能优于 GraphSAGE 和 GCN，可能是因为两者都使用了基于随机行走的 Skip-Gram 模型，该模型更善于提取顶点之间的邻近信息。由于对抗性训练为 GSGANet 提供了更高的学习灵活性，故 GSGANet 在边预测方面优于其他基准模型。

为了直观地理解 GSGANet 的节点学习稳定性，绘制生成网络和鉴别网络的学习曲线，如图 11.56 所示。图 11.56 表明，GSGANet 中的极大极小博弈在训练中逐渐达到平衡。其中鉴别网络在收敛后表现较好；生成网络的性能也有所提高，其在实践中能提供大量的真实负样本。结果还表明，在 GSGANet 中，图 Softmax 的设计更能有效地绘制样本并学习顶点嵌入。

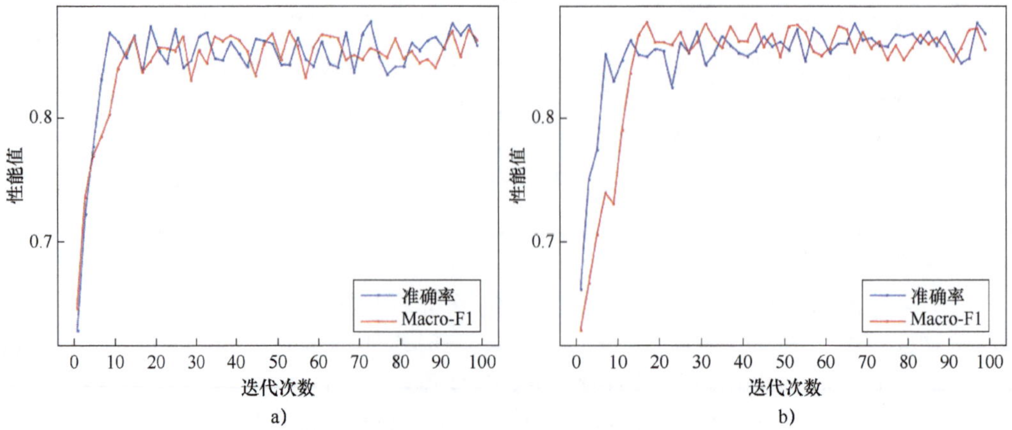

图 11.56　GSGANet 生成网络与鉴别网络的学习曲线
a）生成网络　b）鉴别网络

5. 睡眠图可视化

将睡眠专家和 GSGANet 模型在数据集 ISRUC 和 SHHS 上的分类结果进行可视化，如图 11.57 所示。图 11.57 表明，GSGANet 模型在迭代 800 次时可以正确对大多数的睡眠时期进行分类，且在各个过渡时期的分类准确率较高。在现实生活中，人类的睡眠状态不可能直接从清醒状态进入到深度睡眠状态，在这个过程中一定会经历浅睡状态。也就是说，当受试者处于 W 阶段时，在下一时期仍保持在 W 阶段或转移到浅睡眠 N1 阶段的概率较高，而转移到深睡眠 N2、N3 阶段或 REM 阶段的概率较低。因此，GSGANet 学习到的睡眠阶段标签的上下文信息与人类睡眠的生理特性是一致的。

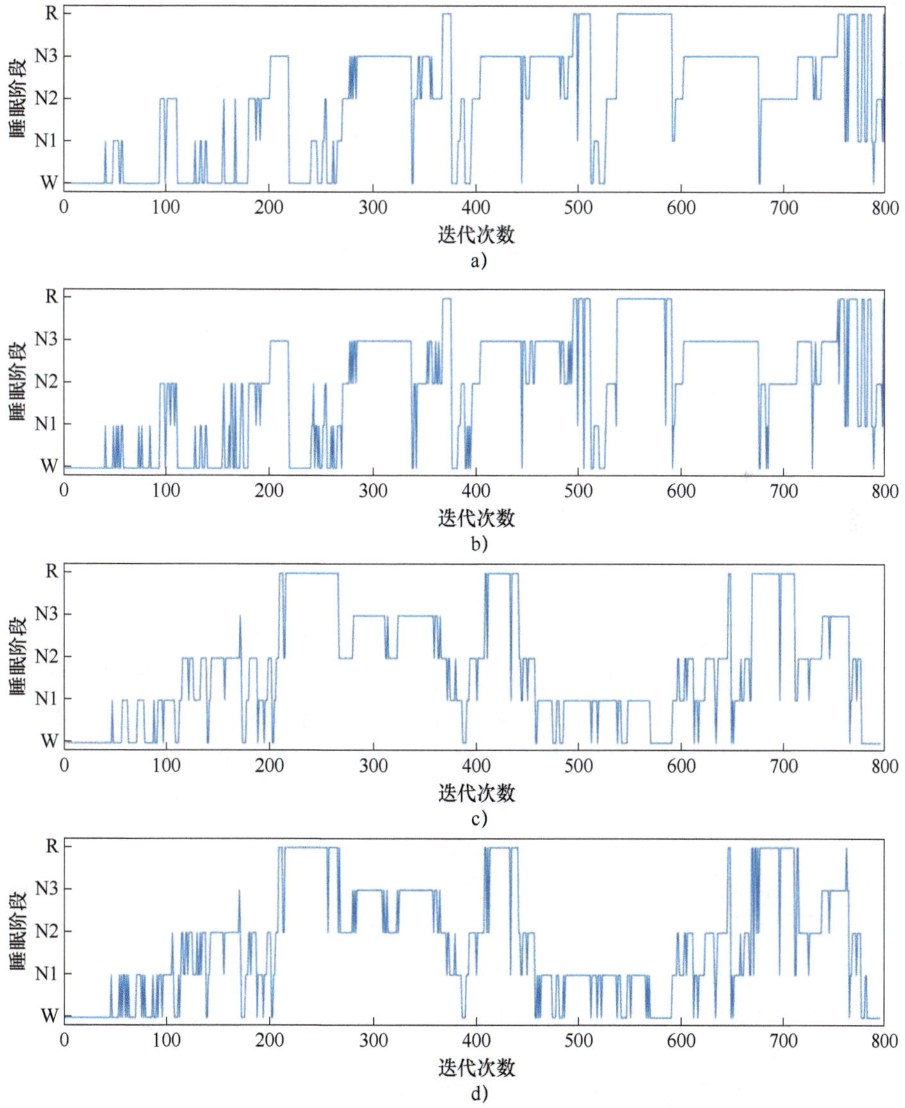

图 11.57 睡眠专家与 GSGANet 模型的分类结果

a）睡眠专家在数据集 ISRUC 上的分类结果 b）GSGANet 模型在数据集 ISRUC 上的分类结果

c）睡眠专家在数据集 SHHS 上的分类结果 d）GSGANet 模型在数据集 SHHS 上的分类结果

6. 参数量与训练时间

将 GSGANet 的模型参数量与训练时间与其他模型作对比，如表 11.21 所示。

表 11.21 各模型的参数量和训练时间

模　型	参 数 量	训练时间/s
MGANet	1.5×10^5	69.7
C2GNet	5.8×10^6	131
GSGANet	7.6×10^5	80.3

结果表明，本节提出的 GSGANet 模型的参数数量级和训练时间均比 C2GNet 小；而 GSGANet 与 MGANet 模型的参数数量级相同，训练时间比 MGANet 略大。由于参数数量会影响模型的复杂度，故 GSGANet 模型的复杂度增加很小，而分类结果是最好的。

综上，基于图生成对抗网络的睡眠阶段分期算法通过图生成网络与图鉴别网络之间的极大极小博弈，达到了图节点的自动生成，纠正了不合理的睡眠阶段转变，进一步提高了睡眠分期模型的分类性能。图生成模型建立大脑图结构，在各顶点上拟合其真实连通性分布，经图鉴别模型判别后将结果反馈给图生成模型以优化其学习。为克服传统 Softmax 的局限性，将基于节点级注意力的图 Softmax 函数与时空注意力机制相结合提升了模型性能。为在低方差情境下实现 EEG 时空特征的区分，结合加权睡眠时段预测模块区分彼此的失真分布，得到基于 EEG 特征描述和融合的半监督图生成对抗网络，不仅融合了半监督训练方式，还能自动识别并覆盖更通用的深层时空动态脑电特征。

11.5 基于密集连接的序列稀疏化 Transformer 行人重识别

基于 CNN 模型的行人重识别方法因其感受野分布有限，仅能学习局部相邻区域的依赖关系，而对全局或远距离特征关系的表达不足。虽然基于跨阶段级联与多尺度全局注意力的方法利用额外的多尺度卷积操作扩大了感受野，深度挖掘了全局特征，同时解决了基础信息丢失问题，但是卷积局部感知的固有缺陷依旧存在，行人重识别性能难以进一步提升。在面对行人不同的类间和类内变化时，图像全局关系的建模也至关重要。因此，为进一步探索行人全局和局部特征的互补关系，研究人员提出了一种基于自注意力机制的视觉 Transformer (Visual Transformer，ViT) 神经网络。ViT 通过构建行人图像块序列的全局特征关系，在行人重识别领域应用效果显著。多头自注意力机制的存在，使 ViT 更适合构建全局依赖关系。此外，ViT 不需要进行下采样操作，就可以获得更细粒度的图像特征。TransReID 是第一个基于 ViT 的行人重识别模型，其结构如图 11.58 所示。

图 11.58 所示的模型首次将 ViT 应用到重识别任务，并取得了较理想的效果。然而，ViT 模型也存在以下不足。

1）ViT 网络是层层递进作用的，层与层之间缺乏信息交互，这导致模型不够健壮。行人重识别是一个细粒度的图像检索问题，要获取更好的行人特征表达，不仅需要深度抽象语义信息，还需要轮廓和颜色等浅层低级特征。简单地使用深度特征进行相似性判别不足以产生优秀的行人重识别效果。因此，通过密集连接的方式，DenseNet 的任意两层都可相互通信，从而实现网络中各层之间信息流的交互和特征重用。

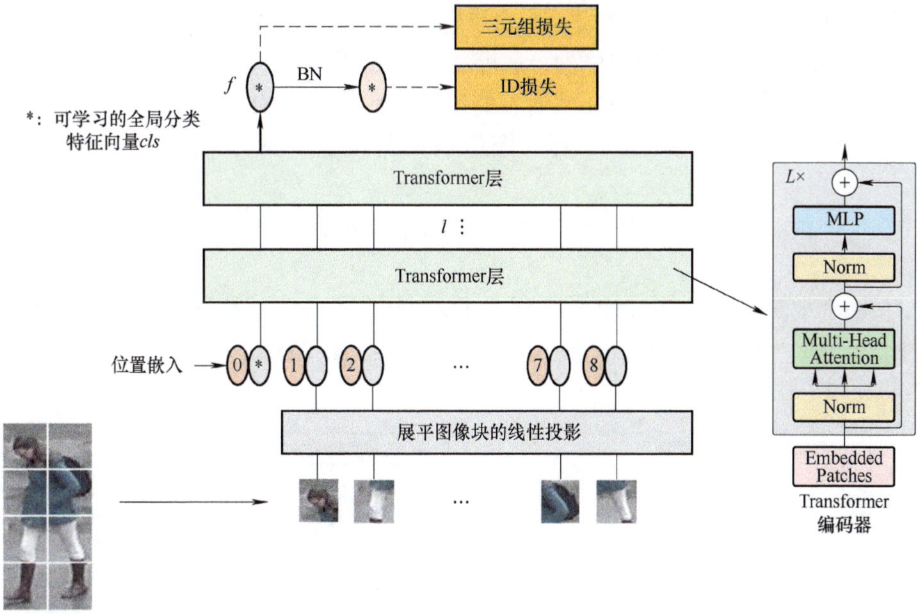

图 11.58　基于 ViT 的行人重识别模型

2）ViT 并不善于捕捉目标的局部特征，导致其鲁棒性不足。在 ViT 编码器中，经过多头自注意力编码的图像块序列建立了全局特征联系，构建全局相关性使网络拥有对目标行人的分类能力。然而，通过观察常用数据集中的行人图片数据，并计算图像局部序列的余弦相似度可以发现，与行人相关的信息主要集中在序列的中间位置。这是因为开头部分和结尾部分的局部图像块序列与全局分类特征间的相似度很低，即使偶尔出现高相似度的情况，其频率也很低。这表明开头和结尾两部分的局部序列特征与全局特征的相关性不高，即这两部分包含的特征信息均不是有用特征。注意，当目标行人被障碍物或其他人遮挡，或存在大量背景杂波时，这两部分图像块序列特征与全局分类特征的相关性更低，ViT 模型也容易出现误判。因此，ViT 嵌入序列自身特征的鲁棒性仍须进一步提升，对于相关性不高的局部序列特征须进一步处理。

针对上述问题，本节实验提出一种基于密集连接的稀疏编码器（Dense Connection in Sparse Encoder，DCSE）的 Transformer 行人重识别算法。受 DenseNet 以及 ViT 结构特性的启示，该算法设计了一种密集连接的方式，将每一层可学习的全局分类特征连接到下一层，随着层数的增加，集成更多的分类特征，并输入到下一层 Transformer 编码器中。分类特征一般代表着全局特征，通过这种方式实现层间信息交互与特征重用，从而增强模型的表征能力。此外，为了提高嵌入局部序列特征的鲁棒性，减少不相关序列的冗余，解决行人被遮挡和背景干扰等复杂场景问题，受稀疏编码器最新进展的启发，提出了一个局部序列稀疏化的编码器（Patch Sparse Encoder，PSE）。该编码器能够自适应地去除背景和遮挡区域的冗余，最后再通过移位和混洗操作重排嵌入序列，融合全局分类特征与局部序列特征。

11.5.1　密集连接的稀疏 Transformer 模型

采用图像分类模型的 ViT 编码器作为主干网络，遵循标准 ViT 的方法，并在此基础上改进模型用于行人重识别任务，如图 11.59 所示。给定一个行人特征图 $\boldsymbol{X} \in \mathbb{R}^{H \times W \times C}$，其中 H、

W 和 C 分别代表图像的高度、宽度和特征通道数，输入图像大小为 $256 \times 128 \times 3$。原始 ViT 结构将图像拆分成不重叠的图像块序列，忽略了局部相邻区域。因此，采用滑动窗口生成重叠的图像块序列，以缓解内部空间邻域信息的损失。具体地，输入特征图大小为 $H \times W$，滑动步长为 S，拆分的块大小为 $P \times P$，行人图像展平为 N 个图像块 $\{p_1, p_2, \cdots, p_N\}$，$N$ 的计算表示为

$$N = \left\lfloor \frac{H - P + S}{S} \right\rfloor \times \left\lfloor \frac{W - P + S}{S} \right\rfloor \tag{11.5.1}$$

式中，$\lfloor \cdot \rfloor$ 是向下取整函数。相邻图像块有一个大小为 $(P - S) \times P$ 的重叠区域。若 $P = 16$，$S = 12$，则 $N = 210$。通常情况下，S 越小，模型性能越好，但较小的滑动步长会导致更多的计算成本和资源消耗。

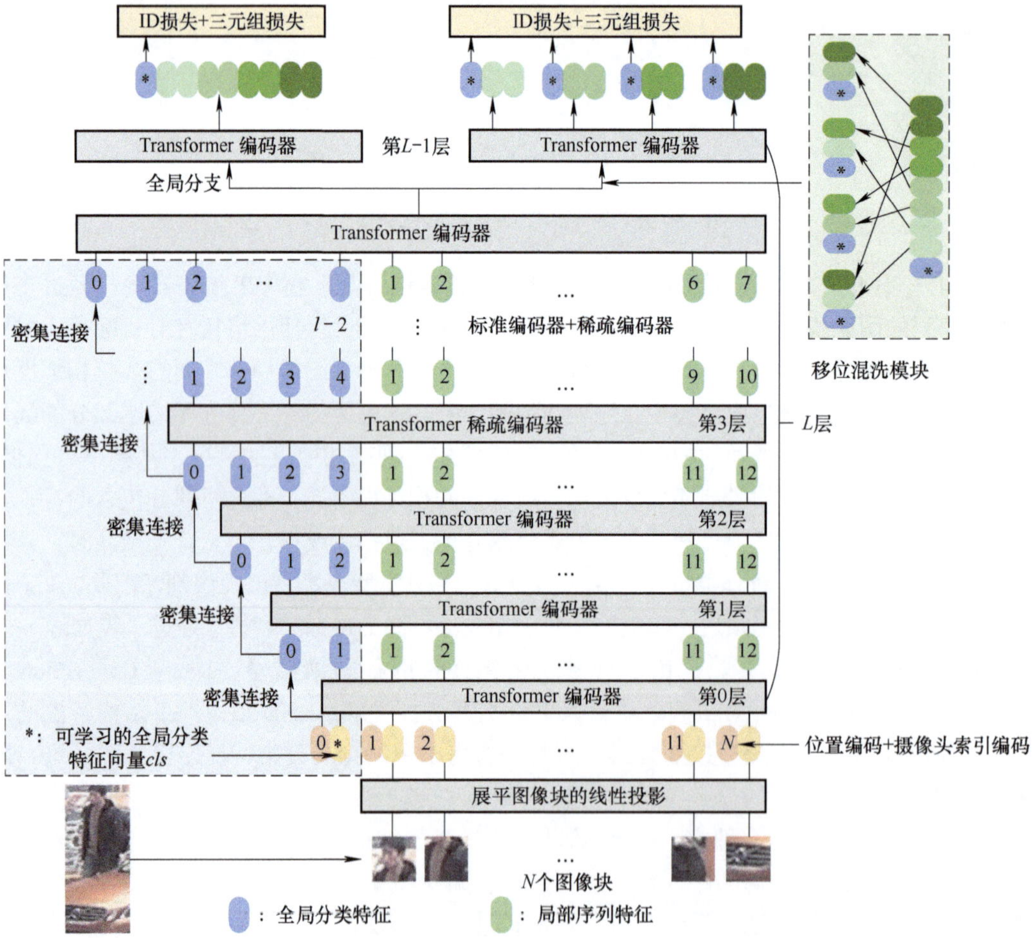

图 11.59 密集连接的稀疏 Transformer 模型

ViT 对每个图像块执行序列标记化投影。每个展平图像块被 $f(\cdot)$ 线性投影后，变换为 D 维的序列特征映射。然后将可学习的全局分类特征向量 *cls* 与局部序列特征向量结合起来，加入位置编码以及摄像头索引编码。最终得到的输入序列 $\boldsymbol{E} \in \mathbb{R}^{N \times D}$ 为

$$\boldsymbol{E} = \{x_{cls}, f(p_1), \cdots, f(p_N)\} + P + C_{id} \tag{11.5.2}$$

式中，$x_{cls} \in \mathbb{R}^{1\times D}$是可学习的全局分类特征向量，负责聚合全局图像信息；$P \in \mathbb{R}^{(N+1)\times D}$是位置编码；$C_{id} \in \mathbb{R}^{(N+1)\times D}$是摄像头索引编码；$f(p_i)$表示将第 i 个图像块 p_i 线性投影为 D 维序列。当 $D=768$，$N=210$，就得到每个 $f(p_i)$ 对应维度为 768×210 的局部序列特征。

1. 密集连接全局特征

E 输入到由多头自注意力层、多层感知机、残差连接和层归一化构成的 Transformer 编码器中，第 l 层标准 ViT 编码器的隐藏特征 $\boldsymbol{Z}^{(l)}=[z_0^{(l)};z_1^{(l)};z_2^{(l)};\cdots;z_N^{(l)}]$。$z_0^{(l)}$ 表示图像的全局分类特征，由输入到编码器的全局分类特征向量 cls 转换而来，局部序列特征 $z^{(l)}$ 的长度在编码器中保持不变。虽然 ViT 模型在行人重识别任务中表现出色，但是仍没有充分利用各个 Transformer 层的特性，缺少层间特征信息交互，层层传递过程中难以避免信息丢失，限制了最终模型的表征能力。

针对这一问题，受 DenseNet 的启示，设计了一个密集连接全局特征（Dense Connection Token，DCT）的结构，以实现特征重用，从而增强 Transformer 层之间的信息交互。具体地说，将每个隐藏特征 $\boldsymbol{Z}^{(l)}$ 的全局分类特征 $z_0^{(l)}$ 连接到下一层隐藏输入特征 $\boldsymbol{Z}^{(l+1)}$ 的前面。图 11.59 描述了密集连接的过程，因此第 $l+1$ 层的隐藏特征为

$$\boldsymbol{Z}^{(l+1)}=[z_0^{(l)};z_0^{(l+1)};z_1^{(l+1)};z_2^{(l+1)};\cdots;z_{N+l}^{(l+1)}] \tag{11.5.3}$$

式中，$z_0^{(l)}$等于输入序列 $\boldsymbol{Z}^{(l)}$ 中的分局全类特征 $z_0^{(0)}$；$z_0^{(l+1)}$是 Transformer 编码器层对 $z_0^{(l)}$ 的第一次变换，依次类推，$z_0^{(l+1)}$是对 $z_0^{(l)}$ 的第二次变换，即前一层的全局特征会出现在后面的层中。通过这种特征重用的方式，将浅层网络中更详细的特征融合到深层网络中。与 DenseNet 不同的是，DenseNet 显式地直接将所有先前的特征合并到后层，而 DCT 是隐式地融合了这些特性，因为连接到后面层的所有全局分类特征都是由几个 Transformer 层（$z_0^{(0)}$除外）转换得到的。若有 L 个 Transformer 层，将获得 L 个全局分类特征。第 $l-1$ 个全局分类特征转换最多，记为 $z_{l-1}^{(l)}$，并将其作为包含最多信息的最终全局特征表达。

2. 序列稀疏化编码器

通过计算序列特征的余弦相似度发现，存在相似度较低的局部序列特征。因此为了提高序列特征的鲁棒性，受 Transformer 序列特征稀疏化思想的启发，在模型的第 3 层、第 6 层和第 9 层 Transformer 编码器中分割密集连接得到的全局分类特征 $z_{l-1}^{(l)}$ 和其他局部序列特征，再通过编码器中的自注意力机制进行关联，并依据编码器计算得到的注意力权重稀疏化不相关的局部序列，提高局部序列与全局分类特征的相关性，降低序列冗余。全局分类特征向量的注意力权重为

$$x_{cls}=A_{cls}\boldsymbol{V}=\mathrm{Softmax}\left(\frac{\boldsymbol{Q}_{cls}\boldsymbol{K}^{\mathrm{T}}}{\sqrt{d}}\right)\boldsymbol{V} \tag{11.5.4}$$

式中，$\sqrt{d}$是缩放因子；$\boldsymbol{Q}_{cls}$、$\boldsymbol{K}$ 和 $\boldsymbol{V}$ 分别表示 cls 的查询向量、键向量和值向量；cls 代表前几层密集连接得到的全局分类特征 $z_{l-1}^{(l)}$，$l=\{3,6,9\}$，cls 的输出是值向量 $\boldsymbol{V}=[\boldsymbol{v}_1,\boldsymbol{v}_2,\cdots,\boldsymbol{v}_n]^{\mathrm{T}}$ 的线性组合；组合系数 A_{cls}代表全局特征对局部序列特征的注意力值。由于 $\boldsymbol{v}_i$ 来自第 i 个嵌入序列，注意力值 A_{cls}^i表明该序列特征有多少信息通过线性组合方式融入 cls 的输出中，即表示第 i 个局部序列的重要性。通过识别相对重要的局部特征，并稀疏化不相关的嵌入序列，从而降低图像特征的冗余。编码器序列稀疏化的过程如图 11.60 所示。

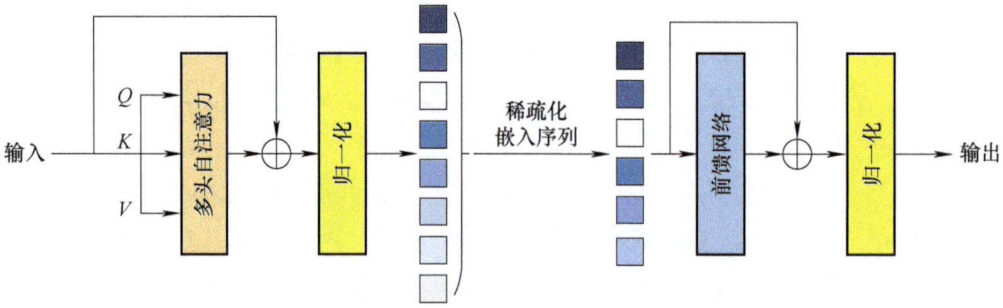

图 11.60　序列稀疏化编码器

在 ViT 多头自注意力层中，有多头并行计算的自注意力机制，即存在多个 cls 的注意力值 $A_{cls}^{(i)}$，$i=[1,2,\cdots,I]$，I 是注意力头总数。每一个序列特征所有头的平均注意力值为

$$\overline{A_{cls}} = \frac{1}{I}\sum_{i}^{I} A_{cls}^{(i)} \tag{11.5.5}$$

式中，$\overline{A_{cls}}$可作为每一个序列的注意力值。识别并保留 k 个$\overline{A_{cls}}$最大的局部序列特征。每一层稀疏编码器中设置一个序列稀疏化的保持率 $\mu(\mu=k/I)$，以防止过拟合。再使用 ID 损失和三元组损失联合监督稀疏编码器的训练，损失函数定义为

$$Loss_e = Loss_{\mathrm{ID}}(x_{cls}) + Loss_{\mathrm{T}}(x_{cls}) \tag{11.5.6}$$

通过序列稀疏化编码器保留的局部特征大多与目标行人的全局特征有较高的相关性，而被稀疏化的序列则表示被遮挡或有图像背景干扰的部分。

3. 移位混洗模块

ViT 算法利用来自整个图像的信息进行行人重识别，但在实际场景中，由于遮挡或不对准等问题，有时只能识别到行人身体的部分信息。在基于深度学习的行人重识别方法中，融合全局与局部特征的方法往往效果更好。因此，为了进一步提升模型在实际场景中的效能，受分组混洗操作和 TransReID 的启示，在 ViT 编码器的最后一层之前，加入移位混洗模块（Shift and Shuffle Module，SSM）来融合全局特征和局部特征，如图 11.61 所示。

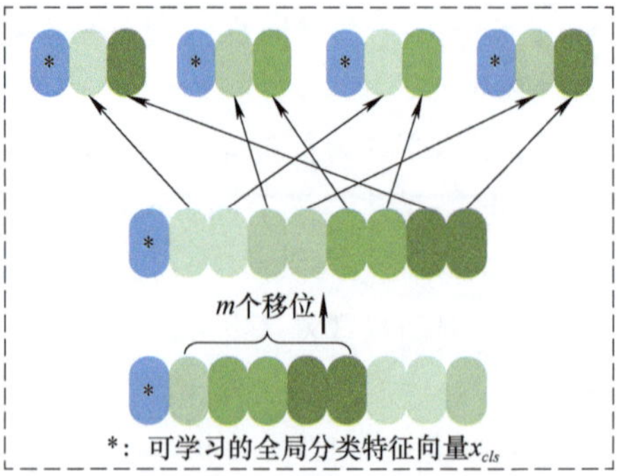

图 11.61　移位混洗模块

经过多层密集连接和序列稀疏化的 Transformer 编码器作用后，输入到最后一层的隐藏特征 $\mathbf{Z}^{(l-1)}=[z_{l-2}^{(l-1)};z_1^{(l-1)},z_2^{(l-1)},\cdots,z_n^{(l-1)}]$，其中，可分为全局分类特征 $z_{l-2}^{(l-1)}$ 和局部序列特征 $[z_1^{(l-1)},z_2^{(l-1)},\cdots,z_n^{(l-1)}]$ 两部分。$z_{l-2}^{(l-1)}$ 是前几层密集连接后转换最多的全局分类特征；$[z_1^{(l-1)},z_2^{(l-1)},\cdots,z_n^{(l-1)}]$ 则是经过三层稀疏编码器和其余标准编码器变换输出的 n 个局部序列特征。

首先将前 m 个序列（全局分类特征除外）移动到最后，即 $[z_1^{(l-1)},z_2^{(l-1)},\cdots,z_n^{(l-1)}]$ 平移 m 步，重构得 $[z_{m+1}^{(l-1)},z_{m+2}^{(l-1)},\cdots,z_{m+n}^{(l-1)},z_1^{(l-1)},z_2^{(l-1)},\cdots,z_m^{(l-1)}]$。训练中引入混洗操作有助于提高模型的鲁棒性。因此，将移位后的序列特征进行混洗，则隐藏特征为

$$\boldsymbol{Z}^{(l-1)} = [z_{x_1}^{(l-1)}, z_{x_2}^{(l-1)}, \cdots, z_{x_n}^{(l-1)}], x_i \in [1, n] \tag{11.5.7}$$

再将其分成 k 组，每组共享全局分类特征 $z_{l-2}^{(l-1)}$，并将它们输入到最后一层 ViT 编码层，编码输出为 k 个局部特征 $\{\boldsymbol{f}_j^{(l)} \mid j=1,2,\cdots,k\}$。其中，$\boldsymbol{f}_j^{(l)}$ 为第 j 个组输出的局部序列特征，不同的 $\boldsymbol{f}_j^{(l)}$ 可以代表不同的局部信息。与移位混洗模块平行的另一分支，即全局分支，如图 11.61 所示。全局分支将 $\boldsymbol{Z}^{(l-1)}$ 编码为标准 ViT 的输出 $\boldsymbol{Z}^{(l)} = [\boldsymbol{f}_{l-2}^{(l-1)}; z_1^{(l)}, z_2^{(l)}, \cdots, z_n^{(l)}]$，其中，$\boldsymbol{f}_{l-2}^{(l-1)}$ 作为最终输出的全局特征。全局分支输出的 $\boldsymbol{f}_{l-2}^{(l-1)}$ 与 k 个局部特征 $\{\boldsymbol{f}_j^{(l)} \mid j=1, 2,\cdots,k\}$ 串联，作为最终的特征表示。利用 ID 损失 $Loss_{\mathrm{ID}}$ 和三元组损失 $Loss_{\mathrm{T}}$ 对全局特征 $\boldsymbol{f}_{l-2}^{(l-1)}$ 和 k 个局部特征 $\boldsymbol{f}_j^{(l)}$ 进行优化训练，损失函数表示为

$$Loss_{\mathrm{S}} = Loss_{\mathrm{ID}}(\boldsymbol{f}_{l-2}^{(l-1)}) + Loss_{\mathrm{T}}(\boldsymbol{f}_{l-2}^{(l-1)}) + \frac{1}{k}\sum_{j=1}^{k}[Loss_{\mathrm{ID}}(\boldsymbol{f}_j^{(l)}) + Loss_{\mathrm{T}}(\boldsymbol{f}_j^{(l)})] \tag{11.5.8}$$

综合序列稀疏化编码器中的损失，模型训练的总损失表示为

$$Loss = Loss_{\mathrm{e}} + Loss_{\mathrm{S}} \tag{11.5.9}$$

11.5.2　仿真实验与结果分析

1. 实验设置

实验采用 Ubuntu 20.04 操作系统，基于 Python 3.8 完成编程，以 PyTorch 1.7.1 为深度学习框架，部署在 12GB 显存的 NVIDIA GeForce RTX 3060 GPU 上。以标准 ViT 作为主干网络，初始权重在 ImageNet-21K 上进行预训练，然后在 ImageNet-1K 上进行微调。输入行人图像的分辨率大小为 256×128 像素/英寸，训练批次大小设置为 64，每个 ID 行人每批次有 4 个图像。训练图像使用随机水平翻转、填充、裁剪和擦除进行数据增强。使用 SGD 优化器，动量设置为 0.9，初始学习率设置为 0.008，权值衰减设置为 1×10^{-4}。衰减策略使用余弦学习率衰减，同时使用半精度浮点格式 FP16 训练策略。网络由 12 层 Transformer 编码器构成，对前 11 层编码器的全局分类特征进行密集连接，在第 3 层、第 6 层和第 9 层加入序列稀疏化编码器。在模型中设置图像块大小 $P=16$，步长 $S=12$，隐藏维度 $D=768$。SSM 模块中 m 设置为 5，k 设置为 4，稀疏化的保持率参数 μ 设为 0.8。为了能够充分验证本节算法的行人重识别效果，便于与其他方法对比，实验采用欧式距离度量的三元组损失。

2. 遮挡行人数据集

为了验证本节算法的有效性，除了使用三个常用的行人重识别数据集进行评估，还将在场景更加复杂的遮挡行人数据集上验证本方法的效能。

Occluded-Duke 数据集来自 DukeMTMC-reID。过滤掉其中重叠的图像，留下遮挡图像。该数据集由 15618 张训练图像、2210 张遮挡查询图像和 17661 张图像库图像组成。

Occluded-REID 是通过手机采集获取的，由 200 个被遮挡行人的 2000 张图像组成。每个 ID 有 5 张全身无遮挡的行人图像和 5 张不同类型被严重遮挡的行人图像。

3. 与其他算法对比

现在三种不同类型的数据集上与近几年的其他算法进行对比，主要包括常用数据集 Market1501 与 DukeMTMC-reID，大规模复杂数据集 MSMT17，以及遮挡数据集 Occluded-Duke 与 Occluded-REID。对比结果如表 11.22 ~ 表 11.24 所示。

表 11.22 在常用数据集上的对比结果

算法	算法主体结构	Market1501		DukeMTMC-reID	
		mAP/%	Rank-1/%	mAP/%	Rank-1/%
RGA-SC	CNN	87. 9	95. 9	—	—
TransReID	Transformer	88. 0	94. 7	81. 2	90. 1
DAAT	Transformer	88. 8	95. 1	82. 0	90. 6
ISP	CNN	88. 6	95. 3	80. 0	89. 6
FED	CNN	86. 3	95. 0	78. 0	89. 4
HAT	CNN + Transformer	89. 8	95. 8	81. 4	90. 4
NFormer	CNN + Transformer	**91. 1**	94. 7	**83. 5**	89. 4
CDNet	CNN	86. 0	95. 1	76. 8	88. 6
RFCnet	CNN	89. 2	95. 2	80. 7	90. 7
PFD	Transformer	89. 7	95. 5	83. 2	91. 2
DSF	CNN	86. 2	94. 6	76. 3	88. 2
DFLN	CNN	89. 8	95. 9	81. 8	91. 3
FRT	Transformer	88. 1	95. 5	81. 7	90. 5
CMAN	Metric Attention Network	88. 7	95. 7	—	—
CMSAN	Multi-Scale Attention Network	89. 6	95. 8	—	—
DCSE	Transformer	**90. 2**	**96. 0**	**82. 6**	**91. 3**
DCSE (+ CosTriplet Loss)	Transformer	90. 8	96. 2	83. 0	91. 3

表 11.23 在大规模复杂数据集上的对比结果

算法	算法主体结构	MSMT17	
		mAP/%	Rank-1/%
RGA-SC	CNN	57. 5	80. 3
TransReID	Transformer	67. 4	85. 3
AAformer	Transformer	62. 60	82. 10
ABD	CNN	60. 8	82. 3
HAT	Transformer	61. 2	82. 3
NFormer	Transformer	59. 8	77. 3
CDNet	CNN	54. 7	78. 9
RFCnet	CNN	60. 2	82. 0
DFLN	CNN	64. 5	83. 6
APD	Transformer	57. 1	79. 8
DCSE	Transformer	**90. 2**	**96. 0**

表 11.24　在遮挡数据集上的对比结果

算　法	Occluded-Duke		Occluded-REID	
	mAP/%	Rank-1/%	mAP/%	Rank-1/%
HOReID	43.8	55.1	43.8	55.1
TransReID	59.5	67.4	—	—
PAT	53.6	64.5	72.1	81.6
FED	56.3	67.9	**79.4**	**87.0**
RFCnet	54.5	63.9	—	—
DSF	45.9	56.8	70.6	82.8
FRT	61.3	70.7	71.0	80.4
VAA	46.3	62.2	71.0	81.0
DCSE	**61.3**	**70.8**	**72.3**	**81.2**

表 11.22 表明，本节算法在两大常用数据上均取得了较有竞争力的结果。在 Market1501 数据集上，DCSE 算法达到了 90.2% 的 mAP 精度和 96.0% 的 Rank-1 准确值，其中 mAP 精度低于 NFormer 算法的 0.9%，高于 HAT 算法的 0.4%。在 DukeMTMC-reID 数据集上，NFormer 算法的 mAP 值略微高于 DCSE。这可能是由于 NFormer 是对所有输入图像间的近邻关系进行建模，抑制异常特征，寻求整体上更稳健的表示，但当某个行人 ID 样本数据不足时，NFormer 的效果会显著下降。因此，NFormer 需要大量图像数据进行训练，泛化能力不足，适用性差。值得注意的是，DCSE 在 Market1501 和 DukeMTMC-reID 数据集上的 Rank-1 分别比 NFormer 高出 1.3% 和 1.9%，这表明 DCSE 模型具有巨大潜力。为进一步提升模型性能，将本节设计的余弦距离度量三元组损失（CosTriplet Loss）应用到两大常用数据集的网络训练中，效果提升显著，同时也验证了 CosTriplet Loss 即插即用的特性。

MSMT17 是比 Market 1501 和 DukeMTMC-reID 更大、更复杂的数据集，在 MSMT17 数据集上评估的方法较少。该数据集包含室内和室外的行人图像，除了相机视点的差异之外，背景和光照也有很大的变化。表 11.23 表明，基于 CNN 的方法在 MSMT17 数据集上表现不佳，而 DCSE 基于 ViT 的方法相对而言表现更好，行人重识别性能大幅提升，并以较大的优势领先于所有 CNN 方法，也超越了众多采用 Transformer 作为主干的方法。DCSE 算法在 mAP 精度这一重要指标上大幅领先，达到了 90.2%，Rank-1 准确值也达到了 96.0%，远超 NFormer 方法。在 MSMT17 数据集上出色的表现证明了 DCSE 模型具有较强的泛化能力，可以更好地适应实际的复杂场景。

为了直观地验证 DCSE 的效果，将本节基于 Transformer 的方法与基于 CNN 注意力机制的方法进行对比。例如，Market1501 数据集中，CMAN 的 mAP 精度和 Rank-1 准确值达到了 88.7% 和 95.7%，CMSAN 达到了 89.6% 和 95.8%，而 DCSE 的性能更好，达到 90.2% 和 96.0%，说明 DCSE 的行人重识别准确率进一步提升。三种方法的识别结果对比如图 11.62 所示。选取 Market1501 数据集中较难识别的目标行人图像，即目标图像中存在高度相似的行人、遮挡重叠以及其他干扰。图 11.62 表明，DCSE 模型的行人重识别效果最佳。CMAN 仅依靠混洗注意力机制学习多通道信息交互的特征，能够敏锐高效地识别高度相似的行人样本，但深度特征学习可能对于基础细节信息的分辨能力不足，导致误判。CMSAN 通过融合浅层细节语义信息和多尺度全局特征有效改善了 CMAN 的不足，且模型不受尺度变化的影响。而 DCSE 进一步提升了模型的识别能力，能够辨识高度相似的行人和被遮挡的行人，使模型富有较强的竞争力。

图 11.62　行人重识别结果对比

此外，为进一步探究 DCSE 在复杂场景（如遮挡）中的重识别效果，在遮挡数据集 Occluded-Duke 和 Occluded-REID 上与其他方法进行了对比实验，实验结果如表 11.24 所示。在 Occluded-Duke 上，DCSE 达到了 61.3% 的 mAP 精度和 70.8% 的 Rank-1 准确值，同时 mAP 精度和 Rank-1 准确值均实现了最优。在 Occluded-REID 上，DCSE 的精度低于 FED 算法。FED 是专门为遮挡行人重识别任务设计的算法，但它在其他常用数据集上的性能远低于 DCSE。这表明 DCSE 既能解决一般问题，适应常规场景下的行人重识别，也能很好地解决复杂场景下行人重识别中富有挑战性的问题。

4. 消融实验

(1) 各模块兼容性分析

为了验证每个模块在行人重识别任务中的有效性，对 DCSE 进行消融实验。在 Market1501 和 DukeMTMC-reID 两大数据集上，先逐一添加各模块进行实验，然后再将不同模块组合进行兼容性分析。不同模块的效果及其兼容性分析结果如表 11.25 所示。

表 11.25　不同模块的效果及其兼容性分析结果

算　法	Market1501		DukeMTMC-reID	
	mAP/%	Rank-1/%	mAP/%	Rank-1/%
ViT	86.8	94.7	79.3	88.8
+ DCT	88.3	95.2	80.1	89.4
+ PSE	87.8	95.1	80.9	90.0
+ SSM	88.1	94.9	80.5	89.7
+ DCT + PSE	89.3	95.4	81.5	90.2
+ DCT + SSM	89.5	95.6	81.4	90.1
+ PSE + SSM	89.0	95.3	81.7	90.5
+ DCT + PSE + SSM	90.2	96.0	82.6	91.3

采用标准 ViT 作为基础模型。表 11.25 表明，ViT 在 Market1501 上就已经达到了 86.8% 的 mAP 精度和 94.7% 的 Rank-1 准确值，在 DukeMTMC-reID 上达到了 79.3% 的 mPA 精度和 88.8% Rank-1 准确值，已经超越了诸多 CNN 模型，这证明了 Transformer 在行人图像整体范围内对远距离全局关系建模的出色能力，避免了类似 CNN 模型陷入局部最优的问题，并获取了更具辨别力的特征。

在 ViT 的基础上，依次添加密集连接全局特征（DCT）、序列稀疏化编码器（PSE）和移位混洗模块（SSM），结果表明各模块均能有效提升模型性能，且不同模块叠加到基础模型中能够相互兼容，共同提高行人重识别效果。在 Market1501 数据集上，添加 DCT 模块的提升效果最明显，比 ViT 提高了 1.5% 的 mAP 精度和 0.5% 的 Rank-1 准确值，这表明通过密集连接分类特征，重用全局分类特征，能够使 ViT 模型关注到更多细节特征，加强了对全局视图特征挖掘的效果。而在 DukeMTMC-reID 数据集上，PSE 模块的效果最好，提升了 1.6% 的 mAP 精度和 1.2% 的 Rank-1 标准值。这是由于 DukeMTMC-reID 数据集中存在大量被遮挡的行人图像，图像信息的冗余和干扰较多。因此，稀疏化被遮挡部位以及不相关的背景信息，能够帮助模型降低冗余噪声的干扰。再结合 SSM 和 DCT 模块，就能更多地关注人体的主要部位，突出可辨别的行人局部特征，从而提升特征鲁棒性和模型的识别能力。

(2) 稀疏化保持率 μ 参数设置

由上述消融实验知，PSE 模块在 DukeMTMC-reID 数据集中表现优异。为进一步研究 PSE 模块的有效性，设定模块中稀疏化的保持率为 μ，在复杂场景下的遮挡行人数据集 Occluded-Duke 上进行实验。在 DCT 模块和 SSM 模块的基础上设置不同的 μ 值，根据最终的实验结果确定 μ 值。如图 11.63 所示，保持率 μ 反映了稀疏化编码器保留序列的数量。而不同的滑动窗口步长 S 也会改变初始输入图像块序列的总数，从而影响 ViT 模型性能，因此还需要对 S 进行消融实验，即设置不同的 S，观察模型性能的差异。在设置不同保持率 μ 的实验过程中，比较了网络模型的参数量大小，如表 11.26 所示。图 11.63 和表 11.26 表明，当 μ 从 1.0 降到 0.8 时，模型参数量变少，而性能提高。选择合理的 μ 值可以有效地过滤不相关特征，降低计算复杂度，提高模型推理能力。综合图 11.63 和表 11.26 可知，当 $\mu=0.8$，$S=12$ 时，实现了计算复杂度和模型性能之间的最佳平衡，相比于不实施稀疏化策略 ($\mu=1$)，提高了 0.6% 的 mAP 精度和 0.8% 的 Rank-1 准确值，降低了大约 21% 的模型参数量。

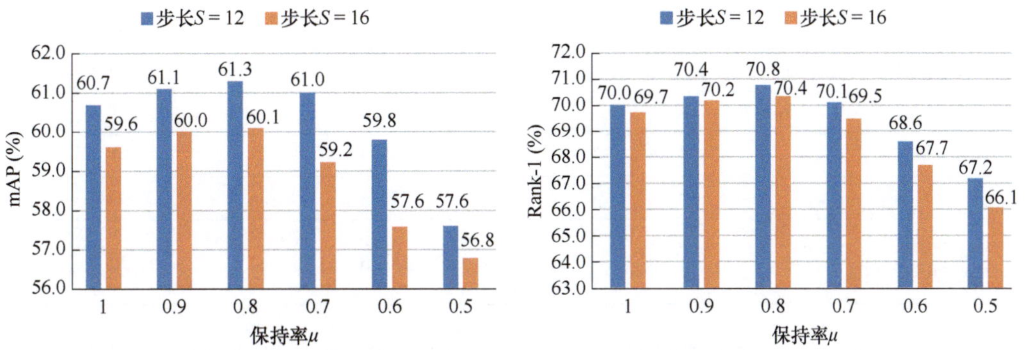

图 11.63　不同保持率 μ 对应的实验结果

表 11.26　不同保持率 μ 的模型参数量

保持率 μ	1	0.9	0.8	0.7	0.6	0.5
模型参数量（M）	85.65	76.51	67.38	59.24	50.82	45.36

（3）不同稀疏编码层的效果验证

不同稀疏编码层的序列稀疏化过程如图 11.64 所示。随着稀疏编码器层数的增加，更多的物体遮挡、行人遮挡和背景噪声等与行人整体不相关的局部信息被过滤掉，目标行人基本的可识别信息被保留。这反映了 PSE 模块具有自适应性，能自动捕获这种相关性，不依赖于行人身体结构的先验知识，能够较好地处理复杂场景下被遮挡行人的重识别任务。

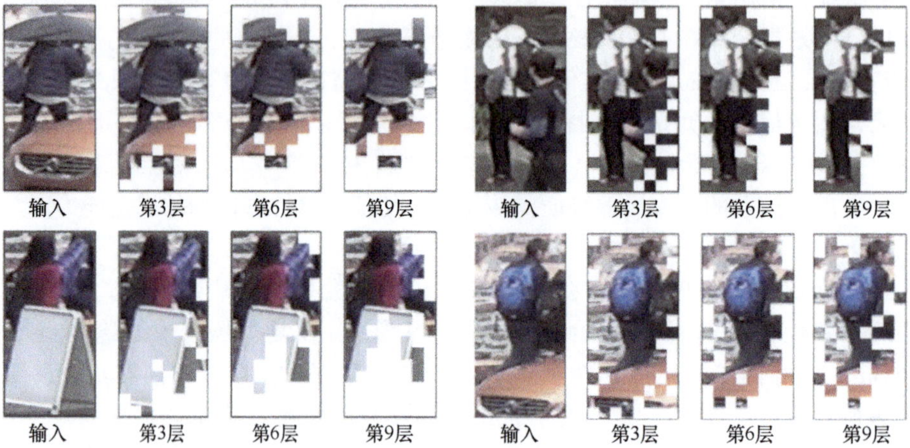

图 11.64　序列稀疏化过程可视化

（4）分组移位混洗参数

通过在 DukeMTMC-reID 数据集上进行多组实验，比较 SSM 模块中参数 k 对模型性能的影响，实验结果如表 11.27 所示。

表 11.27　不同 k 值的模型性能比较

模　型	分组数	DukeMTMC-reID	
	k	mAP/%	Rank-1/%
no SSM	—	81.2	90.2
+ SSM	2	81.6	90.8
+ SSM	4	**82.6**	**91.3**
+ SSM	6	82.3	91.1
+ SSM	8	82.1	90.7
+ SSM（仅局部序列分组）	4	81.5	90.6

表 11.27 表明，在 DCT 和 PSE 模块的基础上，加入 SSM 模块且分组数 $k=4$ 时实现了模型性能最优，比不添加 SSM 模块提高了 1.4% 的 mAP 精度和 1.1% 的 Rank-1 准确值。在此

基础上，还与仅进行局部序列特征分组而不实施移位混洗操作的模型作比较，结果表明，移位混洗操作辅助模型提升了 1.1% 的 mAP 精度和 0.7% 的 Rank-1 准确值，促使模型融合更多全局与局部的互补特征，充分利用 Transformer 对全局关系建模的优势，学习全局上下文信息和可辨别的局部特征，使模型更加合理健壮。

本节提出的基于密集连接的序列稀疏化 Transformer 编码器，主要为了解决 ViT 模型在面对行人重识别中类间和类内变化较大的情况时，需要获取鲁棒性较强的行人局部序列特征和可辨别的全局特征的问题。对于全局特征，设计了一种密集连接全局分类特征的结构，实现了 ViT 层间特征信息的交互与重用，使模型更加关注行人的整体部位。对于局部序列特征，提出了序列稀疏化编码器，用于识别相对重要的局部特征，自适应地稀疏化背景噪声和遮挡部位有关的嵌入局部序列，而不依赖于行人身体的先验信息，提高了特征的鲁棒性。最后，采用移位混洗模块融合并重构多分组的全局与局部特征，学习行人所有部位之间的联系。经过大量的实验验证，DCSE 算法在多个不同类型的数据集上都具有出色的表现。

11.6　基于改进 YOLOv5 网络的无人机图像检测

目标检测对于检测图像中特定类别的视觉对象（如行人、汽车、动物、地形等）具有挑战性和实用性。目前主要有两种目标检测方法：一种是以基于区域候选框的卷积神经网络（RCNN）系列为代表的双阶段目标检测算法；另一种是以 You Only Look Once（YOLO）系列为代表的单阶段目标检测算法。两种检测算法各有其优缺点。双阶段目标检测算法精度高，但检测速度慢且实时性差；而单阶段目标检测算法速度快，但检测精度不高，特别是检测小目标时，其结果难以满足实际需求。基于深度学习的目标检测算法被定义为各种组件的组合，检测网络主要由骨干网、颈部和检测头三个部分组成。在这种组合下，骨干网用于为检测任务提取特征，检测头用于预测边界框和类别的实际检测模型，而颈部被放置在骨干网和检测头之间，用来融合骨干网模型不同阶段的特征映射。在检测工程中，由于小目标分辨率低、存在遮挡、细节难以察觉，且存在检测精度低、漏检率高等问题。目前，“小目标”有两种定义。第一种为绝对小目标，当其小于 32 × 32 像素时即可称为绝对小目标。第二种是相对小目标，这就意味着当特定目标的大小小于原始图像大小的一定比例时，就可称其为小目标。本节实验采用了第一种定义。小目标由于特征信息低、存在背景干扰与遮挡且定位精度要求高，给目标检测任务带来了许多的困难和挑战。因此，小目标检测研究是当前目标检测任务中最关键的问题之一。现在越来越多的目标检测任务应用于一些特定的场景，如通过无人机拍摄照片进行目标定位，这对检测的精度和实时性要求很高。本节实验以单阶段目标检测算法中检测率较高的知名算法 YOLOv5 为基线，选用小目标数据集 VisDrone 2019 上的目标进行训练。通过修改 YOLOv5 损失函数提高对小目标的回归定位，并为模型添加一个新的模块（SPD-Conv），该模块在处理低分辨率图像和小目标检测任务时极其有效。最后，使用密集卷积网络（DenseNet）加强骨干网络的特征传递，对 YOLOv5 模型进行改进。

11.6.1 问题与解决思路

最近的目标检测方法通常采用功能强大的主干模型，如 ResNet、Hourglass 和 ResNeXt。基于特征金字塔网络的结构是颈部模型的主要选择。还有多级头部模型，如 Faster R-CNN、Mask R-CNN 和 Cascade R-CNN。Faster R-CNN 通过区域建议网络（RPN）生成提案。Mask R-CNN 扩展了 Faster R-CNN 来同时执行检测和分割任务。此外，GFL 和 RetinaNet 是单阶段检测器，单阶段检测器省略了预选阶段，只对密集样本位置进行检测。

在 R-CNN 系列之后，Redmon 等人提出了检测速度更快的 YOLO 算法。与 R-CNN 系列相比，YOLO 在划分的网格上通过直接回归目标的边界框和它所属的类，将目标识别作为一个回归问题处理，大大缩短了检测时间。YOLO 的检测速度虽然非常快，但是其泛化能力和检测精度都相对较差。为了解决上述问题，Liu 等人提出了 Single Shot multiBox Detector（SSD）系列算法，Redmon 等人提出了其他 YOLO 系列算法，这些算法在检测精度和检测速度方面都得到了进一步提高。由于 YOLO 系列的成功应用，许多 YOLO 的改进算法应运而生，如基于 YOLOv3 的改进算法 YOLOX，将无锚框方法引入 YOLO 系列；基于 PP-YOLOv2 的改进算法 PP-YOLOE，大大提高了模型性能。

目前，基于深度学习的目标检测算法在目标检测方面取得了很大的突破，但是对无人机图像的目标检测效果并不理想。因为无人机图像多为小目标，不同类别的样本数量差异较大，且不同类别与同类之间的尺度方差也很大。为了解决这些难题，出现了自适应重采样算法（称为 AdaResampling）、无人机图像数据增强的硬片挖掘算法、减小尺度方差的多尺度特征提取算法等。FA-SSD 是一种基于 SSD 的小目标检测增强算法，它有两种结构：F-SSD 和 A-SSD。F-SSD 用于融合不同尺度的特征层，增强背景下的特征信息；A-SSD 是一种两阶段的注意力机制，允许检测集中在小目标上，有助于减少上下文中不需要检测的特征信息的数量。尽管 FA-SSD 采用 SSD 作为基线，但是该算法也可以推广到其他检测网络中。级联 R-CNN 是根据 Faster R-CNN 设计的级联检测器，由于该检测器在训练过程中输出的 IoU 值大于输入的 IoU 值，同时上一阶段的输出可以作为下一阶段的输入，因此能获得越来越高的 IoU 值，解决了 IoU 阈值过高导致的过拟合和 IoU 阈值过低导致的误检问题，大大提高了小目标的检测效果。

特征金字塔网络（FPN）是检测小目标的一种重要方法。现有模型大多是基于 FPN 建立的。QueryDet 使用一种新的查询机制来加快了基于特征金字塔对象的推断，提高了模型的推理速度和对小目标的检测精度。

针对小目标检测不理想的问题，本节实验提出了 FSD-YOLOv5 算法。实验表明，FSD-YOLOv5 算法显著提升了对小目标的检测能力。

11.6.2 算法原理

YOLOv5 是新一代单阶段检测算法，模型更小、训练更快，从一开始就进行不断优化。本节实验设计的 FSD-YOLOv5 采用 YOLOv5 网络的最新版本为基础架构；采用 Focal EIoU Loss 代替原有的损失函数；在骨干网络上，增添了 SPD 模块；基于 DenseNet 的思想，搭建了 DenseNetC3。

1. 损失函数（Focal EIoU Loss）

在头部端，最重要的是损失函数的选取。目标检测算法中的损失函数一般由边界框损失、目标损失和分类损失构成，以此来度量网络模型预测信息和期望信息之间的距离。预测信息越接近期望信息，损失函数值就越小。YOLOv5 将 CIoU Loss 作为损失函数，在 DIoU Loss 基础上增加了一个影响因子，考虑预测框和目标框的宽高比，其计算方法为

$$\mathrm{CIoU}_{\mathrm{Loss}} = 1 - \mathrm{CIoU} \tag{11.6.1}$$

$$\mathrm{CIoU} = \mathrm{IoU} - \frac{d_{\mathrm{o}}^2}{d_{\mathrm{c}}^2} - \frac{v^2}{1 - \mathrm{IoU} + v} \tag{11.6.2}$$

$$v = \frac{4}{\pi^2}\left(\arctan\frac{w^{\mathrm{gt}}}{h^{\mathrm{gt}}} - \arctan\frac{w^{\mathrm{p}}}{h^{\mathrm{p}}}\right)^2 \tag{11.6.3}$$

式中，d_{o} 为预测框和目标框的中心点欧式距离；d_{c} 是最小外接矩形的对角线长度；$\frac{w^{\mathrm{gt}}}{h^{\mathrm{gt}}}$和$\frac{w^{\mathrm{p}}}{h^{\mathrm{p}}}$分别是预测框和目标框的宽高比。

与 DIoU Loss 相比，尽管 CIoU Loss 增加了一个影响因子来考虑引入中心点距离和宽高比，但是仍然无法有效地描述边界框回归的目标，并可能导致收敛速度变慢且回归不准确。因此，在原有的 CIoU Loss 基础上，引入 Focal EIoU Loss 作为损失函数，即

$$L_{\mathrm{Focal\text{-}EIoU}} = \mathrm{IoU}^{\gamma} L_{\mathrm{EIoU}} \tag{11.6.4}$$

式中，γ 是一个用于控制曲线弧度的超参数，默认为 0.5。

$$L_{\mathrm{EIoU}} = L_{\mathrm{IoU}} + L_{\mathrm{dis}} + L_{\mathrm{asp}} = 1 - \mathrm{IoU} + \frac{\rho^2(b, b^{\mathrm{gt}})}{c^2} + \frac{\rho^2(w, w^{\mathrm{gt}})}{c_w^2} + \frac{\rho^2(h, h^{\mathrm{gt}})}{c_h^2} \tag{11.6.5}$$

EIoU Loss 如式（11.6.5）所示，分为 IoU 损失、距离损失和边长损失 3 个部分。其中，L_{IoU}是 IoU 损失；L_{dis}是距离损失；L_{asp}是边长损失；c_w 和 c_h 分别是覆盖预测框和目标框的最小外接矩形框的宽度和高度。

与 CIoU Loss 相比，EIoU Loss 不仅将纵横比的损失项拆分成预测宽高与最小外接框宽高的差值，从而提高了模型的收敛速度和回归精度，而且引入了 Focal Loss 解决边界框回归任务中的样本不平衡问题，减少与目标框重叠较少的大量锚框对边界框的影响，使整个回归过程更加专注于高质量锚框。

2. 融合 SPD 模块

卷积神经网络在图像分类、目标检测等计算机视觉领域取得了巨大的成功。然而，在图像分辨率低或物体较小的任务中，它们的性能会迅速下降。这是因为现有的 CNN 体系结构中存在一个很常见但有缺陷的设计，即跨卷积和池化层，这些会导致细粒度信息丢失和特征表示学习效率低下。SPD 组件将原始图像变换技术推广到 CNN 内部和整个 CNN 的下采样特征图。考虑任意大小为 $S \times S \times C_1$ 的中间特征映射 X，将一组子特征映射切片为

$$\begin{aligned}
f_{0,0} &= X[0:S:\mathrm{scale}, 0:S:\mathrm{scale}],\ f_{1,0} = X[1:S:\mathrm{scale}, 0:S:\mathrm{scale}], \cdots,\\
f_{\mathrm{scale}-1,0} &= X[\mathrm{scale}-1:S:\mathrm{scale}, 0:S:\mathrm{scale}];\\
f_{0,1} &= X[0:S:\mathrm{scale}, 1:S:\mathrm{scale}],\ f_{1,1}, \cdots,\\
f_{\mathrm{scale}-1,1} &= X[\mathrm{scale}-1:S:\mathrm{scale}, 1:S:\mathrm{scale}];\\
&\vdots\\
f_{0,\mathrm{scale}-1} &= X[0:S:\mathrm{scale}, \mathrm{scale}-1:S:\mathrm{scale}],\ f_{1,\mathrm{scale}-1}, \cdots,
\end{aligned}$$

$$f_{\text{scale}-1,\text{scale}-1} = X[\text{scale}-1:S:\text{scale},\text{scale}-1:S:\text{scale}]。$$

一般来说，给定任意原始特征图 X，子图 $f_{x,y}$ 由 $i+x$ 和 $j+y$ 可按比例整除的所有项 $X(i+j)$ 形成。因此，每个子图按比例因子对 X 进行下采样。图 11.65a ~ 图 11.65c 举了一个 scale = 2 时的例子，得到 4 个子图 $f_{0,0}, f_{1,0}, f_{0,1}, f_{1,1}$，每个子映射的形状为 $(S/2, S/2, C_1)$，即将 X 下采样 2 倍。

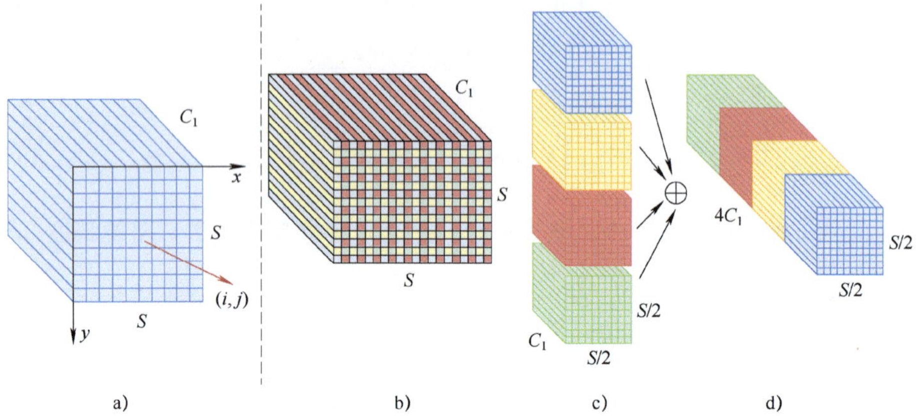

图 11.65　scale = 2 时的 SPD-Conv 图示

接着，沿信道维度串联这些子特征映射，从而获得特征映射 X'，如图 11.65d 所示。其空间维度降低了一个 scale，信道维度增加了一个 scale^2。换句话说，SPD 将特征图 $X(S,S,C_1)$ 转换为中间特征图 $X'(S/\text{scale}, S/\text{scale}, \text{scale}^2 C_1)$。

YOLOv5 使用 CNN 结构作为骨干网络，所以对无人机图像的目标检测精度较低。因此，在原有的骨干网络上增加 SPD 组件，改进后的 YOLOv5-SPD 模型结构如图 11.66 所示。

3. 特征提取模块

在 YOLOv5 中，C3 模块是对残差特征进行学习的主要模块，其结构分为两支，一支使用多个瓶颈层堆叠标准卷积层，另一支仅经过一个标准卷积层，最后将两支进行拼接操作。C3 模块仅通过一个残差对目标特征进行学习，特征提取效果较差，特别是在检测小目标时，很难有效提取到浅层的特征，且浅层的语义信息无法有效传递到后几层特征图中。DenseNet 在图像检测任务中表现突出，其独特的密集连接操作实现了特征复用，可以将所有层连接在一起。为了保持前馈特性，每一层都从前面所有的层获得额外的输入，在参数和计算成本更少的情况下实现更优的性能。现将 DenseNet 与 C3 相结合，得到一个新的特征提取模块 DenseNetC3，如图 11.67 所示。通过密集连接实现特征复用，加强特征之间的传递，从而提升对小目标的特征提取能力。

在原有的瓶颈层中增加 3 × 3 的卷积，并将每个卷积层的结果传递至后续的卷积层中，利用相加操作进行融合，其数学表达为

$$\text{CBL} = F_l[\text{Add}(\text{CBL}_i, \text{CBL}_{i-1}, \cdots, \text{CBL}_0)] \tag{11.6.6}$$

式中，CBL 代表输出的 C3 模块；CBL_i、CBL_{i-1}、…、CBL_0 代表需要融合的标准卷积层；F_l 代表三种操作的组合函数，分别是 3 × 3 卷积、BN 和 SiLU。

通过实验对比，确定在瓶颈层里增加两个 3 × 3 的卷积，并把 DenseNetC3 模块放在骨干网络中。

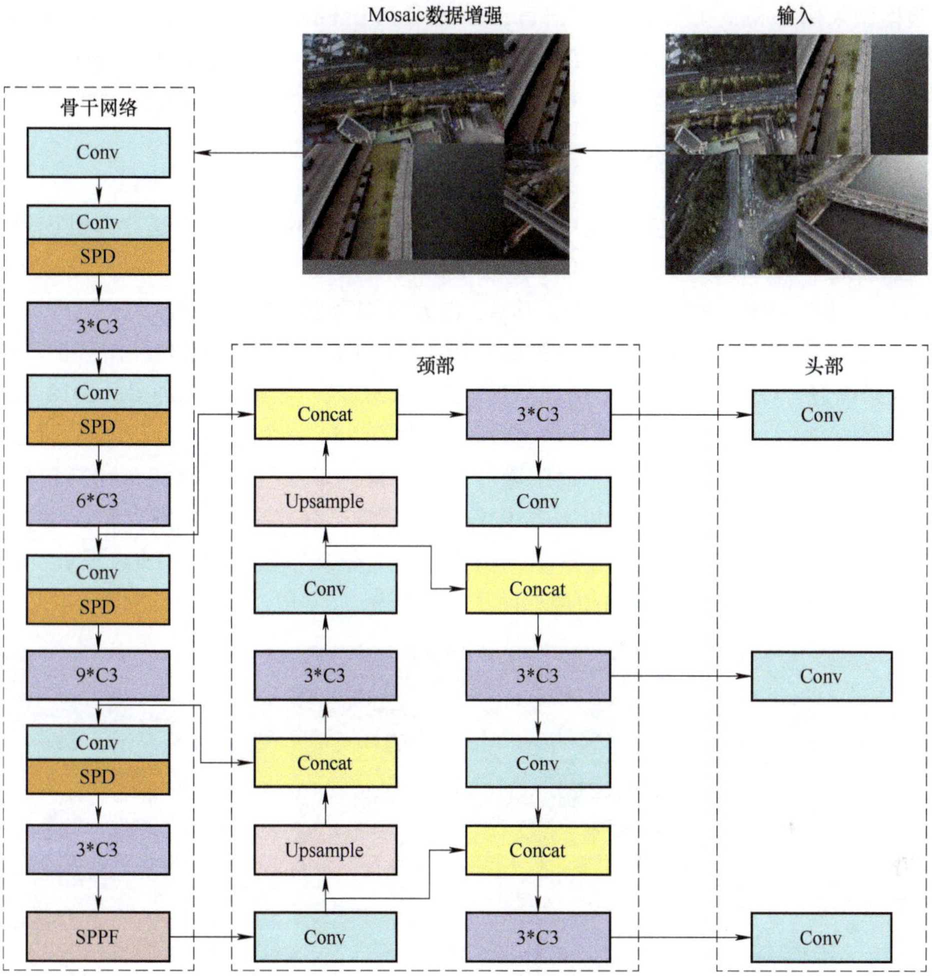

图 11.66　YOLOv5-SPD 模型结构

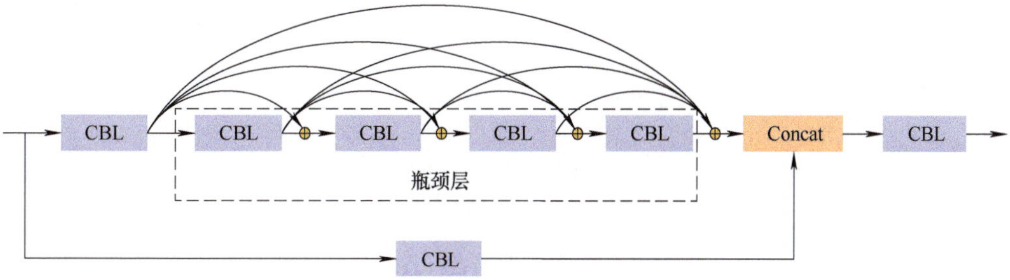

图 11.67　DenseNetC3 的结构

11.6.3　仿真实验与结果分析

YOLOv5 算法提供了五种不同尺度的模型：YOLOv5n，YOLOv5s，YOLOv5m，YOLOv5l 和 YOLOv5x。每一个尺度模型都有不同的深度和宽度，但它们的结构相同，只有大小和复杂性有所不同。本节实验使用 YOLOv5s 网络模型对小目标的识别能力进行检验和分析。

实验模型采用 Python 3.7.16 编程语言，并使用 PyTorch 1.10.1 深度学习框架搭建模型。采用 12GB 显存的 NVIDIA GeForce RTX 3060 GPU 进行训练。使用 SGD 和 Adam 优化器对模型进行优化，初始化学习率设置为 0.0001，批处理大小设置为 16，所有的模型在数据集上均迭代训练 200 次。

1. VisDrone 数据集

在基于无人机的应用和自主导航中，识别无人机图像中的目标一直是计算机视觉研究人员感兴趣的主题。VisDrone 数据集结合了最先进的模型和集成检测技术。前三位检测器分别是 DPNet-ensemble、RRNet 和 ACM-OD，其 AP 得分分别为 29.62%、29.13% 和 29.13%。然而，最好的检测器 DPNet-ensemble 的 AP 得分仍不到 30%。由无人机平台捕获的 VisDrone-Det2019 数据集包含在不同高度、不同地点的 8599 张图像，这与 VisDrone-Det2018 数据集相同。标签涵盖了 10 个预定义的类别，并包含目标对象的 54 万个边界框。这些类别分别是面包车、公共汽车、人、卡车、汽车、遮阳篷三轮车、自行车、行人、摩托车和三轮车。将数据集中 6471 张图像作为训练集，548 张图像作为验证集，1610 张图像作为测试集。所用图像的输入大小为 1360×765 像素。数据集中图像的最大分辨率为 2000×1500 像素/英寸。从 VisDrone 2019 数据集中随机选择的图像如图 11.68 所示。

图 11.68　从 VisDrone 2019 数据集中随机选择的图像

2. 评价指标

为验证 FSD-YOLOv5 的性能，采用三个性能指标来评估：精确率 P(Precision)、召回率 R（Recall）和精度 mAP（mean Average Precision），即

$$P = \frac{TP}{TP + FP} \tag{11.6.7}$$

$$R = \frac{TP}{TP + FN} \tag{11.6.8}$$

$$mAP = \frac{\sum_{i=1}^{N} AP_i}{N} \tag{11.6.9}$$

$$AP = \int_0^1 P(R)\mathrm{d}R \tag{11.6.10}$$

式中，TP 是模型正确检测到的目标数；FP 是模型错误检测到的目标数；FN 为模型未检测

到的目标数；N 为类别数；AP 是单个目标类别的平均精度。

3. 消融实验

为验证所提出三个改进方法的有效性，在 VisDrone 2019 数据集上进行消融实验。实验结果如表 11.28 所示（表中加粗表示最高精度），其中 Baseline 表示 YOLOv5s，√表示所添加的模块。

表 11.28　VisDrone 2019 数据集上的消融实验

数据集 \ 模块	Baseline	Focal EIoU Loss	SPD	DenseNetC3	mAP/%
VisDrone 2019	√				33.9
	√	√			35.1
	√		√		34.8
	√			√	35.2
	√		√	√	35.6
	√	√	√	√	**36.3**

表 11.28 表明，在 VisDrone 2019 数据集上单独使用 Focal EIoU Loss 时，模型精度相较于 YOLOv5s 提高了 1.2%；单独使用 SPD 时，精度提高了 0.9%；单独使用 DenseNetC3 时，精度提高了 1.3%；同时使用 SPD 和 DenseNetC3 时，精度提高了 1.7%；而将三个模块同时添加使用时，模型整体精度提高了 2.4%，提升效果明显。这说明 DenseNetC3 可以使模型有效应对 VisDrone 2019 数据集中的小目标检测问题。

4. 损失函数的对比实验

为了分析 Focal EIoU Loss 对模型精度的提升能力，在 YOLOv5s 模型基础上，分别使用 SIoU、Wise IoU、XIoU、EIoU 和 Focal EIoU 作为其损失函数进行实验。实验结果如表 11.29 所示（表中加粗表示最高精度），其中 Baseline 表示 YOLOv5s，√表示所选择的损失函数。

表 11.29　各损失函数的对比

数据集 \ 损失函数	Baseline	SIoU	Wise IoU	XIoU	EIoU	Focal EIoU	mAP/%
VisDrone 2019	√						33.9
	√	√					34.4
	√		√				33.6
	√			√			34.3
	√				√		34.9
	√					√	**35.1**

表 11.29 表明，与使用其他损失函数相比，当模型使用 Focal EIoU 作为损失函数时，模型的精度最高；而使用 Wise IoU 时，模型的精度有所下降。为解释其原因，现将五种损失函数所对应的检测热力图进行可视化，如图 11.69 所示（绿色表示噪声信息，黄色表示目标物）。

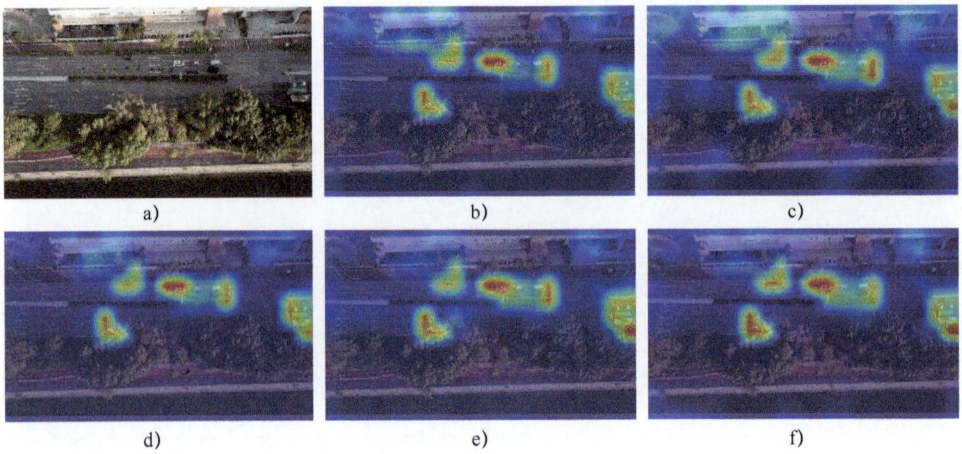

图 11.69　不同损失函数对应的检测热力图

a）原始图像　b）SIoU　c）Wise IoU　d）XIoU　e）EIoU　f）Focal EIoU

在热力图中，颜色越深表示模型越关注该区域的特征信息。图 11.69 表明，SIoU 和 Wise IoU 均学习到了噪声信息，这不利于模型学习目标信息，从而影响模型的检测精度。XIoU、EIoU 与 Focal EIoU 几乎没有关注到噪声信息，而是主要关注目标及其周边区域的特征信息。与 XIoU 和 EIoU 相比，Focal EIoU 在中心区域的颜色更深，且对目标周围的相关区域也有所关注。

5. SPD 模块对比实验

随着下采样次数的逐渐增加，小目标的特征会越来越少。将 SPD 模块集成到原模型的骨干网络中，可以对特征图进行重组，加强模型对重要特征的学习能力，从而增强模型对小目标的检测效果。

选择道路场景作为检测对象，并将 YOLOv5s 和 SPD-YOLOv5s 的检测结果进行对比，如图 11.70 所示。该图表明，SPD-YOLOv5s 算法增强了模型对小目标的学习能力，针对原算法的漏检问题进行了改进。

图 11.70　增加 SPD 模块的检测结果对比

a）YOLOv5s　b）SPD-YOLOv5s

6. DenseNetC3 模块不同参数的对比实验

为了确定将 DenseNetC3 模块整合到 YOLOv5s 的最佳模式，对 DenseNetC3 模块中添加的 3×3 卷积数量以及在添加位置进行了实验，结果如表 11.30 所示（表中加粗表示最高精度）。

表 11.30　DenseNetC3 模块不同参数的对比结果

卷积数量	位　置	精确率/%	召回率/%	mAP/%
0	—	46.1	34.4	33.9
2	骨干网络	**48.4**	34.8	**35.2**
3	骨干网络	47.9	34.7	34.5
4	骨干网络	47.6	**34.9**	34.4
2	颈部	45.4	33.3	33.1
2	头部	45.4	32.3	31.4

表 11.30 表明，当添加 2 个 3×3 卷积并把优化的 DenseNetC3 模块放在骨干网络中时效果最好。当把 DenseNetC3 模块集成到其他位置或改变卷积的数量时，模型的检测效果会降低。本文推测这一现象可能有两个原因：一方面，增加卷积数量可能导致数据冗余，这会影响检测效果；另一方面，VisDrone 2019 中的大部分目标都很小，模型经过多次下采样操作后，颈部和头部模块中留下的特征信息较少。因此，将 DenseNetC3 模块放在颈部和头部的效果并不理想。

7. 主流算法对比实验

将 FSD-YOLOv5 与其他主流的目标检测算法进行对比，实验结果如表 11.31 所示（表中加粗表示最高精度）。由该表可知，FSD-YOLOv5 的检测精度最高。与 YOLOv5s 相比，FSD-YOLOv5 对大部分类别的目标检测精度均有所提高，其总体精度提升 2.4%。这表明，本节的改进措施能有效提升无人机图像中的目标检测精度。部分检测结果如图 11.71 所示。

表 11.31　各算法在 VisDrone 2019 数据集中的检测精度

类别 \ 算法	SSD	YOLOv7	YOLOv8n	Faster R-CNN	YOLOv5s	FSD-YOLOv5
行人	22.4	40	37.3	8.3	40.1	**46**
人	10.3	27.8	29.3	3.4	32.6	**36.9**
自行车	5.3	8.96	9.2	4.6	12	**11.1**
汽车	58	74.1	76.8	41.2	74.2	**78.6**
面包车	30.3	**42.3**	40.8	30.7	36.8	39.2
卡车	29.7	**43.4**	32.7	38.7	29.7	30.2
三轮车	11.5	20	**25.1**	18.5	20.9	20.7
遮阳篷三轮车	4.5	**13**	12.5	10.1	11.5	11.5
公共汽车	46.5	**55.9**	50.6	52.4	43.2	47
摩托车	19.5	36.8	39.4	10	38.8	**42.2**
mAP/%	23.8	36.2	35.4	21.8	33.9	**36.3**

表 11.31 表明，与 YOLOv5s 相比，FSD-YOLOv5 提高了对小目标的检测能力。与其他主流算法相比，无论是单阶段 SSD 算法还是 Faster R-CNN 检测算法，FSD-YOLOv5 在各类别的检测精度上都有显著提升；但与 YOLOv7 和 YOLOv8n 相比，FSD-YOLOv5 的精度提升并不明显。

图 11.71　VisDrone 2019 数据集的可视化结果

针对小目标分辨率低、特征不明显等问题，在 YOLOv5 基础上提出了 FSD-YOLOv5 算法。该算法将 Focal EIoU 作为损失函数优化边界框回归，引入 SPD 卷积，并修改了骨干网络中的 C3 模块。将 FSD-YOLOv5 在 VisDrone 2019 数据集上进行测试。实验结果表明，与 YOLOv5 相比，该模型在精确率、召回率和 mAP 精度等方面均有明显的提升，即 FSD-YOLOv5 算法在一定程度上提高了 YOLOv5 对小目标的检测效果。

11.7 基于级联多尺度特征融合残差网络的图像去噪

图像去噪可以提高退化图像的质量，从而为后续图像分析等复杂视觉处理任务提供更好的输入数据。随着深度学习的出现，图像去噪方法基本上可以分为基于模型的去噪方法和基于判别的去噪方法。然而，大部分去噪方法都是基于合成噪声进行研究，只需要向无噪声图像添加合成噪声就可以轻松构建一对有噪声和无噪声图像。随着数据集增加以及模型改进，去噪性能得到了提升。然而，真实噪声和合成噪声在其生成方式、复杂性、控制性和应用领域上存在差异。真实噪声图像具有空间变异性，其噪声强度都是未知的，因此很难对其进行有效处理。在算法研究中，合成噪声通常用于快速验证和比较不同的图像处理方法，而在实际应用中，需要处理真实噪声以提高图像质量。研究发现，使用合成图像训练的 CNN 在现实世界的噪声图像处理上表现不佳，有时甚至不如传统的 BM3D 图像去噪算法。

当涉及现实世界的图像去噪时，存在两种主要方法。第一种方法旨在寻找更精确的噪声模型，而不仅仅采用传统的加性高斯白噪声模型。它依赖于先验知识、物理模型或传感器特性，以更准确地模拟图像中的噪声，包括信号相关和信号无关的噪声成分。这种新噪声模型的好处是，它可以进行噪声估计，将其添加到无噪声地面实况图像中，可以构建无限多的训练图像对。然而，对于这种方法是否能够准确地模拟真实世界的噪声仍存在一些争议。第二种方法试图从真实世界的噪声图像中还原出几乎没有噪声的真实图像，即进行图像去噪。这种方法的挑战在于需要从真实噪声图像中逆向生成无噪声图像，这需要专业知识和技术。每种方法都有其优势和挑战。在本节实验中，我们使用一些数据集（如智能手机图像去噪数据集 SIDD）提供的真实世界噪声图像，并采用第二种方法进行图像去噪。

本节实验提出了一个用于真实世界图像去噪的级联多尺度特征融合残差网络（Cascade Multi-scale Feature fusion Residual Network，CMFRNet）。特别的是，该网络的架构采用残差密集块（RDB）作为组件，并对其进行了修改，将其定义为双支路自适应密集残差块（DADRB）。通过将 DADRB 与具有多尺度空间注意力块的跳跃连接 U-Net 进行级联，以在现实世界图像去噪任务中获得先进的性能。同时，增强 CMFRNet 的学习能力，将 Charbonnier 损失和边缘损失相结合，以恢复高频和低频细节，从而克服均方误差（MSE）损失引入的模糊结果。

综上所述，本节实验的主要内容如下。

1）提出一种基于级联多尺度特征融合残差网络的真实世界图像去噪模型，采用双支路空洞卷积扩大感受野，使用残差密集网络保留和传递丰富的信息，并通过改进的通道注意机制自适应地提取特征。

2）为防止图像信息特征单一化，用改进的编解码器提取上下文信息。同时，为了防止过度下采样使图像信息丢失，采用多尺度空间注意力（MSA）模块关注每个分支不同的特征，用于增加感受野并提取多尺度信息。此外，采用注意力模块来提取区域内信息最丰富的特征。

3）模型整体类似 U-Net 模型内嵌 U-Net 模块，双支路自适应密集残差块和具有多尺度空间注意力的 U-Net（MSU-Net）模块能够实现对多尺度和单一尺度特征的互补。在双支路自适应密集残差块之间加入长跳跃连接，可以同时提取全局信息并保留局部细节，从而为后续的全面去噪做好准备。

11.7.1　问题与解决思路

由于深度学习的快速发展，基于 CNN 的图像去噪已经有很多成功的网络框架。例如，DnCNN 结合残差学习和批量归一化可以提高网络去除高斯噪声的性能；快速灵活的去噪神经网络（FFDNet）可以进行局部噪声估计；注意力引导网络（ADNet）可以强调浅层特征的重要性；RIDNet 将注意力机制应用到图像去噪任务中，使神经网络能够关注更多信息量的特征。此外，随着深度学习的发展，还有许多去除现实世界噪声的方法，包括 VDN、AINDNet 和 DANet。

在基于 CNN 的图像恢复任务中，不同任务的模型框架具有共通之处。经研究发现，一种特定的图像恢复任务架构在处理其他恢复任务时也能表现出很好的性能。因此，本节实验研究了图像超分辨率网络结构，其中 RDB 模块与本节模型框架有紧密的联系。然而，每个任务通常都有其独特特征和要求。模型架构应根据任务的性质和目标进行调整，现尝试将 RDB 进行修改，以构建成级联形式的图像网络结构。消融实验结果表明，该网络结构具有增益性。U-Net 在图像去噪时，虽然能通过编码器 - 解码器学习一些高级特征，但是这些特征经过下采样后会逐渐减少。因此，过度的下采样会导致图像中的细节和特征丢失，这可能会影响图像处理任务的性能。为解决这一问题，本节实验采用具有不同空洞卷积的多尺度方法来学习大量特征，并采用跳跃连接来获得浅层特征从而重建细节。受 U-Net 架构启发，先在 MSU-Net 两边各级联两个双支路自适应密集残差块，防止网络过深导致信息丢失；再添加跳跃连接，以保持 U-Net 内嵌 U-Net 的双层 U-Net 形式；最后结合注意力机制，发挥学习图像上下文信息方面的优势。

11.7.2 模型与架构分析

1. 网络模型架构

CMFRNet 模型的整体网络架构如图 11.72 所示。该模型由特征提取模块、DADRB 与 MSU-Net 级联组成的特征学习模块和特征重建模块组成。DADRB 通过双支路扩张卷积学习特征；MSU-Net 采用扩张卷积学习多尺度特征；MSA 进一步提取其上下文和空间信息，形成多级特征图。模型采用残差学习策略来恢复干净的图像，因此特征重建模块侧重于融合多级映射来重建残差图像。

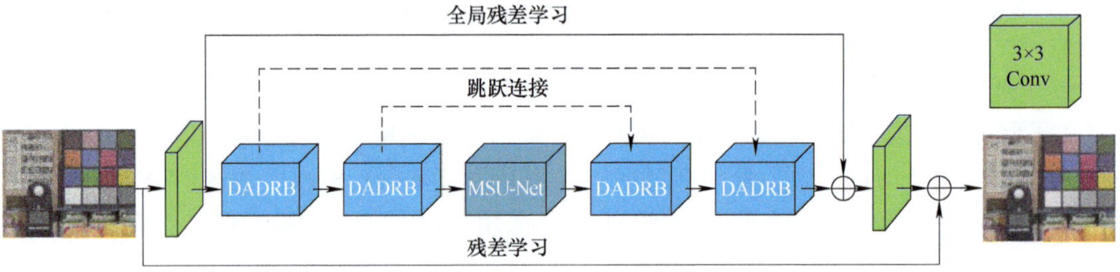

图 11.72　CMFRNet 模型的整体网络架构

假设 x 是一个带噪声的真实输入图像，x'是去噪后的输出图像。用一个卷积层作为特征提取器，从噪声输入中提取初始特征 F_i，即

$$F_i = M_e(x) \tag{11.7.1}$$

式中，$M_e(\cdot)$ 表示特征提取模块。

特征学习模块由 DADRB 和 MSU-Net 级联组成。采用跳跃连接，防止网络过深导致信息丢失，同时保持全局特征；采用残差学习进一步增强特征。经过级联的特征学习模块计算公式为

$$F_l = \mathrm{DA}(\mathrm{DA}((\text{MSU-Net}(\mathrm{DA}(\mathrm{DA}(F_i)))) + f_{\mathrm{DADRB}_2}) + f_{\mathrm{DADRB}_1}) \tag{11.7.2}$$

式中，DA 表示 DADRB 模块；f_{DADRB_i}为 DADRB 模块的输出；F_l 表示由特征学习模块学习并增强之后的最终特征。将 F_l 与 F_i 送入由一个卷积层构成的特征重建模块，再与初始噪声图像进行残差连接，得到干净图像，即

$$x' = M_r(F_l + F_i) + x \tag{11.7.3}$$

式中，$M_r(\cdot)$为特征重构模块。两次残差学习避免了梯度消失问题，且两次残差学习之间的卷积层增强了第一次残差学习的特征。

2. 特征学习增强模块

研究已表明，简单地将 DADRB 级联并不能获得更好的性能，因此在模型中间位置加入 MSU-Net 模块进行级联。在图像超分辨率任务中，RDNet 将残差块进行密集连接，并使用长跳跃连接形成一个非常深的网络。然而，目前深度学习对于超深网络的研究还较少。在该方

法的启发下，引入残差作为网络构建更深层系统的基本模块。为了进一步提高模型性能，同时保留浅层特征，将特征提取模块的输出添加到级联模块的最终输出中。

（1）DADRB

DADRB 的结构如图 11.73 所示。DADRB 的第一部分通过采用不同膨胀率的扩张卷积双分支来实现，在不增加参数的情况下，输入特征分别经过 1 ×1 和 3 ×3 组成的上支路以及 3 ×3 和 1 ×1 组成的下支路，独立提取不同特征，然后在 3 ×3 的卷积层融合以学习细节信息。为使特征更加丰富，将其与特征提取模块输出的特征相加，送入密集残差块，利用密集结构和局部残差连接充分提取局部特征。为防止密集结构带来网络过宽而不稳定的问题，在密集连接末端加入 1 ×1 的卷积层，将不同层次的特征自适应地融合在一起。最后，将融合结果送入自适应注意模块，增强重要特征并生成输出，将该输出添加到下一模块的输入中。此模块加强了对特征图信息的提取，减弱了无用信息对网络的影响，可以自适应地调整各通道的特征响应值。自适应注意模块虽然只增加了很小的计算量，但可以极大地提升网络性能。

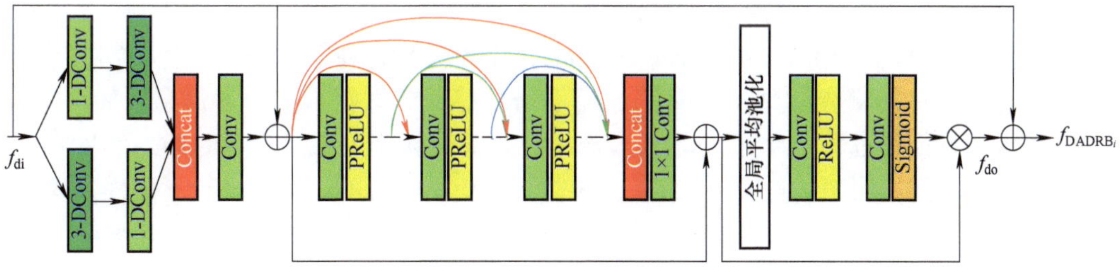

图 11.73　DADRB 的结构图

现用 C 代表 Conv 函数，DC 表示使用了膨胀率为 3 的卷积核，RDB 代表残差密集块，AM 代表自适应注意模块，CAT 代表拼接操作。将 DADRB 块中的顺序操作表示为

$$
\begin{aligned}
f_{do} &= \mathrm{DADRB}(f_{di}) \\
&= \mathrm{AM}(\mathrm{RDB}(\mathrm{CAT}(\mathrm{DC}(\mathrm{C}(f_{di})),\mathrm{C}(\mathrm{DC}(f_{di}))))) \qquad (11.7.4)
\end{aligned}
$$

$$
f_{\mathrm{DADRB}} = f_{di} + f_{do} \qquad (11.7.5)
$$

式中，f_{di}和f_{do}分别是输入和输出特征，最后的总输出为f_{DADRB}。利用局部残差学习提高网络性能以增加和改善信息的流动，从而精确地去除噪声并避免梯度消失问题。

图像具有低频区域和高频区域。由于卷积层仅利用局部信息，无法捕获全局上下文信息。在自适应模块中，首先利用全局平均池化对输入特征图的每个通道进行平均池化，这有助于提取输入特征图的全局信息，并降低模型的复杂度；其次，经过两个分别带有 ReLU 函数和 Sigmoid 函数的 1 ×1 卷积来进一步提取和调整特征；最后，将学习到的权重与输入特征图相乘。采用这种机制自动学习每个通道的权重，有助于模型更好地捕捉图像中的结构和模式。

（2）MSU-Net

MSU-Net 是一种复杂的神经网络，其结构如图 11.74 所示。它由两个 1 ×1 卷积核、三个编码器、三个解码器以及 MSA 模块组成。首先，使用 1 ×1 卷积来提取特征；然后，每个编码器使用两个 3 ×3 的卷积核来提取多级特征信息，再通过 2 ×2 的池化降低空间分辨率，使通道数量加倍以增强特征多样性。这有助于学习低级纹理和边缘特征，同时最大限度地减少信息丢失。

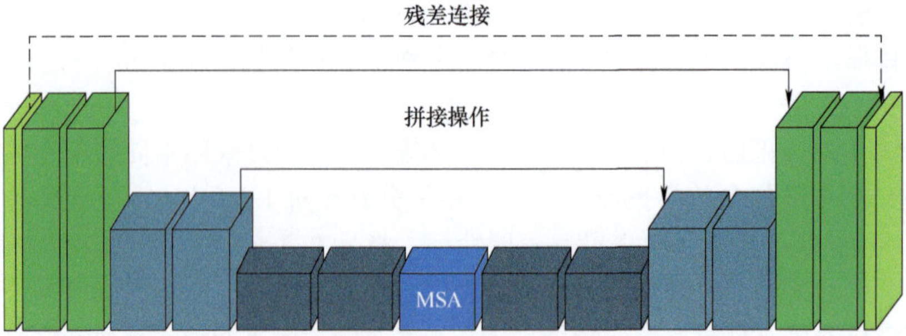

图 11.74 MSU-Net 的结构图

在编码器和解码器之间，MSU-Net 引入了 MSA 模块，在不改变分辨率的情况下增加感受野。每个解码器由两个 3×3 的卷积层组成，并通过 2 倍上采样来减小通道数。解码器与对应特征图大小相同的编码器拼接，以充分利用先前的特征信息。最后，通过 1×1 的卷积来调整输出通道数，使用局部残差连接以防止信息丢失。模型的激活函数主要使用 PReLU，以增加模型的灵活性，而不引入大量额外参数。

1）多尺度空间注意力（Multi-Scale Attention，MSA）模块结合了空间注意力模块（SA）、局部残差学习和特征融合模块（Concat），用于增加感受野并提取多尺度信息，如图 11.75 所示。输入的特征通过 1×1 卷积进行通道压缩，以简化操作并减少计算时间。然后将输出送入四个具有不同膨胀率（1、2、3 和 4）的空洞卷积块，而不是对其进行下采样。这有助于扩大感受野，捕获不同尺度的信息，同时不引入额外的参数。PReLU 用于缓解梯度消失问题。生成的特征图再经过改进的 SA 模块来捕获关键的特征。

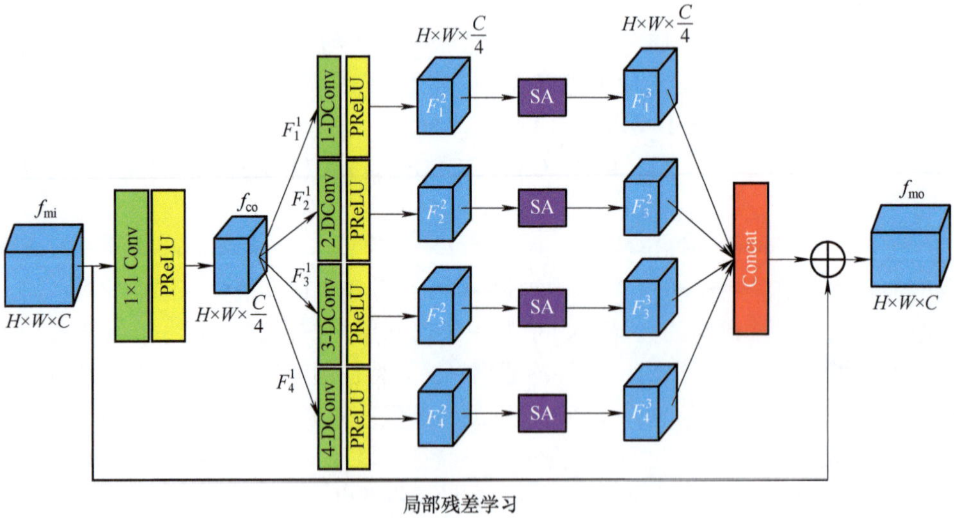

图 11.75 MSA 结构

每个压缩比为 4 的特征分支表示为

$$f_{co} = \text{PReLU}[C(f_{mi})] \tag{11.7.6}$$

式中，$f_{co} \in \mathbb{R}^{H \times W \times C/4}$表示经过通道压缩后的输出特征；$C$ 表示为 1×1 的通道压缩卷积。将每个分支的特征以不同的膨胀率送到扩张卷积层，并使用 PReLU 激活函数，由此得到的不同

分支特征图 $F_r^i \in \mathbb{R}^{H\times W\times C/4}$ 为

$$F_r^i = \mathrm{SA}\{\mathrm{PReLU}[D_r^i(f_{\mathrm{co}})]\} \tag{11.7.7}$$

式中，r 表示膨胀率，不同膨胀率空洞卷积的感受野大小如表 11.32 所示。

表 11.32　不同膨胀率空洞卷积的感受野大小

膨 胀 率	1	2	3	4
感受野大小	3×3	7×7	11×11	15×15

在 MSA 模块中，上下文的重要尺度通常在空间上变化，这意味着某些区域的特定尺度可能更适合于提供信息。因此，引入了一个注意力模块来关注区域内信息最丰富的特征，以充分地提取特征并生成空间注意图 M_s。通过 Concat 模块进行特征拼接和融合，采用局部残差学习来提高性能。因此，有

$$f_{\mathrm{mo}} = \mathrm{CAT}(F_1^3, F_2^3, F_3^3, F_4^3) + f_{\mathrm{mi}} \tag{11.7.8}$$

总体来说，这些模块，有助于 MSA 在不降低空间分辨率的情况下增加感受野，捕获多尺度信息并提取更丰富的特征。

2）空间注意力模块。在处理需要动态特征选择的尺度信息问题时，采用空间注意力模块，如图 11.76 所示。首先，采用平均池化和最大池化的组合来整合局部信息和全局信息；随后，应用具有 ReLU 激活的 5×5 卷积来提取融合特征信息；然后，利用 Sigmoid 函数引入更复杂的特征表示。每个位置的特征乘以相应的注意力权重，使模块能够更多地关注权重较高的空间区域，以更好地处理关键特征或信息。

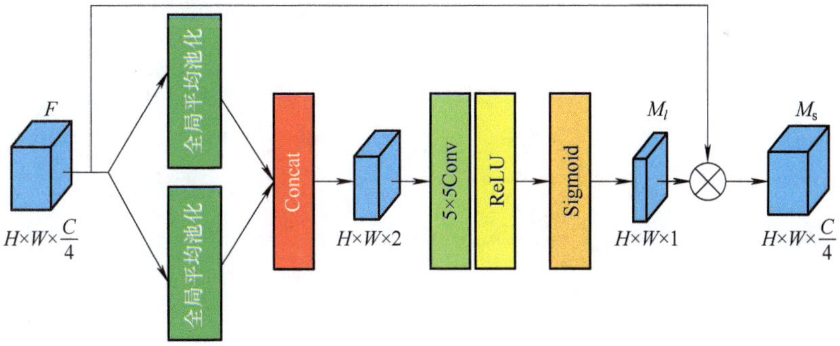

图 11.76　SA 结构

给定输入特征 $F \in \mathbb{R}^{H\times W\times C/4}$，这时模块的输出为

$$M_l = \sigma(C_{5\times5}(\mathrm{CAT}(\mathrm{MaxPool}(F), \mathrm{AvgPool}(F)))) \tag{11.7.9}$$

$$M_s = M_l \otimes F \tag{11.7.10}$$

式中，$C_{5\times5}$表示核大小为 5 的卷积；$\sigma(\cdot)$表示 Sigmoid 函数；MaxPool 和 AvgPool 分别代表对通道进行的最大池化和平均池化操作。

3. 实施细节

除了特别标注，每个卷积层的核大小设置为 3×3，其中通道注意力机制的核大小为 1×1。上采样器的比例因子为 2，3×3 的卷积层使用零填充来输出相同大小的特征图。除了通道注意力和空间注意力降尺度外，每个卷积层的通道数固定为 64。通道注意力压缩因子为 16，可以减少这些卷积层，因此只有 4 个输出特征图。最后的卷积层根据输入输出 3 个特

征图。

使用 MSE 作为损失函数会导致模糊结果，使去噪后的图像丢失图像细节和高频纹理。因此，为了训练 CMFRNet 模型进行真正的去噪，采用 Charbonnier 损失作为重建损失函数，同时利用边缘损失防止去噪后的图像 $\hat{x}$ 与输入图像 x 之间的高频信息损失。整体损失函数定义为

$$Loss = \lambda_{edge} Loss_{edge}(\hat{x}, x) + Loss_{charbonnier}(\hat{x}, x) \tag{11.7.11}$$

$$Loss_{edge} = \sqrt{\| \Delta\hat{x} - \Delta x \|^2 + \varepsilon^2} \tag{11.7.12}$$

$$Loss_{charbonnier} = \sqrt{\| \hat{x} - x \|^2 + \varepsilon^2} \tag{11.7.13}$$

式中，$\varepsilon = 10^{-3}$；$\lambda = 0.1$；Δ 表示拉普拉斯算子。

11.7.3 仿真实验与结果分析

1. 训练设置

在 SIDD 数据集中，选择 320 对图像进行真实图像去噪模型训练，包含噪声图像和干净图像。将训练集裁剪成大小为 128 × 128 的图像块，可以得到 48000 对图像用于模型训练，将 40 个图像裁剪成 1280 张图像用于验证模型性能。选择 SIDD、DND、RNI15 以及自己的智能手机拍摄的 sRGB 数据集图像进行测试。

DND 数据集中包含 50 对有噪声图像和无噪声图像，但无噪声图像未公开，因此需要提交去噪结果到 DND 官方进行测评，以获得 PSNR 和 SSIM 指标。

RNI15 与 sRGB 的噪声图像没有相应的真实干净图像，因此这里只提供其去噪结果图进行视觉比较。

模型在 Python 3.7 和 PyTorch 1.7.1 框架中搭建，并用 NVIDIA GeForce GTX 1080 Ti 进行训练，迭代 100 次。批处理大小设为 8。初始学习速率设为 10^{-4}，然后使用余弦退火策略逐渐降至 2×10^{-5}。使用 Adam 优化器（$\beta_1 = 0.9$，$\beta_2 = 0.999$）进行更新。采用峰值信噪比 PSNR 和结构相似性 SSIM 指标对去噪结果进行分析。

2. 模型比较

（1）定量比较

为了验证 CMFRNet 对真实世界图像去噪的有效性，将其与 BM3D、DnCNN、FFDNet、CBDNet、RIDNet、AINDet、VDIR、VDN 和 DANet 对比。不同模型在 SIDD 和 DND 数据集上的去噪效果如表 11.33 所示（用 PSNR 和 SSIM 指标进行定量评价）。评价指标值越大，说明去噪性能越好。表 11.33 表明，CMFRNet 在 SIDD 数据集上获得了最高的 PSNR 和 SSIM，与次优的 DANet 相比，CMFRNet 的 PSNR 高出 0.07，SSIM 高出 0.001；在 DND 数据集上，CMFRNet 的 PSNR 最高，比 VDIR 高出 0.05，SSIM 排第二，比 DANet 低 0.002。结果还表明，CMFRNet 与 BM3D 和 FFDNet 等非盲去噪模型相比，具有显著的性能增强，不需要设置噪声水平，更适用于真实去噪；与 AINDNet 和 CBDNet 模型相比，不需要使用其他合成的数据集进行训练，只需要使用 SIDD 数据集训练，且去噪效果比其他模型都好。VDIR 模型的 PSNR 在 DND 数据集中排名第二，但在 SIDD 数据集中排名第四，说明 VDIR 在处理特定数据集时性能较好，但泛化能力较差。FFDNet 与 VDIR 具有相同现象，说明其去噪性能不稳定。定量结果表明，CMFRNet 模型的去噪效果最理想。

表 11.33 不同模型在 SIDD 和 DND 数据集上的去噪效果

模型 \ 指标值 \ 数据集	SIDD		DND	
	PSNR	SSIM	PSNR	SSIM
BM3D	26.65	0.685	34.51	0.851
DnCNN	26.21	0.604	33.65	0.831
FFDNet	29.19	0.594	37.61	0.941
CBDNet	30.78	0.801	38.06	0.942
RIDNet	38.73	0.954	39.25	0.950
AINDNet	38.96	0.952	39.37	0.951
VDIR	39.26	0.955	**39.63**	0.953
VDN	39.28	0.956	39.38	0.952
DANet	39.43	0.956	**39.58**	**0.955**
CMFRNet	**39.50**	**0.957**	**39.68**	0.953

(2) 定性比较

不同模型对真实世界图像的去噪视觉效果如图 11.77 ~ 图 11.80 所示，它们分别对应 SIDD、DND、RNI15 以及 sRGB 数据集。

如图 11.77 所示，噪声遮住了文字内容，影响部分字母阅读，可见 BM3D、DnCNN 和 FFDNet 不能完全去除真实噪声；CBDNet 去噪后的图像中不仅包含噪声而且还变得模糊；RIDNet 去噪后导致文字边缘信息丢失，且图像变得模糊。其他的模型可以去除噪声，但是损失了图像细节，且图像中文字框边缘变得平滑。而 CMFRNet 去噪后的图像与干净图像相似度最高。

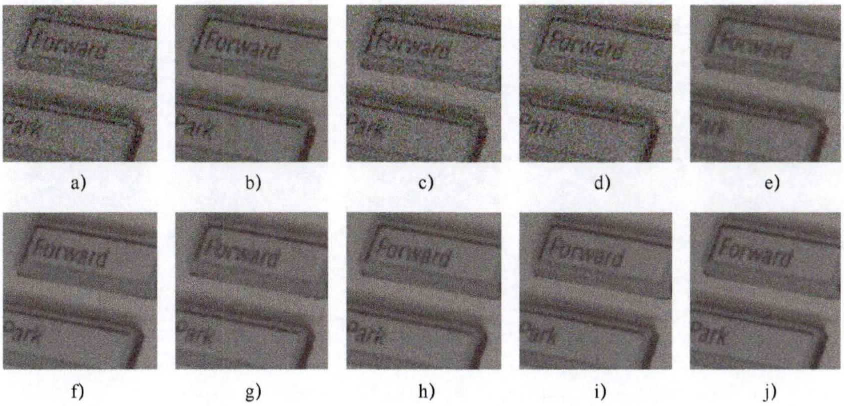

图 11.77 不同模型对 SIDD 数据集的去噪效果

a) 噪声图像 b) BM3D c) DnCNN d) FFDNet e) CBDNet
f) AINDNet g) RIDNet h) DANet i) CMFRNet j) 干净图像

如图 11.78 所示，BM3D 和 DnCNN 不能有效地去除真实噪声；FFDNet 的去噪结果过于平滑；CBDNet 的去噪结果中出现了伪影；DANet 可以去除噪声但是图像中局部边缘变得模糊。而 CMFRNet 不仅消除了噪声，还恢复了高频和低频的细节。

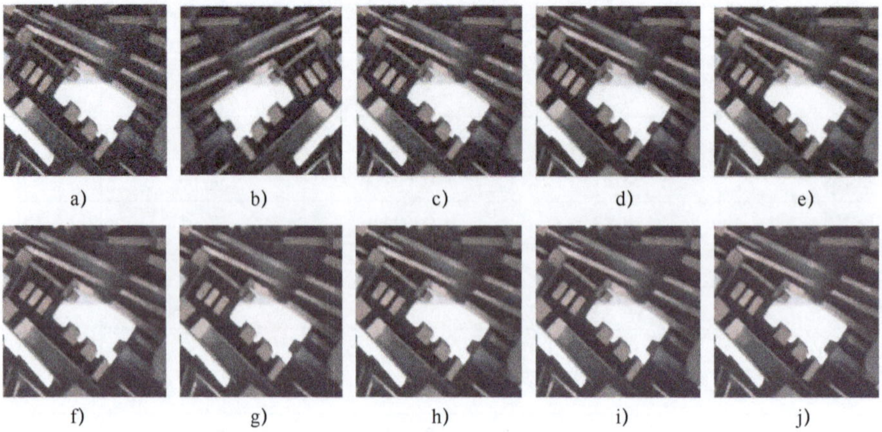

图 11.78　不同模型对 DND 数据集的去噪效果

a）噪声图像　b）BM3D　c）DnCNN　d）FFDNet　e）CBDNet
f）AINDNet　g）RIDNet　h）DANet　i）VDN　j）CMFRNet

如图 11.79 所示，BM3D、DnCNN、AINDNet 和 VDIR 对应的结果中，噪声并未全部去除；FFDNet 模型的去噪效果较好，但图像过于平滑且丢失了部分细节；CBDNet 去噪后使图像产生伪影；RIDNet 去噪后图像变得模糊且丢失了部分细节。而 CMFRNet 能够消除噪声，保留更多细节，且不会产生伪影。

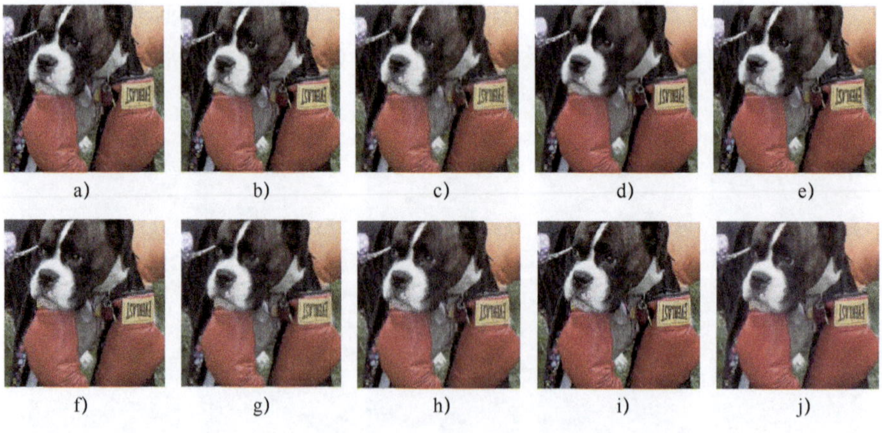

图 11.79　不同模型对 RNI15 数据集的去噪效果

a）噪声图像　b）BM3D　c）DnCNN　d）FFDNet　e）CBDNet
f）AINDNet　g）RIDNet　h）DANet　i）VDIR　j）CMFRNet

如图 11.80 所示，DnCNN 不能完全去除噪声；CBDNet 去噪后的图像中间凸起部位变得平滑，丢失了部分细节；RIDNet 可以去除噪声，但去噪后的图像有些模糊。而 CMFRNet 不仅去除了噪声还保留了细节。

总之，CMFRNet 实现了高质量的图像去噪效果，具有高效的去噪性能。

a)　b)　c)　d)　e)

图 11.80　不同模型对 sRGB 数据集的去噪效果

a）噪声图像　b）DnCNN　c）CBDNet　d）RIDNet　e）CMFRNet

3. 消融实验

为证明 CMFRNet 的有效性，在 DND 数据集上做消融实验，一共训练了不含级联 MSU-Net 模块的网络、级联 MSA 模块的网络、级联 U-Net 模块的网络、不含有长跳跃连接的网络和完整网络 5 种模型。实验结果如表 11.34 所示，各模型的去噪效果如图 11.81 所示。

表 11.34　5 种模型的平均 PSNR 和 SSIM

模　型	PSNR	SSIM
a）不含级联 MSU-Net 模块的网络	39.43	0.9511
b）级联 MSA 模块的网络	39.51	0.9514
c）级联 U-Net 模块的网络	39.60	0.9520
d）不含有长跳跃连接的网络	39.63	0.9524
e）完整网络	39.68	0.9532

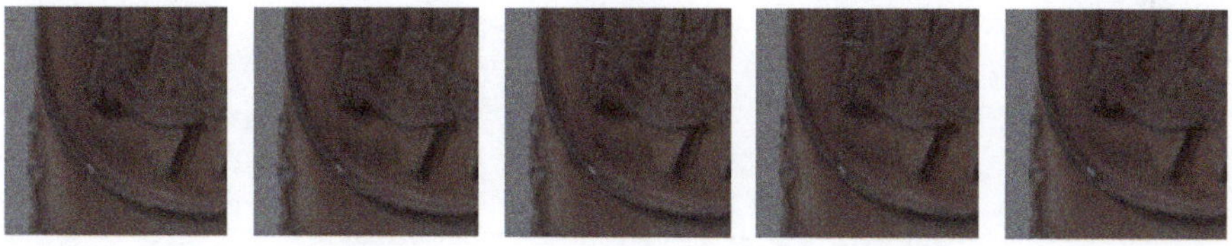

a)　b)　c)　d)　e)

图 11.81　5 种模型对 DND 图像的去噪效果

表 11.34 表明，MSU-Net 的设计在增强模型的去噪性能方面具有显著的能力，与模型 a 相比，模型 e 的 PSNR 提高了 0.25。MSA 为特征融合提供了一定的帮助，将模型 a 的 PSNR 提升了 0.08。在图 11.81 中，每个模型都成功消除了噪声。这表明，深层网络可能会导致信息丢失。模型 d 的 PSNR 达到了 39.63，与模型 e 相比，表明跳跃连接的添加可以将性能提高 0.05，进一步强调了跳跃连接的重要性。总之，CMFRNet 达到了最佳性能，获得了与干净图像最相似的视觉结果。

4. 模型复杂度分析

将不同模型在 SIDD 数据集上的运行时间以及模型参数量对比，实验结果如表 11.35 所示。测试速度也是深度学习中的一个重要指标，除了 BM3D 在 CPU 上运行，其余模型在 GPU 上运行测试。表 11.35 表明，CMFRNet 运行较快，同时不仅其参数不是最多的，且其在真实去噪方面有显著的优势。

表 11.35　不同模型在 SIDD 数据集上的运行时间以及模型参数量

模型	BM3D	DnCNN	RIDNet	CBDNet	AINDNet	VDN	CMFRNet
运行时间/s	2.165 (CPU)	0.023 (GPU)	0.047 (GPU)	0.021 (GPU)	0.065 (GPU)	0.017 (GPU)	0.063 (GPU)
参数量（$\times 10^6$）	—	0.67	1.5	4.4	13.76	7.8	5.2

综上，针对现实世界的噪声图像，提出的级联多尺度特征融合残差网络，主要由双支路自适应密集残差块和具有多尺度特征融合的 U-Net 网络级联而成，避免了网络横向结构的尺度单一化。双支路残差块通过通道注意力机制自动调整各通道的权重，使网络能够利用先前的特征图信息，把 MSU-Net 模块插在中间位置进行级联，在 MSA 模块的帮助下扩大感受野，捕获更加丰富的特征，实现多尺度特征提取与单一尺度特征提取的互相弥补，使网络可以学习互补的图像特征，并可以选择适当的特征来提高模型性能。此外，双支路自适应密集残差块之间的长跳跃连接可以更好地获取全局图像特征，防止信息丢失，同时利用残差学习加速网络的训练，提高网络的去噪性能。CMFRNet 能够在确保去除噪声的情况下保留更多的纹理细节，而且优于几种先进的基于模型和深度学习的算法。最后，该算法具有较高的计算效率，证明了该方法的实用性。

参考文献

[1] 邱锡鹏．神经网络与深度学习［M］．北京：机械工业出版社，2020.

[2] 尚尚．基于深度学习的斑马鱼卵和幼鱼显微影像分析算法研究［D］．大连：大连理工大学，2021.

[3] JIANG H，LI L，WANG Z，et al. Graph neural network based interference estimation for device-to-device wireless communications［C］. 2021 International Joint Conference on Neural Networks. Shenzhen：IEEE，2021：1-7.

[4] WU W，LI B，LUO C，et al. Hashing-accelerated graph neural networks for link prediction［C］. Proceedings of the Web Conference 2021. Ljubljana：Association for Computing Machinery，2021：2910-2920.

[5] HE X，DENG K，WANG X，et al. LightGCN：Simplifying and powering graph convolution network for recommendation［C］. Proceedings of the 43rd International ACM SIGIR conference on research and development in Information Retrieval. Xi'an：Journal of Physics，2020：639-648.

[6] DONG H，CHEN J，FENG F，et al. On the equivalence of decoupled graph convolution network and label propagation［C］. Proceedings of the Web Conference 2021. Ljubljana：Association for Computing Machinery，2021：3651-3662.

[7] MD V，MISRA S，MA G，et al. DistGNN：Scalable distributed training for large-scale graph neural networks［C］. Proceedings of the International Conference for High Performance Computing，Networking，Storage and Analysis. St. Louis：Association for Computing Machinery，2021：1-14.

[8] THORPE J，QIAO Y，EYOLFSON J，et al. Dorylus：Affordable，scalable，and accurate GNN training with distributed CPU servers and serverless threads［C］. 15th USENIX Symposium on Operating Systems Design and Implementation. Berlin：Springer，2021：495-514.

[9] CHEN C，LI K，ZOU X，et al. DyGNN：Algorithm and architecture support of dynamic pruning for graph neural networks［C］. 2021 58th ACM/IEEE Design Automation Conference. San Francisco：Association for Computing Machinery，2021：1201-1206.

[10] WU Z，PAN S，CHEN F，et al. A comprehensive survey on graph neural networks［J］. IEEE transactions on neural networks and learning systems，2020，32（1）：4-24.

[11] ZHOU J，CUI G，HU S. Graph Neural Networks：A Review of Methods and Applications［J］. AI open，2020，1（1）：57-81.

[12] ZHOU T，CHEN M，ZOU J. Reinforcement learning based data fusion method for multi-sensors［J］. IEEE/CAA Journal of Automatica Sinica，2020，7（6）：1489-1497.

[13] ROGHAIR J，NIARAKI A，KO K，et al. A vision based deep reinforcement learning algorithm for UAV obstacle avoidance［C］. Proceedings of the 2021 Intelligent Systems Conference. Cham：Springer，2022：115-128.

[14] KURNIAWATI H. Partially observable Markov decision processes and robotics［J］. Annual Review of Control，Robotics，and Autonomous Systems，2022，5（1）：253-277.

[15] 周治国，余思雨，于家宝，等．面向无人艇的 TDQN 智能避障算法研究［J］．自动化学报，2023，49（8）：1645-1655.

[16] KALIDAS A P，JOSHUA C J，MD A Q，et al. Deep Reinforcement Learning for Vision-Based Navigation of UAVs in Avoiding Stationary and Mobile Obstacles［J］. Drones，2023，7（4）：245-26.

[17] LIANG C, LIU L, LIU C. Multi-UAV autonomous collision avoidance based on PPO-GIC algorithm with CNN-LSTM fusion network [J]. Neural Networks, 2023, 162: 21-33.
[18] ZHAO X, YANG R, ZHANG Y, et al. Deep reinforcement learning for intelligent dual-UAV reconnaissance mission planning [J]. Electronics, 2022, 11 (13): 2031-2048.
[19] 施伟，冯旸赫，程光权，等. 基于深度强化学习的多机协同空战方法研究 [J]. 自动化学报，2021，47 (7)：1610-1623.
[20] KHETARPAL K, RIEMER M, RISH I, et al. Towards continual reinforcement learning: A review and perspectives [J]. Journal of Artificial Intelligence Research, 2022, 75: 1401-1476.
[21] GUO Y, ZHANG M. Blood cell detection method based on improved YOLOv5 [J]. IEEE Access, 2023: 67987-67995.
[22] 朱文军. 基于卷积神经网络的模糊去除方法研究 [D]. 南京：南京信息工程大学，2020.
[23] 郭业才，朱文军. 基于深度卷积神经网络的运动模糊去除算法 [J]. 南京理工大学学报，2020，44 (3)：303-402.
[24] ZHENG Z, WANG P, REN D, et al. Enhancing geometric factors in model learning and inference for object detection and instance segmentation [J]. IEEE transactions on cybernetics, 2021, 52 (8): 8574-8586.
[25] HOU Q, ZHOU D, FENG J. Coordinate attention for efficient mobile network design [C]. Proceedings of the IEEE/CVF conference on computer vision and pattern recognition. Nashville: IEEE, 2021: 13713-13722.
[26] 张梦瑶. 基于半监督学习的血细胞检测算法研究 [D]. 南京：南京信息工程大学，2024.
[27] 周腾威. 基于深度学习的图像增强算法研究 [D]. 南京：南京信息工程大学，2020.
[28] 郭业才，周腾威. 基于深度强化对抗学习的图像增强方法 [J]. 扬州大学学报（自然科学版），2020，23 (2)：42-46.
[29] 郭业才. 自然计算：原理与实践 [M]. 武汉：湖北科学技术出版社，2021.
[30] LI C, GUO C, REN W, et al. An underwater image enhancement benchmark dataset and beyond [J]. IEEE Transactions on Image Processing, 2020, 29 (1): 5951-5965.
[31] SONG W, WANG Y, HUANG D, et al. Enhancement of Underwater Images with Statistical Model of Background Light and Optimization of Transmission Map [J]. IEEE Transactions on Image Processing, 2020, 29 (1): 2872-2885.
[32] LI C, ANWAR S, PORIKLI F. Underwater scene prior inspired deep underwater image and video enhancement [J]. Pattern Recognition, 2020, 98 (3): 107038.
[33] ZHANG J, XU Q. Attention-aware heterogeneous graph neural network [J]. Big Data Mining and Analytics, 2021, 4 (4): 233-241.
[34] 王琪. 基于混合神经网络的自动睡眠分期算法研究 [D]. 南京：南京信息工程大学，2023.
[35] WANG Q, GUO Y, SHEN Y, et al. Multi-Layer Graph Attention Network for Sleep Stage Classification Based on EEG [J]. Sensors, 2022, 22 (23): 9272.
[36] 王琪，仝爽. 融合多种网络的半监督分层睡眠分期算法 [J]. 无线电工程，2023，53 (4)：925-935.
[37] OLESEN A N, JORGEN JENNUM P, MIGNOT E, et al. Automatic sleep stage classification with deep residual networks in a mixed-cohort setting [J]. Sleep, 2021, 44 (1): 161.
[38] HE S, LUO H, WANG P, et al. Transreid: Transformer-based object re-identification [C]. Proceedings of the IEEE/CVF International Conference on Computer Vision. Montreal: IEEE, 2021: 15013-15022.
[39] 朱松豪，赵云斌，焦淼. 融合空间相关性和局部特征转换器的遮挡行人重识别 [J]. 南京邮电大学学报（自然科学版），2022，42 (5)：62-73.
[40] DOSOVITSKIY A, BEYER L, KOLESNIKOV A, et al. An image is worth 16 words: Transformers for image recognition at scale [C]. Proceedings of the International Conference on Learning Representations. Vienna:

ICLR, 2021: 1-22.

[41] ZHANG Z, LAN C, ZENG W, et al. Relation-aware global attention for person re-identification [C]. Proceedings of the IEEE/CVF Conference on Computer Vision and Pattern Recognition. Seattle: IEEE, 2020: 3186-3195.

[42] 王栋，周大可，黄有达，等．基于多尺度多粒度特征的行人重识别 [J]．计算机科学，2021，48 (7)：238-244.

[43] BAI X, YANG M, HUANG T, et al. Deep-person: learning discriminative deep features for person re identification [J]. Pattern Recognition, 2020, 98: 31-41.

[44] XI J, HUANG J, ZHENG S, et al. Learning comprehensive global features in person re-identification: ensuring discriminativeness of more local regions [J]. Pattern Recognition, 2023, 134: 168-180.

[45] LU Y, JIANG M, LIU Z, et al. Dual-branch adaptive attention transformer for occluded person re-identification [J]. Image and Vision Computing, 2023, 131 (7): 633-646.

[46] ZHANG G, ZHANG P, QI J, et al. Hat: Hierarchical aggregation transformers for person re-identification [C]. Proceedings of the 29th ACM International Conference on Multimedia. Chengdu: ACM, 2021: 516-525.

[47] WANG Z, ZHU F, TANG S, et al. Feature erasing and diffusion network for occluded person re-identification [C]. Proceedings of the IEEE/CVF Conference on Computer Vision and Pattern Recognition. New Orleans: IEEE, 2022: 4754-4763.

[48] LI H, WU G, ZHENG W S. Combined depth space-based architecture search for person re-identification [C]. Proceedings of the IEEE/CVF Conference on Computer Vision and Pattern Recognition. Los Alamitos: IEEE, 2021: 6729-6738.

[49] HOU R, MA B, CHANG H, et al. Feature completion for occluded person re-identification [J]. IEEE Transactions on Pattern Analysis and Machine Intelligence, 2021, 44 (9): 4894-4912.

[50] WANG T, LIU H, SONG P, et al. Pose-guided feature disentangling for occluded person re-identification based on transformer [C]. Proceedings of the AAAI Conference on Artificial Intelligence. Vancouver: AAAI, 2022, 36 (3): 2540-2549.

[51] FAN Y, GONG X, HE Y. DSF-Net: occluded person re-identification based on dual structure features [J]. Neural Computing and Applications, 2022, 35 (7): 3537-3550.

[52] YANG S, LIU W, YU Y, et al. Diverse feature learning network with attention suppression and part level background suppression for person re-identification [J]. IEEE Transactions on Circuits and Systems for Video Technology, 2022, 33 (1): 283-297.

[53] XU B, HE L, LIANG J, et al. Learning feature recovery transformer for occluded person re-identification [J]. IEEE Transactions on Image Processing, 2022, 31: 4651-4662.

[54] ZHU K, GUO H, ZHANG S, et al. AAformer: auto-aligned transformer for person re-identification [C]. Proceedings of the IEEE/CVF Conference on Computer Vision and Pattern Recognition. Los Alamitos: IEEE, 2021: 927-936.

[55] 沈宇慧．基于多特征融合与交互的行人重识别研究 [D]．南京：南京信息工程大学，2023.

[56] 郭业才，沈宇慧．融合交互性特征信息的余弦度量行人重识别 [J]．计算机工程与设计，2023，44 (11)：3395-3041.

[57] JOCHER. KPE-YOLOv5: An Improved Small Target Detection Algorithm Based on YOLOv5 [J]. Network Data, 2023, 12 (4): 817-830.

[58] ZHANG Y F, REN W, ZHANG Z, et al. Focal and efficient IOU loss for accurate bounding box regression [J]. Neurocomputing, 2022, 506: 146-157.

[59] SUNKARA R, LUO T. No more stride convolutions or pooling: A new CNN building block for low-resolution images and small objects [C]. Joint European Conference on Machine Learning and Knowledge Discovery in Databases. Cham: Springer Nature, 2022: 443-459.

[60] LIM J S, ASTRID M, YOON H J, et al. Small object detection using context and attention [C]. 2021 international Conference on Artificial intelligence in information and Communication (ICAIIC). Jeju Island: IEEE, 2021: 181-186.

[61] YANG C, HUANG Z, WANG N. QueryDet: Cascaded sparse query for accelerating high-resolution small object detection [C]. Proceedings of the IEEE/CVF Conference on computer vision and pattern recognition. New Orleans: IEEE, 2022: 13668-13677.

[62] SOH J W, CHO N I. Variational deep image restoration [J]. IEEE Trans Image Process, 2022, 31: 4363-4376

[63] JIA Z, LIN Y, WANG J, et al. Multi-view spatial-temporal graph convolutional networks with domain generalization for sleep stage classification [J]. IEEE Transactions on Neural Systems and Rehabilitation Engineering, 2021, 29: 1977-1986.

[64] ELDELE E, CHEN Z, LIU C, et al. An attention-based deep learning approach for sleep stage classification with single-channel EEG [J]. IEEE Transactions on Neural Systems and Rehabilitation Engineering, 2021, 29: 809-818.

[65] WANG C Y, BOCHKOVSKIY A, LIAO H Y M. YOLOv7: Trainable bag-of-freebies sets new state-of-the-art for real-time object detectors [C]. Proceedings of the IEEE/CVF Conference on Computer Vision and Pattern Recognition. Vancouver: IEEE, 2023: 7464-7475.

[66] LIU Y, SUN P, WERGELES N, et al. A survey and performance evaluation of deep learning methods for small object detection [J]. Expert Systems with Applications, 2021, 172: 114602.

[67] LI X, WANG W, WU L, et al. Generalized focal loss: Learning qualified and distributed bounding boxes for dense object detection [J]. Advances in Neural Information Processing Systems, 2020, 33: 21002- 21012.

[68] DENG C, WANG M, LIU L, et al. Extended feature pyramid network for small object detection [J]. IEEE Transactions on Multimedia, 2021, 24: 1968-1979.

附　　录

本书第 10、11 章共有 9 个实战案例，每个案例的完整代码多达几十 ~ 几千行。考虑到篇幅的限制，只给出第 11.7 节（基于级联多尺度特征融合残差网络的图像去噪）的完整代码，由以下代码可再现该小节的所有结果。对读者来说，可以起到触类旁通之功效。

第 11.7 节（基于级联多尺度特征融合残差网络的图像去噪）的完整代码如下。

1. 训练

```
import os
# 导入操作系统接口模块，提供与操作系统交互的函数
from config import Config
# 从 config 模块导入 Config 类，用于加载配置文件
opt = Config('training.yml')
# 创建 Config 类的实例并加载配置文件 'training.yml'，将配置参数存储在 opt 对象中
# 将 opt.GPU 列表中的 GPU 索引号拼接成字符串
gpus = ','.join([str(i) for i in opt.GPU])
# 将 opt.GPU 列表中的整数 GPU 索引号转换为字符串，并将它们连接成一个逗号分隔的字符串
os.environ["CUDA_DEVICE_ORDER"] = "PCI_BUS_ID"
# 设置 CUDA 设备顺序，确保按 PCI 总线 ID 的顺序来分配 GPU
os.environ["CUDA_VISIBLE_DEVICES"] = gpus
# 设置环境变量 CUDA_VISIBLE_DEVICES，以便只使用配置文件中指定的 GPU
import torch
# 导入 PyTorch 库
torch.backends.cudnn.benchmark = True
# 启用 cuDNN 自动调优，以便找到最合适的卷积算法，提高 GPU 计算速度
import torch.nn as nn
# 导入 PyTorch 的神经网络模块
import torch.optim as optim
# 导入 PyTorch 的优化器模块
from torch.utils.data import DataLoader
# 从 PyTorch 的数据工具模块导入 DataLoader 类，用于创建数据加载器
import random
# 导入随机数生成模块
import time
# 导入时间模块
import numpy as np
# 导入 NumPy 库，用于数值计算
import utils
# 导入 utils 模块，自定义的工具函数和类
from data_RGB import get_training_data, get_validation_data
# 从 data_RGB 模块导入获取训练数据和验证数据的函数
from CMFRNet import CMFRNet
# 从 CMFRNet 模块导入 CMFRNet 类，定义去噪网络模型
```

```
import losses
# 导入 losses 模块，自定义的损失函数
from warmup_scheduler. scheduler import GradualWarmupScheduler
# 从 warmup_scheduler 模块导入 GradualWarmupScheduler 类，用于渐进式学习率调度
from tqdm import tqdm
# 从 tqdm 模块导入 tqdm 类，用于显示进度条
# from early_stopping import EarlyStopping
# 从 early_stopping 模块导入 EarlyStopping 类，用于早停策略
# ######## Set Seeds ##########
# 设置随机种子以确保实验的可重复性
random. seed(1234)
# 设置 Python 内置的随机数生成器的种子
np. random. seed(1234)
# 设置 NumPy 的随机数生成器的种子
torch. manual_seed(1234)
# 设置 PyTorch 的 CPU 端的随机数生成器的种子
torch. cuda. manual_seed_all(1234)
# 设置 PyTorch 的所有 GPU 设备的随机数生成器的种子
start_epoch = 1
# 初始化起始 epoch 为 1
mode = opt. MODEL. MODE
# 从配置文件中获取模型的模式
session = opt. MODEL. SESSION
# 从配置文件中获取会话 ID
# 创建结果保存目录
result_dir = os. path. join(opt. TRAINING. SAVE_DIR, mode, 'results', session)
# 组合路径，创建结果保存目录
model_dir = os. path. join(opt. TRAINING. SAVE_DIR, mode, 'models', session)
# 组合路径，创建模型保存目录
utils. mkdir(result_dir)
# 如果目录不存在，则创建结果保存目录
utils. mkdir(model_dir)
# 如果目录不存在，则创建模型保存目录
train_dir = opt. TRAINING. TRAIN_DIR
# 从配置文件中获取训练数据目录
val_dir = opt. TRAINING. VAL_DIR
# 从配置文件中获取验证数据目录
# ######## Model ###########
# 1 for grayscale image, 3 for color image
# 初始化去噪模型，输入和输出通道数为 3，网络通道数为 64，不使用偏置
model_restoration = CMFRNet(in_nc = 3, out_nc = 3, nc = 64, bias = False)
model_restoration. cuda()
# 将模型移到 GPU 上
# 获取可用的 GPU 数量并打印
device_ids = [i for i inrange(torch. cuda. device_count())]
# 创建一个包含所有可用 GPU 索引的列表
if torch. cuda. device_count() > 1:
    print("\n\nLet's use", torch. cuda. device_count(), "GPUs!\n\n")
      #如果有多于一个的 GPU 可用，打印出使用 GPU 的信息
# 设置初始学习率
```

```
new_lr = opt.OPTIM.LR_INITIAL
# 从配置文件中获取初始学习率
# 定义优化器
optimizer = optim.Adam(model_restoration.parameters(), lr = new_lr, betas = (0.9,0.999), eps = 1e-8, weight_decay = 1e-8)
# 使用 Adam 优化器，并设置参数
######### Scheduler ###########
# 定义学习率调度器
warmup_epochs = 3
# 定义预热 epochs 数
scheduler_cosine = optim.lr_scheduler.CosineAnnealingLR(optimizer, opt.OPTIM.NUM_EPOCHS-warmup_epochs + 40, eta_min = opt.OPTIM.LR_MIN)
# 定义余弦退火学习率调度器
scheduler = GradualWarmupScheduler(optimizer, multiplier = 1, total_epoch = warmup_epochs, after_scheduler = scheduler_cosine)
# 使用 GradualWarmupScheduler 进行学习率预热
scheduler.step()
# 更新学习率调度器
######### Resume ###########
# 如果需要从上次训练的位置恢复
if opt.TRAINING.RESUME:
    path_chk_rest = utils.get_last_path(model_dir, '_latest.pth')
    # 获取最新的检查点文件路径
    utils.load_checkpoint(model_restoration, path_chk_rest)
    # 加载模型检查点
    start_epoch = utils.load_start_epoch(path_chk_rest) + 1
    # 加载起始 epoch
    utils.load_optim(optimizer, path_chk_rest)
    # 加载优化器状态
    for i in range(1, start_epoch):
        scheduler.step()
    # 更新调度器状态
    new_lr = scheduler.get_lr()[0]
    # 获取新的学习率
    print('------------------------------------------------------------------------------------------')
    print(" ==> Resuming Training with learning rate:", new_lr)
    print('------------------------------------------------------------------------------------------')
# 如果使用多个 GPU 进行训练
if len(device_ids) > 1:
    model_restoration = nn.DataParallel(model_restoration, device_ids = device_ids)
    # 使用 DataParallel 将模型并行运行在多个 GPU 上
######### Loss ###########
# 定义损失函数
criterion1 = losses.CharbonnierLoss()
# 使用 Charbonnier 损失函数
criterion2 = losses.EdgeLoss()
# 使用边缘损失函数
######### DataLoaders ###########
```

```
    # 加载训练数据集
    train_dataset = get_training_data(train_dir, {'patch_size': opt.TRAINING.TRAIN_PS})
    # 获取训练数据集
    train_loader = DataLoader(dataset = train_dataset, batch_size = opt.OPTIM.BATCH_SIZE, shuffle = True,
num_workers =0, drop_last = False, pin_memory = True)
    # 使用 DataLoader 创建训练数据加载器
    # 加载验证数据集
    val_dataset = get_validation_data(val_dir, {'patch_size': opt.TRAINING.VAL_PS})
    # 获取验证数据集
    val_loader = DataLoader(dataset = val_dataset, batch_size =2, shuffle = False, num_workers =0, drop_last =
False, pin_memory = True)
    # 使用 DataLoader 创建验证数据加载器
    print('===> Start Epoch {} End Epoch {}'.format(start_epoch, opt.OPTIM.NUM_EPOCHS + 1))
    # 打印起始和结束 epoch
    print('===> Loading datasets')
    # 打印加载数据集的消息
    best_psnr =0
    # 初始化最佳 PSNR 为 0
    best_epoch =0
    # 初始化最佳 epoch 为 0
    best_iter =0
    # 初始化最佳迭代次数为 0
    # 每进行多少次训练后进行一次验证
    eval_now = len(train_loader) // 3-1
    # 计算进行验证的迭代间隔
    print(f" \nEval after every {eval_now} Iterations!!! \n")
    # 打印验证间隔信息
    mixup = utils.MixUp_AUG()
    # 实例化 MixUp 数据增强
    for epoch in range(start_epoch, opt.OPTIM.NUM_EPOCHS + 1):
        # 迭代每个 epoch
        epoch_start_time = time.time()
        # 记录 epoch 开始时间
        epoch_loss =0
        # 初始化 epoch 损失为 0
        model_restoration.train()
        # 设置模型为训练模式
        for i, data in enumerate(tqdm(train_loader), 0):
            # 迭代每个批次的数据
            for param in model_restoration.parameters():
                param.grad = None
                # 清空参数梯度
            target = data[0].cuda()
            # 获取目标图像并移动到 GPU 上
            input_ = data[1].cuda()
            # 获取输入图像并移动到 GPU 上
            if epoch >5:
                target, input_ = mixup.aug(target, input_)
                # 进行 MixUp 数据增强
            restored = model_restoration(input_)
```

```
            # 使用模型进行去噪
            loss = criterion1 (torch.clamp(restored, 0, 1), target) + 0.1 * criterion2 (torch.clamp(restored, 0, 1), target)
            # 计算损失
            loss.backward()
            # 反向传播计算梯度
            optimizer.step()
            # 更新模型参数
            epoch_loss += loss.item()
            # 累加批次损失
            if i % eval_now ==0 and i >0 and (epoch in range(start_epoch, opt.OPTIM.NUM_EPOCHS + 1)):
              # 定期进行验证
              model_restoration.eval()
              # 设置模型为评估模式
              psnr_val_rgb = []
              # 初始化验证 PSNR 列表
              for ii, data_val in enumerate((val_loader), 0):
                  # 迭代验证数据集
                  target = data_val[0].cuda()
                  # 获取验证目标图像并移动到 GPU 上
                  input_ = data_val[1].cuda()
                  # 获取验证输入图像并移动到 GPU 上
                  with torch.no_grad():
                      restored = model_restoration(input_)
                      # 进行去噪
                  for res, tar in zip(restored, target):
                      psnr_val_rgb.append(utils.torchPSNR(res, tar))
                      # 计算 PSNR 并添加到列表中
              psnr_val_rgb = torch.stack(psnr_val_rgb).mean().item()
              # 计算平均 PSNR
              if psnr_val_rgb > best_psnr:
                  # 如果当前 PSNR 优于最佳 PSNR
                  best_psnr = psnr_val_rgb
                  best_epoch = epoch
                  best_iter = i
                  # 更新最佳 PSNR、最佳 epoch 和最佳迭代次数
                  torch.save({'epoch': epoch,
                              'state_dict': model_restoration.state_dict(),
                              'optimizer': optimizer.state_dict()
                              },os.path.join(model_dir, "model_best.pth"))
                  # 保存最佳模型
              print("[epoch %d it %d PSNR: %.4f --- best_epoch %d best_iter %d Best_PSNR %.4f]" % (epoch, i, psnr_val_rgb, best_epoch, best_iter, best_psnr))
              # 打印当前和最佳 PSNR 信息
              torch.save({'epoch': epoch,
                          'state_dict': model_restoration.state_dict(),
                          'optimizer': optimizer.state_dict()
                          },os.path.join(model_dir, f"model_epoch_{epoch}.pth"))
              # 保存当前 epoch 的模型
              model_restoration.train()
```

```
            # 设置模型为训练模式
        scheduler.step()
        # 更新学习率
        print("------------------------------------------------------------------------")
        print("Epoch: {}\tTime: {:.4f}\tLoss: {:.4f}\tLearningRate {:.6f}".format(epoch, time.time() - epoch_start_time, epoch_loss, scheduler.get_lr()[0]))
        # 打印 epoch 的时间、损失和学习率
        print("------------------------------------------------------------------------")
        torch.save({'epoch': epoch,
                    'state_dict': model_restoration.state_dict(),
                    'optimizer': optimizer.state_dict()
                    },os.path.join(model_dir, "model_latest.pth"))
        # 保存最新模型检查点
```

2. CMFRNet 模型

```
import torch
import torch.nn as nn
import torch.nn.functional as F
# from torchviz import make_dot   #可视化模型图的工具
# import os   #操作系统接口
#os.environ["PATH"] += os.pathsep + r'C:\Program Files\Graphviz 2.44.1\bin/'
# 添加 Graphviz 到系统路径
#######
class DRM(nn.Module):
    """ Dense Residual Module.
    Args:
        in_channels(int): Channel number of intermediate features.
        out_channels (int): Channels for each growth.
    """
    # 定义一个残差密集块(Residual Dense Block)
    def __init__(self, in_channels, out_channels, padding=1, bias=True):
        super(DRM, self).__init__()
        kernel_size=3
        stride=1
        padding=1
        # 定义网络的卷积层
        self.conv1 = nn.Conv2d(in_channels, out_channels, kernel_size=kernel_size, stride=stride, padding=padding, bias=bias)
        # 第一个卷积层：输入通道 in_channels，输出通道 out_channels，卷积核大小为 3x3
        self.conv2 = nn.Conv2d(in_channels + out_channels, out_channels, kernel_size=kernel_size, stride=stride, padding=padding, bias=bias)
        # 第二个卷积层：输入通道为 in_channels + out_channels，输出通道 out_channels
        self.conv3 = nn.Conv2d(in_channels + 2 * out_channels, out_channels, kernel_size=kernel_size, stride=stride, padding=padding, bias=bias)
        # 第三个卷积层：输入通道为 in_channels + 2 * out_channels，输出通道 out_channels
```

```
            self.conv4 = nn.Conv2d(in_channels + 3 * out_channels, out_channels, kernel_size=1, stride=stride, padding=0, bias=bias)
            # 第四个卷积层：1x1 卷积，用于减少通道数
            # self.conv5 = nn.Conv2d(in_channels + 4 * out_channels, out_channels, kernel_size=kernel_size, stride=stride, padding=padding, bias=bias)
            # 第五个卷积层被注释掉了
            self.relu = nn.PReLU()
            #通过 ReLU 激活函数
        def forward(self, x):
            x1 = self.relu(self.conv1(x))
            # 通过第一个卷积层和 PReLu 激活函数
            x2 = self.relu(self.conv2(torch.cat((x, x1), 1)))
            # 将 x 和 x1 连接，经过第二个卷积层和 PReLu 激活函数
            x3 = self.relu(self.conv3(torch.cat((x, x1, x2), 1)))
            # 将 x, x1 和 x2 连接，经过第三个卷积层和 PReLu 激活函数
            # x4 = self.relu(self.conv4(torch.cat((x, x1, x2, x3), 1)))
            x4 = self.conv4(torch.cat((x, x1, x2, x3), 1))
            # 将 x, x1, x2 和 x3 连接，经过第四个卷积层
            # Empericaliy, we use 0.2 to scale the residual for better performance
            return x4 + x
            # 返回处理后的结果与输入的残差连接
#######
class Basic(nn.Module):
    def __init__(self, in_planes, out_planes, kernel_size, padding=0, bias=False):
        super(Basic, self).__init__()
        self.out_channels = out_planes
        groups = 1
        self.conv = nn.Conv2d(in_planes, out_planes, kernel_size=kernel_size, padding=padding, groups=groups, bias=bias)
        # 定义卷积层
        self.relu = nn.ReLU()
        # 定义 ReLU 激活函数
    def forward(self, x):
        x = self.conv(x)
        # 通过卷积层
        x = self.relu(x)
        # 通过 ReLU 激活函数
        return x
class ChannelPool(nn.Module):
    def __init__(self):
    super(ChannelPool, self).__init__()
def forward(self, x):
    return torch.cat((torch.max(x, 1)[0].unsqueeze(1), torch.mean(x, 1).unsqueeze(1)), dim=1)
    # 将输入图像在通道维度进行最大池化和均值池化，然后拼接在一起
class SAB(nn.Module):
    def __init__(self):
        super(SAB, self).__init__()
        kernel_size = 5
        self.compress = ChannelPool()
        # 定义通道池化层
```

```
        self.spatial = Basic(2, 1, kernel_size, padding = (kernel_size-1) // 2, bias = False)
        # 定义卷积层，用于提取空间信息
    def forward(self, x):
        x_compress = self.compress(x)
        # 通过通道池化层
        x_out = self.spatial(x_compress)
        # 通过卷积层
        scale = torch.sigmoid(x_out)
        # 使用 sigmoid 激活函数计算缩放因子
        return x * scale
        # 将输入图像按缩放因子进行加权
class MSFF(nn.Module):
    def__init__(self, in_channels, out_channels, kernel_size = 3, stride = 1, padding = 1, dilation = 1,
reduction = 4):
        super(MSFF, self).__init__()
        # Merge and run block
        self.conv0 = nn.Conv2d(in_channels, in_channels // reduction, kernel_size = 1, stride = 1, pad-
ding = 0)
        # 1x1 卷积层：将输入通道数'in_channels'降维到'in_channels // reduction'，用于减少计算量
和参数量

        self.relu0 = nn.PReLU()
        # PReLU 激活函数：自适应激活函数，可以学习负半轴的斜率
        self.path1_conv1 = nn.Conv2d(in_channels // reduction, in_channels // reduction, kernel_size,
stride = 1, padding = 1)
        # 卷积层：处理从'conv0'得到的特征图，卷积核大小为'kernel_size'，步幅为 1，填充为 1
        self.path1_relu1 = nn.PReLU()
        # PReLU 激活函数：对卷积后的特征图进行激活处理
        self.sab_1 = SAB()
        # SAB 模块：在路径 1 中进行额外的特征处理(假设 SAB 是一个自定义的模块)
        self.path2_conv2 = nn.Conv2d(in_channels // reduction, in_channels // reduction, kernel_size,
stride = 1, padding = 2, dilation = 2)
        # 卷积层：在路径 2 中使用膨胀卷积，增加感受野，卷积核大小为'kernel_size'，步幅为 1，
填充为 2，膨胀系数为 2
        self.path2_relu2 = nn.PReLU()
        # PReLU 激活函数：对路径 2 中的卷积结果进行激活处理
        self.sab_2 = SAB()
        # SAB 模块：在路径 2 中进行额外的特征处理
        self.path3_conv3 = nn.Conv2d(in_channels // reduction, in_channels // reduction, kernel_size,
stride = 1, padding = 3, dilation = 3)
        # 卷积层:在路径 3 中使用膨胀卷积，卷积核大小为'kernel_size'，步幅为 1，填充为 3，膨
胀系数为 3
        self.path3_relu3 = nn.PReLU()
        # PReLU 激活函数：对路径 3 中的卷积结果进行激活处理
        self.sab_3 = SAB()
        # SAB 模块：在路径 3 中进行额外的特征处理
        self.path4_conv4 = nn.Conv2d(in_channels // reduction, in_channels // reduction, kernel_size,
stride = 1, padding = 4, dilation = 4)
        # 卷积层：在路径 4 中使用膨胀卷积，卷积核大小为'kernel_size'，步幅为 1，填充为 4，膨
胀系数为 4
```

```
        self.path4_relu4 = nn.PReLU()
        # PReLU 激活函数：对路径 4 中的卷积结果进行激活处理
        self.sab_4 = SAB()
        # SAB 模块：在路径 4 中进行额外的特征处理
    def forward(self, x):
        x0 = self.conv0(x)
        # 通过 1x1 卷积层处理输入特征图
        x0 = self.relu0(x0)
        # 对 1x1 卷积的结果应用 PReLU 激活函数
        x1 = self.path1_conv1(x0)
        x1 = self.path1_relu1(x1)
        y1 = self.sab_1(x1)
        # 通过路径 1 的卷积层和激活函数，然后通过 SAB 模块处理特征图
        x2 = self.path2_conv2(x0)
        x2 = self.path2_relu2(x2)
        y2 = self.sab_2(x2)
        # 通过路径 2 的膨胀卷积层和激活函数，然后通过 SAB 模块处理特征图
        x3 = self.path3_conv3(x0)
        x3 = self.path3_relu3(x3)
        y3 = self.sab_3(x3)
        # 通过路径 3 的膨胀卷积层和激活函数，然后通过 SAB 模块处理特征图
        x4 = self.path4_conv4(x0)
        x4 = self.path4_relu4(x4)
        y4 = self.sab_4(x4)
        # 通过路径 4 的膨胀卷积层和激活函数，然后通过 SAB 模块处理特征图
        x5 = torch.cat([y1, y2, y3, y4], dim = 1)
        # 将四条路径的处理结果沿通道维度拼接在一起
        x5 = x  + x5
        # 将拼接后的特征图与原始输入'x'进行残差连接
        return x5
        # 返回最终的特征图，包含多个卷积路径的特征融合和残差连接
######
class InConv(nn.Sequential):
    def__init__(self, in_channels, num_classes):
        super(InConv, self).__init__(
            nn.Conv2d(in_channels, num_classes, kernel_size = 1))
        # 定义输入卷积层，将输入通道数映射到 num_classes
class OutConv(nn.Sequential):
    def__init__(self, in_channels, num_classes):
        super(OutConv, self).__init__(
            nn.Conv2d(in_channels, num_classes, kernel_size = 1))
        # 定义输出卷积层，将输入通道数映射到 num_classes
def conv3x3(in_chn, out_chn, dilation = 1, bias = True):
    layer = nn.Conv2d(in_chn, out_chn, kernel_size = 3, stride = 1, padding = dilation, dilation = dilation, bias = bias)
    return layer
    # 定义 3x3 卷积层，支持空洞卷积
def conv1x1(in_chn, out_chn, bias = True):
    layer = nn.Conv2d(in_chn, out_chn, kernel_size = 1, stride = 1, padding = 0, bias = bias)
    return layer
```

```
    # 定义 1x1 卷积层，用于调整通道数
def conv_down(in_chn, out_chn, bias = False):
    layer = nn. Conv2d(in_chn, out_chn, kernel_size = 4, stride = 2, padding = 1, bias = bias)
    return layer
    # 定义降采样卷积层，使用 4x4 卷积核和步幅为 2
class BasicBlock(nn. Module):
    """
    Basic double convolution block
    """
    def__init__(self, in_channels, hidden_channels, out_channels, activation = 'prelu'):
        super(). __init__()
        assert activation in ['relu', 'prelu'], f'Invalid activation: {activation}, only "relu" or "prelu".'
        # 检查激活函数是否有效
        self. conv1 = conv3x3(in_channels, hidden_channels)
        self. conv2 = conv3x3(hidden_channels, out_channels)
        # 定义两个 3x3 卷积层
        if activation == 'prelu':
            self. activation1 = nn. PReLU()
            self. activation2 = nn. PReLU()
        else:
            self. activation1 = nn. ReLU()
            self. activation2 = nn. ReLU()
        # 根据选择的激活函数定义激活层
    def forward(self, x):
        out = self. conv1(x)
        out = self. activation1(out)
        out = self. conv2(out)
        out = self. activation2(out)
        return out
        # 前向传播：依次通过两个卷积层和激活函数
###########
class UNetDownBlock(nn. Module):
    """
    UNet downsample block
    """
def__init__(self, in_channels, out_channels):
    super(UNetDownBlock, self). __init__()
    self. down = conv_down(out_channels, out_channels)
    self. conv_block = BasicBlock(in_channels, in_channels, out_channels)
    # 定义下采样卷积层和卷积块
def forward(self, x):
    out = self. down(self. conv_block(x))
    return out
    # 通过卷积块处理输入，然后进行下采样
class UNetUpBlock(nn. Module):
    def__init__(self, in_channels, out_channels):
        super(UNetUpBlock, self). __init__()
        self. conv_block = BasicBlock(in_channels * 2, out_channels)
        # 保持 conv_block 的参数设置与输入输出通道一致
def forward(self, x, bridge):
```

```
            up = F. interpolate(x, scale_factor = 2, mode = 'bilinear', align_corners = True)
            # 使用线性插值上采样
            out = torch. cat([up, bridge], 1)
            out = self. conv_block(out)
            return out
    #通过上采样层处理输入，将上采样结果和桥接层特征拼接，然后通过卷积块处理
  #########
  class MSUNet(nn. Module):
      def__init__(self, in_channels, out_channels, base_c = 64):
          assert in_channels > 0, f'Invalid number of input channels: {out_channels}'
          assert out_channels > 0, f'Invalid number of channels: {out_channels}'
          super(MSUNet, self). __init__()
          self. in_channels = in_channels
          self. channels = out_channels
          # 输入卷积层
          self. In_conv = InConv(in_channels, out_channels)
          self. in_conv = BasicBlock(in_channels, out_channels, base_c, activation = 'relu')
          # 下采样卷积
          self. down1 = UNetDownBlock(base_c, 2 * base_c)
          self. down2 = UNetDownBlock(2 * base_c, 4 * base_c)
          # 空洞卷积
          self. dilated_conv = MSFF(4 * base_c, 4 * base_c)
          # 上采样卷积
          self. in_conv_1 = BasicBlock(in_channels, out_channels, base_c, activation = 'relu')
          self. up2 = UNetUpBlock(4 * base_c, 2 * base_c)
          self. up3 = UNetUpBlock(2 * base_c, base_c)
          # 输出卷积层
          self. out_conv = OutConv(base_c, out_channels)
      def forward(self, x):
          x0 = self. In_conv(x)
          # 下采样
          x1 = self. in_conv(x0)
          x2 = self. down1(x1)
          x3 = self. down2(x2)
          # x4 = self. down3(x3)
          # 空洞卷积
          x5 = self. dilated_conv(x3)
          x6 = self. in_conv_1(x5)
          # 上采样
          # out = self. up1(x6, x3)
          out = self. up2(x6, x2)
          out = self. up3(out, x1)
          out = self. out_conv(out)
          # 长跳跃连接
          out = out + x0
          return out
      #前向传播：经过一系列的卷积、下采样、空洞卷积、上采样，最后加上长跳跃连接。
######
class AU(nn. Module):
    def__init__(self, in_channels, out_channels, reduction = 16):
```

```
        super(AU, self).__init__()
        self.gap = nn.AdaptiveAvgPool2d(1)
        # 全局平均池化
        self.conv1 = nn.Conv2d(in_channels, out_channels // reduction, 1, 1, 0)
        self.relu1 = nn.ReLU()
        self.conv2 = nn.Conv2d(out_channels //reduction, in_channels, 1, 1, 0)
        self.sigmoid2 = nn.Sigmoid()
        # 定义用于通道注意力的卷积层和激活函数
    def forward(self, x):
        gap = self.gap(x)
        # 计算全局平均池化结果
        x_out = self.conv1(gap)
        x_out = self.relu1(x_out)
        x_out = self.conv2(x_out)
        x_out = self.sigmoid2(x_out)
        x_out = x_out * x
        # 通过卷积和激活函数计算缩放因子，然后按缩放因子调整输入图像
        return x_out
class DADRB(nn.Module):
    def__init__(self, in_channels, out_channels, kernel_size = 3):
        super(DADRB, self).__init__()
        # 定义第一个路径中的卷积层和激活函数
        self.path1_conv1 = nn.Conv2d(in_channels, out_channels, kernel_size, stride = 1, padding = 1)
        # 卷积层：将输入通道数'in_channels'转换为输出通道数'out_channels'，使用'kernel_size'为 3
的卷积核，步幅为 1，填充为 1
        self.path1_relu1 = nn.PReLU()
        # 激活函数：使用 PReLU 激活函数
        self.path1_conv2 = nn.Conv2d(in_channels, out_channels, kernel_size, stride = 1, padding = 3, di-
lation = 3)
        # 卷积层：与上一个卷积层不同，使用扩张卷积(dilation = 3)，以增加感受野
        self.path1_relu2 = nn.PReLU()
        # 激活函数：使用 PReLU 激活函数
        # 定义第二个路径中的卷积层和激活函数
        self.path2_conv1 = nn.Conv2d(in_channels, out_channels, kernel_size, stride = 1, padding = 3, di-
lation = 3)
        # 卷积层：与第一个路径中的卷积层类似，使用扩张卷积以增加感受野
        self.path2_relu1 = nn.PReLU()
        # 激活函数：使用 PReLU 激活函数
        self.path2_conv2 = nn.Conv2d(in_channels, out_channels, kernel_size, stride = 1, padding = 1, di-
lation = 1)
        # 卷积层：标准卷积层，填充为 1，感受野为 3x3
        self.path2_relu2 = nn.PReLU()
        # 激活函数：使用 PReLU 激活函数
        # 定义合并后的卷积层
        self.conv3 = nn.Conv2d(in_channels * 2, out_channels, kernel_size, stride = 1, padding = 1)
        # 卷积层：将前面两个路径的输出拼接在一起，卷积通道数由'in_channels * 2'(两个路径合
并)变为'out_channels'，填充为 1
        self.relu3 = nn.PReLU()
        # 激活函数：使用 PReLU 激活函数
        self.DRM = DRM(out_channels, out_channels)
```

```
        # 残差密集块(DRM)：用于进一步提取特征并学习残差
        # 定义通道注意力机制
        self.ca = AU(in_channels, out_channels, reduction = 16)
        # 通道注意力机制：用于调整通道的权重，增强模型的表达能力
    def forward(self, x):
        # 合并和处理块
        x1 = self.path1_conv1(x)
        x1 = self.path1_relu1(x1)
        x1 = self.path1_conv2(x1)
        x1 = self.path1_relu2(x1)
        # 经过第一个路径的卷积层和激活函数
        x2 = self.path2_conv1(x)
        x2 = self.path2_relu1(x2)
        x2 = self.path2_conv2(x2)
        x2 = self.path2_relu2(x2)
        # 经过第二个路径的卷积层和激活函数
        x3 = torch.cat([x1, x2], dim = 1)
        # 将第一个路径和第二个路径的输出在通道维度上拼接
        x3 = self.conv3(x3)
        x3 = self.relu3(x3)
        x3 = x3 + x
        # 通过合并后的卷积层和激活函数处理拼接后的特征，并加上输入特征实现残差连接
        x4 = self.DRM(x3)
        # 经过残差密集块进行特征提取
          x_ca = self.ca(x4)
          # 经过通道注意力机制调整通道的权重
        return x_ca + x
        # 返回经过通道注意力机制调整后的特征，加上输入特征实现最终的残差连接
class CMFRNet(nn.Module):
    def__init__(self, in_channels, out_channels, num_feautres):
          super(CMFRNet, self).__init__()
          # 特征提取模块
          self.conv1 = nn.Conv2d(in_channels, num_feautres, kernel_size = 3, stride = 1, padding = 1)
          # 卷积层：将输入通道数'in_channels'转换为特征通道数'num_feautres'，使用 3x3 的卷积核，
步幅为 1，填充为 1

          self.relu1 = nn.ReLU(inplace = False)
          # 激活函数：使用 ReLU 激活函数，'inplace = False'表示不原地修改输入
          # 定义多个 DADRB 模块和 MSUNet 模块
          self.DADRB1 = DADRB(in_channels = num_feautres, out_channels = num_feautres)
          # DADRB 模块：用于增强特征图
          self.DADRB2 = DADRB(in_channels = num_feautres, out_channels = num_feautres)
          # DADRB 模块：继续处理特征图
          self.msunet = MSUNet(in_channels = num_feautres, out_channels = num_feautres)
          # MSUNet 模块：用于特征提取和重建的 U-Net 风格网络
          self.DADRB3 = DADRB(in_channels = num_feautres, out_channels = num_feautres)
          # DADRB 模块：进一步处理特征图
          self.DADRB4 = DADRB(in_channels = num_feautres, out_channels = num_feautres)
          # DADRB 模块：继续处理特征图
```

```
        self. last_conv = nn. Conv2d( num_feautres, out_channels, kernel_size = 3, stride = 1, padding =
1, dilation = 1)
        # 重建模块:卷积层将特征通道数'num_feautres'转换为输出通道数'out_channels', 生成最终
输出图像
        # self. init_weights( )
        # 可选的权重初始化函数(未启用)
    def forward( self, x) :
        x1 = self. conv1( x)   # feature extraction module
        # 通过特征提取模块获取特征图
        x1 = self. relu1( x1)
        # 通过 ReLU 激活函数处理特征图
        x_DADRB_1 = self. DADRB1( x1)
        # 通过第一个 DADRB 模块处理特征图
        x_DADRB_2 = self. DADRB2( x_DADRB_1)
        # 通过第二个 DADRB 模块处理特征图
        x_1 = self. msunet( x_DADRB_2)
        # 通过 MSUNet 模块处理特征图
        x_DADRB_3 = self. DADRB3( x_1  +  x_DADRB_2)
        # 将 MSUNet 模块的输出与第二个 DADRB 模块的输出相加, 然后通过第三个 DADRB 模
块处理
        x_DADRB_4 = self. DADRB4( x_DADRB_1  +  x_DADRB_3)
        # 将第一个 DADRB 模块的输出与第三个 DADRB 模块的输出相加, 然后通过第四个
DADRB 模块处理
        x_lsc = x_DADRB_4  +  x1   # Long skip connection
        # 将第四个 DADRB 模块的输出与初始特征图'x1'相加, 进行长跳跃连接
        x_out = self. last_conv( x_lsc)   # reconstruction module
        # 通过重建模块生成最终输出特征图
        x_out = x_out  + x   # Long skip connection
        # 将最终输出特征图与原始输入'x'相加, 进行长跳跃连接
        return x_out
        # 返回最终输出图像
# from torchstat import stat
# model = DRANet( in_channels = 3, out_channels = 3, num_feautres = 64)
# stat( model, (3, 128, 128))
# 使用 torchstat 模块打印模型的详细统计信息, 例如每层的参数量和计算量
```

3. 测试数据

3.1 测试 DND

```
import numpy as np  # 导入 NumPy 库, 用于数值计算
import os  # 导入操作系统模块, 用于文件路径操作
import argparse  # 导入 argparse 模块, 用于解析命令行参数
from tqdm import tqdm  # 导入 tqdm 模块, 用于显示进度条
import torch  # 导入 PyTorch 库, 用于张量和深度学习
import torch. nn as nn  # 从 PyTorch 中导入神经网络模块
import utils  # 导入自定义的 utils 模块, 包含辅助函数
fromCMFRNet import CMFRNet  # 从 CMFRNet 模块导入 CMFRNet 类
from skimage import img_as_ubyte  # 从 skimage 模块导入 img_as_ubyte 函数, 用于图像转换
import h5py  # 导入 h5py 库, 用于处理 HDF5 文件
```

```
import scipy. io as sio  # 导入 SciPy 库中的 io 模块，用于 MAT 文件操作
# 创建一个 ArgumentParser 对象，用于解析命令行参数
parser = argparse. ArgumentParser( description = 'Image Denoising using MPRNet')
# 添加命令行参数
parser. add_argument( ' -- input_dir', default = 'D:/CMFRNet - main/real_denoising/Datasets/DND', type =
str, help = '验证图像的目录')
parser. add_argument( ' -- result_dir', default = '. /results/DND/test/', type = str, help = '结果保存目录')
parser. add_argument( ' -- weights', default = '. /pretrained_models/model_epoch_best. pth', type = str, help =
'模型权重路径')
parser. add_argument( ' -- gpus', default = '0', type = str, help = 'CUDA_VISIBLE_DEVICES')
parser. add_argument( ' -- save_images', action = 'store_true', help = '是否保存去噪图像')
# 解析命令行参数
args = parser. parse_args( )
# 设置 CUDA 设备
os. environ[ "CUDA_DEVICE_ORDER" ] = "PCI_BUS_ID"
os. environ[ "CUDA_VISIBLE_DEVICES" ] = args. gpus
# 创建结果目录
result_dir = os. path. join( args. result_dir, 'mat')
utils. mkdir( result_dir)
if args. save_images:
    result_dir_img = os. path. join( args. result_dir, 'png')
    utils. mkdir( result_dir_img)
# 创建 CMFRNet 模型实例，设置输入和输出通道以及特征数量
model_restoration = CMFRNet( in_channels = 3, out_channels = 3, num_feautres = 64)
# 加载预训练模型权重
utils. load_checkpoint( model_restoration, args. weights)
print( " ===> Testing using weights: ", args. weights)
# 将模型移动到 GPU
model_restoration. cuda( )
model_restoration = nn. DataParallel( model_restoration)
model_restoration. eval( )
# 设置是否为原始图像和评估版本
israw = False
eval_version = "1. 0"
# 加载 info. mat 文件中的信息
infos = h5py. File( os. path. join( args. input_dir, 'info. mat'), 'r')
info = infos[ 'info']
bb = info[ 'boundingboxes']
# 处理数据
with torch. no_grad( ):  #禁用梯度计算
    for i in tqdm( range( 50) ):  #遍历 50 个图像
        Idenoised = np. zeros( (20, ), dtype = np. object)  #创建一个大小为 20 的空数组用于存储去
噪结果
        filename = '%04d. mat' % (i + 1)  #生成文件名
        filepath = os. path. join( args. input_dir, 'images_srgb', filename)  #生成文件路径
        img = h5py. File( filepath, 'r')  #打开图像文件
        Inoisy = np. float32( np. array( img[ 'InoisySRGB'] ). T)  #获取并转换噪声图像
        # 获取 bounding box
        ref = bb[ 0] [ i]
        boxes = np. array( info[ ref] ). T
```

```
            for k in range(20):  # 遍历每个 bounding box
                idx = [int(boxes[k, 0] - 1), int(boxes[k, 2]), int(boxes[k, 1] - 1), int(boxes[k, 3])]
                noisy_patch = torch.from_numpy(Inoisy[idx[0]:idx[1], idx[2]:idx[3], :]).unsqueeze
(0).permute(0, 3, 1, 2).cuda()  # 获取并处理噪声 patch
                restored_patch = model_restoration(noisy_patch)  # 使用模型进行去噪
                restored_patch = torch.clamp(restored_patch, 0, 1).cpu().detach().permute(0, 2, 3, 1).
squeeze(0).numpy()  # 处理去噪结果
                Idenoised[k] = restored_patch
                if args.save_images:  # 如果需要保存图像
                    save_file = os.path.join(result_dir_img, '%04d_%02d.png' % (i+1, k+1))
                    denoised_img = img_as_ubyte(restored_patch)
                    utils.save_img(save_file, denoised_img)
            # 保存去噪数据
            sio.savemat(os.path.join(result_dir, filename),
                        {"Idenoised": Idenoised,
                         "israw": israw,
                         "eval_version": eval_version},
                        )
```

3.2 测试 SIDD

```
import numpy as np  # 导入 NumPy 库，用于数值计算和操作多维数组
import os  # 导入 OS 模块，用于进行操作系统相关的操作，如文件路径操作
import argparse  # 导入 argparse 模块，用于解析命令行参数
from tqdm import tqdm  # 导入 tqdm 模块，用于显示循环进度条
import torch  # 导入 PyTorch 主模块，提供多维张量及其操作功能
import torch.nn as nn  # 导入 PyTorch 的神经网络模块，用于构建神经网络
import utils  # 导入自定义的 utils 模块，包含辅助函数
fromCMFRNet import CMFRNet  # 从 CMFRNet 模块导入 CMFRNet 类
from skimage import img_as_ubyte  # 从 skimage 库导入 img_as_ubyte 函数，用于图像格式转换
import scipy.io as sio  # 导入 scipy.io 模块，用于读取和保存 MATLAB 文件
# 设置命令行参数解析
parser = argparse.ArgumentParser(description='Image Denoising using MPRNet')
parser.add_argument('--input_dir',default='D:/CMFRNet-main/real_denoising/Datasets/test', type=
str, help='Directory of validation images')
  # 添加输入目录参数
parser.add_argument('--result_dir', default='./results/SIDD/', type=str, help='Directory for results')
 # 添加结果目录参数
parser.add_argument('--weights', default='./pretrained_models/model_epoch_best.pth', type=str, help=
'Path to weights')  # 添加模型权重路径参数
parser.add_argument('--gpus', default='0', type=str, help='CUDA_VISIBLE_DEVICES')  # 添加
GPU 参数
parser.add_argument('--save_images', action='store_true', help='Save denoised images in result directo-
ry')  # 添加是否保存去噪图像的参数
args = parser.parse_args()  # 解析命令行参数
os.environ["CUDA_DEVICE_ORDER"] = "PCI_BUS_ID"  # 设置 CUDA 设备顺序
os.environ["CUDA_VISIBLE_DEVICES"] = args.gpus  # 设置可见的 CUDA 设备
result_dir = os.path.join(args.result_dir, 'mat')  # 设置结果目录路径
utils.mkdir(result_dir)  # 创建结果目录
if args.save_images:  # 如果选择保存图像
```

```
        result_dir_img = os. path. join( args. result_dir, 'png')  # 设置保存图像的目录路径
        utils. mkdir( result_dir_img)  # 创建保存图像的目录
    # 创建 CMFRNet 模型实例
    model_restoration = CMFRNet( in_channels = 3, out_channels = 3, num_feautres = 64)
    utils. load_checkpoint( model_restoration, args. weights)  # 加载模型权重
    print( " ===> Testing using weights: ", args. weights)  # 打印使用的权重路径
    model_restoration. cuda( )  # 将模型移动到 GPU
    model_restoration = nn. DataParallel( model_restoration)  # 使用 DataParallel 进行多 GPU 训练
    model_restoration. eval( )  # 设置模型为评估模式
    # 处理数据
    filepath = os. path. join( args. input_dir, 'ValidationNoisyBlocksSrgb. mat')  # 设置验证数据文件路径
    img = sio. loadmat( filepath)  # 加载 MATLAB 文件
    Inoisy = np. float32 ( np. array ( img [ 'ValidationNoisyBlocksSrgb' ] ) )  # 获取噪声图像数据，并转换为
float32 类型
    Inoisy / = 255.  # 归一化图像数据
    restored = np. zeros_like( Inoisy)  # 初始化恢复后的图像数据
    with torch. no_grad( ):  # 在不计算梯度的上下文中
        for i in tqdm( range( 40) ):  # 遍历 40 个图像块，显示进度条
            for k in range( 32):  # 遍历每个图像块中的 32 个小块
                noisy_patch = torch. from_numpy( Inoisy[ i, k, :, :, : ] ). unsqueeze( 0). permute( 0, 3, 1,
2). cuda( )  # 将图像块转换为 PyTorch 张量，并移动到 GPU
                restored_patch = model_restoration( noisy_patch)  # 使用模型对图像块进行去噪
                restored_patch = torch. clamp( restored_patch, 0, 1). cpu( ). detach( ). permute( 0, 2, 3, 1).
squeeze( 0)  # 将去噪后的图像块裁剪到 [0, 1] 范围，并转换为 numpy 数组
                restored[ i, k, :, :, : ] = restored_patch  # 保存去噪后的图像块
                if args. save_images:  # 如果选择保存图像
                    save_file = os. path. join( result_dir_img, '%04d_%02d. png' % (i+1, k+1))  # 设
置保存图像的文件路径
                    utils. save_img( save_file, img_as_ubyte( restored_patch) )  # 保存去噪后的图像
    #  保存去噪后的数据
    sio. savemat( os. path. join( result_dir, 'Idenoised. mat'), { "Idenoised": restored, } )  # 将去噪后的图像
数据保存为 MATLAB 文件
```